rapid biological and social inventories

INFORME/REPORT NO. 25

Perú: Ere-Campuya-Algodón

Nigel Pitman, Ernesto Ruelas Inzunza, Corine Vriesendorp, Douglas F. Stotz, Tatzyana Wachter, Álvaro del Campo, Diana Alvira, Benjamín Rodríguez Grández, Richard Chase Smith, Ana Rosa Sáenz Rodríguez y/and Pablo Soria Ruiz

editores/editors

Diciembre/December 2013

Instituciones participantes/Participating Institutions

 The Field Museum

 Federación de Comunidades Nativas Fronterizas del Putumayo (FECONAFROPU)

 Federación Indígena Kichwa del Alto Putumayo Intiruna (FIKAPIR)

 Instituto del Bien Común (IBC)

 Proyecto Especial Binacional de Desarrollo Integral de la Cuenca del Río Putumayo (PEDICP)

 Museo de Historia Natural de la Universidad Nacional Mayor de San Marcos

Centro de Ornitología y Biodiversidad (CORBIDI)

LOS INFORMES DE INVENTARIOS RÁPIDOS SON PUBLICADOS POR/
RAPID INVENTORIES REPORTS ARE PUBLISHED BY:

THE FIELD MUSEUM
Science and Education
1400 South Lake Shore Drive
Chicago, Illinois 60605-2496, USA
T 312.665.7430, F 312.665.7433
www.fieldmuseum.org

Editores/Editors

Nigel Pitman, Ernesto Ruelas Inzunza, Corine Vriesendorp, Douglas F. Stotz, Tatzyana Wachter, Álvaro del Campo, Diana Alvira, Benjamín Rodríguez Grández, Richard Chase Smith, Ana Rosa Sáenz Rodríguez y/and Pablo Soria Ruiz

Diseño/Design

Costello Communications, Chicago

Mapas y gráficas/Maps and graphics

Rolando Gallardo, Mark Johnston y/and Jon Markel

Traducciones/Translations

Patricia Álvarez-Loayza (English–Castellano), Álvaro del Campo (English–Castellano), Joshua Homan (Castellano–Kichwa), Virgilio López Flores (Castellano–Murui), Nigel Pitman (Castellano–English), Leandro Proaño Sandi (Castellano–Kichwa), Ernesto Ruelas (English–Castellano y/and Castellano–English) y/and Braun Tuituy Dávila (Castellano–Kichwa)

The Field Museum es una institución sin fines de lucro exenta de impuestos federales bajo la sección 501(c)(3) del Código Fiscal Interno./ The Field Museum is a non-profit organization exempt from federal income tax under section 501(c)(3) of the Internal Revenue Code.

ISBN NUMBER 978-0-9828419-3-8

Esta publicación ha sido financiada en parte por blue moon fund, Thomas W. Haas Foundation, Nalco Corporation, Margaret A. Cargill Foundation, Hamill Family Foundation, The Boeing Company y The Field Museum./ This publication has been funded in part by the blue moon fund, Thomas W. Haas Foundation, Nalco Corporation, Margaret A. Cargill Foundation, Hamill Family Foundation, The Boeing Company, and The Field Museum.

Cita sugerida/Suggested Citation

Pitman, N., E. Ruelas Inzunza, C. Vriesendorp, D.F. Stotz, T. Wachter, Á. del Campo, D. Alvira, B. Rodríguez Grández, R.C. Smith, A.R. Sáenz Rodríguez y/and P. Soria Ruiz, eds. 2013. Perú: Ere-Campuya-Algodón. Rapid Biological and Social Inventories Report 25. The Field Museum, Chicago.

Fotos e ilustraciones/Photos and illustrations

Carátula/Cover: *Ameerega bilinguis,* nuevo registro de rana venenosa para el Perú. Foto de Álvaro del Campo./ *Ameerega bilinguis,* a poison dart frog new for Peru. Photo by Álvaro del Campo.

Carátula interior/Inner cover: Los ríos Ere, Campuya y Algodón, tributarios del gran río Putumayo, drenan una de las áreas silvestres más diversas del mundo en las tierras bajas de la Amazonía en Loreto, Perú. Foto de Álvaro del Campo./Tributaries of the great Putumayo River, the Ere, Campuya, and Algodón rivers drain one of the world's most diverse wilderness areas in the Amazonian lowlands of Loreto, Peru. Photo by Álvaro del Campo.

Láminas a color/Color plates: Figs. 1, 3A, 11B, 11E–G, 11K, 11M, 12C, D. Alvira; Figs. 3B–G, 5A, 5F, 7A, 8B, 8D–E, 8H, 8L, 10A–B, 10E, Á. del Campo; Figs. 4A, 10G, 11H, 11N, 12E, M. Pariona; Figs. 4B, 4D–G, R. Stallard; Figs. 4C, 5D, 7C–E, 7K, 7M–N, 8C, 8G, 8J, 8O, 11A, 11J, 12D, F. Pardo; Figs. 5B–C, 6A, 6D, 6F, N. Dávila; Fig. 5E, C. Vriesendorp; Figs. 6B–C, 6E, 6H, 6J, I. Huamantupa; Figs. 6G, 12B, R. Foster; Figs. 7B, 7F–J, 7L, R. Quispe; Figs. 8A, 8F, 8K, P. Venegas; Figs. 8M–N, G. Gagliardi; Fig. 9A, J. Kautz; Fig. 9B, P. Jones; Fig. 9C, C. Nunes; Fig. 9D, M. Giraud-Audine; Fig. 9E, D. Curtis; Figs. 9F, 9H, Smithsonian WILD; Fig. 9G, R. Lewis; Figs. 10C–D, 10F, R. Leite Pitman; Fig. 11C, A. R. Sáenz; Fig. 11D, G. Selaya; Fig. 11L, M. Medina.

Impreso sobre papel reciclado. Printed on recycled paper.

CONTENIDO/CONTENTS

EQUIPO

Diana (Tita) Alvira Reyes (*caracterización social*)
Science and Education
The Field Museum, Chicago, IL, EE.UU.
dalvira@fieldmuseum.org

Gonzalo Bullard (*logística de campo*)
Consultor independiente
Lima, Perú
gonzalobullard@gmail.com

Álvaro del Campo (*coordinación, fotografía*)
Science and Education
The Field Museum, Chicago, IL, EE.UU.
adelcampo@fieldmuseum.org

Jachson Coquinche Butuna (*logística de campo*)
Instituto del Bien Común
San Antonio del Estrecho, Perú
jcoquinche@gmail.com

Nállarett Dávila (*plantas*)
Universidade Estadual de Campinas
Campinas, SP, Brasil
nallarett@gmail.com

Robin B. Foster (*plantas*)
Science and Education
The Field Museum, Chicago, IL, EE.UU.
rfoster@fieldmuseum.org

Giussepe Gagliardi Urrutia (*anfibios y reptiles*)
Instituto de Investigaciones de la Amazonía Peruana (IIAP)
Iquitos, Perú
giussepegagliardi@yahoo.com

Julio Grandez (*logística de campo*)
Universidad Nacional de la Amazonía Peruana
Iquitos, Perú
jmgr_19@hotmail.com

Max H. Hidalgo (*peces*)
Museo de Historia Natural
Universidad Nacional Mayor de San Marcos
Lima, Perú
maxhhidalgo@yahoo.com

Isau Huamantupa (*plantas*)
Herbario Vargas (CUZ)
Universidad Nacional San Antonio de Abad
Cusco, Perú
andeanwayna@gmail.com

Dario Hurtado Cárdenas (*logística de transporte*)
Policía Nacional del Perú
Lima, Perú
dhcapache1912@yahoo.es

Mark Johnston (*cartografía*)
Science and Education
The Field Museum, Chicago, IL, EE.UU.
mjohnston@fieldmuseum.org

Guillermo Knell (*logística de campo*)
Ecologística Perú
Lima, Perú
atta@ecologisticaperu.com
www.ecologisticaperu.com

Cristina López Wong (*mamíferos*)
Derecho, Ambiente y Recursos Naturales (DAR)
Iquitos, Perú
cris_lw@yahoo.es

Bolívar Lucitante Mendua (*cocinero*)
Comunidad Cofan Zábalo
Sucumbíos, Ecuador

Javier Maldonado (*peces*)
Pontificia Universidad Javeriana
Bogotá, Colombia
gymnopez@gmail.com

Jonathan A. Markel (*cartografía*)
Science and Education
The Field Museum, Chicago, IL, EE.UU.
jmarkel@fieldmuseum.org

Margarita Medina-Müller (*caracterización social*)
Instituto del Bien Común
Iquitos, Perú
mmedina@ibcperu.org

Norma Mendua (*cocinera*)
Comunidad Cofan Zábalo
Sucumbíos, Ecuador

Italo Mesones (*logística de campo*)
Universidad Nacional de la Amazonía Peruana
Iquitos, Perú
italoacuy@yahoo.es

María Elvira Molano (*caracterización social*)
U.S. Department of the Interior
Bogotá, Colombia
memolano@fcds-doi.org

Federico Pardo (*fotografía y video*)
Trópico Media
Bogotá, Colombia
fpardo@tropicomedia.org

Mario Pariona (*caracterización social*)
Science and Education
The Field Museum, Chicago, IL, EE.UU.
mpariona@fieldmuseum.org

Roberto Quispe Chuquihuamaní (*peces*)
Museo de Historia Natural
Universidad Nacional Mayor de San Marcos
Lima, Perú
rquispe91@gmail.com

Marcos Ríos Paredes (*plantas*)
Servicios de Biodiversidad
Iquitos, Perú
marcosriosp@gmail.com

Benjamín Rodríguez Grandez (*caracterización social*)
Federación de Comunidades Nativas Fronterizas
    del Putumayo (FECONAFROPU)
San Antonio del Estrecho, Perú
grandez_benjamin@hotmail.com

Ernesto Ruelas Inzunza (*aves, coordinación*)
Science and Education
The Field Museum, Chicago, IL, EE.UU.
eruelas@fieldmuseum.org

Ana Rosa Sáenz Rodríguez (*caracterización social*)
Instituto del Bien Común
Iquitos, Perú
anarositasaenz@gmail.com

Galia Selaya (*caracterización social*)
Science and Education
The Field Museum, Chicago, IL, EE.UU.
gselaya@fieldmuseum.org

Richard Chase Smith (*coordinación*)
Instituto del Bien Común
Lima, Perú
rsmith@ibcperu.org

Pablo Soria Ruiz (*asesoría*)
Proyecto Especial Binacional de Desarrollo Integral
    de la Cuenca del Río Putumayo
Iquitos, Perú
psoriar@gmail.com

Robert F. Stallard (*geología*)
Instituto Smithsonian de Investigaciones Tropicales
Panamá, República de Panamá
stallard@colorado.edu

Douglas F. Stotz (*aves*)
Science and Education
The Field Museum, Chicago, IL, EE.UU.
dstotz@fieldmuseum.org

William Trujillo Calderón (*plantas*)
Universidad de la Amazonía
Florencia, Caquetá, Colombia
williamtrujilloca@gmail.com

Pablo Venegas Ibáñez (*anfibios y reptiles*)
Centro de Ornitología y Biodiversidad
Lima, Perú
sancarranca@yahoo.es

Aldo Villanueva (*logística de campo*)
Ecologística Perú
Lima, Perú
atta@ecologisticaperu.com
www.ecologisticaperu.com

Corine Vriesendorp (*coordinación, plantas*)
Science and Education
The Field Museum, Chicago, IL, EE.UU.
cvriesendorp@fieldmuseum.org

Tyana Wachter (*logística general*)
Science and Education
The Field Museum, Chicago, IL, EE.UU.
twachter@fieldmuseum.org

Alaka Wali (*caracterización social*)
Science and Education
The Field Museum, Chicago, IL, EE.UU.
awali@fieldmuseum.org

COLABORADORES

Comunidad Nativa Atalaya
Río Putumayo, Loreto, Perú

Comunidad Nativa Ere
Río Putumayo, Loreto, Perú

Comunidad Nativa Flor de Agosto
Río Putumayo, Loreto, Perú

Comunidad Nativa Santa Mercedes
Río Putumayo, Loreto, Perú

Campuya, anexo de la Comunidad Nativa Santa Mercedes
Río Putumayo, Loreto, Perú

Comunidad Nativa 8 de Diciembre
Río Putumayo, Loreto, Perú

Comunidad Nativa Nueva Venecia
Río Putumayo, Loreto, Perú

Comunidad Nativa Nuevo San Juan
Río Putumayo, Loreto, Perú

Comunidad Nativa Puerto Arturo
Río Putumayo, Loreto, Perú

Comunidad Nativa Puerto Limón
Río Putumayo, Loreto, Perú

Comunidad Nativa San Francisco
Río Putumayo, Loreto, Perú

Puerto Alegre, anexo de la Comunidad Nativa San Francisco
Río Putumayo, Loreto, Perú

Comunidad Nativa Santa Lucía
Río Putumayo, Loreto, Perú

Comunidad Nativa Soledad
Río Putumayo, Loreto, Perú

Las Colinas, anexo de la Comunidad Nativa Yabuyanos
Río Putumayo, Loreto, Perú

Cedrito, anexo de la Comunidad Nativa Yabuyanos
Río Putumayo, Loreto, Perú

Instituto de Investigaciones de la Amazonía Peruana (IIAP)
Iquitos, Perú

Oficina Regional del Departamento del Interior de los Estados Unidos (DOI)
Bogotá, Colombia

Pontificia Universidad Javeriana
Bogotá, Colombia

Servicio Nacional de Áreas Naturales Protegidas por el Estado (SERNANP)
Lima, Perú

Instituto Smithsonian de Investigaciones Tropicales (STRI)
Panamá, República de Panamá

The Field Museum

The Field Museum es una institución dedicada a la investigación y educación con exhibiciones abiertas al público; sus colecciones representan la diversidad natural y cultural del mundo. Su labor de ciencia y educación —dedicada a explorar el pasado y el presente para crear a un futuro rico en diversidad biológica y cultural— está organizada en tres centros que desarrollan actividades complementarias. El Centro de Colecciones salvaguarda más de 24 millones de objetos que están disponibles a investigadores, educadores y científicos ciudadanos; el Centro de Investigación Integrativa resuelve preguntas científicas con base en sus colecciones, mantiene investigaciones de talla mundial sobre evolución, vida y cultura, y trabaja de manera interdisciplinaria para resolver las cuestiones más críticas de nuestros tiempos; finalmente, el Centro de Ciencia en Acción aplica la ciencia y colecciones del museo al trabajo en favor de la conservación y el entendimiento cultural. Este centro se enfoca en resultados tangibles en el terreno: desde la conservación de grandes extensiones de bosques tropicales y la restauración de la naturaleza cercana a centros urbanos, hasta el restablecimiento de la conexión entre la gente y su herencia cultural. Las actividades educativas son parte de la estrategia de los tres centros: estos colaboran cercanamente para llevar la ciencia, colecciones y acciones del museo al aprendizaje del público.

The Field Museum
1400 S. Lake Shore Drive
Chicago, IL 60605–2496 EE.UU.
312.665.7430 tel
www.fieldmuseum.org

Federación de Comunidades Nativas Fronterizas del Putumayo (FECONAFROPU)

FECONAFROPU es una asociación sin fines de lucro constituida en el 5 de abril de 1991, con sede en San Antonio del Estrecho, Loreto, Perú. Agrupa en la actualidad a 32 comunidades nativas y anexos, la mayoría de población indígena de etnias Ocaina, Murui, Bora, Yaguas y Kichwa, todas ubicadas en el margen sur del medio y bajo río Putumayo, en el distrito de Putumayo, Provincia de Maynas, Región de Loreto, Perú. La población de estas comunidades se dedica a la agricultura, pesca, caza, y la recolección y extracción de madera. Su interacción con la población mestiza se realiza mediante el intercambio o venta de sus productos de manera esporádica, tanto en San Antonio del Estrecho como con los comerciantes itinerantes peruanos y colombianos. FECONAFROPU se encuentra afiliada a la Organización Regional de los Pueblos Indígenas del Oriente (ORPIO), con sede en Iquitos.

FECONAFROPU
San Antonio del Estrecho
Río Putumayo, Loreto, Perú
51.065.530.862 tel
grandez_benjamin@hotmail.com

Federación Indígena Kichwa del Alto Putumayo Intiruna (FIKAPIR)

FIKAPIR es una institución sin fines de lucro fundada en 2002, y reconocida jurídicamente e inscrita en la Oficina Registral de Loreto en Iquitos en diciembre de 2010. Su sede está ubicada en la Comunidad Nativa Esperanza. Cuenta con una junta directiva conformada por un presidente, vicepresidente, secretario, tesorero, vocal, fiscal y mujer líder. El ámbito jurisdiccional de FIKAPIR abarca la cuenca alta del río Putumayo, zona trasfronteriza entre el Perú, Colombia y Ecuador. Está conformada por 27 comunidades base (Kichwa y Huitoto), las cuales están ubicadas en el Distrito Teniente Manuel Clavero. La visión de la FIKAPIR es edificar un pueblo Kichwa en el Alto Putumayo con una identidad sólida que defiende a través de sus bases un ambiente con recursos saludables y prácticas de manejo sostenible para futuras generaciones. Actualmente la FIKAPIR está involucrada en los procesos de implementación del Parque Nacional Güeppí-Sekime y de la Reserva Comunal Huimeki, áreas naturales protegidas reconocidas oficialmente en octubre de 2012.

FIKAPIR
Comunidad Nativa de Esperanza
Río Putumayo, Loreto, Perú
51.065.812.037 tel

Instituto del Bien Común (IBC)

El Instituto del Bien Común (IBC) es una organización sin fines de lucro que promueve la conservación y el uso sustentable de los recursos y espacios que son de propiedad colectiva, tales como ríos, lagos, bosques, pesquerías, áreas naturales protegidas y territorios comunales. El trabajo del IBC contribuye al bienestar de las poblaciones amazónicas y de todos los peruanos. El IBC promueve el respeto a los derechos y cultura de las poblaciones locales, el fortalecimiento de la gobernanza de organizaciones comunitarias y municipales, la implementación de planes de largo aliento para la conservación y el desarrollo sostenible, así como para el uso sostenible de la tierra. Ha impulsado numerosas investigaciones y publicaciones sobre el uso y gestión de los bienes comunes en el Perú. También es considerado una importante fuente de información sobre comunidades nativas de la Amazonía peruana. El IBC está organizado en torno a tres programas basados en la región amazónica del Perú. El Programa Gran Paisaje Amazonas-Putumayo trabaja con cuatro organizaciones indígenas para el establecimiento y gestión de un mosaico de tres millones de hectáreas compuesto de comunidades nativas, áreas protegidas y de uso sostenible. El Programa Selva Central Norte trabaja con cuatro organizaciones indígenas fortaleciendo su capacidad para gestionar tres paisajes indígenas con un total de 3.5 millones de hectáreas que comprende comunidades nativas, áreas naturales protegidas y áreas para la protección de indígenas en aislamiento. El Programa ProPachitea está ayudando en la construcción del marco institucional de un plan integrado para la gestión de la cuenca del río Pachitea, de tres millones de hectáreas, que incluye áreas naturales protegidas, gobiernos municipales, comunidades nativas y pequeños agricultores.

Instituto del Bien Común
Av. Petit Thouars 4377
Miraflores, Lima 18, Perú
51.1.421.7579 tel
51.1.440.0006 tel
51.1.440.6688 fax
www.ibcperu.org

**Proyecto Especial Binacional de Desarrollo Integral de la
Cuenca del Río Putumayo (PEDICP)**

El PEDICP es un órgano público descentralizado adscrito al
Ministerio de Agricultura y Riego, perteneciente al gobierno
peruano y creado en 1991 en base al Tratado de Cooperación
Amazónica Peruano Colombiano (TCA). El Proyecto Especial
constituye el instrumento del gobierno peruano para implementar
los acuerdos binacionales que desde 1989 vienen desarrollando las
Repúblicas del Perú y Colombia en un ámbito inicial de 160,500
km², recientemente ampliado con la aprobación del Plan de la Zona
de Integración Fronteriza Peruano Colombiana. La finalidad del
PEDICP es impulsar el desarrollo integral y sostenible de la selva
baja ubicada entre las cuencas de los ríos Putumayo, Napo,
Amazonas y Yavarí, mediante la ejecución de actividades y
proyectos de desarrollo que buscan el aprovechamiento sostenible
de los recursos naturales, la preservación del medio ambiente, así
como la dotación de infraestructura social y económica para el
mejoramiento de la calidad de vida de la población. El Proyecto
Especial tiene como uno de sus objetivos promover el desarrollo
armónico y sostenido de los pueblos de su ámbito de intervención,
identificando el uso de los recursos naturales e implementando
modelos de producción adecuados a la realidad cultural y ecológica
de la Amazonía y orientados a mejorar el nivel de vida de la
población, en especial de las comunidades nativas.

PEDICP
Calle Yavarí No. 870
Iquitos, Perú
51.065.24.24.64 tel/fax
51.065.22.13.52 tel
www.pedicp.gob.pe

**Museo de Historia Natural de la Universidad Nacional
Mayor de San Marcos**

El Museo de Historia Natural, fundado en 1918, es la fuente
principal de información sobre la flora y fauna del Perú. Su sala de
exposiciones permanentes recibe visitas de cerca de 50,000 escolares
por año, mientras sus colecciones científicas —de aproximadamente
un millón y medio de especímenes de plantas, aves, mamíferos,
peces, anfibios, reptiles, así como de fósiles y minerales— sirven
como una base de referencia para cientos de tesistas e investigadores
peruanos y extranjeros. La misión del museo es ser un núcleo de
conservación, educación e investigación de la biodiversidad peruana,
y difundir el mensaje, en el ámbito nacional e internacional, que el
Perú es uno de los países con mayor diversidad de la Tierra y que el
progreso económico dependerá de la conservación y uso sostenible
de su riqueza natural. El museo forma parte de la Universidad
Nacional Mayor de San Marcos, la cual fue fundada en 1551.

Museo de Historia Natural
Universidad Nacional Mayor de San Marcos
Avenida Arenales 1256
Lince, Lima 11, Perú
51.1.471.0117 tel
www.museohn.unmsm.edu.pe

Centro de Ornitología y Biodiversidad (CORBIDI)

El Centro de Ornitología y Biodiversidad (CORBIDI) fue creado en Lima en el año 2006 con el fin de desarrollar las ciencias naturales en el Perú. Como institución, se propone investigar y capacitar, así como crear condiciones para que otras personas e instituciones puedan llevar a cabo investigaciones sobre la biodiversidad peruana. CORBIDI tiene como misión incentivar la práctica de la conservación con base en un sustento científico que ayude a garantizar el mantenimiento de la diversidad natural del Perú. También prepara y apoya a peruanos para que se desarrollen en la rama de las ciencias naturales. Asimismo, CORBIDI asesora a otras instituciones, incluyendo gubernamentales, en políticas relacionadas con el conocimiento, la conservación y el uso de la diversidad en el Perú. Actualmente, la institución cuenta con tres divisiones: ornitología, mastozoología y herpetología.

Centro de Ornitología y Biodiversidad
Calle Santa Rita 105, Oficina 202
Urb. Huertos de San Antonio
Surco, Lima 33, Perú
51.1. 344.1701 tel
www.corbidi.org

AGRADECIMIENTOS

El Proyecto Especial Binacional de Desarrollo Integral de la Cuenca del Río Putumayo (PEDICP), un programa del Ministerio de Agricultura del Perú, ha venido trabajando por más de 20 años promoviendo el desarrollo sostenible y el mejoramiento de la calidad de vida de los habitantes de las regiones más remotas del país, ubicadas en las fronteras con Colombia, Ecuador y Brasil. El PEDICP ha influido positivamente en la región promoviendo la conservación binacional de áreas a lo largo del río Putumayo. Agradecemos en especial por su importante colaboración a Pablo Soria Ruiz, Mauro Vásquez Ramírez, Luis Alberto Moya Ibáñez y Romel Coquinche. También agradecemos al PEDICP por el préstamo de sus embarcaciones durante las diferentes fases del inventario, para la solicitud del consentimiento informado previo en Santa Mercedes, para el trabajo de preparación de los campamentos y para movilizar al equipo social a las diferentes comunidades.

El Instituto del Bien Común (IBC), una organización peruana no gubernamental, fue una vez más un socio muy importante para este inventario. El equipo del IBC ha estado trabajando incansablemente durante los últimos diez años con las comunidades indígenas de la región del Putumayo. Agradecemos profundamente a Richard Chase Smith y a Maria Rosa Montes de Delgado. Este inventario no hubiera sido posible sin el apoyo, coordinación, logística y constante ayuda del personal del IBC en Iquitos: Ana Rosa Sáenz Rodríguez, Andrea Campos Chung, Fredy Ferreyra Vela, Rolando Gallardo González y Alberto Bermeo.

Conjuntamente con el PEDICP, varias otras organizaciones del gobierno peruano también ayudaron en la realización de este inventario. El Servicio Nacional de Áreas Naturales Protegidas por el Estado (SERNANP) asistió y aportó valiosa información y estamos especialmente agradecidos con Pedro Gamboa Moquillaza, Jessica Oliveros y Benjamín Lau. Agradecemos también al Ministerio de Relaciones Exteriores, que ha dado una atención especial a la región del Putumayo en los años recientes. Estamos especialmente agradecidos con la colaboración de Gladys M. García Paredes (en Lima) y Carlos Manuel Reus (en Iquitos). Por su apoyo durante el proceso de solicitud de los permisos de investigación ante la Dirección General Forestal y de Fauna Silvestre (DGFFS) del Ministerio de Agricultura, quisiéramos agradecer a la directora, la bióloga Rosario Acero Villanes, y a Oscar Portocarrero Alcedo, quienes fueron clave para que el permiso de investigación saliera a tiempo. Margarita Medina del IBC se encargó de ayudarnos en

Lima con el seguimiento del proceso mientras estábamos en el campo y en Chicago.

Los sobrevuelos de reconocimiento previo son una parte indispensable del inventario. Gracias a estos vuelos podemos tener una excelente percepción de la vegetación del área de estudio y podemos también decidir con bastante aproximación los lugares donde estableceremos los campamentos. Agradecemos enormemente al personal de AeroAndino, en especial a su excelente piloto el señor Rudolf Wiedler y a su asistente en Pucallpa, la señora Flor Rojas, por todo el apoyo brindado. Gracias a la experiencia y habilidad innata de Rudi con su avioneta Pilatus pudimos obtener una idea bastante clara del terreno antes de ingresar al campo.

Nos sentimos honrados de haber recibido la invitación de la Federación de Comunidades Nativas Fronterizas del Putumayo (FECONAFROPU) para realizar este trabajo. Agradecemos a sus dirigentes Benjamín Rodríguez Grandez (presidente), Benito Riveira Ríos (vicepresidente), Rocío Iracude Calderón (secretaria) y Patricia Ribeira Calderón por todo el apoyo brindado y por haber trabajado con nosotros hombro con hombro durante todas las etapas del inventario. Ellos facilitaron las reuniones preliminares de información para obtener el consentimiento informado previo, participaron en el sobrevuelo de reconocimiento, convocaron a los comuneros que participaron en la fase de logística de preparación de los campamentos y fueron parte clave del equipo social durante las visitas a las comunidades.

No hubiéramos podido realizar este trabajo sin la debida autorización de las comunidades vecinas al área de estudio. Agradecemos enormemente a los caciques y dirigentes de Flor de Agosto, Santa Lucía, 8 de Diciembre, Puerto Alegre, San Francisco, Ere, Puerto Limón, Soledad, Nueva Venecia, Nuevo San Juan, Puerto Arturo, Santa Mercedes, Las Colinas, Atalaya y Campuya por haber acudido puntual y masivamente a la comunidad anfitriona de Santa Mercedes a la reunión del consentimiento informado previo.

El equipo social agradece profundamente a todos los pobladores de las comunidades nativas de Flor de Agosto, Ere, Atalaya y Santa Mercedes, así como a los comuneros de Cedrito y Las Colinas, anexos de Yabuyanos. En Flor de Agosto agradecemos especialmente a Aurelio Monje, Luis Shogano Muñoz, Johny Bardales, la técnica de enfermería Liz Ruiz, la profesora Roy Gadea Llanca, Tirso Manihuari y a la señora Sadith Tamani, quien ayudó en la cocina. En Ere nos apoyaron Pedro Sosa, Eusebio Gutiérrez, Etereo Gutiérrez, Robert Pizango, Ilda Torres Flores y la técnica enfermera Jenny Rubio. En Atalaya nos ayudaron Carlos Ramírez, cacique de la comunidad, el profesor Mayer Tangoa y su esposa Marilú Flores, quien nos ayudó en la cocina, y Consuelo Lanza y Abelardo Gonzales. En Las Colinas agradecemos al cacique Marcelo Lanza y a su esposa Margarita Lanza. En Cedrito nos apoyó el cacique Marcial Coquinche. En Santa Mercedes, además de las personas que mencionamos líneas abajo, nos apoyaron gentilmente José Ricopa, Víctor Machicure, Elías Coquinche y Carlos Shabiarez.

El equipo geológico quisiera agradecer a los dos 'tigres' quienes acompañaron a Bob Stallard en el campo y ayudaron en la colección de datos: Rully Gutiérrez y Luis Pérez.

El equipo biológico ofrece nuevamente un reconocimiento especial al Museo de Historia Natural de la Universidad Nacional Mayor de San Marcos (MHN-UNMSM), la cual por años les ha ofrecido a los científicos de inventarios una excelente colección de referencia en Lima. Nuestro inventario botánico fue posible gracias a otra gran institución científica peruana, el herbario AMAZ de la Universidad Nacional de la Amazonía Peruana, así como el apoyo de Felicia Díaz, Juan Celidonio Ruiz, Clara Sandoval y Claire Tuesta. El equipo de botánica agradece en especial a los asistentes locales Meraldo Aspajo, Jair Rubio, Pedro Rubio y César Ajón. Zaleth Cordero nos ayudó con la identificación de Melastomataceae y Charlotte Taylor con la identificación de Rubiaceae. También aportaron con la identificación de especies David Johnson, Nancy Hensold y Fabian Michelangeli.

El equipo de ictiología quisiera agradecer a P. Vicente Durán Casas, S.J., Vicerrector Académico de la Pontificia Universidad Javeriana (PUJ), a Ingrid Schuler, Decana Académica, Facultad de Ciencias de la PUJ y a Diana Álvarez, Directora del Departamento de Biología, Facultad de Ciencias de la PUJ. Agradecemos también al Departamento de Ictiología del Museo de Historia Natural de la UNMSM (MUSM), por facilitar los equipos de pesca y por ceder sus instalaciones para el depósito del material ictiológico colectado. También deseamos agradecer por su importante apoyo en las labores de colecta y conocimientos de los peces de la zona a los pobladores de Boca Campuya, Ere y Santa Mercedes, y en especial a Luis Pérez Sanda y Darwin Gutiérrez, quienes nos acompañaron a colectar en campo. Los colegas ictiólogos que nos ayudaron en la identificación y verificación de algunas especies fueron: Naercio

Menezes, Marcelo Britto Ribeiro, Flavio Lima y Hernán López Fernández.

El equipo herpetológico agradece a sus asistentes locales Wilderness Shapiama y Emerson Lelis Coquinche. Jason Brown nos ayudó con la identificación de especies de Ranitomeya. Agradecemos también a Guillermo Knell, Aldo Villanueva, Álvaro del Campo, Gonzalo Bullard y Margarita Medina-Müller por haber compartido varias fotografías que nos ayudaron a incrementar la lista de herpetofauna. Finalmente, damos gracias a Federico Pardo por haber fotografiado en su estudio portátil la mayoría de los especímenes colectados en el inventario.

El equipo ornitológico extiende su agradecimiento a Juan Díaz Alván por su ayuda con la identificación de especies durante la fase de escribir el reporte en Iquitos. Asimismo, agradece a todos los pobladores locales y miembros del equipo biológico y social, quienes contribuyeron con algunas especies a la lista del inventario de aves con avistamientos directos o testimonios.

La fuerza de empuje de 60 residentes de 14 comunidades locales fue una vez más fundamental para lograr establecer los tres campamentos del inventario. Además de abrir los helipuertos y construir las excelentes estructuras rurales para el confort de los biólogos, los 'tigres' ayudaron a establecer un versátil sistema de trochas de más de 100 km, que fue utilizado por los científicos para obtener los resultados del inventario. Ellos son: César Ajón, Marcelo Ajón, Juan Segundo Alvarado, Meraldo Aspajo, Olmedo Aspajo, Israel Chimbo, Leonardo Chimbo, Emerson Coquinche, Héctor Coquinche, Juan Coquinche, Juval Coquinche, José Cumari, Jorge Luis Dahua, Pedro Dahua, Raúl Dávila, Francisco Germán, Julián Grefa, César Guerra, Darwin Gutiérrez, Rully Gutiérrez, Efrain Imunda, Juan Pedro Iñapi, Oscar Iñapi, Leonel Jidullama, Grimaldo Jipa, Jason Jipa, Felix Machoa, Wilson Maitahuari, Walter Malafalla, Germán Manihuari, Levy Manihuari, Pedro Manihuari, Adner Mashacuri, Herman Mashacuri, Jhon Mashacuri, María Mashacuri, Ferney Meneses, Juana Mozombite, Percy Panaijo, Fenix Papa, Blanca Pérez, Henry Pérez, Luis Pérez, Norman Pérez, Zaqueo Pérez, Eleazar Rojas, Charles Rubio, Jair Rubio, Pedro Rubio, Tilso Rubio, Alberto Siquihua, Humberto Sosa, Juan Sosa, Amable Tapullima, Chanel Tapullima, Gustavo Tapullima, Nemias Tapullima, Rubén Tapullima, Jhon Jairo Torres y Jaime Vílchez. El trabajo de estos 'tigres' dentro de estas zonas lejanas fue dedicadamente planeado, coordinado e implementado por los líderes de avanzada Álvaro del Campo, Guillermo Knell, Aldo Villanueva, Italo Mesones, Julio Grandez y Gonzalo Bullard. A todos ellos va nuestro más sincero agradecimiento.

Los cocineros de la expedición merecen un párrafo aparte. Nuestros grandes amigos Bolívar Lucitante y Norma Mendua de la nación Cofan del Ecuador se las arreglaron para mantener el espíritu de todo el equipo al máximo en todo momento. Ellos no solo nos prepararon las comidas más exquisitas en medio del monte, sino que también nos ofrecieron su excelente disposición, sus amplios conocimientos del bosque y sobre todo su eterna y contagiosa sonrisa. Para ambos: ¡*chigatsuafepoenjá*!

Agradecemos a la empresa Aerolift por haber facilitado las operaciones con su helicóptero MI-8T para que el equipo pudiera acceder a los remotos campamentos del inventario. El general de la Policía Nacional del Perú Dario Hurtado Cárdenas "Apache" jugó una vez más un papel preponderante con la logística del alquiler del helicóptero. Dario se dio un tiempo entre su apretada agenda como general para apoyarnos en todo momento, en estrecha coordinación con Enrique Bernuy Becerra, para que no se perdiera detalle alguno con respecto al plan de los vuelos. El personal de Aerolift que nos apoyó en este inventario fue: Nikolay Nikitin, subgerente, Gilmer Coaguila, gerente de abastecimiento, Roberto Calderón, piloto, Ysu Morales, ingeniero de vuelo, Jorge Campos, mecánico y Dante Rodríguez, técnico aeronáutico.

En San Antonio del Estrecho la lista de personas que nos apoyó es bastante extensa y todas estas personas fueron clave para el éxito de nuestro inventario. Un reconocimiento especial para nuestro amigo Jachson Coquinche Butuna, quien nos brindó su incondicional apoyo durante todas las fases del estudio. La abierta disposición de Jachson en todo momento, así como su excelente capacidad para desenvolverse en distintas tareas y resolver problemas, fueron clave para poder lograr nuestras metas. La señora Cergia Maiz Álvarez (la Paisita) de Comercializadora Susana, junto con sus familiares y asistentes, no solo nos proveyeron de la mayor parte de víveres y equipo para todas las etapas del trabajo, sino que también nos hicieron sentir siempre en familia. Asimismo, damos gracias a Saúl Cahuaza, motorista de lujo del PEDICP, quien no dudó en ir más allá de sus responsabilidades para brindarnos su valioso apoyo durante la fase de logística de avanzada y el inventario en sí. Saúl, al momento de transportar al equipo social a las distintas comunidades que visitó, se dio tiempo para ayudar al equipo biológico a relocalizar el Campamento 1 cuando éste se inundó. Gener Pinto Dosantos, otro excelente motorista, nos llevó a Santa Mercedes para las reuniones preliminares de consulta con las comunidades para el consentimiento informado previo. Jorge Romero Grandez se hizo cargo de la complicada tarea del abastecimiento de combustible. Ernesto García Gebuy nos apoyó con el uso de la radio HF en las oficinas de FECONAFROPU y Olga Álvarez Flores nos prestó también su radio y su olla para el equipo de avanzada. Los motoristas Segundo Alvarado Buinajima, Walter Malfaya Macahuachi, Jenry Java Gomes y Claudio Álvarez Flores, así como sus ayudantes Maximiliano Álvarez Tangoa y Remberto Sosa Gutiérrez, estuvieron siempre alertas ante nuestra constante solicitud de personal para movilizarnos por el Putumayo. Roger Malafaya Macahuachi, Miguel Sevallo Sosa, Reinaldo Mallqui Quispe y la hermana Juana María G. Filiberto Lavado gentilmente nos alquilaron sus embarcaciones y motores ante nuestros urgentes pedidos. El hospedaje El Sitio fue nuestro hogar en El Estrecho durante varias semanas.

En Santa Mercedes, el equipo biológico y el social extienden su agradecimiento al personal del PEDICP en esa localidad: a los ingenieros Carlos Bardales Ríos, Elvis Noriega y Jhony Garcés Fatama, así como a Everton Quinteros y Jambre Greffa, por su hospitalidad y constante apoyo. Va también un agradecimiento especial a la profesora Delia María Oliveira Greichts, de Santa Mercedes, quien en todo momento nos apoyó, especialmente cuando las comunicaciones eran imperativas. Además, Delia nos abasteció de alimentos, equipo y combustible cuando más lo necesitábamos. Roberto Carlos Pérez, cacique de la comunidad, también nos brindó su apoyo en todo momento. También agradecemos al personal de la base de la PNP en Santa Mercedes por limpiar el helipuerto y por cuidar el helicóptero durante la noche.

En Iquitos nos ayudaron también muchísimas personas, como Olga Álvarez y su hermano Lucho Álvarez de la Agencia de Viajes ALBA, quienes nos apoyaron con la logística del transporte de pasajeros y carga entre Iquitos y San Antonio del Estrecho. El señor Orlando Soplín Ruiz, el mayor FAP Luis Tolmos Valdivia y el técnico FAP Hugo Quiroz Sosa de la Fuerza Aérea del Perú fueron siempre muy expeditivos y serviciales durante las coordinaciones para los vuelos que hicimos con sus naves Twin Otter desde Iquitos a Santa Mercedes. El personal del Hotel Marañón y del Hotel Gran Marañón en Iquitos fue de gran ayuda durante todo nuestro inventario, así como durante los trabajos de avanzada. Agradecemos a Moisés Campos Collazos y a Priscilla Abecasis Fernández de Telesistemas EIRL por el alquiler de la radio HF y toda su ayuda para mantener el contacto entre Iquitos y los diferentes campamentos. También agradecemos a Diego Lechuga Celis y al Vicariato Apostólico de Iquitos, que nos proporcionaron el auditorio para presentar nuestros resultados preliminares. Osvaldo Silva (bus), Armando Morey (camioneta) y Cristian Urbina (mototaxi) nos apoyaron con sus distintos medios de transporte durante las numerosas diligencias que tuvimos que hacer en Iquitos. Serigrafía y Confecciones Chu se encargó de la confección de los siempre clásicos y populares polos del inventario. Teresa del Águila y su equipo proveyeron la comida y servicio para la presentación en Iquitos.

Las siguientes personas o instituciones nos brindaron también su apoyo durante nuestro trabajo: Daniel y Juan Bacigalupo de Pacífico Seguros, el personal del Hotel Señorial en Lima, Cynthia Reátegui de LAN Perú, Milagritos Reátegui, Gloria Tamayo, Lotty Castro y Teresa Villavicencio, quien ayudó a organizar la presentación de los resultados en Lima en el Hotel Radisson Decapolis.

Álvaro del Campo y Corine Vriesendorp regresaron del inventario en Ere-Campuya-Algodón con más que buenos recuerdos; ambos trajeron leishmaniasis en su sangre. Ambos están profundamente agradecidos con sus fenomenales doctores Andrew Cha, Danica Milenkovic, Thomas Tamlyn y John Flaherty, la medicina Ambisoma y el maravilloso tratamiento y recomendaciones que recibieron en los hospitales Northwestern, Mercy y la Universidad de Chicago. Álvaro y Corine quieren también reconocer el cuidado, atención y esfuerzos de Jolynn Willink en el Field Museum y Sandra Rybolt en seguros CHUBB.

Como en anteriores oportunidades, Jim Costello fue sumamente rápido y eficiente para convertir nuestro reporte escrito, fotografías y mapas en un elegante volumen impreso. Agradecemos la creatividad, compañerismo y paciencia de Jim y todo su equipo de diseño en Chicago durante el proceso intensivo de todas las numerosas versiones preliminares de los textos. Mark Johnston y Jonathan Markel fueron como siempre indispensables antes, durante y después de la expedición, en la preparación rápida de mapas y datos geográficos. Adicionalmente, su ayuda en general durante la escritura y el proceso de presentación fue fabulosa. Como ya es costumbre, Tyana Wachter jugó un papel irremplazable en el inventario, poniendo siempre 200% de su tiempo (más horas extras) para asegurar que el inventario y todos los participantes no tuvieran percance alguno y solucionando cualquier problema ya sea desde Chicago, Lima, Iquitos o El Estrecho. Asimismo ¡fue un placer acompañar una vez más a Tyana en su cumpleaños en el Perú! Por otro lado, Royal Taylor, Meganne Lube, Dawn Martin y Sarah Santarelli estuvieron siempre al tanto de todas nuestras actividades en el campo para brindarnos todo su apoyo desde Chicago.

Estamos profundamente agradecidos por el apoyo del presidente del Field Museum, Richard Lariviere. Y sin la visión, liderazgo y determinación de Debby Moskovits, ninguno de los 25 inventarios rápidos del Field Museum siquiera hubiese ocurrido. Estamos muy orgullosos de ser parte de su equipo e inspirados por su inquebrantable compromiso con la conservación y el bienestar en los Andes-Amazonas.

Este inventario ha sido posible sólo gracias al soporte financiero de blue moon fund, Thomas W. Haas Foundation, Nalco Corporation, Margaret A. Cargill Foundation, Hamill Family Foundation, The Boeing Company y The Field Museum.

La meta de los inventarios rápidos —biológicos y sociales— es catalizar acciones efectivas para la conservación en regiones amenazadas que tienen una alta riqueza y singularidad biológica y cultural

Metodología

Los inventarios rápidos son estudios de corta duración realizados por expertos que tienen como objetivo levantar información de campo sobre las características geológicas, ecológicas y sociales en áreas de interés para la conservación. Una vez culminada la etapa de campo, los equipos biológico y social sintetizan sus hallazgos y elaboran recomendaciones integradas para proteger el paisaje y mejorar la calidad de vida de sus pobladores.

Durante los inventarios el equipo científico se concentra principalmente en los grupos de organismos que sirven como buenos indicadores del tipo y condición de hábitat, y que pueden ser inventariados rápidamente y con precisión. Estos inventarios no buscan producir una lista completa de los organismos presentes. Más bien, usan un método integrado y rápido para 1) identificar comunidades biológicas importantes en el sitio o región de interés y 2) determinar si estas comunidades son de valor excepcional y de alta prioridad en el ámbito regional o mundial.

En la caracterización del uso de recursos naturales, fortalezas culturales y sociales, científicos y comunidades trabajan juntos para identificar las formas de organización social, uso de los recursos naturales, aspiraciones de sus residentes, y las oportunidades de colaboración y capacitación. Los equipos usan observaciones de los participantes y entrevistas semi-estructuradas para evaluar rápidamente las fortalezas de las comunidades locales que servirán de punto de partida para programas de conservación a largo plazo.

Los científicos locales son clave para el equipo de campo. La experiencia de estos expertos es particularmente crítica para entender las áreas donde previamente ha habido poca o ninguna exploración científica. A partir del inventario, la investigación y protección de las comunidades naturales con base en las organizaciones y las fortalezas sociales ya existentes dependen de las iniciativas de los científicos y conservacionistas locales.

Una vez terminado el inventario rápido (por lo general en un mes), los equipos transmiten la información recopilada a las autoridades y tomadores de decisión regionales y nacionales quienes fijan las prioridades y los lineamientos para las acciones de conservación en el país anfitrión.

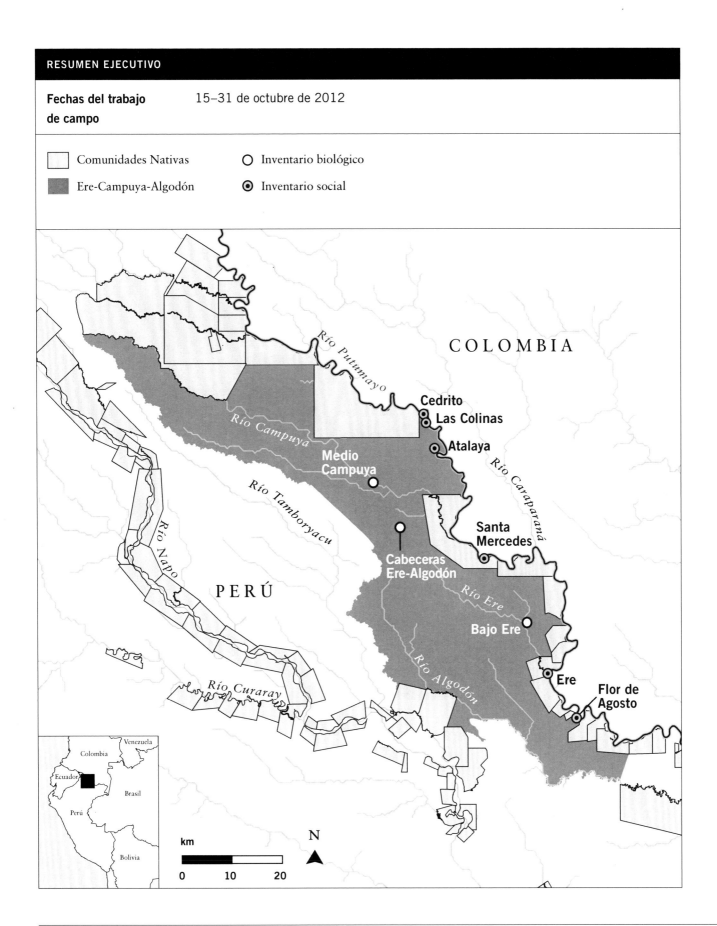

Fechas del trabajo de campo   15–31 de octubre de 2012

☐ Comunidades Nativas   ○ Inventario biológico

▨ Ere-Campuya-Algodón   ◉ Inventario social

Río Putumayo

COLOMBIA

Cedrito
Las Colinas

Río Campuya

Atalaya

Río Caraparaná

Medio
Campuya

Río Tamboryacu

Santa
Mercedes

Río Napo

Cabeceras
Ere-Algodón

Río Ere

PERÚ

Bajo Ere

Río Algodón

Río Curaray

Ere

Flor de
Agosto

Venezuela

Colombia

Ecuador

Brasil

Perú

Bolivia

km

0   10   20

N

Región	Las cuencas de los ríos Ere, Campuya y Algodón, tributarios del río Putumayo, albergan grandes extensiones de selva baja sobre suelos pobres en el norte de Loreto, Perú. La región Ere-Campuya-Algodón (900,172 ha) ha sido reconocida por el Perú y Colombia como prioridad de conservación binacional desde 1993 (PEDICP 1993). Las tres cuencas sirven como una fuente de recursos naturales para los grupos indígenas Kichwa y Murui[1] y residentes mestizos que viven a lo largo del río Putumayo en 17 asentamientos (13 comunidades nativas reconocidas y 4 anexos). Una vez protegida, la región Ere-Campuya-Algodón completaría un complejo de más de 21 millones de ha de áreas protegidas y territorios indígenas en la región fronteriza Perú-Colombia-Ecuador (Fig. 13C).

Sitios visitados (Fig. 2A)

Equipo biológico:

Cuencas de los ríos Ere y Algodón	Cabeceras Ere-Algodón	15–21 de octubre de 2012
	Bajo Ere	21–26 de octubre de 2012
Cuenca del río Campuya	Medio Campuya	26–31 de octubre de 2012

Equipo social:

Cuenca del río Putumayo	Flor de Agosto	15–19 de octubre de 2012
	Ere	19–23 de octubre de 2012
	Atalaya	23–27 de octubre de 2012
	Santa Mercedes	27–31 de octubre de 2012

Adicionalmente, el equipo social se entrevistó con representantes de las comunidades de Cedrito y Las Colinas durante su estancia en Atalaya.

El día 31 de octubre de 2012 ambos equipos presentaron públicamente los resultados preliminares del inventario en el colegio de Santa Mercedes, ante la presencia de autoridades de comunidades de la zona.

Enfoques geológicos y biológicos	Geomorfología, estratigrafía, hidrología y suelos; vegetación y flora; peces; anfibios y reptiles; aves; mamíferos medianos y grandes
Enfoques sociales	Fortalezas sociales y culturales; lazos actuales e históricos entre las comunidades a ambos lados de la frontera; demografía, economía y sistemas de manejo de recursos naturales; etnobotánica
Resultados biológicos principales	Los suelos de esta región son especialmente pobres en nutrientes y sales. Químicamente, sus aguas se encuentran entre las más puras que se han muestreado en toda la Amazonía y la Orinoquía. La variación altitudinal en la región es modesta, aproximadamente de los 132 a los 237 m sobre el nivel del mar (msnm).

[1] El grupo indígena conocido en la literatura como Huitoto se identifica regionalmente a sí mismo como Murui. En adelante utilizamos esta designación.

Durante el inventario **encontramos al menos 15 especies nuevas para la ciencia** (4 de peces y 11 de plantas) y **decenas de registros nuevos para el Perú o para la cuenca del Putumayo**. El número total de especies de plantas vasculares y vertebrados encontradas es de aproximadamente 1,700, con un estimado para la región entre 3,100 y 3,600 especies. Muchas de éstas están especializadas en bosques de suelos pobres, entre los que destaca un nuevo tipo de vegetación: un varillal que crece sobre arcilla blanca, que es el único tipo de varillal conocido al norte del río Napo.

	Especies registradas en el inventario	Especies estimadas para la región
Plantas	1,009	2,000–2,500
Peces	210	300
Anfibios	68	156
Reptiles	60	163
Aves	319	450
Mamíferos	43	71

Geología

El paisaje de las cuencas Ere-Campuya-Algodón está dominado por terrazas bajas de tierra firme, compuestas en su mayoría por rocas sedimentarias particularmente pobres en sales y nutrientes. Estas terrazas están drenadas por el río Campuya al norte, el río Ere al sur, las cabeceras del río Algodón en el occidente y la amplia planicie del Putumayo en su margen oriental. Los puntos más altos en la región superan los 200 m de altitud y se ubican 50–60 m por encima del nivel del Putumayo (Fig. 2B).

Seis formaciones geológicas y depósitos sedimentarios están expuestos en el paisaje de Ere-Campuya-Algodón: 1) la formación Pebas del Mioceno (de 5 a 12 millones de años), rica en sales y nutrientes; 2) la porción inferior de la formación Nauta (Nauta 1), depositada en el Plio-Pleistoceno (alrededor de 2 a 5 millones de años), menos fértil que la Pebas; 3) la porción superior de la formación Nauta (Nauta 2, aproximadamente 2 millones de años), mucho menos fértil que Nauta 1; 4) la formación Arenas Blancas, la unidad más pobre de todas y probablemente contemporánea con la Nauta 1; 5) depósitos fluviales del Pleistoceno (entre 2 y 0.1 millones de años), los cuales son ricos en sales y nutrientes a lo largo de los ríos que nacen en los Andes y pobres a lo largo de los otros y 6) sedimento fluvial en planicies inundables activos (0–12 miles de años). La mayoría del paisaje tiene muy pocos nutrientes y corresponde a las formaciones Nauta 1 y 2.

El agua de las quebradas y ríos que drena las terrazas y las planicies aluviales de esta región tiene la concentracion más baja de sales disueltas de todas las cuencas hasta ahora medidas en la Amazonía y la Orinoquía. Existen salientes de la formación Pebas en la margen oriental del Campuya, alineadas a lo largo de una falla antigua. Estas salientes son una gran fuente de sales (*collpas*) para los animales que las consumen

Geología (continuación)   directamente de la roca madre y beben el agua que drena de ésta. Muestreamos una *collpa* grande, conocida como el Salado del Guacamayo, cuyas aguas tienen más de 200 veces el contenido de sales que las quebradas de tierra firme aledañas (Fig. 4).

La falta de consolidación de la roca madre significa que el paisaje depende estrechamente de la cobertura boscosa para limitar su erosión. Los pocos nutrientes en los suelos indican que si la cobertura vegetal fuese eliminada, su recuperación sería especialmente lenta. Los sedimentos erosionados contaminarían quebradas y cubrirían planicies aluviales. El paisaje entero es especialmente vulnerable a esta forma de destrucción.

Vegetación y flora   Los bosques son heterogéneos y albergan especies tolerantes a suelos pobres en nutrientes, con afinidades florísticas a los bosques colombianos de los ríos Putumayo y Caquetá, el Escudo Guayanés y otros bosques de suelos pobres en Loreto. Durante 15 días de trabajo de campo registramos alrededor de 1,000 especies de plantas vasculares y estimamos que existen 2,000–2,500 especies en toda el área. Colectamos aproximadamente 700 especímenes, entre ellos 11 posibles especies nuevas para la ciencia (en los géneros *Compsoneura*, *Cyclanthus*, *Dilkea*, *Piper*, *Platycarpum*, *Qualea*, *Tetrameranthus*, *Vochysia* y *Xylopia*) y varios registros nuevos para la flora de Loreto (Figs. 5–6).

Identificamos tres grandes tipos de vegetación: 1) bosques de terrazas medias-altas de tierra firme, 2) bosques de planicie aluvial (restingas altas y bajas, bosque ribereño y cochas) y 3) humedales. Descubrimos un nuevo tipo de vegetación que denominamos varillal de arcilla blanca —semejante en estructura y composición florística a un varillal húmedo de arena blanca—, pero diferente en que todos los otros varillales conocidos hasta ahora crecen sobre arena. Estos varillales también representan el único tipo de varillal conocido en Loreto al norte del río Napo.

Encontramos un paisaje con perturbaciones frecuentes, posiblemente consecuencia de vientos fuertes y suelos inestables. En la cima de las terrazas altas encontramos parches de suelos arcillosos mal drenados con individuos de ungurahui (*Oenocarpus bataua*). No registramos las especies maderables más cotizadas del mercado como caoba (*Swietenia macrophylla*) y cedro (*Cedrela odorata*), pero registramos poblaciones sustanciales de tornillo (*Cedrelinga cateniformis*), polvillo o azúcar huayo (*Hymenaea courbaril*), granadillo (*Platymiscium* sp.), marupá (*Simarouba amara*), moenas (Lauraceae spp.) y cumalas (*Iryanthera* spp., *Osteophloeum platyspermum* y *Virola* spp.). La región también es rica en especies no maderables que incluyen a numerosas palmeras y especies de helechos arbóreos (*Cyathea* spp.) usadas con fines medicinales por los pobladores locales. Existen algunas evidencias de tala ilegal de pequeña escala, aunque esta parece ser mayor en las partes bajas de los ríos y quebradas.

Peces

La ictiofauna está preponderantemente compuesta por especies de hábitats pobres en nutrientes. Registramos un total de 210 especies en 26 sitios de muestreo en las cuencas de los ríos Ere, Campuya y Algodón. La comunidad de peces aquí incluye 20 especies anteriormente desconocidas para el sector peruano-colombiano de la cuenca del río Putumayo. Estimamos que el número de especies de la región Ere-Campuya-Algodón puede llegar a 300. De las especies registradas, cuatro son posiblemente nuevas para la ciencia (de los géneros *Charax*, *Corydoras*, *Synbranchus* y *Bujurquina*), todas asociadas a quebradas de tierra firme, y una es nueva para el Perú (*Satanoperca daemon*). Treinta y seis especies tienen hábitos migratorios (Fig. 7).

Varias de las especies encontradas son de importancia para consumo y comercio por las comunidades locales, como el emblemático paiche (*Arapaima gigas*), sábalos (*Brycon* spp. y *Salminus iquitensis*), lisas (*Leporinus* spp. y *Laemolyta taeniata*), yulillas (*Anodus elongatus*) y yahuarachis (*Potamorhina* spp.), entre otras. Aunque en las partes medias y altas de las cuencas Ere, Campuya y Algodón no detectamos actividades relacionadas con el comercio de peces ornamentales, nuestro equipo social documentó la extracción de arahuana (*Osteoglossum bicirrhosum*) en las cochas del bajo Ere y en los alrededores de Flor de Agosto. Otras especies que son explotadas para el mismo fin en otras localidades de la cuenca del Putumayo y en la Amazonía, p. ej., varias especies de cíclidos, fueron encontradas con poblaciones saludables en las áreas estudiadas.

Anfibios y reptiles

La herpetofauna de la región Ere-Campuya-Algodón destaca por el buen estado de conservación de sus comunidades. Registramos 128 especies: 68 de anfibios y 60 de reptiles. Estimamos que la zona podría albergar hasta 156 especies de anfibios y 163 de reptiles, para una herpetofauna regional de 319 especies. Esta diversidad representa la gran mayoría de la herpetofauna documentada hasta la fecha en todo Loreto (Fig. 8).

Los anfibios se encuentran representados en su mayoría por especies de distribución restringida a la porción noroeste de la Amazonía (Ecuador, sur de Colombia, noreste del Perú y extremo noroeste de Brasil). Entre estas destacan el primer registro para el Perú de la rana venenosa *Ameerega bilinguis*, anteriormente conocida solamente de Ecuador. También documentamos extensiones de rango considerables para tres otras especies de rana: *Allobates insperatus*, *Chiasmocleis magnova* y *Osteocephalus mutabor*.

Encontramos una comunidad rica de reptiles compuesta por 22 lagartijas, 31 serpientes, 3 tortugas, 2 caimanes y 1 amphisbaena. Registramos poblaciones saludables de especies de consumo amenazadas, como el motelo *Chelonoidis denticulata* —considerada Vulnerable por la UICN— y a especies consideradas en peligro crítico por la legislación peruana, como caimán de frente lisa (*Paleosuchus trigonatus*) y charapa (*Podocnemis expansa*).

Aves

Encontramos una avifauna típica del noroeste de la Amazonía con especialistas en bosques de suelos pobres y poblaciones saludables de especies de caza. Durante el inventario registramos 319 especies, así como 42 especies adicionales en la comunidad nativa de Santa Mercedes, en la cuenca del Putumayo. Estimamos que la región Ere-Campuya-Algodón contiene 450 especies de aves, aproximadamente la mitad de toda la avifauna de Loreto (Fig. 9).

La composición de la avifauna refleja los suelos pobres característicos de los bosques de tierra firme de la región. Los registros más importantes son de sus especialistas: Tirano-Pigmeo de Casquete (*Lophotriccus galeatus*), Hormiguero de Cabeza Negra (*Percnostola rufifrons*) y una especie nueva de hormiguerito (*Herpsilochmus* sp. nov.). Esta última se encuentra en proceso de descripción basado en un espécimen de la cuenca del Apayacu y la hemos registrado en inventarios anteriores en la cuenca del Putumayo. En el inventario de Ere-Campuya-Algodón fue encontrada solamente en el varillal de arcilla blanca del campamento Medio Campuya, aunque posiblemente esté presente en toda el área. La especie nueva de *Herpsilochmus* es endémica del área cuyo límite sur es formado por los ríos Napo y Amazonas y cuyo límite norte es formado por el río Putumayo. *Percnostola rufifrons jensoni*, posiblemente una especie distinta (Stotz y Díaz 2011), también está restringida a esta área. Otras especialistas de suelos pobres que encontramos incluyen a Saltarín de Corona Naranja (*Heterocercus aurantiivertex*), Trogón de Garganta Negra (*Trogon rufus*), Jacamar de Paraíso (*Galbula dea*), Batará Perlado (*Megastictus margaritatus*), Attila de Vientre Citrino (*Attila citriniventris*) y Mosquero de Garganta Amarilla (*Conopias parvus*).

La mayoría de las poblaciones de especies de caza está bien representada, especialmente Paujil de Salvin (*Mitu salvini*), pucacunga o Pava de Spix (*Penelope jacquacu*) y Trompetero de Ala Gris (*Psophia crepitans*). Las *collpas* juegan un papel crítico en la región para suplir la falta de sales y nutrientes para guacamayos, loros, periquitos y otras especies de aves grandes.

Mamíferos medianos y grandes

Los mamíferos se encuentran en excelente estado de conservación. Mediante observaciones directas, indirectas y encuestas, reportamos 43 especies de mamíferos medianos y grandes, estimando alrededor de 71 para las cuencas Ere-Campuya-Algodón.

Observamos poblaciones abundantes de primates como huapo negro (*Pithecia monachus*), pichico (*Saguinus nigricollis*), machín blanco (*Cebus albifrons*), así como especies amenazadas por la sobrecaza en otras áreas de Loreto, como mono choro (*Lagothrix lagotricha*), sachavaca (*Tapirus terrestris*), sajino (*Pecari tajacu*) y huangana (*Tayassu pecari*). Una observación destacada en el campamento Medio Campuya fue perro de monte (*Speothos venaticus*), una especie registrada muy pocas veces en Loreto. A dos horas de la comunidad de Santa Mercedes el equipo social observó un perro de orejas cortas (*Atelocynus microtis*). Este es el primer inventario, de 11 llevados a cabo en Loreto, en el cual ambas especies de perros fueron avistadas.

Las cuencas albergan 34 especies bajo alguna categoría de amenaza, entre las que resaltan mono choro, sachavaca, sajino y otorongo (*Panthera onca*). Lobo de río (*Pteronura brasiliensis*) y nutria de río (*Lontra longicaudis*) son vistos comúnmente por los pobladores locales como una amenaza para la disponibilidad de los recursos pesqueros; los registros frecuentes de estas especies indican el buen estado de conservación de los hábitats acuáticos. Los bosques en buen estado de conservación y la existencia de hábitats clave, como las *collpas*, constituyen elementos esenciales para el sustento de las poblaciones de mamíferos en la zona (Fig. 10).

Comunidades humanas

Las comunidades en la región Ere-Campuya-Algodón están asentadas a lo largo del río Putumayo, con la excepción de un anexo ubicado en el río Campuya. Existen actualmente 1,144 habitantes en 17 asentamientos (13 comunidades y 4 anexos), compuestos por poblaciones indígenas de las etnias Kichwa y Murui, así como una población mestiza. La economía familiar es de subsistencia, complementada con la venta de recursos del bosque, chacras y cuerpos de agua. Las comunidades realizan una agricultura rotativa y diversificada de pequeña escala con huertos familiares. Estas costumbres ancestrales de uso y manejo de recursos han mantenido los bosques y cuerpos de agua saludables, y han favorecido la soberanía alimentaria de estas poblaciones (Fig. 11).

La población de la zona mantiene un fuerte vínculo con su entorno, lo cual se refleja en sus prácticas tradicionales de uso y manejo del territorio a pesar de una larga historia de desplazamientos forzosos y explotación tanto humana como de recursos naturales (p. ej., la bonanza de caucho a principios del siglo XX). Sin embargo, las comunidades de la zona aún enfrentan varios retos para la defensa de su riqueza natural y cultural. El sistema actual de manejo de recursos naturales, principalmente la extracción de madera mediante el sistema de habilito (enganche y endeude), es promovido por comerciantes colombianos. Esta práctica genera conflictos internos entre las comunidades por el acceso a recursos madereros y genera ciclos préstamo-deuda que se extienden por mucho tiempo. También existen iniciativas a nivel regional de abrir dos trochas carrozables entre las cuencas del Napo y Putumayo, las cuales resultarían en mayor presión sobre los bosques (colonización y especulación de tierras, extracción de recursos a grande escala, erosión y sedimentación de los ríos) y sobre las vidas de las personas que dependen de estos bosques.

De este complejo contexto económico y social resaltamos varias fortalezas sociales y culturales que persisten. Las principales fortalezas son 1) la organización comunal tradicional, 2) la integración intercultural entre las poblaciones Murui, Kichwa y mestiza del Perú y Colombia, 3) las fuertes redes de apoyo familiar y mecanismos de

Comunidades humanas (continuación)	reciprocidad que fortalecen la economía familiar y la distribución de los recursos y 4) un amplio conocimiento de los bosques, ríos y humedales de la región, así como de su biodiversidad. Estas fortalezas representan una base muy sólida para el manejo y conservación de largo plazo de los recursos naturales dentro del inmenso complejo de tierras indígenas y áreas protegidas que comprende los dos lados del río Putumayo.
Estado actual	Las cuencas de los ríos Ere, Campuya y Algodón han sido **una de las tres áreas prioritarias para conservación en la cuenca del Putumayo reconocidas desde hace dos décadas** (PEDICP 1993). En los últimos años, la **Ordenanza Regional para proteger las cabeceras de cuenca** (020-2009-GRL-CR, publicada en 2009) fue complementada por otra que identifica **las cabeceras de los ríos Campuya, Ere y Algodón como alta prioridad** en Loreto (OR 005-2013-GRL-CR). Aunque actualmente no existen lotes petroleros en el área, gran parte de esta zona (>80%) tiene Bosques de Producción Permanente (BPP) superpuestos (Ley 27308, publicada en 2000) y por lo tanto corre el riesgo de ser sometido a la tala comercial en el futuro. La conservación de la región Ere-Campuya-Algodón requiere que los límites de los BPPs sean redimensionados.
Fortalezas principales	01 **Zona prioritaria identificada desde 1993 para la conservación binacional (Perú-Colombia) y para la protección de las cabeceras de sus cuencas** 02 **Una vasta extensión de bosques intactos con características biológicas y geológicas singulares:** suelos muy pobres, aguas de excepcional pureza y organismos adaptados a estas condiciones 03 Parte crítica de **un corredor peruano de tierras indígenas y áreas de conservación de más de 3.2 millones de hectáreas,** desde la frontera con Brasil hasta la frontera con Ecuador (Fig. 13C) 04 Parte crítica de **un corredor trinacional (Perú-Colombia-Ecuador) de tierras indígenas y áreas de conservación de más de 21 millones de hectáreas,** capaz de sustentar la continuidad de procesos ecológicos y evolutivos en el norte de la Amazonía (Fig. 13C) 05 Interés de las comunidades nativas del río Putumayo en crear **una figura legal que les permita cuidar y manejar el área a largo plazo** 06 **Comunidades nativas con conocimientos tradicionales amplios de uso y manejo de recursos naturales**
Objetos de conservación	01 **Las cabeceras de los ríos Ere, Campuya y Algodón, de alta prioridad regional** 02 **Aguas extremadamente puras,** las cuales tienen un contenido de sales muy bajo

03 Bosques que crecen sobre suelos extremadamente pobres en nutrientes y que albergan:

  – **Un hábitat hasta ahora desconocido en la Amazonía, el varillal de arcilla blanca,** florísticamente similar pero geográficamente distante de los varillales emblemáticos conocidos en Loreto

  – **Una flora y fauna diversa de suelos amazónicos pobres,** con más de la mitad de los anfibios y reptiles de Loreto, por lo menos 20 especies de peces nunca antes registradas para el sector peruano-colombiano y comunidades de aves de suelos pobres distintos de las del sur de la Amazonía

  – Turberas tropicales extensas en la antigua planicie del río Putumayo, **importantes como grandes almacenes de carbono**

  – Impresionantes *collpas* dispersas en el paisaje, **fuentes críticas de sales y otros nutrientes vitales para mamíferos y aves**

04 **Poblaciones saludables de especies de importancia económica** (paiche, arahuana, huangana, sajino, paujil) que localmente contribuyen a **la buena nutrición humana**

05 **Chacras diversificadas, diferentes artes de pesca, sistemas de rotación de cochas y manejo de *collpas* y *purmas*** que garantizan la integridad del bosque y cuerpos de agua

06 **El flujo intercultural de las comunidades entre el Perú y Colombia,** su fuerte vínculo a los recursos del bosque, y el patrullaje y vigilancia informal de los recursos naturales

Amenazas principales	01 La propuesta de construir **dos carreteras** al lado sureste del área —Flor de Agosto-Puerto Arica y Buenavista-Mazán-Salvador-Estrecho— que **traerían una gama enorme de impactos ambientales y sociales negativos,** como los documentados en otras partes de la Amazonía (Fig. 12A–B)

02 **Dragas y extracción artesanal de oro que causan contaminación y toxicidad por mercurio en la fauna y flora acuática** con impactos en la salud de la población local, además de inequidades sociales y conflictos en las comunidades

03 **La errónea designación de los suelos como aptos para agricultura y aprovechamiento forestal** reflejada en los mapas de suelos gubernamentales; los resultados de nuestro inventario rápido comprueban que es **un área de suelos extremadamente pobres con ninguna aptitud para estas actividades** y que son **muy vulnerables a la erosión**

04 **Discriminación y desvalorización de la cultura indígena**

05 **Actividades ilegales en la frontera Perú-Colombia, como narcotráfico y guerrilla,** exacerbada por una presencia tenue y dispersa de las autoridades del Estado

Recomendaciones principales

01 Establecer **un área de conservación y uso sostenible** a favor de las comunidades locales que abarque **las cuencas de los ríos Ere, Campuya y Algodón**. El área, que redimensiona la antigua propuesta del PEDICP, protegería **900,172 hectáreas de bosques diversos** asociados a suelos pobres en nutrientes (Fig. 2A)

02 Establecer **un sistema de manejo y protección de las cuencas Ere-Campuya-Algodón** con estrecha participación de las comunidades locales, sus organizaciones y las entidades gubernamentales competentes

03 **Asegurar la conservación de la cobertura boscosa** de estas cuencas con suelos particularmente frágiles e incompatibles con agricultura y tala comercial de gran escala

04 **Coordinar e integrar el manejo** de las cuencas de los ríos Ere, Campuya y Algodón con las áreas adyacentes **en el Perú y Colombia**

05 **Planificar y ejecutar acciones conjuntas** entre las agencias gubernamentales competentes y las poblaciones locales de ambos países **para reducir, y eventualmente eliminar, la extracción ilegal de madera y oro** de las tres cuencas, además del área del río Putumayo donde desembocan

¿Por qué Ere-Campuya-Algodón?

Al norte de Iquitos se encuentra una de las áreas silvestres más ricas de la tierra. Usando cualquier indicador —árboles, anfibios, aves, mamíferos— los bosques a lo largo del río Putumayo albergan la mayor diversidad biológica del planeta. Estos bosques también son un nodo de diversidad cultural excepcional, donde sus pueblos indígenas están explorando nuevas estrategias para preservar sus lenguas, costumbres, ríos y bosques.

Tanto el Perú como Colombia reconocen que conservar esta cuenca es de importancia crítica. En la década de 1970, Colombia comenzó el ensamble de un mosaico de parques nacionales y resguardos indígenas que ahora protege 16 millones de hectáreas. En el Perú, la conservación ha ganado ímpetus en los últimos cinco años con cuatro nuevas áreas protegidas y un área de conservación regional propuesta que en conjunto cubren más de 2 millones de hectáreas.

Una pieza clave del rompecabezas de conservación queda pendiente de colocarse. Para llegar de Iquitos al corredor de conservación del Putumayo, uno debe cruzar 200 km de bosques sin protección en el Perú —como aquellos de las cuencas de los ríos Ere, Campuya y Algodón, amenazados por la explotación petrolera, minería, tala de bosques, construcción de caminos y la caza sin regulación efectiva. La región Ere-Campuya-Algodón fue reconocida por el gobierno peruano como una prioridad de conservación desde 1993 y subsecuente —y erróneamente— clasificada como apta para la agricultura y manejo forestal. De hecho, los suelos de Ere-Campuya-Algodón son tan pobres que las aguas de sus ríos y quebradas tienen los valores de pureza más altos registrados en la Amazonía. Estas cuencas también poseen marcas mundiales de biodiversidad de plantas y vertebrados, muchos de los cuales se consideran amenazados a nivel mundial.

Hoy, estas cuencas están parcialmente salvaguardadas por comunidades Murui y Kichwa que tienen la determinación de preservar los recursos naturales de los cuales han dependido por siglos. Aunada a la Reserva Comunal Airo Pai al occidente y la propuesta Área de Conservación Regional Maijuna al oriente, una nueva área protegida en Ere-Campuya-Algodón podrá consolidar un gran corredor de conservación peruano en una de las áreas silvestres más espectaculares del mundo, y podrá además crear un corredor trinacional de más de 21 millones de hectáreas a lo largo del río Putumayo.

FIG. 1 El gran río Putumayo es vital para las comunidades de la región Ere-Campuya-Algodón, en el norte de la Amazonía peruana/The great Putumayo River is vital for the communities of the Ere-Campuya-Algodón region, in northern Amazonian Peru

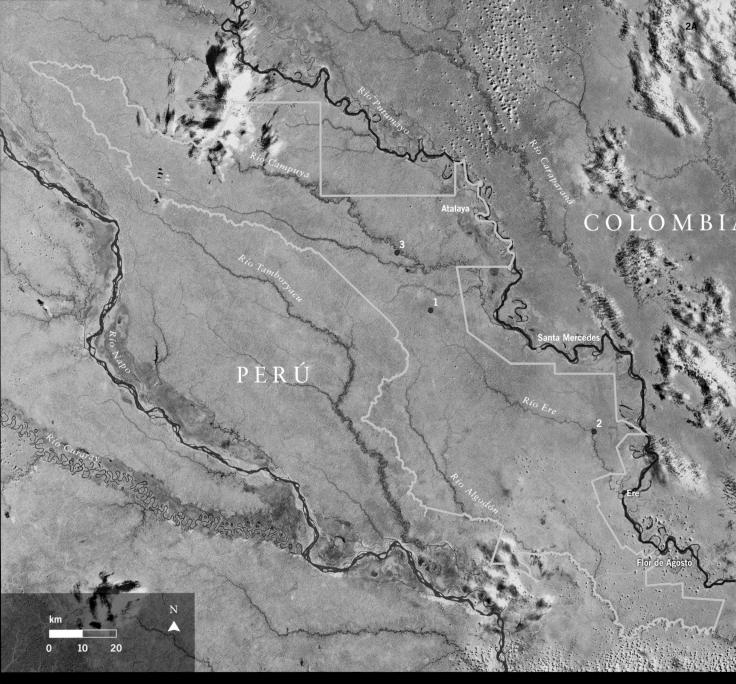

Río Putumayo

Río Campuya

COLOMBIA

Río Carapaná

Atalaya

3

Río Tamboryacu

1

Río Napo

PERÚ

Santa Mercedes

Río Ere

2

Río Curaray

Río Algodón

Ere

Flor de Agosto

km

0   10   20

N

Colombia

Ecuador

Perú

Brasil

FIG. 2A Sitios de inventarios social y biológico en una imagen de satélite de 2008 de la región Ere-Campuya-Algodón del norte del Perú/Social and biological inventory sites on a 2008 satellite image of the Ere-Campuya-Algodón region of northern Peru

● Inventario biológico/
Biological Inventory
1 Cabeceras Ere-Algodón,
2 Bajo Ere, 3 Medio Campuya

● Inventario social/
Social Inventory

— La región Ere-
Campuya-Algodón/The Ere-
Campuya-Algodón region

— Frontera internacional a lo largo del río Putumayo/
International border along the Putumayo River

Río Putumayo

Río Campuya

Río Caraparaná

COLOMBIA

Río Tamboryacu

Río Napo

PERÚ

Río Ere

Río Curaray

Río Algodón

N

10   20

FIG. 2B Las comunidades indígenas se alinean con los dos principales ríos —el Napo y el Putumayo— que delimitan la región Ere-Campuya-Algodón, al norte y al sur. Las elevaciones dentro del área propuesta varían desde los 125 hasta los 237 m sobre el nivel del mar/Indigenous communities line the two major rivers—the Napo and the Putumayo—that bound the Ere-Campuya-Algodón region to the north and south. Elevations within the proposed area vary from 125 to 237 m above sea level

Communidad nativa titulada/ Titled indigenous community

Elevación/Elevation

■ < 170 m

■ 170–205 m

■ > 205 m

— La región Ere-Campuya-Algodón/The Ere-Campuya-Algodón region

— Frontera internacional a lo largo del río Putumayo/ International border along the Putumayo River

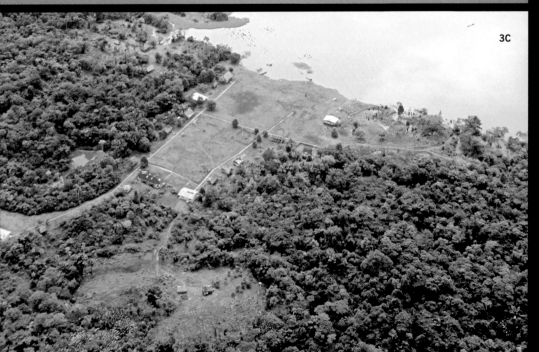

FIG. 3 Aproximadamente 1,200 habitantes Murui, Kichwa y mestizos viven a lo largo del Putumayo, justo al norte de las cuencas del Ere, Campuya y Algodón. Durante el inventario rápido visitamos cuatro de estas comunidades: Santa Mercedes, Atalaya, Flor de Agosto y Ere. El sustento de las familias de la región depende de los bosques y ríos que les rodean/Approximately 1,200 Murui, Kichwa, and *mestizo* residents live along the Putumayo, just north of the Ere, Campuya, and Algodón watersheds. During the rapid inventory we visited four of these communities: Santa Mercedes, Atalaya, Flor de Agosto, and Ere. Families in the region depend on the surrounding forests and rivers for their livelihoods

3A La comunidad nativa de Ere (Murui, población: 90)/The native community of Ere (Murui, population 90)

3B La comunidad nativa de Santa Mercedes (Kichwa, población: 337)/ The native community of Santa Mercedes (Kichwa, population 337)

3C La comunidad nativa de Flor de Agosto (Murui, población: 75)/ The native community of Flor de Agosto (Murui, population 75)

3D El río Ere drena una cuenca de suelos extremadamente pobres y sus aguas tienen las conductividades más bajas documentadas hasta la fecha en la Amazonía peruana/ Draining a watershed with extremely poor soils, the Ere River has the lowest-conductivity waters documented to date in the Peruvian Amazon

3E De igual manera que el Ere, el río Campuya nunca había sido visitado por biólogos antes de este inventario/ Like the Ere, the Campuya River had never been visited by biologists before this rapid inventory

3F El Algodón es el segundo mayor tributario del Putumayo en el Perú, con una cuenca de cerca de un millón de hectáreas/With a watershed of nearly one million hectares, the Algodón is the second largest tributary of the Putumayo in Peru

3G Los bosques situados a lo largo de esta porción remota del río Putumayo —que forma la frontera entre el Perú y Colombia— están excepcionalmente bien conservados/ Forests along this remote stretch of the Putumayo River—which forms the Peru-Colombia border—remain exceptionally well preserved

3D 3E 3F

3G

FIG. 4 Los suelos en este paisaje de tierras bajas, donde las colinas nunca superan los 250 m, son extremadamente pobres en nutrientes/The soils in this rolling lowland landscape, where hilltops never exceed 250 m, are extremely poor in nutrients

4A En este ambiente de escasos nutrientes, los parches pequeños de suelos ricos se convierten en collpas que son frecuentemente visitadas por animales que necesitan sales —y por los cazadores/

In this nutrient-starved landscape, small patches of rich soils become mineral licks that are heavily visited by animals seeking salts— and hunters seeking game

4B Los fragmentos de cerámica encontrados cerca de una collpa sugieren una larga historia de actividad humana/Pottery fragments documented near one mineral lick suggest a long history of human use

4C El geólogo Robert Stallard midió el pH y la conductividad de cochas, quebradas y ríos durante el inventario/Geologist Robert Stallard measured pH and conductivity of lake, stream, and river water during the inventory

4D Salientes dispersas con suelos pobres de la formación Nauta se encuentran en muchos puntos de la región Ere-Campuya-Algodón/ Outcrops of the poor-soil Nauta Formation dot the Ere-Campuya-Algodón region

4E Condiciones como las ofrecidas por este tronco caído ofrecen a las plántulas una rara oportunidad para evitar los suelos pobres en nutrientes/Nurse trees like this fallen log offer seedlings a rare escape from the nutrient-poor soil conditions

4F La gran precipitación pluvial y los suelos escasos en nutrientes se combinan para producir unas de las aguas corrientes más puras de la Amazonía/Heavy rainfall and severely leached soils combine

4E

4F

to generate some of the purest streamwater ever studied in Amazonia

4G Los nidos de hormigas cortahojas, usualmente construidos bajo el suelo, se encuentran aquí sobre el nivel del suelo, quizá a causa de suelos pobres e inestables/Usually built underground, leaf-cutter ant nests here occur above ground level, perhaps as a result of the poor, unstable soils

4H Una rara roca de cuarcita, encontrada en un lecho compuesto en su mayoría de arcilla y arena, destaca la conexión con el Escudo Guayanés que emerge tan solo 50 km al norte de la región visitada/A rare quartzite boulder found in the mostly sand and clay streambeds highlights connections to the Guiana Shield, which outcrops just 50 km north of the region visited

4G

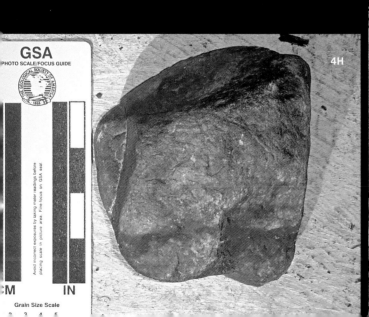

4H

FIG. 5 El paisaje de Ere-Campuya-Algodón es un mosaico variado de tipos de suelos, bosques y hábitats acuáticos/The Ere-Campuya-Algodón landscape is a varied patchwork of soil types, forests, and aquatic habitats

5A Las cochas, un recurso clave para peces y otros animales, son comunes en las planicies aluviales de los ríos Ere, Campuya y Algodón/Oxbow lakes, a key resource for fish and other animals, are a common feature of the Ere, Campuya, and Algodón floodplains

5B En la planicie aluvial del Campuya, los botánicos encontraron parches de suelos de arcilla blanca que albergan un tipo de vegetación nunca antes visto: los varillales de arcilla blanca/On the Campuya floodplain botanists found patches of white-clay soils harboring a never-before-seen forest type: white-clay *varillales*

5C La vegetación enana en estos suelos de arcilla blanca es muy similar a los varillales de arena blanca que se encuentran cerca de Iquitos/The stunted vegetation on these white-clay soils strongly resembles the iconic white-sand forests, known as *varillales*, around Iquitos

5D Un conspicuo árbol en floración visto durante el sobrevuelo es una nueva especie del género *Qualea*/A prominent flowering tree seen during the overflight is a new species in the genus *Qualea*

5E Las grandes turberas en la planicie aluvial del bajo Algodón son importantes depósitos de carbono/Large peat swamps on the floodplains of the lower Algodón are important storehouses of carbon

5F Los botánicos estiman que en el área habitan 2,500 especies de plantas, de las cuales cerca de la mitad son árboles/Botanists estimate that the area is home to 2,500 plant species, roughly half of which are trees

5D

5E

5F

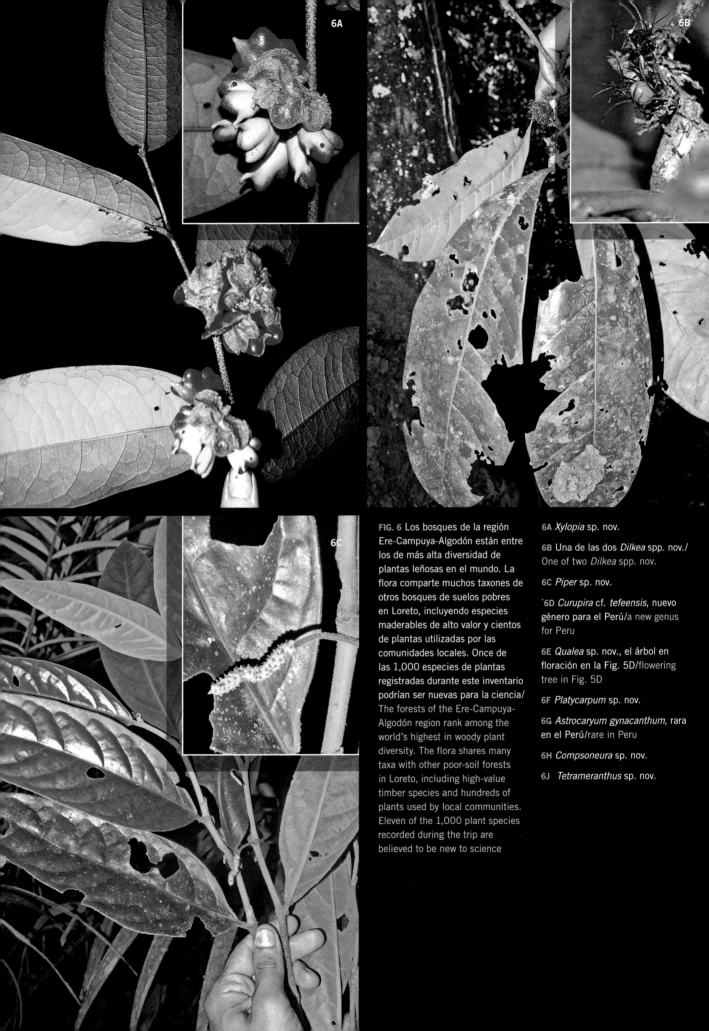

FIG. 6 Los bosques de la región Ere-Campuya-Algodón están entre los de más alta diversidad de plantas leñosas en el mundo. La flora comparte muchos taxones de otros bosques de suelos pobres en Loreto, incluyendo especies maderables de alto valor y cientos de plantas utilizadas por las comunidades locales. Once de las 1,000 especies de plantas registradas durante este inventario podrían ser nuevas para la ciencia/ The forests of the Ere-Campuya-Algodón region rank among the world's highest in woody plant diversity. The flora shares many taxa with other poor-soil forests in Loreto, including high-value timber species and hundreds of plants used by local communities. Eleven of the 1,000 plant species recorded during the trip are believed to be new to science

6A *Xylopia* sp. nov.

6B Una de las dos *Dilkea* spp. nov./ One of two *Dilkea* spp. nov.

6C *Piper* sp. nov.

`6D *Curupira* cf. *tefeensis*, nuevo género para el Perú/a new genus for Peru

6E *Qualea* sp. nov., el árbol en floración en la Fig. 5D/flowering tree in Fig. 5D

6F *Platycarpum* sp. nov.

6G *Astrocaryum gynacanthum*, rara en el Perú/rare in Peru

6H *Compsoneura* sp. nov.

6J *Tetrameranthus* sp. nov.

7A

7B

7C

7D

7E
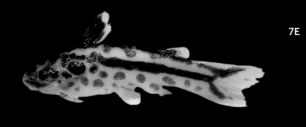

7F

7G

7H

7K

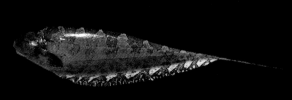

7L

7M

7N

7A Los ictiólogos registraron 210 de las 300 especies que se estiman para la región, incluidas cuatro especies nuevas para la ciencia y 20 nunca antes registradas en la cuenca del Putumayo/The ichthyologists recorded 210 of the 300 fish species believed to occur in the region, including four species new to science and 20 never before recorded in the Putumayo watershed

7B *Satanoperca daemon*, nueva para el Perú/new for Peru

7C *Pyrrhulina semifasciata*, nuevo registro para la cuenca del Putumayo/new for the Putumayo watershed

7D *Bujurquina* sp. nov.

7E *Tatia gyrina*, nueva para la cuenca del Putumayo/new for the Putumayo watershed

7F *Corydoras* sp. nov.

7G *Lycengraulis batesii*, nueva para la cuenca del Putumayo/new for the Putumayo watershed

7H *Acestrorhynchus abbreviatus*, nueva para la cuenca del Putumayo/new for the Putumayo watershed

7J–N Muchos de los peces de la región Ere-Campuya-Algodón son de importancia económica/Many of the fish recorded in the Ere-Campuya-Algodón region are economically valuable

7J *Brycon melanopterus*, un pez comestible muy valorado en las comunidades locales/a food fish prized by local communities

7K *Steatogenys elegans*, una especie ornamental notablemente camuflada/a strikingly camouflaged ornamental

7L *Charax* sp. nov., una potencial especie ornamental/a potential ornamental

7M *Carnegiella strigata*, una especie ornamental/an ornamental

7N *Synbranchus* sp. nov., uno de los peces de agua dulce más impresionantes del Perú/one of the most striking freshwater fish in Peru

8A

8C

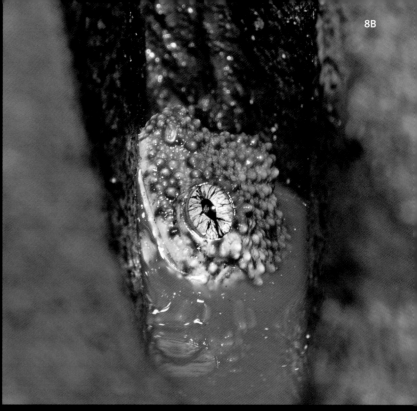

8B

8D

8E

8F

8G

FIG. 8 Los resultados del inventario rápido sugieren que la región Ere-Campuya-Algodón alberga la mayoría de las especies de anfibios y reptiles conocidas en el norte del Perú / The results of the rapid inventory suggest that the Ere-Campuya-Algodón region harbors most amphibian and reptile species currently known from northern Peru

8A Este es el segundo registro para el Perú de la rana nodriza *Allobates insperatus* / This is the second Peruvian record of the rocket frog *Allobates insperatus*

8B Capturamos las primeras grabaciones del canto de la rana *Ecnomiohyla tuberculosa*. Los pobladores locales han creído por mucho tiempo que se trataba del canto de la víbora shushupe, *Lachesis muta* / We captured the first recordings ever of the call of the treefrog *Ecnomiohyla tuberculosa*. Local people have long believed this to be the 'song' of the bushmaster, *Lachesis muta*

8C La rana *Nyctimantis rugiceps* es restringida al noroccidente de la cuenca amazónica (Perú, Colombia y Ecuador) / The frog *Nyctimantis rugiceps* is restricted to northwestern Amazonia (Peru, Colombia, and Ecuador)

8H

8J

8K

8L

8M

8N

8O

8D El primer registro para el Perú de la rana venenosa *Ameerega bilinguis*/ The poison frog *Ameerega bilinguis*, a first record for Peru

8E La rana microhílida *Chiasmocleis magnova*, endémica de Loreto/ The microhylid frog *Chiasmocleis magnova*, endemic to Loreto

8F El registro de la rana *Osteocephalus mutabor* representa una extensión de rango de 300 km/ The frog *Osteocephalus mutabor*, a 300-km range extension

8G *Ecnomiohyla tuberculosa* (Fig. 8B)

8H *Liophis typhlus*, una culebra de amplia distribución en la Amazonía/a widely distributed Amazonian snake

8J La lagartija *Enyalioides laticeps*/ *Enyalioides laticeps*, the Amazon wood lizard

8K-N Cuatro de las seis especies de serpientes viperinas conocidas en Loreto fueron registradas en el inventario/Four of the six viper species known for Loreto were recorded during the inventory

8K *Bothrops atrox*, jergón/ fer-de-lance

8L *Bothriopsis taeniata*/speckled forest pitviper

8M *Bothrocophias hyoprora*, pudridora/Amazonian toad-headed pitviper

8N *Bothrops brazili*, jergón shushupe/Brazil's lancehead

8O *Cercosaura argulus*, una lagartija diurna común/a common diurnal lizard

9A

9B

9C

9D

9B *Schiffornis turdina* está frecuentemente asociada a bosques de suelos pobres, aunque no es exclusiva de éstos/*Schiffornis turdina* is frequently associated with, but not exclusive to, poor-soil forests

9C *Megastictus margaritatus* tiene un rango de distribución amplio en la Amazonía occidental y central; habita bosques de suelos pobres/ *Megastictus margaritatus* has a large range spanning western and central Amazonia and occupies forests that grow on poor soils

9D *Heterocercus aurantiivertex* se encuentra frecuentemente asociada a los bosques que crecen en suelos pobres/*Heterocercus aurantiivertex* is frequently associated with forests that grow on poor soils

9E *Penelope jacquacu* es una de las especies de caza más frecuentemente registradas/ *Penelope jacquacu* is one of the most common game species in the region

9F Observamos tres *Nothocrax urumutum* en nuestras trochas. Esta especie de caza nocturna es frecuentemente escuchada pero raramente vista/We saw three *Nothocrax urumutum* on the trails.

FIG. 9 Dos grupos de aves se destacan en la región Ere-Campuya-Algodón: las especialistas en suelos pobres, muchas de ellas con rangos de distribución restringida, y las aves de caza que son de interés para los pobladores locales/Two groups of birds stand out in the Ere-Campuya-Algodón region: poor-soil specialists, many of them with restricted ranges, and game birds that are prized by local people

9A *Lophotriccus galeatus* pertenece a un pequeño grupo de especialistas de bosques de suelos pobres encontrados durante este inventario/*Lophotriccus galeatus* belongs to a small set of poor-soil specialists found during this inventory

This nocturnal game bird is often heard but rarely seen

9G Todos nuestros registros de *Mitu salvini* son de la cuenca del río Ere; esta especie aparentemente está ausente del campamento Medio Campuya / All our records of *Mitu salvini* are from the Ere River basin; the species is apparently absent from the Medio Campuya campsite

9H Los trompeteros (*Psophia crepitans*) son cazados por residentes locales / *Psophia crepitans* is hunted by local residents

9F

9G

9H

FIG. 10 La diversa comunidad de mamíferos de Ere-Campuya-Algodón incluye poblaciones saludables de especies de caza y al menos 34 especies amenazadas globalmente o en el Perú/ The diverse mammal community of Ere-Campuya-Algodón includes healthy populations of game species and at least 34 species threatened globally or within Peru

10A *Cebus albifrons*, machín blanco/white-fronted capuchin

10B *Pecari tajacu*, sajino/ collared peccary

10C *Atelocynus microtis*, el raro perro de orejas cortas/the rare short-eared dog

10D *Speothos venaticus*, el raro perro de monte/the rare bush dog

10E La huangana, *Tayassu pecari*, es una de las especies de caza más apreciadas en la cuenca del río Putumayo/ *Tayassu pecari* is one of the most prized game species in the Putumayo River watershed

10F El lobo de río *Pteronura brasiliensis*, en peligro de extinción en el Perú/ The giant river otter *Pteronura brasiliensis*, Endangered in Peru

10G La collpa Iglesia es una de las más grandes y frecuentemente visitadas en la región Ere-Campuya-Algodón/Collpa Iglesia is one of the largest and most commonly visited mineral licks in the Ere-Campuya-Algodón region

11A

11E

FIG. 11 El inventario social encontró que más del 70% de la economía familiar está cubierta por recursos naturales de ríos y bosques/The social inventory found that more than 70% of household needs are satisfied by natural resources

11A Los residentes locales pescan más de 60 especies diferentes para consumirlas como alimento/ Local residents harvest more than 60 different fish species for food

11B El río Ere recibe su nombre del irapay, la palmera común del sotobosque utilizada para techar casas/The Ere River is named after a common understory palm whose leaves are valued as thatch

11C Expertos Murui y Kichwa ayudaron a preparar una guía fotográfica para identificar las plantas comúnmente usadas/ Murui and Kichwa plant experts helped prepare a photo guide to useful plants

11D Dos comunidades locales visitadas tienen piscigranjas para criar especies nativas/Two local communities we visited are taking part in initiatives to farm native fishes

11E Las canoas, de primera necesidad en este paisaje fluvial, se construyen durante las tradicionales mingas con participación comunal/ Canoes, a must-have in this riverine landscape, are constructed in the traditional fashion by communal work parties known as *mingas*

11F Las iniciativas locales para preservar idiomas, costumbres y artesanías son cualidades fuertes de estas comunidades/Local initiatives to preserve traditional languages, customs, and handicrafts are strong features of these communities

11G–H La yuca se cultiva en chacras para preparar el masato, la bebida amazónica esencial/ Manioc harvested in diverse, small-scale farm plots is used to prepare the quintessential Amazonian beverage *masato*

11J Los equipos social y biológico incluyeron expertos del Perú, Colombia y otros países/The social and biological inventory teams brought together specialists from Peru, Colombia, and several other countries

11K Los talleres participativos ofrecieron una oportunidad de reflexionar sobre las estrategias para fortalecer a las comunidades y proteger sus recursos naturales/ Participatory workshops provided an opportunity to reflect on strategies to strengthen communities and to protect their natural resources

11L Las comunidades de hoy son creativas y dinámicas pese a su dolorosa historia de esclavitud y genocidio durante la era del caucho/Despite a painful history of slavery and genocide during the rubber boom, indigenous communities today are dynamic and resourceful

11M La dieta de los pueblos que viven en la región Ere-Campuya-Algodón es rica en peces de río y productos de sus chacras como la yuca/The diet of people in the Ere-Campuya-Algodón region is rich in fish and garden produce such as manioc

11N Las chacras son manejadas como sistemas agroforestales diversos, rotando entre cultivos anuales y árboles frutales perennes/Farm plots are managed as diverse agroforestry systems, cycling between annual food crops and perennial fruit trees

11B

11C

11D

11F

11G

11H

11J

11K

11L

11M

11N

NAVEGACION LA AMAZONIA

COLOMBIA

Río Campuya

Río Putumayo

Río Tamboryacu

Río Napo

Río Ere

Río Curaray

Río Algodón

Flor de Agosto

San Antonio del Estrecho

Puerto Arica

PERÚ

Buena Vista

Colombia

Ecuador

Perú

Brasil

km

0   10   20

N

FIG. 12A Los bosques y los ríos están bajo presión por toda la cuenca amazónica, incluso en regiones tan remotas como Ere-Campuya-Algodón y enfrentan crecientes desafíos a la diversidad biológica y cultural. Esta página ilustra algunas de las principales amenazas en la región/Forests and rivers are under pressure across the Amazon basin, and even regions as remote as Ere-Campuya-Algodón face mounting challenges to biological and cultural diversity. This page illustrates some of the leading threats to the region

FIG. 12B La futura construcción de dos carreteras en la región amenaza con abrir un ciclo peligroso e insostenible de colonización, deforestación y extracción de recursos naturales/Two highways slated for construction in the region threaten to open a dangerous and unsustainable cycle of colonization, deforestation, and natural resource extraction

— La región Ere-Campuya-Algodón/The Ere-Campuya-Algodón region

■ Bosques de Producción Permanente/Designated for forestry

▨ Sobreposición/Overlap

— Carretera propuesta/Proposed road

— Frontera internacional/International border

FIG. 12C Dragas de extracción de oro como ésta así como operaciones de extracción de oro más pequeñas artesanales activas a lo largo del Putumayo representan graves riesgos para la calidad del agua y los ecosistemas acuáticos/Gold-mining dredges like this one and smaller artisanal gold mining operations active along the Putumayo pose serious risks for water quality and aquatic ecosystems

12B

12D

FIG. 12D Los impactos negativos de actividades no reguladas como la caza, la pesca y la recolección de huevos de tortuga están impulsando nuevas iniciativas por parte de la comunidad para proteger y manejar los recursos naturales/The negative impacts of unregulated hunting, fishing, and turtle egg collecting are spurring new community initiatives to protect and manage natural resources

FIG. 12E Más del 80% de la región Ere-Campuya-Algodón está designada para la producción de madera, una actividad que es totalmente incompatible con sus suelos frágiles/More than 80% of the Ere-Campuya-Algodón region is currently designated for timber production—an activity that is entirely incompatible with its fragile soils

FIG. 13 Estos tres mapas de la región fronteriza Perú-Ecuador-Colombia muestran el crecimiento de las áreas protegidas y las tierras administradas por pueblos indígenas durante el periodo 1975–2013. Juntas, las áreas protegidas y propuestas en el mapa más reciente constituyen un corredor de conservación trinacional de más de 21 millones de hectáreas/These three maps of the Peru-Ecuador-Colombia border area illustrate the growth of protected areas and indigenous-managed lands between 1975 and 2013. Together, the protected and proposed areas shown in the most recent map constitute a trinational conservation corridor of more than 21 million hectares

■ Áreas de protección estricta/
Strictly protected areas

■ Tierras indígenas o áreas de
desarrollo sostenible/
Indigenous lands or sustainable
use areas

■ Áreas propuestas/
Proposed areas

— Frontera internacional/
International border

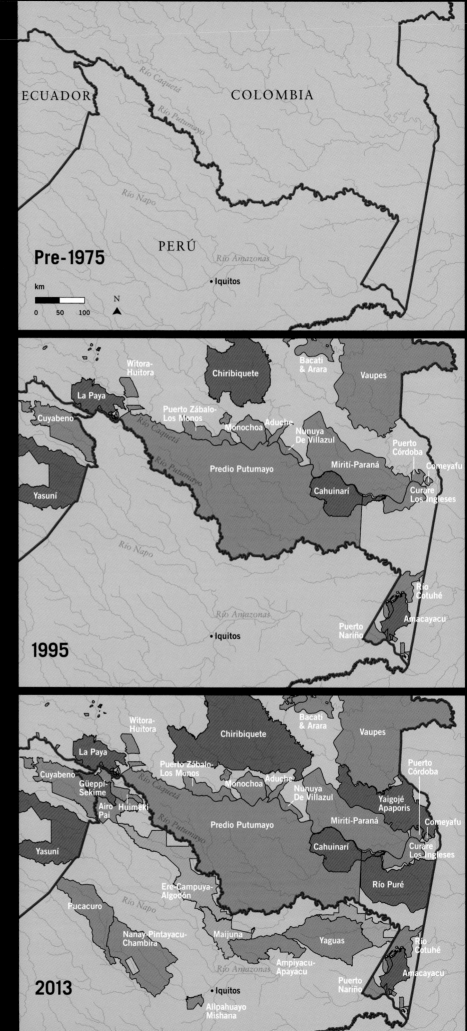

Conservación en la región Ere-Campuya-Algodón

OBJETOS DE CONSERVACIÓN

01 **Comunidades biológicas diversas, raras o únicas**

- Comunidades de plantas, peces, anfibios, reptiles, aves y mamíferos que figuran entre las más diversas del planeta, las cuales representan el 30–100% de todas las especies registradas en esos grupos hasta la fecha en Loreto

- Un tipo de vegetación nunca antes registrado en la Amazonía, parecido a los varillales de arenas blancas de otras regiones de Loreto pero establecido sobre suelos de arcilla blanca en la planicie aluvial del río Campuya

- Vastas extensiones de bosque de tierra firme y bajío creciendo sobre suelos extremadamente pobres, dominado por especies de plantas y animales especialmente adaptadas a esas condiciones

- Una extensa red de ríos, quebradas y lagos con aguas que poseen niveles ínfimos de nutrientes y minerales, entre los más pobres de la Amazonía, en las cuales predominan especies de peces especialmente adaptadas a esas condiciones

02 **Ecosistemas terrestres y acuáticos en un excelente estado de conservación en los tres sitios visitados por el equipo biológico**

- Cabeceras saludables libres de impactos antropogénicos y caracterizadas por aguas extremadamente puras, reconocidas como prioridades de conservación por el Gobierno Regional de Loreto

- Poblaciones abundantes y saludables de especies de fauna que son comúnmente cazadas en las comunidades nativas aledañas (p. ej., primates grandes, aves de caza, tortugas acuáticas; ver el Apéndice 10), las cuales indican que la mayor parte de las cuencas de los ríos Ere, Campuya y Algodón son visitadas con muy poca frecuencia por cazadores y pescadores, representando así una fuente de animales económicamente valiosa

- Avistamientos frecuentes en las cuencas de los ríos Ere y Campuya de uno de los vertebrados más amenazados y sensibles a los impactos humanos en la Amazonía peruana: lobo de río (*Pteronura brasiliensis*; Fig. 10F)

03 **Lugares y recursos naturales de importancia fundamental para las comunidades nativas locales**

- Cientos de especies de plantas útiles que juegan un papel fundamental en mantener la calidad de vida de las comunidades nativas locales, incluyendo especies usadas como medicina, alimento, material de construcción, artesanías y otros usos tradicionales (Apéndice 9)

- Poblaciones abundantes de especies de caza y *collpas* que sostienen tanto a los cazadores como a los animales

- Lugares de cosecha y recolección de productos maderables y no-maderables en las cuencas de los ríos Ere y Campuya (Fig. 21)

04 **Por lo menos 23 especies consideradas en alguna categoría de protección especial a nivel mundial**

- Plantas consideradas como amenazadas a nivel mundial por la UICN (IUCN 2013): *Virola surinamensis* (EN), *Couratari guianensis* (VU), *Guarea cristata* (VU), *Guarea trunciflora* (VU), *Pouteria vernicosa* (VU)

- Plantas consideradas como amenazadas a nivel mundial por León et al. (2006): *Chelyocarpus repens* (EN), *Aptandra caudata* (VU), *Tachia loretensis* (VU)

- Anfibios (IUCN 2013): *Atelopus spumarius* (VU)

- Reptiles (IUCN 2013): *Podocnemis sextuberculata* (VU)

- Aves (IUCN 2013): *Agamia agami* (VU), *Patagioenas subvinacea* (VU), *Pipile cumanensis* (VU)

- Mamíferos terrestres (IUCN 2013): *Ateles belzebuth* (EN), *Callimico goeldii* (VU), *Dinomys branickii* (VU), *Lagothrix lagotricha* (VU), *Myrmecophaga tridactyla* (VU), *Priodontes maximus* (VU), *Tapirus terrestris* (VU), *Tayassu pecari* (VU)

- Mamíferos acuáticos y semiacuáticos (IUCN 2013): *Pteronura brasiliensis* (VU), *Trichechus inunguis* (VU)

05 Por lo menos 18 especies consideradas como amenazadas en el Perú (MINAG 2004)

- Plantas: *Parahancornia peruviana* (VU), *Peltogyne altissima* (VU), *Tabebuia serratifolia* (VU)

- Reptiles: *Podocnemis expansa* (EN), *Melanosuchus niger* (VU)

- Aves: *Ara chloropterus* (VU), *Ara macao* (VU), *Mitu salvini* (VU)

- Mamíferos: *Ateles belzebuth* (EN), *Dinomys branickii* (EN), *Pteronura brasiliensis* (EN), *Trichechus inunguis* (EN), *Callicebus lucifer* (VU), *Callimico goeldii* (VU), *Lagothrix lagotricha* (VU), *Myrmecophaga tridactyla* (VU), *Priodontes maximus* (VU), *Tapirus terrestris* (VU)

06 Por lo menos ocho especies consideradas como amenazadas en Colombia

- Peces: *Arapaima gigas* (VU), *Osteoglossum bicirrhosum* (VU), *Brachyplatystoma filamentosum* (VU), *Brachyplatystoma juruense* (VU), *Brachyplatystoma platinemum* (VU), *Pseudoplatystoma punctifer* (VU), *Pseudoplatystoma tigrinum* (VU), *Zungaro zungaro* (VU)

07 Por lo menos seis especies consideradas como endémicas de Loreto

- Plantas: *Aptandra caudata*, *Chelyocarpus repens*, *Clidemia foliosa*, *Tachia loretensis*

- Anfibios: *Chiasmocleis magnova*, *Pristimantis padiali*

08 Por lo menos 15 especies nuevas para la ciencia

- Plantas: 11 especies en los géneros *Compsoneura*, *Cyclanthus*, *Dilkea*, *Piper*, *Platycarpum*, *Qualea*, *Tetrameranthus*, *Vochysia* y *Xylopia*

- Peces: 4 especies en los géneros *Bujurquina*, *Charax*, *Corydoras* y *Synbranchus*

09 Servicios ambientales y almacenes de carbono

- Una fuente de agua limpia para las comunidades ubicadas cerca de las bocas de los ríos Ere, Campuya y Algodón

Objetos de conservación (continuación)

- Importantes almacenes de carbono, tanto terrestres (millones de árboles en pie) como subterráneos (toneladas de materia orgánica debajo de las turberas o pantanos de la zona), típicos de un bosque tropical en buen estado de conservación

10 **Áreas fuente de poblaciones de flora y fauna**

- Fuente de semillas de árboles maderables y otras plantas útiles

- Áreas de refugio y reproducción para los animales de caza

01 **Zona prioritaria para la conservación binacional** a lo largo del río Putumayo:

- Establecida oficialmente por el Tratado de Cooperación Amazónica en 1979

- Abarca territorios indígenas ancestrales donde persiste una fluidez de comunicaciones y coordinaciones entre pobladores indígenas de ambos países

- Incluye tres prioridades históricas de conservación en el lado peruano: Yaguas-Cotuhé (Pitman et al. 2011), Güeppí (Alverson et al. 2008) y Ere-Campuya-Algodón (este volumen)

02 **Área con singularidad geológica y biológica en muy buen estado de conservación, con zonas de leve hasta nula intervención humana,** que abarcan:

- Las cabeceras de los ríos Ere, Algodón y Campuya

- Dos cuencas enteras dentro de la Amazonía peruana (el río Ere y el río Campuya), así como una porción de las cabeceras del río Algodón

- Aguas que figuran entre las más puras encontradas hasta ahora en la Amazonía

- Bosques creciendo sobre suelos extremadamente pobres, incluyendo un hábitat hasta ahora desconocido en la Amazonía, el varillal de arcilla blanca, distinto a los otros varillales emblemáticos ya conocidos en Loreto

- La gran mayoría de los anfibios y reptiles conocidos de la Amazonía peruana

- El 80% de los peces conocidos para el sector peruano-colombiano

- Aves de bosques de suelos pobres que no están presentes en los bosques de suelos pobres al sur del río Napo

- Turberas tropicales extensas en la antigua planicie del río Putumayo, grandes e importantes almacenes de carbono

- Impresionantes *collpas* dispersas en el paisaje, fuentes críticas de sal y nutrientes para mamíferos y aves

03 **Corredor trinacional de tierras indígenas y áreas de conservación de más de 21 millones de hectáreas** (Fig. 13), el cual:

- Se extiende más de 500 km a lo largo del río Putumayo y la frontera peruana-colombiana, desde el Parque Nacional Natural Amacayacu de Colombia, en el sureste, hasta la Reserva de Fauna Silvestre Cuyabeno de Ecuador, en el noroeste

- Consiste en un mosaico de resguardos indígenas, áreas de uso y manejo por comunidades, y áreas de conservación estricta

- Incluye en el noroeste un complejo trinacional de áreas protegidas: la Reserva de Fauna Silvestre Cuyabeno y el Parque Nacional de Yasuní de Ecuador; el Parque Nacional Güeppí-Sekime, la Reserva Comunal Huimeki y la Reserva Comunal Airo Pai del Perú; y el Parque Nacional Natural La Paya de Colombia

- Protege bosques en un área con la más alta diversidad de árboles de toda la Amazonía (ter Steege et al. 2006)

04 Interés de las comunidades nativas del río Putumayo en crear **una figura legal que les permita cuidar y manejar el área a largo plazo**, de forma ordenada y transparente, respaldado por:

- Iniciativas locales existentes de control, vigilancia y patrullaje

- Federaciones indígenas con buen liderazgo y visión clara para la región

- La decisión deliberada de las comunidades nativas de mantener bajas densidades de población humana para mantener una presión baja sobre los recursos naturales

05 **Fuerte presencia indígena con riquezas culturales**, incluyendo:

- Conocimientos tradicionales amplios del uso y manejo de los recursos naturales

- Economías diversificadas en las cuales la gente tiene capacidad de generar pequeños ingresos (fariña, artesanías, etc.) para cubrir su brecha de ingresos

- Mujeres con roles activos en el liderazgo y la toma de decisiones políticas

- Procesos activos de recuperación de idioma y tradiciones culturales

- Interés por conservar el bosque y sus plantas medicinales

- Comuneros orgullosos de tener comunidades limpias y ordenadas

06 **Poblaciones saludables de especies de importancia económica** (paiche, arahuana, huangana, sajino, paujil) que contribuyen a **la buena nutrición humana**

07 **Presencia actual y el compromiso a largo plazo del Proyecto Especial Binacional de Desarrollo Integral de la cuenca del Río Putumayo (PEDICP)**, una institución con proyectos de manejo comunitario

08 **La propuesta de crear una nueva provincia (la Provincia Putumayo) y sus cuatro distritos**, que podría canalizar fondos para la cuenca del Putumayo y aumentar el peso del Putumayo en la región Loreto

09 **Ordenanzas Regionales para proteger las cabeceras de cuenca** (020-2009-GRL-CR), y que identifica **las cabeceras de los ríos Campuya, Ere y Algodón como alta prioridad** en Loreto (005-2013-GRL-CR)

01 **Carreteras.** La construcción de dos carreteras propuestas al lado sureste del área —una que colinda con el lindero sureste de la región Ere-Campuya-Algodón (conectando Flor de Agosto con Puerto Arica)— y una segunda, que pasaría a través de la propuesta Área de Conservación Regional Maijuna y la propuesta Área de Conservación Regional/Reserva Comunal Medio Putumayo (Buenavista-San Antonio del Estrecho) unos 40 km mas al sureste, **traería una enorme gama de amenazas ambientales y sociales,** como las documentadas en otras partes de la Amazonía:

- Colonización descontrolada a lo largo de las carreteras, deforestación, creación de redes de caminos secundarios y devastación acelerada de los recursos naturales (carne de monte, recursos pesqueros, madera, etc.)

- Una ruta para narcotráfico y otros productos ilegales

- Fuertes impactos sociales, incluyendo un aumento de crimen, delincuencia, prostitución, alcoholismo y la emigración de los jóvenes de sus comunidades hacia los centros urbanos

- Creación de necesidades de consumo no habituales en la población local que resultan en un empobrecimiento general

- Tráfico y especulación de tierras a gran escala

- Interrupción de movimientos de dispersión y migración de animales

- Daños en las cabeceras de cuenca

- Cambios sustanciales en la dinámica de los procesos hidrológicos, con impactos asociados en las comunidades acuáticas

- Fragmentación de comunidades nativas tituladas

02 **Minería de oro.** En el río Putumayo trabajan dragas dedicadas a la minería aurífera y también se extrae oro a pequeña escala por medios artesanales, causando:

- Contaminación y intoxicación por mercurio en la fauna y flora acuática, incluyendo las poblaciones de peces, un recurso crítico en la región

- Cambios en el lecho del río, la planicie aluvial y los procesos de sedimentación por la acción de las dragas

03 **Monocultivos y políticas asistencialistas.** Persisten la promoción de incentivos que promueven **actividades insostenibles a largo plazo** e incompatibles con la realidad indígena amazónica (p. ej., palma aceitera, piscicultura, arroz y ganadería)

04 **Discriminación y desvalorización de la cultura indígena**

05 **Posible exploración y explotación futura de gas y petróleo.** La designación de lotes petroleros es un proceso muy dinámico que regularmente actualiza lotes y concesiones en todo el territorio peruano. El bloque petrolero 117B, que durante el inventario rápido cubría parte de la región Ere-Campuya-Algodón, dejó de existir en setiembre de 2013. A pesar de la opinión geológica que no existen yacimientos de petróleo en la zona, la futura exploración y explotación de gas y petróleo representan amenazas en la forma de destrucción de hábitats, construcción de carreteras y contaminación de las aguas puras del área

06 **La errónea designación de los suelos como aptos para agricultura y aprovechamiento forestal** para un área de suelos extremadamente pobres. Cualquier actividad agrícola de grande escala en esta zona enfrenta la ausencia de nutrientes en el suelo. Cualquier desmonte, como el caso del aprovechamiento forestal, tendría graves consecuencias aumentando la erosión, elevando la sedimentación de los ríos y bajando la calidad de las aguas puras características de la zona

07 La larga historia de ciclos de bonanza en la región crean **una percepción falsa de disponibilidad infinita de recursos naturales**

08 **Choques entre procesos macroeconómicos comerciales y microeconomías de subsistencia de las comunidades locales.** Los grandes mercados (madera, petróleo, carne de monte) rompen los patrones de reciprocidad y trabajo comunal establecidos en las poblaciones locales y crean condiciones de desigualdad

09 **Vacíos de información sobre cambios en la estructura política del distrito.** Existe especulación y confusión sobre las implicaciones de crear la Provincia Putumayo con sus cuatro distritos, con incertidumbre sobre el papel que jugarán

las estructuras tradicionales de gobernanza de los pobladores locales (p. ej., las federaciones indígenas y los caciques de las comunidades nativas) dentro de las nuevas estructuras de gobernanza oficiales

10 **Actividades ilegales en la frontera, como narcotráfico y guerrilla,** exacerbadas con una presencia tenue y dispersa de las autoridades del Estado en la zona

11 **Cambios en el régimen local del clima.** En los últimos siete años la zona sufrió dos sequías fuertes (2005 y 2010) y un aumento en eventos extremos, destacando la importancia de crear áreas de conservación cuyos bosques en pie amortigüen los impactos del cambio climático

12 **Caza y pesca desmedida por pobladores locales y foráneos**, para el abasto de mercados locales y regionales

Nuestro inventario rápido de las comunidades biológicas y humanas en los ríos Ere y Campuya reveló un área cubierta casi completamente por suelos extremadamente pobres en nutrientes, los cuales albergan una flora y fauna diversa en buen estado de conservación. Estos suelos son surcados por ríos y quebradas cuyas aguas figuran entre las más puras de toda la Amazonía. La población local es mayormente indígena —Kichwa y Murui— y tiene interés en crear una figura legal que proteja los recursos naturales que son la base fundamental de sus culturas, tradiciones y subsistencia. A pesar de haber pasado por una larga historia de opresión y explotación, incluyendo la época del caucho y el genocidio asociado, la población local del río Putumayo se mantiene fuerte en sus practicas tradicionales de reciprocidad y apoyo comunal, con un fuerte vínculo con el medio ambiente.

PROTECCIÓN Y MANEJO

01 **Establecer un área de conservación y uso sostenible a favor de las comunidades locales que abarca las cuencas de los ríos Ere, Campuya y Algodón. El área protegería 900,172 hectáreas de bosques diversos creciendo sobre suelos pobres en nutrientes. Como un gran almacén de carbono, el área de conservación ayudaría a mitigar los impactos del cambio climático**

- Los límites de la propuesta área de conservación y uso sostenible deben seguir los límites naturales de las cuencas y respetar los linderos de las comunidades nativas tituladas, no-tituladas y pedidos de ampliación (desde la Comunidad Nativa Yabuyanos hasta la Comunidad Nativa Santa Lucía) y los linderos de la propuesta Área Regional de Conservación Maijuna y la propuesta Área Regional de Conservación/Reserva Comunal Medio Putumayo

- Dada la fragilidad de sus suelos y su importancia para mantener la calidad del agua, las cabeceras de los ríos Ere, Algodón y Campuya deben ser zonas de protección estricta

- Basado en los mapas de uso de recursos de la población local, las cuencas bajas de los ríos Ere y Campuya deben ser zonas de uso sostenible para la subsistencia y el buen vivir de las poblaciones locales, o para el comercio a pequeña escala mediante planes de manejo de recursos naturales

- Completar la titulación de la Comunidad Nativa Atalaya para culminar el proceso de saneamiento legal de la tenencia de la tierra en la región

02 **Establecer un sistema de manejo y protección de la propuesta área de conservación y uso sostenible con estrecha participación de las comunidades locales, sus organizaciones y las entidades gubernamentales competentes**

- Fortalecer y ampliar las iniciativas existentes de varias comunidades para control, vigilancia y patrullaje

- Profundizar el mapeo de uso de recursos naturales de las comunidades locales para informar y establecer la zonificación de la propuesta área de conservación y uso sostenible, así como del espacio adyacente dentro de las comunidades

- Respetar y promover normas comunales de uso de recursos naturales

03 **Establecer mecanismos para avanzar a mediano y corto plazo los procesos de protección y uso sostenible dentro de la región Ere-Campuya-Algodón**

- Crear un grupo de trabajo incluyendo organizaciones gubernamentales, organizaciones no-gubernamentales, federaciones indígenas y sectores de la sociedad civil para promover la creación del área. Una vez que el grupo haya sido creado, ayudar a elaborar estrategias para implementar la región Ere-Campuya-Algodón como un área de conservación y uso sostenible

- Buscar financiamiento sostenible a largo plazo para la región Ere-Campuya-Algodón y para las poblaciones locales que dependen y se benefician de los recursos naturales, considerando entre otras opciones el mercado de carbono (REDD) y otros mercados de pago para servicios ambientales

04 **Planificar y ejecutar acciones conjuntas** entre las agencias gubernamentales competentes y las poblaciones locales **para reducir y eventualmente eliminar la extracción ilegal de madera y oro** de las tres cuencas y del área del Putumayo donde estos ríos se desembocan

- Proteger los recursos maderables en la región Ere-Campuya-Algodón, creando un refugio y zona fuente para especies sobreexplotadas en otras partes de Loreto

- Crear materiales didácticos para explicar el impacto y los peligros del uso de mercurio en la extracción de oro, señalando la gran contaminación de los peces de los ríos, las consecuencias en la salud de la gente que consume pescado de esos ríos y la alta toxicidad del mercurio. En la medida posible, adaptar los materiales existentes recién producidos para Madre de Dios

05 **Hacer un análisis independiente de los costos y beneficios sociales, ambientales y económicos de los dos proyectos carreteros:** Puerto Arica-Flor de Agosto (que amenaza directamente la región Ere-Campuya-Algodón en su margen sureste) y la carretera Buenavista-San Salvador-Estrecho (que está a 40 km y amenaza las áreas aledañas como Maijuna y el Medio Putumayo)

- Producir un resumen de los costos e impactos de la construcción de estas vías para varias audiencias, incluyendo tomadores de decisiones regionales, nacionales y la población local

- Promover un diálogo, análisis y reflexión sobre las carreteras en los congresos indígenas, las reuniones de las federaciones indígenas del Putumayo, la sociedad civil y otros espacios regionales y nacionales

06 **Incluir la participación activa de las federaciones indígenas en la planificación del futuro de la zona, incorporando sus conocimientos ecológicos tradicionales** (p. ej., monitorear el cambio climático a través de los calendarios ecológicos que mantienen las comunidades)

07 **Fortalecer a las federaciones indígenas y sus bases en temas de planificación, zonificación y gobernanza**

08 **Promover la transmisión de conocimiento tradicional de los ancianos/conocedores hacia los jóvenes**, involucrando al sector de educación y el programa de educación bilingüe

09 **Difundir e incorporar los resultados geológicos y biológicos del inventario rápido en los planes de desarrollo regionales y municipales.** Esto es especialmente importante debido a que los suelos de la zona han sido erróneamente clasificados como aptos para la agricultura y el aprovechamiento forestal a gran escala. Según los resultados del inventario, los suelos son extremadamente pobres en nutrientes, frágiles e inadecuados para tales actividades. La actividad agrícola y forestal a gran escala en la región tendrá poco éxito y dejará impactos de largo plazo sobre los suelos en la forma de erosión, sedimentación de los ríos y reducción en la calidad de las aguas

RELACIONES Y COORDINACIONES BINACIONALES

01 **Coordinar e integrar el manejo de la región Ere-Campuya-Algodón con las áreas adyacentes**, incluyendo en el Perú el Parque Nacional Güeppí, la Reserva Comunal Huimeki, la Reserva Comunal Airo Pai, la propuesta Área de Conservación Regional Maijuna y la propuesta Área de Conservación Regional/Reserva Comunal Medio Putumayo; en Colombia estas coordinaciones deben extenderse al Resguardo Indígena Predio Putumayo (Fig. 13)

02 **Fortalecer la coordinación binacional**

- Enfocar atención especial en los actores clave de ambos países (p. ej., las fuerzas armadas, las poblaciones y organizaciones indígenas) que podrían unirse para enfrentar amenazas ambientales y sociales

- Compatibilizar las leyes y regulaciones ambientales del Perú y Colombia para buscar implantarlas de forma coordinada (p. ej., la veda de paiche)

- Reducir actividades ilegales en un frente común

- Optimizar las formas de comunicación y difusión de la información entre las diversas audiencias de la región fronteriza

03 **Reconocer, aprovechar y usar como modelo los intercambios que existen entre pobladores indígenas de ambos lados de la frontera para buscar soluciones orgánicas a retos de gestión coordinada entre el Perú y Colombia** (p. ej., el encuentro en La Chorrera en octubre de 2012)

04 **Crear nuevos espacios de intercambio a lo largo del gran paisaje indígena en la frontera Perú-Colombia**, para usar coordinaciones existentes y comunicaciones entre pobladores indígenas como una de las bases para la mejora del cuidado de los recursos en esta zona fronteriza

INVESTIGACIÓN

01 **Estudiar en más detalle los varillales de arcilla blanca en las planicies inundables del río Campuya**. Este tipo de vegetación inusual, potencialmente endémico de Loreto, merece un mapeo detallado, así como análisis de suelos e inventarios de plantas y animales

02 **Hacer inventarios de comunidades de plantas y animales en regiones, hábitats, estaciones del año y grupos taxonómicos que no han sido muestreados en la región Ere-Campuya-Algodón.** Esta lista larga incluye comunidades de aves a lo largo del río Putumayo, peces y anfibios en bosques de pantano durante la época de lluvias, las turberas y la vegetación ribereña de aguas negras en el bajo Algodón y comunidades de mamíferos pequeños y murciélagos. Inventarios básicos en territorio colombiano, justo al otro lado del río Putumayo de la región Ere-Campuya-Algodón, también son una prioridad

03 **Mapear suelos, *collpas* y conductividad de aguas** en la región Ere-Campuya-Algodón. Estos tres mapas serán muy útiles para la zonificación y planificación de la propuesta área de conservación y uso sostenible

04 **Monitorear parámetros bióticos y abióticos** relevantes a las comunidades y a los que administran la propuesta área de conservación y uso sostenible. Estos parámetros incluyen (pero no deben limitarse a) animales cazados, cosechas de peces, densidades de mamíferos grandes, densidades de tortugas acuáticas y niveles de mercurio en peces comúnmente comidos

Informe técnico

PANORAMA REGIONAL Y SITIOS VISITADOS

Autora: Corine Vriesendorp

PANORAMA REGIONAL

Un complejo mosaico de bosques y hábitats acuáticos cubre más de 36 millones de ha dentro de la Región de Loreto en el Perú, desde la base del macizo andino hasta la selva baja amazónica. En la última década, The Field Museum ha realizado 11 inventarios rápidos en esta área, tanto en bosques montanos entre los 1,400 y 2,600 m sobre el nivel del mar (msnm; Cordillera Azul, Cerros de Kampankis, Sierra del Divisor) como en bosques amazónicos de tierras bajas, entre los 100 y 300 msnm (Nanay-Mazán-Arabela, Yavarí, Matsés, Güeppí, Maijuna, Ampiyacu-Apayacu-Yaguas-Medio Putumayo, Yaguas-Cotuhé, Ere-Campuya-Algodón).

Existen grandes diferencias entre los sitios del inventario que comprenden la selva baja, lo que refleja las diferencias fundamentales entre los suelos —debido a las diferentes edades, orígenes y disponibilidad de nutrientes—, y entre los ríos que erosionan y modifican estos suelos. Aunque la selva baja domina la región, el extremo oeste de Loreto también incluye la vertiente oriental de los Andes. Nuestros tres inventarios montanos están aislados de los otros levantamientos, incluyendo dos cadenas aisladas de la cordillera de los Andes (Cordillera Azul, Cerros de Kampankis) y otra cadena aislada que se eleva en plena selva baja a lo largo de la frontera con Brasil (Sierra del Divisor). Cada inventario representa una de las piezas que forman el complicado rompecabezas del hábitat heterogéneo que comprende Loreto.

Geología, suelos e hidrología

Hace aproximadamente unos 23 a 10 millones de años, Sudamérica experimentó el levantamiento del macizo de los Andes, el nacimiento del río Amazonas con drenaje hacia el oriente y la expansión de un gigantesco lago y sistema de humedales a lo largo de casi todo Loreto además de partes del sureste del Perú, Colombia y Brasil, conocido como Pebas (Hoorn et al. 2010a,b). En los últimos 10 millones de años, la cuenca del río Amazonas se desarrolló por completo y los sedimentos provenientes de los Andes comenzaron a rellenar la cuenca amazónica, incluyendo el sistema de lagos de Pebas. Los grandes tributarios del Amazonas en Loreto —el Ucayali, Marañón, Pastaza, Napo y Putumayo— no sólo traen nuevos sedimentos andinos hacia el

Amazonas sino también modifican los suelos existentes, enterrando algunos y descubriendo otros. Estos procesos continúan hasta hoy, así como la erosión natural y la dinámica de meandros, tanto en ríos pequeños como en los grandes, y continúan redistribuyendo los suelos. En Loreto, estas dinámicas crean un mosaico diverso de topografías y capas de suelos, los cuales varían en fertilidad desde suelos extremadamente pobres derivados de cuarcita hasta los suelos ricos provenientes de la formación Pebas.

A simple vista podemos caracterizar las áreas de acuerdo al balance de suelos ricos (aquellos derivados de la formación Pebas) y suelos pobres (aquellos derivados de la formación Nauta). A lo largo de la porción peruana de la cuenca del Putumayo, hay algunas similitudes en las formaciones de suelos en ambos extremos. Tanto Yaguas, en el extremo sureste, como Güeppí, en el extremo

noroeste, tienen una mezcla de suelos ricos de Pebas con los suelos pobres de Nauta. En el medio se encuentran los ríos Ere, Campuya y Algodón, dominados por los suelos arcillo-arenosos pobres de la formación Nauta 2, con algunos afloramientos de Pebas. A esto se agrega que los ríos Ere, Campuya y Algodón parecen ser muy similares en cuanto al balance de la composición de suelos y características del paisaje, lo cual es muy inusual en las cuencas hidrográficas vecinas en Loreto.

Desde el aire, los ríos en la región Ere-Campuya-Algodón se parecen a los ríos de aguas blancas. Una inspección más cercana nos revela que las aguas tienen un color característico, casi verde tiza. En el campo descubrimos que la erosión de los sedimentos de arcilla blanca crea la ilusión de que estos son ríos de aguas blancas, cuando en realidad son de aguas claras. Este cuadro se complica más aun, ya que la flora que crece

Figura 14. Conductividad media de aguas de quebrada en 17 sitios visitados durante los inventarios rápidos en Loreto, Perú. Los tres sitios en la región Ere-Campuya-Algodón son indicados con rectángulos. Las barras de error muestran la desviación estandar. Los ríos (mayores a 10 m de ancho), lagos y nacientes de *collpa* fueron excluidos del análisis. Los datos de conductividad fueron colectados por Thomas Saunders (IR 20) y Robert Stallard (los otros sitios) y son disponibles en los informes listados en la última página de este informe. El capítulo 'Geología, hidrología y suelos' y el Apéndice 2 ofrecen más información sobre estos datos.

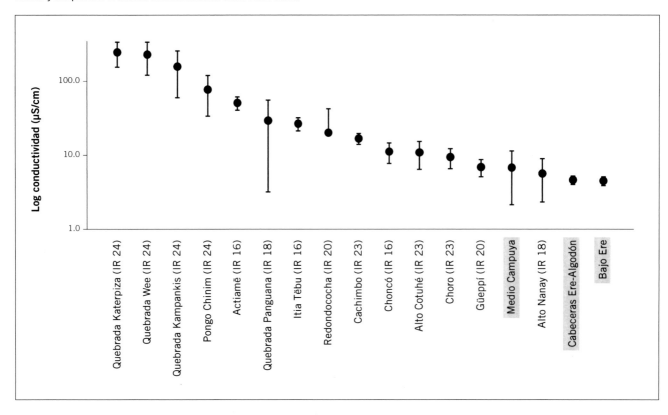

a lo largo de estos arroyos de aguas claras-turbias es más parecida a la flora que crece en los ambientes de aguas negras, con especies arbóreas como *Astrocaryum jauari* y *Macrolobium acaciifolium* creciendo en las riberas. Ninguno de nuestros ictiólogos había trabajado previamente en aguas de este color.

Si se compara con los seis sitios de inventarios en Loreto donde se ha medido la conductividad, los arroyos y ríos de la región Ere-Campuya-Algodón están en el extremo más bajo del espectro (Fig. 14). Parece que los arroyos en la región Ere-Campuya-Algodón tienen las aguas más puras medidas hasta la fecha en toda la cuenca del Amazonas, con conductividades tan bajas como 3.1 µS/cm y valores promedios de 4.5 (Bajo Ere), 4.6 (Cabeceras Ere-Algodón) y 6.8 µS/cm (Medio Campuya). A la fecha, los únicos sitios conocidos que tienen valores más bajos son los tepuyes de Roraima y la Gran Sabana en Venezuela (R. Stallard, com. pers.). Cabe remarcar que la cabecera y el drenaje del río Ere, lugares que están separados por más de 60 km, exhiben conductividades muy similares y agrupadas. Esto sugiere que los suelos son increíblemente uniformes a lo largo de la cuenca del río Ere. Como un punto de comparación, el río Nanay en Loreto, que provee de agua para beber a más de medio millón de personas en Iquitos, tiene una conductividad promedio baja muy similar en la cabecera de sus arroyos (4.5 µS/cm) pero varia ampliamente entre estos arroyos (de 4 a 13 µS/cm).

Una discusión más detallada de la geología, los suelos y la hidrología en la región Ere-Campuya-Algodón puede ser encontrada en el capítulo 'Geología, hidrología y suelos.'

Clima

Tres estaciones meteorológicas forman un triángulo alrededor de la región Ere-Campuya-Algodón. El promedio de precipitación anual va desde los 2,400 a los 3,200 mm, de acuerdo a los datos de las dos estaciones localizadas en el río Putumayo, Puerto Arturo (2,408 mm/año) y Puerto Alegría (2,783 mm/año) y una estación localizada al sur del río Napo, Santa Clotilde (3,242 mm/año; OEA 1993). Sin embargo, debido a que todos los ríos y arroyos dentro de la región Ere-Campuya-Algodón drenan al río Putumayo, las estaciones a lo largo de este río, Puerto Arturo y Puerto Alegría, deberían darnos

las mejores representaciones de la precipitación de la región. En todas estas tres estaciones, ningún mes recibe menos de 100 mm de lluvia. La estación más cercana a la región Ere-Campuya-Algodón, Puerto Arturo, tiene la precipitación más baja de toda la región y un mes de julio extremadamente seco según el promedio (102 mm).

Los drenajes de los ríos Napo/Amazonas y del río Putumayo tienen puntos extremos en el medio: Francisco de Orellana, al norte de Iquitos, es la estación más húmeda a lo largo del río Napo (3,754 mm/año), mientras Puerto Arturo, localizado en el medio de la parte peruana del río Putumayo, es la estación más seca a lo largo de este río (2,408 mm/año). Esto crea una gradiente de variación a lo largo de la región Ere-Campuya-Algodón con más de 1 m de lluvia por año. Según los datos de WorldClim (Hijmans et al. 2005), parecería que los ríos Napo y Caquetá tienen más lluvia, en promedio, que el Putumayo.

Las temperaturas promedio de la región van desde los 25 a los 28° C, de acuerdo a los datos de Puerto Leguízamo (PEDICP 1993).

Contexto de conservación

Dentro de la parte peruana de la cuenca del Putumayo hay tres prioridades importantes de conservación, de este a oeste: Yaguas-Cotuhé, Ere-Campuya-Algodón y Güeppí. En los últimos cinco años hemos realizado inventarios rápidos sociales y biológicos en cada una de estas áreas: Güeppí en 2007, Yaguas-Cotuhé en 2010 y Ere-Campuya-Algodón en 2012.

En julio de 2011, el gobierno peruano protegió la cuenca del Yaguas mediante la Zona Reservada Yaguas, de 868,927 ha. Mientras realizábamos nuestro trabajo de campo en octubre de 2012, Güeppí fue oficialmente designado como Parque Nacional (Güeppí-Sekime, 203,628 ha) y dos reservas comunales (Huimeki, 141,234 ha; Airo Pai, 247,887 ha). En este informe, proponemos una nueva área de conservación y uso sostenible para la región Ere-Campuya-Algodón (900,172 ha), la cual completaría el corredor de conservación y uso sostenible a lo largo del norte amazónico del Perú. Junto con otras áreas protegidas propuestas y existentes en la cuenca del río Napo (la propuesta Área de Conservación Regional Maijuna, 391,039 ha; ACR Ampiyacu-Apayacu, 434,129 ha), las siete áreas peruanas localizadas en el interfluvio Putumayo-Napo podrían proteger un total de 3.2 millones de ha.

En el otro lado del río Putumayo, en Colombia, existe un gran complejo de conservación de territorios indígenas (*resguardos indígenas*) y áreas protegidas que se extiende desde el Parque Nacional Natural (PNN) Amacayacu en el este, a través del Resguardo Indígena Gran Predio Putumayo, hasta el PNN La Paya en el oeste, el cual cubre más de 16 millones de ha. El corredor continua dentro de Ecuador, con dos áreas de la selva baja amazónica: el Refugio de Vida Silvestre Cuyabeno (603,380 ha) y el Parque Nacional Yasuní (982,000 ha). Si se unen las piezas de estos tres países, la región Ere-Campuya-Algodón podría conectar un corredor de conservación de más de 21 millones de ha (Fig. 13).

Sobrevuelo a la región Ere-Campuya-Algodón

El 20 de julio de 2012 volamos sobre esta área en un avión monomotor con representantes de The Field Museum (A. del Campo, E. Ruelas, M. Pariona y C. Vriesendorp), Instituto del Bien Común (IBC; A. R. Sáenz) y la Federación de Comunidades Nativas de la Frontera del Río Putumayo (FECONAFROPU; B. Rivera). Documentamos este vuelo con cuatro cámaras fotográficas digitales y dos video cámaras. Volamos sobre el área por más de cuatro horas a una altura entre 500 y 1000 m encima del dosel. Empezamos en Iquitos y volamos al norte de San Antonio del Estrecho en el río Putumayo, desviándonos para examinar la cuenca media del río Algodón. El lecho del Algodón estaba lleno de agua, reflejando las lluvias masivas que hubo en Iquitos en 2012. Colindante con las riberas del Algodón observamos evidencias de las terrazas del Plio-Pleistoceno observadas en los inventarios de Maijuna (Gilmore et al. 2010) y Yaguas-Cotuhé (Pitman et al. 2011), en su mayoría al sur del río. A lo largo de las riberas al norte del Algodón, así como al sur pero en forma más dispersa, se observaron pantanos de palmeras y planicies aluviales. El IBC ha estado trabajando con las comunidades a lo largo del Putumayo (desde la comunidad Rocafuerte a la comunidad Bufeo) con el objetivo de crear un área de conservación en el medio de la región del Putumayo (aproximadamente 385,000 ha), la cual incluiría el área al norte del Algodón y al sur del Putumayo.

Desde Estrecho volamos al noroeste, casi siguiendo el curso del río Putumayo. Cerca de la comunidad de Flor de Agosto observamos un antiguo proyecto de carretera, abandonado en los años 1980. Se observaron secciones del camino desde al aire, con bosque de regeneración creciendo a lo largo de algunas partes. Más cerca del río Napo, la carretera se hacía más difícil de ver. Tres meses después del sobrevuelo, cuando retornamos del inventario el 1 de noviembre de 2012, descubrimos que se habían realizado diligentes esfuerzos de reabrir la carretera y que ésta ya era una característica más evidente del paisaje.

Nuestra ruta cubrió 21 puntos identificados durante nuestro estudio de las imágenes satelitales. Empezamos cerca de la boca del río Ere, donde los pantanos de la palmera *Mauritia flexuosa* (conocidos como *aguajales*) son característicos de los antiguos bosques inundables del Putumayo. Una inspección más detallada nos indica que hay rastros de meandros antiguos, cochas, diques y canales de inundación dentro de las abandonadas planicies inundables. Algunas de las cochas se han llenado de vegetación con plantas achaparradas que crecen en lo que parece ser una gran turbera. Esta vegetación es similar a la observada en las turberas a lo largo de la parte baja del río Yaguas (García-Villacorta et al. 2011). Aunque no hemos investigado estas turberas durante el inventario, nosotros creemos que representan un depósito importante de carbón en el paisaje (Lähteenoja et al. 2009). Tanto el río Ere como el Campuya, cuando están aproximándose al Putumayo, toman un desvío a lo largo de las antiguas planicies inundables y corren casi perpendicularmente al Putumayo por varios kilómetros antes de encontrar su entrada al río.

En la parte norte de la región, en las tierras tituladas de la Comunidad Nativa Yabuyanos, volamos sobre un área que parece ser similar a las terrazas altas de diversidad alta que hay en el resto del paisaje. Sin embargo, mientras pasábamos por encima y mirábamos abajo, el paisaje hacía recordar a una serie de cientos de conos adyacentes: las cimas boscosas estaban entrelazadas y los arroyos meándricos corrían entre éstas.

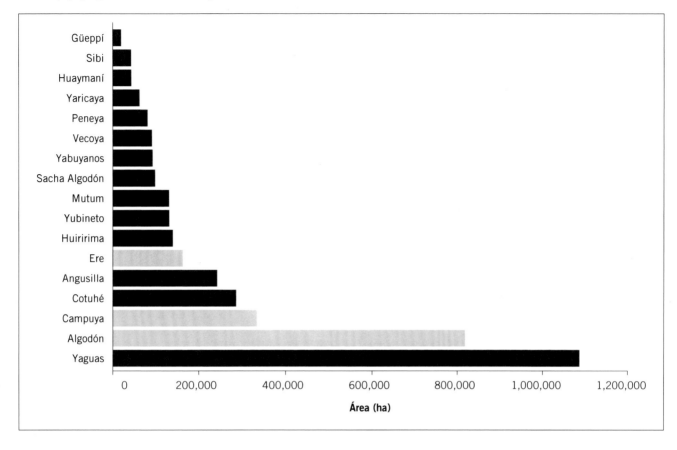

Figura 15. Tamaño de las cuencas de los 17 tributarios del río Putumayo en Loreto, Perú. Las cuencas de los ríos Ere, Campuya y Algodón están indicadas en gris.

No pudimos visitar este lugar durante el inventario, pero creemos que esta formación no es común en Loreto.

SITIOS VISITADOS POR EL EQUIPO SOCIAL

Nuestro inventario está dentro de la gran concesión de caucho que la Casa Arana operó en la cuenca del Putumayo a finales del siglo XIX y a principios del XX, y donde se documentaroṅ las atrocidades que se cometieron contra la población indígena de la región (p. ej., Goodman 2009). La gente Murui (Huitoto)[1] que viven en la región son descendientes de los sobrevivientes de este terrible periodo en la historia del Perú y Colombia.

Nuestro equipo social visitó cuatro comunidades nativas a lo largo del río Putumayo, escogiendo comunidades representativas a la realidad social,

económica y cultural de la región, así como su proximidad estratégica al área de conservación y uso sostenible propuesta. Nuestro inventario se extendió sobre dos distritos diferentes: Putumayo (las comunidades de Flor de Agosto, Ere y Santa Mercedes) y Manuel Clavero (Atalaya; Figs. 2A, 3A–C, 20). Flor de Agosto y Ere son comunidades Murui, mientras que Santa Mercedes y Atalaya son comunidades Kichwa. Estas cuatro comunidades son consideradas comunidades nativas y son dominadas por habitantes indígenas. Sin embargo, en todas ellas viven colonos *mestizos*, especialmente en Santa Mercedes.

Estas comunidades son pequeñas. La más grande tiene 337 pobladores (Santa Mercedes) y la más pequeña sólo 67 (Atalaya; Tabla 1). Dos federaciones indígenas juegan un rol importante en el área: FECONAFROPU, que opera en el distrito de Putumayo y la Federación Indígena Kichwa del Alto Putumayo, o Inti Runa

---

1 El grupo indígena conocido en la literatura como Huitoto se identifica a sí mismo en la región como Murui. En adelante utilizamos esta designación.

(FIKAPIR), que opera en el distrito de Manuel Clavero. Las comunidades visitadas durante el inventario social son descritas con más detalles en los capítulos 'Comunidades visitadas: Recursos sociales y culturales,' y 'Uso de recursos, conocimiento ecológico tradicional y calidad de vida.'

SITIOS VISITADOS POR EL EQUIPO BIOLÓGICO

Evaluamos tres grandes tributarios del río Putumayo: los ríos Ere, Campuya y Algodón. Las cuencas de estos tributarios son el segundo (Algodón; 818,619 ha), tercero (Campuya; 334,788 ha) y sexto (Ere; 163,501 ha) más importantes del río Putumayo en el Perú y juntos son 1.2 veces más grande que el río Yaguas, que es el tributario más grande del río Putumayo (Fig. 15).

Nuestros tres sitios evaluados en el inventario biológico están situados en la parte baja del río Ere, en las cabeceras de los ríos Ere y Algodón, y en la cuenca media del río Campuya. En Murui la palabra *ere* es el nombre de la palmera irapay (*Lepidocaryum tenue*) y *campuya* significa 'tierra de la palmera ungurahui (*Oenocarpus bataua*).' Hay muy pocos estudios biológicos de la cuenca del Putumayo en el lado peruano y parece que el número es menor aún en el lado colombiano. En inventarios anteriores hemos muestreado ocho sitios en el drenaje del Putumayo: la parte alta, media y baja del río Yaguas (Pitman et al. 2004, 2011); la parte alta del río Cotuhé (Pitman et al. 2011); el arroyo Piedras, un tributario del río Algodón (Gilmore et al. 2010); y el río Güeppí, el arroyo Güeppicillo y el arroyo Penaya (Alverson et al. 2008).

A diferencia de otros ríos grandes de Loreto (p. ej., el Putumayo, Napo y Pastaza, que se originan en los Andes de Ecuador o Colombia), los ríos Ere, Campuya y Algodón se originan dentro de la selva amazónica peruana. Uno de los mejores puntos de comparación es la cuenca del Nanay, que se origina de manera similar dentro de Loreto y parece tener tipos de suelos, variaciones topográficas y diversidad de hábitats comparables. Otros puntos de comparación son las terrazas cubiertas con manchones de árboles *Tachigali* a lo largo del río Curaray, cerca de la boca del río Napo.

Fuera del Perú, se podría comparar con las comunidades biológicas de la cuenca del río Caquetá en Colombia y otros bosques de suelos pobres en Colombia, Venezuela y la Amazonía central (p. ej., cerca de Manaos).

Antes de nuestro inventario, los bosques que crecen en los suelos de arena blanca (localmente conocidos como 'varillales') se conocían en el Perú sólo de sitios al sur del río Napo. Oficialmente hay reportes de ocho áreas de varillales: Allpahuayo-Mishana, Jenaro Herrera, el río Blanco, Jeberos, la parte alta del río Nanay, la parte baja del río Nanay, la parte baja del río Morona y el río Tamshiyacu (Fine et al. 2010). Hay reportes anecdóticos de más bosques de arenas blancas al sur del río Napo, pero estos no han sido bien mapeados.

En este volumen presentamos el primer reporte oficial de bosques que tienen una estructura similar a los bosques de arena blanca pero que crecen sobre suelos de arcillas blancas y no en arenas de cuarcita (ver la descripción del campamento Medio Campuya abajo). Estos son los primeros varillales peruanos que se han reportado al norte del río Napo. Considerando la existencia de estos bosques de arcillas blancas, así como los bosques achaparrados (*chamizales*) que crecen en las turberas, y los bosques más altos que crecen en las terrazas del Plio-Pleistoceno en la parte alta del río Yaguas (García-Villacorta et al. 2011) y en la cuenca media del río Algodón (García-Villacorta et al. 2010), hay razones para ampliar la definición actual de los tipos de varillales conocidos en Loreto.

Los bosques de arcilla blanca no son visualmente obvios en las imágenes satelitales. Crecen en diques antiguos en las planicies inundables del Campuya y de no haber confirmado su existencia en el campo mediante visitas de campo hubiese sido imposible confirmar su existencia. Otras características son más evidentes. Por ejemplo, el color verde representa a las terrazas y a las colinas de tierras altas (aproximadamente el 95% del área), el amarillo refleja las caídas de árboles y la perturbación (menos del 1% del área) y el color púrpura indica los pantanos (pantanos de tierras altas atípicos, dominados por *Oenocarpus bataua,* y pantanos más característicos dominados por *Mauritia flexuosa,* aproximadamente el 5% del área).

La perturbación de gran escala en este paisaje se origina principalmente por ventarrones, rayos, cambios atmosféricos rápidos y derrumbes de suelos en colinas empinadas. En la parte baja de la cuenca del río Ere observamos parches de árboles muertos parados con sus doseles torcidos.

La variación topográfica dentro de la región Ere-Campuya-Algodón es moderada, con los puntos más bajos localizados a los 125 msnm y los puntos más altos en las colinas de tierra firme localizados a los 237 msnm. Hay dos áreas en la desembocadura del Algodón, justo fuera del área propuesta Ere-Campuya-Algodón, que son de gran interés y necesitan mayor inspección en el futuro. Estas áreas son posiblemente afloramientos del Escudo Guayanés, dado que están dentro de las elevaciones de 200 a 210 msnm que albergan la vegetación característica del Escudo a lo largo de la frontera con Colombia.

Hemos observado algunas grandes similitudes en nuestros sitios. En los tres sitios encontramos un número impresionante de árboles quebrados, muchos troncos huecos y una alfombra gruesa de raíces. Los suelos en su mayoría eran pobres en nutrientes, con algunas excepciones importantes. Todos los sitios tenían afloramientos ocasionales de la formación Pebas, creando fuentes importantes de sales dentro del paisaje para los animales. Todos los pantanos de palmeras que visitamos, especialmente el gran aguajal en la parte baja del río Ere, tenían muy poca agua estancada.

Encontramos una característica nunca observada en ninguno de nuestros otros inventarios científicos dentro de la Amazonía. Los nidos de hormigas cortadoras de hojas, *Atta*, no fueron los típicos nidos subterráneos que se ven en otros sitios de la Amazonía, sino formaban estructuras pequeñas encima del suelo, donde amontonaban hojas en las contrafuertes de los árboles o en troncos quebrados (Fig. 4G). Nuestra hipótesis es que los suelos pobres de la región no pueden resistir la construcción de túneles grandes sin colapsar, pero esto es sólo una especulación.

Durante el inventario encontramos sólo dos *supay chacras*, o jardines del diablo, la asociación planta-hormiga característica que en otras partes de Loreto está dominada por pocas especies de plantas (p. ej., *Duroia hirsuta*, *Cordia nodosa*, varias Melastomataceae). Esto refleja un patrón a nivel de paisaje, ya que las *supay chacras* también son muy raras en los mapas de uso de recursos de las comunidades.

Cabeceras Ere-Algodón (15–21 de octubre de 2012; S 1°40'44.5" O 73°43'10.9", 145–205 msnm)
Establecimos un helipuerto en la elevación máxima del área (aproximadamente 205 msnm). Acampamos a unos 20 m debajo del helipuerto, en un acantilado con vista a las cabeceras del río Ere y a unos 3.8 km de caminata hacia la divisoria de drenaje con el río Algodón. En el transcurso de siete días exploramos 33 km de trochas que atraviesan las terrazas de altura y las colinas, con muy pocos pantanos de palmeras dispersas y una gran enredadera de lianas. La mayor parte de esta área es tierra firme, cortada por una red de arroyos que incluye cursos de agua efímeras, drenando los suelos extremadamente pobres.

Durante los sobrevuelos de dos inventarios anteriores (Nanay-Mazán-Arabela, Vriesendorp et al. 2007; Maijuna, Gilmore et al. 2010) notamos terrazas cubiertas de árboles de *Tachigali* muertos y en pie. En Cabeceras Ere-Algodón tuvimos nuestra primera oportunidad de visitar estas terrazas con *Tachigali*.

La conductividad del agua de los arroyos fue extremadamente baja, reflejándose en un ambiente donde la competencia por sales y nutrientes es intensa. Muestreamos los arroyos de tres cuencas: el Sibi (10 m de ancho), un tributario del Campuya; los arroyos de las cabeceras del Ere (5 m de ancho); y los arroyos de las cabeceras del Algodón (4 m de ancho). Si hubiéramos viajado 11.5 km más al sudoeste, habríamos podido muestrear las cabeceras del río Tamboryacu, en la cuenca del río Napo. Al igual que otras divisorias de cuencas en la selva baja amazónica, el punto más alto del paisaje en este lugar fue casi imperceptible y sólo prestando detallada atención se podría notar que los arroyos fluyeron en diferentes direcciones a cada lado de este.

Todos los arroyos en esta área están bien consolidados. Los suelos van de arenosos a arcillosos, con unos pocos arroyos que tienen grava y arena (y uno con grandes piedras), y el resto tiene un fondo barroso.

Este sitio puede representar uno de los puntos más lejanos al suroeste de los afloramientos o influencias del Escudo Guayanés.

Había bastante hojarasca (aproximadamente 50 cm) y una alfombra densa de finas raíces cubría casi cada punto que muestreamos. La descomposición parece ser lenta y la regeneración —dada la cantidad de hojarasca y la alfombra densa de raíces— podría ser difícil. Los bosques son dinámicos y las caídas de árboles son abundantes. El dosel de los árboles alcanza su máxima altura a los 35–40 m, siendo más pequeños que los árboles que crecen en las localidades amazónicas con suelos más ricos. La cantidad de epífitas y su diversidad fueron bajas. En este campamento y en Bajo Ere encontramos una que otra torre hecha por cigarras. Estas torres fueron sólo evidentes en suelos arcillosos y dada la alta densidad de la alfombra de raíces y la dificultad de ver los suelos debajo, las torres de cigarras nos sirvieron para caracterizar los cambios de suelo.

Al comparar la imagen satelital con los mapas topográficos, nos sorprendió descubrir que los colores púrpuras —una característica de los pantanos de palmeras— figuraban en algunas de las partes más altas del paisaje. Estos son manchones de *Oenocarpus bataua* y no *Mauritia flexuosa*, y están en pequeñas depresiones de las partes onduladas de las terrazas (aproximadamente 10 m de ancho).

Hemos observado bastantes animales en este sitio y estos no eran ariscos. Nuestros asistentes locales nunca habían visitado este sitio anteriormente, aunque sí navegan el río Sibi, a unos 8 km de nuestro campamento. No observamos ningún árbol de caucho con cicatrices, pero observamos una abundante regeneración de plantones de *Hevea*.

Bajo Ere (21–26 de octubre de 2012; S 2°01'07.4" O 73°15'13.4", 125–175 msnm)
Acampamos en un acantilado con vista a la parte baja del río Ere, a unos 800 m río abajo de la boca del arroyo Yare. Este sitio estaba a unos 64 km de nuestro campamento en las cabeceras y a unos 21.3 km de la boca del río Ere, donde se une con el Putumayo. Originalmente planeamos visitar este sitio primero. Sin embargo, después de dos días de lluvias continuas,

el agua aumentó unos 4.5 m e inundó nuestro helipuerto. De acuerdo a los residentes de las comunidades de Ere y Puerto Alegre, este tipo de inundación es típico de la región.

Mientras estábamos en nuestro primer campamento en las cabeceras de Ere-Algodón, los asistentes locales establecieron un helipuerto nuevo en un área que no se inunda nunca. Durante nuestra visita, el agua bajó más de 1 m y nuestro primer helipuerto se secó por completo. Establecimos a un asistente local que manejaba un *peque-peque* para que cruzara a los científicos a la quebrada Yare, donde estaban las dos trochas al otro lado del río y cortamos una nueva trocha que conectara a la trocha original establecida al este de la Yare.

En este sitio se exploró una mayor variedad de áreas bajas, incluyendo dos ríos grandes (el Yare medía unos 20 m de ancho y el Ere unos 30 m), un aguajal grande, una cocha pequeña y una serie de diques, suelos aluviales y canales de inundación. El tamaño de la cocha fue de 100 x 20 m y estaba ubicada a una altura mayor que la del río Ere. Durante nuestra visita el canal que drenaba la cocha no se conectaba con el río, pero sí lo haría cuando el río se inunda. Aunque las aguas tenían una apariencia clara, en las riberas habían árboles especialistas de aguas negras, tales como *Astrocaryum jauari* y *Macrolobium acaciifolium*. Las conductividades de agua en los arroyos y ríos seguían siendo muy bajas, lo que sugiere que la totalidad de la cuenca del Ere contiene suelos extremadamente pobres.

Nuestros 19 km de trocha también atravesaban colinas bajas y terrazas con bosques que eran estructuralmente muy similares a los bosques de arenas blancas, pero sin la flora característica de esa vegetación. Encontramos una pequeña franja de flora asociada a suelos ricos, incluyendo arboles del género *Ficus*, a lo largo de la ribera del río Ere, aunque el resto del paisaje estaba dominado por suelos pobres, similares a aquellos localizados en las cabeceras. La alfombra de raíces era gruesa y el paisaje ondulado. Aparte del aguajal grande, todas las demás manchas púrpuras en la imagen satelital parecían ser pequeños manchones de la palmera *Oenocarpus bataua*, como en las cabeceras. El mismo aguajal no sólo estaba conformado por la palmera *Mauritia*, sino también incluía otras palmeras y otras plantas adaptadas a ambientes de mucha luz.

Este fue el único campamento donde se observaron *supay chacras*, o claros abiertos por las plantas asociadas a hormigas. Estas *supay chacras* fueron las menos impresionantes que nuestro equipo ha observado en Loreto. Consistían de una sola especie de planta, *Duroia hirsuta*, un claro pequeño y ninguna de las otras plantas que están típicamente asociadas a estos claros.

De acuerdo a los residentes Murui de la comunidad de Ere, a principios de siglo había extracción de caucho en esta área. Observamos una regeneración significativa de *Hevea* pero ningún árbol con cicatrices. Nuestros asistentes locales dijeron que había un manchón de árboles de caucho cerca, pero creían que si lo visitáramos esto traería mala suerte, acompañada por rayos, truenos y vientos fuertes.

Durante la construcción de helipuerto encontramos fragmentos de cerámica, los cuales dejamos *in situ*. No pudimos estimar la edad y no estamos seguros si estas muestras datan de la época del caucho o de épocas anteriores. A unos 500 m de nuestro campamento había una *collpa* (Fig. 4A) que atraía a los animales, lo que pudo haber facilitado un asentamiento histórico.

Medio Campuya (26–31 de octubre de 2012; S 1°31'03.4" O 73°48'58.2", 135–200 msnm)

Acampamos en un acantilado de la ribera al sur del río Campuya y exploramos 19 km de trochas en ambas riberas durante nuestra estadía. En ambos lados del campamento se encontraron *collpas* bien establecidas (Fig. 4A) y cubiertas de huellas de una diversa comunidad de animales, que buscaban sales y minerales. El agua en la *collpa* más grande (conocida localmente como el Salado del Guacamayo o Collpa de Guacamayos) tenía una conductividad de aproximadamente 1,000 µS/cm, unas 20 a 100 veces mayor que la documentada en otras partes del paisaje. La *collpa* más pequeña tenía una conductividad de aproximadamente 500 µS/cm. Ambas *collpas* representan partes expuestas de la formación Pebas, lo que fue evidenciado por la presencia de conchas de agua fresca y los matices azulados en los suelos. Nuestros guías locales de la comunidad de Santa Mercedes conocían muy bien la *collpa* grande y nos

dijeron que era la *collpa* más notoria y más grande en toda la parte alta y media del Campuya. Adicionalmente, reportaron que la *collpa* era anteriormente una cueva y los animales cavaban cada vez más adentro de sus cimientos hasta que en la última década se colapsó. A dos horas de Santa Mercedes, el equipo social visitó un lugar llamado Collpa Iglesia que tenía la misma estructura, similar a una cueva (Fig. 10G).

Nuestro campamento estaba situado dentro del interfluvio entre los ríos Vecoya y Campuya, siendo el río Vecoya a 3.7 km directamente al sur del campamento. Las colinas y terrazas más empinadas en los tres sitios del inventario estaban en este lugar y las atravesamos para llegar a un valle grande que drena al río Vecoya. Este valle es lineal, sugiriendo que su origen podría reflejar una falla geológica en el paisaje.

El río Campuya tiene las planicies inundables bien definidas y asimétricas, todas al norte del río (diferente al río Ere, que corta en ambas riberas). Esto se refleja de manera muy obvia en los mapas topográficos: los puntos más altos al sur del Campuya están a 2 km tierra adentro, mientras los puntos más altos al norte están aproximadamente a 20 km del río. Las planicies inundables antiguas del Campuya están llenas de cochas, diques, pantanos de palmeras mixtas y canales de inundación.

El descubrimiento más sorprendente de nuestro inventario fueron los bosques creciendo sobre arcillas blancas en las planicies inundables del Campuya, directamente debajo y detrás de los diques antiguos. Estas arcillas son blancas con un tinte azulado, lo que indica condiciones de anoxia (Fig. 5B). Tanto la estructura como la composición florística de estos bosques se parecen a las de los bosques de arena blanca o varillales conocidos en otras partes de Loreto (Fig. 5C).

Con algunas excepciones, todos los hábitats de tierra firme en este campamento se parecen a los hábitats de tierra firme de nuestros primeros campamentos. Los valles son más empinados y algunas de las cimas de las colinas son redondeadas, pero la flora sigue constituyendo el diverso conjunto de especies registrado en los 11 días anteriores. La diferencia con los otros dos campamentos es que aquí no registramos casi ninguna palmera irapay (*Lepidocaryum tenue*).

Los mamíferos se encontraron en abundancia, pero formaron grupos más pequeños que lo normal (especialmente los monos) y los tapires fueron muy comunes. No observamos un comportamiento huidizo en los mamíferos, a pesar de que en algunas ocasiones se usan las *collpas* para cazar y a pesar de la presencia relativamente reciente (hace 30 años aproximadamente) de un *calderón*, o centro de procesamiento de palo de rosa y caucho. No observamos evidencia de bosque secundario en las cimas de las colinas adyacentes.

Nuestro equipo de avanzada encontró 30 escorpiones negros en el claro de nuestro laboratorio, por primera vez durante nuestros inventarios. Los biólogos no observaron ni un sólo individuo durante la duración del inventario.

GEOLOGÍA, HIDROLOGÍA Y SUELOS

Autor: Robert F. Stallard

Objetos de conservación: Una región de aguas extraordinariamente puras con concentraciones de sólidos disueltos especialmente bajas; suelos de poca profundidad y raíces a nivel de superficie que limitan la erosión, y retienen los nutrientes y las sales necesarios para plantas y animales; cobertura vegetal intacta y continua a través de toda la cuenca que protege los ecosistemas de las partes bajas de los ríos; ciertas combinaciones de régimen de agua, sustrato y topografía que sustentan poblaciones de plantas y animales peculiares, incluyendo el varillal de arcilla blanca que se desarrolla en las restingas de la planicie aluvial del río Campuya (Fig. 5C); *collpas* (áreas dispersas con suelos ricos en minerales), buscadas por animales como fuente de sales y que son para estos puntos focales en el paisaje; un posible sitio arqueológico aguas debajo de la confluencia de los ríos Ere y Yare

INTRODUCCIÓN

La región Ere-Campuya-Algodón es parte de una antigua planicie aluvial que alguna vez se extendió a lo largo del noreste del Perú, de los pies de montaña andinos al este hasta al menos la cuenca occidental del Yaguas y al sur aproximadamente hasta los ríos Blanco y Marañón. Hoy, los restos erosionados de esta planicie forman terrazas de cimas aplanadas a cerca de 200 msnm, distinguidas por suelos pobres en nutrientes y una vegetación diferenciada de otras de la región. Varios inventarios rápidos previos han encontrado estas terrazas, incluyendo Matsés

(Stallard 2006), Nanay-Mazán-Arabela (Stallard 2007), Maijuna (García-Villacorta et al. 2010) y Yaguas-Cotuhé (Stallard 2011).

En los sitios donde la planicie aluvial está erosionada, seis formaciones y sus depósitos sedimentarios se encuentran expuestas (Apéndice 1). La más antigua es la formación Pebas, depositada en la Amazonía occidental a lo largo de la mayoría del Mioceno (19–6.5 millones de años). Los sedimentos de Pebas fueron depositados bajo condiciones que estimularon la acumulación de materiales que se intemperizan fácilmente, muchos de los cuales liberan elementos que son nutrientes para plantas y animales (p. ej., calcio, magnesio, potasio, sodio, azufre y fósforo). Encima de la formación Pebas se encuentra la formación Nauta inferior (Nauta 1) que fue depositada en el Plio-Pleistoceno (5–2.3 millones de años). Los sedimentos de Nauta 1 contienen considerablemente menos nutrientes que los de Pebas. La formación Nauta superior (Nauta 2) data del Pleistoceno temprano (2.3 millones de años), contiene aún menos nutrientes que Nauta 1 y en ocasiones está depositada sobre la formación Pebas. La formación de Arenas Blancas es probablemente contemporánea a Nauta 1 y consiste principalmente a arenas de cuarzo lixiviadas; ésta es la unidad más pobre en nutrientes. La formación de Arenas Blancas esta frecuentemente asociada con ríos de aguas negras y vegetación poco desarrollada del varillal. La quinta formación consiste en varios depósitos fluviales del Pleistoceno que son ricos en nutrientes a lo largo de los ríos con cabeceras andinas y pobres en nutrientes en el resto de los sitios. El depósito final es de sedimentos fluviales contemporáneos asentados en las planicies aluviales modernas.

Los mapas sombreados de relieve de esta zona (en base a un modelo digital de elevación de terreno generado mediante la Shuttle Radar Topography Mission; Fig. 2B) muestran que muchos canales tienen segmentos lineales alargados que frecuentemente se extienden y tienden a seguir a lo largo de las divisorias entre cuencas o a lo ancho de los valles más grandes. Estos patrones lineales son llamados ‹tejidos› y se piensa que reflejan fallas mayores o menores posteriores a la deposición de sedimentos. Una serie de segmentos está orientada de noroeste a sureste y es bastante evidente por toda la región (los segmentos alineados se orientan por hasta decenas de kilómetros). Otro corre de este a oeste y es claramente evidente al norte de la quebrada Sibi cerca del campamento Cabeceras Ere-Algodón, extendiéndose nuevamente por decenas de kilómetros. La quebrada Sibi misma sigue la orientación este a oeste. Diferentes segmentos del río Campuya tienden a seguir una de estas orientaciones; la orientación noroeste a sureste sigue siendo la dominante. No es obvio determinar si la formación o el asentamiento de los sedimentos subyacentes causó estas características.

La misma terraza aluvial continúa en el lado colombiano del río Putumayo, pero con una cualidad distintiva adicional. A unos 50 km al este del campamento Cabeceras Ere-Algodón se encuentra el primer levantamiento de rocas sedimentarias del Escudo Guayanés; estas pizarras metamórficas del Paleozoico y areniscas tienen aproximadamente 500 millones de años (PEDICP 1993, Gómez Tapias et al. 2007). Diez kilómetros al este hay levantamientos extensos del Paleozoico. El poblado colombiano La Chorrera recibe su nombre por los rápidos que se desarrollaron en el sitio donde el río Igara Paraná cruza estos levantamientos. Más de 100 km al norte de La Chorrera se encuentran rocas de basamento metamórficas del Proterozoico. Los levantamientos del Paleozoico y Proterozoico forman cerros que son considerablemente más altos que los 200 msnm que delimitan la terraza aluvial. La orientación distintiva de sus canales que se describe en el párrafo anterior no continúa muy lejos hacia Colombia pues allí la estructura subyacente del Escudo Guayanés tiene mayor importancia.

En el lado peruano del río Putumayo la mayoría de las partes altas del territorio han sido mapeados (presumiblemente usando fotografía aérea o satelital) como la formación Pebas, con exposiciones menores de Nauta 1 y Nauta 2 (Cerrón Ceballos et al. 1999a, b, c, d, e, f, g; de la Cruz e Ivanov 1999a, b; Díaz N. et al. 1999). En el lado colombiano del río Putumayo, cerca del río, la superficie es identificada en los mapas como areniscas sin consolidar del Neógeno (no bien datadas; de 23.5 a 1.75 millones de años) y conglomerados (litológicamente equivalentes a la formación Nauta), que transicionan

al este a pizarras azules más antiguas (litológicamente equivalentes a la formación Pebas; PEDICP 1993, Gómez Tapias et al. 2007).

Geología regional

Desde inicios del Pérmico (hace aproximadamente 270 millones de años), diferentes fases del ascenso de las montañas proto-andinas controlaron la deposición de sedimentos, levantamientos y erosión en el occidente de Sudamérica. Entre los periodos de levantamiento de las montañas, éstas se erosionaron a relieves bajos. El levantamiento actual de los Andes está asociado a la colisión —que comenzó en el Cretáceo (hace aproximadamente 100 millones de años)—, de la placa de Nazca con la placa de Sudamérica que ha estado hundiéndose (por el proceso de subducción) por debajo de la placa de Sudamérica en dirección el noreste (Mora et al. 2010). En Perú, los principales pulsos del levantamiento reciente de los Andes parecen estar asociados con episodios de subducción más rápidos de la placa de Nazca (Pardo Casas y Molnar 1987) y la compresión concomitante de las montañas de los Andes (Hoorn et al. 2010). El pulso de 10–16 millones de años levantó parcialmente los Andes modernos al occidente y provocó el hundimiento de una amplia región al oriente llamada la cuenca sedimentaria del Marañón, localizada al sur del Escudo de Guayana y al este de los pies de montaña de Ecuador y el norte del Perú. El pulso más reciente de levantamiento andino ocurrió hace 5–6 millones de años, cerca de la transición entre el Mioceno y el Plioceno.

La formación de cuencas estructurales bajó el paisaje hacia el este y las fluctuaciones del nivel del mar (Müller et al. 2008) interactuó con los sedimentos erosionados de los Andes emergentes, produciendo el paisaje que vemos en las tierras bajas de la Amazonía en el presente (Stallard 2011). Después del fin del Mioceno, el Plioceno comenzó con dos incrementos del nivel del mar particularmente altos: 49 m hace 5.33 millones de años y 38 m hace 5.475 millones de años. El incremento de 49 m fue el más alto en muchos millones de años y probablemente tuvo un profundo impacto en la deposición de sedimentos en toda la llanura amazónica. Estos niveles altos fueron seguidos por numerosas oscilaciones en el nivel del mar, con la más profunda mínima a 67 m negativos hace 3.305 millones de años, durante la cual los sedimentos más antiguos se hubieran afectado profundamente por la erosión. Poco después del inicio del Pleistoceno (hace 2.6 millones de años), hubo dos incrementos del nivel del mar: uno de 25 m hace 2.39 millones de años y el otro de 23 m hace 2.35 millones de años. La formación subsecuente de las cubiertas de hielo de los polos y glaciaciones trajeron enormes oscilaciones de nivel del mar que crecieron en amplitud con el tiempo. Cada una de esas altas pudo haber formado terrazas mayores a lo largo del valle del Amazonas y cada una de ellas pudo también erosionar en valle mismo.

La naturaleza de los procesos que depositaron los sedimentos del Mioceno y otros más recientes en el Amazonas occidental está aún en disputa (las características de estas unidades están descritas en el Apéndice 1). El levantamiento de los Andes en el Mioceno, hace unos 10 a 16 millones de años, está asociada con la deposición de la formación Pebas intermedia (conocida como la formación Solimões en Brasil) las cuencas estructurales al este de los Andes (Hoorn et al. 2010a), con deposición que culminó al inicio del Plioceno (Latrubesse et al. 2010). Hoorn et al. (2010a, b) presentan un modelo en el cual muchas de las tierras bajas del Amazonas al este de los Andes modernos fueron humedales conectados al norte con el Caribe a través de un corredor norte-sur al este del levantamiento Andino. Los sedimentos de la formación Pebas fueron depositados en secuencias apiladas de transgresión-regresión consistentes con fluctuaciones repetidas de nivel del mar. Al menos una transgresión incluye un episodio de fuerte influencia marina (Hovikoski et al. 2010).

El levantamiento en marcha de los Andes y del arco de Vaupés entre las cuencas del Amazonas y el Orinoco ayudó a establecer un sistema amazónico que fluye hacia el este aproximadamente 11.5 millones de años. Hovikoski et al. (2007, 2010) argumentan que hubo deposición de sedimentos influenciada por mareas después de esta fecha, pero muchos de los depósitos sedimentarios en los cuales las mareas supuestamente fueron encontrados fueron datadas con errores y se ha encontrado que en realidad son mucho más recientes (Latrubesse et al. 2010). Más aún, mediciones globales

de alturas de superficie marina combinadas con modelos de mareas de océano completo muestran que las mareas se disipan en aguas poco profundas (Egbert et al. 2001) y es difícil recrear los efectos de las mareas 3,000 km tierra adentro. Hasta la fecha, los geólogos del Amazonas han ignorado este importante fenómeno —los *seiches*, grandes oscilaciones del agua contenida en lagos y otros grandes cuerpos de agua— que pueden producir efectos similares a mareas cuando las fluctuaciones diarias del viento causan grandes secciones de un lago moverse adelante y atrás. En el lago Gatún en Panamá (425 km^2 con un promedio de 12 m de profundidad), los seiches son provocados por variaciones de los vientos en el ciclo día-noche (Keller y Stallard 1994, McNamara et al. 2011), mientras que en el lago Victoria en el este de África (68,800 km^2 con un promedio de profundidad de 40 m) la causa es predominantemente la brisa costera que entra y sale (Ochumba 1996, Okely et al. 2010). El lago Victoria, grande pero somero, podría ser una buena analogía para lagos del Mioceno o posteriores en la Amazonía occidental. En las bahías del Victoria, los seiches se asemejan fuertemente a mareas y pueden distribuir sedimentos de manera similar (Okely et al. 2010).

Las formaciones Nauta 1 y Nauta 2, y las arenas blancas cerca de Iquitos fueron depositadas entre el Plioceno y el Pleistoceno, después del más reciente pulso de levantamiento andino (Sánchez Fernández et al. 1999, Latrubesse et al. 2010, Stallard 2011, Stallard y Zapata 2013), y probablemente en su mayoría después que el nivel del mar bajó de hace 3.305 millones de años. La deposición finalizó con el levantamiento de la planicie aluvial regional. En el campo, es interesante observar lo impresionantemente llano, la conformidad de esta superficie y la profundamente intemperizada calidad de los sedimentos de los cuales se desarrolló. En base a mi trabajo de campo previo, los llanos del este de Venezuela pueden ser un análogo moderno. Los llanos son una superficie plana en formación activa donde los ríos cambian de curso repetidamente y trabajan sobre los sedimentos más recientes, causando que éstos alternen entre ser sedimentos activos que son transportados por ríos y los sedimentos ya depositados que están intemperizados como suelo aluvial. Por repetición a través del tiempo, esta alternancia eventualmente causa sedimentos fuertemente intemperizados e incluso arenas puras de cuarzo (Johnson et al. 1991, Stallard et al. 1991). Wilkinson et al. (2010) han propuesto que los paquetes sedimentarios del Plioceno-Pleistoceno en el Amazonas subandino son depósitos de deltas de abanico activamente erosionados y clasifican los Llanos de Venezuela occidentales y el bajo río Pastaza en el Perú como abanicos activos y los sedimentos del Amazonas peruano noroccidental como abanicos extintos.

La interpretación más sencilla de estos datos y nuestras observaciones de campo es que las planicies superiores aplanadas en los campamentos Cabeceras Ere-Algodón y Medio Campuya son del Pleistoceno temprano y de cerca de 2.35 a 2.39 millones de años. Las terrazas más recientes en todos los campamentos probablemente reflejan cambios locales en la hidrología como descargas, fuentes de sedimentos y nivel basal (la elevación más baja a la cual un río puede surcar) y puede ser afectada por clima local, el nivel basal del río Putumayo y la tectónica. Es provocador pensar que Nauta 1 o quizá ambas unidades Nauta 1 y Nauta 2 pudiesen haber sido creadas durante los incrementos más altos del nivel del mar, quizá como parte de depósitos de los abanicos asociados con el nivel basal elevado y la gradiente reducida del río en esos tiempos.

Suelos y geología

La calidad del suelo y las comunidades de plantas asociadas parecen estar fuertemente asociadas a las unidades geológicas subyacentes (Apéndice 1). Estos depósitos están cubiertos con raíces densas asociadas con ambientes de suelos pobres (Stallard 2006, 2007, 2011). Higgins et al. (2011) utilizaron imágenes satelitales espectrales, topografía SRTM, e inventarios de la composición de los suelos y las plantas para demostrar que el contraste entre las formaciones del Mioceno Pebas/Solimões y las formaciones superpuestas del Plio-Pleistoceno son pobres en nutrientes. Aún con el contraste en nutrientes, la diversidad de plantas en los dos tipos de suelos no difiere de manera considerable (Clinebell et al. 1995; ver el capítulo 'Vegetacion y flora').

Geología petrolera y oro

El margen norteño de las cuencas estructurales, el cual es muy importante para la producción de petróleo en Ecuador y Perú, comienza bajo el río Putumayo (Higley 2001) o quizá debajo del arco de Iquitos justo al sur del río Putumayo (Perupetro 2012). La cuenca se hace profunda abruptamente hacia el sur. No existen líneas exploratorias de sísmica al norte y el este del arco de Iquitos (Perupetro 2012), indicando que los geólogos petroleros creen que los depósitos sedimentarios al este del arco no son suficientemente profundos para albergar suficiente calor y crear petróleo de materia orgánica quemada (Higley 2001) y que el petróleo migrando a través de depósitos de rocas en la cuenca estructural del Marañón no puede cruzar el arco.

Hasta setiembre de 2013, las cabeceras del río Campuya se encontraban dentro del Lote 117-B concesionado a Petrobras para exploración (Perupetro 2012). La parte sureste del lote toca el arco de Iquitos y tiene una línea sísmica de exploración. Esta parte del lote está fuera de la cuenca del río Campuya, la cual parece ser de baja prioridad para la exploración de hidrocarburos.

El dragado de oro se lleva a cabo en el Putumayo y los operadores de las dragas evitan la acción de un gobierno u otro simplemente cruzando la frontera (ver el capítulo 'Uso de recursos, conocimiento ecológico tradicional y calidad de vida'). Lo más probable es que este oro venga de los Andes. Algunos residentes me informaron que encontraron oro en la cuenca del Ere.

MÉTODOS

El trabajo de campo se enfocó en áreas a lo largo del sistema de trochas y a lo largo de quebradas y ríos en cada campamento. Utilicé un geoposicionador Garmin GPSmap 62stc, el cual trabaja bien bajo el dosel del bosque y permite registrar nombres y notas razonablemente complejos para cada punto visitado, georreferenciar fotos y revisar el perfil de las trochas una vez que la trayectoria está almacenada. Éste debe ser usado con precaución porque los datos de elevación son afectados por cambios en la presión atmosférica. Hice observaciones en cada marca de 50 m en las trochas

Figura 16. Mediciones de pH y conductividad de muestras de agua andinas y amazónicas en micro-Siemens por cm (µS/cm). Los símbolos negros sólidos representan muestras de agua de quebradas obtenidas durante este estudio. Los símbolos grises sólidos representan muestras colectadas durante cuatro inventarios previos: Matsés (IR 16), Nanay-Mazán-Arabela (IR 18), Yaguas-Cotuhé (IR 23) y Cerros de Kampankis (IR 24), y los símbolos de color gris claro abiertos corresponden a numerosas muestras colectadas en otros sitios de las cuencas del Amazonas y el Orinoco. Note que las quebradas de cada sitio tienden a agruparse y que podemos caracterizar esas agrupaciones de acuerdo a su geología y suelos. En las tierras bajas de la Amazonía del este del Perú, destacan cuatro grupos: las aguas negras ácidas con pH bajo asociadas con suelos de cuarzo y arena, las aguas de baja conductividad asociadas con la unidad sedimentaria Nauta 2, las aguas de ligeramente mayor conductividad de la unidad sedimentaria Nauta 1 y las aguas de conductividad sustancialmente más alta y de pH más elevados que drenan la formación Pebas. Las aguas más puras y diluidas son simplemente lluvia con pequeñas cantidades de cationes agregados (Nauta 2) o ácidos orgánicos (aguas negras). Las aguas típicas de los Andes se superponen a las de la formación Pebas pero se extienden a conductividades y pH considerablemente mayores. La mayoría de las aguas del paisaje de Ere-Campuya-Algodón son extremadamente puras, entre las más puras de una gran y variada muestra colectada en las cuencas del Amazonas y el Orinoco. Estas aguas puras fueron colectadas en las terrazas de todos los campamentos de Ere-Campuya-Algodón y de la planicie aluvial del río Campuya. Las muestras de la formación Pebas demuestran las conductividades elevadas típicas de esta formación. Las verdaderas aguas negras están ausentes de la región Ere-Campuya-Algodón. Tres muestras de *collpa* de Ere-Campuya-Algodón tienen conductividades de 10.2, 484 y 966 µS/cm. La muestra con la conductividad más baja es del campamento Bajo Ere y tiene una conductividad ligeramente maior que las quebradas adyacentes. Las otras dos son de quebradas que drenan la formación Pebas y tienen conductividades extremadamente altas —más de 100 a 200 veces aquellas de las quebradas de terrazas altas y de 20 a 100 veces aquellas de las quebradas que drenan la formación Nauta— incluyendo una quebrada tan sólo a 50 m de distancia. Estas aguas son también más concentradas de lo esperado para disolución de calizas (signo de más). La explicación más factible sería la disolución de un depósito de pirita o yeso, que agregaría excesos de calcio y de iones de sulfatos (una sal) o posiblemente un manantial derivado de aguas de la formación elevándose por una falla. Personalmente prefiero la última explicación, porque la muestra más concentrada está en una tendencia que incluye un manantial salado relacionado a una falla de los Cerros de Kampankis y el Depósito de Sal de Pilluana (Stallard y Zapata 2012).

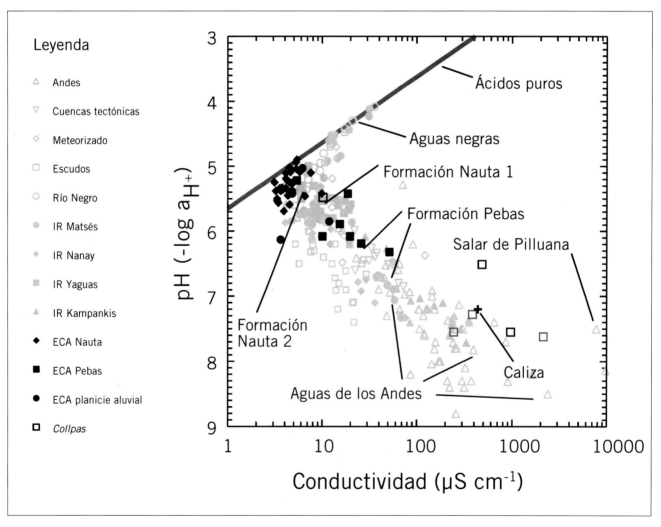

y en elementos del paisaje, como quebradas, sustratos erosionados y promontorios. Entre las características descritas en cada punto del recorrido están la topografía, suelos, apariencia de la hojarasca y la alfombra de raíces, y propiedades del agua. Algunos de estos rasgos del paisaje fueron fotografiados. Para los suelos y roca madre, tome notas del color (Munsell 1954) y textura (Apéndice 1B en Stallard 2006). La roca madre fue muestreada ocasionalmente para referencias futuras. No muestree suelos.

Para describir las cuencas y la química del agua de la zona, examiné tantas quebradas como me fue posible en cada campamento. Para cada campamento registré los siguientes datos: localidad geográfica, elevación, velocidad del agua, color, composición del lecho, ancho del cauce y altura del cauce. Para algunas quebradas en los campamentos Bajo Ere y Cabeceras Ere-Algodón, y para todas las quebradas y escurrimientos en el sistema de trochas de Medio Campuya, registré la conductividad específica del agua, pH y temperatura con un instrumento ExStick® EC500 (Extech Instruments) calibrado y un medidor portátil de pH y conductividad (Apéndice 2). Algunas muestras seleccionadas fueron colectadas para referencia futura y nuevas mediciones de estas muestras fueron obtenidas en Iquitos. La correspondencia entre las muestras de campo y aquella de las muestras fue buena.

He usado la conductividad y el pH para clasificar las aguas superficiales en cinco inventarios en Loreto. Estos son Matsés (Stallard 2006), Nanay-Mazán-Arabela (Stallard 2007), Yaguas-Cotuhé (Stallard 2011), Cerros de Kampankis (Stallard y Zapata 2013) y el presente inventario. El uso del pH (pH=-log(H+)) y conductividad para clasificar aguas es poco común, en parte porque la conductividad es una medida agregada de una gran variedad de iones disueltos. Cuando los dos parámetros son puestos en un gráfico de dispersión, los datos típicamente se distribuyen en forma de un boomerang (Fig. 16). Para valores de pH menores de 5.5., la conductividad de los iones de hidrógeno siete veces mayor comparada con otros iones hace que los valores de conductividad se incrementen con el decrecimiento del pH. Con valores de pH mayores a 5.5 otros iones dominan y la conductividad típicamente se incrementa con el aumento del pH.

RESULTADOS

Como en inventarios previos, la relación entre el pH y la conductividad puede ser comparada con los valores determinados en sistemas rivereños del Amazonas y el Orinoco (Stallard y Edmond 1983, Stallard 1985). Estos dos parámetros le permiten a uno distinguir aguas drenando de tres tipos de formaciones que están expuestas en el paisaje de Ere-Campuya-Algodón, los cuales son frecuentemente difíciles de identificar en ausencia de grandes promontorios o excavaciones (Fig. 16). Las quebradas que drenan la formación Pebas tienen conductividades de 20 a 300 µS/cm, aquellas que drenan la Nauta 1 de 8 a 20 µS/cm y por último las que drenan la Nauta 2 de 4 a 8 µS/cm. Las aguas negras que drenan la formación Arenas Blancas tienen un pH de menos de 5 y conductividades de 8 a 30µS/cm. Las antiguas terrazas y depósitos de la planicie aluvial pueden ser distinguidos en el campo, pero tienden a tener conductividades dentro del rango de Nauta 1 y Nauta 2.

Cabeceras Ere-Algodón

Los datos topográficos obtenidos mediante satélite indican que el campamento Cabeceras Ere-Algodón está localizado dentro de la planicie aluvial ligeramente erosionada del Plio-Pleistoceno. La característica más distintiva del área que circunda el campamento es la pronunciada pobreza de los nutrientes lixiviables en la 'roca madre' subyacente, en el suelo que se desarrollo sobre ésta y en las quebradas y ríos que le drenan. En las quebradas, la conductividad específica es baja o extremadamente baja, con conductividades que varían de 3.7 a 6.9 µS/cm. Esto aplica a las tres cuencas accesibles desde el campamento: Ere, Algodón y Sibi. Estas cabeceras son muy similares a las cabeceras del río Nanay, que drenan la formación Nauta 2. Las quebradas fueron muestreadas en todas las elevaciones, incluyendo las terrazas planas, las laderas inclinadas hacia el Sibi, y el paisaje bajo y plano contiguo al Sibi. No observé fuentes directas de sodio, potasio, fosforo o restos de metales, y parece que no hay sitios de interés como *collpas*. Las conductividades uniformemente bajas de las quebradas sugieren que si hay *collpas*, estas deben ser raras. Sin *collpas*, todos los organismos que no tienen gran movilidad y viven en las cabeceras de

Ere-Algodón deben lidiar con limitaciones de sales extremas. La mayoría del paisaje es llano: una planicie elevada, terrazas menores y cimas, y planicies aluviales muertas o activas que tienen pantanos y pozas. Identifiqué tres grupos de suelos en este campamento:

1. Terrazas de tierra firme y laderas con suelos arenosos. Estos sitios tienen alfombras de raíces gruesas (5 a 20 cm) y capas de material orgánico sobre los suelos minerales. La cobertura de la alfombra de raíces es suficiente que el suelo mineral es raramente visible a lo largo de las trochas. Las quebradas tienen lechos de arena y grava

2. Terrazas de tierra firme y laderas con suelos ricos en arcillas sin arena. Estos sitios tienen una alfombra de raíces delgada (1 a 10 cm), aunque generalmente continua y con una capa orgánica delgada. El suelo mineral es frecuentemente visible y con nidos de cigarras y nidos de hormigas arrieras. Las quebradas tienen lechos de lodo

3. Suelos inundables o húmedos que se desarrollaron en planicies vivas o 'fósiles' que típicamente tienen pantanos o pozas. El material orgánico es abundante; la alfombra de raíces frecuentemente es gruesa (10–40 cm) y el suelo mineral es ocasionalmente visible. Cuando este es visible, el suelo es de gley (de color azul-gris claro que indica condiciones permanentes sin oxígeno libre)

Otras áreas diferenciadas incluyen pequeños aguajales (pantanos ocupados por la palmera Mauritia flexuosa) entre cimas, pequeños bosques inundables sin Mauritia, restingas menores y depósitos que forman bancos a lo largo de los ríos más grandes.

Los procesos más importantes que erosionan los suelos son aquellos en quebradas intermitentes y permanentes (donde los tributarios del Sibi erosionan las terrazas altas) y los árboles caídos. Los sitios donde han caído árboles le dan una apariencia de agujeros a la vegetación de algunas áreas planas y ganan mayor presencia cuando las áreas donde han caído árboles son amplias y están cubiertas de lianas propias del bosque en regeneración (sogales). Pocas laderas son suficientemente inclinadas para derrumbes.

La variación lateral del contenido de arena en los suelos de las cabeceras del Ere es consistente con un antiguo paisaje aluvial. La escala de variación lateral depende del tamaño de los ríos que cruzan el paisaje. Los ríos grandes, como el Putumayo, pueden excavar depósitos más antiguos. Esos canales serían identificables en salientes, pero en este clima las salientes no están generalmente disponibles.

Bajo Ere

Este campamento tuvo que ser reubicado en una restinga del río Ere después de la inundación del campamento original en el río Yare. La inundación fue posiblemente creada por flujo inverso de agua al Yare causada por el Ere y quizá por el Putumayo. La crecida parece haber sido de 6 m después de dos días de lluvia. La confluencia está en un valle amplio y de poca profundidad y ambos ríos tienen una zona de meandros poco angosta. Las curvas exteriores de muchos meandros no están afectando depósitos recientes sino que están erosionando los sustratos más antiguos.

No trabajé en las dos trochas que siguen los flancos en la orilla derecha del Yare y lo que presento aquí es información proporcionada por colegas. Una trocha cruzaba un aguajal grande que no era rico en Mauritia como otros aguajales típicos a lo largo de ríos grandes con meandros, sino que tenía una mezcla arbustos, árboles pequeños y Mauritia. Mi inspección de la ribera del Ere, adyacente al aguajal, indica que está asentada cobre una plataforma de 'roca madre' en vez de aguas acumuladas detrás de una restinga. La otra trocha exploraba las terrazas altas. Parches de árboles colapsados por el viento fueron comunes en esta y otras trochas. Los árboles caídos revelaban una penetración ligera de sus raíces en el sustrato más antiguo, que puede hacer a los árboles más vulnerables. Además, el sustrato no es particularmente sólido.

La mejor forma de examinar la roca madre fue a lo largo del río Ere. Parece haber varias litologías fluviales. Una arcilla densa de color azul claro parece ser dominante, casi de calidad para alfarería, densa y aparentemente no-permeable. Grietas y uniones llenas de sesquióxido fueron abundantes. Los lechos de arena y grava están parcialmente cementados con sesquióxidos y los escurrimientos que emergen del sustrato precipitan sesquióxidos de fierro. Quité un tronco de lignita de la arcilla densa del río y en la quebrada cercana al helipuerto observé un lecho de lignita de unos 30 cm de grosor. La lignita se encogió y se desmoronó cuando se secó. La madera y la lignita fueron colectados para datado con 14C. Hay suficientes capas arenosas en el sustrato y todas las quebradas con un flujo apreciable tienen lechos de arena y otros tienen lechos de grava.

Las aguas de este paisaje fueron uniformemente diluidas, con un rango de conductividades entre 3.4. y 5.0 µS/cm, equivalente o ligeramente menor que en las cabeceras. Ambos, Ere y Yare tenían bajas conductividades, indicando que el paisaje entero aguas arriba es pobre en nutrientes y ofreciendo una fuerte indicación de que los suelos y sustratos dentro de ola cuenca entera son uniformemente pobres en iones móviles.

Cerca del campamento hay una *collpa* (Fig. 4A) que ha sido históricamente un sitio de caza, de acuerdo a residentes locales de las comunidades de la boca del Ere que visitan esta área cada pocos años para cazar. Aparentemente la *collpa* es visitaba por sachavacas, huanganas, monos, palomas y otros animales. Estaba mejor expuesta en el agujero creado por la caída de un árbol grande donde el sustrato color azul claro estaba completamente mezclado por efecto de los animales visitantes. La pequeña poza en el agujero, protegido de la lluvia por las raíces, tenía una conductividad de 11.6 µS/cm. Esto representa un valor bajo para una quebrada en otro paisaje, pero es elevada comparada con otras quebradas. Un residente local que me acompaño durante el inventario (Rully Gutiérrez) me dijo que había otras *collpas* en la región, la mayoría a lo largo del Ere, y que las *collpas* que conocía estaban siempre en 'puntos de quebradas' que quizá significa sitios erosionados.

En la restinga donde se encontraba el helipuerto (S 2°01.154" O 73°15.219"), los asistentes locales encontraron pedazos de cerámica antigua que fotografiamos y dejamos *in situ* (Fig. 4B). Los fragmentos parecen ser de un tazón de unos 30 cm de diámetro. Se utilizó materia orgánica para darle elasticidad, resistencia y facilitar trabajarla. Las partes internas de los fragmentos de cerámica son negro carbón y presumiblemente fechables con 14C. La cerámica implica

cierto grado de existencia sedentaria y fue sorpresivo encontrar fragmentos de cerámica aquí. La restinga tiene el mejor suelo y la *collpa* cercana atrae animales. En la orilla de los ríos hay arcilla expuesta de calidad para elaborar cerámica. Sin embargo, el paisaje pobre en nutrientes es un reto para asentamientos permanentes mas no para un campamento de cacería estacional. Este es un hallazgo notable, que quizá refleja gente que escapaba de la violencia de la era del caucho.

Las trochas en este campamento proveen una excelente perspectiva de las terrazas por encima del cauce de los ríos Ere y Yare. Las mismas asociaciones primarias de suelos observadas en el campamento Cabeceras Ere-Algodón están presentes aquí: 1) tierra firme rica en arena con una gruesa alfombra de raíces, 2) tierra firme rica en arcilla con una alfombra de raíces más delgada (aunque más gruesa aquí que en las Cabeceras Ere-Algodón), y 3) humedales inundables con una alfombra gruesa de raíces. Aquí los humedales como los pantanos y mini-aguajales fueron más abundantes, aunque los aguajales más extensos son también importantes. Finalmente a lo largo del Ere hay una restinga que alberga plantas de suelos 'más ricos' de acuerdo con los botánicos.

Como en las cabeceras del campamento Cabeceras Ere-Algodón, los humedales parecen ser antiguas planicies aluviales activas en terrazas erosionables, como es mi hipótesis para el gran aguajal (ver párrafos anteriores). Si las áreas planas son fundamentalmente erosionables, registran una larga historia de descensos del paisaje, con partes muy limitadas y quedando aún más pobres en nutrientes. Varias de estas áreas húmedas parecen estar flanqueadas por bordes de tierra firme, que podrían ser antiguas restingas. En las partes altas de tierra firme, los suelos son amarillo-café o café-amarillo. En los demás sitios los suelos de gley son más comunes que en el campamento Cabeceras Ere-Algodón. Algo de lo que parece suelo de gley, como se puede ver en los agujeros que dejan las caídas de árboles grandes, es posiblemente sustrato de Nauta 1, que tiene un color similar.

Medio Campuya

El paisaje y la geología de este campamento es considerablemente más complejo que el de los campamentos restantes. El río Campuya divide el sistema de trochas. En el margen derecho hay terrazas con tres trochas. Éstas atraviesan las cimas aplanadas de una antigua superficie nivelada y sus valles, quebradas y humedales asociados. En la ribera del lado izquierdo hay una trocha localizada por completo en un paisaje fluvial contemporáneo: la planicie aluvial del río Campuya.

Las imágenes de satélite sugieren que procesos geológicos (en vez de aquellos puramente hidrológicos) han ayudado a formar este paisaje. Las terrazas del lado derecho muestran laderas y valles alineados que van en paralelo a uno de dos tejidos regionales claramente vistas en los mapas de relieve (Fig. 2B). Uno es casi este-oeste y el otro noroeste-sureste. Dos de esos alineamientos se interceptan en el campamento. Las posibles causas de esos alineamientos incluyen una falla regional (posiblemente muy antigua) y la compactación de las formaciones Pebas y Nauta sobre las estructuras subyacentes. Arriba de la confluencia del Vecoya, el Campuya tiende a trabajar en contra de la ribera derecha, con poca planicie aluvial en ese mismo lado, y una ancha planicie aluvial, de varios kilómetros de ancho, en el lado izquierdo. Esto contrasta con el resto de los ríos en la región que tienen valles simétricos y sugieren una causa geológica: una línea bisagra, el límite de una formación subyacente o una falla. Además, los cerros de tierra firme hacia el norte del Campuya se elevan gradualmente y solo alcanzan la elevación de los cerros de tierra firme al sur del río, cerca de 20 km al norte, sugiriendo que una falla es lo más posible.

La formación Pebas emerge en la ribera derecha del Campuya. Cien metros más allá del río y de los emergentes de Pebas hay terrazas de la formación Nauta 2. Las terrazas de Nauta 2 en este lugar se asemejan mucho al paisaje de los campamentos Bajo Ere y Cabeceras Ere-Algodón. Los suelos en las terrazas fueron generalmente como aquellos de los otros campamentos, con alfombras de raíces más delgadas sobre suelos ricos en arcillas y alfombras más extensivas en la tierra firme. Había menos humedales de capas de sedimentos porque había proporcionalmente menos tierras bajas. Las quebradas fueron similarmente diluidas, con conductividades de entre 3 y 6 µS/cm. No había pequeños aguajales o vegetación riparia.

En una de las quebradas de terrazas altas (T4 4410), encontré una roca bien litificada de cuarcita (13 x 13 x 8 cm; Fig. 4H). Las rocas de este tamaño tienden a ser transportados por distancias cortas en ríos planos de tierras bajas, lo que implica que esta roca tenía una fuente cercana. La fuente más factible es el Escudo Guayanés, que tiene cuarcitas expuestas a tan solo 50 km de distancia. Las piedritas en las quebradas de las terrazas altas en este sitio incluyen una variedad de rocas metamórficas, algunas pizarras y cuarzo abundante. Estas son consistentes con un origen en la Escudo Guayanés (Johnsson et al. 1991, Stallard et al. 1991).

Todas las trochas en la ribera derecha comenzaban en la formación Pebas, donde la mayoría de las quebradas fueron medidas. Ocho de diez tenían conductividades entre 10 y 60 µS/cm. Las dos quebradas que drenaban el Salado del Guacamayo (collpa) tenían conductividades mucho mayores: cerca de 484 µS/cm en una y 966 µS/cm en el otro. Estas son mucho más altas de lo que se espera para la disolución de carbonatos (calizas, 440 µS/cm), sugiriendo dos fuentes para sales adicionales: disolución de pirita y la formación de aguas que emergen de fallas. La última opción parece la más factible.

Todas las trochas de la ribera izquierda cruzaban un paisaje fluvial contemporáneo. La inspección de la imagen de satélite revela varias generaciones de cochas que varían desde cuerpos de aguas abiertas, como el que se encontraba frente al campamento, a numerosas curvas y líneas con vegetación. Esta trocha casi cruzaba por completo una gama completa de estos elementos del paisaje. Cerca del Campuya y alrededor de la cocha hay una restinga activa, generalmente con superficie plana y cubierta con una comunidad diversa de árboles grandes. Contigua a esta restinga hay una ligeramente más vieja con una comunidad de árboles similar. Orientada de manera perpendicular a la restinga, en el borde cerca de una cocha moderna, hay otra más antigua que se alinea hacia el norte y está llena de un bosque inundable. Al este de este humedal hay una restinga cubierta con una vegetación parecida a un varillal (con árboles poco desarrollados y delgados) que crecen en suelos que varían de arenas finas color crema a una arcilla de gley gris-azul (Figs. 5B–C). No es posible estimar la edad de esta restinga más vieja sin llevar a cabo trabajo de campo extensivo. La alfombra de raíces es moderadamente gruesa, pero no tanto como en los humedales. Al este y detrás de esta restinga hay humedales. Cerca de la cocha reciente hay un humedal con sedimentos estratificados que más al norte se convierte en un aguajal. Este agujal se asemejaba a aquellos vistos en el bajo Yaguas, con una mezcla de *Mauritia* y muchos otros tipos de árboles. Todas estas áreas de humedales tenían suelos orgánicos, que cuando son profundos son depósitos de turberas. Sin embargo, debido a que la cocha reciente y la antigua no son grandes o especialmente antiguas (posiblemente cientos de años), estos depósitos de turberas son muy posiblemente pequeños.

DISCUSIÓN

El paisaje de Ere-Campuya-Algodón está compuesto de terrazas al occidente del río Putumayo, compuesto principalmente de rocas sedimentarias débilmente consolidadas que son especialmente pobres en nutrientes y sales. Estas terrazas son drenadas por cuatro sistemas rivereños: el río Campuya al norte, el río Ere en el sur, partes del sistema del río Algodón en el oeste y la planicie aluvial del río Putumayo al este. Estos cerros típicamente tienen menos de 200 m de elevación y se encuentran cerca de 50 a 60 m por encima de la base regional controlada por el Putumayo. Las cimas de los cerros más altos tienden a ser planos y corresponden a una planicie aluvial antigua, del Plio-Pleistoceno, que ha sido erosionada por ríos en los pasados dos millones de años para crear el paisaje de terrazas y los valles de los ríos. Por todo el paisaje de tierras altas se encuentran humedales que parecen haberse formado a lo largo de las márgenes de ríos antiguos y permanecieron *in situ* cuando esos ríos se erosionaron más profundamente.

Tres formaciones sedimentarias están expuestas. La formación Pebas del Mioceno es la más antigua y la menos expuesta. La formación Pebas fue depositada en un ambiente estacional de humedales aluviales y lagos. Los sedimentos son ricos en minerales que proveen nutrientes a las plantas y sales a los animales. Los sedimentos del Plio-Pleistoceno, equivalentes a la formación Nauta 2 cerca de Iquitos, forma todas las terrazas altas. Estos sedimentos, una mezcla de lodos aluviales, arenas, gravas

y materia orgánica propios de un escenario tropical, están depositados encima de la formación Pebas. Una roca grande de cuarcita encontrada en terreno de Nauta 2 indica que hay aportes de sedimentos del Escudo Guayanés. Debido a que los sedimentos tienen niveles bajos de nutrientes y sales, los suelos de las terrazas son especialmente pobres en nutrientes.

La mayoría de los valles de los ríos más grandes tienen planicies aluviales, de los cuales los más desarrollados se encuentran en el Campuya. Los sedimentos más recientes se derivan de la erosión de las terrazas altas que se depositan en estas planicies aluviales contemporáneas. De acuerdo con esto, los sedimentos de la planicie aluvial son también pobres en nutrientes y debido a ser tan planas, las planicies aluviales promueven el desarrollo de varias características importantes del paisaje: varillales de arcilla blanca, aguajales de doseles mixtos y, como suficiente tiempo, humedales de turberas. Desde la perspectiva de las sales disueltas, las quebradas que drenan las terrazas altas y las planicies aluviales tienen una de las concentraciones más bajas de las cuencas enteras del Amazonas y el Orinoco. Los sedimentos de la planicie aluvial del Putumayo son de origen andino y presumiblemente más ricos.

Los cerros y los valles muestran alineaciones oeste-este y noroeste-sureste que muy posiblemente representan la influencia de fallas durante el levantamiento de los Andes durante la compactación de los sedimentos subyacentes. La más importante de esas tendencias es noroeste-sureste a lo largo del valle del río Campuya, que se extiende hacia el valle del Putumayo. La inclinación del sustrato, probablemente relacionada a una falla antigua, ha resultado en una planicie aluvial asimétrica para el Campuya que ha expuesto sedimentos de Pebas a elevaciones bajas en el lado derecho del alineamiento. Estos emergentes de Pebas, ricos en minerales comparadas con el resto del paisaje, forman un recurso de sales para los animales que visitan las *collpas* especialmente ricas en sales para consumir la roca madre en sí y para beber el agua que drena de esta. Una de esas *collpas* fue muestreada y sus aguas contenían más de 200 veces la sal de las quebradas en las cabeceras.

La falta de consolidación de la roca madre significa que el paisaje requiere de la cobertura forestal para limitar la erosión. Los nutrientes y sales necesarios para las plantas y animales son retenidos en el ecosistema a través de un sistema eficiente de reciclado que involucra raíces extensas en la superficie del suelo adaptadas a suelos someros. Estas raíces también limitan la erosión. Si se removiera la cubierta forestal, la recuperación de los bosques sería especialmente lenta debido a la baja fertilidad de los suelos. Los sedimentos erosionados también contaminarían las quebradas y azolvarían las planicies aluviales. De acuerdo con esto, la cobertura vegetal de estas cuencas debe ser protegida (mantenida intacta y continua) para poder proteger los ecosistemas de las cabeceras y las partes bajas de las cuencas.

Buena parte del paisaje ha sido clasificada en estudios hechos por el gobierno como de vocación forestal extensiva y agrícola con asistencia de fertilizantes (PEDICP 1993, 1999), una clasificación completamente contradictoria con el gran riesgo de erosión y otras observaciones que reportamos aquí. PEDICP (1999) presenta todos los datos utilizados para clasificar el paisaje utilizando la geomorfología, y como los suelos, las secciones geológicas no fueron muestreadas en el área de estudio (Cerrón Ceballos et al. 1999a, b, c, d, e, f, g; de la Cruz e Ivanov 1999a, b; Díaz N. et al. 1999). Los geólogos y el PEDICP clasificaron buena parte del paisaje, incluyendo todos nuestros campamentos, como parte de la formación Pebas con suelos asociados, cuando de hecho sólo un campamento tenía una pequeña exposición de la formación Pebas en Medio Campuya. Además, los suelos atribuidos a los elementos de las terrazas altas de este paisaje por el PEDICP (1999) son extremadamente pobres en cationes, de manera similar a los suelos de la formación Nauta descritos por Higgins et al. (2011) y Clinebell et al. (1995). De hecho, cuando son comparados con el grupo de 69 suelos reportados por Clinebell et al. (1995) de gran parte del norte de Sudamérica y Centroamérica, los suelos de las terrazas reportados por PEDICP (1999) se encuentran entre los más empobrecidos del espectro de calidad del suelo. Dada la absoluta y relativa pobreza de estos suelos, es un error concluir que gran parte del paisaje es apto para agricultura o actividad forestal intensiva y de gran escala.

AMENAZAS

- Los suelos en las terrazas altas son demasiado pobres para sostener agricultura sin un uso intensivo de fertilizantes, que destruirían los ecosistemas acuáticos aguas abajo

- La carencia general de sales en suelos y aguas en el paisaje hace que las *collpas* distribuidas en el paisaje sean especialmente para mamíferos y aves de la región. La destrucción de estos sitios tendría efectos en detrimento de los animales en el paisaje más amplio

- La erosión excesiva y la pérdida de depósitos de carbón causados por la tala de árboles, conversión del uso de la tierra a la agricultura y la construcción de caminos

- La erosión excesiva de las terrazas altas podría azolvar y destruir importantes ambientes de la planicie aluvial incluidas las cochas, humedales de turberas, aguajales mixtos y los varillales de arcilla blanca

- La minería de oro por medio de dragas, excavaciones y técnicas hidráulicas incrementa dramáticamente la carga de sedimentos de los ríos reduciendo la calidad del agua y azolvando la planicie aluvial. Estas prácticas no deben ser permitidas en este paisaje

- El uso de mercurio para la extracción de oro es extraordinariamente peligroso. En ambientes tropicales, el mercurio es eficientemente convertido en metil-mercurio que ingresa con facilidad a la cadena alimenticia y se bioconcentra en depredadores tope. En los ríos amazónicos estos depredadores tope son frecuentemente un importante recurso alimenticio para la gente (p. ej., los bagres grandes), que pueden desarrollar problemas médicos duraderos por consumir peces contaminados con mercurio

RECOMENDACIONES PARA LA CONSERVACIÓN

- Proteger las terrazas altas de la erosión causada por actividades forestales intensivas y por la agricultura

- Mapear el paisaje utilizando los métodos basados en satélite de Higgins et al. (2011), calibrando con datos de inventarios previos para plantas y suelos. Este enfoque, especialmente si es suplementado con medidas de conductividad y pH en quebradas, permite clasificar el estatus de los nutrientes y ayudará en el mapeo geológico y biológico

- Mapear la distribución de *collpas* en este paisaje (ver un mapa preliminar en la Fig. 20). Esta información debe ser utilizada para planear el manejo de las *collpas* y prevenir la sobrecaza. Geológicamente, un mapa de *collpas* puede servir para determinar si las fallas a lo largo del valle del Campuya son importantes para el desarrollo de este paisaje

- Mapear un segmento de la planicie aluvial del Campuya para estimar la importancia de diferentes formas del paisaje y tipos de vegetación, para desarrollar un modelo de la formación del varillal y humedales adyacentes y para determinar si hay turberas en formación

- Determinar las fechas de las cerámicas del helipuerto de Bajo Ere para que su edad, y el periodo durante el cual este sitio estuvo ocupado, puedan ser determinados. Considerar hacer excavaciones del sitio para determinar su propósito, como dilucidar si era un campamento de caza y pesca, un sitio agrícola o un refugio para la gente escapando de los abusos de la era del caucho. Cada interpretación tiene implicaciones significativas para la biogeografía humana en la Amazonía

VEGETACIÓN Y FLORA

Autores: Nállarett Dávila, Isau Huamantupa, Marcos Ríos Paredes, William Trujillo y Corine Vriesendorp

Objetos de conservación: Una vegetación diversa creciendo sobre terrazas y colinas de suelos pobres que salvaguarda las cabeceras de tres ríos que drenan al Putumayo contra la erosión masiva; una combinación de tres floras diversas de suelos pobres: las de Loreto, Amazonía Central y el Escudo Guayanés; alta heterogeneidad de hábitats de planicie de río como restingas baja, restingas altas, cochas y humedales; un tipo de vegetación nunca antes visto: 'varillales de arcilla blanca,' con una estructura de dosel bajo (aproximadamente 15–20 m), una densidad alta de árboles delgados y una composición florística de especies conocidas de los varillales de arena blanca, humedales de aguas negras y las terrazas aledañas de suelos pobres; el primer registro de un varillal al norte del río Napo; comunidades de palmeras de importancia ecológica, económica y uso tradicional como irapay (*Lepidocaryum tenue*), pona (*Iriartea deltoidea*), aguaje (*Mauritia flexuosa*), shapaja (*Attalea microcarpa* y *A. insignis*) y ungurahui (*Oenocarpus bataua*); poblaciones de especies maderables como tornillo (*Cedrelinga cateniformis*), polvillo o azúcar huayo (*Hymenaea courbaril*), granadillo (*Platymiscium stipulare*), marupá (*Simarouba amara*), moenas (Lauraceae spp.) y cumalas (*Iryanthera* spp., *Virola* spp. y *Osteophloeum platyspermum*); poblaciones saludables de especies útiles no maderables como tamshi (*Heteropsis* sp. y *Evodianthus* cf. *funifer*), guarango (*Ischnosiphon arouma*) y wambe (*Philodendron* sp.); poblaciones de especies amenazadas de helechos arborescentes (*Cyathea* spp., CITES Apéndice II) de importancia medicinal para los pobladores del área; 11 especies nuevas para la ciencia y un registro nuevo para la flora del Perú; turberas amazónicas importantes para la captura de carbono en la planicie del río Putumayo

INTRODUCCIÓN

La porción peruana de la cuenca del río Putumayo sigue siendo una de las regiones menos estudiadas por los botánicos en todo el Perú. Según un estudio reciente, más de un siglo de exploración en Loreto ha producido un promedio, a nivel de la Región, de apenas 0.38 registros botánicos por kilómetro cuadrado (i.e., 0.38 registros georeferenciados de plantas identificadas a nivel de especie/km^2; Pitman et al. 2013). Para la porción peruana de la cuenca del Putumayo (46,137 km^2), la tasa de colecta está aún más bajo: aproximadamente 0.11 registros/km^2.

La mayoría de los aproximadamente 5,000 registros de plantas realizados hasta la fecha en esta región fronteriza de difícil acceso proviene de estudios lideradas por The Field Museum durante el periodo 2003–2012, en los cuales botánicos peruanos, colombianos, ecuatorianos y de otras nacionalidades realizaron inventarios florísticos rápidos en siete localidades. Estas corresponden al campamento Yaguas en el inventario Ampiyacu-Apayacu-Yaguas-Medio Putumayo (Vriesendorp et al. 2004), los campamentos Aguas Negras y Güeppí en el inventario Güeppí (Vriesendorp et al. 2008), el campamento Piedras en el inventario Maijuna (García-Villacorta et al. 2010) y los tres campamentos en el inventario Yaguas-Cotuhé (García-Villacorta et al. 2011). También merece mención un gran inventario forestal y de plantas no maderables en el bajo Algodón (Pacheco et al. 2006) y relatos del PEDICP (2012) sobre la porción media del Putumayo.

Dentro de esta cuenca poco estudiada, los bosques de la región Ere-Campuya-Algodón representan un vacío absoluto. Una revisión de las principales fuentes de información botánica sobre Loreto realizada a finales de 2012 —entre bases de datos como GBIF y TROPICOS, colecciones de museos, inventarios de árboles y estudios de impactos ambientales— no encontró ningún registro ni publicación sobre la flora correspondiente a esta área de 900,172 ha (Pitman et al. 2013).

Sólo existen tres localidades en las inmediaciones del área en donde han trabajado los botánicos. Una es la boca del río Yubineto, el próximo gran tributario peruano del Putumayo río arriba del Campuya, a aproximadamente 40 km al norte del límite norteño de nuestra área de estudio, donde Guillermo Klug hizo aproximadamente 100 colecciones en 1931 y un equipo multinacional hizo un pequeño número de colecciones de árboles, arbustos, lianas e hierbas en los años 1970 (386 registros y 280 especies; Gasché 1979). Otra localidad es el campamento Piedras, visitado durante el inventario Maijuna (García-Villacorta et al. 2010), a apenas 20 km al sur del límite sureño de nuestra área (más de 410 especies). Finalmente, en 2002 un inventario de árboles fue establecido cerca de Santa María, a aproximadamente 15 km del límite noroeste del área pero en la cuenca del río Napo (232 especies; Pitman et al. 2008).

A pesar del escaso conocimiento de la flora en la región del Ere-Campuya-Algodón, los mapas de la diversidad de árboles a nivel de toda la cuenca amazónica indican que estas áreas se encontrarían entre las más diversas de la Amazonía (ter Steege et al. 2006). La exploración botánica en estas áreas representa una oportunidad única para el muestreo de la diversidad y composición de la flora en esta importante porción del río Putumayo. Permitirá conocer si los bosques de Ere-Campuya-Algodón son tan diversos como muestran las predicciones y sí los tipos de vegetación son parecidos a áreas aledañas anteriormente muestreadas o a otros bosques de la Amazonía loretana.

MÉTODOS

Empleamos una combinación de métodos para registrar la flora en tres lugares de muestreo (ver el capítulo ‹Panorama regional y sitios visitados›) durante 15 días. Registramos en el campo las especies conocidas con ayuda de una lista de los inventarios rápidos anteriores en Loreto compilada por N. Pitman (com. pers.). Colectamos la mayor cantidad de especímenes con flores y frutos posibles a lo largo de las trochas establecidas en los tres campamentos. En cada campamento visitado I. Huamantupa y W. Trujillo establecieron un transecto de 2 x 500 m en las terrazas medias de tierra firme y un transecto en las terrazas altas de tierra firme para caracterizar el subdosel, donde se censaron todos los árboles ≥10 cm diámetro a la altura del pecho (dap). M. Ríos y N. Dávila realizaron diez transectos de área variable de 100 individuos (cuatro transectos en Cabeceras Ere-Algodón y tres transectos tanto en Medio Campuya y Bajo Ere), evaluando individuos a partir de 1 cm dap para caracterizar el sotobosque. También realizaron cinco transectos de 20 x 500 m para evaluar los árboles ≥40 cm dap para caracterizar el dosel (tres en Cabeceras Ere-Algodón y uno en Medio Campuya y Bajo Ere). Además fue establecido un transecto de 2 x 500 m registrando todos los árboles ≥2.5 cm dap en la planicie aluvial de Bajo Ere.

I. Huamantupa y W. Trujillo colectaron fuera del sistema de trochas al borde del río Sibi en el campamento Cabeceras Ere-Algodón, al borde del río en el campamento Bajo Ere y al borde del río y cochas en el campamento Medio Campuya.

Los tipos de vegetación fueron identificados a lo largo del sistema de trochas basados en la topografía del terreno, un imagen Landsat 7 (04/01/2003), el tipo y drenaje de suelo y la composición de especies. C. Vriesendorp, I. Huamantupa y N. Dávila realizaron aproximadamente 5,000 registros fotográficos de plantas fértiles y estériles. R. Foster organizó las imágenes y las relacionó con las colectas de referencia que estarán disponibles en el futuro en *http://fm2.fieldmuseum.org/plantguides/*.

Los especímenes colectados fueron depositados en el Herbario Amazonense (AMAZ) de la Universidad Nacional de la Amazonía Peruana, en Iquitos, Perú. Cuando había duplicados disponibles, estos fueron depositados en The Field Museum (F) y dos otras instituciones peruanas: el herbario de la Universidad Nacional Mayor de San Marcos (USM) en Lima y el Herbario de la Universidad Nacional San Antonio Abad del Cusco (CUZ) en Cusco. Algunos especímenes más fueron depositados en el Herbario de la Universidad de la Amazonía (HUAZ) en Florencia, Caquetá, Colombia.

Para poner en un contexto regional los datos levantados en la región Ere-Campuya-Algodón, usamos los datos de Pitman et al. (2013) para elaborar una lista de todas las especies de plantas vasculares identificadas a nivel de especie hasta la fecha en los 12 sitios de la porción peruana de la cuenca del Putumayo mencionados en la introducción: 1) la boca del río Yubineto, 2) la cuenca baja del río Algodón, 3) los siete campamentos de inventarios rápidos anteriores y 4) los tres campamentos del inventario rápido Ere-Campuya-Algodón. Para facilitar las comparaciones, la taxonomía de todas las especies fue estandarizada usando el Taxonomic Name Resolution Service versión 3.2 (Boyle et al. 2013).

RESULTADOS Y DISCUSIÓN

Riqueza y composición florística

Colectamos aproximadamente 700 especímenes y registramos 1,009 especies y morfoespecies de plantas vasculares durante el inventario (ver la lista completa en el Apéndice 3). Aproximadamente la mitad de las especies registradas (637) ha sido identificada a nivel de especie, incluyendo 222 especies que no habían sido registradas anteriormente para la cuenca peruana del río Putumayo.

En Cabeceras Ere-Algodón registramos 475 especies y morfoespecies, 520 en Bajo Ere y 446 en Medio Campuya. Aunque para Medio Campuya el número de especies es menor que los otros dos, estimamos que el área alrededor de este campamento tiene más especies de plantas debido a que las planicies aluviales en esta área son más extensas y con muchos más hábitats.

Sumando todas las colecciones realizadas en la cuenca peruana del Putumayo, han sido registradas hasta la fecha 1,687 especies válidas de plantas vasculares (Fig. 17). Esto sigue siendo un subestimado de la verdadera diversidad, ya que estimamos 2,000–2,500 especies de plantas vasculares en la región Ere-Campuya-Algodón. Esta diversidad estimada es semejante a la de otros inventarios realizados por The Field Museum en áreas próximas: Maijuna con 2,500 spp. (García-Villacorta et al. 2010), Yaguas-Cotuhé con 3,000–3,500 (García-Villacorta et al. 2011) y Ampiyacu, Apayacu, Yaguas y Medio Putumayo con 2,500–3,500 (Vriesendorp et al. 2004). A una escala mayor, estudios sugieren que podrían existir entre 4,000 y 5,000 especies de plantas vasculares en toda la cuenca peruana del Putumayo (Bass et al. 2010).

Las familias más diversas en los tres campamentos muestreados fueron Fabaceae, Chrysobalanaceae, Myristicaceae y Lecythidaceae, mientras las familias más abundantes fueron Fabaceae, Lecythidaceae y Arecaceae. Los géneros más diversos de árboles fueron *Inga* (19 especies), *Protium* (17), *Virola* (14), *Guarea* (12), *Pouteria* (11), *Sloanea* (11), *Tachigali* (11), *Eschweilera* (9) e *Iryanthera* (7). La dominancia por estos géneros y familias es típica en la selva baja de Loreto y parecida a la observada en los otros campamentos visitados en la cuenca del Putumayo.

Una ausencia notable fue la relativa baja diversidad y abundancia de epífitas en el área, la cual fue más notoria en Cabeceras Ere-Algodón. Si bien Bajo Ere y Medio Campuya tuvieron un poco más de epífitas que Cabeceras Ere-Algodón, nunca llegaron a tener gran abundancia ni diversidad. Entre las epífitas las orquídeas fueron

Figura 17. Curva de acumulación de especies válidas de plantas vasculares registradas en la cuenca peruana del río Putumayo desde las colecciones más antiguas (1931) hasta el actual inventario (2012). Los nombres en la figura corresponden a los campamentos visitados durante los inventarios rápidos. La excepción es 'Algodón,' el cual corresponde al inventario descrito por Pacheco et al. (2006).

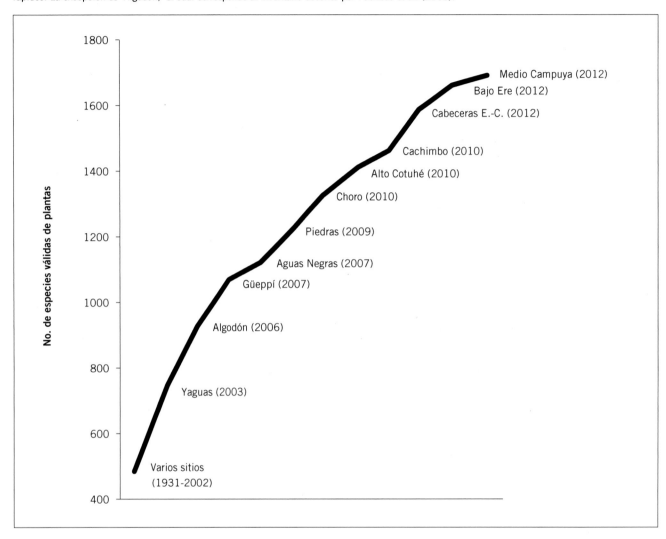

especialmente raras (apenas cuatro especies registradas en todo el inventario; Apéndice 3).

Otro grupo con baja diversidad y abundancia fue el género *Ficus* (Moraceae). En las planicies aluviales de Medio Campuya, donde uno esperaría alto número de especies y abundancia de este género, solamente registramos dos especies y en los otros campamentos ninguna. Primulaceae (antes Myrsinaceae) fue otro grupo casi ausente; apenas registramos una especie de *Cybianthus* en los varillales de arcilla blanca y en Cabeceras Ere-Algodón.

Transectos en el sotobosque, subdosel y dosel

La diversidad de especies por estrato entre los sitios muestreados fue bastante variable (Fig. 18). En transectos de 100 individuos (≥1 cm dap) en el sotobosque registramos entre 64–83 spp. Entre las especies más comunes aunque no en todos los transectos fue *Swartzia klugii* y *Rinorea racemosa*. Las terrazas medias-altas fueron más diversas (72–83 spp.) comparadas con las planicies aluviales (64–69 spp.). Estos valores son semejantes a los encontrados en Güeppí y Aguas Negras (65–84 spp.; Vriesendorp et al. 2008), pero no alcanzaron las 88 especies registradas en Apayacu (Vriesendorp et al. 2004).

En el subdosel (≥10 cm dap) encontramos 78–100 spp. en las terrazas altas-medias, con el máximo en Medio Campuya. Las especies más comunes fueron *Oenocarpus bataua*, *Micropholis guyanensis*, *Eschweilera itayensis* y *E. micrantha*.

En el dosel (≥40 cm dap) registramos 18–48 spp., con el valor máximo en Cabeceras Ere-Algodón (48 spp.) y el mínimo en Medio Campuya, donde ubicamos el transecto en un rodal de *Aspidosperma* sp. Las otras especies más comunes fueron *Tachigali* sp., *Eschweilera* sp. y *Osteophloeum platyspermum*.

Comparación con otros bosques en la cuenca del Putumayo

Un análisis de similaridad de la composición de especies en los campamentos de Ere-Campuya-Algodón con campamentos de inventarios pasados en la cuenca peruana del río Putumayo reveló índices de Jaccard, corregidas por diferencias de diversidad según Pitman et al. (2005), entre 0.68 (68% de las especies compartidas; Medio Campuya vs. Bajo Ere) y 0.25 (25% de las especies compartidas; Cabeceras Ere-Algodón vs. Alto Cotuhé). Según este análisis, las floras de Bajo Ere y Cabeceras Ere-Algodón son más similares a la flora del campamento Piedras del inventario Maijuna (también el campamento geográficamente más cercano; García-Villacorta et al. 2010), con índices de similaridad Jaccard de 0.45 y 0.37, respectivamente. Mientras tanto, Medio Campuya es más similar al campamento Güeppí del inventario Cuyabeno-Güeppí (0.38; Vriesendorp et al. 2008), aunque también muy próximo de Piedras (0.37; García-Villacorta et al. 2010) y Aguas Negras de Cuyabeno-Güeppí (0.37; Vriesendorp et al. 2008). Si bien tiene sentido que los campamentos que más difieren a los de la región Ere-Campuya-Algodón son los más lejos geográficamente (Yaguas-Cotuhé), los valores de similaridad entre Ere-Campuya-Algodón y Yaguas-Cotuhé no son abrumadoramente más bajos (entre 0.25 y 0.34).

Figura 18. Número de especies registradas en transectos en diferentes estratos arbóreos en la región Ere-Campuya-Algodón, Loreto, Perú. A = transectos de dosel (árboles ≥40 cm diámetro al pecho), B = transectos de subdosel (árboles ≥10 cm dap), C = transectos de sotobosque (plantas leñosas ≥1 cm dap). Los transectos fueron en terrazas medias-altas no inundables, con excepción de los tres marcados con asterisco.

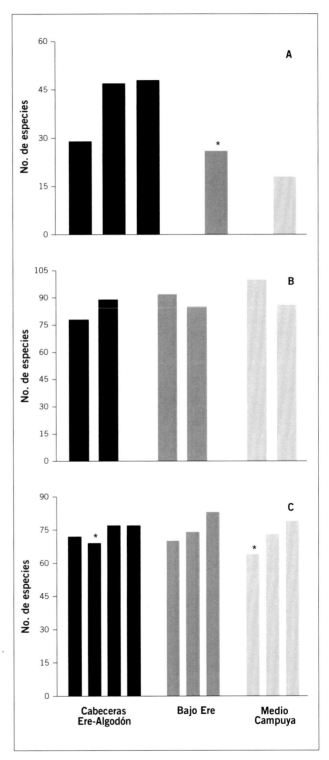

Aspectos notables de la vegetación

Dominancia de Tachigali

Un elemento importante en el paisaje de Ere-Campuya-Algodón fueron los rodales extensos de árboles del género *Tachigali* (tangarana; Fabaceae). Estos fueron especialmente evidentes en las terrazas altas y bajas observadas a lo largo de todo el paisaje de Ere-Campuya-Algodón y en pocas ocasiones observados en las planicies aluviales. Registramos un total de 11 especies de *Tachigali* (de las 26 especies conocidas para Loreto) para el área muestreada.

En cada campamento muestreado fueron varias las especies presentes y estas a su vez fueron compartidas entre los campamentos. Nunca hubo una monodominancia de alguna de las especies en los rodales. En su lugar, observamos que la dominancia de algunas especies se recombinó por cada sitio de muestreo. Por ejemplo, *Tachigali melinonii* y *T.* cf. *vasquezii* fueron dominantes en Cabeceras Ere-Algodón, en cuanto *T. macbridei* y *T.* 'naranja' fueron dominantes en Bajo Ere y *T. chrysophylla* dominante en Medio Campuya.

La dominancia de *Tachigali* en el paisaje ha sido observada en sobrevuelos de inventarios anteriores como Nanay-Mazán-Arabela (Vriesendorp et al. 2007), Güeppí (Vriesendorp et al. 2008) y Maijuna (García-Villacorta et al. 2011), donde se destacaron en el paisaje extensiones de árboles del género con las copas secas. Sin embargo, esta es la primera vez que nuestros puntos de muestreo en tierra coincidieron con los rodales de *Tachigali*.

El género *Tachigali* es conocido por tener especies monocárpicas (cuyos árboles mueren después de fructificar una sola vez; Foster 1977). Durante este muestreo no observamos grupos de árboles secos o muertos pero sí algunos pocos individuos con flores. Nuestros ayudantes de campo se refieren a estas especies como 'árboles suicidas', indicando que conocen bien el fenómeno y que probablemente varias de las especies registradas tienen este comportamiento. Sin embargo, aún no se sabe cuáles de las especies de *Tachigali* en la Amazonía peruana tienen este comportamiento y cuál es el rol en el proceso sucesional en los bosques amazónicos.

Palmeras en el paisaje

La presencia de palmeras en el paisaje fue notable por el alto número de especies y por la monodominancia de algunas especies. Si bien este papel central de las palmeras caracteriza todo Loreto, la región Ere-Campuya-Algodón parece especialmente diversa. Por ejemplo, el número de especies encontradas en la región Ere-Campuya-Algodón (52) es igual a la maior diversidad de palmeras observada en un inventario rápido: Yavarí (52 spp., Pitman et al. 2003). Grandes áreas de irapayales (*Lepidocaryum tenue*) dominaron el sotobosque en las terrazas de tierra firme de suelos pobres y algunas restingas altas en los tres puntos de muestreo. Los humedales estuvieron pocas veces dominados por *Mauritia flexuosa*; la densidad de esta especie varió por cada humedal, tornándose escasa en algunos de ellos.

Agrupaciones de *Bactris riparia* estuvieron restrictas a las restingas bajas y cochas. Al borde de los ríos en los campamentos Medio Campuya y Bajo Ere fue común observar agrupaciones de *Astrocaryum jauari* y en las restingas bajas en estos campamentos el mismo patrón fue observado con *Oenocarpus mapora*.

La presencia de algunas especies por estrato fue constante en todo el paisaje. Por ejemplo, el sotobosque de las terrazas medias-altas estuvo compuesto por *Bactris* spp., *Geonoma* spp., *Attalea insignis* y *A. microcarpa*, *Iriartella stenocarpa* y *Aiphanes ulei*, las cuales variaban en abundancia de lugar a lugar.

Las palmeras que se destacaron en el dosel fueron agrupamientos de *Oenocarpus bataua*, algunas veces en asociación con *Astrocaryum murumuru*, en las terrazas medias-altas y restingas altas de suelos pobres. Las poblaciones de *O. bataua* aparecieron como manchas moradas (colores falsos) en las imágenes Landsat, un patrón no visto antes por nosotros en otras partes de Loreto, donde típicamente las manchas moradas son aguajales. En la región Ere-Campuya-Algodón parece que las manchas moradas que ocurren en las partes más altas del paisaje, donde están las terrazas y colinas, son poblaciones de *O. bataua* y las manchas moradas en las elevaciones más bajas son poblaciones de *M. flexuosa*.

También observamos *Iriartea deltoidea*, una palmera que prefiere los suelos ricos, en algunas pocas terrazas de suelos ricos o en las pendientes de las colinas.

Observamos algunas veces *I. deltoidea* y *O. bataua* coexistiendo, probablemente debido al cambio brusco de los suelos en corta distancia, debido al afloramiento de pequeños parches de suelos ricos entre los suelos pobres.

Perturbación natural

Los bosques muestreados son altamente dinámicos. Durante los vuelos de cambio de campamento observamos que pequeños y grandes claros naturales son frecuentes en todo el paisaje Ere-Campuya-Algodón y durante nuestros recorridos por las trochas observamos con bastante frecuencia árboles caídos con las raíces expuestas.

Las especies frecuentes en los claros fueron *Cecropia sciadophylla*, *C. distachya* y *Pourouma bicolor* (Urticaceae), *Miconia* spp. (Melastomataceae) y *Cespedesia spathulata* (Ochnaceae), especies frecuentes en áreas de sucesión en Loreto. En áreas de sucesión más viejas fueron frecuentes *Phenakospermum guyannense* (Strelitziaceae), *Cecropia distachya* (Urticaceae) y *Goupia glabra* (Goupiaceae). Durante nuestro muestreo de los árboles de dosel en las terrazas medias-altas de Cabeceras Ere-Algodón, 29 de 57 individuos fueron *Goupia glabra*, indicando un área claramente perteneciente a una sucesión vieja.

Aparentemente vientos fuertes estarían contribuyendo a la creación de claros naturales en la región. En las terrazas medias-altas del campamento Cabeceras Ere-Algodón registramos un 'sogal': una área sucesional de aproximadamente 1 km², la cual figuró en la imagen Landsat como una gran mancha amarilla. La vegetación en el sotobosque del sogal fue densa, con trepadoras y herbáceas como Melastomataceae spp., *Cyathea* sp. y *Calliandra* sp. Las especies de porte arbóreo fueron *Cecropia distachya*, *C. sciadophylla*, *Pourouma bicolor*, *Isertia hypoleuca*, *Coccoloba* sp., *Aparisthmium cordatum*, *Warszewiczia coccinea*, *Vismia macrophylla*, *Rollinia* sp. y *Licania heteromorpha*, la mayoría de las cuales son conocidas como especies pioneras en Loreto. Este tipo de perturbación ha sido documentado en otros inventarios como Ampiyacu (Vriesendorp et al. 2004) y Maijuna (García-Villacorta 2010), pero con una composición de especies diferente, posiblemente por la edad de estas áreas de sucesión.

Otro factor que podría estar contribuyendo al alto dinamismo en la región Ere-Campuya-Algodón es la frecuencia de especies monocárpicas de *Tachigali*. Sin embargo, no sabemos cuántas de las especies en la región Ere-Campuya-Algodón son monocárpicas y cuánto contribuyen al dinamismo. Finalmente, es probable que la pobreza de nutrientes en los suelos hace que los arboles inviertan en capas de raíces finas superficiales, posiblemente facilitando la caída de los árboles y la creación de claros naturales.

Tipos de vegetación

Identificamos ocho tipos de vegetación. Los primeros dos, ubicados en la tierra firme de la región, constituyen un estimado del 75% de la región Ere-Campuya-Algodón: 1) bosques de terrazas medias-altas no inundables de suelos pobres (la mayoría de tierra firme en la región) y 2) bosques de terrazas medias-altas no inundables de suelos ricos (pequeños parches dentro del tipo #1). Cinco otros tipos de vegetación sólo ocurren en áreas inundables o temporalmente inundables y juntos estos constituyen aproximadamente el 15% de la región: 3) restinga alta en los bosques de planicie aluvial, 4) restinga baja en los bosques de planicie aluvial, 5) varillales de arcilla blanca en los bosques de planicie aluvial, 6) bosques ribereños en la planicie aluvial y 7) vegetación alrededor de las cochas (lagos) en la planicie aluvial. Finalmente, aproximadamente el 10% de la región corresponde a: 8) humedales (áreas inundadas de forma permanente) que forman parches tanto en la tierra firme como en la planicie inundable.

Existen otros tipos de vegetación en el área que no alcanzamos a muestrear en los tres campamentos pero que fueron registrados durante el sobrevuelo. Estos incluyen las turberas tropicales y su asociada vegetación enana; las terrazas y colinas arriba de 200 m en el alto río Campuya; y los grandes aguajales en la planicie vieja del río Putumayo (ver Panorama Regional y Sitios de Inventario). Aunque algunos tipos de vegetación presentes en Loreto aparentan ser ausentes en la región Ere-Campuya-Algodón, como varillales de arena blanca (García-Villacorta et al. 2003, Fine et al. 2010) y vegetación de ríos de aguas blancas.

Los tipos de vegetación reportados en los otros inventarios cerca de la región Ere-Campuya-Algodón varían en número. Por ejemplo, PEDICP (2012) delimitó 15 tipos de vegetación, García-Villacorta et al. (2010) 5 tipos en Maijuna, y García-Villacorta et al. (2011) 8 tipos en Yaguas-Cotuhé. Estas diferencias no reflejan una variación grande en la vegetación en la cuenca del Putumayo, sino la falta de un sistema universal para clasificar tipos de vegetación en selva baja amazónica. Casi todas estas áreas comparten los mismos tipos de vegetación de tierra firme y de planicie aluvial, aunque la dominancia de especies es diferente por cada tipo de vegetación en esas categorías. De igual manera, todas estas áreas corresponden a un mosaico heterogéneo sobre un gradiente de suelos pobres y pocos suelos ricos, reflejando así un patrón bien documentado por Tuomisto et al. (2003), Honorio Coronado et al. (2009) y Higgins et al. (2011).

Bosques de terrazas medias-altas no inundables de suelos pobres

Este tipo de vegetación lo registramos en todos los campamentos y estimamos que representa cerca del 75% de la vegetación en toda el área. Estas terrazas se encuentran sobre la formación geológica de Nauta 2 (ver el capítulo 'Geología, hidrología y suelos') a los 160–237 msnm. El paisaje es colinoso con cimas planas y pendientes leves, suelos de arcilla amarilla-marrón, a veces con algo de arena, pobres en nutrientes, y una capa de raíces de 3–5 cm de grueso y una profundidad de hojarasca de 5–10 cm. El drenaje muchas veces es lento, con frecuentes pozos de agua. El dosel de 25–30 m es parcialmente abierto, con árboles emergentes de hasta 35 m.

En los transectos de sotobosque encontramos 69–77 especies en 100 individuos <10 cm de dap. Registramos 75–100 de especies de árboles ≥10 cm dap en un transecto de 2 x 500 m. Apenas podemos comparar este número con un transecto en las terrazas medias altas de suelos ricos, donde registramos 85 especies. La diversidad encontrada en este estrato es superior a que Duque et al. (2003) encontraron en las Amazonía colombiana, donde la parcela más diversa obtuvo 60 especies (80 individuos) en la vegetación de tierra firme sobre sedimentos del terciario.

Las familias más abundantes en este tipo de vegetación fueron Fabaceae, Lecythidaceae y Myristicaceae, y las más diversas fueron Fabaceae, Chrysobalanaceae y Myristicaceae. Los géneros más diversos fueron *Eschweilera*, *Inga*, *Protium* y *Virola*. El sotobosque generalmente fue dominado por irapay, herbáceas como *Monotagma* sp., *Calathea* sp. y *Cyathea* sp., y arbustos y arbolitos de *Inga* spp., *Miconia* spp., *Psychotria iodotricha*, *Rinorea racemosa*, *Swartzia klugii*, *Licania* spp. y *Clathrotropis macrocarpa*. Muchas de estas especies de sotobosque dominaron una parte del paisaje, formando agregaciones por cientos de metros y después siendo reemplazadas por parches de otras especies. El dosel estaba comúnmente representado por *Iryanthera tricornis*, *Eschweilera coriacea*, *E. micrantha*, *Iryanthera paraensis* y *Oenocarpus bataua*, y como emergentes *Tachigali macbridei*, *T. chrysophylla*, *T.* cf. *vasquezii*, *Parkia nitida*, *P. velutina*, *P. multijuga* y *Scleronema praecox*.

Los aspectos fisionómicos y composición de especies de estas terrazas se asemeja con las terrazas del campamento Piedras en Maijuna (García-Villacorta et al. 2010). Sin embargo, las terrazas de Piedras tienen una fisonomía de colinas con cimas planas y altura del dosel que no supera los 25 m (frente a los 25–30 m en la región Ere-Campuya-Algodón). De igual manera, las pendientes de las terrazas de Piedras fueron abruptas, con alta predominancia de epífitas en los valles entre estas colinas, mientras las pendientes de las terrazas en Ere-Campuya-Algodón fueron leves y las epífitas pocas y poco diversas.

Bosques de terrazas medias-altas de suelos ricos

Este tipo de vegetación se encuentra sobre pequeños afloramientos de la formación Pebas, los cuales forman parches dentro de los bosques de terrazas medias-altas de suelos pobres. Fue poco observado durante nuestro muestreo (ver el capítulo 'Geología, hidrología y suelos'). Nuestras observaciones se basan apenas en Medio Campuya y Bajo Ere, donde encontramos terrazas de 180–190 msnm, con colinas onduladas y pendiente leves, suelo de arcilla amarillo-marrón, con capa de raicillas ausente o con un grosor menos de 5 cm y una profundidad de hojarasca de <5 cm. El dosel fue alto y cerrado (30–35 m) y los árboles notablemente más gruesos que los creciendo sobre los suelos más pobres. Los emergentes alcanzaron los 40 m.

La diversidad encontrada en 100 individuos del sotobosque fue 83, un poco superior a las terrazas medias-altas de suelos pobres y parecida a otras áreas de suelos ricos como Apayacu (88 especies; Vriesendorp et al. 2004). En el estrato mayor de ≥10 cm dap obtuvimos 82 especies, una diversidad similar a las terrazas altas-medias de suelos pobres.

Aunque el número de especies fue similar con las terrazas de suelos pobres, la composición de la flora en estas áreas fue diferente. Las familias más diversas fueron Myristicaceae, Meliaceae, Fabaceae y Moraceae, y las familias más abundantes fueron Myristicaceae, Moraceae y Meliaceae. Los géneros más diversos fueron *Inga*, *Pouteria* y *Guarea*. El sotobosque fue relativamente abierto en comparación a las terrazas de suelos pobres y con ausencia de irapay, estando presentes *Attalea microcarpa* (que domina algunas áreas), *Bactris* sp., *Siparuna* sp., *Sorocea* sp. y *Naucleopsis* spp. Las especies más comunes en el dosel fueron *Iriartea deltoidea* (reemplazando a *Oenocarpus bataua* de las terrazas de suelos pobres), *Otoba glycycarpa* (característica de suelos ricos) e *Iryanthera crassifolia*. Los emergentes incluyen varias especies de Lauraceae y *Tachigali*, así como *Parkia velutina* y *P. multijuga*.

Bosques de planicie aluvial de restinga alta
Este tipo de vegetación corresponde a la porción de las planicies aluviales no sujeta a la inundación anual, excepto en grandes inundaciones. Registramos esta vegetación en Bajo Ere y Medio Campuya, a 160 msnm, donde el paisaje fue levente ondulado, los suelos de arcilla amarilla, la capa de raicillas con >5 cm de grosor y la profundidad de hojarasca de 10 cm (algunas veces con suelo expuesto).

El dosel fue abierto y de 15–20 m de alto. El sotobosque estaba muchas veces dominado por irapay pero también estaban presentes herbáceas como *Monotagma* sp. y *Psychotria* sp. En el subdosel estaban presentes *Sorocea muriculata*, *Tovomita* sp., *Ampeloziziphus amazonicus*, *Iriartella stenocarpa*, *Eschweilera micrantha*, *Anisophyllea guianensis* y *Mabea speciosa* y también algunas especies que fueron

dominantes en las terrazas medias-altas de suelos pobres, como *Oenocarpus bataua*, *Clathrotropis macrocarpa*, *Duroia saccifera* y *Rinorea racemosa*. Especies características del dosel incluyeron *Conceveiba terminalis*, *Micrandra elata*, *Huberodendron swietenioides*, *Qualea* sp. nov. (Fig. 6E) y *Tachigali macbridei*.

Observamos áreas de transición donde comparten especies de restinga baja, principalmente en el estrato del sotobosque. En algunas áreas la estructura de estas restingas era semejante a un varillal alto. Aunque encontramos algunas especies que también ocurren en varillales, como *Duroia saccifera*, *Conceveiba terminalis* y *Micrandra elata*, no encontramos las otras especies que caracterizan los varillales altos, como *Emmotum floribundum*, *Macrolobium microcalyx*, *Chrysophyllum manaosensis*, *Adiscanthus fuscifloro* y *Simaba polyphylla* (García-Villacorta et al. 2003).

Bosques de planicie aluvial de restingas bajas
Este tipo de bosque corresponde a una porción mínima en el paisaje de Ere-Campuya-Algodón, pudiendo ser inundado en algunas épocas del año. Registramos este tipo de vegetación en Bajo Ere y Medio Campuya. Se encontró a los 150 msnm, con suelo de arcilla amarillo-marrón, capa de raicillas de 20–30 cm de grosor, y un dosel cerrado de 15–20 m.

La diversidad en el transecto de 100 individuos de sotobosque fue de 64 especies, el valor más bajo para esos transectos en el inventario. Las familias más abundantes fueron Fabaceae, Sapotaceae y Annonaceae y las familias más diversas Fabaceae, Annonaceae y Chrysobalanaceae. El sotobosque estuvo representado por algunas herbáceas como *Adiantum* sp., *Ischnosiphon* sp., Melastomataceae spp., *Renealmia* sp., *Olyra* sp. y *Calathea* sp. Entre los arbustos y arbolitos se encontraron *Swartzia klugii*, *Rudgea lanceifolia*, *Naucleopsis* spp., *Sorocea muriculata* y *Oxandra euneura*. En el dosel fueron frecuentes *Byrsonima stipulina*, *Oenocarpus bataua*, *Astrocaryum chambira*, *Conceveiba terminalis*, *Licania egleri*, *Goupia glabra*, *Pterocarpus* sp., *Eschweilera micrantha* y los emergentes *Parkia multijuga*, *Mollia lepidota* y *Vochysia* sp. En áreas próximas de los ríos observamos aglomeraciones de *Bactris riparia*, gramíneas y *Trichomanes pinnatum*. Las gramíneas y los helechos del género *Trichomanes* fueron frecuentes en las áreas de inundación.

Bosques de planicie aluvial de varillal de arcilla blanca

Este tipo de vegetación no fue antes registrado en la Amazonía peruana y representa el primer registro de un varillal al norte del río Napo. Ocurre en el límite de las antiguas restingas altas y áreas inundables de la planicie aluvial de Medio Campuya, a los 155 msnm, con una estructura de varillas con tallos finos y densos. Crece sobre suelos de arcilla blanca (Fig. 5B), con una capa de raicillas de 5–10 cm y hojarasca entre 5–10 cm. El dosel fue de 15 m y emergentes de 20 m, con alta incidencia de luz (Fig. 5C). El sotobosque fue denso, con herbáceas como *Lindsaea* sp., *Ischnosiphon* sp., *Psychotria* sp., *Tococa* sp., *Bactris* sp. y *Geonoma* sp., alta densidad de epífitos y en algunas áreas que sufren inundación temporal cubierto por *Trichomanes pinnatum*.

En un transecto de 0.1 ha de árboles ≥2.5 cm dap registramos 492 tallos y 105 especies. Transectos del mismo tipo en varillales en suelos de arena blanca en siete áreas en Loreto obtuvieron en promedio 222 individuos y 41.5 especies (Fine et al. 2010). Las familias más diversas en el transecto fueron Fabaceae (19 spp.), Sapotaceae (14 spp.) y Chrysobalanaceae (8 spp.) y las familias más abundantes Fabaceae (28% de los individuos), Chrysobalanaceae (18%) y Lecythidaceae (9%). Algunas de estas familias fueron las más diversas y abundantes en las terrazas medias-altas. Las especies más abundantes fueron *Tachigali* sp. (10% de los individuos.), *Licania lata* (9%), *L. egleri* (7%) y *Zygia* sp. 2 (5%). La lista de especies registradas en este tipo de vegetación incluye una mezcla de especies de diferentes preferencias de hábitat: especies características de varillales como *Dimorphandra macrostachya*, *Tovomita calophyllophylla*, *Bocageopsis canescens* y *Pouteria lucumifolia* (García-Villacorta et al. 2003; Fine et al. 2010), especies de bosques de aguas negras como *Malouetia tamaquarina*, *Zygia* sp. y *Cynometra* spp., y especies de las terrazas de suelos pobres como *Licania egleri*, *Licania lata* y *Eschweilera tessmannii*. Según Kubitzki (1989), la flora de aguas negras

comparte especies con la flora de las campinaranas (un tipo de vegetación sobre arenas blancas en la Amazonía brasileña), porque muchas de las especies de campinarana son tolerantes a inundaciones de corto periodo. Esto podría estar reflejándose también en los varillales de arcilla, siendo las especies que consiguen tolerar el estrés hídrico y la pobreza de nutrientes los que componen los varillales de arcilla.

Bosques de planicie aluvial de bosque ribereño

Este tipo de vegetación hace parte del sistema de planicie aluvial y permanece inundado algunos meses del año. Este bosque ribereño, el cual pudimos estudiar en Medio Campuya y Bajo Ere, está compuesto principalmente por especies pioneras como *Cecropia ficifolia*, *C. distachya*, *Inga* spp., *Machaerium* sp. y *Astrocaryum jauari*. A medida que se adentra en la vegetación la composición va cambiando a bosques de restinga con dosel más cerrado, con algunos elementos de restinga baja.

Bosque de planicie aluvial de cochas

Este tipo de vegetación fue poco explorado durante nuestra visita al área, a partir de algunas observaciones limitadas en Bajo Ere y Medio Campuya, los elementos que se destacan en este tipo de vegetación están las agrupaciones Cyperaceae sp., formando un colchón denso en la orilla, agrupaciones de *Bactris riparia* y como árbol emergente en el paisaje *Macrolobium acaciifolium*. Estas dos últimas especies son frecuentes en las cochas en Loreto, especialmente *M. acaciifolium*, siempre presente en cuerpos de aguas pobres de nutrientes. Otras especies presentes en el sotobosque fueron *Zygia unifoliolata*, *Zygia* sp., *Virola* aff. *elongata* y *Miconia* spp. Especies frecuentes en el estrato arbóreo incluyeron *Ocotea* sp., *Pouteria gomphiifolia*, *Luehea grandiflora*, Fabaceae spp. y *Caraipa* sp. La composición de la flora en este tipo de vegetación fue la esperada, aunque fue notable la ausencia de *Triplaris* y *Symmeria* (Polygonaceae) que generalmente son elementos importantes en este tipo de bosque.

Humedales

Estos bosques se encontraron en áreas de mal drenaje, con retención de las aguas de lluvia y con procesos de filtración muy lento. El suelo fue arcillo-arenoso, con abundante materia orgánica. En la región Ere-Campuya-Algodón los humedales son presentes desde las planicies aluviales, donde forman grandes extensiones como observamos en Bajo Ere, hasta las depresiones de las terrazas altas comunes en Medio Campuya y Cabeceras Ere-Algodón.

La composición de la flora en los humedales fue muy variable. A veces fueron dominados por *Mauritia flexuosa*, llamados tradicionalmente de 'aguajales.' Otros fueron compuestos por una mezcla de especies tolerantes a condiciones de estrés hídrico y especies de la vegetación próxima. La mayoría de los humedales entre las terrazas de Ere-Campuya-Algodón estaba compuesta en el dosel por *Mauritia flexuosa*, *Euterpe precatoria*, *Cespedesia spathulata*, *Virola surinamensis*, *Lacmellea* cf. *klugii* e *Iryanthera crassifolia* y en el sotobosque por *Cyclanthus bipartitus*, *Ischnosiphon* sp., *Thelypteris* sp. y *Adiantum* sp. El sotobosque en Bajo Ere algunas veces tuvo aglomeraciones de *Rapatea* sp.

En algunas áreas dentro de los humedales de Bajo Ere el dosel se tornó bajo y los tallos finos, asemejándose en estructura a un varillal, y allí registramos *Tovomita calophyllophylla*, *Calophyllum* sp. y *Caraipa* sp. Sin embargo, otras especies características de varillales como *Pachira brevipes*, *Caraipa utile* y *Macrolobium microcalyx* estuvieron ausentes. La densidad de epífitos en las familias Araceae, Bromeliaceae y Melastomataceae (así como helechos) en estas áreas fue alta comparada con las terrazas. La discusión sobre los humedales ha sido ampliamente abordada en otros inventarios (Vriesendorp et al. 2004, Pitman et al. 2003, García-Villacorta et al. 2011) y para cada uno de esos lugares muestreados la composición de la flora es variable, teniendo apenas en común *Mauritia flexuosa* y algunas especies que podríamos llamar de generalistas (p. ej., *Cespedesia spathulata* y *Euterpe precatoria*).

Especies nuevas, extensiones de rango y especies amenazadas

Especies nuevas

Por lo menos 11 plantas colectadas durante el inventario son especies nuevas para la ciencia:

Compsoneura sp. nov. (Myristicaceae; Fig. 6H). Árbol de 5 m con frutos amarillentos, localmente raro, colectado en las terrazas medias-altas de suelos pobres en Cabeceras de Ere-Algodón. Número de colección (N° Col.) MR 2486.

Cyclanthus sp. nov. (Cyclanthaceae). Herbácea terrestre, descubierta en el inventario de Ampiyacu (Vriesendorp et al. 2004). Fue registrada en Bajo Ere y Cabeceras Ere-Algodón, muchas veces coexistiendo con *Cyclanthus bipartitus* (solamente observación).

Dilkea sp. nov. (Passifloraceae; Fig. 6B). Arbolito de 2 m con botones florales blancos, localmente raro. Colectado en las terrazas de suelos pobres en Medio Campuya. N° Col. MR 2853.

Dilkea sp. nov. 'Maijuna' (Passifloraceae). Arbolito de 2 m, presente en el sotobosque de las terrazas de suelos pobres de Bajo Ere y Cabeceras Ere-Algodón. Esta especie fue descubierta en el inventario de Maijuna, donde era abundante en el sotobosque (García-Villacorta et al. 2010). N° Col. MR 2633.

Platycarpum sp. nov. (Rubiaceae; Fig. 6F). Árbol de 25 m con frutos viejos, colectado en las terrazas medias-altas de suelos pobres en Cabeceras Ere-Algodón. Localmente raro, pero se conoce apenas otras colectas de las terrazas mal drenadas del río Caquetá (Colombia). N° Cols. MR 2485 y MR 2487.

Qualea sp. nov. (Vochysiaceae; Fig. 6E). Árbol emergente de 30–40 m con flores amarillas, localmente abundante con grandes poblaciones en las terrazas medias-altas y restingas altas de Cabeceras Ere-Algodón, Medio Campuya y Bajo Ere. N° Col. IH 16675.

Piper sp. nov. (Piperaceae; Fig. 6C). Arbusto de 1.5 m, hojas verde lustrosas, espiga péndula con pedúnculo color vino tinto. Ocasional en sotobosque de las terrazas medias-altas de Cabeceras Ere-Algodón. N° Col. WT 2552.

Tetrameranthus sp. nov. (Annonaceae; Fig. 6J). Arbolito de 2 m con flores cremas y frutos verdes, localmente raro. Colectado en la restinga alta de Bajo Ere. N° Col. MR 2608.

Vochysia sp nov. (Vochysiaceae). Árbol de 30 m, estéril. Hojas oblongo-elípticas con envés marrón, localmente raro. Colectado en las terrazas medias-altas de suelos pobres en Cabeceras Ere-Algodón. N° Col. IH 16674.

Vochysia moskovitsiana sp. nov. (Vochysiaceae; Huamantupa 2012). Esta especie fue colectada en el inventario de Cerros de Kampankis (Neill et al. 2012). En la región Ere-Campuya-Algodón registramos una población en las terrazas medias-altas de suelos pobres de Cabeceras Ere-Algodón. N° Col. IH 16673.

Xylopia sp. nov. (Annonaceae; Fig. 6A). Arbolito de 2 m con frutos rojos, presente en los tres campamentos y con una abundancia local intermedia. N° Cols. MR 2316, MR 2421, MR 2530 y MR 2792.

Nuevos registros para Loreto y para el Perú

Allantoma cf. *lineata* (Lecythidaceae). De ser confirmada la identidad de esta especie, sería un nuevo registro para Loreto y para el Perú. Este árbol de dosel, conocido apenas de Brasil y Venezuela, fue observado en las terrazas medias-altas de suelos pobres.

Curupira cf. *tefeensis* (Olacaceae; Fig. 6D). Esta especie, un árbol de dosel a emergente, fue presente en las terrazas medias-altas en los tres campamentos. De ser confirmada la identidad, tanto la especie como el género serían nuevos registros para Loreto y para el Perú. Actualmente este género es conocido apenas de los estados de Amazonas y Rondônia en Brasil (Sleumer 1984). N° Col. MR 2800.

Entre los otros registros nuevos están *Pouteria amazonica* (Sapotaceae), árbol de dosel registrado en las terrazas medias-altas de suelos pobres en Cabeceras Ere-Algodón, conocido anteriormente apenas del estado brasileño de Amazonas (N° Col. MR 2492). Algunas herbáceas que también representan registros nuevos son *Aphelandra attenuata* (Acanthaceae), registrada en Bajo Ere y Cabeceras Ere-Algodón, anteriormente considerada endémica de Ecuador y en situación vulnerable (Delgado y Pitman 2003; N° Col. MR 2379), *Piper perstipulare* (Piperaceae), registrado en Medio Campuya y previamente conocido de Guyana y Venezuela (N° Col. WT 2574).

Especies endémicas de Loreto y otras rarezas

Registramos algunas especies endémicas de Loreto que ampliaron sus rangos de distribución en la Región. *Aptandra caudata* (Olacaceae) y *Tachia loretensis* (Gentianaceae), ambas consideradas Vulnerable a nivel internacional (León et al. 2006), fueron registradas por primera vez en la cuenca del Putumayo y con poblaciones saludables en los tres campamentos. *Chelyocarpus repens* (Arecaceae), considerada En Peligro a nivel internacional (León et al. 2006), también presentó poblaciones saludables en Bajo Ere. *Clidemia foliosa* (Melastomataceae), conocida apenas de una colección de 1929 en la cuenca del Nanay, fue colectada en Cabeceras Ere-Algodón en las terrazas dominadas por Irapay.

Astrocaryum gynacanthum (Arecaceae; Fig. 6G) es una palmera de 8 m, común en el subdosel de las terrazas medias-altas de suelos pobres en Cabeceras Ere-Algodón, Medio Campuya y Bajo Ere. La especie es conocida de Bolivia, Brasil, Colombia, Surinam, Guyana Francesa y Venezuela. No representa un registro nuevo para el Perú, ya que existe un registro del río Yubineto (afluente del Putumayo), pero merece mención como una especie rara de Loreto. N° Col. MR 2483

Especies amenazadas a nivel mundial y nacional

Algunas especies consideradas como Vulnerables o En Peligro a nivel mundial fueron registradas en la región Ere-Campuya-Algodón. *Virola surinamensis* (Myristicaceae), clasificada por la UICN como En Peligro por ser una especie maderable, fue registrada en Medio Campuya, mientras *Couratari guianensis* (Lecythidaceae), una especie maderable considerada Vulnerable, tuvo poblaciones saludables en los tres campamentos. Otras especies arbóreas sin uso maderable consideradas Vulnerables a nivel internacional son *Guarea cristata* (Meliaceae), registrado en Medio Campuya, *Guarea trunciflora* (Meliaceae), presente en Cabeceras Ere-Algodón y Bajo Ere, y *Pouteria vernicosa* (Sapotaceae), registrado en Bajo Ere y Medio Campuya. Todas estas especies tienen una abundancia media en la región Ere-Campuya-Algodón.

También registramos tres especies de árboles que están consideradas como Vulnerables en el Perú (MINAG

2006): *Tabebuia serratifolia* (Bajo Ere), *Parahancornia peruviana* (Bajo Ere y Cabeceras Ere-Algodón) y *Peltogyne altissima*.

Especies de valor comercial

Entre las especies maderables de importancia económica registradas en la región Ere-Campuya-Algodón están tornillo (*Cedrelinga cateniformis*), polvillo/azúcar huayo (*Hymenaea courbaril*), granadillo (*Platymiscium stipulare*), marupá (*Simarouba amara*), moenas (Lauraceae spp.) y cumalas (*Iryanthera* spp., *Osteophloeum platyspermum* y *Virola* spp.). Registramos comunidades de palmeras de importancia ecológica, económica y uso tradicional como irapay (*Lepidocaryum tenue*), pona (*Iriartea deltoidea*), aguaje (*Mauritia flexuosa*), shapaja (*Attalea maripa*), shapajilla (*Attalea insignis* y *A. microcarpa*) y ungurahui (*Oenocarpus bataua*). También registramos poblaciones saludables de especies útiles no maderables como tamshi (*Heteropsis* sp. y *Evodianthus* cf. *funifer*), guarango (*Ischnosiphon arouma*) y wambe (*Philodendron* sp.), así como poblaciones de especies amenazadas de helechos arborescentes (*Cyathea* spp., CITES Apéndice II) de importancia medicinal para los pobladores del área (ver Apéndice 9). Notable fue la ausencia de lupuna (*Ceiba pentandra*) en los campamentos que visitamos, probablemente porque no muestreamos planicies aluviales con suelos ricos (nuestros ayudantes de campo y el equipo social mencionan la ocurrencia de esta especie en el Putumayo). Otra especie de importancia económica no registrada por nuestro equipo en el campo pero reportada por los residentes de la zona es copaiba (*Copaifera paupera*; ver Apéndice 9).

Observamos señales de tala ilegal en Bajo Ere y Medio Campuya. Sin embargo, las poblaciones de especies maderables en esas áreas fueron saludables.

RECOMENDACIONES PARA LA CONSERVACIÓN

Manejo y conservación

- Conservar los bosques de las cabeceras de los ríos Ere, Campuya y Algodón, por ser comunidades vegetales sobre suelos pobres en nutrientes que hacen parte de un ecosistema frágil

- Conservar los varillales de arcilla blanca, un tipo de vegetación poco conocido que tiene un gran valor evolutivo

- Monitorear y establecer acuerdos para el uso comunitario de especies maderables de explotación actual y potencial, como tornillo (*Cedrelinga cateniformis*), polvillo (*Hymenaea courbaril*), granadillo (*Platymiscium stipulare*) y lupuna (*Ceiba pentandra*)

- Monitorear y establecer acuerdos para el uso comunitario de las palmas de irapay (*Lepidocaryum tenue*), aguaje (*Mauritia flexuosa*) y ungurahui (*Oenocarpus bataua*). A pesar de tener poblaciones saludables en las cuencas de los ríos Ere, Campuya y Algodón, la demanda en el mercado para estas palmeras es alta y en otras áreas de Loreto las poblaciones están disminuidas

Investigación

- Estudiar la dinámica de los bosques en suelos pobres (p. ej., crecimiento anual, tasa de reclutamiento)

- Estudiar el comportamiento reproductivo de las especies de *Tachigali* para determinar cuántas especies son monocárpicas y cómo este comportamiento contribuye al dinamismo de los bosques

- Ampliar el inventario de la flora a lugares que no alcanzamos a muestrear durante este inventario, como las cabeceras del río Campuya y la porción media del río Putumayo

- Estudiar las turberas amazónicas observadas en el área y evaluar la similaridad con las turberas encontradas en la región Yaguas-Cotuhé (Pitman et al. 2011)

- Realizar un mapa exhaustivo de otros varillales de arcilla blanca en el área, explorar su flora y estudiar los procesos de formación y manutención de estos bosques

PECES

Autores: Javier A. Maldonado-Ocampo, Roberto Quispe y Max H. Hidalgo

Objetos de conservación: Comunidades de peces que habitan quebradas de tierra firme muy pobres en nutrientes y que dependen del bosque para su supervivencia; ecosistemas acuáticos con gran variedad de hábitats en buen estado de conservación y con una ictiofauna asociada diversa; poblaciones de peces comercialmente importantes, entre ellas arahuana (*Osteoglossum bicirrhosum*) y paiche (*Arapaima gigas*); áreas de cabeceras y cochas en excelente estado de conservación que son áreas de refugio para especies de importancia socioeconómica; especies probablemente nuevas para la ciencia de los géneros *Charax*, *Bujurquina*, *Corydoras* y *Synbranchus* que pudieran ser restringidas a aguas con pobreza de nutrientes de los ríos Ere y Campuya

INTRODUCCIÓN

Con sus 2,000 km de extensión, la cuenca del río Putumayo es uno de los principales tributarios de la cuenca amazónica. Sus aguas drenan por el territorio de cuatro países, constituyendo un eje fronterizo de gran dinamismo e importancia. Diversas alteraciones del recurso hídrico han afectado y están siendo potencializadas en la cuenca del río Putumayo, entre ellas la deforestación, la minería, las actividades agropecuarias, los cultivos ilícitos y las hidroeléctricas. Esto implica grandes retos para el manejo integrado y conservación de sus recursos acuáticos, entre estos los peces, base de la dieta de comunidades asentadas a lo largo de sus riberas y recursos de importancia en la economía local y regional (Agudelo Córdoba et al. 2006, Alonso et al. 2009).

Actualmente no existe un listado global publicado de especies de peces para la cuenca del río Putumayo, sino apenas información para algunos sectores (Castro 1994, Ortega et al. 2006). Por lo tanto, ha sido identificada a nivel amazónico como una de las grandes cuencas con mayor prioridad para el levantamiento de información básica y el desarrollo de inventarios ícticos (Maldonado-Ocampo y Bogotá-Gregory 2007, Ortega et al. 2011).

El estudio más reciente que consideró toda la sección peruano-colombiana del río Putumayo, que incluye a sus tributarios, reportó un total de 296 especies (Ortega et al. 2006). Este conocimiento ha aumentado durante los últimos años a través de varios inventarios

desarrollados en tributarios del Putumayo, especialmente en el lado peruano (Hidalgo y Olivera 2004, Hidalgo y Rivadeneira-R. 2008, Hidalgo y Sipión 2010, Hidalgo y Ortega-Lara 2011), los cuales han incrementado el número de especies registradas y descubierto varias especies nuevas para la ciencia (p. ej., Britto et al. 2007). En contraste, del lado colombiano pocos inventarios han sido realizados, como el de Ortega-Lara (2005), que presentó resultados sobre colectas realizadas en las cabeceras del río Putumayo en el valle del Sibundoy y el área del piedemonte en el río Mocoa. Otros estudios en la región se han enfocado exclusivamente en especies de importancia en las pesquerías y comercio de ornamentales (Salinas y Agudelo 2000, Sanabria-Ochoa et al. 2007).

A la fecha no se han desarrollado inventarios ícticos exhaustivos de los ríos Ere, Campuya y Algodón, en el sector medio de la cuenca del río Putumayo del lado peruano. Solo para el caso del río Algodón, se tienen dos estudios ictiológicos recientes que cubren uno de sus tributarios y su cuenca baja. En el río Algodoncillo fueron registradas un total de 73 especies (Hidalgo y Sipión 2010) y en un inventario de peces llevado a cabo en algunas cochas y quebradas del bajo Algodón, fueron registradas 63 especies (Pacheco et al. 2006). El presente estudio presenta los resultados de las colectas que realizamos en diversos hábitats de la cuenca media y alta del río Ere, cuenca media del río Campuya y cuenca alta del río Algodón.

MÉTODOS

Trabajo de campo

En 14 días efectivos de trabajo de campo, entre el 17 y el 31 de octubre de 2012, evaluamos un total de 26 estaciones o puntos de muestreo en los tres campamentos; estos corresponden a ambientes lénticos (cochas) y lóticos (quebradas y ríos) en aguas pobres en nutrientes que variaron en patrón de coloración de acuerdo a cada tipo de ambiente (ver el capítulo 'Geología, hidrología y suelos'). Las estaciones incluyen tres ríos, 13 quebradas de tierra firme de diverso tamaño y tres cochas, en las cuencas de los ríos Ere y Algodón (campamentos Bajo Ere y Cabeceras Ere-Algodón) y del río Campuya (campamento Medio Campuya). El rango altitudinal evaluado fue entre 114 y 211 msnm, correspondiendo a cuerpos de agua con nacientes en bosques de tierra firme.

Exploramos la mayor cantidad posible de microhábitats, con la finalidad de colectar la mayor cantidad de especies. Tuvimos acceso a los puntos de evaluación mediante un sistema de trochas o utilizando un bote a motor en los tres campamentos. Las faenas de pesca en los puntos de muestreo fueron de carácter intensivo, trabajando con una combinación de artes de pesca de acuerdo a los microhábitats, en tramos que variaron desde los 50 a los 2,000 m de longitud. En los ríos principales y las cochas realizamos faenas de pesca nocturna en busca de especies cuya actividad se intensifica o es mayor en este periodo del día.

Los puntos de muestreo en quebradas corresponden a cuerpos de agua de cauce pequeño, de primer y segundo orden (menores de 3 m de ancho) a excepción de la quebrada Yare, afluente importante del bajo Ere (que mide casi 20 m de ancho). Los ríos, en cambio, fueron los hábitats más grandes, con una amplitud de 20 a 40 m. Las cochas tuvieron casi el mismo ancho que los ríos (de 30 a 50 m) pero con diferencias en su longitud, siendo la más pequeña la ubicada en el bajo Ere con aproximadamente 400 m.

La corriente en la mayoría de los hábitats es lenta, nula en caso de algunas quebradas y completamente quieta en cochas. El río Campuya tiene un tramo con velocidad de corriente moderada, sin embargo el resto de su recorrido es de velocidad lenta. El tipo de sustrato más común es el arcilloso, con algunos parches de arena en los ríos y la mayor parte del lecho de las quebradas y cochas está cubierta por una gran cantidad de hojarasca y palizada. Las características de cada punto de muestreo son descritas en detalle en el Apéndice 4.

Colecta y análisis del material biológico

Los métodos de colecta incluyeron pesca con redes de arrastre de 3 y 5 m de largo por 1.5 m de altura, con ojo de malla entre 5 y 7 mm, que empleamos en playas, zonas de profundidad con raíces y cochas. Realizamos también capturas manuales en agujeros de troncos y ramas sumergidas. Utilizamos además una atarraya de malla de monofilamento en las playas de los ríos, redes de mano y diversas longitudes de red trampera, de 10 a 40 m de largo, 2 a 3 m de altura y tamaños de abertura de ojo de malla entre 3.8 y 7.6 cm. El esfuerzo de pesca en cada punto de muestreo varió dependiendo de la naturaleza del método de pesca y el tamaño del hábitat, frecuentemente mayor en ríos y quebradas (con mayor cantidad de artes de pesca), mientras que en quebradas pequeñas con muy poco volumen de agua y muy pocos hábitats aprovechables, utilizamos principalmente las redes de arrastre y de mano.

Efectuamos el registro de la riqueza de peces (Apéndice 5) mediante revisión de las muestras colectadas, censos visuales en campo y encuestas a nuestros colaboradores locales. En cada punto de muestreo separamos las muestras que serían fotografiadas vivas en el campamento de aquellas que pasarían directamente a ser preservadas, fotografiando en lo posible todas las especies registradas. Para efectos del análisis e identificación de los peces de manera más detallada, la mayor parte de las capturas fueron fijadas en una solución de formalina al 10%, inyectando posteriormente esta misma solución en las cavidades internas del cuerpo a peces mayores a 15 cm de longitud estándar. Para algunos individuos, el cuerpo entero o parte del músculo fue preservado en alcohol al 96% para futuros estudios genéticos. Una vez fijadas, las muestras fueron preservadas en una solución de alcohol al 70%. Los peces se envolvieron en gasas y fueron empacados en bolsas de sello hermético, a las cuales anexamos una etiqueta de campo con el código de la estación de colecta y la fecha.

Entre 24 y 48 horas después de la fijación, de acuerdo al tamaño del pez, procedimos con la primera identificación de especies o morfoespecies. Posteriormente verificamos las identificaciones preliminares e identificamos las morfoespecies con ayuda de literatura especializada y consulta con especialistas de los distintos grupos taxonómicos registrados. Todas las muestras se depositaron en la colección de Ictiología del Museo de Historia Natural de la Universidad Nacional Mayor de San Marcos en Lima.

El listado de especies que generamos sigue el sistema de clasificación propuesto por Reis et al. (2003), con modificaciones recientes para la familia Characidae propuestas por Oliveira et al. (2011). Adicionalmente determinamos si algunas de las especies registradas están incluidas bajo alguna categoría de amenaza en el libro rojo de peces de agua dulce de Colombia (Mojica et al. 2012). Aunque en la zona de estudio no detectamos actividad asociada al comercio de peces ornamentales, basado en Sánchez et al. (2006) y Sanabria-Ochoa et al. (2007) determinamos cuáles de las especies registradas son de importancia ornamental en otras áreas de la cuenca del río Putumayo. Asignamos las especies registradas como migratorias de acuerdo a Usma et al. (2009).

RESULTADOS

Descripción de los sitios de muestreo (Apéndice 4)

Cabeceras Ere-Algodón

Este campamento incluyó puntos de muestreo en las tres cuencas estudiadas. El campamento en sí fue ubicado junto a las nacientes del río Ere, en donde colectamos en el punto altitudinal más alto del área de estudio (211 msnm), ubicado entre la divisoria de agua de los ríos Ere y Algodón. Se pudo acceder además a las cabeceras del río Algodón y también a la zona media de la cuenca del río Sibi, afluente de la margen derecha del río Campuya. En este campamento siete de los nueve puntos que muestreamos fueron quebradas de tierra firme, incluyendo la naciente del río Algodón. Muestreamos además en dos ríos y pequeños parches de aguajales en las trochas. Las mediciones de conductividad eléctrica en los ríos y quebradas de este campamento (ver el capítulo 'Geología, hidrología y suelos') fueron extremadamente bajas, menos de 6 µS/cm (Apéndice 2; Fig. 14).

Las quebradas fueron todas típicas de tierra firme, con trayectoria sinuosa y cubiertas casi enteramente por el bosque. El fondo fue mayormente areno fangoso, con parches de hojarasca y palizada. La amplitud de cauce osciló entre 0.4 a 5 m, mientras que la profundidad varió de 0.1 a 0.6 m, de acuerdo al poco cauce que tienen estos hábitats en sus nacientes, por lo cual solo pudimos utilizar una red chinchorro de 3 m en nuestros muestreos. La velocidad de corriente fue de lenta a nula con pendiente poco pronunciada. El porcentaje de sombra en el espejo de agua es muy alto, de 50 a 90% aproximadamente, lo que igualmente dificulta los

procesos de productividad primaria de las quebradas; la transparencia de la mayoría de estas quebradas es total, debido al poco volumen de agua que transportan.

Los ríos Ere y Sibi fueron evaluados en distintos puntos: playas con orilla arenosa o fangosa, zonas de recodo y zonas de cauce recto. Utilizamos en el muestreo redes de arrastre y tramperas. El río Ere presentó un ancho de cauce de 3.5 m debido a su ubicación en sus nacientes, mientras que el río Sibi 20 m de ancho. La velocidad fue lenta y con mayor cobertura vegetal en el Ere, en tanto que la velocidad fue moderada en el río Sibi, con poca cobertura de la vegetación con respecto al espejo de agua. El fondo fue predominantemente fangoso con algunos sectores de arena y acumulaciones de hojarasca, ramas y troncos en ambos ríos. Los parches de aguajales que visitamos y que teníamos seleccionados como posibles estaciones de colecta, presentaron de muy poca a nula cantidad de agua, por lo cual no registramos especies en estos ambientes.

Bajo Ere

Este campamento estuvo ubicado en la margen izquierda de la porción baja del río Ere, cercano a la desembocadura de la quebrada Yare. Tuvimos acceso en este campamento a casi todos los tipos de hábitats presentes en el inventario: ríos, quebradas grandes y pequeñas, pequeños aguajales y una laguna. De acuerdo a las mediciones de conductividad eléctrica, los cuerpos de agua en este campamento tuvieron conductividad tan baja como el campamento Cabeceras Ere-Campuya, incluso el río Ere, cuya conductividad fue de apenas 3.7 µS/cm (Apéndice 2; Fig. 14).

Las tres quebradas que visitamos tuvieron en común un fondo fangoso cubierto en muchos sectores de hojarasca y palizada, incluso la quebrada Yare, cuyo ancho fue considerable (20 m aproximadamente). La velocidad de corriente fue de lenta a nula. Generalmente estas quebradas tenían poca incidencia solar, con porcentajes de sombra en su espejo de agua muy alto, de 35% aproximadamente en la quebrada Yare y de más del 60% en las dos quebradas restantes (quebrada Boca Yare y la quebrada de la trocha conector), lo que se traduce en menor productividad primaria de los cuerpos de agua, que sumado a la pobreza de nutrientes de los sedimentos hacen más fuerte la dependencia sobre el bosque por parte de los peces para alimentarse.

Realizamos colectas en el río Ere en cuatro puntos distintos, aprovechando los distintos microhábitats que ofrecía: playas con orilla arenosa o con gramíneas para faenas con red de arrastre, atarraya y red trampera, zonas de recodo o remansos de velocidad nula para la red trampera y pequeñas playas de fondo arenoso o fangoso para los arrastres. Este río presentó un ancho de cauce de 25 m o más en algunos sectores, velocidad lenta a moderada en algunos tramos y con poca cobertura de la vegetación con respecto al espejo de agua, propio de ríos medianos a grandes. El fondo fue predominantemente fangoso con algunos sectores de arena y acumulaciones de hojarasca, ramas y troncos sumergidos.

La única cocha que visitamos en este campamento fue pequeña, menos de 400 m de longitud aproximadamente, con comunicación al río mediante una pequeña quebrada y poca actividad de peces observada. Al parecer es una cocha antigua que por falta de nutrientes no entra en proceso de eutrofización. Efectuamos arrastres en las pocas orillas que encontramos y utilizamos redes tramperas tanto de día como de noche. El fondo fue fangoso con gran cantidad de hojarasca y palizada, mientras que toda la línea de orilla estuvo cubierta de vegetación, mayormente de bosque con pocos parches de gramíneas. En los pequeños aguajales que visitamos, encontramos muy poca agua, incluso buena parte convertida en lodo, sin presencia de peces.

Medio Campuya

Este campamento estuvo ubicado en la orilla derecha de la zona media del río Campuya, caracterizada por estar cercana a dos cochas, además de tener acceso a quebradas en ambos márgenes del río. Similar al campamento Bajo Ere, pudimos muestrear en casi todos los tipos de hábitats presentes en el inventario: ríos, quebradas, pequeños aguajales y cochas. Las mediciones de conductividad eléctrica fueron más variables en este campamento en comparación con los otros dos campamentos. Varias quebradas tuvieron aguas con una conductividad igualmente baja (menos de 5 µS/cm) a la de los campamentos Bajo Ere y Cabeceras Ere-Algodón, mientras varias otras quebradas tuvieron

aguas con valores de conductividad de entre 10 y 19.8 µS/cm (Apéndice 2; Fig. 14).

Las quebradas que visitamos también mostraron mayor variación en el tipo de fondo, fangoso con parches de arena y cubiertos en muchos sectores de hojarasca y palizada, además de dos quebradas que presentaron substrato arenoso con presencia de gravas finas (Apéndice 4). Estas quebradas fueron de poco cauce, con amplitud entre 0.4 y 2.5 m y una profundidad que osciló entre 0.2 y 0.4 m. La velocidad de corriente fue lenta en todos los casos, propios de quebradas de tierra firme con pendiente baja. El porcentaje de sombra en el espejo de agua fue muy alto, de 90 a 95% aproximadamente, siguiendo el mismo patrón de características abióticas de los campamentos anteriores.

El río Campuya presentó características similares al río Ere, con un ancho de cauce de 35 a 40 m en algunos sectores, velocidad lenta en la mayor parte de tramos y moderada en el sector del campamento. La orilla presentó una buena cobertura de vegetación, sin embargo cubriendo muy poco del espejo de agua. En los dos sectores que evaluamos, el río presentó fondo fangoso con algunos sectores de arena y hojarasca. Para el registro de la ictiofauna, usamos las playas con orilla areno-fangosa para capturas con red de arrastre, atarraya y red trampera, usando también las zonas de recodo o remansos para la red trampera.

Las dos cochas que visitamos fueron de diferente tamaño: la más grande (Cocha 1 en el Apéndice 2) de aproximadamente 1 km de longitud y la menor (Cocha 2) de tamaño semejante al de la cocha del campamento Bajo Ere (poco menos de 400 m de longitud). Ambas presentaron comunicación con el río mediante una pequeña quebrada, sin embargo la cocha pequeña presentó mayores indicios de colmatación, con menor profundidad y mayor cantidad de palizada. Efectuamos arrastres en las pocas orillas que encontramos y utilizamos redes tramperas tanto de día como de noche. El fondo fue fangoso en ambas cochas con gran cantidad de hojarasca y palizada, con la línea de orilla cubierta de vegetación arbórea, dejando reducidos parches de gramíneas. En el único parche de aguajal al que tuvimos acceso, encontramos igualmente muy poca agua y grandes extensiones de lodo, indicando que en esta temporada, en toda la zona, los bordes de aguajales se secan, notándose una ausencia completa de peces.

Riqueza, composición y abundancia

Capturamos un total de 2,504 individuos distribuidos en 12 órdenes, 42 familias y 210 especies (Apéndice 5). Basándonos en estos números, estimamos para las tres cuencas una ictiofauna de aproximadamente 300 especies.

La mayor riqueza de las especies registradas está concentrada en los ordenes Characiformes (115 spp.) y Siluriformes (56 spp.), que en conjunto representan el 81.4% de la riqueza total registrada. Le siguen los ordenes Perciformes (17 spp.) y Gymnotiformes (9 spp.), mientras los restantes ocho ordenes presentan una o dos especies cada. En cuanto a la riqueza por familias, la que presentó el mayor número de especies fue Characidae (45 spp.), seguido de Pimelodidae (19 spp.), Cichlidae (15 spp.), Curimatidae (12 spp.) y Loricariidae (10 spp.), representando juntas un 48.3% de la riqueza registrada. Las restantes 37 familias presentaron entre una y ocho especies (Apéndice 5).

Estas cifras de riqueza de especies por grupo taxonómico están acordes con el patrón registrado en ecosistemas acuáticos de tierras bajas en la región neotropical y en otras regiones de la cuenca del Amazonas (Albert y Reis 2011). No obstante, es importante resaltar la diferencia en número de especies entre los Characiformes (115 spp.) y Siluriformes (56). Esto refleja entre los Siluriformes un menor número de especies colectadas en grupos tradicionalmente diversos, tales como Loricariidae (carachamas), Trichomycteridae (caneros) y Doradidae (rego regos).

El mayor número de especies lo registramos en el campamento Bajo Ere con 133 especies. En segundo lugar está el campamento Medio Campuya (103 spp.) y por último el campamento Cabeceras Ere-Algodón (72 spp.). Para el río Putumayo registramos 32 especies a través de entrevistas realizadas con pobladores de las comunidades locales, todas ellas de importancia en su alimentación diaria (Apéndice 5). El número de especies por ordenes y familias para cada campamento siguió el mismo patrón del registrado en los tres campamentos como un todo, es decir con mayor número de especies en Characiformes, Siluriformes y las familias Characidae, Cichlidae y Pimelodidae (Apéndice 5).

Es importante destacar que del total de 210 especies, sólo 19 (9.5%) fueron registradas en los tres campamentos. Cincuenta y cuatro (54) especies sólo fueron registradas en el campamento Bajo Ere, 30 en el campamento Cabeceras Ere-Algodón y 17 en el campamento Medio Campuya. De las especies que registramos para el Putumayo, 14 son exclusivas a ese río. Estas 14 especies son las de mayor tamaño que son explotadas para consumo local, como grandes bagres pimelódidos, corvina, gamitana y palometas (Apéndice 5).

La mayoría de las especies fue representada por pocos individuos: 158 especies por menos de 10 individuos, 51 especies entre 10 y 100 individuos, y sólo una especie (*Hemigrammus lunatus*, un pequeño carácido) por más de 200 individuos. Esta abundancia, al igual que la riqueza de especies, no fue distribuida de forma equitativa entre los tres campamentos. En el campamento Bajo Ere colectamos el mayor número de individuos (1,209), seguido del campamento Cabeceras Ere-Algodón (716) y por último el campamento Medio Campuya (579).

Especies amenazadas

Formalmente en el Perú no existe una lista de especies amenazadas de peces de agua dulce, aunque se están elaborando listas preliminares (H. Ortega, com. pers.). De igual manera, el estatus de amenaza internacional según los criterios de la UICN sólo ha sido evaluado para un número ínfimo de peces amazónicos hasta la fecha. Sin embargo, 11 de las especies que registramos en el presente inventario sí están categorizadas como Vulnerables o Casi Amenazadas en Colombia (Mojica et al. 2012). El hecho de que el Perú por ahora no cuente con un listado oficial no implica que estas especies no deban recibir el mismo tratamiento del lado colombiano, ya que de las 11 especies, nueve son grandes bagres migradores explotados con fines comerciales a lo largo de la cuenca amazónica. Las otras dos especies corresponden a paiche (*Arapaima gigas*) y arahuana (*Osteoglossum bicirrhosum*), especies de alto valor para las comunidades locales en las pesquerías y el comercio de peces ornamentales, siendo la primera incluida en el Apéndice II de CITES.

Especies migradoras, ornamentales y de consumo

Identificamos 36 especies que realizan migraciones: 11 spp. con migraciones consideradas cortas (menores de 100 km); 18 spp. con migraciones consideradas medianas (entre 100–500 km); y siete especies con migraciones grandes (mayores de 500 km). Entre las primeras tenemos especies de mediano a pequeño tamaño como lisas (*Leporinus*), mojarras (*Jupiaba, Moenkhausia*), pacos (*Piaractus*), gamitana (*Colossoma*) y cunchis (*Pimelodus*). Las especies con migraciones medianas y largas son de tamaños intermedios y grandes como el boquichico (*Prochilodus*), yaraqui (*Semaprochilodus*), palometa (*Myleus*), sábalos (*Brycon*), sardinas (*Triportheus*), chambira (*Hydrolycus*), machete (*Raphiodon*), bocones (*Ageneiosus*), corvina (*Plagioscion*), zúngaro (*Zungaro*), dorado (*Brachyplatystoma rousseauxii*) y doncellas (*Pseudoplatystoma*; Apéndice 5). Todas las especies migradoras, especialmente las de tamaños medianos a grandes, son de gran importancia en las pesquerías comerciales y el consumo en las comunidades locales de la región.

Registramos 110 especies consideradas como ornamentales, lo que representa un poco más del 50% del total de especies registradas en el inventario. Muchas de estas especies son pequeños carácidos, cíclidos, macanas y silúridos, aunque también están las rayas y la arahuana. Estas especies están presentes en las quebradas de tierra firme y las cochas tanto del río Ere como del Campuya. El número de especies de consumo es menor: 64 especies, en su mayoría de los ordenes Characiformes y Siluriformes, con adiciones como paiche y arahuana (Osteoglossiformes) y corvina (Perciformes). Estas especies las encontramos asociadas al canal principal de los ríos Ere, Sibi, Campuya y Putumayo, así como a las cochas a lo largo de estos ríos (Apéndice 5).

Registros nuevos y especies no descritas

En total tenemos 20 nuevos registros de especies para la cuenca del río Putumayo. Estos nuevos registros son especies inferiores a 10 cm de longitud total (adultos) de los ordenes Characiformes, Siluriformes y Perciformes. Es interesante resaltar que en estos nuevos registros tenemos especies que comúnmente son registradas en inventarios de zonas bajas de la cuenca del Amazonas,

como *Pyrrhulina semifasciata* (Fig. 7C), *Goeldiella eques, Amblydoras hancockii* y *Tetranematichthys quadrifilis* (Apéndice 5). Adicionalmente tenemos un nuevo registro para la ictiofauna dulceacuícola del Perú, el cíclido *Satanoperca daemon* (Fig. 7B). Esta especie, previamente conocida de Colombia, Venezuela y Brasil, fue registrada durante el inventario rápido en una cocha del campamento Bajo Ere, donde no fue abundante. De este género para el Perú solo se tenía registrada la especie *Satanoperca jurupari* (Ortega et al. 2012).

Registramos cuatro especies posiblemente nuevas para la ciencia: *Charax* sp. nov. (dentón; Fig. 7L), *Corydoras* sp. nov. (Fig. 7F), *Synbranchus* sp. nov. (atinga; Fig. 7N) y *Bujurquina* sp. nov. (bujurqui; Fig. 7D), cada una de ellas perteneciente a ordenes diferentes (Apéndice 5). Todas las especies consideradas nuevas están asociadas a quebradas de tierra firme en los tres campamentos, siendo que *Corydoras* sp. nov. sólo fue registrada en una quebrada del campamento Bajo Ere, la atinga en una quebrada del campamento Cabeceras Ere-Algodón y las otras dos especies en quebradas tanto del campamento Cabeceras Ere-Algodón como de Medio Campuya.

DISCUSIÓN

Se reconoce que la historia geológica de la cuenca amazónica y los cambios climáticos globales han moldeado su paisaje, y, como consecuencia, han creado una gran heterogeneidad de ecosistemas acuáticos que son el hogar de una enorme diversidad de peces (Hoorn et al. 2010a), los cuales constituyen recursos de gran valor cultural y económico para todos los pobladores amazónicos. La cuenca del Amazonas es reconocida como la que presenta el mayor número de especies de peces a nivel mundial, con estimaciones que alcanzan las 2500 especies (Junk et al. 2007).

En la región neotropical esta es la cuenca donde, en la última década, se ha descrito un mayor número de especies nuevas como resultado de expediciones ictiológicas, especialmente en cuencas como el Xingu, Tapajos, Solimões, Negro en la Amazonía central y oriental, e igualmente en el área del piedemonte amazónico en Colombia, Ecuador y el Perú (p. ej., Carvalho et al. 2009, Buckup et al. 2011, Carvalho et al. 2011,

Albert et al. 2012). A pesar del incremento en el conocimiento de la ictiofauna en la cuenca del Amazonas todavía existen grandes vacíos de información por llenar y la cuenca del río Putumayo es uno de ellos.

Algunos esfuerzos puntuales han sido realizados en tributarios de la cuenca del Putumayo del lado peruano en los últimos años (Hidalgo y Oliveira 2004, Hidalgo y Rivadeneira-R. 2008, Pacheco et al. 2006, Hidalgo y Sipión 2010, Hidalgo y Ortega-Lara 2011). Estos estudios han incrementado el número de especies registradas para la cuenca, que para 2006, era de 296 en su sector peruano-colombiano (Ortega et al. 2006). No obstante, seguimos sin contar con un listado actualizado de los peces que integre estos resultados a nivel de cuenca.

Si estimamos que para la cuenca del río Putumayo podría registrarse un número cercano a las 600–650 especies, los resultados del presente inventario son relevantes ya que incluiría más o menos el 35% de la ictiofauna en un área reducida de su cuenca. Si realizamos este cálculo basado en las especies estimadas para las cuencas de los ríos Ere, Campuya y Algodón (300 spp.), estaríamos hablando del 50% de representatividad.

Varias de las especies que registramos en el presente estudio también fueron registradas en otros inventarios realizados en la cuenca del río Putumayo. Por ejemplo, en un inventario del sector colombo-peruano del río Putumayo, Ortega et al. (2006) registraron 104 de las mismas especies que nosotros registramos durante el inventario rápido de la región Ere-Campuya Algodón, las cuales representan un 49.5% del total registrado en Ere-Campuya-Algodón. Cifras comparables para otras regiones dentro de la cuenca del Putumayo o en otras regiones de Loreto son: Yaguas-Cotuhé (102 spp., 49%, Hidalgo y Ortega-Lara 2011); Güeppí (66 spp., 31%, Hidalgo y Rivadeneira-R. 2008), Maijuna (60 spp., 28.6%, Hidalgo y Sipión 2010); Ampiyacu-Apayacu-Yaguas-Medio Putumayo (59 spp., 28%, Hidalgo y Olivera 2004); Nanay-Mazán-Arabela (35 spp., 17%, Hidalgo y Willink 2006); Kampankis (10 spp., 4.8%, Quispe y Hidalgo 2012).

De igual forma, como pudimos observar, existe un alto reemplazamiento de especies en los tres campamentos, lo que nos indica el alto valor que representa cada uno de los hábitats muestreados para el mantenimiento de

la ictiofauna del área. El canal principal de los ríos Ere, Campuya y Algodón son vías de comunicación para varias especies de amplia distribución, especialmente en la zona baja donde se encuentra la planicie de inundación. En este hábitat encontramos la mayor riqueza de especies (121 spp.). Adicionalmente y dependiendo de la dinámica hídrica asociada a las lluvias en la región, la conexión de los canales principales de los ríos con las cochas es vital para mantener la diversidad íctica de estos hábitats que cuando no están conectados con el río, constituyen refugios de gran importancia para los peces. El mayor número de especies compartidas entre los campamentos Bajo Ere y Medio Campuya es resultado de las especies colectadas asociadas a estos hábitats. Está documentado que la conectividad de los hábitats en la planicie de inundación aumenta la similaridad en la composición de especies (Thomaz et al. 2007).

De otro lado, las quebradas de tierra firme constituyen otro hábitat de gran importancia para la comunidad de peces debido a la singularidad de especies que encontramos en ellas, que incluyen las cuatro especies nuevas. Las 73 especies registradas por Hidalgo y Sipión (2010) en una quebrada del río Algodoncillo, tributario del río Algodón, coincide con la riqueza total de especies registrada en el presente estudio para quebradas de tierra firme (79 especies). De estas, 29 son compartidas con nuestros registros mientras que 44, no. Las 79 especies registradas representan una alta riqueza cuando la comparamos con datos para otros sistemas de quebradas de tierra firme sobre suelos pobres de la Amazonía central y occidental, que en general registran menos de 50 especies, inclusive en estudios de un cobertura temporal mayor (Knöppel 1970, Crampton 1999, Bührnheim y Cox-Fernandes 2001, 2003, Arbeláez et al. 2008). Sin embargo, cuando revisamos el número de especies registrado por quebrada muestreada individualmente, encontramos que el número en promedio es de 15 especies, cifra que puede estar influenciada por el esfuerzo de muestreo efectuado, pero que a la vez refleja la pobreza de este hábitat.

La pobreza de nutrientes de los suelos por donde drenan las aguas de los ríos Ere, Campuya y Algodón, que le confieren un baja productividad a sus aguas, indica la estrecha relación que existe entre el bosque circundante y los ecosistemas acuáticos allí presentes para el sostenimiento de su ictiofauna, como ha sido documentado en otras áreas (Dias et al. 2009, Teresa y Romero 2010, Casatti et al. 2012, Ferreira et al. 2012). Al comparar los valores de abundancia observada en quebradas de tierra firme en la región Ere-Campuya-Algodón con los observados en otros inventarios en la Región de Loreto, como por ejemplo el de Cerros de Kampankis (Quispe y Hidalgo 2012), es claro que la abundancia es un 40–50% más baja en Ere-Campuya-Algodón. La baja abundancia observada, incluso de las especies dominantes en quebradas (p. ej., *Bryconops* spp. e *Hyphessobrycon* spp.), al parecer está relacionada con factores de pobreza de nutrientes que directamente influyen en la disponibilidad de otros grupos base de la dieta de los peces como el perifiton y macroinvertebrados acuáticos. La comunidad de peces entonces depende del material alóctono que ingresa al sistema desde el bosque circundante. Es claro que la transformación del paisaje a causa de la deforestación en este tipo de ecosistema traería consecuencias negativas para la diversidad de peces, donde solo unas pocas especies altamente tolerantes podrían sobrevivir en detrimento de una mayor cantidad de especies sensitivas y especialistas.

A pesar de que en las estaciones de muestreo no se detectó ninguna actividad asociada al comercio de peces ornamentales, existe una riqueza importante de especies (más del 50% del total registrado, Apéndice 5) que en otras áreas y tributarios del río Putumayo son explotadas para tal fin. Estas especies se distribuyen principalmente en las quebradas de tierra firme y en las cochas. La única especie que actualmente está siendo sujeta a explotación como ornamental en las cuencas de los ríos Ere, Campuya y Algodón es la arahuana (*Osteoglossum bicirrhosum*; ver el capítulo 'Uso de recursos naturales, conocimiento ecológico tradicional y calidad de vida'), categorizada como Vulnerable en Colombia.

Por el contrario, en el área sí se evidenció actividad de pesca con fines de consumo local y para comercialización. Las comunidades aprovechan una variedad importante de especies que son base de su dieta diaria (Apéndice 5). Esta actividad de pesca es realizada en los canales principales de los ríos, que incluye al Putumayo, donde se capturan

las especies de mayores tamaños como los grandes bagres de la familia Pimelodidae, así como en las cochas, donde una de las especies más apreciadas es el paiche (*Arapaima gigas*), especie igualmente categorizada como Vulnerable en Colombia e incluida en el Apéndice II de CITES. Para la actividad pesquera se emplean redes agalleras, líneas de mano, atarraya y arpón principalmente.

También se detectó durante el inventario el uso del ictiotóxico natural barbasco (*Lonchocarpus utilis*) en una cocha aguas abajo del campamento Medio Campuya (Ítalo Mesones, com. pers.). A pesar de que existen iniciativas de control por parte de las comunidades locales a la actividad de pesca, es notable que pescadores tanto peruanos como colombianos suben por los ríos Ere y Campuya, especialmente a las cochas, para la pesca del paiche.

Registramos varias especies con comportamientos migratorios de diversa amplitud. Estas especies (con la excepción de cuatro) son explotadas para el consumo y están bajo alguna categoría de amenaza en Colombia. Incluso, juveniles de algunas de estas especies también son consideradas de interés en el comercio de peces ornamentales, aunque no a nivel local. En otras áreas de la cuenca del río Putumayo y la cuenca del Amazonas muchas de estas especies han sufrido procesos de sobreexplotación por sobre pesca, causando disminuciones en las poblaciones que se evidencian en la diversificación de las pesquerías hacia especies que tradicionalmente no son de alto valor en el comercio, pero que en términos de biomasa y abundancia representan una alternativa para su explotación.

Los ecosistemas de agua dulce neotropicales albergan la fauna de peces más diversa a nivel global. La cuenca del río Amazonas es el ícono de esta enorme riqueza biológica. A menor escala, la cuenca del río Putumayo y las cuencas de los ríos Ere, Campuya y Algodón son un ejemplo claro de esta riqueza de peces. Las condiciones particulares del paisaje en el área de estas cuencas, representadas por una heterogeneidad de hábitat en buen estado de conservación, pero frágiles, disponibles para los peces (p. ej., quebradas de tierra firme, sistemas de planicies de inundación), son la base para el mantenimiento de esta riqueza y los procesos ecológicos que la sustentan. Todas las acciones que se tomen y esfuerzos que se hagan para evitar que actividades como la desforestación, minería de oro, actividades agropecuarias y obras de infraestructura, no aptas o acordes a las condiciones naturales y culturales de esta región, sean incentivadas, redundarán en la salud y mejor calidad de vida de las comunidades locales debido al estrecho vínculo y dependencia que existen entre los peces, el bosque y la gente.

RECOMENDACIONES PARA LA CONSERVACIÓN

Teniendo en cuenta la singularidad de la región por donde drenan los ríos Ere, Campuya y Algodón, caracterizada por suelos y aguas muy pobres, que le confiere fragilidad al paisaje como un todo, es necesario generar medidas o estrategias de conservación que garanticen el mantenimiento de la riqueza de peces asociada a estos ecosistemas que constituyen un recurso de gran valor para las comunidades locales. Estas medidas no deben ser sólo extrapolaciones provenientes de ecosistemas terrestres, sino que deben ajustarse a la dinámica ecológica propia del ecosistema acuático. En los últimos años se ha comprobado que muchas de las estrategias o herramientas de conservación implementadas en ecosistemas terrestres no garantizan la conservación de los ecosistemas acuáticos. La visión de cuenca para la conservación cada día toma más fuerza, ya que conforma un espacio natural de integración entre los ambientes terrestres y acuáticos y facilita la gestión. En ese contexto ofrecemos las siguientes recomendaciones:

- Reforzar los esfuerzos y acercamientos que buscan compatibilizar la regulación de la pesca en Perú y Colombia. Las especies migratorias, ornamentales y amenazadas no reconocen límites político-administrativos y la legislación establecida en varios países amazónicos tiene que estar acorde a la biología de estas especies, especialmente las que realizan migraciones largas y medianas, como los grandes bagres y otros carácidos de importancia como el boquichico (*Prochilodus*) y los yaraquis (*Semaprochilodus*)

- Las comunidades locales deben incrementar las medidas de control y vigilancia sobre las actividades de pescadores, tanto colombianos como peruanos, que entran por las bocas de los ríos Ere y Campuya hacia las cochas, para la pesca principalmente de paiche y arahuana, especies amenazadas de alto valor comercial. Las cochas son ecosistemas estratégicos para el mantenimiento de la biodiversidad en las planicies de inundación, no sólo de peces, ya que diversas especies de aves, reptiles y mamíferos acuáticos dependen de los peces como recurso alimenticio. Es importante controlar el uso en las cochas de ictiotóxicos como el barbasco, el cual puede causar grandes mortandades de peces, claro está respetando y en armonía con la tradición cultural asociada a su manejo por parte de las comunidades

- Es urgente que el Perú supere las coyunturas políticas sobre la potestad del manejo de los recursos hidrobiológicos con el fin de generar legislación que incluya una lista de especies amenazadas de peces de agua dulce. Este proceso puede ser liderado por el Ministerio de Ambiente con el soporte técnico y científico de los investigadores peruanos, de modo que se den pautas claras en materia de categorización de las diversas especies de peces de las cuales se sabe que se encuentran en procesos de declive, pero cuyo uso es necesario documentar y normatizar. Para esto pueden apoyarse en la experiencia de Colombia que ya tiene una lista de especies amenazadas de peces de agua dulce, publicada en 2002 y actualizada en 2012

- Dado lo puntual del trabajo realizado en campo durante el desarrollo del inventario, es necesario implementar inventarios en otras áreas de los ríos Ere, Campuya y Algodón, y en una escala temporal más amplia. Aunque registramos una buena proporción de las especies esperadas para estos ríos, conocer la distribución de las especies de forma más detallada es una herramienta fundamental para la conservación de las especies

- Considerando que las quebradas de tierra firme en su mayoría están sobre suelos pobres de la formación Nauta 2, que les dan características fisicoquímicas típicas de aguas negras de otras regiones de la Amazonía (principalmente en los Escudos Guayanés y Brasileño), pero sin el color característico de aguas negras (de Coca Cola o té), es importante intensificar los estudios de los peces asociados a estas quebradas con el fin de hacer estudios comparativos. Estos estudios son de gran importancia para entender los procesos evolutivos que han generado una fauna de peces característica, singular, poco explorada y a la vez para entender la estrecha relación que mantiene con el bosque circundante

ANFIBIOS Y REPTILES

Autores: Pablo J. Venegas y Giussepe Gagliardi-Urrutia

Objetos de conservación: Comunidades poco perturbadas de anfibios y reptiles que representan más de la mitad de la herpetofauna conocida para la Región de Loreto; una especie de rana endémica hasta ahora solo conocida para Loreto (*Chiasmocleis magnova*) y la única población conocida en el Perú de la rana venenosa (*Ameerega bilingüis*); especies de consumo humano bajo categorías de amenaza, incluyendo la tortuga motelo (*Chelonoidis denticulata*), considerada Vulnerable a nivel mundial, el caimán de frente lisa o dirin dirin (*Paleosuchus trigonatus*) y la tortuga charapa (*Podocnemis expansa*), categorizadas como Casi Amenazada y En Peligro, respectivamente, según la legislación peruana; bosques de terraza alta en buen estado de conservación y cabeceras de cuenca habitadas por una alta diversidad de anfibios y reptiles

INTRODUCCIÓN

La amplia cuenca del Amazonas se encuentra habitada por alrededor de 300 especies de anfibios y un número similar de reptiles (Duellman 2005). Las tierras bajas de la Amazonía poseen la más alta diversidad alfa de anfibios y reptiles del mundo, con varios sitios que exceden las 100 especies, tanto para anfibios como reptiles, en menos de 10 km² (Bass et al. 2010). La región de Loreto se encuentra ubicada en la Amazonía noroccidental y encierra por lo menos 10 zonas consideradas como prioritarias para la conservación del país (Rodríguez y Young 2000). En las últimas décadas, muchos de los esfuerzos por documentar la diversidad de la herpetofauna de la cuenca amazónica se han focalizado en Loreto y Ecuador: en la herpetofauna de Santa Cecilia, Ecuador (Duellman 1978), en los reptiles (Dixon y Soini 1986) y anuros (Rodríguez y Duellman 1994) de la región de Iquitos y en la herpetofauna del norte de Loreto (Duellman y Mendelson 1995).

También tenemos los aportes al conocimiento de la herpetofauna en Loreto de los diez inventarios rápidos previos, realizados por el Field Museum. A pesar de estos esfuerzos por documentar la diversidad herpetológica de la Amazonía peruana, muchas áreas remotas aún esperan por ser estudiadas y tienen un alto potencial para albergar especies nuevas para la ciencia.

En el sur de la Amazonía colombiana, incluyendo la cuenca del Putumayo, se encuentran registradas 192 especies de reptiles reconocidas por la literatura (Castro 2007). En la misma región, se estima una riqueza de por lo menos 140 especies de anfibios (Lynch 2007). En el lado sur de la cuenca del Putumayo se han realizado inventarios herpetológicos rápidos en ocho localidades (siete en el lado peruano y una en Ecuador) y aunque el esfuerzo de muestreo ha sido menor que el de Colombia se ha logrado registrar una importante diversidad de anfibios y reptiles (Rodríguez y Knell 2004, Yánez-Muñoz y Venegas 2008, von May y Mueses-Cisneros 2011).

Con la finalidad de evaluar el estado de la biodiversidad y el valor para la conservación de los ríos Ere y Campuya, documentamos la riqueza y composición de la herpetofauna encontrada durante 18 días de inventario rápido. Además, con la finalidad de resaltar y demostrar la particularidad de esta región, comparamos nuestros resultados con los de otros sitios evaluados previamente mediante inventarios rápidos realizados en Loreto, de manera que sea mucho más útil para entidades del estado como el Gobierno Regional de Loreto (GOREL) y el Servicio Nacional de Áreas Naturales Protegidas (SERNANP) en la toma de decisiones de conservación.

MÉTODOS

Trabajamos del 15 al 31 de octubre de 2012 en tres campamentos ubicados en las cuencas de tres tributarios del río Putumayo: los ríos Ere, Campuya y Algodón. La metodología de muestreo usada para la búsqueda de anfibios y reptiles fue el 'inventario total de especies' (Scott 1994). Mediante esta metodología buscamos anfibios y reptiles de manera activa durante caminatas lentas diurnas (10:00–14:30) y nocturnas (20:00–02:00) por las trochas; búsquedas dirigidas en quebradas y riachuelos; muestreo de hojarasca en lugares potencialmente favorables (suelos con abundante cobertura por hojarasca, alrededores de árboles con aletas, troncos y brácteas de palmeras) y por último un recorrido fluvial nocturno en una embarcación localmente llamada peque-peque. Dedicamos un esfuerzo total de muestreo de 129 horas-persona, repartidas en 38, 53 y 38 horas-persona en los campamentos Bajo Ere, Cabeceras Ere-Algodón y Medio Campuya, respectivamente. La duración de nuestras estadías varió entre los campamentos, siendo de cinco días en Cabeceras Ere-Algodón y cuatro días en los demás campamentos. También incluimos algunos registros fotográficos de especies que fueron encontradas por el equipo social en las comunidades de Santa Mercedes y Flor de Agosto.

Registramos el número de individuos de cada especie observada y/o capturada. Además, reconocimos varias especies por el canto y por observaciones de otros investigadores y miembros del equipo logístico. Grabamos los cantos de numerosas especies de anfibios, lo cual nos permitirá diferenciar especies crípticas y contribuirá al conocimiento sobre la historia natural. Logramos fotografiar por lo menos un espécimen de la mayoría de las especies observadas durante el inventario. Para las especies de identificación dudosa, especies potencialmente nuevas para la ciencia o para Loreto y especies poco representadas en museos, realizamos una colección de referencia de 282 especímenes. Estos especímenes fueron depositados en las colecciones herpetológicas del Centro de Ornitología y Biodiversidad (CORBIDI; 186 especímenes) en Lima y del Museo de Zoología de la Universidad Nacional de la Amazonía Peruana (MZ-UNAP; 96 especímenes) en Iquitos.

Para el apéndice de especies registradas (Apéndice 6) se usaron, aparte de las especies registradas en este inventario, todas las especies de anfibios y reptiles registradas en el lado peruano y ecuatoriano de la cuenca del Putumayo en inventarios rápidos anteriores, como: los campamentos Güeppicillo, Güeppí y Laguna Negra del inventario rápido Güeppí-Cuyabeno (Yánez-Muñoz y Venegas 2008); el campamento Piedras del inventario rápido Maijuna (von May y Venegas 2010); y los cuatro campamentos del inventario rápido Yaguas-Cotuhé (von May y Mueses-Cisneros 2011). Sin embargo, para evitar

generar confusión e incertidumbre taxonómica solo consideramos los taxa identificados hasta nivel de especie y tampoco consideramos las especies registradas como cf. y aff.

Los datos sobre la distribución de las especies encontradas fueron tomados para el caso de los anfibios de Frost (2013), a excepción de la distribución del género *Ranitomeya*, que fue tomada de Brown et al. (2011). En el caso de los reptiles, la distribución de las tortugas y caimanes fue obtenida de Rueda-Almonacid et al. (2007), la de lagartijas de Avila-Pires (1995), la de serpientes de las familias Elapidae y Viperidae de Campbell y Lamar (2004), la de *Atractus torquatus* de Passos y Prudente (2012), y la del resto de serpientes de Uetz y Hallermann (2013). El estatus de conservación de las especies fue tomado de la lista roja de la UICN (IUCN 2013) y la lista peruana de especies de fauna amenazadas (MINAG 2004).

RESULTADOS

Riqueza y composición

Registramos un total de 787 individuos pertenecientes a 128 especies, de las cuales 68 son anfibios y 60 son reptiles (Apéndice 6). Estimamos que la región visitada podría albergar un total de 319 especies, 156 anfibios y 163 reptiles, de acuerdo con el listado de herpetofauna para la Amazonía de Ecuador y Loreto de Yánez-Muñoz y Venegas (2008). Registramos 8 familias y 25 géneros de anfibios, de los cuales destacan las familias Hylidae y Craugastoridae (con 23 especies agrupadas en 8 géneros y 14 especies agrupadas en 4 géneros, respectivamente). Registramos 18 familias y 47 géneros de reptiles, de los cuales destacan las familias Colubridae y Gymnophthalmidae (con 20 especies en 17 géneros y 8 especies en 7 géneros, respectivamente).

La herpetofauna que encontramos corresponde a comunidades típicas de la Amazonía baja, conformada principalmente por especies de amplia distribución amazónica. Sin embargo, el 47% de los anfibios registrados (32 spp.) posee una distribución restringida a la porción noroccidental de la cuenca amazónica, que comprende la región de Loreto en el Perú, Ecuador, Colombia y extremo oeste de Brasil. Por otro lado, solo el 12% de las especies de reptiles (5 spp.) se encuentra restringido a la porción noroccidental de la cuenca.

Encontramos también que la herpetofauna registrada se encuentra principalmente asociada a cuatro tipos de hábitat: bosque de terraza alta, bosque de terraza inundable, aguajales pequeños y vegetación ribereña o de quebrada.

Algunas especies de anfibios fueron frecuentemente encontradas en asociación a hábitats terrestres y acuáticos particulares en el área. Por ejemplo, los pequeños aguajales y pozas temporales en los bosques de tierra firme estuvieron caracterizados por tener especies que usan cuerpos de agua temporales para su reproducción (p. ej., ranas de los géneros *Dendropsophus*, *Hypsiboas*, *Leptodactylus* y *Phyllomedusa*). El sotobosque en los bosques de terraza alta exhibió una alta riqueza de ranas con desarrollo directo del género *Pristimantis* (familia Craugastoridae), mientras que en la hojarasca predominaban las especies con estadío larval acuático (*Allobates insperatus* [Fig. 8A], *A. femoralis* y *Ameerega bilinguis* [Fig. 8D]) que usan pequeños cuerpos de agua en troncos y hojas caídas para su reproducción. También fueron presentes otras especies con desarrollo directo como *Hypodactylus nigrovittatus*, *Oreobates quixensis* y *Strabomantis sulcatus*. De igual forma, la rana arborícola *Osteocephalus deridens*, la especie arborícola más abundante del inventario, usa el agua que se acumula en las bromelias y huecos de árboles para criar sus renacuajos. También fueron conspicuos los sapos de hojarasca *Rhinella margaritifera* y *R. proboscidea* en los bosques de tierra firme. La vegetación ribereña presentó una mayor abundancia de especies arborícolas (*Hypsiboas boans*, *H. calcaratus*, *Osteocephalus planiceps* y *O. yasuni*).

Algunas especies de reptiles también fueron frecuentemente encontradas en asociación a hábitats terrestres y acuáticos particulares en el área. Por ejemplo, siete lagartijas de hojarasca de la familia Gymnophthalmidae (*Alopoglossus angulatus*, *A. atriventris*, *Bachia trisanale*, *Cercosaura argulus* [Fig. 8 O], *Iphisa elegans*, *Leposoma parietale* y *Ptychoglossus brevifrontalis*) y la iguana *Tupinambis teguixin* fueron únicamente registradas en tierra firme, tanto en bosques de terraza alta como los de terraza baja. También encontramos cuatro especies de lagartijas arborícolas del género *Anolis* (*A. fuscoauratus*,

A. scypheus, *A. trachyderma* y *A. transversalis*) con una mayor abundancia en los bosques de tierra firme que en aguajales o bosques ribereños, en donde, la lagartija de árbol *Plica umbra* fue la especie más común. Asimismo, encontramos la mayoría de serpientes en bosques de terraza alta, a excepción de *Drepanoides anomalus* y *Pseudoboa coronata*, que solo fueron encontradas en los bosques de terraza inundable, y las serpientes de agua *Helicops angulatus* relacionadas a las pozas temporales de los bosques de terraza alta. Sin embargo, no pudimos notar preferencias de hábitat entre los bosques de terraza alta y terraza inundable, ya que se necesita mucho más esfuerzo de muestreo para detectar patrones de uso de hábitat en serpientes. En la vegetación ribereña y de quebradas, encontramos especies de reptiles con hábitos acuáticos y riparios como el caimán de frente lisa (*Paleosuchus trigonatus*), abundante en la zona, y la lagartija *Potamites ecpleopus*. A pesar del caudal de los ríos Ere y Campuya, no registramos al caimán negro (*Melanosuchus niger*) y únicamente registramos dos individuos juveniles de caimán blanco (*Caiman cocodrylus*) en una cocha del campamento Medio Campuya.

Riqueza y comparación entre sitios de muestreo

El promedio de especies registradas por sitio fue de 65, alcanzando un valor mínimo de 54 especies en el campamento Bajo Ere y un máximo de 80 especies en el campamento Cabeceras Ere-Algodón. Las cinco especies más abundantes del inventario fueron *Osteocephalus deridens*, *Rhinella margaritifera*, *Amazophrynella minuta*, *O. planiceps* y *Allobates insperatus* (Fig. 8A). La abundancia de estas especies varió notablemente entre los campamentos conformados por bosques de terraza alta en Bajo Ere y Medio Campuya, versus los bosques de terrazas inundables y aguajes de Cabeceras Ere-Algodón (Fig. 19).

Bajo Ere
En este campamento registramos 55 especies (37 anfibios y 18 reptiles), de las cuales 11 fueron exclusivas del campamento. Destacamos el registro de especies fosoriales como *Synapturanus rabus*, una especie de rana diminuta poco conocida y restringida a la porción noroccidental de la Amazonía (Ecuador, Perú

y Colombia; López-Rojas y Cisneros-Heredia 2012) y la lagartija *Bachia trisanale* que aunque se encuentra ampliamente distribuida en la cuenca amazónica, posee escasos registros.

La diversidad de especies en este campamento fue relativamente baja en relación a otros puntos estudiados, ya que los bosques de terraza inundable y aguajales, ambos hábitats predominantes en este campamento, favorecen la dominancia de ciertas especies. Por lo general la herpetofauna de aguajales se compone por especies de anfibios con estrategias de reproducción en ecosistemas de aguas lenticas, destacando una abundancia de *Leptodactylus discodactylus*, *L. petersii* e *Hypsiboas cinerascens*. Por otro lado, los bosques de terraza inundable cercanos a los ríos se caracterizaron por la predominancia de ranas arborícolas de la familia Hylidae, como *Dendropsophus brevifrons*, *D. marmoratus*, *D. sarayacuensis*, *D. rhodopeplus* y *Phyllomedusa tomopterna*, ubicadas siempre cerca a pozas temporales. En estos hábitats también fue notoria la abundancia de la rana arborícola *Osteocephalus*

Figura 19. Variación en la abundancia de las cinco especies más abundantes de anfibios del inventario rápido de tres sitios en la región Ere-Campuya-Algodón, Loreto, Perú.

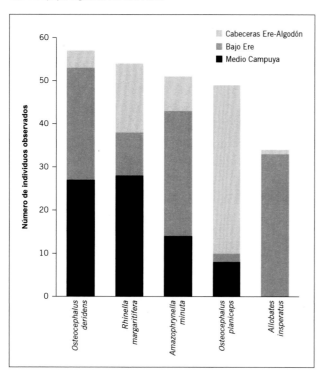

planiceps y *O. yasuni*, esta última encontrada siempre cerca a riachuelos y en la vegetación ribereña del río Ere. Durante los muestreos fluviales los caimanes de frente lisa y las ranas *Leptodactylus wagneri* e *Hypsiboas boans* fueron las especies más conspicuas.

Cabeceras Ere-Algodón

En este campamento registramos la más alta riqueza de especies: 80 especies (45 anfibios y 35 reptiles), de las cuales 34 fueron exclusivas del campamento. Destacan los registros de la rana arborícola *Ecnomiohyla tuberculosa* (Figs. 8B, 8G), una especie de distribución restringida a la porción norte de la Amazonía, de la cual existen muy pocos registros y sobre cuya historia natural se sabe muy poco. Otro registro importante fue el microhílido *Chiasmocleis magnova* (Fig. 8E), previamente conocido para los bosques de arena blanca en los alrededores de Iquitos. Este campamento también destaca por poseer la mayor diversidad de reptiles del inventario, incluyendo 20 especies que no fueron registradas en los otros campamentos. En los bosques de terraza alta se registró la más alta riqueza de ranas de desarrollo directo (Craugastoridae) con 11 especies agrupadas en 4 géneros (*Hypodactylus*, *Oreobates*, *Pristimantis* y *Strabomantis*). En los bosques de terraza alta también se encontraban muchas pozas temporales con gran abundancia de ranas arborícolas en actividad reproductiva, aparentemente al final de la época reproductiva. Entre estas destacaron *Dendropsophus bokermanni*, *Phyllomedusa tarsius* y *P. palliata*, todas registradas únicamente en este campamento. Durante el día las lagartijas de hojarasca de la familia Gymnophthalmidae fueron muy abundantes en el suelo de los bosques de terraza alta y baja, destacando las especies *Alopoglossus atriventris* y *Leposoma parietale* como las más abundantes. En este campamento también documentamos el único registro para el inventario de la lagartija de hojarasca *Ptychoglossus brevifrontalis*, así como cuatro de las seis especies de vipéridos conocidos para Loreto (*Bothrocophias hyoprora*, *Bothriopsis taeniata*, *Bothrops atrox* y *B. brazili*; Figs. 8K–N).

Medio Campuya

En este campamento registramos 63 especies (35 anfibios y 28 reptiles), de las cuales 18 fueron exclusivas del campamento. Aunque muestreamos la mayor cantidad de hábitats (p. ej., bosques de terraza alta, bosques de terraza baja, aguajales, varillales, quebradas y vegetación ribereña), las condiciones climáticas, como la escasez de lluvia y noches con luna llena, afectaron negativamente el muestreo de anfibios. Entre las especies registradas destaca el primer registro para el Perú de la rana *Ameerega bilinguis* (Fig. 8D), registrada anteriormente en el lado ecuatoriano de la frontera Perú-Ecuador en el inventario rápido Cuyabeno-Güeppí (Yánez-Muñoz y Venegas 2008). Aunque los bosques de terraza alta en este campamento eran similares a los de Cabeceras Ere-Algodón, encontramos menos especies en ellos, probablemente debido a la falta de pozas estacionales y a las condiciones meteorológicas. No obstante, en estos bosques de terraza alta registramos diez especies nuevas para el inventario (*Ameerega bilinguis, Leptodactylus andreae, Rhinella dapsilis, Osteocephalus mutabor* [Fig. 8F], *Pristimantis lanthanites, Amphisbaena fulginosa, Varzea altamazonica, Boa constrictor, Dipsas catesbyi* y *Siphlophis compressus*). En los bosques de terraza inundable de este campamento registramos serpientes no registradas en los campamentos anteriores, tales como *Drepanoides anomalus* y *Pseudoboa coronata*, ambas especies terrestres que viven en la hojarasca. Las especies más abundantes de la hojarasca en los bosques de terraza inundable fueron los sapos *Rhinella margaritifera* y *R. proboscidea*. En este campamento registramos dos individuos juveniles de caimán blanco (*Caiman cocodrylus*), especie no registrada en los muestreos fluviales del río Ere. En los aguajales y varillales de este campamento observamos poca abundancia de anfibios y reptiles, sin notar la dominancia de ninguna especie en particular que nos sugiera algún tipo de preferencia. No obstante, logramos incrementar la lista de especies con nuevos registros como *Allobates* sp., *Alopoglossus angulatus, Corallus hortulanus* y *Dipsas indica*.

DISCUSIÓN

Usando como referencia inventarios rápidos y algunos inventarios a largo plazo realizados en tierras bajas de la Amazonía de Ecuador y Loreto, se han registrado para la región hasta 319 especies de anfibios y reptiles (Yánez-Muñoz y Venegas 2008). La diversidad alfa en la región oscila entre 84 y 263 especies, variándose con el tiempo de duración de cada inventario y el tamaño del área muestreada (Yánez-Muñoz y Venegas 2008). Sumando las especies que registramos en Ere-Campuya-Algodón, las especies registradas en la cuenca del Putumayo en ocho campamentos de muestreo de inventarios anteriores —siete en el lado peruano y uno en Ecuador (Rodríguez y Knell 2004, Yánez-Muñoz y Venegas 2008, von May y Mueses-Cisneros 2011)— la riqueza de la región alcanza las 102 especies de anfibios y 82 especies de reptiles (Apéndice 6). Este número representa el 65% de los anfibios y el 50% de los reptiles estimados para la Amazonía de Ecuador y Loreto, de acuerdo con Yánez-Muñoz y Venegas (2008).

Lynch (2007) estima que la porción sur de la Amazonía colombiana posee una fauna anfibia no menor a 140 especies. Es importante resaltar que gran parte de la información de los anfibios de esta región en Colombia proviene de Leticia, donde se realizaron inventarios a largo plazo y se lograron registrar hasta 102 especies de anfibios en los bosques ubicados entre los km 7 y 19 de la carretera Leticia-Tarapacá (Lynch 2007). Esto es el mismo número de anfibios registrados en el lado peruano y ecuatoriano de la cuenca del Putumayo. A pesar de todas las especies que tenemos registradas en Ere-Campuya-Algodón y los registros de otros inventarios de la cuenca del Putumayo, estamos convencidos que la herpetofauna de esta región se encuentra subestimada. Es necesario un esfuerzo de muestreo aun mayor para obtener una idea más clara sobre la diversidad de la herpetofauna, la cual debería alcanzar un número de especies igual o mayor al de la Amazonía sur de Colombia registrada por Castro (2007) y Lynch (2007).

La herpetofauna de la región Ere-Campuya-Algodón se encuentra compuesta por especies típicas de las tierras bajas de la Amazonía noroccidental y se encuentra asociada a la heterogeneidad del terreno y tipos de vegetación, tal como se ha podido observar en otras zonas de la cuenca del Putumayo (von May y Venegas 2010, von May y Mueses-Cisneros 2011). Las áreas muestreadas en los tres campamentos evaluados concentran una gran variedad de hábitats y microhábitats que sumadas a la topografía permiten la coexistencia de muchas especies. Esta heterogeneidad en cuanto a los hábitats no solo se manifiesta en la riqueza y composición de la herpetofauna sino también en la estructura de ésta. Si bien el ensamblaje de los anfibios entre bosques de terraza alta y terrazas inundables varía, la abundancia de las especies que se comparten entre estos cambia notoriamente (Fig. 19). Es el caso de la rana arborícola *Osteocephalus planiceps*, una especie predominante en terrenos inundables, como las terrazas aluviales y aguajales de Bajo Ere, pero muy escasa en bosques de terraza alta donde es remplazado por *Osteocephalus deridens*, que viene a ser la especie predominante de Cabeceras Ere-Algodón y Medio Campuya. Un patrón similar fue observado en especies terrestres como la rana nodriza *Allobates insperatus* (Fig. 8A), que al contrario de *O. planiceps*, es muy escasa en bosques de terraza baja pero predominante en bosques de terraza alta, y a la vez se encuentra ausente en otros bosques de terraza alta, como los de Medio Campuya, donde es reemplazada por otra rana nodriza, *Ameerega bilinguis* (Fig. 8D).

Registros notables

Ameerega bilinguis (Fig. 8D). Esta especie de rana venenosa era previamente conocida en la cuenca de los Ríos Napo y Aguarico, en la porción noroeste de la Amazonía de Ecuador (Provincias de Napo, Orellana y Sucumbíos) y en zonas adyacentes de Colombia, en los Departamentos de Putumayo y Caquetá (Lötters et al. 2007). También fue registrada en la Reserva de Producción Faunística Cuyabeno, ubicada en el lado ecuatoriano de la frontera Perú-Ecuador, en el inventario rápido Cuyabeno-Güeppí (Yánez-Muñoz y Venegas 2008). La población que descubrimos durante el inventario en la cuenca de Campuya viene a ser su primer registro en el Perú y extiende su rango de distribución en aproximadamente 220 km hacia el sureste.

Allobates insperatus (Fig. 8A). Previamente conocida para las zonas bajas de la Amazonía de Ecuador, entre los ríos Napo, Aguarico y Coca, de acuerdo con su descripción original (Morales 2000), esta rana fue registrada en el extremo norte de Loreto (Parque Nacional Güeppí-Sekime) por Yánez-Muñoz y Venegas (2008). Los registros de esta especie en los campamentos Bajo Ere y Cabeceras Ere-Algodón vienen a ser el segundo y tercero en el Perú y extienden su rango de distribución en aproximadamente 215 km al sureste.

Chiasmocleis magnova (Fig. 8E). Este microhílido es hasta el momento conocido solo para dos localidades en los alrededores de Iquitos: en la carretera Iquitos-Nauta y en los alrededores de Puerto Almendras (Moravec y Köhler 2007). Nuestro registro en la cuenca del río Ere viene a ser la tercera localidad conocida hasta el momento para la especie y extiende su distribución previamente conocida en aproximadamente 190 km al noroeste.

Osteocephalus mutabor (Fig. 8F). Esta rana era previamente conocida a través de la Amazonía de Ecuador y conocida en el Perú tan solo en tres localidades de Loreto: los Cerros de Kampankis, Andoas y Teniente López (Ron et al. 2012). Nuestro registro en el campamento Medio Campuya es la localidad más hacia el este para esta especie y extiende su distribución previamente conocida en aproximadamente 300 km hacia el este.

Ecnomiohyla tuberculosa (Figs. 8B, 8G). Esta rana arborícola se encuentra distribuida en la porción norte de la Amazonía, comprendida en el occidente de Brasil, Colombia, Perú y Ecuador (Ron y Read 2012, Frost 2013). A pesar de esto, los registros de esta especie son muy escasos ya que, previamente, se sabía muy poco sobre su canto e historia natural. Las observaciones de campo sobre esta especie son bastante limitadas. Mencionan apenas que se han observado individuos solitarios en árboles en bosque primario (Rodríguez y Duellman 1994): un individuo posado en una rama sobre un riachuelo (Duellman 1974) y otro en el sotobosque sobre una hoja de palmera a 2 m de altura (Ron y Read 2012). En el campamento Alto Campuya logramos capturar y grabar un individuo macho de *E. tuberculosa*, logrando registrar por medio de su canto hasta tres individuos en este campamento, y uno más en el campamento Medio Campuya, todos cantando desde huecos en arboles (debido a la resonancia de su canto por ser emitido desde una cavidad). El individuo que logramos colectar lo encontramos cantando desde el hueco de un árbol a 150 cm de altura desde donde vocalizaba, con la mayor parte de cuerpo sumergida en el agua del hueco, cada 210 segundos.

Ron y Read (2012) sugieren que la escasez de registros ecuatorianos de esta especie pudiera deberse a que sus poblaciones sean muy pequeñas o sus preferencias de hábitat dificulten su registro. De acuerdo a las observaciones durante el inventario, nosotros creemos que ambas causas son las responsables de la rareza de esta especie, ya que la preferencia por los huecos de árboles como escondite disminuye la observación de la especie mediante las técnicas de muestreo comúnmente usadas en inventarios, además del desconocimiento previo del canto de esta especie. Consideramos posible que una vez que el canto de esta especie sea descrito y puesto a disposición de la comunidad herpetológica en colecciones de cantos de libre acceso (p.ej., Amphibiaweb o Amphibiaweb Ecuador), se incrementen los registros y conocimiento sobre esta especie.

Otro aspecto importante de esta especie fue que los pobladores locales que conformaban el equipo de apoyo local y nuestro cocinero, que pertenecía a la comunidad nativa Cofan del Ecuador, asignaban el canto de *Ecnomiohyla tuberculosa* a la serpiente venenosa shushupe (*Lachesis muta*) y no pararon de buscar el origen del canto, para demostrar que tenían la razón. Se quedaron sorprendidos al encontrar que el canto era emitido por una rana desde el hueco de un árbol y no por la temida shushupe, la serpiente venenosa más grande de América.

AMENAZAS

El buen estado de conservación y la elevada diversidad de la herpetofauna presente en las cuencas Ere-Campuya-Algodón pueden ser afectadas negativamente por la perturbación y fragmentación de los bosques que la alberga, los cuales tienen suelos pobres y frágiles.

Dadas estas condiciones, las actividades extractivas como la minería artesanal y extracción maderera son las principales amenazas al ecosistema que soporta la diversidad herpetofaunística. La minería artesanal causa remoción de tierra y contaminación de fuentes de agua, alterando la pureza del agua de quebradas y riachuelos, considerados de los más puros en Sudamérica y pudiendo afectar a los renacuajos de vida libre; mientras que la actividad de extracción forestal puede causar erosión y fragmentación de los bosques, causando cambios en la estructura de la comunidad de anfibios y reptiles por cambios en las condiciones ambientales de los parches de bosque afectados.

Asimismo, el consumo por parte de las comunidades locales de tortugas acuáticas amazónicas sin mecanismos de manejo comunal, podría agravar la situación de peligro en la que se encuentran esas especies.

RECOMENDACIONES PARA LA CONSERVACIÓN

- Considerando que el área de estudio representa un gran bloque de bosques establecidos sobre suelos pobres y agua pura, con una herpetofauna diversa y en buen estado de conservación, es ideal para estudios de la estructura de la comunidad de bosques de suelos pobres

- El hallazgo de un bosque de varillal de arcilla blanca es una oportunidad muy interesante para estudiar la comunidad de herpetofauna presente en este nuevo tipo de vegetación y para compararla con los bosques de varillal de arena blanca. Tales estudios podrían contribuir con la comprensión de los procesos de diversificación y biogeografía de las especies amazónicas

- Promover estudios más profundos sobre la historia natural y consumo de las tortugas acuáticas amazónicas (*Podocnemis expansa, P. unifilis* y *P. sextuberculata*) y la tortuga terrestre *Chelonoidis denticulata* en la zona de Ere-Campuya-Algodón para establecer mecanismos de manejo y monitoreo comunal de estos recursos para un aprovechamiento con fines de subsistencia

AVES

Autores: Douglas F. Stotz y Ernesto Ruelas Inzunza

Objetos de conservación: Aves de terrazas altas de suelos pobres (cuatro especies, incluido un hormiguero no descrito del género *Herpsilochmus*); poblaciones saludables de especies de caza, especialmente Paujil de Salvin (*Mitu salvini*) y Trompetero de Ala Gris (*Psophia crepitans*); *collpas* que atraen grandes cantidades de loros, aves de caza y otras especies; ocho especies endémicas a la Amazonía noroccidental así como 17 especies restringidas, en el Perú, a áreas al norte del río Amazonas; comunidades diversas de aves de bosques

INTRODUCCIÓN

Las aves de los paisajes boscosos en la cuenca del Putumayo en Perú no han sido bien estudiadas. La mayoría de los estudios llevados a cabo hasta la fecha han sido llevados a cabo durante cuatro inventarios rápidos en sitios que se extienden desde la cuenca del Yaguas, en el extremo oriental, hasta el Parque Nacional Güeppí-Sekime en el margen occidental (p. ej., Stotz y Pequeño 2004, Stotz y Mena Valenzuela 2008, Stotz y Díaz Alván 2010, Stotz y Díaz Alván 2011). José Álvarez estudió el área cerca de la frontera con Ecuador en 2002, pero ese trabajo permanece sin publicar. De igual manera, el lado colombiano de la cuenca del río Putumayo permanece completamente sin estudiar.

En el Perú, la porción menos conocida es la franja inmediatamente adyacente al mismo río Putumayo. Las breves observaciones de Stotz y Mena Valenzuela (2008) en Tres Fronteras, un poblado en el río justo al este de la frontera con Ecuador, son la única información propiamente del Perú fuera de las observaciones limitadas hechas durante este inventario en Santa Mercedes (ver abajo).

MÉTODOS

Estudiamos las aves de las cuencas de los ríos Ere-Campuya y Algodón durante el inventario rápido de 2012. Estudiamos las aves en tres campamentos, pasando cinco días en Cabeceras Ere-Algodón (16–20 de octubre de 2012), cuatro días completos en Bajo Ere (22–25 de octubre) y cuatro días en Medio Campuya (27–30 de octubre, ver descripción de sitios en la sección Panorama regional y sitios visitados). Stotz y Ruelas pasaron 85.5 horas observando aves en las Cabeceras Ere-Algodón,

76.5 horas en Bajo Ere y 79 horas en Medio Campuya. Adicionalmente, en el Apéndice 7 y la discusión incluimos especies observadas en el poblado de Santa Mercedes en el río Putumayo. Ruelas hizo observaciones ahí durante los días 15–19 de julio, mientras que Stotz y Ruelas hicieron observaciones adicionales el 31 de octubre y 1 de noviembre de 2012.

Nuestro protocolo consiste en recorrer las trochas, registrando observaciones y vocalizaciones. Llevamos a cabo nuestro trabajo por separado para incrementar el esfuerzo independiente de los observadores. Típicamente, partimos del campamento antes del amanecer y permanecemos en el campo hasta media tarde. Algunos días regresamos del campo una o dos horas antes del atardecer. Tratamos de cubrir todos los hábitats cerca del campamento y en cada uno de éstos recorrimos por completo el sistema de trochas al menos una vez. Las distancias totales recorridas por cada observador variaron de 6 a 14 km dependiendo de la longitud de las trochas, hábitat y la densidad de las aves encontradas.

Cuando el tiempo lo permitió (p. ej., en los días sin lluvia), hicimos grabaciones del coro amanecer usando una grabadora digital Marantz PMD661 y un micrófono Sennheiser omnidireccional ME62. Ruelas llevaba la misma grabadora digital al campo con un micrófono ‹escopeta› ME66 para documentar especies y confirmar identificaciones con *playbacks*. Mantuvimos registros diarios del número de especies observadas y recopilamos estos registros durante una reunión de vuelta en el campamento cada noche. Las observaciones de otros miembros del equipo suplementaron nuestros registros.

La lista completa de las especies en el Apéndice 7 sigue la taxonomía, secuencia y nomenclatura (para nombres científicos y en inglés) del South American Checklist Committee de la American Ornithologists' Union, versión 30 de agosto de 2013 (disponible en internet en *http://www.museum.lsu.edu/~Remsen/SACCBaseline.html*).

En el Apéndice 7 estimamos las abundancias relativas usando nuestros registros diarios. Debido a que nuestras visitas fueron cortas, nuestras estimaciones son consecuentemente imprecisas y pueden no reflejar la abundancia de las especies o su presencia durante otras temporadas del año. Para los tres sitios del inventario, utilizamos cuatro categorías de abundancia. 'Común' indica aves registradas (vistas o escuchadas) diariamente en cantidades sustanciales (en promedio 10 o más registradas por día), 'Poco común' indica una especie registrada diariamente, pero representada por menos de 10 individuos en un día, 'No común' para las aves encontradas más de dos veces en cada campamento, pero no vistas diariamente y 'Raro' para las observadas sólo una o dos veces en un campamento como individuos solitarios o parejas.

RESULTADOS

Riqueza de especies

Registramos 320 especies en los tres campamentos del inventario situados en las cuencas de los ríos Ere, Campuya y Algodón (Apéndice 7). También registramos 108 especies en los alrededores de Santa Mercedes en el alto río Putumayo, de las cuales 42 no fueron encontradas en los tres campamentos, para un gran total de 362 especies durante el inventario completo. El campamento Cabeceras Ere-Algodón produjo 219 especies, Bajo Ere 227 especies y Medio Campuya 263 especies. El elevado total encontrado en Medio Campuya refleja principalmente los ricos hábitats ribereños.

No es de sorprender que dada su mayor riqueza de especies, Medio Campuya tuviera también el mayor número de especies encontradas exclusivamente en un solo campamento (44). Cabeceras Ere-Algodón tenía 20 especies únicas mientras Bajo Ere tenía 23. Según nuestros datos, los dos campamentos a lo largo del río Ere compartían 169 especies entre sí, mientras que el campamento Medio Campuya compartía 184 especies con Cabeceras Ere-Algodón y 189 con Bajo Ere. La mayor similaridad entre Medio Campuya y los dos campamentos en el río Ere, en vez de entre dos campamentos en el Ere, refleja principalmente la mayor riqueza de especies de Medio Campuya. Sin embargo esto también refleja que las dos cuencas comparten la misma avifauna y que el Ere no esta diferenciado notablemente del Campuya.

Aún con la brevedad de nuestras observaciones en Santa Mercedes en el río Putumayo, encontramos 42 especies que no fueron observadas en ninguno de los demás campamentos. Nuestra lista de Santa Mercedes en el río Putumayo incluyó sólo 35 especies encontradas en las Cabeceras Ere-Algodón. Números comparables para Bajo Ere y Medio Campuya fueron 50 y 56 respectivamente.

Registros notables

Uno de los hallazgos más significativos de este inventario fue un pequeño grupo de especies especialistas en suelos pobres encontrados en los bosques de tierra firme. Dos de estas especies —Hormiguero de Cabeza Negra (*Percnostola rufifrons*) y Tirano-pigmeo de Casquete (*Lophotriccus galeatus*)— se encontraron en los tres campamentos. También encontramos una especie no descrita, un hormiguero del género *Herpsilochmus* observado sólo en Medio Campuya en el varillal de arcilla blanca (ver el capítulo 'Vegetación y flora' para una descripción de este nuevo tipo de vegetación). Todas estas especies fueron encontradas en terrazas altas durante los inventarios de Maijuna y Yaguas (Stotz y Díaz Alván 2010, Stotz y Díaz Alván 2012). De esos inventarios, las áreas de suelos pobres estaban restringidas a las cimas de los cerros más altos y esas especies estaban menos distribuidas en los campamentos donde los encontramos. Otro especialista de suelos pobres, Saltarín de Corona Naranja (*Heterocercus aurantiivertex*), fue registrado en Medio Campuya en el varillal de arcilla blanca junto con el *Herpsilochmus*. Este píprido fue encontrado en el inventario de Yaguas-Cotuhé en los pantanos de turberas pobres en nutrientes (Stotz y Díaz Alván 2011), pero no había sido registrado en nuestros inventarios en el interfluvio Napo-Putumayo. Encontramos un grupo de especies menos especializadas que están generalmente asociadas con suelos pobres, pero no están restringidas como las especies mencionadas anteriormente. Incluidas entre estas están Batará Perlado (*Megastictus margaritatus*), Schiffornis Pardo (*Schiffornis turdina*) y Mosquero Garganta Amarilla (*Conopias parva*).

Las especies de aves con rangos de distribución relativamente restringidos en el Perú encontradas en este inventario son aquellas asociadas a los bosques al norte del Amazonas y el Marañón o un grupo de especies de distribución geográfica aún más restringida, encontradas únicamente al este del Napo. Encontramos 11 especies restringidas a los bosques al norte del Amazonas y el Marañón; cinco de las cuales están presentes solamente al este del Napo en el Perú. Dos de las especies al este del Napo fueron mencionadas previamente como especialistas en suelos pobres (*Percnostola rufifrons* y *Herpsilochmus* sp. nov.). Pico-guadaña de Pico Curvo (*Campylorhamphus procurvoides*), Hormiguerito de Ala Ceniza (*Terenura spodioptila*) y Soterillo Acollarado (*Microbates collaris*) son las tres especies restantes. Otras 12 especies encontradas durante el inventario se encuentran principalmente al norte del Amazonas y el Marañón, pero tienen rangos de distribución al sur de esos ríos en el Perú.

Aves de caza

La riqueza de aves de caza en la región Ere-Campuya-Algodón fue generalmente buena. Las Cabeceras Ere-Algodón tenían la mayor abundancia de pavas y paujiles mientras que Medio Campuya tenía el número más bajo. Esto refleja la intensidad de la perturbación humana en los campamentos. Aunque Bajo Ere tenía un pequeño campamento de madereros abandonado, registramos números razonables de aves de caza. No encontramos evidencia de actividad humana en Cabeceras Ere-Algodón, mientras que las *collpas* de Medio Campuya conocidas para la gente local (Fig. 4A) han atraído cazadores en el pasado. En los campamentos del río Ere tuvimos múltiples avistamientos de *Mitu salvini* pero ninguno en Medio Campuya. La Pava de Spix (*Penelope jacquacu*) fue poco común en todos los campamentos, la Pava de Garganta Azul (*Pipile cumanensis*) fue poco común cerca del río en Medio Campuya y los números de tinamúes parecían generalmente buenos. Escuchamos Paují Nocturno (*Nothocrax urumutum*) en todos los campamentos y Stotz observó un grupo de tres individuos durante el día en Bajo Ere. Esta especie tiende a tolerar bien la perturbación humana, aún con cierta presión de caza, siempre y cuando exista un bosque extensivo de tierra firme. Encontramos también Chachalaca Jaspeada (*Ortalis guttata*) solo en Santa Mercedes, a lo largo del río Putumayo, una indicación de la carencia de áreas significativas con vegetación ribereña en los sitios visitados a lo largo de los ríos Ere y el Campuya. Encontramos que *Psophia crepitans* estaba presente en números razonables en todos los campamentos.

Bandadas mixtas

En la mayor parte de la Amazonía las bandadas mixtas son uno de los elementos dominantes de la avifauna en el dosel y en el sotobosque. Un buen número de especies de paserinas están mayoritaria o completamente restringidas a estas bandadas.

Las bandadas estuvieron pobremente representadas durante el inventario. En las Cabeceras Ere-Algodón y Bajo Ere, las bandadas del sotobosque estaban ampliamente distribuidas y fueron encontradas en cantidades razonables, aunque las bandadas eran generalmente pequeñas. La mayoría de las bandadas contenía dos especies de *Thamnomanes* como especies nucleares aunque los restantes miembros de las bandadas estaban subrepresentados. Una bandada mixta completa debe contener cuatro o cinco especies de hormigueros *Myrmotherula* y *Epinecrophylla*. Aunque encontramos todos los hormigueros esperados durante nuestra estadía en estos dos campamentos, ninguna de las bandadas registradas por Stotz tenía más de tres especies de hormiguero.

Los bosques amazónicos típicamente tienen bandadas de sotobosque y de dosel. En los dos campamentos en el río Ere, no encontramos ninguna bandada independiente en el dosel. Las especies típicamente asociadas con las bandadas del dosel se unieron a las bandadas del sotobosque en pequeñas cantidades o permanecieron en el dosel independientes de sus bandadas. Muchas de las especies de bandadas del dosel fueron menos comunes que lo normal o estuvieron ausentes de esos sitios, especialmente en las Cabeceras Ere-Algodón.

Medio Campuya tenía bandadas mucho más típicas. Las bandadas del sotobosque tenían un tamaño un 20% más grandes que aquellas de los campamentos en el Ere, y aunque no eran comunes o grandes, había también bandadas de dosel. Las tangaras de bosque, que fueron notablemente bajas en los campamentos del río Ere, fueron sustancialmente más diversas en Medio Campuya. Dado que estas especies son elementos característicos y diversos de las bandadas de dosel, su mayor diversidad en Medio Campuya hizo a estas bandadas ser un elemento más sustancial de la avifauna en esta localidad.

Migrantes

Aunque este inventario se llevó a cabo durante el mes de octubre, cuando los migrantes de Norteamérica debieran estar arribando a la región, encontramos sólo unas pocas especies de migrantes con un total de ocho especies registradas, un gavilán (*Buteo platypterus*) y siete paserinos. No encontramos playeros migratorios de ningún tipo, pese al menos una docena de especies habita regularmente la región en esta época.

DISCUSIÓN

Hábitats y avifauna de los sitios visitados

Cabeceras Ere-Algodón

Este sitio no mostró ninguna indicación de perturbación humana. Como resultado, las poblaciones de aves de caza están en buena condición así como las especies de bosques de tierra firme. *Mitu salvini* y *Nothocrax urumutum* tenían buenas poblaciones así como *Psophia crepitans*. El sitio tenía principalmente especies de bosque de tierra firme con tierras bajas y pocos hábitats influenciados por el río. Aunque el sitio tenía un bosque intacto, desde la perspectiva aviar éste era un sitio depauperado. De entre los numerosos sitios estudiados en Loreto durante los inventarios rápidos, las 219 especies registradas aquí sólo son superadas por un sitio de arenas blancas en el inventario de Matsés (Itia Tëbu, 187 especies; Stotz y Pequeño 2006) y es comparable con otro sitio de arenas blancas en el Alto Nanay, donde registramos 223 especies (Stotz y Díaz Alván 2007). Todos estos sitios con baja diversidad de especies comparten la característica de tener suelos muy pobres en nutrientes. Aunque los suelos pobres en nutrientes tienen un grupo de especies asociadas a ellos, las especies de distribuciones amplias que se encuentran en tierra firme son raras en áreas de suelos pobres.

La baja riqueza de especies en este sitio también refleja una diversidad de hábitats relativamente baja, una carencia de especies asociadas con hábitats ribereños, la ausencia de aves asociados a hábitats secundarios, baja riqueza de frugívoros de dosel, especialmente tucanes, tangaras y oropéndolas, así como algunas especies ausentes en virtualmente todos los gremios ecológicos del bosque.

Debido a que el periodo del inventario fue corto, está claro que muchas de las especies que no fueron registradas están posiblemente presentes en cantidades pequeñas, de manera que la baja riqueza de especies registrada en el campamento refleja no solamente baja diversidad, sino una abundancia baja en muchas de las aves, presumiblemente ocasionado por la carencia de nutrientes en el paisaje. La fecha del año pudiera haber contribuido a la impresión de bajas abundancias para muchas especies, dado que había pocos cantos en el sotobosque. Muchos de los hormigueros cuyos cantos son comúnmente escuchados en las tierras bajas de la Amazonía estuvieron presentes en números razonables, aunque cantaban sólo esporádicamente.

Bajo Ere

La avifauna de campamento Bajo Ere es similar a la de Cabeceras Ere-Algodón, pero algo más rica en especies. Este campamento tenía más hábitats influenciados por los ríos y más hábitats secundarios como consecuencia de la actividad humana y por tanto un número mayor de especies asociadas con esos hábitats. El número de especies registradas (227 comparado con 219 de las Cabeceras Ere-Algodón) es una pobre muestra de qué tan rico es este lugar comparado con Cabeceras Ere-Algodón en el que empleamos cinco días y en Bajo Ere solamente cuatro.

Aún así Bajo Ere es un sitio depauperado según los estándares de los inventarios rápidos de Loreto. Su riqueza de especies se asemeja a la de sitios de arenas blancas como Alto Nanay e Itia Tëbu, más que los sitios de tierra firme como Choncó en el inventario de Matsés (260 especies, Stotz y Pequeño 2006) y Maronal en el inventario Ampiyacu-Apayacu-Yaguas-Medio Putumayo (241 especies, Stotz y Pequeño 2004).

Medio Campuya

Este campamento era mucho más rico en especies que los dos campamentos en la cuenca del Ere. Aquí encontramos 263 especies, cerca de 40 más que en los otros dos sitios. Había una diversidad de hábitats sustancialmente mayor, con áreas extensivas de bosques influenciados por los ríos y cochas. Sin embargo, el bosque tierra firme de aquí era también claramente más rico en aves que los dos campamentos en la cuenca del

Ere. *Collpas* ricas en minerales cerca del campamento proporcionan recursos usados por aves de caza y especialmente loros y guacamayos. En general, este campamento era mucho más similar en riqueza de especies de aves a otros campamentos en otros inventarios que se ubicaban cerca de ríos de tamaño moderado.

Esta similaridad en riqueza de especies a otros sitios de tierra firme se manifiesta en varias formas. Grupos como los tucanes pequeños, tangaras y paserinos que se alimentan en el suelo están bien representados como es típico. Las bandadas mixtas (ver la sección de abajo) fueron más grandes y normalmente conformadas que en los campamentos del Ere.

Al mismo tiempo, y aún con el hecho de tener una buena diversidad de especies típico de especies riparias, varias especies que son características de estos hábitats en un río del tamaño del Campuya no estaban presentes en este campamento. Estos incluyen *Ortalis guttata*, la mayoría de las garzas (sólo una especie observada), Paloma Colorada (*Patagioenas cayennensis*), Garrapatero de Pico Liso (*Crotophaga ani*), Carpintero Leonado (*Dryocopus lineatus*), Mosquero de Gorro Gris y Mosquero Social (*Myiozetetes granadensis* y *M. similis*), Tangara Carmesí Enmascarada (*Ramphocelus nigrogularis*) y Sabanero Cejiamarillo (*Ammodramus aurifrons*).

A ambos lados del campamento, había *collpas* que eran mucho más ricas en nutrientes que otras áreas de las cuencas del Ere y el Campuya. Estas atraen un número notable de loros pequeños y medianos. Entre estos están Periquito de Pecho Oscuro (*Forpus modestus*), Perico de Ala Cobalto (*Brotogeris cyanoptera*), Loro de Mejilla Naranja (*Pyrilia barrabandi*) y Loro de Cabeza Negra (*Pionites melanocephala*). Los habitantes locales reportan que los más grandes como los guacamayos y los loros Amazona también utilizan las *collpas*, aunque no vimos cantidades inusuales de éstos en este campamento.

Avifauna de suelos pobres de la cuenca del Putumayo

A la fecha hemos muestreado aves en 11 diferentes localidades en cinco inventarios rápidos en la cuenca del Putumayo: tres en el inventario en Cuyabeno-Güeppí (Güeppicillo, Güeppí y Aguas Negras; Alverson et al. 2008), una en Maijuna (Piedras; Gilmore et al. 2010), una en Ampiyacu-Apayacu-Yaguas-Medio Putumayo

(Yaguas; Pitman et al. 2004), tres en Yaguas-Cotuhé (Choro, Alto Cotuhé, Cachimbo; Pitman et al. 2011) y los tres campamentos de este inventario. De estas 11, las tres del inventario en Güeppí-Cuyabeno destacan por no tener ninguna de las especies características de suelos pobres que hemos encontrado en los demás inventarios. Las avifaunas de esos tres sitios (uno en Ecuador y dos en el Perú pero cercanos a la frontera ecuatoriana) son razonablemente distintos de las avifaunas que dominan estas otras áreas. Pese a ser geográficamente más cercanas a Ecuador que los otros sitios muestreados, las avifaunas de los tres sitios visitados en la región de Ere-Campuya-Algodón no se parecen a las registradas en el inventario de Güeppí, sino que son una especie de versión depauperada de las avifaunas encontradas en Maijuna, Ampiyacu y Yaguas-Cotuhé.

Como en los sitios muestreados anteriormente al este, la región de Ere-Campuya-Algodón tiene un pequeño grupo de especies asociados a suelos pobres. Hay cuatro especies —*Herpsilochmus* sp. nov., *Percnostola rufifrons*, *Lophotriccus galeatus* y *Heterocercus aurantiivertex*— que se encuentran exclusivamente en estos bosques de suelos pobres. Otras especies de suelos pobres de la región son discutidos en el informe de Yaguas-Cotuhé (Stotz y Díaz Alván 2011). Estas cuatro especies de especialistas fueron registradas en este inventario y en el de Yaguas-Cotuhé (Stotz y Díaz Alván 2011). El inventario de Maijuna carecía de *Heterocercus aurantiivertex* y el inventario de Ampiyacu carecía también de la especie anterior y de *Herpsilochmus*. Sin embargo, el *Herpsilochmus* fue encontrado por su descubridor en los cerros por encima del río Apayacu, uno de los sitios de nuestro inventario en Apayacu por que está claro que está presente en esta área. Mientras que en el inventario de Ampiyacu las especies de suelos pobres fueron encontradas en campamentos fuera de la cuenca del Putumayo, en áreas que drenan hacia el Amazonas, estos campamentos estaban todos en la divisoria (o cerca de ésta) entre el Amazonas y el Putumayo.

Estos especialistas de suelos pobres fueron más abundantes en el inventario de Maijuna donde *Herpsilochmus* y *Percnostola rufifrons* fueron encontrados al menos diariamente en las terrazas del campamento Piedras. En otros lugares están distribuidos en áreas de suelos pobres en una matriz de bosque típico de tierra firme. La situación en Ere-Campuya-Algodón es ligeramente diferente. Dado que la región entera es pobre en nutrientes (ver el capítulo 'Geología, hidrología y suelos'), uno esperaría que las especies de suelos pobres estuviesen ampliamente distribuidas y que fuesen comunes en esta área. Sin embargo no fue así. Encontramos al *Herpsilochmus* y *Heterocercus* solamente en el pequeño parche de varillal de arcilla blanca en el campamento en Medio Campuya. *Percnostola* y *Lophotriccus* estaban distribuidos más ampliamente en la región aunque en cantidades pequeñas. Fueron más comunes en las Cabeceras Ere-Algodón, el campamento con las extensiones más grandes de suelos pobres en nutrientes. La distribución de los especialistas en suelos pobres, especialmente *Herpsilochmus*, necesita de mayor investigación.

Es notable que las áreas de arenas blancas cerca de Iquitos en las cuencas del Nanay y el Tigre alberguen un grupo mucho más grande de aves endémicas y especializadas de lo que hacen las áreas pobres en nutrientes de la cuenca del Putumayo. Es concebible que otras especies aún por descubrir se encuentren en el Putumayo. Dentro de los especialistas cerca de Iquitos se encuentran varias especies que se distribuyen al este hasta la región guayanés. De esas especies, sólo *Lophotriccus* es conocida para la cuenca del Putumayo. Queda pendiente investigar por qué hay tal discontinuidad en su distribución.

Migración

La pobre diversidad y el número bajo de migrantes encontrados en este inventario reflejan principalmente la carencia de hábitats secundarios. No existe, en esencia, vegetación secundaria resultado de la actividad humana y muy poca a lo largo de cuerpos de agua donde la dinámica de ríos puede producir áreas extensivas de hábitats secundarios. El puñado de especies que registramos —Aguilucho de Ala Ancha (*Buteo platypterus*), Pibí Oriental (*Contopus virens*), Zorzal de Mejilla Gris (*Catharus minimus*), Zorzal de Swainson (*C. ustulatus*), Piranga Roja (*Piranga rubra*) y Piranga Olivácea (*P. olivacea*)— son todas especies que son tolerantes a bosques primarios. Las golondrinas

migratorias son frecuentemente comunes a lo largo del curso de los ríos en la Amazonía. Encontramos sólo una especie, Golondrina Tijereta (*Hirundo rustica*) en uno solo de los tres campamentos. Los playeros (Scolopacidae) y chorlos (Charadriidae), potencialmente el grupo más diverso de migrantes en la Amazonía occidental, estuvo completamente ausente de nuestros registros. Sin embargo, tampoco había muchos hábitats disponibles para estas especies, con las laderas inclinadas de los ríos y una ausencia completa de playas, barras de arena e islas en los ríos. Estos resultados para las especies migratorias reflejan los encontrados para la avifauna residente, donde las especies de hábitats secundarios muestran baja diversidad, y las aves acuáticas y las aves de hábitats riparios estaban pobremente representados.

Bandadas mixtas

En toda la Amazonía, la presencia de bandadas del dosel es una característica prominente de las comunidades de aves del bosque primario. La carencia completa de bandadas del dosel en los campamentos en el río Ere es inusual en nuestra experiencia en la Amazonía. La base de esta carencia parece ser la baja abundancia de especies insectívoras como mosqueros, trepatroncos, hormigueros del dosel y tangaras frugívoras. En el campamento Medio Campuya, ambos elementos fueron más abundantes, aunque aún menos que en la mayoría de los otros sitios (especialmente las tangaras). Esta mayor abundancia se traduce en un pequeño número de bandadas de dosel independientes así como un componente del dosel acompañando las bandadas del sotobosque. Pese a la gran abundancia de especies que forman bandadas y el tamaño mayor de las bandadas del sotobosque en Medio Campuya, la diversidad de especies en este campamento no fue mucho mayor que la de los campamentos del río Ere. Sólo dos especies de bandadas, Limpia Follaje de Cola Rufa (*Philydor ruficaudatum*) y Mosquerito de Lomo Azufrado (*Myiobius barbatus*; ambas encontradas solamente una vez), fueron encontradas en Medio Campuya pero en ningún otro de los campamentos del río Ere.

AMENAZAS

La principal amenaza a la avifauna de las cuencas de los ríos Ere, Campuya y Algodón es la pérdida de su extensa cobertura forestal. Siempre y cuando la región permanezca con cobertura forestal, la avifauna permanecerá en su mayoría intacta. La cacería es una amenaza secundaria, potencialmente afectando a un número menos de especies y en su mayoría un problema cerca de los centros poblados o cerca del río Putumayo.

RECOMENDACIONES PARA LA CONSERVACIÓN

Protección y manejo

En gran medida, asegurar la continuidad de la cobertura forestal sería una estrategia suficiente para preservar la avifauna de la región. Evitar el comercio o la tala ilegal es un elemento crítico para mantener la cobertura boscosa de la región. La protección formal de los bosques sin duda ayudará, pero empoderar a las comunidades a lo largo del Putumayo para limitar el acceso a estos recursos a lo largo de estos tributarios agregaría un componente de protección aún mayor.

La regulación de la presión de caza de algunas especies de aves requerirá también de comprometer a las comunidades locales. Ellos pueden limitar la caza por fuereños y necesitarán desarrollar estrategias de manejo para su propia cacería y mantener las poblaciones de aves de caza a largo plazo. Aunque las poblaciones de todas las especies de caza estaban en buena condición en el campamento remoto Cabeceras Ere-Algodón, los campamentos más accesibles en Bajo Ere y Medio Campuya muestran evidencia de alguna reducción en las poblaciones de especies de caza. Restringir la caza en las partes altas de estas cuencas podría permitir poblaciones fuente que permitan la cacería sustentable a lo largo de las mucho más accesibles porciones bajas de estos ríos. Se necesitarán planes más específicos para mantener las poblaciones de paujiles y para mantener las concentraciones de animales de caza en la vecindad de las *collpas* cerca de Medio Campuya. Para lograr esto, el monitoreo de las poblaciones y los niveles actuales de caza será muy útil.

Inventarios adicionales

El trabajo adicional de inventarios debe enfocarse en áreas de suelos pobres y ciertos hábitats a lo largo del río Putumayo. Los hábitats de suelos pobres están ampliamente distribuidos en la región y muy posiblemente tendrán comunidades de aves de baja diversidad. Sin embargo, podrían encontrarse especies adicionales de suelos pobres y será muy útil entender la distribución de la especie no descrita de *Herpsilochmus* que fue encontrada en el varillal de arcilla blanca en el campamento Medio Campuya. Más al este en la cuenca del Putumayo en Perú está ampliamente distribuida en otros suelos de arcilla intemperizados de tierra firme, así que su aparente restricción muy local al varillal de arcilla blanca es un enigma.

El río Putumayo tiene una avifauna distintiva comparada a la de las cuencas del Ere, Campuya y Algodón. Parte de la razón es que tiene un componente de vegetación secundaria mucho mayor, pero en parte es que pertenece a un grupo asociado con hábitats naturales a lo largo de grandes ríos. Observamos sólo una pequeña parte de esa avifauna durante nuestra breve estancia en Santa Mercedes. El trabajo más extenso de inventario en las áreas de la planicie aluvial del río Putumayo y en las partes bajas de la orilla derecha del río ayudarían a informar el manejo de las tierras comunales a lo largo del río. Para las aves, el área más significativa por muestrear son las islas del río Putumayo. Hay un grupo de unas 18 especies de aves restringidas, o fuertemente asociadas a, islas de ríos en las tierras bajas de la Amazonía de Perú y el occidente de Brasil (Rosenberg 1990, Armacost y Caparella 2012). Algunas de estas especies son conocidas de la ribera del Napo y su distribución se extiende al oeste hasta Ecuador (Ridgely y Greenfield 2001). El Putumayo tiene una serie de islas ribereñas de varios tamaños y hábitats en su parte media y baja, incluida una aguas debajo de Santa Mercedes. Las aves de estas islas nuca han sido estudiadas y estos estudios continúan siendo una alta prioridad para entender la avifauna de la región.

MAMÍFEROS

Autora: Cristina López Wong

Objetos de conservación: Poblaciones bien conservadas de mamíferos relacionados fuertemente con los bosques; especies amenazadas a nivel nacional e internacional y susceptibles a la sobrecaza, fragmentación de bosque y pérdida de hábitats en otras partes de la Amazonía, incluyendo mono choro (*Lagothrix lagotricha*), coto (*Alouatta seniculus*), sachavaca (*Tapirus terrestris*) y manatí (*Trichechus inunguis*), cuya baja tasa reproductiva la hace aún más susceptible frente a la caza; carnívoros grandes como otorongo (*Panthera onca*), perro de orejas cortas (*Atelocynus microtis*) y perro de monte (*Speothos venaticus*), de las cuales se desconoce el estado de sus poblaciones debido a las pocas observaciones existentes; lobo de río (*Pteronura brasiliensis*), carnívoro grande en peligro de extinción e indicador de hábitats acuáticos saludables; especies de gran importancia socioeconómica como huangana (*Tayassu pecari*), fuente importante de alimento e ingresos económicos para las poblaciones locales

INTRODUCCIÓN

La Región de Loreto, en el nororiente peruano, puede considerarse entre los sitios más diversos para mamíferos de toda la Amazonía (Pitman et al. 2013). Las 267 especies registradas hasta la fecha en Loreto representan aproximadamente el 40% de toda la diversidad de mamíferos de la cuenca amazónica entera (Bass et al. 2010). De estas 267 especies, aproximadamente 140 corresponden a mamíferos no voladores.

El conocimiento actual sobre los mamíferos en las cuencas de los ríos Ere, Campuya y Algodón se basa principalmente en la información generada en cuencas cercanas, como por ejemplo en los ríos Güeppí, Putumayo, Yubineto, Yaguas y Algodón (Encarnación et al. 1990, Mármol 1993, INADE et al. 1995, Montenegro y Escobedo 2004, Ruiz et al. 2007, Bravo 2010, PEDICP 2012), en donde se ha reportado entre 48 y 96 especies de mamíferos no voladores.

A lo largo de varias décadas existió una cacería indiscriminada de mamíferos grandes (asociada a bonanzas extractivistas de otros recursos) para el comercio de pieles, cuero, carne y aceite, que resultó en el decline de las poblaciones en varias cuencas, incluida la del río Putumayo (INADE et al. 1995, PEDICP 2012). Las especies más afectadas por esta cacería histórica en la zona incluyen otorongo (*Panthera onca*), tigrillo (*Leopardus* spp.), puma (*Puma concolor*), armadillo

(Dasypodidae), nutria (*Lontra longicaudis*), lobo de río (*Pteronura brasiliensis*; Fig. 10F) y manatí (*Trichechus inunguis*) (Mármol 1995).

En los ríos Algodón y Putumayo, algunos estudios han reportado poblaciones abundantes de mamíferos como mono choro (*Lagothrix lagotricha*; especie amenazada) y huangana (*Tayassu pecari*; Aquino et al. 2007), sometidas a una fuerte presión de caza en otras localidades de Loreto. Este inventario de mamíferos se llevó a cabo con el objetivo de contribuir al conocimiento de la composición de especies de los mamíferos medianos y grandes de las cuencas de los ríos Ere, Campuya y Algodón, así como al conocimiento preliminar del estado de conservación de la comunidad en los sitios evaluados. En base a la información sobre los mamíferos de la zona se hace algunas recomendaciones básicas para promover la conservación de la comunidad de mamíferos de la región Ere-Campuya-Algodón.

MÉTODOS

Realicé el inventario de los mamíferos de la región Ere-Campuya-Algodón entre el 15 y 30 de octubre de 2012, en tres campamentos ubicados en las cabeceras de los ríos Ere, Campuya y Algodón: Cabeceras Ere-Algodón, Bajo Ere y Medio Campuya (ver el capítulo 'Panorama regional y sitios visitados'). En el campamento Cabeceras Ere-Algodón recorrí aproximadamente 26 km de trocha para la búsqueda y registro de los mamíferos durante cuatro días. En el campamento Bajo Ere recorrí aproximadamente 43 km de trocha durante cinco días de observaciones y en Medio Campuya recorrí aproximadamente 26 km de trocha durante cuatro días. Las caminatas fueron principalmente diurnas a una velocidad promedio de 1.2 km/hora y duraron un promedio de 6 horas/día, lo cual corresponde a un esfuerzo total de muestreo de 7.2 km/día/persona. Adicionalmente, realicé observaciones nocturnas en los alrededores de los campamentos.

La búsqueda de los mamíferos en las trochas se realizó con ayuda de un binocular. Aproximadamente cada 100 m realicé paradas para la búsqueda de mamíferos en el dosel del bosque. Busqué y fotografié las huellas, heces y otros rastros a lo largo de las trochas y a cada lado de las mismas, especialmente en zonas con señales de uso por estos animales, como por ejemplo los bañaderos.

Además, realicé encuestas no estructuradas con el apoyo de las figuras de mamíferos de Emmons y Feer (1999) mediante conversaciones con los pobladores locales que formaron parte del equipo del inventario en los campamentos, para registrar información sobre los mamíferos que observaron en la zona y en sus comunidades. Las preguntas incluyeron: ¿En qué épocas del año se puede observar determinados mamíferos? ¿Existen *collpas* de mamíferos en la zona? ¿Qué mamíferos prefiere cazar? ¿Venden la carne de los mamíferos cazados? ¿Dónde?

A continuación se reportan las observaciones directas y registros indirectos de mamíferos grandes y medianos (huellas, heces, vocalizaciones y rastros) realizados durante las caminatas sumando aproximadamente 95 km en los tres campamentos. Se han incorporado las observaciones casuales realizadas por los investigadores de los otros grupos taxonómicos evaluados durante el inventario y del equipo social en las comunidades visitadas, así como las observaciones de los pobladores locales en el ámbito de sus territorios comunales.

RESULTADOS Y DISCUSIÓN

Diversidad de la mastofauna

En las cuencas de los ríos Ere, Campuya y Algodón, así como en muchos lugares en la Región de Loreto estudiados anteriormente, existe una alta diversidad de mamíferos grandes y medianos. Durante el inventario fueron registradas 35 especies de mamíferos no voladores en los tres campamentos evaluados (26 en Cabeceras Ere-Algodón, 27 en Bajo Ere y 25 en Medio Campuya). De estas 35 especies, 18 fueron observadas en los tres campamentos. Ocho especies adicionales que no fueron registradas en los campamentos sí fueron registradas durante el inventario social.

Según los mapas de distribución estimada (IUCN 2013) y los reportes de evaluaciones en la cuenca del Putumayo y sus afluentes (ver Introducción), se espera registrar en estas cuencas un total de aproximadamente 71 especies de mamíferos grandes y medianos, contando con un mayor esfuerzo de muestreo y el empleo de

métodos de registro adicionales. Por lo tanto, este inventario consiguió registrar el 61% de todas las especies esperadas para el área de interés. Las listas de las especies registradas y esperadas están disponibles en el Apéndice 8.

Estado de conservación de la comunidad de mamíferos

El trabajo de campo en los tres campamentos visitados sugiere que a pesar de una fuerte presión de caza en ciertas zonas de la región y durante ciertos periodos del año, la comunidad de mamíferos se encuentra en buen estado y tiene un valor alto para la conservación. Este diagnóstico se basa en la experiencia de la autora en inventarios de mamíferos en otras zonas de la Amazonía peruana y se resume en cuatro tipos de evidencia.

Primero, la presencia de grandes mamíferos terrestres sometidos a gran presión de caza en otros lugares de la Amazonía ofrece indicios del buen estado de conservación de la comunidad de mamíferos en la región Ere-Campuya-Algodón. Estas especies incluyen otorongo (*Panthera onca*), mono choro (*Lagothrix lagotricha*), sachavaca (*Tapirus terrestris*), sajino (*Pecari tajacu*; Fig. 10B) y huangana (*Tayassu pecari*). Observamos huellas de huangana, sajino y sachavaca en todas las trochas recorridas y realizamos avistamientos directos en los tres sitios evaluados, lo cual indica una buena abundancia de estos animales en la región.

Segundo, la presencia de cinco especies de mamíferos acuáticos, tres de las cuales sufrieron una fuerte presión de caza durante el siglo XX, sugiere que las poblaciones de estas especies están en plena recuperación e indica una buena calidad de los cuerpos de agua en la región Ere-Campuya-Algodón. Lobo de río (*Pteronura brasiliensis*), especie En Peligro a nivel mundial y muy sensible a los impactos humanos en la Amazonía peruana, fue reportado como abundante en diferentes zonas de estas cuencas por los pobladores locales (Fig. 21). De la misma manera, los pobladores locales han observado manatíes (*Trichechus inunguis*) a lo largo del año en varios sitios de la cuenca del Putumayo, lo cual indicaría una recuperación de una población sometida a una fuerte presión de caza en décadas anteriores para la obtención de aceite y carne. Estas tendencias coinciden con la percepción de la población local recogida por el equipo social en las comunidades visitadas. Vale enfatizar que estas cinco especies (incluyéndose los bufeos de río, *Inia geoffrensis* y *Sotalia fluviatilis*, así como la nutria, *Lontra longicaudis*) constituyen también especies de interés para promover el turismo especializado en la zona.

Tercero, observé poblaciones grandes y aparentemente viables de especies de primates grandes, tal como mono choro (*Lagothrix lagotricha*). Esta especie es muy susceptible a la degradación y pérdida de sus hábitats, así como a la sobrecaza, y fue avistada en los tres campamentos visitados. El tamaño de los grupos observados varió, pero algunos incluían adultos, juveniles y crías, lo cual indica una población viable. Aparte de mono choro, fueron observados grupos de tocón negro (*Callicebus torquatus*), machín blanco (*Cebus albifrons*), huapo negro (*Pithecia monachus*), pichico (*Saguinus nigricollis*) y frailecito (*Saimiri sciureus*) en los tres sitios evaluados.

Finalmente, 10 especies de carnívoros fueron registradas en los tres sitios de muestreo, entre ellas otorongo (*Panthera onca*), tigrillos (*Leopardus* spp.), puma (*Puma concolor*), yaguarundi (*Herpailurus yaguarondi*), lobo de río (*Pteronura brasiliensis*) y nutria (*Lontra longicaudis*), todas con un gran requerimiento de hábitats (amplia distribución) que les provean del alimento y refugio necesarios para su supervivencia, por lo que podemos asumir que los bosques de la zona mantienen un buen nivel de conservación. Entre los carnívoros destacamos el registro de las dos especies de canidos presentes en Loreto, perro de orejas cortas (*Atelocynus microtis*) y perro de monte (*Speothos venaticus*), ambas muy raramente observadas durante los inventarios de mamíferos (Figs. 10C–D).

Uso de recursos

Según los pobladores locales, las especies de mamíferos más aprovechadas como fuente de carne y pieles para el consumo y la venta, así como para mascotas son: añuje (*Dasyprocta fuliginosa*), carachupa (*Dasypus novemcinctus*), carachupa mama (*Priodontes maximus*), mono coto (*Alouatta seniculus*), huangana (*Tayassu pecari*), sajino (*Pecari tajacu*), leoncito (*Callithrix pygmaea*), majaz (*Cuniculus paca*), mono choro (*Lagothrix lagotricha*), pichico (*Saguinus* sp.),

sachavaca (*Tapirus terrestris*), ronsoco (*Hydrochaerus hydrochaeris*), venado colorado (*Mazama americana*), venado gris (*Mazama nemorivaga*) y achuni (*Nasua nasua*). Existe una preferencia para el consumo de carne de sajino y huangana, la cual significa menor presión de caza sobre las sachavacas, ya que su carne al no ser muy apreciada por los pobladores locales tiene un menor precio en el mercado local.

La caza de subsistencia tradicional no ha significado un factor de desaparición de los mamíferos, en parte debido a la baja densidad poblacional que existe en las comunidades en esta zona. Sin embargo, algunos pobladores locales mencionaron que en los últimos años se ha incrementado la demanda de carne y pieles para comercialización por pobladores foráneos, siendo necesario fortalecer las incipientes iniciativas de conservación de los recursos naturales que están implementando algunas comunidades.

Información adicional sobre el uso local de los mamíferos está presentada en el capítulo 'Uso de recursos, conocimiento ecológico tradicional y calidad de vida' y en el Apéndice 10.

Campamentos visitados

Cabeceras Ere-Algodón

En las cabeceras del Ere, Campuya y Algodón registré 26 especies de mamíferos no voladores y estimo 40–50 especies potenciales.

Si bien observé especímenes y señales (huellas) de sajino y sachavaca principalmente alrededor de las *collpas* (Fig. 4A), pequeños cuerpos de agua estacionales en el bosque (bebederos, charcos) y cerca de las orillas de los ríos, fueron en menor proporción a las observaciones realizadas en los otros dos campamentos. La menor abundancia de mamíferos probablemente esté vinculada a la mínima concentración de sales registrada en el área, aún en las *collpas* (ver el capítulo 'Geología, hidrología y suelos'). Sin embargo, hubo una buena disponibilidad de alimentos, como los frutos de ungurahui (*Oenocarpus bataua*).

Los pobladores locales observaron bufeo gris (*Sotalia fluviatilis*) y huangana (*Tayassu pecari*) durante la fase de construcción del campamento. Durante la evaluación del área registré huellas antiguas de huangana, lo cual podría indicar que es una zona de paso, dado que es una especie con amplios requerimientos de hábitat. También observamos durante el recorrido en las trochas oso bandera (*Myrmecophaga tridactyla*) y shiui (*Tamandua tetradactyla*), especies que ayudan a controlar a los invertebrados, así como huellas de tigrillo (*Leopardus pardalis*) y otorongo (*Panthera onca*), especies que juegan un papel importante en el control de las poblaciones de vertebrados.

Es importante mencionar que 22 de las especies registradas están amenazadas según la legislación nacional (MINAG 2004) e internacional (IUCN 2013) o protegidas por la Convención sobre el Comercio Internacional de Especies Amenazadas de Fauna y Flora Silvestres (CITES). Resaltamos el registro de mono choro (*Lagothrix lagotricha*), especie susceptible a la fragmentación y deforestación de los bosques, así como a la presión de caza elevada.

Bajo Ere

En este campamento registré 27 especies de mamíferos no voladores. De éstas, 20 están categorizadas como amenazadas en el Perú (MINAG 2004) o a nivel internacional (IUCN 2013), o incluidas en el Apéndice de CITES. En esta zona podrían estar presentes alrededor de 50 especies.

En Bajo Ere observé ocho especies de monos, entre las cuales el mono choro (*Lagothrix lagotricha*), especie amenazada, fue registrado en todas las trochas recorridas. Esta especie fue observada en grupos de tamaño variable, conformados desde tres individuos jóvenes hasta aproximadamente 25 individuos machos y hembras, incluyendo adultos, jóvenes y crías. Asimismo, especies de especial interés para la conservación, tales como otorongo (*Panthera onca*), nutria (*Lontra longicaudis*) y manco (*Eira barbara*), así también especies aprovechadas por la población local como sajino (*Pecari tajacu*) y huangana (*Tayassu pecari*) para la obtención de pieles y carne. Fue posible observar abundantes huellas de sachavaca (*Tapirus terrestris*) en toda la zona.

Algunos pobladores locales observaron bufeos gris (*Inia geoffrensis*) y colorado (*Sotalia fluviatilis*) mientras visitaban la zona anteriormente y también durante el trayecto hacia el campamento para integrarse como apoyo al equipo biológico.

Constituye un registro notable el perro de monte (*Speothos venaticus*), carnívoro raramente observado en las evaluaciones de fauna silvestre.

Medio Campuya

En esta zona registré 25 especies de mamíferos no voladores, 19 de las cuales están amenazadas según la legislación nacional o internacional. Se estima que unas 60 especies podrían estar presentes en la zona.

Este campamento comparte ocho especies de primates observadas en Bajo Ere, como mono choro (*Lagothrix lagotricha*) y mono coto (*Alouatta seniculus*), adicionándose el registro de mono leoncito (*Callithrix pygmaea*). Además se registró huellas de sachavaca (*Tapirus terrestris*), huangana (*Tayassu pecari*), sajino (*Pecari tajacu*), venado colorado (*Mazama americana*) y venado gris (*Mazama nemorivaga*) en las trochas recorridas y en las *collpas* pequeñas y medianas (con mayor concentración de sales que en las cabeceras).

Se observó comederos y dormideros de lobo de río (*Pteronura brasiliensis*) en la orilla de zonas a lo largo del río, cerca al inicio del sistema de trochas. Los pobladores locales de apoyo al equipo biológico manifestaron que en la zona era frecuente observar grupos pequeños y grandes de estos mamíferos a lo largo del año.

Los grupos de monos choro observados en este campamento estaban conformados por ejemplares adultos machos y hembras, juveniles y crías. Mostraron un comportamiento territorial muy marcado frente a nuestra presencia, aun cuando los pobladores locales informaron que esta zona es visitada para la caza de fauna. Esto parece representar más evidencia para la presencia en la región Ere-Campuya-Algodón de poblaciones saludables de mamíferos amenazados por la alta presión de caza en otras zonas de Loreto.

AMENAZAS

La pérdida y fragmentación de hábitats por deforestación o degradación de los bosques y la contaminación de los cuerpos de agua (especialmente de las cochas) por actividades antrópicas representan las principales amenazas para las poblaciones de mamíferos en las cuencas de los ríos Ere, Campuya y Algodón, especialmente para aquellas especies susceptibles a cambios drásticos de la calidad de sus hábitats (p.ej., lobo de río) y con una baja tasa de reproducción (p.ej., sachavaca y manatí).

Los mamíferos en la región Ere-Campuya-Algodón son importantes socioeconómicamente para los pobladores locales y por ello están sometidos a una fuerte presión de caza. Huangana (*Tayassu pecari*), sajino (*Pecari tajacu*), venado (*Mazama americana*), majaz (*Cuniculus paca*), añuje (*Dasyprocta variegata*) y sachavaca (*Tapirus terrestris*) son los mamíferos más requeridos para el aprovisionamiento de proteína y la venta de carne, pieles, y otros restos para artesanías. Asimismo, existe un mercado local de mascotas, principalmente los monos como leoncito (*Callithrix pygmaea*), pichicos (*Saguinus* spp.), machín (*Cebus* spp.) y mono choro (*Lagothrix lagotricha*). La sobrecaza de estas y otras especies de mamíferos en las mismas comunidades o en los mercados de localidades cercanas (como San Antonio del Estrecho) constituye una amenaza especialmente fuerte para especies con tasas de reproducción bajas y para especies muy apreciadas en el mercado.

Las propuestas de carreteras hacia la cuenca del río Putumayo y la minería aluvial constituyen también amenazas significativas para las poblaciones de mamíferos. Las carreteras representan un riesgo debido al conocido efecto de migración e incremento poblacional en la zona y el posterior incremento de la demanda de recursos naturales, así como de las tasas de deforestación y caza. En el caso de la minería, la pérdida de hábitats y cobertura boscosa puede resultar del dragado del suelo para la búsqueda y extracción de oro.

RECOMENDACIONES PARA LA CONSERVACIÓN

La existencia de poblaciones de mamíferos en buen estado de conservación y el reconocimiento de la importancia de mantener la disponibilidad de este recurso para la población local —ya sea con fines de alimentación o de provisión de recursos para subsistencia de las familias, así como para conservar la integridad de los bosques— constituyen una oportunidad para fortalecer

las incipientes iniciativas de cuidado de los recursos naturales observadas en algunas comunidades. En ese contexto ofrezco las siguientes recomendaciones:

- Es prioritario mejorar el conocimiento sobre los mamíferos de la zona, respecto a aspectos básicos como abundancia, diversidad de especies, estructura poblacional y estado de conservación. Esta información servirá para la construcción de líneas de base necesarias para la protección, monitoreo, aprovechamiento y manejo de los mamíferos. Los esfuerzos deben enfocarse en las especies que son más susceptibles a los cambios en la estructura vegetal, fragmentación, pérdida de hábitats y contaminación, y que se encuentren sometidas a fuerte presión de caza

- Se recomienda fortalecer las iniciativas de conservación existentes en la región como los acuerdos comunales de uso y manejo de los recursos naturales, cochas y *collpas*, así como de control y vigilancia. Un ejemplo es el comité de guardabosques de la comunidad nativa Ere, cuyos miembros realizan patrullajes para el control y vigilancia de la extracción de los recursos naturales, monitorean las *collpas* y tienen acuerdos para dejarlas descansar por un periodo de un año, además de prohibir que dejen los restos de los animales cazados cerca a estos lugares. En estas iniciativas las *collpas* merecen atención especial, pues las mismas juegan un papel crítico en el mantenimiento y el buen estado de la comunidad de mamíferos, dada la gran escasez de sales en todos los cuerpos de agua y suelos de esta zona

- Se recomienda trabajar con las comunidades para establecer periodos de descanso para las especies con tasa de reproducción lenta, o veda de caza para hembras adultas con crías. El conocimiento local sobre los hábitats, ciclos biológicos y otros aspectos de los mamíferos ayudará a identificar las zonas fuente y zonas de aprovechamiento en los planes de manejo a implementarse, por lo que las iniciativas de conservación deben basarse en el conocimiento de la población local. Asimismo, debe fortalecerse capacidades de la población local para monitorear y evaluar el cumplimiento de los acuerdos comunales de conservación

COMUNIDADES HUMANAS VISITADAS: FORTALEZAS SOCIALES Y CULTURALES

Participantes/autores (en orden alfabético): Diana Alvira, Margarita Medina, María Elvira Molano, Mario Pariona, Benjamín Rodríguez, Ana Rosa Sáenz, Galia Selaya y Alaka Wali

Objetos de conservación: Varaderos, ríos y cochas que permiten el flujo intercultural de las poblaciones asentadas en los ríos Napo, Putumayo y Caraparaná en la frontera Perú-Colombia, y que permiten el patrullaje y vigilancia de los recursos naturales; técnicas de aprovechamiento de recursos que garantizan la integridad del bosque y cuerpos de agua (chacras diversificadas, diferentes artes de pesca, rotación de cochas, *collpas* y purmas); lugares y cochas sagrados; plantas utilizadas como alimento, medicina, o para la construcción de viviendas y la elaboración de objetos utilitarios

INTRODUCCIÓN

Este inventario social y biológico se suma a trabajos previos en la región: Ampiyacu-Apayacu-Yaguas-Medio Putumayo (Pitman et al. 2004), Cuyabeno-Güeppí (Alverson et al. 2008), Maijuna (Gilmore et al. 2010) y Yaguas-Cotuhé (Pitman et al. 2011). Estos inventarios han buscado consolidar las iniciativas de establecer en el norte de Loreto un mosaico de áreas naturales protegidas bajo diferentes categorías de conservación y uso sostenible de los recursos naturales (Smith et al. 2004), y a la vez proveer de información a la iniciativa de los gobiernos peruano y colombiano de integración binacional en la frontera (PEDICP 2012).

Los objetivos de esta caracterización social son identificar y analizar las fortalezas socio-culturales de las comunidades. Esta información nos ayuda a entender la visión para el futuro que tiene los pobladores e instituciones locales de la zona Ere-Campuya-Algodón y de los territorios indígenas que le rodean, así como identificar los patrones sociales de organización, contexto social y capacidad de las comunidades para la acción a través de organizaciones comunales formales e informales. También nos permite conocer las tendencias de uso de recursos naturales por parte de las comunidades y determinar las posibles amenazas para las poblaciones humanas y los ecosistemas del área. Finalmente nos ayuda a explicar a los miembros de las comunidades y a los representantes de gobiernos locales y gobiernos regionales el proceso del inventario rápido biológico y social.

Las fortalezas sociales son los indicadores visibles de la capacidad de las personas de organizarse, y las actitudes y valores que subyacen estas estrategias de organización. Éstas se manifiestan en instituciones (basadas en la buena fe, apoyadas en estructuras familiares, de administración gubernamental, u otras localmente generadas) y organizaciones (p. ej., clubes y asociaciones o redes de parentesco), las cuales una vez creadas catalizan otras acciones.

Nos enfocamos en las fortalezas de las comunidades debido a que queremos apoyar desde sus aspectos positivos la construcción de perspectivas, preocupaciones y visiones del futuro de su vida y recursos. La identificación de las fortalezas es esencial porque estas características sociales sientan las bases para implementar la gestión a favor de la conservación. En este capítulo describimos la etnohistoria y patrones de asentamiento de las comunidades visitadas, la situación actual de las poblaciones humanas y sus fortalezas sociales, económicas y culturales. Concluimos con un análisis de las amenazas y retos que enfrentan estas comunidades y con recomendaciones para enfrentar estos retos para mantener la riqueza natural y cultural de la región. En el capítulo 'Uso de recursos, conocimiento ecológico tradicional y calidad de vida' describimos el uso de los recursos naturales y su contribución a la economía familiar, así como el conocimiento ecológico tradicional y su relación con la calidad de vida de las comunidades de la zona de Ere-Campuya-Algodón.

MÉTODOS

La caracterización social se llevó a cabo del 15 al 31 de octubre de 2012. Nuestro equipo de trabajo fue multicultural y multidisciplinario, conformado por profesionales especialistas antropólogos, ecólogos e ingenieros forestales y dos dirigentes indígenas. Tuvimos el apoyo de líderes y dirigentes en cada una de las comunidades visitadas. Destacamos en particular a los miembros de la Federación de Comunidades Nativas de la Frontera del Río Putumayo (FECONAFROPU).

Visitamos cuatro comunidades asentadas a lo largo del río Putumayo: Flor de Agosto, Ere, Santa Mercedes y

Atalaya (Figs. 2A, 3A–C, 20). En esta última comunidad participaron representantes de Cedrito y Colinas, que son anexos de la comunidad Yabuyanos. Siguiendo una metodología similar a la utilizada en los inventarios previos realizados por The Field Museum (p. ej., Pitman et al. 2011) utilizamos un conjunto de ocho técnicas cualitativas y cuantitativas para colectar la información. La visita a cada comunidad tuvo una duración de cuatro días, y en éstas utilizamos los siguientes métodos: 1) talleres de intercambio de información; 2) la dinámica 'el hombre/la mujer del buen vivir' que determina la percepción de la gente sobre los diferentes aspectos de la vida comunal, —recursos naturales, aspectos culturales, condiciones sociales, la vida política y la situación económica— y permite reflexionar con ellos sobre cuál es la relación entre el medio ambiente y la calidad de vida (ver Wali et al. 2008 para más detalles); 3) entrevistas semi-estructuradas sobre los recursos naturales, el uso y localización de los recursos naturales, percepciones de calidad de vida y el aporte de los recursos bosque, ríos y cochas a la economía familiar y comunal a hombres, mujeres, informantes claves y autoridades, y conversaciones con grupos focales; 4) entrevistas relacionadas con temas de etnobotánica y en particular el conocimiento y uso de las plantas medicinales; 5) participación en las actividades de la vida cotidiana de una familia o familias (mingas); 6) análisis de la economía familiar, en la que se cuantificó la diferencia entre la suma de los recursos familiares mensuales y la suma de los gastos mensuales; 7) análisis de las relaciones de parentesco y las redes de apoyo e intercambio que las personas tienen para desarrollar diferentes actividades (sociogramas); y finalmente 8) la elaboración del *mapa parlante* o mapa de uso de recursos.

Durante nuestro trabajo utilizamos diferentes materiales visuales como cartillas (p. ej., mapas de las comunidades de la zona, de las comunidades a visitar y de los campamentos de muestreo donde se desarrolló la parte biológica del inventario) y guías con fotos de animales y plantas. Además de las actividades en el campo, consultamos varios documentos, bases de datos, informes y material bibliográfico (p. ej., OEA 1993, INADE et al. 1995, Agudelo Córdoba et al. 2006, INADE et al. 2007, Gilmore et al. 2010, Pitman et al. 2011).

RESULTADOS Y DISCUSIÓN

Etnohistoria

La colonización española y portuguesa, la evangelización, la opresión de los pueblos indígenas y las enfermedades, al igual que la explotación de los recursos naturales con fines comerciales marcan la historia de la región del Putumayo. De 1850 a 1882 fue el periodo de la extracción de la quina (*Cinchona officinalis*), seguida en las primeras décadas del siglo XX con la explotación del caucho (*Hevea brasiliensis*) y leche caspi (*Couma macrocarpa*). Tal explotación fue efectuada principalmente por la Casa Arana, quien controlaba el territorio entre los ríos Caraparaná e Igaraparaná al norte y sur del río Putumayo, que en esa época era territorio peruano. La mano de obra provenía principalmente de los indígenas de la etnia Murui (Huitoto)[2], que fueron esclavizados mediante el sistema de endeude. Sir Roger Casement, funcionario británico quien investigó las denuncias de las atrocidades de la empresa The Peruvian Amazon Co., cuyo gerente y principal accionista era Julio Cesar Arana, afirmó que "en el Putumayo se exterminó a más de 30,000 indígenas", lo que diezmó notablemente a esta población junto con las epidemias de sarampión y viruela (CAAAP e IWGIA 2012). Se calcula que al comienzo de la explotación del caucho existían en la región del Putumayo alrededor de 50,000 personas pertenecientes a los pueblos Murui, Bora, Ocaina, Resígaro y Andoque, entre los principales. Actualmente esa población no llega a 10,000 personas (Chirif y Cornejo Chaparro 2009).

En la primera década del siglo XX, con la decadencia de la época dorada del caucho, dada por la crisis internacional de los precios y por las implicaciones de la primera guerra mundial (1914–1918), la explotación se amplió a la obtención de pieles de felinos, ungulados y reptiles, y la extracción del palo de rosa (*Aniba rosaeodora*) y el látex de balata (*Manilkara bidentata*). Una vez finalizada la guerra entre Colombia y el Perú en 1928, los caucheros se trasladaron con sus esclavos indígenas de las etnias Bora, Murui y Ocainas

---

2 El grupo indígena conocido en la literatura como Huitoto se identifica a sí mismo en la región como Murui. En adelante utilizamos esta designación.

Figura 20. Comunidades visitadas por el equipo científico-social durante el inventario rápido.

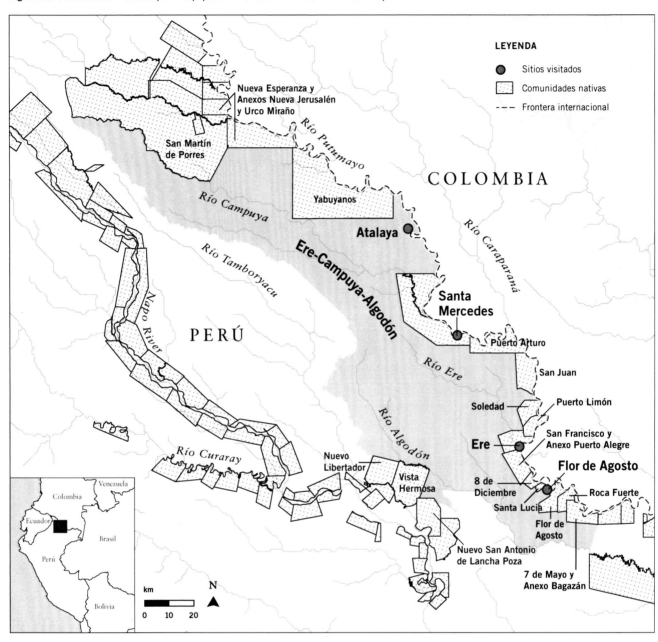

principalmente, desde La Chorrera y el río Caquetá, hasta la cuenca del río Putumayo y del Ampiyacu, buscando nuevas tierras para la explotación de los productos del bosque y extracción de pieles que caracterizaron a los años 50. Hacia 1958, los patrones abandonaron la región, por la baja de los precios y las denuncias que se hicieron sentir y los indígenas recobraron su libertad. En la década del 60, una nueva ola migratoria de indígenas Kichwas de la cuenca del río Napo, atraídos por el comercio del palo de

rosa, subieron por la antigua trocha hasta el río Campuya donde había una extractora para adquirir el aceite de palo de rosa. En esta misma época llegó gente de raza mestiza venidos de Iquitos y de San Martín principalmente. De esta manera se empezaron a formar los caseríos a orillas del río Putumayo, convirtiendo los antiguos asentamientos indígenas en comunidades, de las cuales Flor de Agosto y Campuya son las más antiguas. Santa Mercedes fue fundada en 1974 y hoy en día es la comunidad más poblada de la zona. Durante la década de los años setenta la región experimentó la explotación del cedro (*Cedrela odorata*), y en las décadas de 1980 hasta el 2000 la bonanza económica estuvo marcada por el cultivo de la coca (*Erythroxylum coca*), actividad que atrajo a mucha gente para su cultivo y procesamiento de la hoja en pasta destinada al narcotráfico. Actualmente la extracción es de las especies maderables azúcar huayo (*Hymenaea courbaril*), granadillo (*Platymiscium* sp.) y shihuahuaco (*Dipteryx micrantha*), junto con la extracción aurífera (dragas en el río Putumayo y extracción artesanal por parte de algunas comunidades) y en menor medida pesquera, con la extracción de alevinos de arahuana (*Osteoglossum bicirrhosum*).

Demografía, infraestructura y servicios

Población actual

En la zona de la cuenca del río Putumayo comprendida por las cuencas de los ríos Ere, Campuya y Algodón están asentadas poblaciones indígenas de las etnias Murui, Kichwa y población mestiza, con una población aproximada de 1,144 habitantes (ver *Tabla demografía*) distribuida en 17 asentamientos (13 comunidades nativas y 4 anexos; Tabla 1). Santa Mercedes es la comunidad de mayor concentración poblacional (337 habitantes) y Campuya es la menor (13 habitantes). Las comunidades han sido tituladas como nativas en función a la presencia de los grupos étnicos mayoritarios (Kichwa y Murui). Estas comunidades albergan además familias de mestizos. En algunas comunidades viven habitantes flotantes, algunos de ellos colombianos, trabajando en la extracción de madera u oro. Las comunidades pertenecientes al distrito Putumayo son predominantemente Murui, en tanto que las pertenecientes al distrito Teniente Manuel Clavero son predominantemente Kichwa. La baja demografía es similar a la parte baja del Putumayo (Pitman et al. 2011), pero la composición étnica es diferente, pues en la parte baja del Putumayo además de las etnias Murui y Kichwa se encuentran las etnias Peba-Yagua y Tikuna.

Al igual que las comunidades que hemos visitado en inventarios anteriores a lo largo del río Putumayo, las comunidades están asentadas a las orillas del río o cocha y alrededor de un espacio central que hace las veces de campo deportivo. En algunos casos existen pequeños barrios y viviendas dispersas. Las comunidades tienen veredas peatonales en algunos casos asfaltadas alrededor del espacio central y en dirección a escuelas y postas de salud. En la construcción de viviendas predomina el uso de material local (hojas de palmeras, maderas y fibras usadas para amarre). Existen muy pocas viviendas con techos de zinc o calamina, concreto y clavos, con excepción de la comunidad de Santa Mercedes, en donde hay una gran mayoría de casas con techos de calamina. Las viviendas generalmente se ubican a 1–2 m del suelo.

Servicios e infraestructura

Las comunidades se proveen de agua del río, cochas, pozos y quebradas aledañas. El alumbrado público existe solo en una comunidad (Atalaya) y la electricidad domiciliaria sólo llega a algunas familias propietarias de motores generadores e instituciones de salud. La limpieza y recojo de basura de los sitios públicos se realiza en todas las comunidades a través de jornadas de trabajo comunal. Siete comunidades cuentan con locales comunales y 8 de 15 comunidades cuentan con letrinas (IBC 2010).

Tres comunidades cuentan con escuela inicial (Santa Mercedes, Puerto Limón y Flor de Agosto). Todas las comunidades exceptuando dos (Campuya y Nuevo San Juan) cuentan con escuela primaria y solamente hay una escuela secundaria en la comunidad de Santa Mercedes. Notamos la existencia de computadoras (laptops) en una de las comunidades visitadas (Atalaya) para el uso de los escolares de primaria, como se ha visto en varias comunidades amazónicas, resultado del proyecto de colaboración del Fondo Italo-Peruano. Nueve escuelas (Ere, Puerto Arturo, Soledad, Puerto Limón, San Juan, Santa Mercedes, Santa Lucía, 8 de Diciembre, San Francisco) han sido designadas para impartir educación bilingüe pero en la práctica esto no ocurre en la mayoría de ellas, debido a factores tales como el predominio de la lengua española y pocos maestros entrenados en este tipo de enseñanza. En general la inestabilidad laboral de los maestros rurales en la Amazonía (profesores con contratos temporales) contribuye a una calidad deficiente en la educación (Chirif 2010).

Existen puestos de salud en tres comunidades (Santa Mercedes, Flor de Agosto y Ere). Los centros están equipados con balanzas, camillas y equipamiento médico básico. Los centros brindan atención y medicamento gratuito a todos los habitantes de las comunidades a través del Seguro Integral de Salud (SIS). Cada puesto de salud cubre un determinado número de comunidades. Para este fin los puestos de salud cuentan con canoas con motor fuera de borda y provisión de combustible. Además existen brigadas médicas del SIS que recorren las comunidades dos veces al año. Cada puesto está equipado con computadoras y por el lapso de un año el personal tuvo acceso a internet a través del programa llamado Telemedicina que conectaba a los hospitales y centros de salud de Colombia y Perú a lo largo de la frontera. Esto constituyó un gran avance en la atención debido a que los asistentes de salud estaban continuamente interconectados. En general, observamos una mejora considerable en las condiciones de servicios de salud comparado a otras regiones transfronterizas de Loreto. Otro aspecto destacable es que los asistentes de salud contratados pertenecen a los grupos étnicos locales. Eso ha facilitado una interacción entre la medicina tradicional y el servicio de salud provisto por el estado.

Los medios de comunicación utilizados son la radiofonía y telefonía pública. En el caso de la radiofonía, este servicio existe en cinco comunidades. El servicio de telefonía satelital GILAT es disponible en tres comunidades (Santa Mercedes, Puerto Arturo y Flor de Agosto). Existen teléfonos en los puestos de salud para comunicación entre estas instituciones. En los puestos del Ejército hay radiofonía, teléfono Gilat e internet satelital de uso exclusivo del Ejército. En varias casas de las comunidades visitadas observamos antenas parabólicas y televisiones y estas casas son frecuentadas por varios miembros de la comunidad para ver televisión e informarse de las noticias.

Las comunidades están ubicadas a orillas de ríos navegables durante todo el año, lo que facilita la vinculación fluvial a ambos lados de la frontera entre el Perú y Colombia y hacia la capital del distrito Putumayo (El Estrecho) y otros centros poblados. Existe el servicio público de transporte fluvial dos veces por semana en la ruta que comunica a El Estrecho en Loreto con Puerto

Leguízamo en Colombia. Esta zona del medio Putumayo tiene mayor flujo de comerciantes y botes comparado con el Bajo Putumayo y hay un gran vínculo comercial con la ciudad colombiana de Puerto Leguízamo. Una gran parte de las familias posee canoa con motor (peque-peque) como medio de transporte. Existe transporte comunal en cuatro comunidades (Las Colinas, Puerto Arturo, Santa Mercedes y Santa Lucía).

Administración regional

La política del gobierno regional de Loreto es convertir al distrito Putumayo en una provincia con cuatro distritos (Putumayo, Teniente Manuel Clavero, Rosa Panduro y Yaguas). Esto implica que Santa Mercedes se convertirá en la capital del Distrito de Rosa Panduro. La demanda de esta reorganización administrativa obedece a la necesidad de contar con oficinas administrativas y acercar la administración pública a las comunidades debido a la gran extensión del área distrital. Por otro lado, la designación de Putumayo como provincia significa acceso a mayores recursos públicos y poder político al distrito Putumayo en el contexto regional de Loreto. De esta forma el distrito tendrá la oportunidad de influenciar en las políticas de desarrollo y obtener más recursos acorde con las características transfronterizas y la cultura y economía de las comunidades asentadas a lo largo del río Putumayo. Sin embargo, el sistema de administración municipal que se pretende implementar no es claro para las comunidades; es necesario facilitar el diálogo entre las organizaciones indígenas y organizaciones estatales para mejorar el entendimiento de la administración pública y enfocar las oportunidades de participación de gobernanza que pueden ejercer las organizaciones indígenas ya existentes.

Instituciones de desarrollo

Existen instituciones que vienen incidiendo en la economía de las comunidades a través de proyectos de desarrollo, como es el caso del PEDICP (Proyecto Especial de Desarrollo Integral de la Cuenca del río Putumayo). Esta institución dependiente del Ministerio de Agricultura tiene sedes en varias comunidades a lo largo de la cuenca del río Putumayo. En el área de estudio de este inventario hay sedes del PEDICP en tres comunidades (Santa Mercedes, Flor de Agosto y Puerto Arturo). La institución está operando por más de 10 años en la región. En Santa Mercedes el PEDICP ha solicitado un permiso forestal para implementar un plan de manejo de 7,246.9 ha dentro del territorio comunal y en base a un acuerdo con la comunidad. Los miembros de la comunidad reciben a cambio empleo y una parte de los beneficios de la venta de las madera blanda en forma de tablas. El resto de los beneficios los administra el PEDICP en gastos de funcionamiento y mantenimiento de actividades forestales. Otras actividades promovidas por el PEDICP son la agroforestería, la crianza de aves de corral y las piscigranjas, combinando los conocimientos tradicionales con técnicas mejoradas. Destacamos la organización de comités y asociaciones comunales promovidas por el PEDICP en base a las redes de reciprocidad y apoyo locales (mingas), apertura a la participación de mujeres y la contratación de personal local con capacidades técnicas. En general los comuneros tienen una percepción positiva de la labor del PEDICP.

Patrones de organización social

Antiguamente la organización social de la comunidad indígena se vinculaba a la figura del *curaca*, quien por sus conocimientos de la naturaleza, la cosmovisión y la realización de ritos ceremoniales propias de cada cultura era la autoridad y además brindaba bienestar a la población. Cierta ruptura en la organización social ocurrió cuando los comuneros tuvieron que asumir los roles de dirigentes y autoridades comunales después de la salida de los patrones. Asimismo en las comunidades indígenas, la Ley de las Comunidades Nativas de Selva de 1973 previó una organización comunal sustentada en el reconocimiento legal de la comunidad y la atribución de un territorio comunal de parte del Estado. El organismo del Estado SINAMOS (Sistema Nacional de Apoyo a la Movilización Social) trabajó directamente con las comunidades para implementar su organización (Gasché Suess y Vela Mendoza 2011).

Al igual que en los inventarios anteriores en la cuenca baja del río Putumayo (Pitman et al. 2011) encontramos que la organización social de la zona en cada comunidad cuenta con una estructura de Junta Directiva formada por un *cacique, mujer líder,*

secretario, vocal y *fiscal*. Las responsabilidades de la Junta Directiva en cada comunidad están relacionadas al orden interno y las coordinaciones externas. El orden interno está referido a la limpieza del pueblo, la celebración de fiestas (aniversario comunal, fiesta típica, rituales tradicionales, etc.), la construcción y reparación de infraestructura (local comunal, colegios) y la toma de acuerdos comunales, entre ellas la vigilancia y control del territorio (trochas, cochas y *collpas* de importancia) como vimos en la comunidad de Ere y Flor de Agosto. Las coordinaciones externas están referidas a la representatividad de la comunidad ante las autoridades del municipio y gobierno regional, otras instituciones públicas y privadas e incluso con representantes de las actividades extractivistas. Por lo general, como en otras partes de la Amazonía, actualmente los *caciques* (i.e., los presidentes comunales) vienen de las familias más extendidas o fundadores de la comunidad. Hemos escuchado que en algunas comunidades los jóvenes evitan puestos comunales por la carga de responsabilidades que esto significa. En general hemos percibido críticas a la gestión de estas directivas. Cabe destacar que por un lado existe escaso respaldo comunal a las propuestas de los directivos y además las comunidades no aportan medios económicos para la gestión comunal. Por otro lado, la influencia de foráneos sobre las directivas juega un papel de generación de conflictos y divisiones internas en las comunidades. Esto debilita las organizaciones locales encontradas en la región.

Fortalezas sociales y culturales

Encontramos que las organizaciones indígenas de la zona están siendo fortalecidas a nivel nacional. Esto ha permitido el surgimiento de las federaciones indígenas locales, regionales y nacionales. Desde la perspectiva indígena cuatro federaciones se han formado a lo largo del río Putumayo: la Organización Indígena Secoya del Perú (OISPE), la Federación Indígena Kichwa del Alto Putumayo, o Inti Runa (FIKAPIR), la Federación de Comunidades Nativas Fronterizas del Putumayo (FECONAFROPU) y la Federación de Comunidades Indígenas del Bajo Putumayo (FECOIBAP). Las federaciones y sus directivos hacen esfuerzos de orientar a sus afiliados en el manejo y gestión de conflictos internos y también en lo posible supervisan el rol de las autoridades comunales y sus directivas. El ámbito de organización de estas federaciones comparte diferentes aspectos e intenta ser más eficientes en la búsqueda de bienestar de sus bases, así como del ordenamiento y desarrollo del territorio. Pensamos que esta estructura ya existente de las organizaciones indígenas debe ser tomado en cuenta para el desarrollo de la administración pública en los cuatro nuevos distritos del Putumayo.

Complementariedad de género y rol de la mujer
Al igual que en otras comunidades amazónicas visitadas durante los inventarios rápidos, observamos que la división del trabajo entre hombres y mujeres en el núcleo familiar es flexible y diversa. Durante nuestras reuniones, las mujeres manifestaron que realizan las labores de preparación, siembra y mantenimiento de las chacras, así como la cosecha de los productos. También realizan actividades de pesca principalmente en las riberas y cochas cercanas a su comunidad, siendo las artes más

usadas el anzuelo y la malla (menudera). La caza es la única actividad que ellas han manifestado no realizar. Sin embargo, acompañan a sus maridos para ayudar en la limpieza, salado y ahumado de la carne de monte. Existe una gran fortaleza en las mujeres que se manifiesta en el amplio conocimiento de su entorno y del manejo y uso de los recursos naturales. Esto fue notable durante la participación activa de las mujeres en el mapeo de recursos naturales.

Algo ya observado en otras zonas de la Amazonía es la comercialización de animales menores y la venta de artículos de primera necesidad. Esta actividad es liderada por las mujeres y constituye otro de sus aportes a la economía familiar. La mayoría de las personas entrevistadas ha manifestado que son las mujeres las que manejan los fondos en el hogar, otras que el manejo es compartido y en muy pocas ocasiones se mencionó que solamente los hombres manejan los fondos.

Encontramos mujeres miembros de la junta directiva comunal, en el cargo de mujer líder. Ellas son escogidas

Tabla 1. Demografía de las comunidades en el río Putumayo cerca de la región Ere-Campuya-Algodón (elaboración propia en base a IBC 2010).

Comunidad	Etnia predominante	Número de hombres	Número de mujeres	Población estimada julio de 2012	Número de viviendas
Las Colinas (anexo de Yabuyanos)	Kichwa	26	16	42	8
Cedrito (anexo de Yabuyanos)	Kichwa			11	
Yabuyanos	Kichwa	?	?	?	?
Atalaya	Kichwa	40	27	67	14
Campuya (anexo de Santa Mercedes)	Kichwa	6	7	13	3
Santa Mercedes	Kichwa	159	178	337	63
Puerto Arturo	Kichwa	56	46	102	18
Nuevo San Juan	Kichwa	28	32	60	9
Nueva Venecia	Kichwa	11	10	21	6
Soledad	Kichwa-Murui	42	43	85	14
Puerto Limón	Murui-Kichwa	24	20	44	8
Ere	Murui	38	52	90	15
San Francisco	Murui	19	19	38	6
Puerto Alegre (anexo de San Francisco)	Kichwa-Murui	26	17	43	10
Santa Lucía	Murui	13	16	29	7
8 de Diciembre	Murui	30	30	60	11
Flor de Agosto	Murui	35	40	75	15
	Total	553	553	~1117	207

por votación por hombres y mujeres de la comunidad, con el objetivo de convocar y coordinar con las demás mujeres diversas actividades para el bienestar de las familias y la comunidad. En la comunidad de Ere recordaron que ya tuvieron como *cacique* a una mujer, lo que hace notorio el liderazgo de la mujer en la gestión comunal en esta comunidad. Referencia especial merece la mujer líder de Flor de Agosto, por su esfuerzo coordinado con la maestra de la Institución Educativa Inicial No. 600 en las acciones de valoración y transmisión de la lengua y en las técnicas artesanales tradicionales de la etnia Bora.

Nos llamó la atención el funcionamiento del Comité de Vaso de Leche en la comunidad de Santa Mercedes, porque encontramos que la administración y organización está a cargo de una joven madre (18 años) quien, con el apoyo de las beneficiarias, organiza la distribución de la leche por zonas relativamente extensas y hace la preparación del alimento en forma rotativa. Estas condiciones facilitan la distribución y recojo del alimento, así como hacen que las madres no se sientan recargadas en sus actividades. Esta manera de organizarse genera menos conflictos entre las beneficiarias y mejora la distribución del alimento.

En contraste con otras comunidades visitadas en la Amazonía en inventarios previos, encontramos un rol activo y un gran conocimiento de las mujeres en cuanto a la salud reproductiva y la planificación familiar. Este es un tema de gran interés para las mujeres de todas las comunidades visitadas y mencionaron que ellas adoptan medidas del control de la natalidad con la previa discusión y consentimiento de sus maridos. Las mujeres argumentaron que este control de la natalidad se debe a su preocupación de poderle brindar todo lo mejor a sus hijos y en particular una buena educación. Asimismo mencionaron su preocupación con darle un buen nivel educativo a sus hijos, principalmente en la secundaria, momento que los niños tienen que trasladarse a los centros más poblados como El Estrecho y Santa Mercedes para así poder continuar sus estudios.

Encontramos mujeres conocedoras de las plantas medicinales y que las utilizan tanto para sus propias dolencias como para curar a su hijos. Este conocimiento se transmite de madres a hijas, siendo el lugar de reproducción de estos saberes la chacra, donde comparten el trabajo de siembra y recolección de sus alimentos. Resaltamos el papel de las parteras, que generalmente son las mujeres mayores, las cuales son respetadas por los miembros de las comunidades.

Relaciones comunales y transfronterizas

Observamos en las comunidades redes familiares y de convivencia pacífica entre los grupos étnicos Murui, Kichwa y comunidades mestizas dentro del territorio peruano y con los vecinos colombianos. Muchas familias de comunidades comparten el uso de sus recursos como chacras y cuerpos de agua y hojas para techo así como fiestas y tradiciones locales a ambos lados de la frontera, siendo las comunidades de Encanto, Belén, Ñeque, e Itiquilla en el lado colombiano frecuentemente visitadas por las comunidades peruanas. Estas relaciones se extienden al comercio y trueque de excedentes entre los pobladores peruanos y los comerciantes itinerantes colombianos (cacharreros). Si bien la convivencia transfronteriza es en general pacífica, existe la percepción de una mayor presión sobre los recursos peruanos por parte de pobladores colombianos. Existe también amplia relación familiar y de comercio con la capital del distrito Putumayo (El Estrecho).

Reciprocidad y apoyo mutuo

Un patrón general observado en los inventarios realizados anteriormente tanto con comunidades indígenas como mestizas es el apoyo mutuo basado en redes de relaciones de parentesco. Observamos que se establecen fuertes redes de solidaridad y de reciprocidad entre ellas que equilibra la distribución de tareas y de distribución de los recursos. De la misma manera estas buenas relaciones se establecen con sus parientes que viven al otro lado de la frontera marcada por el río Putumayo y con los cuales conviven de manera armoniosa; van y vienen indistintamente de un lado y otro, para trabajar en la minga, trabajar en las chacras, pescar en las cochas o celebrar algunos bailes rituales. Observamos patrones para el trabajo y la gobernanza vinculados a formas colectivas e individuales que hacen posible la vida en comunidad; estos patrones han sido identificados en otros ámbitos de la Amazonía. Las redes de reciprocidad de las etnias Murui y Kichwa se extienden desde el Perú hacia el territorio colombiano y viceversa, se fortalece a través de la celebración de ritos, vínculos de parentesco y uso compartido del territorio y los recursos naturales.

El trabajo colectivo de limpieza del pueblo, que por lo general es organizado por la Junta Directiva, se hace con el objetivo de brindar bienestar comunal para el disfrute de un ambiente libre de desperdicios, malezas, así como animales peligrosos (víboras). Otro patrón similar se manifiesta a través de las *mingas*, donde los miembros de la comunidad (en su mayoría parientes) ayudan a un individuo a beneficiarse de la mano de obra 'prestada' para la preparación, siembra y mantenimiento de su chacra. Este último ejemplo hemos observado en ambos lados del territorio de peruano y colombiano, donde residentes del Perú tienen chacras en el lado colombiano y residentes de Colombia tienen chacras en el lado peruano; el patrón es similar a lo observado en el Bajo Putumayo (Alvira et al. 2011) y probablemente se repita en otras zonas fronterizas. Ambas formas de trabajo son una forma solidaria de vida y repartición de los recursos, que colabora con el medio ambiente. Repartir o compartir los recursos provenientes de las actividades antes mencionadas ayuda a la economía familiar, siendo una fortaleza muy particular de las poblaciones indígenas y ribereñas la ayuda mutua entre parientes, vecinos, amigos o visitantes. Preguntamos a los comuneros más antiguos y ancianos sobre las relaciones culturales internas y externas; encontramos que las comunidades comparten celebraciones y ritos propios de la cultura Murui en las comunidades colombianas donde sí hay malocas. Este aspecto lo detallamos en la sección de *Valoración de la Cultura*.

Concluimos que las redes de reciprocidad y ayuda mutua son fortalezas organizacionales colectivas e individuales que colaboran con la economía familiar, cuidado del medio ambiente y bienestar comunal.

Iniciativas comunales para el cuidado del bosque y cuerpos de agua

Identificamos diversos enfoques de cuidado del bosque y cuerpos de agua. Por un lado están las acciones de vigilancia de trochas y *collpas*, así como de palmas apreciadas para la construcción del techo de las casas (p. ej., irapay), siendo todos recursos vinculados a la economía de subsistencia. Por otro lado están los acuerdos comunales para la extracción de recursos como la madera, oro y alevines de arahuana (*Osteoglossum bicirrhosum*), todos vinculados a la economía extractivista.

Flor de Agosto está interesada en cuidar sus cochas para la extracción de alevines de arahuana. Los comuneros se organizan en grupos para ir a sus cochas y vigilar que no se haga la cosecha antes de lo acordado. Sin embargo, estos esfuerzos no han impedido, en muchas oportunidades, la cosecha por parte de miembros de la misma comunidad y por otros vecinos peruanos o colombianos. El uso de las *collpas* en Flor de Agosto es rotativo. Cuando un comunero observa huellas frescas de otro cazador en una *collpa* la deja 'descansar' y prefiere cazar en otra *collpa*. En Ere encontramos guardabosques miembros de la comunidad, firmes en su decisión de patrullar trochas y accesos fluviales al bosque, y así controlar la entrada de miembros de otras comunidades a su territorio. Estos guardabosques nos hablan de la vigilancia de irapayales y *collpas*, por ser zonas de importancia para la comunidad, ya que brindan la carne para la alimentación y la hoja de irapay para las casas. También están cuidando el acceso a las zonas más ricas en especies maderables, un mecanismo y conocimiento del territorio que sirven en las negociaciones con los habilitadores madereros. En el capítulo 'Uso de recursos naturales, conocimiento ecológico tradicional y calidad de vida' se ofrecen mayores detalles de las iniciativas comunales.

En resumen, su amplio conocimiento del territorio permite a los comuneros organizarse y decidir cómo cuidar y manejar sus recursos, fortaleza que en parte colabora con el buen estado del bosque y cuerpos de agua descrito en los capítulos biológicos. Cabe destacar que los caciques de la mayoría de las comunidades del medio Putumayo y en especial los de las comunidades visitadas, reunidos durante la presentación de resultados preliminares del inventario en la comunidad de Santa Mercedes, manifestaron su interés en mantener el territorio y su riqueza biológica y cultural. Para tal efecto se discutió la necesidad de contar con alguna figura legal de manejo y cuidado del paisaje. A ello se suma el pedido de los caciques durante la misma presentación para asegurar el territorio bajo una figura legal de manejo y cuidado del paisaje.

Valoración de la cultura

Las organizaciones indígenas a la fecha exigen la inclusión de formas de desarrollo basados en el entendimiento y valoración de sus recursos naturales y cultura. Muestra de esta afirmación cultural, identificamos en todas las comunidades la presencia de *vegetalistas*, que por lo general son hombres y mujeres ya mayores. Los *vegetalistas* son aún muy respetados por la gente de las comunidades por poseer gran conocimiento de las plantas medicinales y sus usos en beneficio de la población. Resaltamos esta fortaleza ya que facilita a las futuras generaciones la transmisión de los usos tradicionales de las plantas y crea un vínculo con el mundo espiritual y natural de la cultura indígena. Celebramos la coordinación de la técnica de la posta de Ere con el vegetalista de la comunidad para el tratamiento de las enfermedades, un hecho que corrobora el respeto a las prácticas médicas tradicionales que detallamos en la sección de *Etnobotánica* del capítulo 'Uso de recursos, conocimiento ecológico tradicional y calidad de vida.' Observamos también que hay un proceso de recuperación de la lengua Murui y en algunos colegios la enseñanza es bilingüe. Pese a que el uso de la lengua originaria fue prohibido por las misiones católicas establecidas en la región amazónica a partir del siglo XVI, hoy las organizaciones indígenas luchan por una implementación verdadera de la educación intercultural bilingüe. A nivel nacional se está dando la iniciativa de reconocer el alfabeto Murui ante el congreso peruano, y en 2012 se han realizado varios encuentros de maestros y ancianos conocedores de la lengua para generar documentos y textos escolares en Murui. Todas estas iniciativas se desprenden de la fortaleza cultural que mantienen los pueblos e indican una afirmación de su identidad y valoración de la cultura ancestral.

Corredor intercultural trinacional de tierras indígenas y áreas de conservación

Por lo recopilado durante el inventario de la región Ere-Campuya-Algodón, una de sus mayores fortalezas es el patrimonio cultural representado por la diversidad de etnias indígenas con la presencia activa de sus organizaciones, comunidades nativas, resguardos indígenas, áreas de conservación, así como la población mestiza armonizada con las poblaciones tradicionales. Las reuniones realizadas con los caciques de las comunidades visitadas han mostrado que existe la voluntad de integración evidente y generalizada en todos los pueblos, comunidades, localidades y ciudades de la frontera colombo-peruana en la cuenca del río Putumayo. Esto ofrece la oportunidad para generar el intercambio de conocimientos tradicionales e información necesarias para construir una visión unificada del ordenamiento y desarrollo del Gran Paisaje Indígena del Putumayo, iniciativa propuesta por el Instituto del Bien Común (IBC 2010), donde el manejo y la conservación de los recursos naturales a largo plazo es indispensable para garantizar la forma de vida de las poblaciones allí asentadas y el bienestar del mundo entero. Para llevar a cabo esta iniciativa es necesario armonizar y compatibilizar las políticas y normas del territorio fronterizo.

En La Chorrera, Caquetá, Colombia, en octubre de 2012, un encuentro logró reunir representantes de los diferentes grupos indígenas, tanto del Perú como de Colombia, para recuperar la memoria histórica de los pueblos que sufrieron las atrocidades de la época del caucho, mostrar la necesidad de unir sus vínculos y valorizar su identidad cultural y modelar la gestión del paisaje intercultural transfronterizo. La voluntad de los estados del Perú y Colombia, expresada por sus respectivos Cancilleres en documentos y tratados binacionales, y la presencia de las fuerzas armadas y servicios de salud peruanas y colombianas a lo largo de la frontera, entre otros, constituyen una oportunidad para institucionalizar iniciativas de integración en el marco del Gran Paisaje Indígena (PEDICP 2011).

AMENAZAS Y RETOS

Durante la caracterización social conversamos con los moradores sobre sus preocupaciones, retos y percepciones de amenazas a su calidad de vida. La mayoría de las amenazas se han presentado en el Resumen Ejecutivo y en la sección de amenazas en el primer capítulo de este informe (p. 58).

- La carencia de un proceso de reflexión sobre las consecuencias negativas que la apertura de la trocha carrozable (propia para el uso de automóviles) entre Puerto Arica, en el río Napo, y Flor de Agosto, en el río Putumayo, podría traer. Ejemplos de otros lugares de la Amazonía muestran que la apertura y habilitación de carreteras generan impactos negativos (colonización descontrolada, deforestación, caza y pesca indiscriminada, narcotráfico, tráfico de armas, delincuencia, prostitución, alcoholismo, emigración de los jóvenes, empobrecimiento de las comunidades, etc.). La identificación de estos riesgos es importante para que las comunidades se preparen para enfrentar estos retos y mitigar los impactos de las carreteras

- El ingreso furtivo de vecinos de otras comunidades, ya sean del lado colombiano o peruano, quienes cazan, pescan y sacan madera sin pedir permiso ni obedecer los acuerdos y reglamentos comunitarios formales e informales de la comunidad dueña del recurso

- El sistema actual de extracción de recursos naturales, mediante el sistema de habilito (enganche y endeude) que también está presente en muchas comunidades amazónicas (Alvira et al. 2011) y que en muchos casos incluye sólo el pago de deudas en especie y que no representa el valor verdadero de los recursos extraídos. Esta práctica genera desigualdad social, empobrecimiento de los comuneros y conflictos internos entre las comunidades por el acceso a los recursos naturales

- La tala selectiva de madera dura (granadillo, polvillo y volador) por parte de los comuneros habilitados por compradores externos, la cual contribuye a aumentar la vulnerabilidad de estas especies, como ocurrió en el pasado con palo de rosa y cedro

- Las iniciativas privadas de extracción de madera de lupuna (*Ceiba pentandra*) en las riberas del río Putumayo, que han creado falsas expectativas de ingresos y confusión en la población. Por otro lado, el impacto al bosque de la tala selectiva de esta especie y la introducción de maquinaria pesada afectará en gran medida a los ecosistemas circundantes

- La extracción de oro ilegal en la cuenca del Putumayo es un trabajo riesgoso y mal pagado para las personas que participan en ello y que contamina con mercurio el agua y los peces consumidos por las poblaciones; además el uso de dragas degrada las riberas de los ríos y quebradas

- Algunas políticas de desarrollo mal enfocadas, que promueven monocultivos (arroz), piscigranjas y techo digno (calaminas para los techos de las casas). Estas iniciativas imponen prácticas y costumbres externas y ajenas a la realidad local y desvalorizan las prácticas tradicionales de las comunidades y su cultura. Asimismo las políticas asistencialistas con las cuales se han impuesto estas iniciativas mencionadas generan dependencia en las comunidades

- La actividad ganadera incipiente que genera deforestación y compactación de los suelos y a veces conflictos internos en las poblaciones locales en las decisiones de dónde abrir espacios para potreros y/o dónde y cómo controlar el ganado

- Una falta de conciencia ambiental, control y acción para responder a los delitos ambientales por parte de las fuerzas militares en la zona (policía y ejército)

- La libre comercialización de la arahuana sin algún tipo de control ni certificado de origen, lo cual contribuye a la continua sobreexplotación de este recurso pesquero. Otra amenaza es el empleo de técnicas inadecuadas durante la captura de alevinos de arahuana, las cuales pueden resultar en la muerte de sus progenitores

RECOMENDACIONES

- Mejorar el entendimiento que los pobladores y las autoridades tienen acerca de los impactos positivos y negativos de la carretera Puerto Arica-Flor de Agosto mediante la facilitación de espacios de discusión y la difusión de materiales ya producidos en otros ámbitos de la Amazonía. Asimismo, es importante promover mecanismos de control y fiscalización relacionados con la apertura de esta carretera

- Promover una campaña de difusión e información de los efectos negativos en la salud humana, la calidad del agua del uso del mercurio durante la extracción de oro

- Apoyar las iniciativas locales de revaloración cultural mediante los intercambios sociales (mingas, fiestas tradicionales), y promover y facilitar el intercambio de experiencias y conocimientos entre las comunidades a ambos lados de la frontera. Promover la participación de los ancianos/mayores en la transmisión de conocimientos de la lengua nativa, fiestas tradicionales, bailes, cantos, artesanía y los usos y manejo de la biodiversidad y su sistematización en documentos y actividades que se pueden incorporar en los currículos de las escuelas locales, para generar estrategias verdaderas de educación intercultural y bilingüe. Promover el intercambio de conocimientos acerca de las estrategias para proteger y manejar los recursos naturales entre las diferentes comunidades y fortalecer las iniciativas existentes de control y vigilancia

- Validar y utilizar los mapas participativos de uso de recursos realizados durante la caracterización social para entender la relación entre los pobladores con su entorno y sus aspiraciones a futuro en la región. Estos mapas deben utilizarse para desarrollar la zonificación en el ámbito comunal e involucrar a las comunidades en el manejo y vigilancia de sus territorios comunales y del área propuesta de conservación y uso sostenible

- Desarrollar el mapeo histórico y cultural para entender la relación histórica entre las poblaciones y los usos del área. Realizar investigaciones arqueológicas a lo largo de los ríos Ere y Campuya para entender los patrones históricos de ocupación de esta zona. Elaborar con las comunidades calendarios ecológicos (Fig. 23) para monitorear los cambios del clima y sus efectos en la biodiversidad y el buen vivir de las comunidades

- Promover y fortalecer las iniciativas existentes relacionadas a la reforestación con especies maderables en sistemas agroforestales y en los bosques secundarios

- Evaluar la norma que regula la extracción de paiche y de acuerdo a la ecología de esta especie hacer efectiva la veda en el río Putumayo

- Promover el uso de los calendarios ecológicos para monitorear el cambio climático y las epidemias. Crear espacios de reflexión para analizar cómo las personas se ven afectadas por el cambio climático y sus mecanismos de adaptación y mitigación frente a estas situaciones

- Promover el uso de plantas medicinales para el auto-cuidado y la salud de las comunidades como un recurso terapéutico eficaz, mediante el intercambio de experiencias y de saberes de hombres y mujeres para la recuperación y de transmisión de conocimientos sobre las plantas medicinales y sus usos. Articular el uso de las plantas medicinales y de la medicina tradicional indígena en el sistema público de salud en la zona del Putumayo

USO DE RECURSOS NATURALES, CONOCIMIENTO ECOLÓGICO TRADICIONAL Y CALIDAD DE VIDA

Participantes/autores: Galia Selaya, Diana Alvira, Margarita Medina, María Elvira Molano, Mario Pariona, Benjamín Rodríguez, Ana Rosa Sáenz y Alaka Wali

INTRODUCCIÓN

Uno de los hallazgos destacables del inventario biológico de la región Ere-Campuya-Algodón es el buen estado de conservación de los bosques y cuerpos de agua. Esta característica del bosque está en gran medida relacionada con la baja densidad poblacional, la forma tradicional en que los habitantes de la región usan y manejan sus recursos y la limitada accesibilidad a la región debido a los altos costos de transporte fluvial.

Los pobladores locales consideran el bosque como un ser viviente funcional y un componente fundamental para su subsistencia. Esta percepción es común en los pueblos indígenas de la Amazonía peruana. El potencial del bosque, la abundancia de recursos, el estado de los cuerpos de agua y la productividad de los suelos son vitales para la subsistencia de las familias y en la práctica resultan en un vínculo muy fuerte entre el bosque, la economía y la cultura de los pueblos nativos del Putumayo (Alverson et al. 2008, Alvira et al. 2011). Un bosque en buen estado de conservación refleja en gran medida la calidad de vida de los pobladores locales.

MÉTODOS

Con el fin de entender la forma en la que las comunidades nativas y mestizas del Ere-Campuya-Algodón usan y manejan sus recursos y la relación con la calidad de vida de la población, realizamos talleres y entrevistas semi-estructuradas con hombres y mujeres. Las comunidades focales para este trabajo fueron Flor de Agosto, Ere, Atalaya, Cedrito, Las Colinas y Santa Mercedes. En los talleres formamos grupos de trabajo para realizar el mapeo de recursos, sitios de usos de la tierra y diversidad de especies utilizados para la subsistencia de las familias. Posteriormente promovimos una reflexión sobre las varias dimensiones que determinan la calidad de vida (recursos naturales, relaciones sociales, cultura, economía y política). Para este ejercicio se utilizó la herramienta del hombre/mujer de buen vivir (ver la sección de métodos del capítulo 'Comunidades humanas visitadas: Fortalezas sociales y culturales'). Asimismo desarrollamos una encuesta económica mediante entrevistas estructuradas de cuatro a seis familias por comunidad para estimar la contribución de los recursos naturales en la economía familiar.

Los participantes en el ejercicio del mapeo ubicaron *collpas* (Figs. 4A, 21), cochas, chacras y sitios míticos,, así como sitios de extracción de madera, fibras, especies medicinales y frutos. Junto con los participantes verificamos algunos de los sitios para profundizar el conocimiento de las formas tradicionales de manejo y poder evaluar el estado de conservación. Entrevistamos a hombres y mujeres y a los 'vegetalistas' y 'curiositos,' como se llama localmente a las personas que saben curar diversas enfermedades con plantas. Con su apoyo compilamos informaciones de las principales plantas medicinales conocidas y sus usos. Las personas mayores fueron fuente muy importante de información para conocer los usos tradicionales de las plantas. También recogimos percepciones sobre cambios en el calendario ecológico debido a perturbaciones climáticas.

A continuación presentamos un análisis detallado de los resultados del mapeo de uso y manejo del espacio y la biodiversidad (Fig. 21), así como las técnicas utilizadas para la recolección, caza y pesca. Presentamos una sección sobre conocimientos ancestrales de plantas medicinales y sus usos actuales. Mostramos resultados de las encuestas sobre aporte económico del bosque a las familias y finalmente las percepciones del estado de los recursos naturales y la relación con la calidad de vida de las comunidades. Finalmente presentamos las preocupaciones de la gente local sobre el cambio climático en su región.

RESULTADOS Y DISCUSIÓN

Clasificación del paisaje

Los pobladores locales identifican los espacios de uso en función a la topografía del terreno y a la probabilidad de inundación generado por la creciente de los ríos y quebradas.

Las *alturas*, también denominadas como lomas, son áreas no inundables destinadas para cultivos de plantas perennes como frutales y cultivos anuales que no resisten a las inundaciones. Las *restingas* son pequeñas áreas que generalmente no se inundan durante las temporadas de creciente de los ríos o quebradas. Las restingas son áreas importantes para la caza de animales. Los *bajiales* son inundados periódicamente por las crecidas de los ríos o quebradas. Son muy importantes para la reproducción y como fuente de alimentación de los peces. Las *tahuampas* son lugares inundados temporalmente debido a la creciente de los ríos y quebradas, y son áreas importantes para realizar la pesca y de reproducción. Los *barrancos*, taludes, precipicios y deslizamientos de tierra son generados por los cambios del cauce de los ríos y quebradas. Algunas de estas áreas constituyen *collpas* para los loros. Las *playas* son lugares de anidamiento de taricayas (*Podocnemis unifilis*) y charapas (*Podocnemis expansa*), y también lugares de extracción de oro.

Otros criterios que los pobladores locales utilizan para la clasificación del bosque son de acuerdo a la potencialidad o dominancia de especies de plantas, como palmeras, lianas o especies de árboles (p. ej., irapayal, aguajal, ungurahual, cetical, bejucal, chontillal). Cabe destacar que irapay (*Lepidocaryum tenue*), palmera abundante e importante en la zona, se llama *erepay* en idioma Murui.

Notamos en la gente de la comunidad un amplio conocimiento de la fenología (la periodicidad de la floración y fructificación) de las plantas, así como la composición florística, la dinámica del bosque y la regeneración natural y sus relaciones con el potencial de los suelos. Por ejemplo, conocen plantas indicadoras de la fertilidad del suelo que les permite implementar chacras con mayor éxito. El conocimiento de la flora y su fructificación también constituye un factor importante para determinar las fechas de caza de animales y reproducción de los peces (Fig. 23).

Uso y manejo tradicional de productos maderables y no maderables

Alimentación

En las comunidades visitadas logramos estimar aproximadamente 18 variedades de frutos que son utilizados en la alimentación humana. Entre las especies importantes están las palmeras silvestres como aguaje (*Mauritia flexuosa*), ungurahui (*Oenocarpus bataua*) y chambira (*Astrocaryum chambira*). Otras especies forestales como leche caspi (*Brosimum utile*) y caimito (*Pouteria caimito*) también son colectadas para alimentación en todas las comunidades. Según los entrevistados, estos productos son abundantes en el bosque y generalmente utilizados para autoconsumo.

Vivienda e infraestructura

Estimamos aproximadamente el 99% de los materiales para la construcción de viviendas de los pobladores locales proviene del bosque. Los conocimientos de calidad y uso de estos materiales para estos fines son amplios por los pobladores. Las maderas duras o de alta densidad son denominadas 'shungo.' Las más apreciadas por su durabilidad son huacapú (*Minquartia guianensis*), palisangre (*Brosimum* spp.), polvillo (*Hymenaea courbaril*) y shihuahuaco (*Dipteryx micrantha*), que utilizan principalmente como horcones en las viviendas y como vigas de puentes peatonales rurales.

Las palmeras son fundamentales para la construcción de pisos y techos. Para pisos utilizan pona (*Iriartea deltoidea*) y cashapona (*Socratea exorrhiza*) y para techos irapay (*Lepidocaryum tenue*). En las comunidades de Flor de Agosto y Ere han comenzado a usar técnicas de manejo de irapay a fin de mantener saludables las poblaciones de esta especie. Este manejo consiste en cortar solo las hojas maduras. Estos criterios no siempre son seguidos por usuarios externos a la comunidad, según manifestaron durante los talleres.

Artesanías

La gran mayoría de los materiales usados para la artesanía proviene del bosque. Estos incluyen las fibras de chambira (*Astrocaryum chambira*), bombonaje (*Chelyocarpus repens*), aguaje (*Mauritia flexuosa*), llanchama (*Poulsenia armata*) y tamshi (*Heteropsis* sp.). Los pobladores locales también usan muchas semillas, como huairuro (*Ormosia* spp.), ojo de vaca (*Mucuna* spp.), rosario o piri piri (*Cyperus* spp.), achira (*Canna* spp.), pashaco (*Parkia* spp.), shiringa (*Hevea* spp.) y totumo (*Crescentia cujete*). También obtienen tintes naturales de hojas, corteza y frutos de plantas para colorear las fibras. El color negro se tiñe con huamasamana (*Jacaranda* spp.), el color verde con pijuayo (*Bactris gasipaes*), el amarillo con guisador (*Curcuma longa*) y el rojo con achiote (*Bixa orellana*). También se utiliza el barro o arcilla para obtener el color negro. En todas las comunidades visitadas encontramos por lo menos una mujer que realiza productos artesanales, los cuales se comercializan en El Estrecho. La materia prima para tales utensilios (canastas, abanicos, muñecas) son la palmera chambira, bejucos, semillas y tintes naturales.

Construcción de medios de transporte

Observamos un amplio conocimiento de especies maderables para la construcción de canoas y botes en las comunidades visitadas. Entre las principales especies figuran la guariuba (*Clarisia racemosa*), tornillo (*Cedrelinga cateniformis*), mari mari (*Hymenolobium* spp.), itauba (*Mezilaurus itauba*), moena (Lauraceae spp.), catahua (*Hura crepitans*) y cedro (*Cedrela odorata*). Las canoas o botes constituyen una herramienta fundamental en la vida cotidiana de los pobladores locales y son utilizados como medio de transporte principal. Aquellas familias con mayores recursos económicos cuentan con su propio motor peque-peque.

Figura 21. Un mapa de los recursos naturales en la región Ere-Campuya-Algodón de Loreto, Perú, elaborado por los habitantes de seis comunidades indígenas en el río Putumayo.

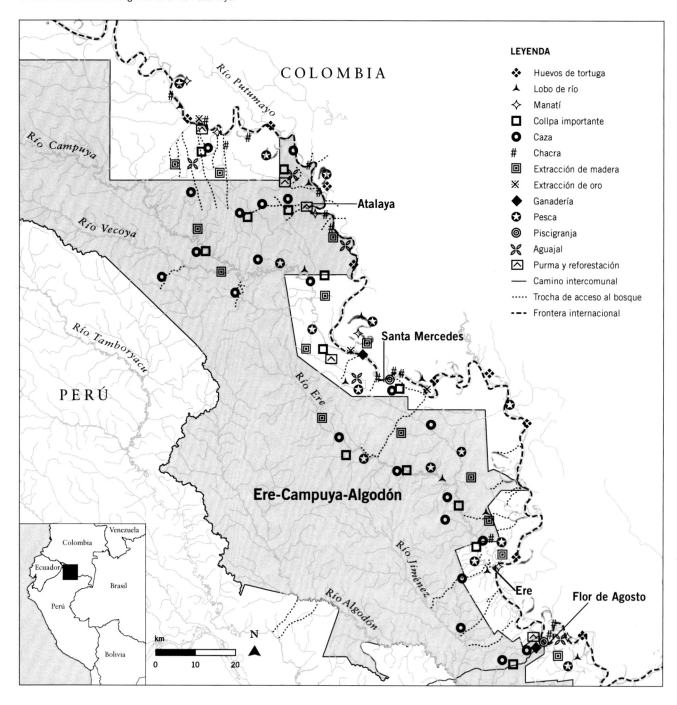

LEYENDA

Símbolo	Descripción
❖	Huevos de tortuga
▲	Lobo de río
✧	Manatí
☐	Collpa importante
⊙	Caza
#	Chacra
▣	Extracción de madera
✕	Extracción de oro
◆	Ganadería
✪	Pesca
◎	Piscigranja
✖	Aguajal
⌂	Purma y reforestación
——	Camino intercomunal
·····	Trocha de acceso al bosque
– – –	Frontera internacional

Extracción comercial de especies maderables

La extracción comercial de madera la efectúan grupos familiares en todas las comunidades visitadas. Las especies de alta densidad (maderas duras) tales como polvillo (*Hymenaea* sp.), granadillo (*Platymiscium* sp.), charapilla o shihuahuaco (*Dipteryx* sp.), arenillo (*Vochysia ferruginea*) y volador (*Ceiba samauma*) son extraídas en forma selectiva. También extraen algunas maderas de baja densidad (madera blanda) como cumala (*Virola* sp.) y marupá (*Simarouba amara*).

Durante las visitas a los centros de extracción forestal constatamos el conocimiento de técnicas simples que permiten determinar la calidad de madera, el cálculo de los volúmenes en pies cúbicos o el número de piezas que se puede obtener de un árbol, tipos de cortes con motosierra, etc. Notamos algunas iniciativas de utilizar estos conocimientos para mejorar la negociación con los compradores y exigir mejoras en los precios y beneficios.

Manejo de chacras diversificadas y purmas

Observamos que las chacras son verdaderos lugares de transmisión de la cultura además de ser áreas donde producen diversos productos alimenticios. En ellas existen prácticas con fuerte integración de los aspectos culturales como la minga y el manejo del espacio y suelo en el que cada especie tiene lugar. Hemos visitado chacras implementadas en el bosque alto para los cultivos perennes, principalmente frutales, los cultivos temporales en áreas inundables o fluviales y los cultivos agrícolas anuales en las restingas. Ha sido evidente la utilización de prácticas tradicionales de corte y quema para implementación de las chacras.

Identificamos una variedad alta de plantas cultivadas además de los productos tradicionales (yuca, maíz, plátano). Nos mencionaron además que cultivan caña, tomate, pepino, caimito, pijuayo, culantro, ají dulce, macambo, camote, piña y cocona, entre otros. Fue interesante la facilidad con la que diferencian variedades similares. Por ejemplo, cultivan dos tipos de yuca (brava y dulce). Mientras no fue fácil para nosotros reconocer visualmente las diferencias entre estos dos cultivares, las ancianas mostraron mucha habilidad en reconocer sus diferentes características. La producción agrícola tiene como principal destino el autoconsumo. Excedentes de maíz y yuca transformada a fariña son los productos que más se comercializan en las comunidades visitadas.

En la chacra normalmente hay una división del trabajo muy marcado, pues la mujer es la responsable principal de la chacra. Ella es la que tiene un conocimiento completo de las plantas, su uso y manejo, especialmente de las plantas de ciclo vegetativo corto como la yuca, las hortalizas, la piña, plantas medicinales, etc. (Gasché Suess y Vela Mendoza 2011). Los trabajos de establecimiento de la chacra (roza, tumba y quema)

son generalmente labor del hombre. Las actividades de siembra normalmente son conducidas de manera compartida. Sin embargo la mujer es la que direcciona todo el proceso desde la siembra hasta la cosecha. Nos mencionaron que el conocimiento sobre el uso y manejo de las chacras está cambiando. Una mujer Bora de la comunidad de Flor de Agosto indicó que las jóvenes no van a trabajar de la misma manera que lo hacía antes.

Rotación de barbechos

Durante nuestras visitas a las chacras observamos el establecimiento de área de cultivo con un promedio de aprovechamiento de dos o tres años y superficies que oscilan entre 0.5 a 1 hectárea, típico de economías de subsistencia en la Amazonía. Una vez ocurrido el desgaste de los nutrientes del suelo por cultivos anuales, el proceso de sucesión del bosque es reemplazado por otro tipo de vegetación menos demandante en nutrientes. Las parcelas posteriormente son convertidas en áreas agroforestales en las que los árboles frutales son los componentes principales. Especies como umarí (*Poraqueiba sericea*), guaba (*Inga* spp.), caimito (*Pouteria caimito*), pijuayo (*Bactris gasipaes*), macambo (*Theobroma bicolor*), cítricos y otros forman parte predominante del ciclo de producción. Una mayoría de los frutales perennes son aprovechados por muchos años, mientras tanto la vegetación natural crece y da lugar al bosque secundario maduro, localmente denominado purma alta. Las purmas constituyen fuentes principales de maderas y fibras para la construcción de viviendas, asimismo de muchas plantas medicinales (Fig. 21 y Apéndice 9). Durante nuestras caminatas por el bosque logramos distinguir muchas áreas en proceso de recuperación. Algunas presentaban estados de sucesión de 25 años de edad, dominadas por especies de árboles de rápido crecimiento como el cetico (*Cecropia* spp.).

Las chacras diversificadas funcionan en base a la retroalimentación cultural, social, biológica y productiva. Podemos reafirmar que la comprensión de la forma tradicional de manejo de chacras es vital para proponer iniciativas productivas a las comunidades. Los comuneros nos mencionaron el fracaso de la introducción de técnicas y modalidades de monocultivos como sacha inchi (*Plukenetia volubilis*) y otros promovidas por la municipalidad de El Estrecho. El monocultivo rompe los ciclos naturales, lo cual incide en que el sistema no sea sostenible a largo plazo sin la existencia de insumos externos. Eso sumado a la falta de conocimiento del cultivo, incertidumbre de canales de comercialización y competencia con la mano de obra de productos alimenticios han incidido en el fracaso de la iniciativa.

Uso de animales silvestres

La cacería forma parte importante de la economía familiar y representa una gran fuente proteica en la dieta de la población. La caza se realiza usualmente entre grupos pequeños o familiares y se utiliza la escopeta. El éxito de caza depende del conocimiento heredado sobre los ciclos biológicos de la fauna y de los lugares de mayor ocurrencia, como la ubicación de las *collpas*, así como de la práctica en el uso de los instrumentos de cacería.

Entre las especies que sufren mayor presión de cacería se encuentra sachavaca (*Tapirus terrestris*), huangana (*Tayassu pecari*), sajino (*Pecari tajacu*; Fig. 10B), venado (*Mazama americana*), majaz (*Cuniculus paca*), añuje (*Dasyprocta variegata*), pucacunga (*Penelope jacquacu*), manacaraco (*Ortalis guttata*), entre otras (Apéndice 10). La carne de monte extraída es principalmente destinada para la subsistencia y en menor medida para la venta. Ésta es comercializada fresca, fresca-salada o ahumada a comerciantes itinerantes colombianos o, en menor medida, a los peruanos vecinos. El precio de la carne fluctúa entre 5 y 6 nuevos soles por kilo.

Es necesario hacer hincapié a que existen iniciativas y acuerdos de uso y manejo de los recursos naturales, cochas y *collpas*, así como de control y vigilancia. La comunidad nativa de Ere tiene un comité de guardabosques que además de hacer patrullajes para el control y vigilancia de la extracción de los recursos naturales por los mismos comuneros y foráneos, también monitorean las *collpas* y tienen acuerdos para dejarlas descansar por un periodo de un año, además de prohibir que dejen los restos de los animales cazados cerca a estos lugares. Si bien todavía falta reforzar algunos aspectos de control y tener un sistema de cobro de 'impuesto' para los foráneos que extraen animales para la venta, consideramos estas iniciativas tan importantes que deberían fortalecerse y replicarse en otras comunidades.

Por otro lado, tanto en las entrevistas personales como en el mapeo de aprovechamiento de los recursos del bosque, los pobladores manifestaron la existencia de seres míticos que protegen las *collpas* y evitan que los animales sean cazados.

Recolección de animales silvestres

La recolección de animales y otros productos del bosque es una actividad tradicional y complementaria a la caza, pesca y extracción de madera, ya que estos se extraen cuando los comuneros entran al bosque puntualmente a realizar las actividades antes mencionadas. La mayoría de los animales y la miel de abeja son recolectadas para el consumo. Entre los animales recolectados tenemos camarones, larvas de escarabajo, termitas, diferentes especies de ranas, huevos y adultos de tortugas acuáticas, motelos (*Chelonoidis denticulata*), entre otros. Registramos también que algunos insectos son utilizados con fines de curandería, tales como los escarabajos de la familia Passalidae y la hormiga *Cephalotes atratus*. Otros animales son recolectados para tenerlos como mascota (leoncitos [*Callithrix pygmaea*], pichicos [*Saguinus* spp.], pucacunga [*Penelope jacquacu*], manacaraco [*Ortalis guttata*] y loros y guacamayos de diversas especies), los cuales son vendidos ocasionalmente a personas foráneas.

Hay recolección de huevos y adultos de tortugas como cupiso (*Podocnemis sextuberculata*), taricaya (*P. unifilis*) y charapa (*P. expansa*). La captura de los adultos y recolección de huevos se hace manualmente en las playas de los ríos y algunas veces se captura a los individuos con redes. Los consumidores finales son principalmente las familias recolectoras, y ocasionalmente venden los huevos a los comerciantes colombianos.

A pesar de que no existe un comercio categórico de este producto en el área, sin embargo existe una indiscutible disminución de tortugas y los pobladores reportan la reducción de las poblaciones. Una de las causas constituye la recolección descontrolada de huevos y de quelonios adultos para autoconsumo. Otro de los posibles factores podría ser los cambios climáticos y los desordenes en la formación de playas, ya que el nivel del río fluctúa repentinamente, impidiendo la ovoposición e incubación de los huevos. Estos cambios no vienen siendo monitoreados de forma regular y deben ser prioridad con la finalidad de deslindar las causas de disminución de los quelonios.

A pesar que no se extraen animales exclusivamente para la elaboración de artesanías, los restos de estos provenientes de la caza y pesca constituyen insumos para realizar esta actividad. Así encontramos que se utilizan pelos de puercoespines; escamas de paiche; colmillos de monos, lagartos y majaces; plumas de guacamayos, loros y tucanes; y huesos de motelo.

Otras actividades productivas

Crianza de animales menores y mayores

Observamos en todas las comunidades que algunos comuneros poseen ganado porcino, el cual es criado libremente alrededor de las casas y alimentado de los desperdicios y sobras de los pobladores. Estos animales cubren circunstancialmente las necesidades de carne de los mismos pobladores y a veces se venden. En la comunidad Atalaya se encontró ganado caprino perteneciente a una familia que destina su carne para autoconsumo y ocasionalmente para la venta. A diferencia de los cerdos, estos son criados en un corral, pero también se movilizan constantemente en los pastizales de la comunidad. Por último, en la comunidad de Flor de Agosto encontramos nueve cabezas de ganado vacuno que pertenecen a toda la comunidad y al menos dos individuos más que pertenecen a otros pobladores. El ganado se encuentra suelto en toda la comunidad, situación que causa molestias en las comunidades por la atracción de moscas y la invasión de los animales a sus predios. Los pobladores de la comunidad Ere manifestaron que también tuvieron ganado, pero que todos fueron vendidos algunos años atrás.

Crianza de aves de corral

En todas las comunidades visitadas observamos que esta es una actividad a pequeña escala, emprendida principalmente por mujeres como parte de la economía familiar. La carne es destinada para subsistencia y en algunas ocasiones para la venta. El precio de las gallinas depende del tamaño del ave pero en promedio se vende a 25 nuevos soles una gallina y a 35 un gallo.

Se venden a las embarcaciones colombianas itinerantes o a los peruanos que por diferentes motivos visitan las comunidades. Las aves están sueltas y se alimentan de algunos restos de alimentos que les dan los pobladores y de lo que encuentran en los alrededores.

El PEDICP (Proyecto Especial de Desarrollo Integral de la Cuenca del Río Putumayo del Perú) está apoyando la crianza de aves de corral (patos y gallinas) a grupos organizados de productores de las comunidades de Flor de Agosto, Santa Mercedes y Puerto Arturo. El PEDICP les facilita módulos de producción familiar que constan de diez gallinas y un gallo y cinco patas y un pato por beneficiario. Adicionalmente contribuyen tablas para la construcción de los corrales y las vacunas de los animales tres veces por año. El compromiso del poblador es encargarse de la alimentación y dejar al menos 50 individuos reproductores cada año. El encargado del PEDICP en Santa Mercedes manifestó que los resultados de esta experiencia son alentadores porque las mujeres encargadas están cumpliendo con los compromisos establecidos.

Uso de cochas, quebradas y ríos

El área de estudio cuenta con una gran red de cochas, quebradas y ríos que los pobladores conocen a la perfección, ya que hacen uso de estos para acceder al bosque a extraer diversos recursos y pescar (Fig. 21). La pesca se hace principalmente de forma individual, pero también se organizan pequeños grupos familiares para ir a las cochas. Utilizan redes con aberturas de diferentes tamaños, las cuales son instaladas en las orillas y después progresivamente cerradas hacia el centro de la cocha. Otras técnicas utilizadas son las atarrayas, que se usan indistintamente en cualquier cuerpo de agua; las tramperas o agalleras que se instalan atravesando los ríos o quebradas y que se dejan para recoger horas más tarde los peces atrapados; la línea de pesca, que consiste en el hilo nylon y anzuelo; y arpones y flechas artesanales. Ocasionalmente utilizan el barbasco en pequeñas quebradas o cuerpos de agua, siendo esta técnica la con mayores impactos ambientales.

Entre las especies de peces más consumidas están las lisas (*Leporinus* sp.), pintadillo o tigre zúngaro (*Pseudoplatystoma tigrinum*), palometa (*Mylossoma* spp.), paco (*Piaractus brachypomus*), gamitana (*Colossoma macropomum*), sábalo (*Brycon* spp.), pejetorre (*Phractocephalus hemiliopterus*), pangarraya (*Hypoclinemus mentalis*), corvina (*Plagioscion* sp.) y sardina (*Triportheus* spp.). La pesca se realiza principalmente con fines de subsistencia, pero una pequeña parte se destina para la venta cuando existe la posibilidad.

Los pobladores manifestaron que algunas cochas tienen sus 'madres' representadas en enormes boas negras que las cuidan y protegen, evitando que los pescadores vayan frecuentemente a estos lugares a realizar la pesca.

Extracción de alevinos de arahuana y manejo de la especie

En las cuatro comunidades visitadas existe la presencia y consumo de la arahuana (*Osteoglossum bicirrhosum*). Sin embargo, en las comunidades de Ere y Flor de Agosto se da la extracción masiva de los alevinos para la venta a intermediarios que los compran como peces ornamentales cuyo destino final es Japón y China, igual como se ha observado en el bajo Putumayo (Pitman et al. 2011).

Esta actividad no se realiza en Santa Mercedes ni Atalaya, debido a que la distancia entre estos lugares y El Estrecho u otra ciudad cercana deprecia el valor comercial de los alevinos y el costo-beneficio por extraer este recurso no es considerado adecuado por los pobladores. Esto contrasta con la situación en el Bajo Yaguas, en donde aun cuando el precio es bajo (1 nuevo sol/alevino) los pobladores los extraen masivamente (Pitman et al. 2011). Según las entrevistas, en Flor de Agosto y Ere el precio por alevino varía entre 3 y 4 nuevos soles, y cada familia extrae alrededor de 2000 individuos por año. En cambio, el precio ofrecido entre Santa Mercedes y Atalaya oscila entre 0.50 y 1 nuevo sol la unidad.

Existe una gran habilidad y conocimiento por parte de los pobladores para identificar a las arahuanas que llevan alevinos en sus bocas. Los pobladores que pescan a los adultos para el consumo lo hacen mediante redes, flechas o escopetas. Aun persiste la práctica de matar o lastimar a los adultos para extraerles los alevinos. En la comunidad de Ere entre sus acuerdos comunales de manejo de los recursos naturales, los pobladores han

establecido hacer un manejo de las arahuanas adultas con el fin de no afectar la población de alevinos para los años venideros. Para ello se los pesca con redes para evitar lastimarlos y una vez extraídos los alevinos los devuelven al agua. Además, el comité de guardabosques también hace patrullaje de las cochas para evitar que personas foráneas ingresen a extraer los alevinos.

Piscigranjas

Flor de Agosto y Santa Mercedes tienen instaladas algunas piscigranjas promovidas por el PEDICP. El PEDICP brinda apoyo técnico, el 100% de los alevinos de paco y el 30% de los alimentos balanceados que se requiere para el crecimiento de los peces. Además, como parte del apoyo inicial, los participantes comunales reciben herramientas y palas para la instalación de las piscigranjas. Si bien el PEDICP promueve la crianza de paco y gamitana (INADE et al. 2007), actualmente sólo se está apoyando con la entrega de alevinos de paco debido a que no se obtuvo buenos resultados con la obtención de alevinos de gamitana. Cabe destacar que en Flor de Agosto los comuneros han empezado a criar por iniciativa propia paiche y arahuana, por ser especies con gran demanda y de buen precio en el mercado. En la comunidad nativa de Ere existe una familia decidida a establecer una piscigranja con la esperanza de que en algún momento el PEDICP les brinde apoyo técnico. Esto muestra que existe expectativa sobre los beneficios que las piscigranjas podrían traer a las comunidades. Sin embargo, es importante reflexionar sobre la sostenibilidad del programa debido a que los alevinos y el alimento son subsidiados por siete meses, tiempo luego del cual los productores quedan con la responsabilidad total de las piscigranjas. Los comuneros temen que el precio de los alevinos, alimento balanceado y del transporte y la falta de un mercado estable hagan fracasar las piscigranjas.

Usos tradicionales de plantas medicinales

Durante siglos los pueblos indígenas amazónicos han utilizado las plantas medicinales para curar las enfermedades y dolencias que aquejaban a sus pueblos y comunidades. Aprendieron de ellas dada la profunda relación que mantenían con el bosque. Probándolas y ensayándolas, fueron conociendo sus propiedades y los distintos usos para curar las enfermedades. Desde ese entonces, este conocimiento se fue transmitiendo de generación en generación hasta la actualidad. Las plantas además son un elemento fundamental en sus rituales y en sus curaciones del cuerpo, del espíritu y del territorio. Estos rituales están a cargo de personas especiales dentro de la comunidad (chamanes y curanderos).

En todas las comunidades visitadas encontramos que las personas mayores, tanto de la etnia Murui como de la Kichwa, conocen las plantas medicinales y sus usos y son conscientes de la necesidad de proteger el bosque para conservarlas. Sin embargo, también manifiestan que la gente no utiliza las plantas de la misma manera como antiguamente se hacía. A partir del trabajo con vegetalistas o curanderos, informantes claves, hicimos un listado de plantas medicinales utilizadas por los pueblos Murui y Kichwa en la región, así como sus nombres en español, Murui y Kichwa, y sus usos tradicionales (véase el Apéndice 9).

Los conocedores de las plantas en estas comunidades las clasifican como frías o calientes. Las plantas medicinales frías se utilizan principalmente para tratar la fiebre, la sed, el dolor de garganta y enfermedades 'calientes' como la malaria y las inflamaciones. Estas plantas son diuréticas y sudoríficas, e incluyen especies tales como caña brava (*Gynerium sagittatum*), hojas de guanábana (*Annona muricata*), hierba luisa (*Cymbopogon citratus*), malva (*Malachra alceifolia*), matarratón (*Senna alata*), Santa María (*Piper peltatum*), verbena (*Verbena officinalis*) y verdolaga (*Portulacca oleracea*).

Las plantas calientes tratan las enfermedades y dolencias tales como el dolor de huesos, la artritis, el reumatismo, los cólicos y el estreñimiento. Todas las plantas amargas son calientes, aunque algunas no amargas, como ciertas plantas aromáticas, también son consideradas calientes. Algunas de las más conocidas son ajengibre, albahaca, cordoncillo, higuerilla, paico, pronto alivio, ruda de venturosa y hierbabuena. Se identificó por ejemplo el uso de la corteza de la chuchuhuasa (*Maytenus* sp.) para los dolores reumáticos y la diarrea; la uña de gato (*Uncaria tomentosa*) para curar diversas enfermedades de los riñones, la artritis, el reumatismo, el cáncer y la leishmaniosis entre otras;

el chirisanango (*Cestrum* sp.) para el dolor de huesos y de cuerpo y el reumatismo; la ishanga u ortiga (*Urera baccifera*) para el reumatismo; la corteza de ubos (*Spondias mombin*) para aliviar los cólicos menstruales y estomacales; la albahaca blanca (*Ocimum basilicum*) para el dolor de cabeza y de estómago; el culantro (*Eryngium foetidum*) para la hepatitis y el paludismo; el achiote (*Bixa orellana*) para cicatrizar, para las enfermedades de la piel y como tónico estomacal; la capirona (*Calycophyllum megistocaulum*) para las quemaduras, para cicatrizar y para la leishmaniosis; y el cordoncillo o matico (*Piper aduncum*) para los cólicos menstruales y la matriz.

Encontramos que las plantas medicinales tienen diferentes formas de utilizarse (p. ej., en té, cocción, emplastos, jugos, compresas, asadas y serenadas) y se emplean diferentes partes de las plantas (p. ej., la flor, el tallo, las hojas, la raíz, el bulbo, la corteza y las semillas). Estas plantas pueden utilizarse solas o mezcladas con otras y muchas necesitan condiciones especiales para su recolección. Las curaciones a veces son acompañadas de rezos, cantos, soplos u otras manifestaciones rituales y culturales, y por lo tanto juegan un papel fundamental los 'vegetalistas y curiositos,' que son los especialistas en plantas de las comunidades.

Género y conocimiento ancestral de plantas medicinales
Existe un conocimiento diferenciado y complementario de plantas medicinales entre mujeres y hombres de las comunidades visitadas. Las mujeres juegan un papel importante en el cuidado de las plantas medicinales que cultivan en sus huertos cerca de sus viviendas. Ellas se preocupan de tener siempre a mano albahaca (*Ocimum basilicum*), ají (*Capsicum annuum*), cocona (*Solanum sessiliflorum*) y malva (*Malachra alceifolia*) junto con la yuca (*Manihot esculenta*) y demás productos para su alimentación. Las mujeres mayores tienen un conocimiento botánico milenario que han transmitido oralmente de mujer a mujer. Los conocimientos tradicionales que tienen las mujeres son principalmente para curar enfermedades de los niños y de las mujeres (p. ej., las relacionados con el embarazo y parto).

La mayoría de las mujeres en las comunidades visitadas tiene sus hijos en la casa, acompañadas de una partera que en muchos casos es su madre o su abuela. También las acompaña su marido, que las sostiene por la espalda durante el parto, pues la posición más utilizada es la hincada de rodillas. Para la dilatación durante el parto utilizan las hojas de algodón (*Gossypium barbadense*), los cogollos de cocona (*Solanum sessiliflorum*), las hojas de palta (*Persea americana*), las hojas de Santa María (*Piper peltatum*) y otras plantas. Las mujeres conocen plantas para fortificarse durante el período de la lactancia. Por ejemplo, con las hojas de caimito (*Pouteria caimito*) hacen lavados del seno para tener más leche materna. Para aliviar los malestares causados por la menopausia utilizan semillas de papaya (*Carica papaya*), hojas de hierba luisa (*Cymbopogon citratus*) mezcladas con la raíz de huasaí (*Euterpe precatoria*), té de malva (*Malachra alceifolia*). Cuando nace un bebé, lo bañan con el agua de la bobizana (*Calliandra angustifolia*) para que el bebé sea fuerte como la planta. El té de mucura (*Petiveria alliacea*) con limón (*Citrus limon*) sirve para la tos, el agua de orégano (*Lippia alba*) para aliviar el cólico, agua de cogollitos de guayaba (*Psidium guajava*) con la corteza de ubos (*Spondias mombin*) para la diarrea, el té de malva (*Malachra alceifolia*) serenada para la erupción de la piel, agua de verbena (*Verbena officinalis*) para los niños llorones. Cuando un niño nace torcido, se siembra caña brava o isana (*Gynerium sagittatum*) en una esquina de la casa para que el bebé se enderece y crezca recto como la planta.

Se recalca la importancia de los conocimientos ancestrales de las parteras y del uso que hacen de las plantas medicinales. Si las plantas están bien, los niños y las mujeres estarán bien, dice la enfermera. Las parteras utilizan las plantas medicinales de diferentes maneras. Hacen baños, masajes, vaporizaciones, bebidas y emplastos durante el periodo del embarazo, el parto y el post parto. Conocen plantas para la fertilidad, como es la corteza raspada de chuchuhuasa (*Maytenus* sp.) mezclada con panal de la miel de las abejas, plantas para el control de la natalidad y para regular la menstruación, como piri piri (*Cyperus articulatus*), la corteza de ubos (*Spondias mombin*), la pepa raspada de palta (*Persea americana*) y el agua de ishanga (*Urera baccifera*). También existen plantas para tratar los tumores en los ovarios y el

flujo, como el té preparado con la flor de tangarana (*Triplaris* sp.), la tizana de matico o cordoncillo (*Piper aduncum*) y la sangre de grado (*Croton lechleri*). Esta última se utiliza mucho, aunque no se reporta en las cuencas de los ríos Ere y Campuya.

Los hombres conocen más las plantas para curar otras enfermedades como la malaria, los dolores de huesos, la artritis, el reumatismo, para sacar el frío del cuerpo causado por la humedad de los climas tropicales y la saladera (mala suerte). Las enfermedades están muchas veces vinculadas a su sistema de creencias y de valores y se relacionan con el desequilibrio del individuo con el medio ambiente y con el hecho de haber desobedecido a las normas sociales establecidas. Es así que se cura de 'susto', de 'frío', de 'mal aire', de 'mal de ojo' en el caso de los niños y de 'saladera,' entre otras. La saladera es cuando una persona tiene mala suerte y se la atribuye a una práctica común que puede ejercer 'el brujo' para cerrarle el camino a una persona. También utilizan plantas para la impotencia de los hombres como el ipururo (*Alchornea castaneifolia*) mezclado con shirisanango (*Brunfelsia grandiflora*) y chuchuhuasa (*Maytenus* sp.). Tradicionalmente los hombres se encargaban del manejo de las plantas rituales o sagradas como la ayahuasca (*Banisteriopsis caapi*) para los pueblos Kichwa y la coca y el ampiri o tabaco (*Nicotiana tabacum*) con sal natural para los pueblos Murui. Hoy en día la gente de las comunidades visitadas practica los rituales tradicionales solo cuando visitan las comunidades situadas en la margen izquierda del río Putumayo y cuando los invitan a los bailes en las malocas de San Rafael y Belén en Colombia.

Otros usos de las plantas medicinales
Plantas utilizadas en la cacería. Un viejo cazador entrevistado nos indicó que utiliza la abuta (*Abuta grandifolia*) para untarla a los perros cuando van de cacería. Asimismo les ponen unas gotitas del jugo de esta planta en la nariz de los perros de caza a fin de que afinen su olfato y encuentren el animal pronto. También nos mencionó que los cazadores se bañan con el agua de shirisanango (*Brunfelsia grandiflora*) a fin de disminuir su propio olor y oler a monte, para que el animal no huya. El sacha ajo lo utilizan los cazadores antes de entrar al

monte para evitar picaduras de mosquitos, garrapatas y ácaros. Asimismo nos manifestaron creencias acerca de poderes especiales de las plantas en la cacería. Por ejemplo, utilizan la ayahuma (*Couroupita guianensis*) para bañar al cazador para que tenga buena cacería y la bobinzana (*Calliandra* sp.) para mejorar la puntería y darle valor al cazador. Antes de que el cazador salga al monte, le dan un golpe en la espalda con jergón sacha (*Dracontium loretense*) para que las víboras no lo persigan.

Plantas utilizadas en la pesca. Para la pesca en las cochas y quebradas es frecuente la utilización de barbasco (*Lonchocarpus* sp.). Su uso está prohibido tanto en Colombia como en el Perú, pues las raíces de esta planta contienen el alcaloide rotenona que produce un efecto insecticida y mortal contra los peces. La raíz del árbol del pan (*Artocarpus altilis*) es utilizada con el mismo fin, mientras catahua (*Hura crepitans*) es usada para envenenar la punta de la flecha para pescar.

Plantas utilizadas para mordeduras de serpientes y puzangas. Las plantas comúnmente utilizadas para prevenir y tratar la mordedura de serpiente son la cáscara de palta (*Persea americana*) madura para refregarse las piernas, jergón sacha (*Dracontium loretense*) y piri piri (*Cyperus articulatus*).

También se utilizan las plantas para enamorar a las mujeres, mediante embrujos amorosos llamados puzangas. Con las cenizas de la planta carahuasca (*Unonopsis floribunda*) se elabora la sustancia que se pone debajo de la lengua o con su hoja de olor dulce se toca a la persona escogida para que quede bajo su embrujo amoroso. En general las puzangas las utilizan los hombres para enamorar a las mujeres. Según un comunero de la comunidad de Ere, su hija estaba bajo el efecto de la puzanga y para contrarrestar el efecto cada mañana la bañaban con hojas de mucura (*Petiveria alliacea*). Otra forma de quitar la puzanga es a través de baños de piñón blanco (*Jatropha curcas*) con hojas de achiote (*Bixa orellana*).

Mitos

Consideramos importante mencionar la conceptualización mítica del 'yashingo,' una especie de ser humano pequeño y con deformaciones en el pie derecho en el bosque. Dicho ser establece una particularidad de respeto y regula en alguna medida la actitud ambiciosa de los cazadores, madereros y recolectores. El yashingo anuncia su presencia mediante golpes fuertes a las aletas de árboles. En el bosque se encuentran áreas con dominancia de pocos arbustos (dos o tres especies) y con el sotobosque bastante limpio de vegetación. Según los lugareños estas áreas son las chacras de los yashingo (Gasché Suess y Vela Mendoza 2011). En la Amazonía peruana, especialmente en la Región Loreto estas aéreas son comunes y muchas veces son denominadas como *supay chacras* o 'chacras del yashingo o chullachaqui.'

El amplio conocimiento y uso de las plantas, ya sea para medicina, consumo, vivienda o embrujos, documentado durante este inventario se suma al gran conocimiento que tienen las comunidades amazónicas de Colombia, Perú y Ecuador y que se ha mantenido de generación en generación (Acero 1979, Mejia y Rengifo 1995, Trujillo-C. y Gonzalez 2010).

Aporte económico de los bosques en la economía familiar

Obtuvimos información sobre la economía familiar a partir del análisis del balance entre el aporte económico de los productos de autoconsumo y venta de un lado y los gastos realizados para la manutención de las familias del otro. Los datos de una muestra de las familias en las seis comunidades consultadas fueron promediados.

Notamos que los beneficios obtenidos por autoconsumo y excedentes de recolección de productos del bosque y agricultura de subsistencia cubren más del 70% de las necesidades familiares. En cambio, un 30% es cubierto por el ingreso obtenido de la venta o trueque de carne de monte, pescado, productos agrícolas y madera a los comerciantes locales y colombianos (Fig. 22).

En las entrevistas a los hogares preguntamos por los productos que son adquiridos por venta o trueque y el valor de los mismos. El producto que genera mayor egreso a las familias es el combustible. Otros productos importantes son cartuchos para cacería, ropa y utensilios para el hogar. Es importante destacar que el efectivo obtenido por las familias para cubrir estas necesidades proviene de la venta de excedentes de productos agrícolas, productos del bosque y peces principalmente.

Explotación comercial de los recursos naturales

La continua explotación comercial de diversas especies locales (caucho, palo de rosa, pieles, etc.) de la región del Putumayo a lo largo del tiempo no ha contribuido a mejorar la calidad de vida de dichas poblaciones. Las familias han sobrevivido los booms y caídas del mercado internacional a través de la manutención de una economía familiar de subsistencia y venta de excedentes, producto del aprovechamiento del bosque y de los cuerpos de agua. Como hemos indicado anteriormente, persisten las prácticas de recolección de frutos, fibras, resinas, palmas, plantas medicinales, peces y animales, así como la cosecha de la madera para la construcción de viviendas. Los pobladores locales realizan agricultura en pequeñas chacras rotativas y diversificadas y en huertos familiares. Observamos transacciones de venta a pequeña escala y trueque de excedentes (productos agrícolas, pescado, carne de monte y algunas artesanías). Estas prácticas sumadas a la baja densidad poblacional han contribuido por décadas a mantener la integridad ecológica del bosque.

Actualmente la demanda comercial de madera se concentra en pocas especies (granadillo, azúcar huayo o polvillo y volador). La extracción comercial es financiada a través de habilitadores colombianos y peruanos, los cuales a su vez hacen de intermediarios entre el productor local y los empresarios madereros transformadores y/o exportadores. El habilito es un mecanismo informal de préstamos o financiamiento en dinero o especie a tasas de usura y/o cobro en especie o mano de obra a precios injustos, lo que resulta en el endeudamiento sistemático de los pobladores nativos. Este patrón de extracción de madera persiste en toda la Amazonía desde los tiempos del caucho (Alverson et al. 2008, Pitman et al. 2011). El préstamo es cobrado en madera cotizada a precios generalmente bajos y los beneficios de la venta son frecuentemente pagados en especie (combustible, alimentos). En general notamos debilidad en los comuneros de negociar precios justos con los compradores. Muy pocas familias han logrado capitalizarse mediante la actividad maderera. Por ejemplo, conocimos una familia de Ere que está

invirtiendo sus ganancias en la construcción de una casa en El Estrecho.

Durante nuestras visitas a las comunidades escuchamos sobre los planes de extracción de maderas de baja densidad como la lupuna (*Ceiba pentandra*) promovidos por una empresa maderera con sede en Iquitos (TRIMASA). La presencia de la empresa ha creado expectativas en algunos pobladores y preocupación en otros, debido a que no todos los comuneros conocen los términos bajo los cuales la empresa está promoviendo contratos. Asimismo en Ere y Atalaya hemos escuchado iniciativas de control sobre la extracción de madera. Por ejemplo, se han establecido tasas de aprovechamiento de hasta 500 piezas por familia. También nos mencionaron que han determinado en asambleas comunales que no deben talarse arboles jóvenes. Estas iniciativas muestran la necesidad de las comunidades de ejercer mayor control sobre la extracción de sus recursos. Cabe destacar que la poca transparencia en la información y en el proceso de negociación con empresas y compradores es una fuente permanente de conflictos internos, según lo manifestado por la gente de las comunidades visitadas.

A lo largo del río Putumayo existen al menos 11 dragas colombianas dedicadas a la extracción ilegal de oro que operan sin autorización en el lado peruano (PEDICP 2012). En la zona de estudio encontramos que algunas comunidades permiten que las dragas realicen esta actividad a orillas de sus territorios comunales a cambio de un 'impuesto'. Dicho impuesto lo pagan en tres formas: en dinero en efectivo (principalmente en pesos colombianos), en gramos de oro (Atalaya) o en gasolina para el alumbrado eléctrico a través del motor (Flor de Agosto). Los pobladores de los anexos Cedrito y Colina de la comunidad nativa Yabuyanos manifestaron que nunca habían recibido ningún tipo de beneficio por parte de las dragas que se ubican al frente de su territorio comunal. A pesar de los impuestos cobrados por la extracción de este mineral en territorios comunales, los mismos no reflejan un beneficio significativo para las comunidades.

En Atalaya muchas familias han incursionado en la extracción artesanal del oro durante los meses de verano (octubre-enero), generando así importantes ingresos familiares. La extracción es artesanal y utilizan palas, detergente y mercurio traído de Colombia por Puerto Leguízamo para extraer el oro de la capa superficial del suelo. Extraen aproximadamente entre 3 y 5 g de oro por día en comparación de las dragas, que extraen aproximadamente 25 g por día. El valor del gramo de oro es de 80,000 pesos colombianos (equivalente a 120 nuevos soles). Las familias contratan mano de obra de la comunidad. Las dragas son operadas por colombianos y algunos pobladores peruanos de las comunidades nativas son contratados como buzos, siendo ésta una tarea riesgosa que ha cobrado algunas vidas debido a los derrumbes.

Otra actividad comercial es la extracción y venta de alvinos de arahuana, los cuales se venden a acuarios de Iquitos a través de intermediarios, y cuyo destino final es Japón, China y Corea. Esta actividad la observamos en Flor de Agosto y Ere, donde la relación costo-beneficio de dicha actividad es más favorable que en las otras comunidades visitadas. En Flor de Agosto, Santa Mercedes y Atalaya notamos la incorporación de la ganadería a pequeña escala (bovina y ovina) manejada a nivel comunal y familiar. Aunque la actividad es incipiente, observamos que causa conflictos comunales por falta de potreros cerrados donde se controle el movimiento de los animales.

La demanda comercial de madera y alevinos de arahuana está incidiendo en necesidades de organización de los sistemas de control y vigilancia. En algunas comunidades se han establecido acuerdos de manejo y extracción de madera basados en cupos y volúmenes mínimos de corta. En el caso de las arahuanas, las comunidades establecen cupos de extracción de alevinos por familia. Existen iniciativas de control de vigilancia en el manejo de los recursos, y especialmente recalcamos el grupo de guardabosques en al comunidad de Ere. Si bien es cierto que la iniciativa es positiva, aún falta regular la distribución de los beneficios de una manera más equitativa.

Calendarios ecológicos y clima

Hicimos un calendario ecológico mostrando la sucesión de cosechas en el año y lo relacionamos con fenómenos climáticos atípicos (Fig. 23), a fin

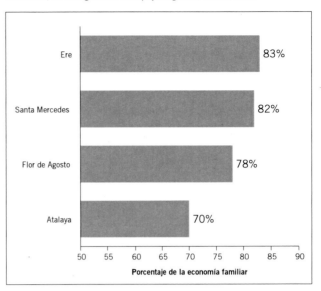

Figura 22. Importancia del bosque y cuerpos de agua en la economía familiar de las comunidades Flor de Agosto, Ere, Atalaya y Santa Mercedes, de la región Ere-Campuya-Algodón, Loreto, Perú.

de ejemplificar las percepciones locales acerca de la influencia climática sobre las actividades productivas y los recursos del bosque.

Esta es la descripción que hace el cacique de la comunidad Kichwa de Las Colinas sobre el ciclo anual, de las comunidades en el medio río Putumayo: "La estación seca inicia su ciclo en octubre y sigue en noviembre, hasta cuando llega el verano grande en diciembre con el desove de la taricaya en busca de las playas que forma el río Putumayo. Enero y febrero llega con la cosecha de chontaduro (*Bactris gasipaes*) y de umarí (*Poraqueiba sericea*), es cuando maduran las frutas y cuando se celebran los bailes rituales. Es también aquí la época en que se prepara y quema las chacras, en marzo empiezan las lluvias, inicia la cosecha de arahuana, incrementándose en abril y mayo que es cuando el río sube e inunda los bajiales formando tahuampas. Junio y julio es el tiempo en que maduran las frutas de la palma aguaje (*Mauritia flexuosa*), cuyos frutos son muy apreciados por la gente y por la fauna terrestre y las aves; los vientos de Brasil llegan surgiendo la época que llamamos friaje y dura alrededor de tres a cuatro días, para luego dar paso a pequeños veranillos intercalados con fuertes tormentas. En agosto ocurre otra vaciante que es cuando volvemos a preparar las

Figura 23. Un calendario ecológico preparado durante el inventario rápido por comunidades del río Putumayo, Loreto, Perú, mostrando las épocas del año en que varios recursos naturales de la región Ere-Campuya-Algodón son cosechados.

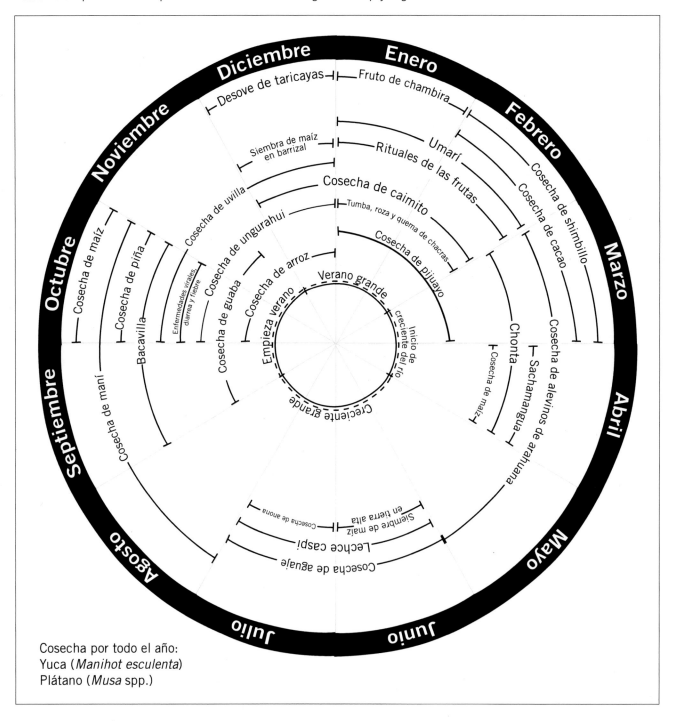

Cosecha por todo el año:
Yuca (*Manihot esculenta*)
Plátano (*Musa* spp.)

chacras para la siembra de yuca o plátano o camote o sachapapa en restingas y monte alto. El ciclo vuelve a empezar en octubre con la maduración de la piña (*Ananas comosus*) y las uvas de monte y es un tiempo de lluvias locas seguida por calores intensos, que propicia las enfermedades virales, la diarrea y las fiebres."

En los últimos años el cacique de Cedrito dice "que el tiempo ha cambiado, hace más calor en el día y más frio en las noches, el tiempo ha cambiado mucho y ya no sabemos cuándo llueve y cuándo es tiempo de verano. Todo el año hay vaca marina y abundan los lobos de río en el río Putumayo, que antes no se veían. En octubre hemos encontrado que la taricaya está desovando cuando no es el tiempo."

Percepciones del estado de conservación del bosque y calidad de vida

Mediante el ejercicio del hombre/la mujer de buen vivir pudimos conocer las percepciones locales sobre el estado de conservación de los recursos de la región Ere-Campuya-Algodón. En un rango de 1 (la puntuación más baja) a 5 (la puntuación más alta) los comuneros calificaron al estado de sus recursos naturales en 3.9. Los criterios para esta alta puntuación fueron la abundancia de agua, aire puro, *collpas* y cochas. También fueron consideradas positivas las cortas distancias a los sitios de caza, la abundancia de animales, la abundancia de peces y la disponibilidad de tierra para hacer chacras. Cuando reflexionaron sobre el aporte de los recursos del bosque y de los cuerpos de agua a la alimentación, salud y vivienda como parte del autoconsumo familiar y a la generación

de ingresos monetarios por venta de excedentes, la evaluación de la situación económica de las familias fue también alta (Tabla 2). La vida social tuvo también una alta valoración, reafirmando la importancia de estrechas redes de apoyo solidario existentes para manejar y usar sus recursos a través de las mingas. Esto confirma los hallazgos del equipo biológico sobre el buen estado del paisaje y de los recursos de la región Ere-Campuya-Algodón. Cabe destacar que solo Flor de Agosto dio una calificación menor al estado de sus recursos debido a la sobre-explotación de la arahuana y la madera, según nos comentaron los propios comuneros.

Las comunidades calificaron la vida política y cultural como los ámbitos de calidad de vida más débiles. Según manifestaron, esto tiene que ver con que los jóvenes ya no hablan el idioma local y ya no practican sus festividades y danzas tradicionales. En lo político manifestaron debilidad en la conducción de gestiones locales ante los municipios. También se quejaron sobre la poca transparencia de los madereros y colectores de oro. Esto se traduce en retos para las autoridades de la comunidad, quienes en muchos casos se ven involucrados en negociaciones que afectan negativamente a las comunidades y rompen los vínculos de reciprocidad tradicionales de estos pueblos.

Los valores culturales basados en fuertes lazos de reciprocidad y ayuda mutua y la economía de subsistencia basada en el uso amplio de la biodiversidad se reflejan en el aun buen estado de los recursos naturales, expresado y reconocido por los miembros de las comunidades. A pesar de que este estilo de vida ha

Tabla 2. Percepciones de la calidad de vida de seis comunidades en la región Ere-Campuya-Algodón, río Putumayo, Amazonía peruana.

Calidad de vida	Recursos naturales	Relaciones sociales	Vida cultural	Vida política	Vida económica	Promedio por comunidad
Atalaya	4	3.5	3	3	3.7	3.4
Cedrito	4.5	5	4	3	5	4.3
Las Colinas	4	4	2	3.5	3.5	3.4
Flor de Agosto	3	4	4	5	4	4
Santa Mercedes	4	3	3	4	3.4	3.5
Promedio para todas las comunidades visitadas	**3.9**	**3.9**	**3.2**	**3.7**	**3.9**	

contribuido por siglos a la conservación del bosque y de los cuerpos de agua, la situación tiende a cambiar cada vez más rápido por el avance de modelos de desarrollo basados en el monocultivo y de las actividades extractivas ilegales, los cuales están erosionando el estilo de vida local y los ecosistemas de los cuales dependen los pobladores para su sobrevivencia.

CONCLUSIÓN

Las comunidades de la región Ere-Campuya-Algodón muestran un nivel moderado de presión de aprovechamiento de sus recursos. En todas las comunidades visitadas hemos constatado una abundancia de collpas, cochas y quebradas donde aún existen grandes poblaciones animales. La implementación de chacras con una diversidad de cultivos y la posibilidad de producir durante todo el año aseguran el sustento alimenticio de las familias. La baja densidad poblacional junto con la organización comunal con fuertes lazos de reciprocidad y apoyo mutuo contribuyen al buen estado de los recursos.

El conocimiento de las plantas medicinales todavía juega un rol importante en la salud comunal y complementa los servicios médicos de los puestos de salud existentes. Destacamos la presencia de personal paramédico perteneciente al pueblo Murui.

Observamos que las personas mayores tienen un alto grado de conocimiento y sabiduría sobre la distribución ecológica y el uso de las plantas medicinales, y que los hombres y mujeres muestran diferentes conocimientos en cuanto a la aplicación y usos de estas plantas.

La cacería y pesca son actividades tradicionales de autoconsumo. Los excedentes son utilizados para trueque o intercambio de otros productos de primera necesidad. Al momento de nuestra visita, los comuneros nos indicaron que el ingreso de terceros a sus collpas era ocasional. También constatamos que los pobladores locales muestran un conocimiento amplio sobre la gran variedad de peces y sus ciclos biológicos y ecológicos, aprendizajes que les permiten aprovechar mejor los recursos acuáticos. En el caso de las cochas, existen iniciativas para hacer mayor control y vigilancia, sobre todo en los sitios donde la actividad de extracción de alevinos de arahuana es importante.

La extracción de especies maderables duras aún no ha afectado considerablemente la estructura del bosque. Existen ciertas técnicas asimiladas por los extractores que aplican en aprovechamiento de productos maderables, sobre todo en aquellos que trabajan con el PEDICP. Aunque la adopción de estas técnicas es una fortaleza, la extracción selectiva de especies podría constituir un peligro para la salud del bosque debido a que estas especies son de crecimiento lento y hemos escuchado que no siempre respetan los volúmenes mínimos de aprovechamiento acordados en reuniones comunales.

Cabe notar que existen algunas iniciativas de establecimiento de cuotas de aprovechamiento por familia y también de restricción de ingreso de terceros a aprovechar la madera en territorios comunales. Sin embargo, los esfuerzos de control y vigilancia son debilitados por la persistencia del sistema de habilito que, por lo discutido con los comuneros en talleres y entrevistas, ha significado que la extracción de madera solo favorezca a algunas familias en detrimento de las otras. Asimismo, incide en que los jóvenes olviden los conocimientos tradicionales motivados por una visión extractivista de los recursos.

Notamos la existencia de proyectos de desarrollo basados en cambiar el uso y manejo de cultivos tradicionales al cultivo de arroz y sacha inchi. Sin embargo, también observamos que estas iniciativas no encuentran respuesta en las comunidades, básicamente debido a que no toman en cuenta la forma tradicional de producción y la organización de los pueblos nativos. A diferencia, otras iniciativas, como la producción a pequeña escala de aves de corral y la agroforestería, han logrado mayor adopción debido a que son compatibles con el sistema de manejo y organización del trabajo en base a la minga. Por otro lado, estas actividades no ponen en peligro la salud del medio ambiente.

Basándonos en las visitas a sus sitios de recolección y en los resultados del ejercicio de calidad de vida, concluimos que la percepción de los comuneros es que sus bosques y cuerpos de agua están aun en buenas condiciones. Esto confirma los hallazgos del equipo biológico del buen estado de conservación de los ecosistemas y procesos ecológicos de la zona de estudio.

Sin embargo, también mencionaron los pobladores su preocupación sobre otras fuerzas que amenazan esta integridad, entre ellas la explotación desordenada de los recursos maderables y la arahuana. Además de incidir en la degradación de sus bosques, esto tiende a crear desequilibrios económicos, sociales y culturales que entran en conflicto con las formas tradicionales de manejo del ecosistema y de la biodiversidad. Adicionalmente, el cambio climático se ha vuelto motivo de preocupación por algunos fenómenos observados en los últimos años en el régimen hídrico. La influencia de actores externos produce retos a la gobernanza local y sus formas tradicionales de organización (compradores de madera, arahuana, dragueros, proyectos de desarrollo, etc.).

Fichas tarabana sachaypi

15–31 de octubre de 2012

Comunidades Nativas

Ere-Campuya-Algodón

○ Inventario biológico

◉ Inventario social

COLOMBIA

Río Putumayo

Río Campuya

Cedrito
Las Colinas
Atalaya

Medio Campuya

Río Tamboryacu

Río Caraparaná

Santa Mercedes

Cabeceras Ere-Algodón

Río Ere

PERÚ

Bajo Ere

Río Algodón

Ere

Flor de Agosto

Río Napo

Río Curaray

Venezuela
Colombia
Ecuador
Brasil
Perú
Bolivia

km

0   10   20

N

TUKURISHKA EJECUTIVO	
Suyupi	Chay yakukunata Ere, Campuya, indaya Algodón, chay Putumayopa mama yakukuna, tandarishka ashka uray sachakuna mana ballik allpakunawan norte Loreto, Perupi. Kay Ere-Campuya-Algodón suyu (900,172 ha) tandarishka partikuna ashka sachakunata ishkay mama llaktakuna kuydanchi ñukanchikunata allpata tukuy wawkikuna chay Peruypi-Colombiaypi. Chay tarabanchi nukachi yarinchi ñawpamanda kuydarishun yarishka sakirishka ishkay mama llaktakuna (PEDICP 1993). Chaywashamanda chay ley regional kimsa yaku umata. Chay allpa tukuy sakirishka kay yarinchi. Kay Putumayo yakuypi kawsanaun ñukanchi kichwa runakuna indaya murui tandarishka 17 llaktakuna (13 runakunapa llaktakuna indaya chushku anexokuna). Ña kuydashka, chay Ere-Campuya-Algodón suyuka yapa kuydashka suyukunawa, runakunapa allpakunawa 21 millon hectarekunapi juntarinka chay Peru-Colombia-Ecuador fronterapi.
Rikukrishka chikuskaipi	**Tandarishka biológico:**

Ashka yakukuna Ere indaya Algodón	Ere-Algodón Umakuna	15–21 de octubre de 2012
	Allpama Ere	21–26 de octubre de 2012
Yakukuna Campuya	Chawpi Campuya	26–31 de octubre de 2012

Tandarishka social:

Yakukuna Putumayo	Flor de Agosto	15–19 de octubre de 2012
	Ere	19–23 de octubre de 2012
	Atalaya	23–27 de octubre de 2012
	Santa Mercedes	27–31 de octubre de 2012

Chay social cientificokuna Atalaya kiparisha apukunawa chay llaktakunamanda Cedrito indaya Las Colinas rimashka.

Chay punlla 31 de octubre 2012 tukuykuna tandarishka chaypi paykuna riksichinaum paykunapa rashka tukurin chay Santa Mercedes yachakuna wasipi tukuy apukuna tianauran tukuy llaktamanda.

Rikurishka allpakuna indaya tukuy laya sacha	Geomorfología, estratigrafía, hidrología indaya allpa, sacha indaya yurakuna, challwa, anfibiokuna indaya reptilekuna; pishkukuna; ichilla indaya hatun chuchukkuna
Rikurishka social	Ñukanchi sumakta kawsanchi; kunan punlla indaya ñawpakuna tukuy llaktakuna ishkay mamallaktakunapi; ashka runakuna ñukanchi charinchi kulkita randichisha challwata, aychata, sachata allita purnichi; imashina yurakunata jatallinchi
Tukurishka Kapak Biológicokuna	Ñukanchi suyupi chay allpakuna mana valik allpakuna kasha kachikunata indaya nutrientekunata mana charinchu. Kay suyupa yakukunapi astawan sumak alli rikushka sapalia chay Amazoníapi indaya Orinoquíapi.

Unayashka rashkata tuparanchi shina 15 layakuna mushuk cienciapa (chushku challwa indaya 11 yura) indaya astawan wakin mushuk kilkashka layakuna Perupa o chay yaku Putumayopa. Kay inventariopi lliambu laya tuparanchi tandarishka kilkashkata ashka tupashka 1,700, shuk ashkayashka suyupa 3,100–3,600 layakuna. Kay yurakuna sachakuna mana ballik allpawa, sakirin shuk mushuk laya sacha: shuk varillal, ima wiñarin yurak allpapi, ima shina sapalia riksishka yaku Napumanda nortepi.

	Layakuna yarinchi rashka	Layakuna yarinchi
Yurakuna	1,009	2,000–2,500
Challkuna	210	300
Anfibiokuna	68	156
Lagartijakuna	60	163
Pishkukuna	319	450
Chuchukkuna	43	71

Allpakuna

Kay sacha yakuypi Ere-Campuya-Algodón allpa hawa indaya sinchi, rurashka mayoriapi wakcha rumikunawan kachikunata indaya nutrientekunata mana charinchu. Kay sinchi allpakuna nortepi Campuya yakumanda, surpi Ere yakumanda, occidentepi Algodón yakupa umaykunamanda, oriental ladupi chay atun allpa Putumayomanda chay yakuta Ilukshin. Wakin lumakuna kay suyupi 200m pasashka hawaypi Putumayo sakirin 50–60m.

Sukta laya allpakuna tiyan kay Ere-Campuya-Algodón suyuypi: 1) wiñashka Pebas del Mioceno ñawpa washamanda (5 millónkuna–12 millónkuna wata) alli kachita, nutrientekunata charin; 2) chay uray allpakuna Plio-Pleistoceno timpumanda, wiñashka sakirin Nauta 1 (2–5 millonkuna wata), sumak kachita mana charinchu; 3) chay hawa parti (Nauta 2, 2 millonkuna wata); 4) chay parti Yawar Akukuna astawan wakcha allpakunawa; 5) allpakuna Pleistoceno timpumanda (2–0.1 millonkuna wata) chay allpa yaku Andesmanda kashkarayku chi allpa sumak kachita, nutrientekunata charin; 6) wakin allpakuna yaku akumanda (0–12 waranga wata). Mayoriapi, allpakuna kay suyuypi Nauta 1manda indaya Nauta 2manda kasha mana ballik allpakuna kan.

Tiyan wiñashkamanda Pebas laduypi oriental Campuya, ñawpa washamanda walishka. Kay luikshishka atun charin ashka kachita sacha huivakuna mikunaum rumi mamamanda chaymanda luikshik yakuta hupinaum. Sakirishka atun collpa, pay riksishka anbi mikuna guakamayu, chay yaku charin ashka pay 200 charin kachi ashkata charin ima kañun yaku allpa.

Kay pishin rumi mama chirayku mana wiñan yurakuna ima tularinga. Mana ashka kachikuna allpaypi rikunaum mana wiñashka yurakuna chaypi. Pay kausarin munashka. Allpa tularishka kay ambishka kañun yakuta sakirishka yaku chakirishkaypi. Kay sacha tukurin wañusha.

Sachata Yurakuna

Sachakunaman tukuy laya indaya charin ashka yurakunata wiñashka mana ballik allpaypi sakirin, sisa chay yakukuna Putumayo indaya Caquetá kuskaypi, chay Amazonia kuskaypi, chay Allpa Guayanés indaya wakin wakcha allpakuna Loreto suyupi. Hunayashka 15 punlla tarabana sachaypi kilkanchi 1,000 laya yurakunata. Chayrayku kawsanaum 2,000–2,500 tukuy laya yurakuna chi allpaypi. Tpanchi tandarishka 700 layakuna, paykuna 11 mushuk laya churanchi chay ciencapa (*Compsoneura*, *Cyclanthus*, *Dilkea*, *Piper*, *Platycarpum*, *Qualea*, *Tetrameranthus*, *Vochysia* indaya *Xylopia* yura ayllukunapi) indaya shuk mushuk kilkashka yura layakuna Loretopi.

Rikuranchi kimsa atun sacha layakunata: 1) sacha allpa hichilla hatun alli allpa, 2) sacha allpakuna hundayashka (hawa uray restinkakuna, sachakuna yaku laduypi indaya kuchakuna), indaya, 3) hukushkakuna. Tuparanchi shuk mushuk laya sachata riksinchi varillalpi yurak allpata–pariju rikurin sisata charin nejillal hukushka chay yurak arena indaya sapalia laya sakirin nejillal chay Napu yakumanda nortepi.

Tuparanchi shuk sachata muyurin hatun wayraypi indaya allpa mana vallik. Urku hawaypi tupanchi yakuta chay allpa wiñan unayashka sakirin chaypi tiyan ungurahui (*Oenocarpus bataua*). Mana kilkanchi tukuy laya kaspikunata randichishka karuypi caoba (*Swietenia macrophylla*) indaya cedro (*Cedrela odorata*), pero kilkanchi ashka tornillu (*Cedrelinga cateniformis*), mishki muyu kaspi (*Hymenaea courbaril*), kuruta muyu (*Platymiscium* sp.), marupá (*Simarouba amara*), kiliukaspi (*Lauraceae* spp.), indaya cumalas (*Iryanthera* spp., *Osteophloeum platyspermum* indaya *Virola* spp.), ima laya yurakuna mana ballik yurak tiyan ashka palmerakuna indaya kiwa layakuna wiñak yuraypi (*Cyathea* spp.) ñukanchi balin unkuykunata ambinkawa. Paykuna kawsanaum yurakunata kuchusha chay kañuypi indaya yakuypi.

Challwakuna

Yakuypi kawsan challwakuna charin tukuy laya chaypi wiñan mana tiyashkaypi kachi yaku. Kilkarishka 210 challwa layakunata 26 rikuchishka kuskaypi chay kimsa yakukunaypi. Kay layakuna sakarin shuk ashka 80% chay layakuna tiyan kilkashka chay Peru-Colombia suyupi chay Putumayo yakumanda. Chay Ere-Campuya-Algodón suyupi ashka layakuna sakirin paktashka 300. Chay laya kilkashkakuna, chushku mushuk layakuna ciencapachari (chay laya *Charax*, *Corydoras*, *Synbranchus* indaya *Bujurquina*), tukuy tandarishka yakukunamanda alli allpakunaypi. Kimsa chunka sukta layakuna shamushka kaypi kawsasha tiyan.

Ashka layakuna tupashka chay ballik mikunkawa indaya lliambu llaktakuna randichin, paiche aychata (*Arapaima gigas*), challwa sábalo (*Brycon* spp. indaya *Salminus iquitensis*), challwa lisa (*Leporinus* spp. indaya *Laemolyta taeniata*), challwa yulilla (*Anodus elongatus*) indaya challwa yahuarachi (*Potamorhina* spp.). Uraypartipi hawapartipi chay Ere-Campuya-Algodón yakukunaypi mana tuparanchichu liukchishka challwakunata randichinkawa. Chay tandarishka social kilkanaum uray Ere kuchakunaypi, Flor de Agosto kuchuypi liukchishkamanda arahuanata (*Osteoglossum bicirrhosum*). Shuk laya manaum tukuchishka paykuna randichiypi tukuy llaktakuna Putumayo yakuypi indaya Amazonas, shina ashka allí cíclido layakuna tupanashka.

Ambatuta Lagartukuna	Chay ambatukuna, machakuykuna Ere-Campuya-Algodón suyupi alli kuydanaum. Kilkashka 128 layakunata: 68 ambatu layakuna indaya 60 lagartu layakuna. Chay kuskaypi tupashka 156 ambatukuna, 163 lagartukuna. Shuk sacha laya tandarishka tiyan 319 layakuna.

Kay ambatukuna tuparinaum tukuy layamanda ashilia allpakunaypi sakirin noroeste Amazoniapi (Ecuador, sur Colombia, noreste Peru, kushkaypi noroeste Brasil). Kaykunamanda shukniki kilkashka sakirin Peruypi shuk ambik ambatuta (*Ameerega bilinguis*). Ñawpa chay ambatu Ecuadorliapi riksishka karka. Atun allpaypi sakirin kimsa ambatu layakuna: *Allobates insperatus, Chiasmocleis magnova, Osteocephalus mutabor*.

Chaypi tupashka tukuy largatu layakuna chay tandarishka 22 largartijakuna, 31 machakuykuna, 3 sacharumikuna, 2 lagartukuna, 1 amphisbaena. Kay tukuy layakuna ña tukurinaum runakuna mikuypi, chay sacharumi *Chelonoidis denticulata*—kay rimashka layakunata wallichin pay kawsanata nishka UICN—indaya layakunaman wakaychishka Perupak leykunamanda, chay lagartu parejolla uma (*Paleosuchus trigonatus*) indaya charapa (*Podocnemis expansa*).

Pishkukuna	Tuparanchi yanga pishkukunata noroeste Amazoniapak, wakinkuna mana ballik allpakunaypi kawsan; alli pishku layakuna wanchinaum. Kilkashka 319 layakunata, shina yapa 42 layakunata chay Santa Mercedes runa llaktaypi Putumayo yakuypi. Chay yakukunaypi sakirin Ere-Campuya-Algodón 450 layakuna tiyan.

Kay tandarishka pishku sachakuna chikpi sakirin mana ballik allpakuna. Kilkashka ashka ballik chay layakunamanda: Tirano-Pigmeo de Casquete (*Lophotriccus galeatus*), Yana Uma Hormiguero (*Percnostola rufifrons*), shuk mushuk ichilla hormiguero laya (*Herpsilochmus* sp. nov.). Kay washamanda sakiri mana winashka tiyan indaya tupashka sapalia varillal yurak allpa chawpi Campuya, kaykuna tukuy laya allpaypi tiyan. Shuk mushuk laya *Herpsilochmus* sp. kay suyullaypi surpi Napu, Amazonas yakukunakama nortepi Putumayo yakukama. Chay suyupi shuk mushukchari layata nishka *Percnostola rufifrons jensoni* tuparanchi (Stotz y Díaz 2011). Shuk layakuna mana ballik allpaypi kawsakkunata tupashka tiyan: Laran Lawtu Saltarin (*Heterocercus aurantiivertex*), Yana Kunka Trogon (*Trogon rufus*), Janakpacha Jacamar (*Galbula dea*), Batará Perlado (*Megastictus margaritatus*), Citrino Igsa Attila (*Attila citriniventris*), Killu Kunka Chuspi Mikuk (*Conopias parvus*).

Liambu laya pishkukuna ña wanuchiypi tukurinaum chay paushikuna (Mitu salvini), pukakunkakuna (*Penelope jacquacu*), yami (*Psophia crepitans*). Kay suyupi chay allpaypi mana kachita charishkarayku chay kullpakuna mikunkawa rinaum gaukamayukunapa, uritukunapa, astawan atun pishku layakunapa.

Ichilla, Hatun Chuchukkuna

Chay chuchukkuna astawan sumakta kuydashka tiyanaum. Chay rikushkamanda, mana rikushkamanda, rimanakuykunamanda, tuparanchi, kaykunata kilkaranchi chushku chunka shuk chukuchuk ichilla, hatun layakunata. Kashna chay Ere-Campuya-Algodón yakukunaypi ñakalla 71 layakuna tiyan.

Rikunchi ashka chuchukkunata shina: yana wapu (*Pithecia monachus*), chichiku (*Saguinus nigricollis*), yurak machin (*Cebus albifrons*), sacha wakra (*Tapirus terrestris*), sacha kuchi (*Pecari tajacu*), yana rinri (*Tayassu pecari*), ashka tiyan wanchinkawa. Chawpi Campuyaypi shuk rikushka chay sacha allku (*Speothos venaticus*), shuk layata mana astawan kilkashka Loretu suyuypi. Santa Mercedes llaktamanda ishkay horapak purisha chay social tandarishka shuk ch'ikan sacha allkuta kuru rinrinkunawan (*Atelocynus microtis*) tuparan. Chayka ñawpak kuti chay ishkay allku layakunata tuparanchi 11 inventariokunapi Loretoypi.

Kay yakukuna charin 34 layakunata ña tukuriumkuna, paykuna tiyanau machin, chuñuwa, sacha wakra, sacha kuchi, indaya puma (*Panthera onca*). Yaku puma (*Pteronura brasiliensis*), ch'ikan yaku puma (*Lontra longicaudis*) chay yakuypi kawsan runakuna rikunaum kay yaku puma challwata mikusha tukuchiu inday kay yaku puma tiyashkaypi alli yaku tiyan. Kay sachakuna alli kuydashka tiyaum, iashina kay kullpa alli allpata sacha uybakuna mikunkawa.

Llakta runakuna kawsana

Chay llaktakuna allita kawsanaum tukuykunawa, ñawpa washamanda paykuna allpaypi allita kuydasha tianaum tukuy laya allpa sachakunata ñawpa washa apanaura ñukachi wawkikunata tarabanchinkawa shuk partimanda patrunkuna.

Kay llaktakuna sakirinaum Putumayo yakuypi, indaya tandarishka kichwa runakunawa, murui indaya uray wirakucha runakuna. Kay llaktakuna sakirinau 17 runa llaktakuna indaya kay chushku mana riksishka llaktakuna (chunkakuna manaum riksishka indaya ishkay llakta maskaum pay riksirinkawa) ashka charin kay shuk 1,144 runakuna. Rikukriranchi chushku llatakunar riksishka murui indaya ishkay llaktakuna kichwa.

Chay kullkita charinaum tukuy ayllukuna kawsankawa, randichinaum aychakunata, palandata, lumuta indaya challwakunata. Kay llaktakuna ranaum chakrakunata tukuy layata tarpunaum ichilla chakrakunata ranaum ayllukunawa. Ñawpa washamanda kawsanaum kuydasha sachakunata indaya yakukunata alli tiaum, chayrayku kay llaktakuna charinaum tukuy mikunakunata.

Chay yakuypi sakirin llaktakuna kuydarisha kawsanaum sachakunata allpakunata indaya sumak kawsanau. Kunan punlla sachakunamanda ashka madera yurata lliukchinkuna randichinkawa puntiru kunaum kullkita ñukanchi wawkikunata chay washa divinaum, Colombiano patronkunaw. Tarabanaum pagankawa paykuna dibita mana apinaum kullkita, kay patronkuna randichinaum llachapata karuta. Chayrayku tukuy runakuna kawsanaum piñarishka mksanakusha yura maderta indaya prestanaum kullkita chaywasha dibiaum mana utkalla kutichinaum kullkita. Kay yakuypi tian shuk empresa peruana lupunata (*Ceiba pentandra*) llukchik Putumayo yakuypi tukuy runakuna kirinaura chay empresata allita paganka chay washa mana yachanaura imata ranata llaktakuna.

Tukuy apukuna kaliarinaura indaya kay yakuypi llaktakunawa kay ñiambita paskankuna kay Puerto Arica, chay Napo yakuypi, indaya Flor de Agosto, chay Putumayo yakuypi. Kay suyuypi mana yuyarinaura ima kunkarinaura imashina pasanata paykuna mana yachanaum alichinakawa paykuna llakikunata.

Kay ashka atun kullkikuna indaya social imashina kawsanakusha tianaum kunankama. Paykunata tuparanchi: 1) allita tandarisha kawsanaum, 2) tukuy kuydarishka tianaum runakuna murui, kay kichwa inday uray runakuna kay Peruypi indaya Colombiaypi, 3) sinchi kuydanakusha ayllukuna tian chayrayku paykuna kulki mana gastanaum, 4) shuk atun yachashka riksishka allpata tian. Chayrayku munanaum kay suyuypi kichwa Putumayo runakuna indaya ranaum ñambita tukuykuna riksinakunkawa. Kay ñambi ballin riksinkawa ashka runakunata indaya kuitanakunkawa tukuymanda yuyarisha kawsankawa allita kuydasha sachakunata indaya allpakunata kay yaku Putumayuypi.

Kunan tarikuy	Kay yakukuna Ere-Campuya-Algodón shuk kay kimsa allpakuna ashka ballik kuydarishka Putumayo yakuypi unayan ishkay chunka wata (PEDICP 1993). Kay washaypi watakuna chay Ordenanza Regional kuydankawa yaku umakunata (020-2009-GRL-CR, liukchishka kay 2009), kay tukuchishka shuk kilkashka panka chay tarabashka rikurin kay yaku umakuna Campuya-Ere-Algodón ashka ballik Loretuypi (005-2013-GRL-CR). Kunan mana tian allpa petrolero chay kuskaypi allpaypi, atun allpa tian (>80%) kay charin sachakunata ashka muyuta aparin yurakuna (Ley 27308, liuksishka kay 2000).
Kapak sinchi manaum	01 Suyu riksirishka 1993 watamanda chay yaku umakunata kuydashka ishkay mamallaktakunamanda (Perú-Colombia)
	02 Chay allpa ashka charin tukuy layakunata—mana ballik allpa, alli yakuypi tian chaypi kawsan layakuna—chaypi sumakta kawsanaum.
	03 Tukuy laya runakuna yaikunaum kimsa mamallaktakunamanda kay allpa kuydashka tian 21 millon hectareakuna kay sacha allpakuna, chaypi wiñanaum tukuy laya sachaypi kawsak uybakuna kay kuskaypi norte Amazonia
	04 Kay Putumayo llaktakuna tapunata munanaum gobiernuypi paykuna kuydankawa chay sacha allpata tukuy watarayku, allita kuydasha tianaum mana piñarisha runakunawa
	05 Kay runa llaktakuna charinaum ashka yuyaykunata kuydanata sacha allpakuna

Tukuy sami kuydana tian

01 Kay yaku umakuna Ere-Campuya-Algodón ashka munashka kay suyuypi

02 Kay alli yaku tian midishka shuk yakukunawa kay Amazonaspi

03 Sachakuna wiñan mana ballik allpaypi chaypi tianaum

— Shuk allpaypi kunankama mana riksishka kay Amazoniapi, kay varillal yurak allpaypi, shukshina indaya chay allpakunaypi wiñan varillal tukuy riksishka Loretuypi

— Shuk madera yurakuna indaya sacha uybakuna kawsanaum mana ballik allpaypi, 85% chay ambatu indaya lagartija kay Loretuypi, 20% challwa layakuna riksishka kay Peruypi—Colombiaypi indaya pishkukuna kawsanaum mana ballik allpaypi shukshina chay sur Amazoniaypi

— Turukuna sakirin ñawpawashamanda Putumayo yakuypi ashka carbonta charin chay kuskaypi

— Ashka kullpakuna tianau sachaypi indaya charinaum tukuy laya yurakunata, chaypi tian kay kachi indaya shukpakta charin sacha uybakuna mikunkawa

04 Alli challwa layakuna tianaum randichisha kulkita tupanchi (paiche, arawana, tururinri, sacha kuchi, pawshi) kay aychakunata mikusha sumakta kawsanchi

05 Chakraypi tukuyma tian, challwata apinchi karan layakunawa, mana tukuy punlla rinchi kuchama, indaya kay kullpata kuydanchi indaya sachakuna allita indaya sumak yakuta

06 Shuk kañum, tian kuchaypi, kullpaypi indaya tukuy layakuna tianaum chaymanda llukshinaum paykuna mikunkawa chay llkata kay Peru indaya Colombia, paykuna rinaum kuydankawa kay allpa sachata

Piñashka tian

01 Kay rashka ishkay ñamby kay laduypi sureste kay allpa—Flor de Agosto-Puerto Arica indaya Buena Vista-Mazán-Salvador-Estrecho—mana kuydaumkuna paykuna sachata indaya mana sumakta kawsankuna kay kilkashka sakin shuk parti kay Amazonia

02 Draga llukshin oru, kay ambichin indaya umkuchin kay mecurio kay sacha uybakuna indaya challwakunata kay llakta runakuna umkurinaum

03 Chay allpakuna mana balliknaum chakrata rankawa indaya munanchi chay kaspikunata; chay runakuna rikukrinaura chay allpa mana ballik kay tulariunmi

04 Chay wawki runakunata mana munanaum

05 Chay allpaypi karuypi mana tianchu gobierno chayrayku tarabanaum droga

Kapak alli rimashkakuna

01 Shuk sacha kuydashka tian Ilukchinaum ashilla sacha uybakunata ima turinkawa kay yaku Ere, Campuya, Algodón. Kay allpa ñawpa washa rimashka kay PEDICP, kuydashka 900,172 hectareakuna kay tukuy laya sachakuna mana ballik allpata charin

02 Kuydashka yakukuna tian Ere-Campuya-Algodón tukuy llaktakunawa tandarisha kuymtanam kay organización indaya kay gobierno

03 Kuydashun tukuy sachata kay yukukunamanda allpakuna sambayashka tian. Chay atun maderukunata ñukanchipa sachakunata kuchuchun mana munachichu

04 Kuintanakuna imashina rankawa kay yakukunata Ere-Campuya-Algodón kay allpakuna sakirin chawpi Peru indaya Colombia

05 Rimarisha tukuykuna ranchi kay gobierno indaya llaktakuna ishkaymanda mamallaktakuna mana ashka yura maderata Ilukchinkawa indaya oru kay kimsa yakuypi shinalla allpa yaku shimi Ilukshin Putumayo

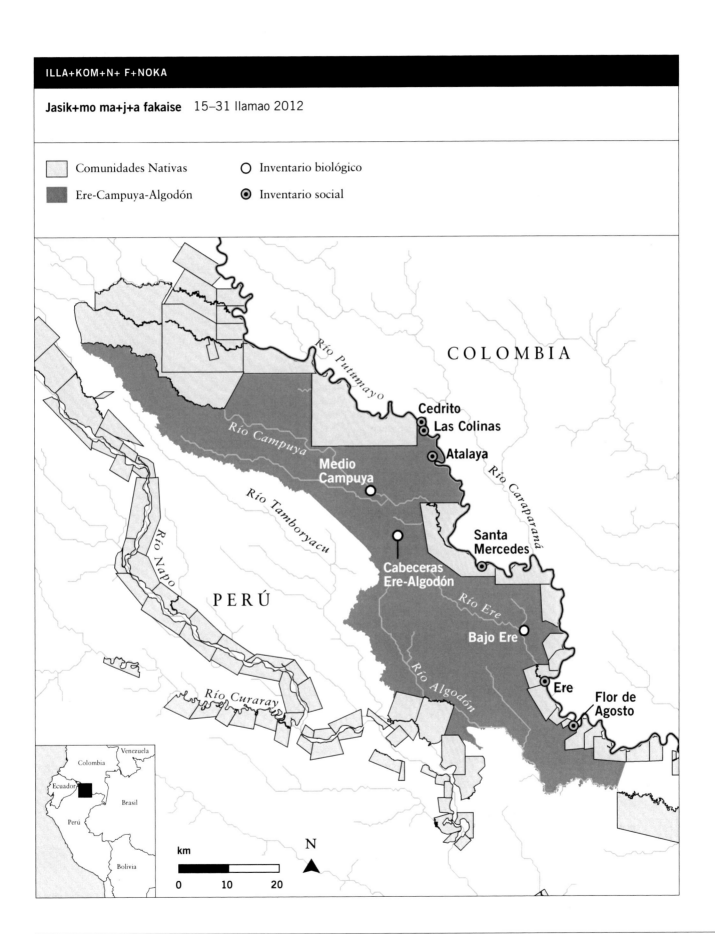

Jasik+mo ma+j+a fakaise   15–31 llamao 2012

Comunidades Nativas   ○ Inventario biológico

Ere-Campuya-Algodón   ◉ Inventario social

COLOMBIA

Río Putumayo

Río Campuya

Cedrito
Las Colinas

Atalaya

Medio
Campuya

Río Tamboryacu

Río Caraparaná

Santa
Mercedes

Cabeceras
Ere-Algodón

Río Napo

PERÚ

Río Ere

Bajo Ere

Río Algodón

Río Curaray

Ere

Flor de
Agosto

Venezuela

Colombia

Ecuador

Brasil

Perú

Bolivia

km

0   10   20

N

Illan+e	Ere, Campuya, Algodon putumaiyomona bojode ille, daje isoi aillue jasik+d+ ite en+c ka+marid+mo, loreto onife dunomo, d+bejimo kom+n+ sedallena, Peru d+bejimo Colombia d+bellemo daje isoi.
	Bie ma+j+anomo nana marena f+noka, biemona sedallena (PEDICP 1993) llua isoi, ie mei bie ille muido j+buika marena (GOREL railla isoi 2009) d+nomona komuide bie ma+j+a rabe.
	Bie imani ab+do ite kichwua kom+n+d+, daje isoi muruid+ imani ab+do ite Naimak+ illa igobe 12 d+gade 4 d+ga komo komuide, nana Putumayo ab+mo inais+te. Ka+ na+ra+ mamek+ r++a+ kuega jaie huitotona, jai birui ka+ na+ra+ mamek+ muruina jonega, ieta biemona muruina uaidolle.

Makajo	**Bimak+biológico**		
	Ere, Algodón imanimo	Ere, Algodón muidomo	15–21 llamao 2012
		Ere, fuirite d+beji	21–26 llamao 2012
	Campuya imani	Campuya moto	26–31 llamao 2012
	Dajena makad+no		
	Putumayo imanimo	Flor de Agosto	15–19 llamao 2012
		Ere	19–23 llamao 2012
		Atalaya	23–27 llamao 2012
		Santa Mercedes	27–31 llamao 2012

	J+a+ ña+nais+te bie illa+kom+n+d+, Cedrito illa+kom+n+ d+ga, daje isoi Las Colinas, Atalaya d+nomo.
	Llamao 31, 2012 ingenierod+ Santa Mersedemona nana illa+kom+n+ uaidote, ieta d+nomo ga+rilla motomo naimak+ ma+j+a rabemo jonega llonais+te, ieta nana kakas+te.

| **Afe d+nena j+buika jasik+d+** | Nana bie jeraimo ite d+ese, en+rue, bisik+, amena, ll+k+a+, jerok+, jaio, ofoma, miñ+e, j+gad+ma. Daje jeraimo ite. |

| **N+ese K+ode Naimak+mona** | N+ese raikonoit+ka+ ka+ isoillanona, konima llofueit+ka+ nagasie nagafebelle d+ne, bie raa fekaja ukube n+ese sedalle j+a+ manored+no. |

| **Nana benomo ite d+ese** | Beno en+rue duerede ka+manidesa, beno j+nuid+ j+buika raise Amazonas iemo Orinoquía j+nui d+ga, bie jasik+ dage amani en+e na+j+a, Pebas jaie Mioceno, Nauta (del Plio –Pleistoceno) dage amani en+rue dage isoide, bie mare bisik+ en+e, dage amani ille ite, Campuya, Ere, iemo Algodón. Bie iid+ ka+ k+ona dage isoiñede, j+a+kaiñode aaned+ 132 a los 237 m. |

Janore bait+ka+ 11 d+ga comoe okainana estudiallena, nagaamaga ll+k+a+, onoll+ dabeji ek+mo mena, amena, onoll+ nagafebeji d+ese komoe, Perú iena. Putumayo imanimo baiga raa d+ese uñoga 1,700, bie en+emo ite 3,100- 3,600. D+ese, ailluena ite bie isoide okaina d+erede en+emo uñoga komoe jas+k+mo, radosilla+ s+kode ugufo emodomo, dage isoi uñoga radosi napo imani ek+mo.

	Nana k+ua raa rabemo kuega	Naga raa ite bie en+emo
Rare	1,009	2,000–2,500
Ll+k+a+	210	300
Jerok+d+no	68	156
Jaion+a+	60	163
Ofoma+a+	319	450
Okaina+a+	43	71

En+e anoma it+no, daje isoi aa it+no

Ere ille ab+do ga+de jasik+, daje isoi Campuya, Algodón ieta jerie idu jillak+mo ite ikored+ jeenide, nana bie en+e d+fai sis+e, ie jira benod+ ka+manide, ieta en+rue ka+manide Campuya imani oni fakai ite en+e ka+manide Ere onifakaisemo, Fuir+ Algodón imani muidomo, enefebeji d+ne Putumayo imani ab+ aillue en+rue ananeno bat+no iie, jasik+ moto ite aanedud+ 200 m aa ite, ieta Putumayo j+nui aafemo 50–60 m aa ite monaillai afemo.

6 d+ganomo komuide mared+no, Ere, Campuya, Algodón ille ab+no. 1) Pebas komuilla jaie baa+ n+nomo (de 5 a 12 millones f+emona) ll+a+ mared+nomo eoo k+mared+nod+ ite, j+a+ena oni jailla ifo bairede nana jaka+e en+ruemo, 2) Nauta baie isoi komuiñede, jai 2 millones f+emona jaide, ka+manide iñenanosa pebaense isoiñede, en+e ja+a+a jira, nuisaño nuillamona jasik+d+ ga+fikaida jaide, Ira+kaiño, komoe en+e komuide ñuisaño nuillamona nagafebeji d+bejimo, aillo Nauta d+bejimo da iñoiño, 2 o 5 millones fiemona, daje isoi ananeno j+a+ maraiñede pebaie isoiñede, rare daje isoi jiñorani emodomo ite k+neremo daje isoi seena ite, iiade maraiñede ille j+d+nomo deide anui 2 y 0.1 millone f+emona, aar+na j+nui tote illemo daje isoi, konill+k+ enodomo komuide en+rue ka+mared+no d+nomo ofide 0–12 miles fienoma, nana bie jasik+mona nana noana bie ka+mared+no daje isoi ofide nautamo 1 y 2 daje isoi, ka+mared+no.

Pebas uiekomo daje isoi ite konill+k+d+, campuyamo konill+k+ j+nuik+iade anabaite, f+emonania dane bairede, ieta ka+mared+nod+ ite okaina guillena, bie jaiñ+mo ite eo ka+mared+nod+ okaina+ Guillena, daje isoi jun+ui jiros+te, aillue jaiñuna k+od+ca+, bie jaiñ+ mamek+ EFA, bie j+n+ud+ 200 d+ese ka+marede okaiño raasa, bie jaiñ+ j+nuid+ ille j+nui isoiñede, iejira nof+k+mo ka+mared+no iñede f+ebide ka+manidesa, ie jira jasik+ jereimo ite, iemona aa uill+de janore ka+mare it+nod+, nana bie isoi

En+e anoma it+no, daje isoi aa it+no (continued)	iñedena nia maraiñede n+ba+ fekuise dane ab+dodo bairede, bue iñedena ille j+nuid+ marañede, nana en+naite ieta ie isoi nana fuite.

Sis+nimona jino eefete maillodo jamore chonaide marena na+ed+no. Janore bairede, nia eik+naiñedesa, ie isoi jasik+ ma+ed+ fekuise einaite. Nai bie sis+ni eefianod+ nana illemo jaide ia jira, jasik+moite amena a+do duide, ikoremo daoe isoi amenad+ duide. Bie sis+ni efia iese femoka. |
| **D+ga amena+a+ jasik+mo ite** | Jasik+ daje isoiñede, d+ga amena+a+ ite bie ka+manide in+emo, benemo ite amena+a+ Amazonía centralmo ite isoide, daje isoi el Escudo Guayanés d+bejimo, j+a+e en+rue daje isoi. Loreto d+dejimo. 15 d+garui jas+k+mo ma+j+amo k+od+ka+ 1,000 d+ga amenana vasculares, j+a+ ite j+a+e amena+a+ n+ba+ 2,000 – 2,500 d+ese bie jasik+mo. Ot+ka+ 700 especímenes, bie motomona 11 nia ciencia g+oñena (en los géneros de *Compsoneura*, *Cyclanthus*, *Dilkea*, *Piper*, *Platycarpum*, *Qualea*, *Tetrameranthus*, *Vochysia* y *Xylopia*), comoena maruna baiga Perú iena. Kiodika+ dajeamani aullue marurena: 1) idu jillak+mo, 2) idu jillak+ ikore motoo (restinga ananeno j+a+ j+a+nod+ ana ite, rare ell+k+nomo it+no, k+ra+re moto jorei), 3) j+a+ sokoreb+. J+a+ bait+ka+ comoe rarena ugunimo, nana vairede rare so+red+nomo ite rarena, Napo.

Norte imani a+f+na r+idoga jasik+ nainomo inide, idu emodomo ite r++jimo n+nena j+nuid+ aa uag+de, iemo naidaide komaiña (*Oenocarpus bataua*). K+oiñed+ka+ j+a+ fekakallena jenoka amenana kobana (*Swietenia macrophylla*) iemo masakana (*Cedrela odorata*) iemo j+a+ k+od+ka+ tornillo illanona (*Cedrelinga cateniformis*) daje isoi makurinana (*Hymenaea courbaril*), granadillo (*Platymiscium* sp.), t+afaina (*Simarouba amara*), ef+na (Lauraceae spp.) j+a+ ukuna (*Iryanthera* spp., *Osteophloeum platyspermum* y *Virola* spp.) daje isoi ired+no ailluena ite, amena ig+d+no daje isoi ailluena ite (*Cyathea* spp.) beno rared+ kom+n+ manorillena ite, bie isoide iade j+a+ imak+ denais+ga imani ikoremo nana ia+rei ite, daje isoi ille ikoremo j+a+ ite. |
| **Ll+k+a+** | Joraimo eo ll+k+e iñede duerena jira, k+od+ka+ nana ite d+ese 210 d+ga ll+k+a+, 26 d+ga nomo daje amani illemo k+od+ka+ bie mare ll+k+a+ illano raise sedalle 80 % d+ese jai kuega Peru, Colombia iena nana bie Putumayo daje isoi ite ll+k+a+na uñot+ka+, d+ese ite n+ba+ ite 300 d+ga jai uiñoga, nagaamaga d+ese komoe genollena, +ima r+ño *Charax*, *Corydoras*, *Synbranchus* y *Bujurquina*, nana daaje id+ illemo inais+te 36 d+ese uaisa+na jaide.

D+ga ll+k+a+ jai uiiñoga marena r+llena, j+a+ fecalle kom+n+ iena, eo mare ll+k+a+ galli (*Arapaima gigas*), lloba (*Brycon* spp.), iemo (*Salminus iquitensis*), omima (*Leporinus* spp.), iemo (*Laemolyta taeniata*), boda (*Anodus elongatus*), iemo kueoveño (*Potamorhina* spp.), iemo j+a+e n+ba+ atuemona aa muidomo Ere, Campuya, Algodón, beno ie ll+k+a+na bu fecañede kud+ isoidena, bimak+ kuega arahuana uruuia+ uillana |

(*Osteoglossum bicirrhosum*), Ere f+irufe ite joreimo daje isoi Flor de Agostomo ite joraimo, j+a+ lluk+a+ daje isoi fekaka j+a+ Putumayo daje isoi ama zonamo fekaka, bie arahuana uruia+d+.

Jerok+a+ iemo na+man+a+

La herpetofauna, marena raisite naimak+ kom+n+ iena, k+od+ka+ 128 d+ese, 68 d+ese jerok+na iemo 60 na+mana, uiñot+ka+ benomo ite 156 d+ese jerok+a+ iemo, 163 d+ese na+man+a+, daje herpetofauna, n+ba+ d+ese 319, d+ga ite.

Jerok+a+ j+a+ inais+te nana naimak+ buu oñena jira, nana Amazona ab+a+do, Ecuador sur de Colombia, y noreste del Perú, iemo extremo noreste del Brasil, bie isoide marena k+ega rabe Perú iena, a+fo irede jerok+, *Ameerega bilinguis*. Ite bie daje aamani jerok+ illano, *Allobates insperatus*, *Chiasmocleis magnova* iemo *Osteocephalus mutabor*.

J+a+ bait+ka+ aillo ite na+man+a+, 22 jokosoma, 31, jayo, 3, furik+, 2 mena s+k+na+ma, iemo daje, amphisbaena, Bie motomo daje isoi fuit+nod+ furik+, en+e ie, *Chelonoidis denticulata*, bie isoi fuit+mak+ UICN, ie jira peruanud+ ley d+ga sedade, s+k+ na+mana (*Paleosuchus trigonatus*) iemo meniñod+ jai fuite (*Podocnemis expansa*).

Ofoma

Bait+ka+ j+a+ ofua+ illano Amazona fuir+fe d+nomo, bue iñena jasik+do makajana uiñote kome bue iñede isoide iiade foo jeraimo ja+k+etaide, benomo bait+ka+ 319 d+ga 450 d+ese, dajeisoi ite ere ille ab+do – Campuya-Algodón. Iemei bait+ka+ 42 d+ga ofoma Santa Mercedes d+nomo, Putumayo ab+mo daje isoi, bie komonod+no llot+ka+, jaied+no lloñed+ka+.

Ofuua+ illano jasik+ suurede, uiñot+m+e lloga raa marena: *Lophotriccus galeatus*, *Percnostola rufifrons* y *Herpsilochmus* sp. nov. Eie ira+e nia jenolle f+ebina, j+a+ baiga Campuya imani ab+mo, daaje isoi j+a+nomo ite iiade, bie isoide mena j+r+na ite Napo imanimo, daje isoi Putumayomo, *Herpsilochmus* sp. nov. y *Percnostola rufifrons* (da *jensoni* isoi erua+de iade j+a+e). J+a+e kome bie isoide en+rue uiñote bait+ka+ iade *Heterocercus aurantiivertex*, *Trogon rufus*, *Galbula dea*, *Megastictus margaritatus*, *Attila citriniventris* y *Conopias parvus*.

Nana kom+n+ ofomana sedañeno daje dofodo r+te, a+fok+na, (*Mitu salvini*), egui (*Penelope jacquacu*) iemo bak+ta (*Psophia crepitans*). Beno jaiñ+mo jiros+te efan+a+ j+a+nomo ka+marede iñena jira, efa, to+, gairis+, iemo j+a+e jerie ofoma+a+.

Mono jirod+no jenide jeerie

Mono jirod+no marena sedakanomo inais+te, erua+lla anamo ite, erua+ñenamo j+a+ inais+te, k+oiñena iiade j+a+ kuega, 43 d+ese jenide mono jirod+no, daje isoi jeeried+no 71 d+ese Ere, Campuya, Algodomo ite.

Aillo jem+n+a+ illanona k+od+ka+ (*Lagothrix lagotricha*), jidobe (*Pithecia monachus*), jisiko (*Saguinus nigricollis*), kanijoma (*Cebus albifrons*), j+gad+ma (*Tapirus terrestris*), mero (*Pecari tajacu*), iemo eiimo (*Tayassu pecari*), nana bie mare okaina, Campuya

Mono jirod+no jenide jeerie (continued)	illemo ka+ k++uua jasik+mo j+ko ruuw+ (*Speothos venaticus*), bie okaina daa k+ioñena loretomo.
	Bie ille ab+mo 34 d+ga ite, jai fuinais+tesa janore inais+te, jem+, j+gad+ma, mero, iemo janallari (*Panthera onca*). Jitorok+ño (*Pteronura brasiliensis*), iemo +fue (*Lontra longicaudis*) beno kom+n+d+. Uiñote bie okaina jenide fuillana, ie iade ekaire inais+te ikore afemo, Bie aillue jasik+ eima jeraimo marena inais+te, daje isoi jaaiñ+mo d+ga okaina jiros+te.
Kom+n+ illagobe - beno kom+n+d+	Beno kom+n+d+ d+ga k+oiñena kome riilla motomo inais+te iade, naimak+ jaie usut+a+ illa isoi inais+te jaiemona r+a+ duere f+noka iiade biruided+ j+a+ amena+a+d+ denais+ga.
	Kom+n+d+ Putumayo imani ab+do inais+te, j+a+nod+ kichwa, murui, iemo r+at+ko, ko+n+ igobe 17 d+gade 4 d+ga komogobe 10 d+ga titulado 2 nia f+¡ebide, Nana bimani ab+mo ite na+ra+ 1,144 d+gade 4 d+gagobemo makarisaid+ka+. Menagobe reconosido muruina j+a+ nenagobe kichwa, beno kom+n+d+ jasik+ okaina d+ga ukubena onais+te j+a+kaiñode ill+mona illemona daje isoi, kom+n+d+ naga f+emona ill+na f+node, naim+e uruia+ guillena, bie isoi naimak+ usut+a+d+ inais+oide, j+nuid+ mare, guilled+ jitainide nana ma+j+d+mak+sa.
	Ie mei biruided+ d+ga raa bairia uieko d+ne, iejira r+idot+ka+ ka+ jasik+na marena fekuise ma+j+llena, iemo oni iñede Colombiano bainino ka+ amena denais+te, amena denais+t+mak+ iiade buena onais+ñede jamai da guille +bas+te, j+a+ raise +bañega raifilla isoi, bie muidona kom+n+d+ Konin+na eeoide amena ukube muidonan, jai d+ga f+emona jailla motomo nia fuiñede, j+a daje isoi peruana ie ite jaik+na+a+ ollena (*Ceiba pentandra*) bie Putumayo imanimo j+a+ lupuna olle railla jira ta+nori jasik+ siados+de.
	Daje isoi illa+kom+n+ iemo naino kom+n+, jaiie f+noka carretera dane ekonos+de, Napomo ite Igobemona, Aricamona, Flor de Agostomo duite Putumayo imanimo, jamai iese raillasa nia raise uiñoñega, biemo nana marena omo ma+j+llena j+a+ kom+n+d+ Konin+na kanos+te, daje isoi nia muruid+, kichwa, r+a+d+ nagane d+ne maillobide Perú-Colombia d+ne daje isoi, ie jira kom+n+d+ eoo dueres+de naimak+ illanomo ite raana nana raise uiños+de nana benomo ite raa naill+ ba+ ka+ uruia komuiia ma+j+llena sedalle.
Illa fakai	Ere, Campuya, Algodón, Putumayo ab+mo ite marena sedallena jiai menakaiño (PEDICP 1993). Ira+e f+emonamo bie regiomona Iloga bie ille muido sedallena, (020-2009-GRL-CR, Iloga 2009), bie ma+j+ad+ rabemo kuiano Iloga, Algodón, Campuya, Ere ille muido marena jira loretomo duide (005-2013-GRL-CR). Nia petrolero ma+j+ano iñede, bie aillue jasik+ (>80%) iejira marena seraka jasik+ ite (Ley 27308, 2000 mo Iloga).

Marena sedalle

01 Bie marenod+nod+ jaie 1993 mo k++ua bie okainaa+ sedall+nod+

02 Daje isoi beno en+rue anamo it+nod+ aafe d+ne daaje isoi, duerede en+e, mare j+nui illa, benomo marena inais+te,eoo marena sedallena ita, benomo komed+ marena raaote

03 Bie nana kom+n+ sedaka jasik+ 21 millones d+ese jasik+, biemona dane ab+do komuite

04 Putumayomo ite kom+n+d+ marena f+nuano lloga jorai sedallena, ieta nana uiños+de

05 Nana na+ra+ beno sedajana uiñote jaierig+ma sedaja isoi nana sedaka okaina

Nana sedajano

01 Ere, Campuya, Algodón nana bie ille ab+d+ bie regiomo duide

02 Nana bie ille j+nuid+ mare, Amazona ie isoiñede

03 J+a+e en+ed+no uifik+na ga+de, en+rue ka+manide iade iese ite

    – Daje raare rada nia uiñonega, ka+mona f+wuida, danomo iñede ab+ rairuidesa ie jira bie loretomo uiñoñega

    – Jasik+ okaina daje isoiñede amazona d+bejimo 40% jerok+d+no daje isoi na+mad+no loretomo ite 80% uiñoga ll+k+a+ Perú-Colombia d+ga, ananesik+mo ite ofoma amazonamo iñede

    – Jerie Putumayo konill+k+mo carbonod+ marena danomo ofide

    – Ebire k+ode jaiñ+ iiade danomo iñede, ka+marede j+nui aa uag+de jirode okaina iemo ofua+d+

04 Nana bie mare jerie ll+k+a+ (galli, arahuana, eimo, mero, a+fok+), bie r+t+ka+ ekaire illena

05 D+ga ill+ f+nua, daje isoi raauana uiñoga, j+a+kaiñode j+a+e joraimo raaua Jaiñ+mo jaille ña++a uai ite, j+a+e meido. Jasik+ ifomo aa s+kode

06 Joraimo jaille na+, j+a+kaiñode jaiñ+mo ie isoi naga d+ne jaide na+so, j+a+kaiñode perumona joide na+ Colombia duide, bie na+do sedaka jasik+

Aillue jaiarafe f+nolle llua	01	Mena jaiarafe f+nolle flor de agosto, iemo arika fuir+fe d+nomo, Buenavista, Salvador, Estrecho—benomona n+ba+ d+garaa fuite daje isoi ka+ kom+n+ jai Rabemo nana j+a+nomo f+nua isoi f+noka, bie amazonamo f+nua isoi
	02	Oro jenua balsa, bie j+nui maraitañede mercurio amenana duitatade daje Isoi II+k+a+na
	03	Ta+no llot+ka+ mare en+rue railla iade riara s+koñede, ka+ en+ed+ ka+manidesa Naga riare rillena raise s+koñede
	04	Uaitaga buena uiñoñena jira
	05	Bie fronteramo maraiñede jibena ma+j+a, iemo gerrillad+ daje isoi r+irede illa+kom+n+ llogana ++noñede
Marek+nona kunua	01	Jasik+ sedaka fekuise ma+j+llena, ka+ kom+n+ iena Ere, Campuya, Algodón ille ab+mo, naana jaie beno jasik+ PEDICP, fakaka 900,172 ha, naga jasik+ daje isoi Duerede
	02	Daje isoi sedalle beno jasik+d+ Ere, Campuya, Algodón nana benomo kom+n+d+ ia+rei ite, daje isoi r+a+ d+beji
	03	Nana bie jasik+ marena sedalle, bie ille ab+ ñui+red+no daje isoi
	04	Raise joonelle beno sedallena Ere, Campuya, Algodón imani ab+mo duide Perú Colombia d+ga
	05	Nana komek+ fakajano f+noka, jai amena deñellena, daje isoi oro jenoñellena Bie daje amani illed+, Putumayomo duide

(for Color Plates, see pages 27–50)

TEAM

Diana (Tita) Alvira Reyes (*social inventory*)
Science and Education
The Field Museum, Chicago, IL, USA
dalvira@fieldmuseum.org

Gonzalo Bullard (*field logistics*)
Independent consultant
Lima, Peru
gonzalobullard@gmail.com

Álvaro del Campo (*coordination, photography*)
Science and Education
The Field Museum, Chicago, IL, USA
adelcampo@fieldmuseum.org

Jachson Coquinche Butuna (*field logistics*)
Instituto del Bien Común
San Antonio del Estrecho, Peru
jcoquinche@gmail.com

Nállarett Dávila (*plants*)
Universidade Estadual de Campinas
Campinas, SP, Brazil
nallarett@gmail.com

Robin B. Foster (*plants*)
Science and Education
The Field Museum, Chicago, IL, USA
rfoster@fieldmuseum.org

Giussepe Gagliardi Urrutia (*amphibians and reptiles*)
Instituto de Investigaciones de la Amazonía Peruana (IIAP)
Iquitos, Peru
giussepegagliardi@yahoo.com

Julio Grandez (*field logistics*)
Universidad Nacional de la Amazonía Peruana
Iquitos, Peru
jmgr_19@hotmail.com

Max H. Hidalgo (*fishes*)
Museo de Historia Natural
Universidad Nacional Mayor de San Marcos
Lima, Peru
maxhhidalgo@yahoo.com

Isau Huamantupa (*plants*)
Herbario Vargas (CUZ)
Universidad Nacional San Antonio de Abad
Cusco, Peru
andeanwayna@gmail.com

Dario Hurtado Cárdenas (*transportation logistics*)
Peruvian National Police
Lima, Peru
dhcapache1912@yahoo.es

Mark Johnston (*cartography*)
Science and Education
The Field Museum, Chicago, IL, USA
mjohnston@fieldmuseum.org

Guillermo Knell (*field logistics*)
Ecologística Perú
Lima, Peru
atta@ecologisticaperu.com
www.ecologisticaperu.com

Cristina López Wong (*mammals*)
Derecho, Ambiente y Recursos Naturales (DAR)
Iquitos, Peru
cris_lw@yahoo.es

Bolívar Lucitante Mendua (*cook*)
The Cofan community of Zábalo
Sucumbíos, Ecuador

Javier Maldonado (*fishes*)
Pontificia Universidad Javeriana
Bogotá, Colombia
gymnopez@gmail.com

Jonathan A. Markel (*cartography*)
Science and Education
The Field Museum, Chicago, IL, USA
jmarkel@fieldmuseum.org

Margarita Medina-Müller (*social inventory*)
Instituto del Bien Común
Iquitos, Peru
mmedina@ibcperu.org

Norma Mendua (*cook*)
The Cofan community of Zábalo
Sucumbíos, Ecuador

Italo Mesones (*field logistics*)
Universidad Nacional de la Amazonía Peruana
Iquitos, Peru
italoacuy@yahoo.es

María Elvira Molano (*social inventory*)
U.S. Department of the Interior
Bogotá, Colombia
memolano@fcds-doi.org

Federico Pardo (*photography and video*)
Trópico Media
Bogotá, Colombia
fpardo@tropicomedia.org

Mario Pariona (*social inventory*)
Science and Education
The Field Museum, Chicago, IL, USA
mpariona@fieldmuseum.org

Roberto Quispe Chuquihuamaní (*fishes*)
Museo de Historia Natural
Universidad Nacional Mayor de San Marcos
Lima, Peru
rquispe91@gmail.com

Marcos Ríos Paredes (*plants*)
Servicios de Biodiversidad
Iquitos, Peru
marcosriosp@gmail.com

Benjamín Rodríguez Grandez (*social inventory*)
Federación de Comunidades Nativas Fronterizas del Putumayo
(FECONAFROPU)
San Antonio del Estrecho, Peru
grandez_benjamin@hotmail.com

Ernesto Ruelas Inzunza (*birds, coordination*)
Science and Education
The Field Museum, Chicago, IL, USA
eruelas@fieldmuseum.org

Ana Rosa Sáenz Rodríguez (*social inventory*)
Instituto del Bien Común
Iquitos, Peru
anarositasaenz@gmail.com

Galia Selaya (*social inventory*)
Science and Education
The Field Museum, Chicago, IL, USA
gselaya@fieldmuseum.org

Richard Chase Smith (*coordination*)
Instituto del Bien Común
Lima, Peru
rsmith@ibcperu.org

Pablo Soria Ruiz (*advisor*)
Proyecto Especial Binacional de Desarrollo Integral
de la Cuenca del Río Putumayo
Iquitos, Peru
psoriar@gmail.com

Robert F. Stallard (*geology*)
Smithsonian Tropical Research Institute
Panama City, Panama
stallard@colorado.edu

Douglas F. Stotz (*birds*)
Science and Education
The Field Museum, Chicago, IL, USA
dstotz@fieldmuseum.org

William Trujillo Calderón (*plants*)
Universidad de la Amazonía
Florencia, Caquetá, Colombia
williamtrujilloca@gmail.com

Pablo Venegas Ibáñez (*amphibians and reptiles*)
Centro de Ornitología y Biodiversidad
Lima, Peru
sancarranca@yahoo.es

Aldo Villanueva (*field logistics*)
Ecologística Perú
Lima, Peru
atta@ecologisticaperu.com
www.ecologisticaperu.com

Corine Vriesendorp (*coordination, plants*)
Science and Education
The Field Museum, Chicago, IL, USA
cvriesendorp@fieldmuseum.org

Tyana Wachter (*general logistics*)
Science and Education
The Field Museum, Chicago, IL, USA
twachter@fieldmuseum.org

Alaka Wali (*social inventory advisor*)
Science and Education
The Field Museum, Chicago, IL, USA
awali@fieldmuseum.org

COLLABORATORS

Comunidad Nativa Atalaya
Putumayo River, Loreto, Peru

Comunidad Nativa Ere
Putumayo River, Loreto, Peru

Comunidad Nativa Flor de Agosto
Putumayo River, Loreto, Peru

Comunidad Nativa Santa Mercedes
Putumayo River, Loreto, Peru

Campuya, annex of Comunidad Nativa Santa Mercedes
Putumayo River, Loreto, Peru

Comunidad Nativa 8 de Diciembre
Putumayo River, Loreto, Peru

Comunidad Nativa Nueva Venecia
Putumayo River, Loreto, Peru

Comunidad Nativa Nuevo San Juan
Putumayo River, Loreto, Peru

Comunidad Nativa Puerto Arturo
Putumayo River, Loreto, Peru

Comunidad Nativa Puerto Limón
Putumayo River, Loreto, Peru

Comunidad Nativa San Francisco
Putumayo River, Loreto, Peru

Puerto Alegre, annex of Comunidad Nativa San Francisco
Putumayo River, Loreto, Peru

Comunidad Nativa Santa Lucía
Putumayo River, Loreto, Peru

Comunidad Nativa Soledad
Putumayo River, Loreto, Peru

Las Colinas, annex of Comunidad Nativa Yabuyanos
Putumayo River, Loreto, Peru

Cedrito, annex of Comunidad Nativa Yabuyanos
Putumayo River, Loreto, Peru

Instituto de Investigaciones de la Amazonía Peruana (IIAP)
Iquitos, Peru

Regional Office of the U. S. Department of the Interior (DOI)
Bogotá, Colombia

Pontificia Universidad Javeriana
Bogotá, Colombia

Servicio Nacional de Áreas Naturales Protegidas por el Estado (SERNANP)
Lima, Peru

Smithsonian Tropical Research Institute (STRI)
Panama City, Panama

The Field Museum

The Field Museum is a research and educational institution with exhibits open to the public and collections that reflect the natural and cultural diversity of the world. Its work in science and education—exploring the past and present to shape a future rich with biological and cultural diversity—is organized in three centers that complement each other. Its Collections Center oversees and safeguards more than 24 million objects available to researchers, educators, and citizen scientists; the Integrative Research Center pursues scientific inquiry based on its collections, maintains world-class research on evolution, life, and culture, and works across disciplines to tackle critical questions of our times; finally, its Science Action Center puts its science and collections to work for conservation and cultural understanding. This center focuses on results on the ground, from the conservation of tropical forest expanses and restoration of nature in urban centers, to connections of people with their cultural heritage. Education is a key strategy of all three centers: they collaborate closely to bring museum science, collections, and action to its public.

The Field Museum
1400 S. Lake Shore Drive
Chicago, IL 60605-2496 USA
312.665.7430 tel
www.fieldmuseum.org

Federación de Comunidades Nativas Fronterizas del Putumayo (FECONAFROPU)

FECONAFROPU is a non-profit organization founded on 5 April 1991 and based in San Antonio del Estrecho, Loreto, Peru. It currently brings together 32 indigenous communities and annexes with a mostly indigenous population including the Ocaina, Murui, Bora, Yaguas, and Kichwa peoples, all of them located on the southern banks of the middle and lower Putumayo River, in the District of Putumayo, the Province of Maynas, and the Region of Loreto, Peru. Inhabitants of these communities farm, fish, hunt, harvest some timber, and interact with non-indigenous neighbors via the sale or exchange of their products, both in San Antonio del Estrecho and via Peruvian and Colombian traders. FECONAFROPU is affiliated with the Regional Organization of Indigenous Peoples of the Oriente (ORPIO), which is based in Iquitos.

FECONAFROPU
San Antonio del Estrecho
Putumayo River, Loreto, Peru
51.065.530.862 tel
grandez_benjamin@hotmail.com

Federación Indígena Kichwa del Alto Putumayo Intiruna (FIKAPIR)

FIKAPIR is a non-profit organization that was founded in 2002 and legally recognized by the Loreto Registrar Office in Iquitos in December 2010. It is headquartered in the Esperanza Indigenous Community. Its board of directors consists of a president, vice president, secretary, treasurer, spokesperson, accountant, and women's representative. FIKAPIR's jurisdiction covers the upper watershed of the Putumayo River, a trinational border area between Peru, Colombia, and Ecuador. The federation represents 27 communities (Kichwa and Huitoto), all of which are located in the District of Teniente Manuel Clavero. FIKAPIR's vision for the Alto Putumayo region is of a Kichwa population with a strong sense of identity, which jointly defends an environmental landscape with healthy natural resources and management practices that are sustainable over the long term. FIKAPIR is currently involved in processes to implement Güeppí-Sekime National Park and Huimeki Communal Reserve, protected areas established in October 2012.

FIKAPIR
Comunidad Nativa de Esperanza
Putumayo River, Loreto, Peru
51.065.812.037 tel

Instituto del Bien Común (IBC)

The Instituto del Bien Común (IBC) is a Peruvian non-profit association aimed at promoting conservation and sustainable use for resources and spaces held in common, such as rivers, lakes, forests, fisheries, natural protected areas, and community territories. IBC's work contributes to the well-being of Amazonian peoples, as well as that of all Peruvians. IBC promotes respect for the rights and culture of local peoples, strengthening community and municipal governance institutions, and implementing long-term plans for conservation, sustainable development, and sustainable land use. It integrates into these actions both local and scientific knowledge. IBC is known for its research and publications on the use and management of communal property in Peru, and is a major source of information on indigenous communities in the Peruvian Amazon. IBC's efforts are organized in three programs based in the Amazonian part of Peru. The Amazonas-Putumayo Large Landscape Program works with four indigenous organizations to establish and manage a three million hectare mosaic of protected and sustainable use areas. The Selva Central Norte Program is working with four indigenous organizations to enhance their capacity to sustainably manage three indigenous landscapes that include natural protected areas, areas to protect indigenous groups in voluntary isolation, and indigenous communities, with a total area of 3.5 million hectares. The ProPachitea Program is helping build the institutional framework for a broad-based and integrated management plan of the entire Pachitea River Watershed, a three million hectare area that includes natural protected areas, indigenous communities, municipal governments, and small farmers.

Instituto del Bien Común
Av. Petit Thouars 4377
Miraflores, Lima 18, Peru
51.1.421.7579 tel
51.1.440.0006 tel
51.1.440.6688 fax
www.ibcperu.org

Proyecto Especial Binacional de Desarrollo Integral de la Cuenca del Río Putumayo (PEDICP)

PEDICP is a decentralized agency of the Peruvian Ministry of Agriculture and Irrigation created in 1991 by the Peruvian-Colombian Amazonian Cooperation Treaty (TCA). The agency leads the Peruvian government's efforts to implement binational agreements since 1989 regarding the countries' shared border area of 160,500 km², recently expanded by the Plan for the Peruvian-Colombian Integrated Border Zone. PEDICP promotes the sustainable, integrated development of forests in the Putumayo, Napo, Amazon, and Yavarí watersheds through projects that support the responsible use of natural resources, protect the environment, and provide the social and economic infrastructure needed to improve the quality of life of local residents. One of the agency's primary objectives is to encourage the peaceful, sustained development of towns in the Putumayo watershed—and especially indigenous communities there—by optimizing natural resource use and developing economic opportunities that are in harmony with Amazonian cultures and ecosystems.

PEDICP
Calle Yavarí No. 870
Iquitos, Peru
51.065.24.24.64 tel/fax
51.065.22.13.52 tel
www.pedicp.gob.pe

Museo de Historia Natural de la Universidad Nacional Mayor de San Marcos

Founded in 1918, the Museo de Historia Natural is the principal source of information on the Peruvian flora and fauna. Its permanent exhibits are visited each year by 50,000 students, while its scientific collections—housing a million and a half plant, bird, mammal, fish, amphibian, reptile, fossil, and mineral specimens—are an invaluable resource for hundreds of Peruvian and foreign researchers. The museum's mission is to be a center of conservation, education, and research on Peru's biodiversity, highlighting the fact that Peru is one of the most biologically diverse countries on the planet, and that its economic progress depends on the conservation and sustainable use of its natural riches. The museum is part of the Universidad Nacional Mayor de San Marcos, founded in 1551.

Museo de Historia Natural
Universidad Nacional Mayor de San Marcos
Avenida Arenales 1256
Lince, Lima 11, Peru
51.1.471.0117 tel
www.museohn.unmsm.edu.pe

Centro de Ornitología y Biodiversidad (CORBIDI)

The Center for Ornithology and Biodiversity (CORBIDI) was created in Lima in 2006 to help strengthen the natural sciences in Peru. The institution carries out scientific research, trains scientists, and facilitates other scientists' and institutions' research on Peruvian biodiversity. CORBIDI's mission is to encourage conservation measures, grounded in science, that help ensure the long-term preservation of Peru's natural diversity. The organization also trains and provides support for Peruvian students in the natural sciences, and advises government and other institutions concerning policies related to the knowledge, conservation, and use of Peru's biodiversity. The institution currently has three divisions: ornithology, mammalogy, and herpetology.

Centro de Ornitología y Biodiversidad
Calle Santa Rita 105, Oficina 202
Urb. Huertos de San Antonio
Surco, Lima 33, Peru
51.1. 344.1701 tel
www.corbidi.org

The Proyecto Especial Binacional de Desarrollo Integral de la Cuenca del Río Putumayo (PEDICP), a program of the Peruvian Ministry of Agriculture, has been working for more than two decades to promote sustainable development and to improve the quality of life of residents in one of the most remote regions of the country, along its borders with Colombia, Ecuador, and Brazil. PEDICP has made a positive impact on the region by championing binational initiatives to conserve areas along the Putumayo River. For their crucial collaboration, we are especially grateful to Pablo Soria Ruiz, Mauro Vásquez Ramírez, Luis Alberto Moya Ibáñez, and Romel Coquinche. We also thank PEDICP for loaning us boats during the different stages of the inventory, for helping request prior informed consent in Santa Mercedes, for helping prepare the campsites, and for transporting the social team between the various communities.

The Instituto del Bien Común (IBC), a Peruvian non-governmental organization, was once again a critically important partner during this inventory. Over the last ten years, the IBC team has worked tirelessly with indigenous communities in the Putumayo region. We are sincerely thankful to Richard Chase Smith and Maria Rosa Montes de Delgado. Likewise, this inventory would not have taken place without the support, coordination, logistical expertise, and constant help of IBC staff in Iquitos: Ana Rosa Sáenz Rodríguez, Andrea Campos Chung, Fredy Ferreyra Vela, Rolando Gallardo González, and Alberto Bermeo.

In addition to PEDICP, several other branches of the Peruvian government provided significant support for this inventory. The Peruvian National Protected Areas Service (SERNANP) provided support and valuable information, and we are especially grateful to Pedro Gamboa Moquillaza, Jessica Oliveros, and Benjamín Lau. We also thank the Peruvian Ministry of Foreign Relations, which has shown a special interest in the Putumayo region in recent years. We particularly appreciate the assistance of Gladys M. García Paredes (in Lima) and Carlos Manuel Reus (in Iquitos). For the inventory we requested research permits from the General Direction of Forestry and Wildlife (DGFFS) of the Agriculture Ministry, and would like to acknowledge the director, Blga. Rosario Acero Villanes, as well as Oscar Portocarrero Alcedo, who played a key role in providing a timely permit. IBC's Margarita Medina-Müller kept very efficient track of the process in Lima while other team members were in the field and in Chicago.

The reconnaissance overflights are a vital part of the inventory, as they give us the ability to form a broad understanding of the vegetation in the study area and to decide very precisely where the campsites should be established. We are deeply indebted to the staff of AeroAndino, and particularly to the top-notch pilot Rudolf Wiedler and his assistant in Pucallpa, Flor Rojas, for all of their support. Thanks to Rudi's experience and skill flying his Pilatus plane, we were able to form a clear idea of the landscape long before entering the field.

We feel honored to have been invited by the Federación de Comunidades Nativas Fronterizas del Putumayo (FECONAFROPU) to carry out this work. We thank Federation leaders Benjamín Rodríguez Grandez (president), Benito Riveira Ríos (vice president), Rocío Iracude Calderón (secretary), and Patricia Ribeira Calderón for all of their support, and for having worked with us closely during every stage of the inventory. FECONAFROPU helped facilitate the preliminary meetings needed to obtain prior informed consent, took part in the reconnaissance overflight, invited the community members who participated in the preparatory work to establish campsites, and played a key role in the social team during visits to the communities.

This work would not have been possible without the permission of the communities neighboring the study area. We are tremendously thankful to the *caciques* and other leaders of Flor de Agosto, Santa Lucía, 8 de Diciembre, Puerto Alegre, San Francisco, Ere, Puerto Limón, Soledad, Nueva Venecia, Nuevo San Juan, Puerto Arturo, Santa Mercedes, Las Colinas, Atalaya, and Campuya for having ensured that everyone attended the prior informed consent meeting in the host community of Santa Mercedes.

The social team offers its deepest thanks to all the residents of the indigenous communities of Flor de Agosto, Ere, Atalaya, and Santa Mercedes, as well as to residents of Cedrito and Las Colinas, which are annexes of the community of Yabuyanos. In Flor de Agosto we send special thanks to Aurelio Monje, Luis Shogano Muñoz, Johny Bardales, nurse Liz Ruiz, teacher Roy Gadea Llanca, Tirso Manihuari, and Sadith Tamani, who helped in the kitchen. In Ere we received wonderful help from Pedro Sosa, Eusebio Gutiérrez, Etereo Gutiérrez, Robert Pizango, Ilda Torres Flores, and nurse Jenny Rubio. In Atalaya our support team included Carlos Ramírez, *cacique* of the community, teacher Mayer Tangoa, and his wife Marilú Flores, who helped us in the kitchen, as well as Consuelo

Lanza and Abelardo Gonzales. In Las Colinas we are grateful to *cacique* Marcelo Lanza and his wife Margarita Lanza. In Cedrito we are indebted to *cacique* Marcial Coquinche. In Santa Mercedes, in addition to the large number of people mentioned below, José Ricopa, Víctor Machicure, Elías Coquinche, and Carlos Shabiarez also provided generous help.

The geology team would like to thank two local assistants who accompanied Bob Stallard in the field and helped with data collection: Rully Gutiérrez and Luis Pérez.

Once again, the biological team offers a special salute to the Museum of Natural History of the Universidad Nacional Mayor de San Marcos (MHN-UNMSM) in Lima, which has for many years opened its doors to rapid inventory scientists so that they can make full use of the museum's excellent collections. Our botanical inventory was only possible due to the support of another excellent Peruvian research insitution: the AMAZ Herbarium of the Universidad Nacional de la Amazonía Peruana in Iquitos, where we very much appreciated the support we received from Felicia Díaz, Juan Celidonio Ruiz, Clara Sandoval, and Claire Tuesta. The botany team sends a special thanks to local assistants Meraldo Aspajo, Jair Rubio, Pedro Rubio, and César Ajón. Zaleth Cordero helped identify Melastomataceae specimens and Charlotte Taylor helped identify Rubiaceae. David Johnson, Nancy Hensold, and Fabian Michelangeli also offered the botany team their considerable taxonomic expertise.

The ichthyology team would like to thank P. Vicente Durán Casas, S.J., Academic Vice Rector of the Pontificia Universidad Javeriana (PUJ); Ingrid Schuler, Academic Dean of the Sciences Department at PUJ; and Diana Álvarez, Director of the Biology Department in the Sciences Department at PUJ. We also thank the Ichthyology Department at the Natural History Museum at UNMSM (MUSM) for providing fish sampling equipment and a long-term home for the collections made during the inventory. We salute the very important contributions made by local residents of Boca Campuya, Ere, and Santa Mercedes, who both helped us collect and provided valuable information about fishes of the region. Luis Pérez Sanda and Darwin Gutiérrez, who accompanied us on collecting trips in the field, merit special thanks. Other ichthyologists who helped identify (or verify identifications of) some species include Naercio Menezes, Marcelo Britto Ribeiro, Flavio Lima, and Hernán López Fernández.

The herpetologists thank their field assistants, Wilderness Shapiama and Emerson Lelis Coquinche. Jason Brown helped identify species of *Ranitomeya*. We also thank Guillermo Knell, Aldo Villanueva, Álvaro del Campo, Gonzalo Bullard, and Margarita Medina-Müller for sharing photographs that helped extend the list of herpetofauna. Finally, we thank Federico Pardo for photographing in his field studio most of the herpetological specimens collected during the inventory.

The ornithological team extends its thanks to Juan Díaz Alván for his help identifying species during the writing of the report in Iquitos. We also thank all of the local residents and members of the biological and social teams who contributed some bird species to the inventory list via direct sightings or reports.

The tremendous energy, hard work, and good will of 60 residents of 14 local communities was once more crucial for establishing the three inventory campsites. In addition to opening the heliports and building simple but effective field labs and dining halls for the biological team, the *tigres* helped build a trail system more than 100 km long, without which the biologists would not have been able to carry out their studies. The *tigres* were: César Ajón, Marcelo Ajón, Juan Segundo Alvarado, Meraldo Aspajo, Olmedo Aspajo, Israel Chimbo, Leonardo Chimbo, Emerson Coquinche, Héctor Coquinche, Juan Coquinche, Juval Coquinche, José Cumari, Jorge Luis Dahua, Pedro Dahua, Raúl Dávila, Francisco Germán, Julián Grefa, César Guerra, Darwin Gutiérrez, Rully Gutiérrez, Efrain Imunda, Juan Pedro Iñapi, Oscar Iñapi, Leonel Jidullama, Grimaldo Jipa, Jason Jipa, Felix Machoa, Wilson Maitahuari, Walter Malafalla, Germán Manihuari, Levy Manihuari, Pedro Manihuari, Adner Mashacuri, Herman Mashacuri, Jhon Mashacuri, María Mashacuri, Ferney Meneses, Juana Mozombite, Percy Panaijo, Fenix Papa, Blanca Pérez, Henry Pérez, Luis Pérez, Norman Pérez, Zaqueo Pérez, Eleazar Rojas, Charles Rubio, Jair Rubio, Pedro Rubio, Tilso Rubio, Alberto Siquihua, Humberto Sosa, Juan Sosa, Amable Tapullima, Chanel Tapullima, Gustavo Tapullima, Nemias Tapullima, Rubén Tapullima, Jhon Jairo Torres, and Jaime Vílchez. Their work at these remote sites was planned, coordinated, and implemented by the leaders of the advance team: Álvaro del Campo, Guillermo Knell, Aldo Villanueva, Italo Mesones, Julio Grandez, and Gonzalo Bullard. To all of them our most sincere acknowledgments and thanks.

The expedition cooks deserve a paragraph all to themselves. Our great friends Bolívar Lucitante and Norma Mendua of Ecuador's Cofan nation did everything they could to keep the team's spirits high throughout the inventory. Every day they served up not only delicious food prepared under very challenging field conditions, but also their friendly personalities, deep knowledge of the forest, and their constant, contagious smiles. To both of them: *chigatsuafepoenjá*!

We thank Aerolift for facilitating the inventory with their MI-8T helicopter, which carried team members to the remote inventory campsites. Peruvian National Police General Dario "Apache" Hurtado Cárdenas once again played a fundamental role in facilitating the logistics surrounding the helicopter rental, and took time out from his busy schedule as a general to provide support for the inventory, coordinating closely with Enrique Bernuy Becerra to ensure that no detail of the flight plans was overlooked. The Aerolift staff that helped us during the inventory included Nikolay Nikitin (deputy manager), Gilmer Coaguila (supply manager), Roberto Calderón (pilot), Ysu Morales (flight engineer), Jorge Campos (mechanic), and Dante Rodríguez (flight technician).

The list of people who helped us in San Antonio del Estrecho is long, and each of them was key for making our inventory a success. Our friend Jachson Coquinche Butuna deserves special mention for his unflagging support during all stages of the study. His wonderfully helpful character and unstoppable determination to get things done and solve problems were crucial prerequisites for achieving our goals. Cergia Maiz Álvarez ("la Paisita") of Comercializadora Susana, together with her family and staff, not only provided most of the groceries and equipment for all stages of the inventory, but also always made us feel at home. We are also grateful to Saúl Cahuaza, PEDICP's master boat driver, who never hesitated to go above and beyond what the job required to make sure we had all the support we needed during the advance logistics phase and the inventory itself. While transporting the social team to the communities it visited, Saúl also found time to help the biological team relocate our first campsite after it was flooded. Gener Pinto Dossantos, another excellent boat driver, took us to Santa Mercedes for preliminary meetings with the communities regarding prior informed consent, while Jorge Romero Grandez took on the complicated task of assuring a steady supply of gasoline. Ernesto García Gebuy helped us with HF radio communications in the FECONAFROPU offices, and Olga Álvarez Flores loaned us her radio and kitchen utensils for the advance team. The boat drivers Segundo Alvarado Buinajima, Walter Malfaya Macahuachi, Jenry Java Gomes, and Claudio Álvarez Flores, as well as their helpers Maximiliano Álvarez Tangoa and Remberto Sosa Gutiérrez, were always standing by to satisfy our team's travel needs along the Putumayo. Roger Malafaya Macahuachi, Miguel Sevallo Sosa, Reinaldo Mallqui Quispe, and Sister Juana María G. Filiberto Lavado generously rented us their boats and motors at a time of urgent need. The El Sitio Hotel was our home in El Estrecho for several weeks.

In Santa Mercedes, the biological and social teams extend their thanks to PEDICP employees based in town—the engineers Carlos Bardales Ríos, Elvis Noriega, and Jhony Garcés Fatama, as well as Everton Quinteros and Jambre Greffa—for their hospitality and constant support. Deserving of special recognition is teacher Delia María Oliveira Greichts, who was unfailingly supportive in Santa Mercedes, especially when we had urgent communication needs. Delia also provided us with groceries, equipment, and fuel when we needed it the most. Roberto Carlos Pérez, *cacique* of the community, offered his support throughout the inventory. We are also grateful to the staff at the PNP base in Santa Mercedes, who cleaned the heliport and looked after the helicopter at night.

A large number of people helped us in Iquitos, starting with Olga Álvarez and her brother Lucho Álvarez of the ALBA travel agency, who helped simplify the complicated logistics of moving passengers and cargo between Iquitos and San Antonio del Estrecho. Orlando Soplín Ruiz, FAP Major Luis Tolmos Valdivia, and FAP technician Hugo Quiroz Sosa of the Peruvian Air Force were consistently supportive and accommodating in planning flights with their Twin Otters from Iquitos to Santa Mercedes. The staff at the Hotel Marañón and Hotel Gran Marañón in Iquitos offered generous assistance throughout the inventory and during the advance work. We thank Moisés Campos Collazos and Priscilla Abecasis Fernández of Telesistemas EIRL for renting us the HF radio and for all their help in maintaining contact between Iquitos and the inventory campsites. We are indebted to Diego Lechuga Celis and the Vicariato Apostólico of Iquitos, who allowed us to use the auditorium where we presented our preliminary results. Osvaldo Silva (bus), Armando Morey (pickup truck), and Cristian Urbina (mototaxi) ran a thousand important errands for us in Iquitos.

Serigrafía and Confecciones Chu made the always breathtaking inventory t-shirts. Teresa del Águila and her team did an excellent job of catering the presentation in Iquitos.

The following people and institutions also provided much needed support during our work: Daniel and Juan Bacigalupo of Pacífico Seguros, the staff of the Hotel Señorial in Lima, Cynthia Reátegui of Lan Perú, Milagritos Reátegui, Gloria Tamayo, Lotty Castro, and Teresa Villavicencio, who helped organize the presentation of the results at the Hotel Radisson Decapolis in Lima.

Alvaro del Campo and Corine Vriesendorp brought more than data and stories back from the Ere-Campuya-Algodón inventory; they both had leishmaniasis in their blood. They are exceedingly grateful to their phenomenal doctors Andrew Cha, Danica Milenkovic, Thomas Tamlyn, and John Flaherty, the drug Ambisome, and the wonderful treatment and advice they received at Northwestern Hospital, Mercy Hospital, and the University of Chicago. They would like to especially recognize the care, concern, and hard work provided by Jolynn Willink at The Field Museum and Sandra Rybolt at CHUBB insurance.

As he has so many times before, Jim Costello did a fast and efficient job of pulling together our written report, photos, and maps, and turning them into an elegant book. We are especially grateful for the creativity, friendship, and patience of Jim and his team in Chicago during the hard-driving process of editing and re-editing the numerous proofs. As always, Mark Johnston and Jonathan Markel were indispensable before, during, and after the inventory, serving up maps and geographic data at a moment's notice and providing constant support in preparing the report and presentations. As she has done since our very first inventory in Loreto, Tyana Wachter played an irreplaceable role in this inventory, dedicating 200% of her time (plus overtime!) to making sure that the inventory and everyone involved in it were safe and on schedule, and solving problems whether in Chicago, Lima, Iquitos, or El Estrecho. It was also a pleasure to celebrate Tyana's birthday with her in Peru! We are also grateful to Royal Taylor, Meganne Lube, Dawn Martin, and Sarah Santarelli, who were on constant standby while we were in the field and always ready to help from Chicago.

We are deeply grateful for the support of the Field Museum's president, Richard Lariviere. And without the vision, leadership, and determination of Debby Moskovits, none of the Field Museum's 25 rapid inventories would have happened in the first place. We are proud to be a part of her team, and inspired by her unwavering commitment to conservation and well-being in the Andes-Amazon.

This inventory was made possible by financial support from blue moon fund, Thomas W. Haas Foundation, Nalco Corporation, Margaret A. Cargill Foundation, Hamill Family Foundation, The Boeing Company, and The Field Museum.

The goal of rapid inventories—biological and social—is to catalyze effective action for conservation in threated regions of high biological and cultural diversity and uniqueness

Approach

Rapid inventories are expert surveys of the geology and biodiversity of remote forests, paired with social assessments that identify natural resource use, social organization, cultural strengths, and aspirations of local residents. After a short fieldwork period, the biological and social teams summarize their findings and develop integrated recommendations to protect the landscape and enhance the quality of life of local people.

During rapid biological inventories, scientific teams focus primarily on groups of organisms that indicate habitat type and condition and that can be surveyed quickly and accurately. These inventories do not attempt to produce an exhaustive list of species or higher taxa. Rather, the rapid surveys 1) identify the important biological communities in the site or region of interest, and 2) determine whether these communities are of outstanding quality and significance in a regional or global context.

During social inventories, scientists and local communities collaborate to identify patterns of social organization, natural resource use, and opportunities for capacity building. The teams use participant observation and semi-structured interviews to quickly evaluate the assets of these communities that can serve as points of engagement for long-term participation in conservation.

In-country scientists are central to the field teams. The experience of local experts is crucial for understanding areas with little or no history of scientific exploration. After the inventories, protection of natural communities and engagement of social networks rely on initiatives from host-country scientists and conservationists.

Once these rapid inventories have been completed (typically within a month), the teams relay the survey information to regional and national decision-makers who set priorities and guide conservation action in the host country.

Dates of
fieldwork

15–31 October 2012

☐ Indigenous Communities

◯ Biological Inventory

▓ Ere-Campuya-Algodón

◉ Social Inventory

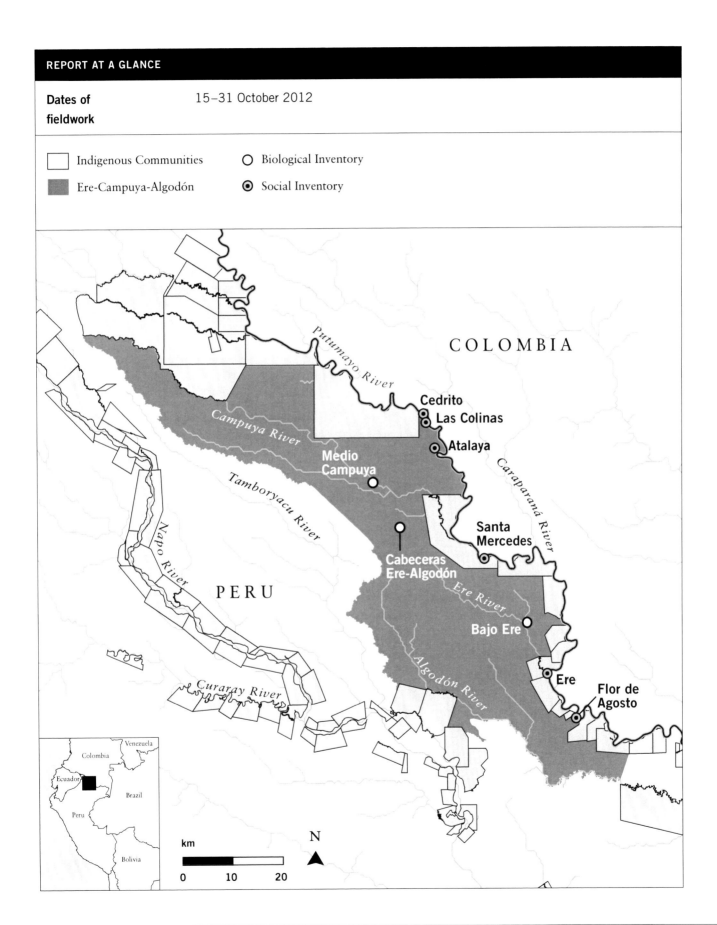

COLOMBIA

Putumayo River

Cedrito
Las Colinas
Atalaya

Campuya River

Medio
Campuya

Tamboryacu River

Caraparaná River

Santa
Mercedes

Cabeceras
Ere-Algodón

Napo River

PERU

Ere River

Bajo Ere

Curaray River

Algodón River

Ere

Flor de
Agosto

Venezuela

Colombia

Ecuador

Brazil

Peru

Bolivia

km

N

0   10   20

Region	The watersheds of the Ere, Campuya, and Algodón rivers, south-bank tributaries of the Putumayo River that drain the northern limits of Peru's Loreto department, harbor a vast extension of lowland forest on nutrient-poor soils. The Ere-Campuya-Algodón region (900,172 ha) has been recognized by Peru and Colombia as a binational conservation priority since 1993 (PEDICP 1993). The three watersheds provide a resource base for Kichwa and Murui[1] indigenous peoples and *mestizos* living along the Putumayo River in 17 settlements (13 officially recognized communities and 4 satellite settlements known as *anexos*). If protected, the 0.95 million-ha Ere-Campuya-Algodón area would complete a more than 21 million-ha complex of conservation areas and indigenous reserves in the Peru-Colombia-Ecuador border region (Fig. 13C).

Sites visited (Fig. 2A)

Biological team:

Ere and Algodón watersheds	Cabeceras Ere-Algodón	15–21 October 2012
	Bajo Ere	21–26 October 2012
Campuya watershed	Medio Campuya	26–31 October 2012

Social team:

Putumayo watershed	Flor de Agosto	15–19 October 2012
	Ere	19–23 October 2012
	Atalaya	23–27 October 2012
	Santa Mercedes	27–31 October 2012

While in Atalaya, our social team also interviewed representatives from the *anexos* of Cedrito and Las Colinas.

On 31 October 2012, both inventory teams offered a public presentation of their preliminary results in Santa Mercedes to residents and leaders of several communities in the region.

Biological and geological inventory focus	Geomorphology, stratigraphy, hydrology, and soils; vegetation and flora; fishes; amphibians and reptiles; birds; medium-sized and large mammals
Social inventory focus	Social and cultural assets; historical and present-day ties among communities on both sides of the border; demography, economics, and natural resource management of the communities; ethnobotany
Principal biological results	The soils of this region are exceedingly poor in nutrients and salts. Chemically, the waters are among the purest sampled in any locality within the Amazon and Orinoco basins to date. Low upland terraces ~132–237 m above sea level (masl) dominate the landscape.

[1] The indigenous group known as Huitoto in the literature now identifies itself as Murui in this region. We use Murui throughout the text.

During the inventory **we found at least 15 species that appear to be new to science** (4 fishes and 11 plants), as well as **dozens of new records for Peru or the Putumayo River basin**. We registered approximately 1,700 species of vascular plants and vertebrates in three weeks, and estimate that 3,100–3,600 species occur in the region. Many of these species are specially adapted to poor-soil conditions. One of our most important finds was a new vegetation type: a stunted forest (known locally as a *varillal*) that grows on white-clay soils and is the first *varillal* to be reported north of the Napo River.

	Species recorded during the inventory	Species estimated for the region
Plants	1,009	2,000–2,500
Fishes	210	300
Amphibians	68	156
Reptiles	60	163
Birds	319	450
Mammals	43	71

Geology

The Ere-Campuya-Algodón landscape is dominated by low terraces primarily composed of sedimentary rocks that are strikingly poor in salts and nutrients. These terraces are drained by the Campuya River to the north, the Ere to the south, the headwaters of the Algodón to the west, and the broad floodplain of the Putumayo to the east. The highest points on the landscape reach little more than 200 m above sea level and are just 50–60 m higher than the water level of the Putumayo River (Fig. 2B).

We encountered six formations and their sedimentary deposits exposed in the Ere-Campuya-Algodón landscape: 1) the salt- and nutrient-rich Pebas Formation, deposited in western Amazonia through much of the Miocene (5–12 mya), 2) the lower Nauta Formation (Nauta 1), deposited in the Plio-Pleistocene (5–~2 mya) and less fertile than the Pebas, 3) the upper Nauta Formation (Nauta 2, ~2 mya), much less fertile than Nauta 1, 4) the White Sands Formation, the most nutrient-poor unit, probably contemporaneous with Nauta 1, 5) Pleistocene (~2–0.1 mya) fluvial deposits, nutrient-rich along rivers with Andean headwaters and nutrient-poor elsewhere, and 6) contemporary fluvial sediments settling in modern floodplains (0–12 kya). The bulk of the landscape appears to be very poor in nutrients and corresponds to the upper or lower Nauta Formations.

Water in the streams and rivers that drain the terraces and floodplains of this region have concentrations of dissolved solids that are among the lowest of any watershed sampled to date in the Amazon and Orinoco River basins. On the eastern bank of the Campuya River, we found outcroppings of the Pebas Formation parallel to an ancient fault line. Locally known as *collpas*, these outcroppings are a critical source of salts for the animals that consume the bedrock directly or drink water that drains out of it.

Geology (continued)	We sampled the water in a large *collpa* known as the Salado del Guacamayo (Macaw Saltlick) and found its salt content to be 200 times higher than that of nearby upland streams (Fig. 4).
	The lack of bedrock and soil consolidation means that the landscape depends on forest cover to limit erosion. If forest cover were eliminated in this area, vegetation recovery would be slow due to the naturally low levels of soil nutrients, and eroded sediments would rush into streams, alter water quality, and fill floodplains. The entire landscape is susceptible to this kind of destruction.
Vegetation and flora	We found heterogeneous forests harboring a diverse community of poor-soil specialists, with floristic affinities to Colombian forests in the Putumayo and Caquetá watersheds, the Guiana Shield, and other poor-soil forests of Loreto. During 15 days in the field we recorded ~1,000 of the 2,000–2,500 species of vascular plants believed to occur in the region. We collected ~700 specimens, including 11 species potentially new to science (in the genera *Compsoneura*, *Cyclanthus*, *Dilkea*, *Piper*, *Platycarpum*, *Qualea*, *Tetrameranthus*, *Vochysia*, and *Xylopia*) and several new records for the flora of Loreto (Figs. 5–6).
	We identified three broad vegetation types: 1) upland terraces, 2) floodplain forests (old levees, riparian forests, and oxbow-lake forests), and 3) wetlands. We discovered a previously unknown vegetation type that we are calling a white-clay *varillal*—a stunted forest similar in structure and floristic composition to *varillales* in other parts of Loreto but different in that all other *varillales* in Loreto grow on white sand. This represents the first record of a *varillal* north of the Napo River in Peru.
	Field work revealed a landscape of frequent disturbances, possibly a result of strong winds acting on unstable soils. On the high terraces, we found patches of poorly drained clay soils that support clumps of *ungurahui* palm (*Oenocarpus bataua*). We did not find high-value timber species such as big-leaf mahogany (*Swietenia macrophylla*) or red cedar (*Cedrela odorata*), but found substantial populations of less-valuable timber species such as *Cedrelinga cateniformis*, *Hymenaea courbaril*, *Platymiscium* sp., *Simarouba amara*, Lauraceae spp., *Iryanthera* spp., *Osteophloeum platyspermum*, and *Virola* spp. The area is also rich in non-timber species, including numerous palms and tree ferns (*Cyathea* spp.) used for medicinal purposes by local people. We found some evidence of small-scale illegal logging, mostly in the lower stretches of streams and rivers.
Fishes	The ichthyofauna is dominated by species typical of nutrient-poor habitats. We recorded 210 fish species in 26 sampling sites in the watersheds of the Ere, Campuya, and Algodón rivers. The fish community here includes 20 species not previously known from the Peruvian-Colombian section of the Putumayo River. We estimate 300 species for the Ere-Campuya-Algodón region. Field work revealed four species possibly new to science

(in the genera *Charax*, *Corydoras*, *Synbranchus*, and *Bujurquina*), all associated with *tierra firme* streams, as well as one species never before recorded in Peru (*Satanoperca daemon*). We found 36 fish species known to be migratory (Fig. 7).

Several of the fish species are economically important, either as food or in the ornamental pet trade, including giant arapaima (*Arapaima gigas*), *Brycon* spp., *Salminus iquitensis*, *Leporinus* spp., *Laemolyta taeniata*, *Anodus elongatus*, and *Potamorhina* spp. Although we did not see evidence of commercial extraction of ornamental fishes in the middle and upper reaches of the Ere, Campuya, and Algodón watersheds, our social team documented extraction of silver arawana (*Osteoglossum bicirrhosum*) in the oxbow lakes of the lower Ere and near the community of Flor de Agosto. During the inventory we found healthy populations of several species of cichlids and other fishes that are commercially exploited elsewhere in the Putumayo and other Amazonian rivers.

| **Amphibians and reptiles** | Amphibian and reptile communities in the Ere-Campuya-Algodón region are in excellent condition. We recorded 128 species, of which 68 were amphibians and 60 reptiles, and estimate that the region supports a herpetofauna of 319 species (156 amphibians and 163 reptiles). This regional amphibian and reptile diversity spans most of the recorded herpetofauna of Loreto (Fig. 8).

Amphibians are represented primarily by species restricted to northwestern Amazonia (Ecuador, southern Colombia, northeastern Peru, and the northwestern portion of Brazil). These include the first Peruvian record of the Ecuador poison frog *Ameerega bilinguis*, previously known only from Ecuador. We documented considerable range extensions for three other frogs: *Allobates insperatus*, *Chiasmocleis magnova*, and *Osteocephalus mutabor*.

We found a rich reptile community with 22 lizards, 31 snakes, 3 turtles, 2 caimans, and 1 *Amphisbaenia*, or worm lizard. We found healthy populations of some species hunted for food, such as the yellow-footed tortoise (*Chelonoidis denticulata*), considered globally Vulnerable by the IUCN, and of some species considered critically endangered within Peru, such as the Schneider smooth-fronted caiman (*Paleosuchus trigonatus*) and the giant South American turtle (*Podocnemis expansa*). |

Birds

We found an avifauna typical of northwestern Amazonia, with poor-soil forest specialists and healthy populations of game species. We recorded 319 species of birds in the Ere-Campuya-Algodón region, as well as 42 additional species in the community of Santa Mercedes along the Putumayo River. We estimate that the Ere, Campuya, and Algodón watersheds are host to 450 species, roughly half of the recorded avifauna of Loreto (Fig. 9).

The composition of the avifauna reflects the poor soils characteristic of the region's *tierra firme* forests. The most important records are poor-soil forest specialists:

| Birds (continued) | Helmeted Pygmy-Tyrant (*Lophotriccus galeatus*), Black-headed Antbird (*Percnostola rufifrons*), and an undescribed antwren (*Herpsilochmus* sp. nov.). This *Herpsilochmus* is in the process of being described as a new species from the Apayacu basin, and we have recorded it in past inventories in the Putumayo drainage. Here it was found only in the white-clay *varillal* of Middle Campuya, although it may be present in the entire region. The *Herpsilochmus* sp. nov. is endemic to the region bounded by the Napo and Amazon rivers on the south and the Putumayo River on the north. *Percnostola rufifrons jensoni*, which may be a distinct species (Stotz and Díaz 2011), is also restricted to this interfluvium. Other poor-soil specialists that we found include Orange-crowned Manakin (*Heterocercus aurantiivertex*), Black-throated Trogon (*Trogon rufus*), Paradise Jacamar (*Galbula dea*), Pearly Antshrike (*Megastictus margaritatus*), Citron-bellied Attila (*Attila citriniventris*), and Yellow-throated Flycatcher (*Conopias parvus*).

Most game species are well represented, including Salvin's Curassow (*Mitu salvini*), Spix's Guan (*Penelope jacquacu*), and Gray-winged Trumpeter (*Psophia crepitans*). The *collpas* or salt licks play a critical role in this region, as they provide salts and mineral nutrients in the diet of a variety of species, including macaws, parrots, parakeets, doves, and other large and medium-sized birds. |
|---|---|
| **Medium-sized and large mammals** | The mammal community is in excellent condition. Via direct and indirect observations, as well as interviews with local people, we recorded 43 species of medium-sized and large mammals. We estimate that 71 species occur in the Ere, Campuya, and Algodón watersheds. We found abundant populations of primates such as monk saki (*Pithecia monachus*), black-mantled tamarin (*Saguinus nigricollis*), and white-fronted capuchin (*Cebus albifrons*), as well as some mammals that are threatened by overhunting elsewhere in Loreto, including Humboldt's woolly monkey (*Lagothrix lagotricha*), Brazilian tapir (*Tapirus terrestris*), collared peccary (*Pecari tajacu*), and white-lipped peccary (*Tayassu pecari*). One of the highlights was the sighting of a bush dog (*Speothos venaticus*), a species very rarely recorded in Loreto, at the Medio Campuya campsite. Two hours from the native community of Santa Mercedes our social scientists observed a short-eared dog (*Atelocynus microtis*), making this the only one of our 11 inventories in Loreto that yielded sightings of both canids.

These watersheds harbor 34 species considered to be global or national conservation priorities, including woolly monkey, tapir, collared peccary, and jaguar (*Panthera onca*). Giant river otter (*Pteronura brasiliensis*) and Neotropical otter (*Lontra longicaudis*) are seen by local residents as competitors for fish; the frequent sightings of these species indicate that aquatic habitats in the region are in good condition. Standing forests and critical habitats such as *collpas* are essential elements for sustaining mammal populations in this region (Fig.10). |

Human communities	The human settlements in the Ere-Campuya-Algodón region are mainly located along the Putumayo River, with the exception of one satellite settlement (*anexo*) on the Campuya River. There are currently 1,144 inhabitants living in 17 settlements (13 communities and 4 *anexos*) including members of the Kichwa and Murui indigenous groups, as well as *mestizos*. Household economies are primarily subsistence in nature, supplemented with a local market of forest products, garden produce, and fish. Communities have a small-scale, rotating, and diversified agricultural system based on family gardens. These ancestral practices of using and managing natural resources have helped protect forests, lakes, and rivers, as well as maintaining a healthy source of food for residents (Fig.11).
	Communities in the region have maintained strong links to the environment, as reflected in their traditional use and management of resources, and despite a long history of forced displacements and exploitation of people and natural resources (e.g., the rubber boom in the early 20th century). However, local residents continue to face challenges to their natural and cultural heritage. Colombian merchants subsidize timber extraction via a debt peonage system known as *habilito* (advance loans for a later payment with products or labor). This practice generates conflicts among communities for access to timber, and creates vicious and long-lasting cycles of loans and debt. There are also regional initiatives to open two roads between the Napo and Putumayo drainages, which would put pressure on forests (land colonization and speculation, large-scale resource extraction, erosion and sedimentation of rivers) and the lives of local people who depend on these forests.
	Several social and cultural assets stand out within this complex economic and social context. We found that communities maintain 1) their traditional communal organization, 2) intercultural connections among the Murui, Kichwa, and *mestizo* populations living along the Putumayo River in Peru and Colombia, 3) strong kinship networks and a culture of reciprocity that support household economies and the distribution of resources, and 4) a profound knowledge of the surrounding forests, rivers, and wetlands, and the biodiversity they contain. These assets offer a solid foundation for long-term management and conservation of natural resources within the sizable conservation complex of indigenous lands and protected areas along either side of the Putumayo River.
Current status	The Ere, Campuya, and Algodón watersheds comprise **one of three areas along the Peru-Colombia border designated since 1993 as conservation priorities** (PEDICP 1993). In 2009, the Loreto regional government signed a law to protect the headwaters of river basins (Ordenanza Regional 020-2009-GRL-CR). Two years later, the government refined that law and identified **priority headwaters including the Ere, Campuya, and Algodón rivers** (OR 005-2013-GRL-CR). While the Ere-Campuya-Algodón region contains no oil or gas concessions, the majority (>80%) is designated as Permanent

Current status (continued)	Production Forest (*Bosque de Producción Permanente* or BPPs, Law 27308, published in 2000) and thus slated for future commercial logging. The limits of the BPPs will have to be redrawn (*redimensionado*) for the Ere-Campuya-Algodón region to be set aside for conservation.
Principal assets for conservation	01 **Priority area since 1993 for binational (Peru-Colombia) conservation and for watershed conservation**
	02 **Vast, intact forests with specialized biological and geological features**: poor soils, waters of exceptional purity, and organisms adapted to these conditions
	03 A critical part of **a Peruvian corridor of indigenous lands and conservation areas of more than 3.2 million hectares**, from the border with Brazil to the border with Ecuador (Fig.13C)
	04 A critical part of **a trinational (Peru-Colombia-Ecuador) corridor of indigenous reserves and conservation areas with more than 21 million hectares** of protected landscapes, capable of sustaining the continuity of ecological and evolutionary processes in northern Amazonia (Fig.13C)
	05 Interest and support from local residents for the creation of **a legal designation that allows them to care for and manage this area over the long term**
	06 **Native communities with extensive traditional knowledge on using and managing natural resources**
Conservation targets	01 **The high-priority headwaters of the Ere, Campuya, and Algodón rivers**
	02 Exceedingly **pure waters** almost entirely devoid of salts
	03 Forests growing on soils that are extremely poor in nutrients, and host to: – **A previously unknown habitat type in the Peruvian Amazon:** a stunted forest growing on white-clay soils, floristically similar to but geographically distant from the famous white-sand forests near Iquitos – **A diverse flora and fauna adapted to nutrient-poor soils**, including most of the amphibian and reptile species known to Loreto, at least 20 fish species never before documented for the Peru-Colombia border area, and poor-soil bird communities different from those of southern Amazonia – Extensive peat swamps along the ancient floodplain of the Putumayo River, containing **important stores of carbon** – Impressive *collpas* interspersed throughout the landscape, serving as **critical sources of salts and other vital nutrients for mammals and birds**

	04	**Healthy populations of economically important species** (arapaima, silver arawana, white-lipped peccary, collared peccary, and Salvin's Curassow, among others) that provide **an excellent source of protein for local peoples**
	05	**Diversified gardens, traditional fishing techniques, and rotation systems for the management of oxbow lakes, *collpas*, and abandoned/second-growth fields** that guarantee the integrity of these forests, lakes, and rivers
	06	**Dynamic connections between communities** on the Peruvian and Colombian sides of the border, their strong links to forest resources, and communal initiatives to patrol and monitor natural resources
Main threats	01	The proposal to build **two roads** to the southeast of the area—Flor de Agosto-Puerto Arica and Buena Vista-Mazán-Salvador-San Antonio del Estrecho—that **threaten to deliver a broad range of negative environmental and social impacts**, as documented in other parts of the Amazon (Fig. 12A–B)
	02	**Large-scale dredging and small-scale artisanal gold-mining that introduces toxic mercury into waterways, the aquatic fauna, and local human residents**, as well as creating social inequality and conflicts within communities
	03	**The erroneous designation of the region's soils as suitable for agriculture and forestry, according to government soil maps**; our rapid inventory revealed a region with **extremely poor soils that are highly vulnerable to erosion and have no capacity to support large-scale agriculture or forestry**
	04	**Discrimination against indigenous people, and disrespect for indigenous culture**
	05	**Illegal activities along the Peru-Colombia border, such as drug trafficking and guerrilla activity**, and a limited government presence in the region
Principal recommendations	01	Establish **a conservation and sustainable use area** that benefits local communities and includes **the watersheds of the Ere, Campuya, and Algodón rivers**. The area would protect **900,172 hectares of diverse forests growing on nutrient-poor soils**, and expands the original PEDICP proposal to include the high-priority headwaters of the Campuya (Fig. 2A)
	02	Establish **a system for the management and protection of the Ere, Campuya, and Algodón watersheds**, in close collaboration with local communities, their institutions, and relevant government entities
	03	**Maintain forest cover** in these watersheds. This is critical given the nutrient-poor soils, their high susceptibility to erosion, and their incompatibility with large-scale agriculture and forestry

Principal recommendations
(continued)

04 **Coordinate and integrate management** of the Ere, Campuya, and Algodón watersheds with adjacent areas **in Peru and Colombia**

05 **Plan and execute joint actions** between government agencies and local communities on both sides of the border **to reduce—and eventually eliminate—the illegal extraction of timber and gold** from the three watersheds and the Putumayo River

Why Ere-Campuya-Algodón?

Just north of Iquitos lies one of the richest wilderness areas on Earth. By almost any measure—trees, amphibians, birds, mammals—the forests along the Putumayo River harbor the greatest biological diversity on the planet. They are also a hotspot of cultural diversity, where indigenous groups are actively exploring new strategies to conserve their languages, customs, rivers, and forests.

Both Peru and Colombia recognize that conserving this drainage is critical. In the 1970s, Colombia began stitching together a patchwork of national parks and indigenous reserves, which now covers 16 million hectares. In Peru, conservation has gained steam over the last five years with four new national protected areas and a proposed regional conservation area spanning more than 2 million hectares.

A key piece of the conservation puzzle remains. To reach the Putumayo conservation corridor from Iquitos, one must first cross 200 km of unprotected forests in Peru—like those in the Ere, Campuya, and Algodón watersheds, currently threatened by petroleum operations, mining, logging, road-building, and unregulated hunting. Recognized as a conservation priority by the Peruvian government since 1993, the Ere-Campuya-Algodón region was subsequently—and erroneously—classified as apt for agriculture and logging. In fact, the Ere-Campuya-Algodón soils are so poor that stream water in the region has the highest purity levels recorded anywhere in the Amazon basin. These watersheds also hold world-record levels of biodiversity for plants and vertebrates, many of which are uniquely suited for life on a nutrient-starved landscape, and dozens of which are considered globally threatened.

Today, these watersheds are partially safeguarded by Murui and Kichwa indigenous communities determined to preserve the natural resources they have depended on for centuries. Linked with the Airo Pai Communal Reserve to the west and the proposed Maijuna Regional Conservation Area to the east, a new protected area in Ere-Campuya-Algodón will consolidate a major Peruvian conservation corridor in one of the most spectacular wilderness areas in the world, and will create a trinational conservation corridor along the Putumayo River of more than 21 million hectares.

Conservation in the Ere-Campuya-Algodón region

CONSERVATION TARGETS

---

01 **Diverse, rare, or unique biological communities**

- Plant, fish, amphibian, reptile, bird, and mammal communities that rank among the most diverse on Earth, and which probably include between 30 and 100% of all species recorded in these groups to date in Loreto

- A vegetation type never before reported in the Amazon, with vegetation similar to that of *varillal* forests known from white-sand soils elsewhere in Loreto, but growing on white-clay soils on the floodplain of the Campuya River

- Vast extensions of upland and floodplain forests growing on extremely poor soils and dominated by species of plants and animals specially adapted to such conditions

- An extensive network of rivers, streams, and lakes with vanishingly low levels of nutrients and minerals, ranking among the poorest water bodies in the Amazon, and dominated by fish species that are specially adapted to live in such conditions

02 **Terrestrial and aquatic ecosystems in excellent, undisturbed conditions at the three sites visited by the biological team**

- Intact headwaters free of anthropogenic impacts, characterized by extremely pure water, and recognized as conservation priorities by the Regional Government of Loreto

- Large and healthy populations of animal species that are commonly hunted in nearby communities (e.g., large primates, game birds, river turtles; see Appendix 10), indicating that large expanses of the Ere, Campuya, and Algodón watersheds are rarely visited by hunters and fishermen, and currently represent healthy sources of economically valuable animals

- Frequent sightings in the Ere and Campuya watersheds of one of the most threatened vertebrates in Amazonian Peru, and one of the Amazonian predators most sensitive to human impacts: giant river otter (*Pteronura brasiliensis*; Fig. 10F)

Conservation Targets (continued)

03 **Places and natural resources that are fundamentally important to local indigenous communities**

- Hundreds of useful plants that play a crucial role in maintaining the quality of life of local indigenous communities, including species used for medicine, food, building materials, handicrafts, and other traditional uses (see Appendix 9)

- Large populations of game species and the mineral licks that sustain both hunters and animal communities

- Sites in the Ere and Campuya watersheds where local communities harvest a wide range of timber and non-timber forest products (Fig. 21)

04 **At least 23 species considered threatened worldwide**

- Plants considered globally threatened by the IUCN (2013): *Virola surinamensis* (EN), *Couratari guianensis* (VU), *Guarea cristata* (VU), *Guarea trunciflora* (VU), *Pouteria vernicosa* (VU)

- Plants considered globally threatened by León et al. (2006): *Chelyocarpus repens* (EN), *Aptandra caudata* (VU), *Tachia loretensis* (VU)

- Amphibians (IUCN 2013): *Atelopus spumarius* (VU)

- Reptiles (IUCN 2013): *Podocnemis sextuberculata* (VU)

- Birds (IUCN 2013): *Agamia agami* (VU), *Patagioenas subvinacea* (VU), *Pipile cumanensis* (VU)

- Terrestrial mammals (IUCN 2013): *Ateles belzebuth* (EN), *Callimico goeldii* (VU), *Dinomys branickii* (VU), *Lagothrix lagotricha* (VU), *Myrmecophaga tridactyla* (VU), *Priodontes maximus* (VU), *Tapirus terrestris* (VU), *Tayassu pecari* (VU)

- Aquatic or semi-aquatic mammals (IUCN 2013): *Pteronura brasiliensis* (VU), *Trichechus inunguis* (VU)

05 **At least 18 species considered threatened in Peru (MINAG 2004)**

- Plants: *Parahancornia peruviana* (VU), *Peltogyne altissima* (VU), *Tabebuia serratifolia* (VU)

- Reptiles: *Podocnemis expansa* (EN), *Melanosuchus niger* (VU)

- Birds: *Ara chloropterus* (VU), *Ara macao* (VU), *Mitu salvini* (VU)

- Mammals: *Ateles belzebuth* (EN), *Dinomys branickii* (EN), *Pteronura brasiliensis* (EN), *Trichechus inunguis* (EN), *Callicebus lucifer* (VU), *Callimico goeldii* (VU), *Lagothrix lagotricha* (VU), *Myrmecophaga tridactyla* (VU), *Priodontes maximus* (VU), *Tapirus terrestris* (VU)

06 **At least eight species considered threatened in Colombia**

- Fishes: *Arapaima gigas* (VU), *Osteoglossum bicirrhosum* (VU), *Brachyplatystoma filamentosum* (VU), *Brachyplatystoma juruense* (VU), *Brachyplatystoma platinemum* (VU), *Pseudoplatystoma punctifer* (VU), *Pseudoplatystoma tigrinum* (VU), *Zungaro zungaro* (VU)

07 **At least six species considered endemic to Loreto**

- Plants: *Aptandra caudata*, *Chelyocarpus repens*, *Clidemia foliosa*, *Tachia loretensis*

- Amphibians: *Chiasmocleis magnova*, *Pristimantis padiali*

08 **At least 15 species that appear to be new to science**

- Plants: 11 species in the genera *Compsoneura*, *Cyclanthus*, *Dilkea*, *Piper*, *Platycarpum*, *Qualea*, *Tetrameranthus*, *Vochysia*, and *Xylopia*

- Fishes: 4 species in the genera *Bujurquina*, *Charax*, *Corydoras*, and *Synbranchus*

09 **Environmental services and carbon stocks**

- A source of clean water for communities near the mouths of the Ere, Campuya, and Algodón rivers

- Important above-ground carbon stocks (in the form of millions of standing trees) and belowground carbon stocks (in the form of tons of peat underlying swamps in the region), typical of a well-preserved tropical forest

10 **Source areas of plant and animal populations**

- A source of seeds for timber trees and other useful plants

- Refuges and reproductive safe havens for game animals

01 **Binational conservation along the Putumayo River is a long-standing priority for Peru and Colombia:**

- Officially recognized as a priority area by the Amazon Cooperation Treaty in 1979

- Includes historical indigenous territories where indigenous residents of both countries maintain fluid cross-border communication and relationships

- Includes three long-standing conservation priorities on the Peruvian side of the border: Yaguas-Cotuhé (Pitman et al. 2011), Güeppí (Alverson et al. 2008), and Ere-Campuya-Algodón (this volume)

02 **A geologically and biologically unique region, in excellent condition and with very limited anthropogenic impacts,** which includes:

- The watersheds of the Ere, Algodón, and Campuya rivers

- Two entire watersheds that are 100% within Amazonian Peru (the Ere and Campuya), as well as the upper portion of the Algodón

- Some of the purest stream and river water ever documented in the Amazon

- Forests growing on extremely poor soils, including a vegetation type never before recorded in Amazonia: white-clay *varillal* vegetation that is unlike Loreto's celebrated white-sand *varillales*

- A large majority of the amphibians and reptiles known from the Peruvian Amazon

- 80% of the fish species recorded to date along the Peru-Colombia border

- A distinctive guild of bird species specialized on poor-soil habitats, but not present on poor soils south of the Napo River

- Large expanses of tropical peatlands on the old floodplain of the Putumayo River, which represent significant stocks of below-ground carbon

- A scattering of mineral licks throughout the landscape, which are critical sources of salt and nutrients for birds and mammals

03 **A trinational corridor of indigenous lands and protected areas totaling more than 21 million hectares** (Fig. 13), which:

- Stretches >500 km along the Putumayo River and the Peru-Colombia border, from Colombia's Amacayacu National Park in the southeast to Ecuador's Cuyabeno Wildlife Refuge in the northwest

- Forms a mosaic of indigenous territories, protected areas in which the sustainable use of natural resources is allowed, and strictly protected areas

- Includes a trinational cluster of protected areas at the Peru-Ecuador-Colombia border: Cuyabeno Wildlife Refuge and Yasuní National Park in Ecuador; Güeppí-Sekime National Park, Huimeki Communal Reserve, and Airo Pai Communal Reserve in Peru; and La Paya Natural National Park in Colombia

- Protects forests growing in an area of the highest tree diversity in the Amazon (ter Steege et al. 2006)

04 Strong interest among indigenous communities along the Putumayo River in **a legally recognized management arrangement that allows them to protect and manage the area over the long term,** in a transparent and efficient manner that is supported by:

- Existing local initiatives to protect, monitor, and patrol the area

- Indigenous federations with effective leadership and a clear vision for the region

- The conscious decision of local indigenous communities to maintain small populations in order to avoid unsustainable pressures on natural resources

05 **A strong indigenous presence with rich cultural assets,** including:

- A diverse body of traditional knowledge regarding the use and management of natural resources

- Diversified economies in which residents can earn what they need to cover their living expenses by producing *fariña* or handicrafts

- Women in leadership positions and actively involved in political decision-making

- Ongoing initiatives to preserve traditional languages and customs

Assets and Opportunities (continued)

- Strong interest in conserving forests and medicinal plants
- Residents proud of keeping their communities clean and well-organized

06 **Healthy populations of economically important animal species** (arapaima, silver arawana, white-lipped peccaries, collared peccaries, curassows) that play a key role in the **diet of local communities**

07 **The on-the-ground presence and long-term commitment of the Proyecto Especial Binacional de Desarrollo Integral de la Cuenca del Río Putumayo (PEDICP),** which currently supports community management projects

08 **The proposed creation of the new province of Putumayo and its four districts,** which could provide more public funds for the Putumayo watershed and give residents of the Putumayo stronger political influence within Loreto

09 **Regional laws that protect headwater areas (Ordenanza Regional 020-2009-GRL-CR),** and identify the headwaters of the Campuya, Ere, and Algodón rivers as a high conservation priority for Loreto (005-2013-GRL-CR)

01 **Roads.** The proposal to build two highways to the southeast of the area—
one bordering the southeastern border of the Ere-Campuya-Algodón region
(connecting Flor de Agosto with Puerto Arica) and the other approximately
40 km farther southeast, bisecting the proposed Maijuna Regional Conservation
Area and the proposed Medio Putumayo Regional Conservation Area/Communal
Reserve (connecting Buenavista with San Antonio del Estrecho)—threatens
to bring a large number of environmental and social impacts to the region, as
documented in other regions of the Amazon:

- Unregulated and out-of-control colonization along highways, which is almost
  always accompanied by deforestation, the construction of secondary roads,
  and unsustainable harvests of natural resources (bushmeat, fish, timber, etc.)

- New routes for drug trafficking and other illegal activities

- Strong social impacts, including increases in crime, prostitution, and
  alcoholism, and the emigration of young people from communities to cities

- The creation of new 'needs' in the local population, leading to increased
  spending and more poverty

- Large-scale land speculation

- The disruption of animal movements and migrations

- Negative impacts to headwaters areas

- Dramatic changes in the hydrological dynamics of streams, with consequent
  impacts on aquatic plants and animals

- The fragmentation of titled indigenous communities

02 **Gold mining.** Gold-mining dredges and small-scale artisanal gold mining are
present on the Putumayo River, causing:

- Mercury pollution and consequent poisoning of the aquatic flora and fauna,
  including the fish community, which is perhaps the region's most important
  natural resource

- Changes in the river bed, floodplains, and sedimentation processes due
  to dredging

03 **Monoculture agriculture and other external development projects.** Some incentives in the region promote activities that may be unsustainable in the long term and incompatible with the Amazonian indigenous way of life (e.g., African oil palm or rice plantations, fish farming, and cattle ranching)

04 **Discrimination and a lack of appreciation of indigenous culture**

05 **Potential exploration and production of oil and gas.** Hydrocarbon concessions in Peru change frequently. During the rapid inventory, the Ere-Campuya-Algodón region overlapped with an oil and gas concession (Block 117B), but that concession was annulled in September 2013. Although geological features cast doubt on the presence of significant deposits, future exploration and production of oil and gas represent potential threats in the form of habitat destruction, road-building, and pollution of the area's pure waters

06 **The erroneous classification of the region as apt for agriculture and logging,** which represents a serious risk due to its extremely poor and easily erodible soils. Large-scale agriculture in the region is unlikely to be productive due to the near-total absence of nutrients in soils, and forest disturbance related to logging could have severely negative impacts, increasing soil erosion and sedimentation in rivers, and reducing the quality of the region's very pure water

07 A long history of booms in the region, resulting in **the common misconception that natural resources there will never become scarce**

08 **Conflicts between macroeconomic commercial forces and the microeconomic subsistence way of life of local communities.** Large-scale markets (of timber, gas and oil, or bushmeat) could potentially break down established patterns of reciprocity and communal work, leading to social inequalities in the local communities

09 **A lack of information regarding changes in the political organization of the district.** There is widespread speculation and confusion regarding the pending creation of Putumayo Province and its four districts, and uncertainty regarding the role that traditional governance structures in local communities

(e.g., indigenous federations and *caciques* in indigenous communities) will play in the new province and districts

10 **Illegal activities along the border, such as drug trafficking and guerrilla operations**, exacerbated by the sparse and scattered presence of government authorities in the region

11 **Changing regional climate**. Over the last seven years (in 2005 and 2010) the region has suffered two severe dry spells and experienced more frequent extreme weather events. These changes in the regional climate highlight the urgency for creating protected areas whose standing forests represent a key mechanism for slowing climate change and mitigating its effects

12 **Unregulated hunting and fishing by local residents and outsiders**, for local and regional markets

Our rapid inventory of the human and biological communities of the Ere, Campuya, and Algodón watersheds revealed an area almost completely covered by extremely nutrient-poor soils and harboring a diverse, well-preserved flora and fauna. This landscape is drained by streams and rivers whose waters are among the purest in Amazonia. Local residents are mostly indigenous—Kichwa and Murui—and have a strong interest in new strategies to protect the natural resources upon which their cultures, traditions, and subsistence are based. In spite of a long history of oppression and exploitation, including the genocide that took place during the rubber boom, residents of the Putumayo basin maintain traditional practices of reciprocity and communal support, as well as strong links to the environment.

PROTECTION AND MANAGEMENT

01 **Establish a conservation and sustainable use area that benefits local communities and protects the watersheds of three rivers: the Ere, Campuya, and Algodón. The area will protect 900,172 hectares of diverse forests growing on extremely nutrient-poor soils. As a large storehouse of carbon, the conservation area will help mitigate the impacts of climate change**

- The borders of the Ere-Campuya-Algodón conservation and sustainable use area should follow the natural features of the watersheds and respect the borders of titled and untitled indigenous territories as well as requests for extensions (from the Yabuyanos indigenous community to the Santa Lucía indigenous community). The borders of the new area should also match the borders of the proposed Maijuna Regional Conservation Area and the proposed Medio Putumayo Regional Conservation Area/Communal Reserve

- Given the fragility of the soils and their key role in maintaining water quality, the headwaters of the Ere, Algodón, and Campuya rivers should be zoned as strictly protected

- Based on the maps of current use by local residents, the lower watersheds of the Ere and Campuya rivers should be zoned for sustainable use to maintain the subsistence and quality of life of local populations, and to support small-scale commercial activities via natural resource management plans

- Complete the land titling process for the Atalaya native community, in order to complete the process of legalizing land tenure in the region

02 **Establish a system to manage and protect the Ere-Campuya-Algodón region with the close involvement of local communities, their organizations, and the relevant government bodies**

- Strengthen and extend existing initiatives in various communities to manage, monitor, and patrol natural resources

- Improve the mapping of natural resource use by local residents in order to zone the Ere-Campuya-Algodón conservation and sustainable use area and adjacent lands inside communities

- Respect and promote communal regulations concerning the use of natural resources

03 **Establish mechanisms to promote the protection and sustainable use of the Ere-Campuya-Algodón region over the short and medium terms**

- Create a work group including government organizations, non-governmental organizations, indigenous federations, and other stakeholders to push for the establishment of the area. Once the group is created, help design strategies to implement Ere-Campuya-Algodón as a conservation and sustainable use area

- Seek out sustainable long-term financing sources for Ere-Campuya-Algodón and the local populations that depend on and benefit from its natural resources, considering among other options the carbon market (REDD) and other payment for environmental services markets

04 **Plan and carry out joint actions** between governmental agencies and local residents **to reduce and eventually eliminate the illegal extraction of timber and gold** in the watersheds of these three rivers and the areas where they meet the Putumayo, and to reduce the impacts of gold mining in the region

- Protect timber resources in the Ere, Campuya, and Algodón watersheds, creating a refuge and source of species that are over-harvested elsewhere in Loreto

- Create educational materials that publicize the dangerous impact of the mercury used in gold mining, the mercury contamination of river fishes, and the health consequences of eating those fish, given the high toxicity of mercury. Where possible, material recently produced for Madre de Dios should be used

05 **Carry out an independent analysis of the social, environmental, and economic costs and benefits of the two proposed roads:** Puerto Arica-Flor de Agosto (which poses a direct threat to the Ere-Campuya-Algodón region in the southeast) and the Buenavista-San Salvador-Estrecho road (which is ~40 km away and threatens neighboring areas such as Maijuna and the middle Putumayo)

- Summarize the costs and impacts of these projects for various stakeholders, including regional and national decision-makers and local residents

- Encourage dialogue, analysis, and debate about roads in indigenous congresses, in meetings of indigenous federations active along the Putumayo, in civil society, and in other regional and national venues

06 **Ensure the active participation and involvement of indigenous federations in the planning of the region's future, taking full advantage of their traditional ecological knowledge** (e.g., monitoring climate change using the ecological calendars managed by the communities)

07 **Strengthen the indigenous federations and their members, with a special focus on planning, zoning, and governance**

08 **Encourage older and more knowledgeable community members to pass down traditional knowledge to younger community members**, with the participation of schools and bilingual education programs

09 **Publicize the geological and biological results of the rapid inventory and incorporate the findings into regional and municipal development plans.** This is especially important because soils in the region have been erroneously classified as suitable for large-scale agriculture and logging. The rapid inventory revealed that these soils are extremely nutrient-poor, easily erodible, and totally unsuitable for large-scale extractive activity. Efforts to install large-scale agriculture and forestry in the region will not only be unsuccessful, they will also leave long-term impacts on soils in the form of erosion, sedimentation of streams and rivers, and a reduction in water quality

PERU-COLOMBIA RELATIONS AND COOPERATION

01 **Coordinate and integrate the management of the Ere-Campuya-Algodón conservation and sustainable use area with adjacent areas.** In Peru these include Güeppí-Sekime National Park, Huimeki Communal Reserve, Airo Pai Communal Reserve, the proposed Maijuna Regional Conservation Area, and the proposed Medio Putumayo Regional Conservation Area/Communal Reserve. In Colombia a key partner is the Predio Putumayo Indigenous Territory (Fig. 13)

02 **Strengthen binational coordination**

- Focus on key stakeholders in both countries (e.g., the armed forces, indigenous populations, indigenous federations) capable of working together to address environmental and social threats

- Bring Peruvian and Colombian environmental laws into agreement and seek coordinated strategies for implementing them (e.g., no-fishing seasons for arapaima)

- Cooperate in the reduction of illegal activities

- Optimize strategies for communicating and sharing information among the various stakeholders in the border region

03 **Support and build on existing cross-border exchanges between indigenous residents in Peru and Colombia in order to identify organic solutions to the challenges of coordinating management between the two countries** (e.g., the meeting at La Chorrera in October 2012)

04 **Create new opportunities for cross-border exchanges throughout the Great Indigenous Landscape along the Peru-Colombia border,** building on existing coordination and communication between indigenous residents to improve the management and protection of resources in the border region

RESEARCH

01 **Carry out detailed studies of the white-sand *varillales* on the floodplains of the Campuya River**. This unusual vegetation type, potentially unique to Loreto, merits in-depth mapping, soil analyses, and plant and animal inventories

02 **Survey plant and animal communities in regions, habitats, seasons, and taxonomic groups that have not yet been examined in the Ere-Campuya-Algodón region.** This long list includes bird communities along the Putumayo River, fishes and amphibians in palm swamps during rainy season, peatlands and blackwater vegetation on the lower Algodón, and small mammal and bat communities. Inventories in Colombian territory, just across the Putumayo River from the Ere-Campuya-Algodón area, are also a priority

03 **Map soils, *collpas*, and water conductivity** in the Ere-Campuya-Algodón region. All three of these maps will be crucial for effective zoning and planning of the proposed conservation and sustainable use area

04 **Monitor biotic and abiotic parameters** relevant to communities and managers of the proposed conservation and sustainable use area. These include but should not be limited to hunting offtake, fish harvests, large mammal densities, aquatic turtle densities, and mercury levels in food fish

Technical Report

REGIONAL OVERVIEW AND INVENTORY SITES

Author: Corine Vriesendorp

REGIONAL OVERVIEW

From the Andean foothills and into the upper Amazon basin, a complex mosaic of forests and aquatic habitats covers the more than 36 million ha of the Peruvian province of Loreto. Over the last decade The Field Museum has conducted 11 rapid inventories here, from montane forests spanning 1,400–2,600 m above sea level (masl; Cordillera Azul, Cerros de Kampankis, Sierra del Divisor) to lowland Amazonian rainforests at 100–300 masl (Nanay-Mazán-Arabela, Yavarí, Matsés, Güeppí, Maijuna, Ampiyacu-Apayacu-Yaguas-Medio Putumayo, Yaguas-Cotuhé, Ere-Campuya-Algodón).

Substantial differences exist among the lowland Amazonian sites, reflecting fundamental differences in soils of different ages, origins, and nutrient availabilities, and in the rivers that erode and rework these soils. Although lowland forests dominate the region, the western edge of Loreto includes the eastern foothills of the Andes. Our three montane inventories are isolated from other uplifts, including two ranges close to but isolated from the Andes (Cordillera Azul, Cerros de Kampankis), and another isolated range that rises up from deep within the Amazon basin along the Peru-Brazil border (Sierra del Divisor). Each inventory represents another piece of the complex puzzle of habitat heterogeneity in Loreto.

Geology, soils, and hydrology

From 23 million to 10 million years ago, South America experienced the rise of the Andes, the birth of the eastward-draining Amazon River, and the expansion of a giant lake and wetland system known as Pebas across much of Loreto and into parts of southeastern Peru, Colombia, and Brazil (Hoorn et al. 2010a,b). Over the last 10 million years, the Amazon drainage became fully developed and Andean sediments began filling the Amazon basin, including the Pebas lake system. The big Amazonian tributaries in Loreto—the Ucayali, Marañón, Pastaza, Napo, and Putumayo—not only deliver new Andean sediments to the Amazon but also rework existing soils, burying some and exposing others. These processes continue today, as natural erosion and the meander dynamics of both smaller and larger rivers continue to redistribute soils. In Loreto, these dynamics create a diverse patchwork of topographies and soil layers, varying in fertility from exceedingly poor quartzite-derived soils to richer soils from the Pebas Formation.

Coarsely, we can characterize areas based on the balance of richer soils (those derived from the Pebas Formation) and poorer soils (those derived from the Nauta Formation). Along the Peruvian portion of the Putumayo drainage, there are some similarities in soil formations at either endpoint, with both Yaguas at the southeastern end and Güeppí at the northwestern end displaying a mix of richer Pebas soils and poorer Nauta soils. In the middle are the Ere, Campuya, and Algodón rivers, dominated by the poor sandy-clays of the Nauta 2 Formation, with very few Pebas outcrops. Moreover, the Ere, Campuya, and Algodón rivers appear to be remarkably similar to each other in the balance of their soil composition and landscape features, a rarity for neighboring watersheds in Loreto.

Seen from the air, the waters in the Ere-Campuya-Algodón region resemble whitewater rivers. A closer inspection reveals the waters to have a distinctive hue, almost a chalky green. While the turbidity caused by the erosion of whitish clay sediments creates the illusion of whitewaters, in the field we realized that these are actually clearwater rivers. To complicate the picture further, the flora growing along these turbid clearwater streams is more typical of blackwater environments, with the trees *Astrocaryum jauari* and *Macrolobium acaciifolium* lining the banks. Neither of our ichthyologists had worked in waters with this color before.

Compared across six of our inventories in Loreto, the streams and rivers of the Ere-Campuya-Algodón region fall

Figure 14. Mean conductivity of stream water at 17 sites visited during rapid inventories in Loreto, Peru. The three sites in the Ere-Campuya-Algodón region are indicated by gray rectangles. Error bars indicate standard deviation. Rivers (>10 m wide), lakes, and saltlick springs were excluded from the analysis. The conductivity data were collected by Thomas Saunders (RI 20) and Robert Stallard (all other sites) and are available in the reports listed on the last page of this book. For more information on conductivity measurements in Ere-Campuya-Algodón, see the 'Geology, Hydrology, and Soils' chapter and Appendix 2 of this volume.

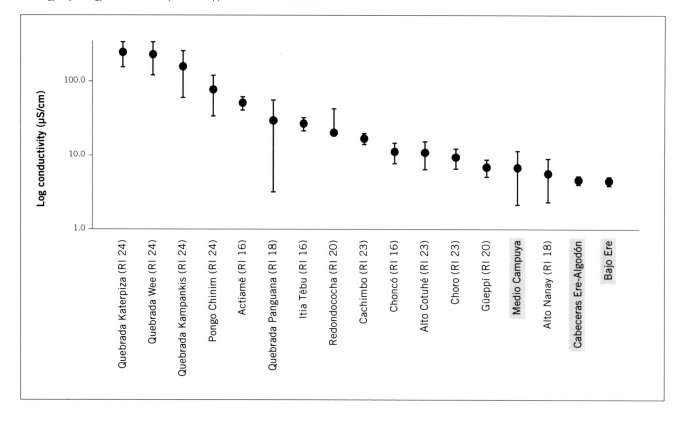

on the lowest end of the conductivity spectrum (Fig. 14). Moreover, it appears that Ere-Campuya-Algodón streams harbor the purest waters measured to date anywhere in the Amazon drainage, with conductivities as low as 3.1, and mean values of 4.5 (Bajo Ere), 4.6 (Cabeceras Ere-Algodón), and 6.8 (Medio Campuya). To date, the only sites known to have lower values are the Roraima Tepui and Gran Sabana in Venezuela (R. Stallard, pers. com.). Remarkably, both the headwaters and the lower reaches of the Ere River, sites separated by >60 km, exhibit similar tightly clustered conductivities. This suggests that soils are incredibly uniform across the Ere basin. As a point of comparison, the Nanay River in Loreto, which provides drinking water to more than a half-a-million people in Iquitos, has similarly low mean conductivity in its headwater streams (4.5) but ranges more broadly within those streams (from 4 to 13).

A more detailed discussion of the geology, soils, and hydrology of the Ere-Campuya-Algodón region can be found in the 'Geology, Hydrology, and Soils' chapter.

Climate

There are three meteorological stations forming a triangle around the Ere-Campuya-Algodón region. Mean annual rainfall ranges from 2,400 to 3,200 mm, according to data from two stations on the Putumayo River, Puerto Arturo (2,408 mm/yr) and Puerto Alegría (2,783 mm/yr), and one station to the south on the Napo River, Santa Clotilde (3,242 mm/yr; OEA 1993). However, given that the rivers and streams within the Ere-Campuya-Algodón region all drain into the Putumayo, the Puerto Arturo and Puerto Alegría stations along the Putumayo River may provide the best representation of the region's rainfall. At all three stations, no month receives fewer than 100 mm of rain. Puerto Arturo, the closest station to the Ere-Campuya-Algodón, has the lowest overall rainfall in the region, and an exceedingly dry July on average (102 mm).

Both the Napo/Amazonas and Putumayo drainages have outlier points in the middle: Francisco de Orellana, north of Iquitos, is the wettest station along the Napo (3,754 mm/yr), and Puerto Arturo, midway along the Peruvian extent of the Putumayo, is the driest station along the Putumayo (2,408 mm/yr). This creates a

cline across the Ere-Campuya-Algodón region of more than 1 m of rain per year. Using data from WorldClim (Hijmans et al. 2005) to examine the Napo, Caquetá, and Putumayo drainages, it appears that the Napo and Caquetá are wetter on average than the Putumayo.

Mean temperatures in the region range from 25 to 28° C, based on data from Puerto Leguízamo (PEDICP 1993).

Conservation context

Within the Peruvian drainage of the Putumayo there are three long-standing conservation priorities, from east to west: Yaguas-Cotuhé, Ere-Campuya-Algodón, and Güeppí. Over the last five years we have conducted rapid social and biological inventories in each of these: Güeppí in 2007, Yaguas-Cotuhé in 2010, and Ere-Campuya-Algodón in 2012.

In July 2011, the Peruvian government set Yaguas aside for conservation via the 868,927-ha Yaguas Reserved Zone. While we were conducting our fieldwork in October 2012, Güeppí was officially protected as a national park (Güeppí-Sekime, 203,628 ha) and two communal reserves (Huimeki, 141,234 ha; Airo Pai, 247,887 ha). In this report, we propose a new conservation and sustainable use area for Ere-Campuya-Algodón (900,172 ha) that would complete a conservation and sustainable use corridor across northern Amazonian Peru. Together with other proposed and existing protected areas that drain into the Napo River (the proposed Maijuna Regional Conservation Area, 391,039 ha; and the Ampiyacu-Apayacu Regional Conservation Area, 434,129 ha), the seven Peruvian areas in the Putumayo-Napo interfluvium would protect 3.2 million ha.

On the other side of the Putumayo in Colombia, there is a big conservation complex of indigenous lands (*resguardos indígenas*) and protected areas that stretches from Amacayacu National Park in the east through the Gran Predio Putumayo Indigenous Reserve to La Paya National Park in the west, covering 16 million ha. The corridor continues into Ecuador with two areas in lowland Amazonia: Cuyabeno Wildlife Refuge (603,380 ha) and Yasuní National Park (982,000 ha). Bringing together the pieces from all three countries, the Ere-Campuya-Algodón area would connect a conservation corridor of more than 21 million ha (Fig. 13).

Overflight of the Ere-Campuya-Algodón region

On 20 July 2012, we flew over the area in a single-engine plane with representatives from The Field Museum (A. del Campo, E. Ruelas, M. Pariona, C. Vriesendorp), Instituto del Bien Común (IBC; A. R. Sáenz), and the Federation of Indigenous Communities in the Putumayo Border Region (FECONAFROPU; B. Rivera). We documented the flight with four cameras and two video cameras. We flew within 500–1000 m of the canopy during a more than four-hour flight over the area. We began in Iquitos and flew north to San Antonio del Estrecho on the Putumayo River, detouring to examine the middle Algodón River. The channel of the Algodón was filled with water, reflecting the massive rains in 2012 in Iquitos. Abutting the banks of the Algodón we saw evidence of the Plio-Pleistocene terraces observed in the Maijuna (Gilmore et al. 2010) and Yaguas-Cotuhé (Pitman et al. 2011) inventories, mainly to the south of the river. Along the northern banks of the Algodón, as well as more sparsely along the southern bank, are scattered palm swamps and bottomlands. IBC has been working with the communities along the Putumayo (from the community of Rocafuerte to the community of Bufeo) with the aim of creating a conservation area in the middle Putumayo (~385,000 ha) that would include the area north of the Algodón and south of the Putumayo.

From Estrecho we flew northwest, loosely following the Putumayo River. Near the community of Flor de Agosto we observed an old road project, abandoned in the 1980s. Sections of the road remained open and visible from the air, with regenerating forests along parts of its length. Closer to the Napo River, the road was harder to discern. Three months after the overflight, when we returned from the inventory on 1 November 2012, an effort to reopen the road had begun in earnest, and the road was a much more obvious feature on the landscape.

Our route traversed 21 points identified during a careful examination of the satellite imagery. Beginning near the mouth of the Ere, large *Mauritia flexuosa* palm swamps (known as *aguajales*) are the most obvious feature on the old floodplain of the Putumayo. On closer inspection there are traces of old meanders, oxbow lakes, levees, and flood channels within the abandoned floodplain. Some of the oxbow lakes have filled with vegetation, with stunted plants growing on what appear to be vast peatlands similar to the ones seen along the lower Yaguas River (García-Villacorta et al. 2011). Although we did not survey these peatlands during the inventory, we believe they represent important carbon stores in the landscape (Lähteenoja et al. 2009). Both the Ere and Campuya rivers, as they approach the Putumayo, take a detour along the old floodplain and run nearly perpendicular to the Putumayo for several tens of kilometers before finding their way into that river.

In the northern part of the region, in the titled lands of the Yabuyanos, we flew over an area that appeared similar to the high-diversity upland terraces in the rest of the landscape. However, as we passed directly overhead and looked down, the landscape resembled a series of hundreds of small, adjacent cones: forested hilltops with braided, meandering streams flowing between them. While we did not visit this site during the inventory, it is unlike any other formation we have seen in Loreto.

SITES VISITED BY THE SOCIAL TEAM

Our inventory falls within the large Arana rubber concession that operated in the Putumayo drainage in the late 19th and early 20th centuries, with well-documented atrocities committed against the indigenous population of this region (e.g., Goodman 2009). The Murui (Huitoto) people who live in the region now are descendants of the survivors of that terrible period of Peruvian and Colombian history.

Our social team visited four native communities along the Putumayo River, choosing communities representative of the social, economic, and cultural patterns in the region, as well as their strategic proximity to the proposed conservation and sustainable use area. Our inventory spanned two different districts: Putumayo (the communities of Flor de Agosto, Ere, and Santa Mercedes) and Manuel Clavero (Atalaya; Figs. 2A, 3A–C, 20). Flor de Agosto and Ere are Murui communities, while Santa Mercedes and Atalaya are Kichwa communities. All four are considered native communities and are dominated by indigenous inhabitants. However, *mestizo* colonists live in all of them, especially Santa Mercedes.

These communities are small, with the largest housing 337 residents (Santa Mercedes), and the smallest just

Figure 15. Watershed size of the 17 southern tributaries of the Putumayo River in Loreto, Peru. The Ere, Campuya, and Algodón watersheds are highlighted in gray.

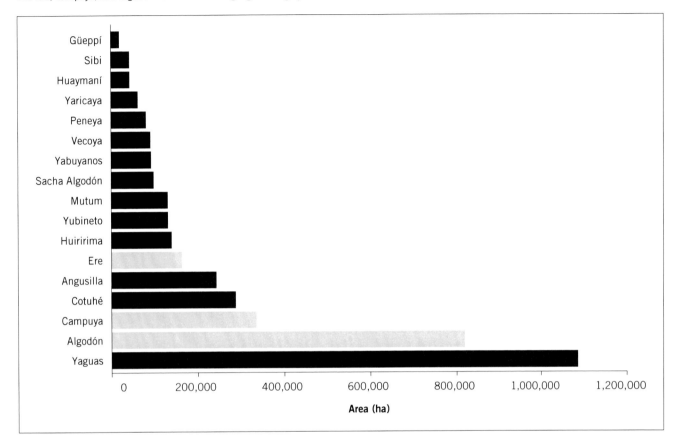

67 (Atalaya; see Table 1). Two indigenous federations play an important role in the area: FECONAFROPU operates in the Putumayo district, and the Kichwa Indigenous Federation of the Upper Putumayo (FIKAPIR, also known as Inti Runa) oversees the Manuel Clavero district. The human communities and social inventory are described in greater detail in the 'Communities Visited: Social and Cultural Assets' chapter, and in the 'Natural Resource Use, Traditional Ecological Knowledge, and Quality of Life' chapter.

SITES VISITED BY THE BIOLOGICAL TEAM

We surveyed three major tributaries of the Putumayo River: the Ere, Campuya, and Algodón rivers. The watersheds of these tributaries are the second (Algodón; 818,619 ha), third (Campuya; 334,788 ha), and sixth (Ere; 163,501 ha) largest of the Putumayo River in Peru, and together they are 1.2 times the size of Yaguas, the largest Putumayo tributary watershed (Fig. 15).

Our three biological inventory sites were situated on the lower Ere River, in the headwaters of the Ere and Algodón rivers, and on the middle Campuya River. In Murui, the word *ere* means 'the *Lepidocaryum tenue* palm' and *campuya* means 'land of the *Oenocarpus bataua* palm.' There have been exceedingly few biological studies in the Putumayo drainage on the Peruvian side, and even less seems to be known about the Putumayo drainage in Colombia. In previous inventories we have sampled eight other sites in the Putumayo drainage: the upper, middle, and lower Yaguas River (Pitman et al. 2004, 2011); the upper Cotuhé River (Pitman et al. 2011); the Piedras stream, a tributary of the Algodón River (Gilmore et al. 2010); and the Güeppí River, the Güeppicillo stream, and the Penaya stream (Alverson et al. 2008).

In contrast to some of the major rivers in Loreto (e.g., the Putumayo, Napo, and Pastaza, which originate in the Andes of Ecuador or Colombia), the

Ere, Campuya, and Algodón rivers originate within the Peruvian Amazon. One of the best points of comparison is the Nanay drainage, which similarly originates within Loreto, and appears to share comparable soil types, topographical variation, and habitat diversity. Other points of comparison are the terraces covered in stands of *Tachigali* trees along the Curaray River, near its mouth at the Napo River. Outside of Peru, the greatest overlap is likely to be with biological communities of the Caquetá drainage in Colombia, and other poor-soil forests in Colombia, Venezuela, and central Amazonia (e.g., near Manaus).

Before our inventory, forests growing on white-sand soils (known locally as *varillales*) were only known from sites south of the Napo River. Officially, there are reports of eight such areas: Allpahuayo-Mishana, Jenaro Herrera, Río Blanco, Jeberos, the upper and lower Nanay River, the lower Morona River, and the Tamshiyacu River (Fine et al. 2010). There are anecdotal reports of more white-sand forests south of the Napo River, but these have yet to be mapped comprehensively.

In this volume we present the first official report of forests that have a similar structure to white-sand forest but are underlain by white-clay soils rather than quartzite sands (see description of Medio Campuya, below). These are also the first Peruvian *varillales* ever reported north of the Napo River. Given the white-clay forests, as well as the stunted forests (*chamizales*) growing on peatlands, and the taller forests growing on the Plio-Pleistocene terraces in the upper Yaguas (García-Villacorta et al. 2011) and middle Algodón (García-Villacorta et al. 2010), there are reasons to broaden the working definition of the types of *varillal* known from Loreto.

On satellite images the white-clay forests are not visually obvious. They occur behind old levees in the abandoned Campuya floodplain, and without ground-truthing their existence in the field is impossible to confirm. Other features are more apparent, with green reflecting the upland hills and terraces (~95% of the area), yellows reflecting treefalls or disturbances (<1% of the area), and purples indicating palm swamps (both atypical upland swamps dominated by *Oenocarpus bataua* as well as more characteristic

swamps dominated by *Mauritia flexuosa*, ~5% of the area).

The larger-scale disturbances in this landscape are likely windthrows, lightning strikes, atmospheric downbursts, and soil slumps on steeper hill slopes. In the lower Ere drainage we observed patches of standing dead trees with twisted canopies.

Topographic variation within the Ere-Campuya-Algodón is moderate, with the lowest points occurring at 125 m above sea level, and the highest points in the upland hills occurring at 237 m. There are two areas in the Algodón drainage, just outside of the proposed Ere-Campuya-Algodón area, that are local highpoints and warrant further inspection. Both areas are possible Guiana Shield outcrops, given that they fall within the 200–210 m elevations that support Guiana Shield vegetation across the border in Colombia.

We observed some broad similarities across our sites. At all three sites we found a disproportionate number of downed trees and many hollow logs, as well as a thick root mat. Soils were largely nutrient-poor, with a few important exceptions. All sites featured occasional outcrops of the Pebas Formation, creating critical sources of salts within the landscape for animals. All of the palm swamps we visited, especially the large *Mauritia* swamp in the lower Ere River, had very little standing water.

We found a feature never observed previously by any of our inventory scientists elsewhere in Amazonia. The leaf-cutter nests created by *Atta* ants were not the typical subterranean nests with extensive below-ground structures, but rather much smaller aboveground nests created by packing together leaves against tree buttresses or downed logs (Fig. 4G). Our working hypothesis is that the region's poor soils may not support large-scale tunneling without collapsing, but this is pure speculation.

During the inventory we found only two *supay chacras*, or devil's gardens, characteristic vegetation patches in other parts of Loreto, where they are dominated by a handful of ant-plants (e.g., *Duroia hirsuta*, *Cordia nodosa*, assorted Melastomataceae). This may reflect a landscape-level pattern, as *supay chacras* are exceedingly rare on the resource use map created by the communities.

Cabeceras Ere-Algodón (15–21 October, 2012
S 1°40'44.5" W 73°43'10.9", 145–205 masl)

We established a heliport on a local highpoint (~205 m). We camped about 20 m below the heliport on a bluff overlooking the headwaters of the Ere River, about a 3.8-km walk to the drainage divide with the Algodón River. Over the course of seven days we explored 33 km of trails that traversed upland terraces and hills, a few small and dispersed palm swamps, and one large liana tangle. The overwhelming majority of the area is *tierra firme*, crisscrossed by a stream network, including many ephemeral waterways, draining mostly extremely poor soils.

During overflights for two other inventories (Nanay-Mazán-Arabela, Vriesendorp et al. 2007; Maijuna, Gilmore et al. 2010) we noted terraces covered in standing dead *Tachigali* trees. In Cabeceras Ere-Algodón we had our first opportunity to sample *Tachigali* terraces on the ground.

We found exceedingly low stream conductivities at this site, reflecting an environment where competition for salts and nutrients is intense. We sampled streams from three drainages: the Sibi (10 m wide), a tributary of the Campuya; the headwater streams of the Ere (5 m wide); and the headwater streams of the Algodón (4 m wide). If we had traveled about 11.5 km to the southwest, we could have sampled the headwaters of the Tamboryacu River, which drains into the Napo. Similar to other Amazonian drainage divides, the highest point on the landscape here is barely perceptible, and only if you are paying close attention do you notice that the streams are flowing in a different direction on either side of it.

All of the streams in this area are quite entrenched. The soils range from sandy to clayey, with a few streams displaying gravel and sand (and one littered with big cobbles), and the rest underlain by a muddy bottom. This site may represent one of the points farthest to the southwest of Guiana Shield outcrops or influence.

Leaf litter loads are heavy (~50 cm), and a dense mat of fine roots covered almost every spot we sampled. Decomposition appears slow, and regeneration—given the leaf litter loads and the dense rootmat—must be challenging. The forests are quite dynamic, and treefalls are plentiful. Tree canopies reach their maximum height around 35–40 m, shorter than trees growing in parts of richer-soil Amazonia. Both epiphyte loads and diversity are quite low. In this campsite and at the Bajo Ere site we found occasional cicada towers. These cicada towers were only apparent on clay soils, and given the density of the root mat and the difficulty of seeing the soils below, the cicada towers provided a coarse approximation of soil changes.

Comparing the satellite image to topographical maps, we were surprised to find purple swathes—a characteristic color for palm swamps—on some of the highest portions of the landscape. These are patches of *Oenocarpus bataua*, not *Mauritia flexuosa*, and occur in small (~10 m wide) depressions on the hummocky parts of the terraces.

We observed plentiful fauna at this site, and animals were not skittish. Our local assistants had never visited this site before, although they do navigate the Sibi River about 8 km from our campsite. We did not see any evidence of scarred rubber trees, but did find abundant regeneration of *Hevea* saplings.

Bajo Ere (21–26 October 2012; S 2°01'07.4" W 73°15'13.4", 125–175 masl)

We camped on a bluff overlooking the lower Ere River, about 800 m downstream from the mouth of the Yare stream. This site was about 64 km from our campsite in the headwaters, and about 21.3 km from the mouth of the Ere River, where it joins the Putumayo. We originally planned to visit this site first. However, after two days of near continuous rains, the waters rose 4.5 m and flooded our heliport. According to residents of the Ere and Puerto Alegre communities, these sorts of flooding events are typical.

While we were at our first campsite in the Ere-Algodón headwaters, local assistants established a new heliport on an area that never floods. During our visit, the water dropped more than 1 m and our first heliport dried out entirely. We established a 'gondolero'—a local assistant in a *peque-peque*—who ferried scientists across the Quebrada Yare to two trails on the other side of the river, and cut a new trail that connected to the original trail established to the east of the Yare.

This site explored a much greater variety of lower-lying areas, including two big rivers (the Yare measured

~20 m across and the Ere ~30 m), a large *Mauritia* palm swamp, a small oxbow lake or *cocha*, and a series of levees, bottomlands, and flood channels. The *cocha* was ~100 x 20 m, and sat higher on the landscape than the Ere River itself. During our visit the channel that drained the *cocha* did not connect to the river, but it would when the river floods. Although the waters were clear in appearance, blackwater specialist trees such as *Astrocaryum jauari* and *Macrolobium acaciifolium* lined the riverbanks. Water conductivities in the streams and rivers remained notably low, suggesting that the entire Ere basin is draining extremely poor soils.

Our 19 km of trails also traversed low hills and terraces with forests that are structurally quite similar to white-sand forests, without any of the associated white-sand flora. We found one small strip of richer-soil flora, including *Ficus* trees, along the Ere riverbank, but the rest of the landscape was dominated by poor soils similar to those in the headwaters. The rootmat was thick, and the landscape hummocky. Aside from the large *Mauritia* palm swamp, all of the other purple hues in the satellite image appear to be small clumps of *Oenocarpus bataua*, as in the headwaters area. The *Mauritia* swamp itself was not a pure stand of *Mauritia*, but rather a mixed assemblage of *Mauritia*, other palms, and other plant species adapted to high-light environments.

This was the only site where we observed *supay chacras*, or clearings of ant plants. These *supay chacras* are the least impressive ones our team has observed in Loreto, consisting of a single tree of *Duroia hirsuta*, a small clearing, and none of the other ant plants that are typically associated with these clearings.

According to the Huitoto residents of the community of Ere, there was rubber tapping in this area at the turn of the century. We observed substantial *Hevea* regeneration but no scarred adult trees. Our local assistants claimed there was a rubber tree grove nearby, but believed that visiting it would bring bad luck, accompanied by lightning, thunder, and strong winds.

During the construction of the second heliport, we found ceramic sherds. We left them *in situ*, cannot age them, and are unsure if they date to the rubber boom or before. There was a *collpa* (saltlick; Fig. 4A) attractive to local game about 500 m from our campsite that may have encouraged or supported a temporary settlement.

Medio Campuya (26–31 October 2012; S 1°31'03.4" W 73°48'58.2", 135–200 masl)

We camped on a bluff on the southern bank of the Campuya River and explored 19 km of trails and both banks during our inventory. On either side of our campsite were well-established *collpas* (Fig. 4A), covered in tracks of a diverse community of animals searching for salts and minerals. Water in the larger *collpa* (known locally as the Salado del Guacamayo, or Macaw Saltlick) had a conductivity of ~1,000 µS/cm, about 20–100 times the levels of water elsewhere in the landscape. The smaller *collpa* exhibited a conductivity of ~500 µS/cm. Both *collpas* represent exposed parts of the Pebas Formation, as evidenced by the freshwater shells and bluish hues found in their soils. Our local guides from the community of Santa Mercedes knew the *collpa* well, and claimed it was the biggest and most notorious of the *collpas* scattered along the middle and upper Campuya. In addition, they reported that the *collpa* used to be a cave, with animals digging ever farther into its recesses, but that in the last decade it collapsed into itself. About two hours from Santa Mercedes the social team visited a site known as Collpa Iglesia, which has a similar cave-like structure (Fig. 10G).

Our campsite was situated within the interfluvium between the Vecoya and Campuya rivers, with the Vecoya only 3.7 km directly south of camp. The steepest hills and terraces of any of our sites occur here, and we traversed them to reach a large trough of a valley that drains to the Vecoya River. The valley is linear, suggesting its origin may reflect faulting in the landscape.

The Campuya has a well-defined and asymmetric floodplain, all to the north of the river (unlike the Ere River that cuts into both banks). This is reflected most obviously on topographical maps: the highest points to the south of the Campuya are ~2 km inland, while the highest points to the north are ~20 km from the river. The old Campuya floodplain is full of historical signatures, including oxbow lakes, levees, mixed palm swamps, and flood channels.

Our most surprising find of the inventory are the forests growing on white-clay soils in the Campuya floodplain, directly below and behind former levees. The clays are white with a bluish tint, indicating anoxic conditions (Fig. 5B), and both the structure and floristic composition of these forests resembled those of the white-sand forests or *varillales* known from other parts of Loreto (Fig. 5C).

With a few exceptions, all of the *tierra firme* habitats at this campsite appear similar to the upland areas in our first two campsites. The valleys are steeper, and some of the hilltops are more rounded, but the flora remains the same diverse assemblage recorded for the previous 11 days. In contrast to the first two camps, we observed almost no *irapay* (*Lepidocaryum tenue*) here.

Mammals were plentiful, but traveling in smaller groups than usual (especially monkeys), and tapirs were incredibly common. We did not observe skittish behavior in mammals, despite the occasional use of the *collpas* as hunting sites, and semi-recent occupation (~30 years ago) of the area as a *calderón*, or processing site for rosewood and rubber. We did observe evidence of secondary forests on the tops of nearby hills.

Our advance team found 30 black scorpions in the lab clearing, a first for our inventories. Our biologists did not observe a single individual during the inventory itself.

GEOLOGY, HYDROLOGY, AND SOILS

Author: Robert F. Stallard

Conservation targets: A region of extraordinarily pure water with especially low concentrations of dissolved solids; extensive shallow-soil and ground-surface roots that limit erosion and retain nutrients and salts necessary for plants and animals; intact and continuous plant cover throughout the watershed that protects downstream ecosystems; certain combinations of water regime, substrate, and topography that support distinct plant or animal populations, including the white-clay *varillal* communities that develop on old levees in the floodplain of the Campuya River (Fig. 5C) and scattered areas of mineral-rich soils and springs (*collpas*) sought out by animals as a source of salts, which are focal points on the landscape for animal populations; a possible archeological site downstream from the Ere-Yare confluence

INTRODUCTION

The Ere-Campuya-Algodón region is part of an old alluvial plain that once extended across northeastern Peru from the Andean foothills east to at least the western Yaguas basin and south to roughly the Blanco and Marañón rivers. Today, the eroded remnants of this plain form local uplands of flattened summits, about 200 m above sea level (masl), distinguished by nutrient-poor soils and distinctive vegetation. Several previous rapid inventories have encountered this upland, including Matsés (Stallard 2006), Nanay-Mazán-Arabela (Stallard 2007), Maijuna (García-Villacorta et al. 2010), and Yaguas-Cotuhé (Stallard 2011).

Six formations and their sedimentary deposits are exposed where the alluvial plain has eroded (Appendix 1). The oldest is the Pebas Formation, deposited in western Amazonia through much of the Miocene (19–6.5 million years ago). Pebas sediments were deposited under conditions that promoted the accumulation of easily weathered minerals, many of which release elements that are nutrients for plants and animals (e.g., calcium, magnesium, potassium, sodium, sulfur, and phosphorous). On top of the Pebas Formation is the lower Nauta Formation (Nauta 1), which was deposited in the Plio-Pleistocene (5–2.3 million years ago). Nauta 1 sediments contain considerably fewer nutrients than the Pebas sediments. The upper Nauta Formation (Nauta 2) dates to the early Pleistocene (2.3 million years ago), contains even fewer nutrients than Nauta 1, and is sometimes deposited on the Pebas Formation. The White Sands Formation is probably contemporaneous with Nauta 1, and consists mostly of leached quartz sand; it is the most nutrient-poor unit. The White Sand Formation is often associated with blackwater rivers and stunted *varillal* vegetation. The fifth formation consists of several Pleistocene fluvial deposits that are nutrient-rich along rivers with Andean headwaters and nutrient-poor elsewhere. The final deposit is contemporary fluvial sediment settling in modern floodplains.

SRTM DEM shaded relief maps of the Ere-Campuya-Algodón region (Fig. 2B) show that many channels have long linear segments that often extend as a trend across drainage divides or across major valleys. These linear patterns are called fabrics and are thought to reflect minor to major faulting after sediments were deposited. One set of segments is oriented northwest to southeast and is quite evident throughout the region (aligned segments extend up to tens of kilometers). The other runs east-west and is strongly evident to the north of the Quebrada Sibi near the Cabeceras Ere-Algodón campsite, again extending tens of kilometers. The Quebrada Sibi itself follows the east-west trend. Different segments of the Río Campuya tend to follow one of these trends, with the northwest-southeast trend being dominant. It is not obvious whether mountain building or settling of underlying sediments caused these features.

The same alluvial upland continues on the Colombian side of the Putumayo River, but with a distinctive additional feature. About 50 km east of the Cabeceras Ere-Algodón campsite is the first outcrop of Guiana Shield sedimentary rocks; these are Paleozoic metamorphic shales and sandstones approximately 500 million years old (PEDICP 1993, Gómez Tapias et al. 2007). Ten kilometers to the east there are extensive Paleozoic outcrops. The Colombian town of La Chorrera is named for a rapids developed where the Igara Paraná River crosses these outcrops. Basement Proterozoic metamorphic rocks (billions of years old) are encountered >100 km north of La Chorrera. The Paleozoic and Proterozoic outcrops form hills that are considerably higher than the 200 masl that delimits the alluvial upland. The distinct channel orientations described in the previous paragraph do not continue far into Colombia, where the structure of the underlying Guiana Shield becomes important.

On the Peruvian side of the Putumayo River, most of the upland has been mapped (presumably using aerial or satellite photography) as the Pebas Formation, with minor exposures of Nauta 1 and Nauta 2 (Cerrón Zeballos et al. 1999a,b,c,d,e,f,g; de la Cruz and Ivanov Herrera 1999a,b; Diaz N. et al. 1999). On the Colombian side of the Putumayo River, near the river, the surface is mapped as Neogene (not well dated; 23.5 to 1.75 million years) unconsolidated sandstones and conglomerates (lithologically equivalent to the Nauta Formation), transitioning to the east into older blue shales (lithologically equivalent to the Pebas Formation; PEDICP 1993, Gómez Tapias et al. 2007).

Regional geology

Starting in the Permian (~270 million years ago), different phases of proto-Andean mountain building controlled sediment deposition, uplift, and erosion in western South America. Between periods of mountain building, the mountains were eroded down to low relief. The current Andean uplift is associated with the collision, starting in the Cretaceous (~100 million years ago), of the Nazca plate with the South America plate, since which the Nazca plate has been plunging (subducting) under the South America plate in a northeastern direction (Mora et al. 2010). In Peru, the principal pulses of recent Andean uplift appear to be associated with episodes of more rapid subduction of the Nazca Plate (Pardo-Casas and Molnar 1987) and concomitant compression of the Andes Mountains (Hoorn et al. 2010a). The pulse of 10–16 million years ago partially lifted the modern Andes to the west and depressed a broad region to the east called the Marañón sedimentary or foreland basin, located south of the Guiana Shield and east of the Andean foothills in Ecuador and northern Peru. The most recent pulse of Andean uplift occurred 5–6 million years ago, close to the Miocene-Pliocene transition.

The formation of foreland basins lowered the landscape to the east, and sea level fluctuations (Müller et al. 2008) interacted with the eroding sediments from the rising Andes, producing the landscape that we see in the Amazon lowlands today (Stallard 2011). After the Miocene ended, the Pliocene began with two particularly high sea level stands: 49 m at 5.33 million years ago and 38 m at 5.475 million years ago. The 49-m high stand was the highest in many millions of years, and probably had a profound impact on sediment deposition throughout the Amazon lowlands. These highs were followed by numerous sea level oscillations, with the deepest low of −67 m at 3.305 million years ago, during which older sediments would have been deeply dissected by erosion. Shortly after the beginning of the Pleistocene (2.6 million years ago), there were two sea level high stands: one of 25 m at 2.39 million years ago and the other of 23 m at 2.35 million years ago. The subsequent formation of Northern Hemisphere ice caps and glaciations brought huge sea level oscillations that grew in amplitude with time. Each of these highs could have formed major terraces along the Amazon Valley, and each low would have eroded the valley.

The nature of the processes that deposited the Miocene and younger sediments in the western Amazon is still in dispute (the field characteristics of these units are described in Appendix 1). The uplift of the Andes in the Miocene between 10 and 16 million years ago is associated with the deposition of the middle Pebas Formation (known as the Solimões Formation in Brazil) in the foreland basins to the east of the Andes (Hoorn et al. 2010a), with deposition ending at the beginning of the Pliocene (Latrubesse et al. 2010). Hoorn et al. (2010a,b) present a model in which during the Miocene much of the Amazon lowlands east of the modern-day Andes were wetlands connected to the north with the Caribbean, through a north-south trough east of the Andean uplift. The Pebas Formation sediments were deposited as stacked transgression-regression sequences consistent with repeated sea level fluctuations. At least one transgression included an episode of strong marine influence (Hovikoski et al. 2010).

The ongoing uplift of the Andes and of the Vaupés Arch between the Amazon and Orinoco basins helped establish the east-flowing Amazon system about 11.5 million years ago. Hovikoski et al. (2007, 2010) argued for tidally influenced sediment deposition after this time, but many of the sedimentary deposits in which tides were supposed to have been found were misdated and are in fact much younger (Latrubesse et al. 2010). Moreover, detailed global measurements of sea-surface heights coupled with whole-ocean tidal models show that tides are dissipated in shallow waters (Egbert and Ray 2001), and it is difficult to envision tidal effects 3,000 km inland. Up to this time Amazon geologists have ignored an important phenomenon—seiches—that can produce tide-like effects in lakes. Seiches happen when daily wind fluctuations cause large sections of a lake to rock back and forth. In Gatún Lake in Panama (425 km², averaging 12 m deep), seiches are driven by day-night Trade Wind variations (Keller and Stallard 1994, McNamara et al. 2011), while in East Africa's Lake Victoria (68,800 km²,

averaging 40 m deep) the cause is predominantly daily onshore-offshore breezes (Ochumba 1996, Okely et al. 2010). Huge but shallow Lake Victoria may be an especially good analogue for Miocene or later lakes in western Amazonia. In Victoria's embayments, seiches strongly resemble tides and can distribute sediment accordingly (Okely et al. 2010).

The Nauta 1 and Nauta 2 formations and the white sands near Iquitos were deposited in the Pliocene to the Pleistocene, after the most recent pulse of Andean uplift (Sánchez Fernández et al. 1999a, Latrubesse et al. 2010, Stallard 2011, Stallard and Zapata 2012), and probably mostly after the low sea level of 3.305 million years ago. Deposition ended with the uplift of the regional alluvial plain. In the field, one is struck by the remarkable flatness and conformity of this upper surface and the deeply weathered quality of the sediments upon which it is developed. Based on my field surveys, the Llanos in western Venezuela may be a modern analogue. The Llanos are an actively forming flat surface where rivers repeatedly change course and rework the youngest sediments, causing these sediments to alternate between being active sediments undergoing transport by a river and deposited sediments undergoing weathering as an alluvial soil. Repeated through time, this alternation eventually creates strongly weathered sediments, even pure quartz sands (Johnsson et al. 1991, Stallard et al. 1991). Indeed, Wilkinson et al. (2010) have proposed that the Pliocene-Pleistocene sedimentary packages in the sub-Andean Amazon are active and eroded megafan deposits, and they classify the western Llanos of Venezuela and the lower Pastaza River of Peru as active megafans and sediments of the northwestern Peruvian Amazon as extinct megafans.

The most parsimonious interpretation of these data and our field observations is that the upper flat hilltop plateaus at the Cabeceras Ere-Algodón and Medio Campuya campsites are from the early Pleistocene and about 2.35 to 2.39 million years old. Younger terraces at all campsites probably reflect local changes in hydrology such as discharge, sediment sources, and base level (the lowest elevation down to which a river can cut), and could be affected by local climate, the Río Putumayo's base level, and tectonics. It is inviting to think that Nauta

1 or both Nauta 1 and Nauta 2 units might have been created during the two early Pliocene sea level high stands, perhaps as part of megafan deposits associated with the elevated base level and reduced river slope of those times.

Soils and geology

Soil quality and associated plant communities appear to be strongly related to the underlying geological units (Appendix 1). These deposits are covered with dense root mats associated with poor-soil environments (Stallard 2006, 2007, 2011). Higgins et al. (2011) used satellite spectral imagery, SRTM topography, and soil composition and plant inventories to demonstrate that the contrast between the Miocene Pebas/Solimões Formations and the overlying Plio-Pleistocene formations (Nauta/Iça formations) is especially strong on a regional basis. The soils on the Miocene formations are cation-rich and relatively fertile, while the soils on the Plio-Pliocene formations are nutrient-poor. Despite the contrast in nutrients, overall plant diversity on the two soil types does not differ markedly (Clinebell et al. 1995; see the 'Vegetation and Flora' chapter).

Petroleum geology and gold

The northern end of the Marañón foreland basins, which is very important for oil production in Ecuador and Peru, starts under the Putumayo River (Higley 2001) or perhaps under the Iquitos Arch just to the south of the Putumayo River (Perupetro 2012). The basin deepens steeply to the south. There are no exploratory seismic lines in Peru north and east of the Iquitos Arch (Perupetro 2012), indicating that petroleum geologists believe that the sedimentary deposits to the east of the arch are not deep enough to have been sufficiently heated to create oil from buried organic matter (Higley 2001) and that oil migrating through reservoir rocks in the Marañón foreland basin cannot cross the arch.

Until September 2013, the headwaters of the Río Campuya were within Block 117-B, granted to Petrobras as a concession for oil exploration (Perupetro 2012). The southwest part of the block touches the Iquitos Arch and has an exploratory seismic line. This part of the block is outside the Campuya River basin, which therefore appears to be a low priority for hydrocarbon exploration.

Gold dredging is ongoing along the Putumayo, with dredges seeking shelter from one national government or the other by crossing the frontier (see the 'Natural Resource Use, Traditional Ecological Knowledge, and Quality of Life' chapter). This gold most likely comes from the Andes. Several local residents told me that they have found gold in the Ere watershed.

METHODS

Fieldwork focused on areas along the trail systems and along the stream and riverbanks at each camp. I used a Garmin GPSmap 62stc, which works well under forest canopy and allows one to record reasonably complex names and notes for each waypoint, georeference photos, and review trail profiles once the track is stored. Caution must be used because some elevational variation is caused by atmospheric pressure changes. I made observations at each 50-m mark on the trails and at distinctive features, such as streams, erosional features, and outcrops. Among the characteristics described for each waypoint were topography, soil, appearance of leaf litter and root mat, and water properties. Some features were photographed. For soils and bedrock, color (Munsell Color Company 1954) and texture (Appendix 1B in Stallard 2006) were noted. Bedrock was occasionally sampled for future reference. No soils were sampled.

To describe drainages and water chemistry in the region, I examined as many streams as possible at each campsite. For each stream the following data were recorded: geographic location, elevation, current speed, water color, streambed composition, bank width, and bank height. For select streams at the Bajo Ere and Cabeceras Ere-Algodón campsites and all streams and seeps in the Medio Campuya trail system, water specific conductivity, pH, and temperature were measured with a calibrated ExStick® EC500 (Extech Instruments) portable pH and conductivity meter (Appendix 2). Selected samples were collected for future reference and measured again in Iquitos. The match among field data and sample data was good.

Five rapid inventories have now used conductivity and pH to classify surface waters in Loreto. These are Matsés (Stallard 2006), Nanay-Mazán-Arabela

(Stallard 2007), Yaguas-Cotuhé (Stallard 2011), Cerros de Kampankis (Stallard and Zapata 2012), and the present inventory. The use of pH (pH = -log(H+)) and conductivity to classify surface waters in a systematic way is uncommon, in part because conductivity is an aggregate measurement of a wide variety of dissolved ions. When the two parameters are graphed in a scatter plot, the data are typically distributed in a boomerang shape (Fig. 16). At values of pH less than 5.5, the seven-fold greater conductivity of hydrogen ions compared to other ions causes conductivity to increase with decreasing pH. At values of pH greater than 5.5 other ions dominate, and conductivities typically increase with increasing pH.

RESULTS

In previous inventories, the relationship between pH and conductivity was compared to values determined from across the Amazon and Orinoco river systems (Stallard and Edmond 1983, Stallard 1985). These two parameters allow one to distinguish waters draining from the three types of formations exposed in the Ere-Campuya-Algodón landscape, which are often difficult to identify without large outcrops or excavations (Fig. 16). Streams draining the Pebas Formation have conductivities from 20 to 300 µS/cm, streams draining the Nauta 1 Formation from 8 to 20 µS/cm, and streams draining the Nauta 2 Formation from 4 to 8 µS/cm. The blackwaters draining the White Sands Formation have a pH less than 5 and conductivities from 8 to 30 µS/cm. Old terraces and floodplain deposits can be distinguished in the field, but the streams that drain them tend to have conductivities in the range of Nauta 1 and Nauta 2.

Cabeceras Ere-Algodón

Satellite-based topographic data indicate that the Cabeceras Ere-Algodón campsite is located within the slightly eroded Plio-Pleistocene floodplain. The most distinctive feature of the area surrounding the camp is the pronounced poverty of leachable nutrients in the underlying 'bedrock,' in the soil developed on it, and in the streams and rivers that drain it. In the streams, specific conductivity is low or extremely low, with conductivities ranging from 3.7 to 6.9 µS/cm. This

applies to the three river basins within reach of the camp: the Ere, Algodón, and Sibi. These headwaters are quite similar to the headwaters of the Nanay River, which drain the Nauta 2 Formation. Streams were sampled at all elevations, including the flatter upland, the steeper slopes going down to the Sibi, and the low, flatter landscape next to the Sibi. No ready sources of sodium, potassium, phosphorous, and trace metals were observed, and there appear to be no 'hotspots' such as *collpas* (clay/salt licks). The uniformly low stream conductivities suggest that that if *collpas* are present, they must be rare. Without *collpas*, all organisms that do not range very widely and live in the Ere-Algodón headwaters must contend with extreme salt limitation.

Most of this landscape is flat: an upper plateau, minor terraces and summits, and dead or active floodplains that have swales and pools. I identified three main groups of soil at this campsite:

1. *Tierra firme* uplands and slopes with sandy loam soils. These sites have thicker (5–20 cm) root mats and organic layers above the mineral soil. Root mat coverage is sufficient that mineral soil is rarely visible along trails. Streams here have sand and gravel beds.

2. *Tierra firme* uplands and slopes with clay-rich sand-free soils. These sites have a thin (1–10 cm) but generally continuous root mat and a thin organic layer. Mineral soil is frequently visible, as are occasional cicada mounds and leaf-cutter ant nests. Streams have mud beds.

3. Swamp or moist soils that are developed on live or 'fossil' floodplains that typically have swales and pools. Organic matter is abundant; the root mat is often quite thick (10–40 cm), and mineral soil is seldom visible. When visible, the soil is gleyed (a light blue-gray color indicating permanent reduced [no free oxygen] conditions).

Other distinctive areas include small *aguajales* (*Mauritia flexuosa* palm swamps) between ridges, small swamp forests without *Mauritia*, and minor levee and bank deposits along the larger rivers.

Major processes exposing soils include head cuts (where Sibi tributaries are eroding into the uplands) and

Figure 16. Field measurements of pH and conductivity of Andean and Amazonian water samples in micro-Siemens per cm (µS/cm). The solid black symbols represent stream-water samples collected during this study. The solid light gray symbols represent samples collected during four previous inventories: Matsés (RI 16), Nanay-Mazán-Arabela (RI 18), Yaguas-Cotuhé (RI 23), and Cerros de Kampankis (RI 24), and the open light gray symbols correspond to numerous samples collected elsewhere across the Amazon and Orinoco basins. Note that streams from each site tend to group together and that we can characterize these groupings according to their geology and soils. In the Amazon lowlands of eastern Peru, four groups stand out: the low-pH, acid blackwaters associated with quartz-sand soils, the low-conductivity waters associated with the Nauta 2 sedimentary unit, the slightly more conductive waters of the Nauta 1 sedimentary unit, and the substantially more conductive and higher-pH waters that drain the Pebas Formation. The most dilute and purest waters are simply rain with tiny added quantities of cations (Nauta 2) or organic acids (blackwaters). Typical waters of the Andes overlap the Pebas Formation, but extend to considerably higher conductivities and pH. Most of the waters of the Ere-Campuya-Algodón landscape are extremely pure, among the purest of a large and varied suite of samples collected from throughout the Amazon and Orinoco basins. These pure waters were collected from uplands in all Ere-Campuya-Algodón campsites and from the Campuya floodplain. The samples from the Pebas Formation demonstrate elevated conductivities typical of the formation. True blackwaters are absent from the Ere-Campuya-Algodón region. Three *collpa* (salt-lick) samples from the Ere-Campuya-Algodón region have conductivities of 10.2, 484, and 966 µS/cm. The one with the lowest conductivity is from the Bajo Ere campsite, and is only slightly more conductive than surrounding streams. The other two are from streams draining the Salado del Guacamayo at the Medio Campuya campsite. Although these streams flow out of the Pebas Formation, their conductivities are extraordinarily high, more than 100 to 200 times those of the upland streams and 20 to 100 times those of the other streams that drain the Nauta Formation, including a stream only 50 m away. These waters are also more concentrated than would be expected for limestone dissolution (plus symbol). The most likely explanations would be the dissolution of a deposit of pyrite or gypsum, which would add excess calcium and sulfate ions (a salt), or possibly a spring derived from formation waters rising up a fault. I prefer the latter explanation, because the most concentrated sample is on a trend that includes a fault-related salt spring from the Kampankis Mountains and the Pilluana Salt Deposit (Stallard and Zapata 2012).

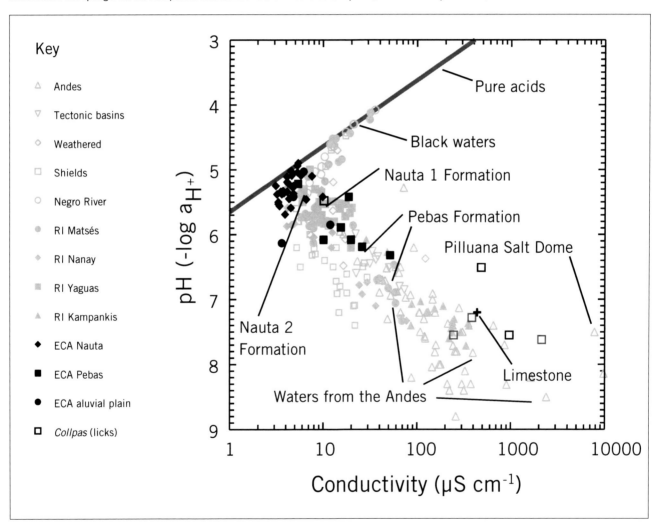

tree throws. The tree throws give a pockmarked quality to some flat areas, and scale up to large blow-downs covered in regenerating vines (*sogales*). Few slopes are steep enough for landslides.

The lateral variation of sandiness in soils of the Ere headwaters is consistent with a former alluvial landscape. The scale of lateral variation depends on the size of the rivers traversing the landscape. Large rivers, such as the Putumayo, can excavate into older deposits. Such channels would be identifiable in outcrop, but in this climate outcrop is generally not available.

Bajo Ere

This camp had to be relocated onto an old levee of the Ere River because the entire original Yare campsite was flooded. The flooding was likely created by backwater damming of the Yare caused by the Ere and perhaps the Putumayo. The rise appears to have been about 6 m after a two-day rain. The confluence is in a broad shallow valley and both rivers have a fairly narrow meander zone. The outer bends of many meanders are not eating into recent alluvium, but are instead working on the older substrate.

I did not work on the two trails on the right bank of the Yare, and the information presented here was provided by colleagues. One trail crossed a large *aguajal* that was not as rich in *aguaje* (*Mauritia flexuosa*) as typical *aguajales* along large meandering rivers, but instead contained a mix of shrubs, small trees, and *Mauritia*. My inspection of the riverbank of the Ere, adjacent to the *aguajal*, indicates that it is developed on an old 'bedrock' platform rather than in a backwater behind a levee (*restinga*). The other trail explored the uplands. Patches of wind-toppled trees were common on this and the other trails. Tree falls revealed little root penetration into the older substrate, which may make the trees more vulnerable. In addition, the substrate is not particularly solid.

The best way to examine the bedrock was along the Río Ere. There appear to be several fluvial lithologies. A dense light-blue clay appears to dominate, and is almost pottery-grade, dense, and apparently non-permeable. Cracks and iron sesquioxide-filled joints and beds are abundant. Beds of sand and gravel are partially cemented

with sesquioxides, and seeps coming out of the substrate precipitate iron sesquioxides. I removed a small lignite log from the dense clay by the river, and in the stream next to the heliport observed a bed of lignite about 30 cm thick. The lignite shrank and crumbled when dried. Wood and lignite were collected for 14C dating. There are enough sandy layers in the substrate that all streams with appreciable flow have sand beds and some have gravel beds.

Stream waters on this landscape were uniformly dilute, with a range of conductivities between 3.4 and 5.0 µS/cm, equivalent to or a bit lower than in the headwaters. Both the Ere and the Yare had low conductivities, indicating that the entire upstream landscape is nutrient-depleted and offering a strong indication that soils and substrate within the entire watershed are uniformly poor in mobile ions.

Near the campsite was a *collpa* (Fig. 4A) that has historically been a hunting site, according to residents of the communities at the mouth of the Ere who visit this area once every few years to hunt. Apparently the *collpa* is visited by tapirs, peccaries, monkeys, doves, and other creatures. It was best exposed in the pit created by a large tree fall. The light-blue substrate was completely churned up by trampling. The small pool in the pit, protected from the rain by tree roots, had a conductivity of 11.6 µS/cm. This would represent a low value for a stream on another landscape, but it is elevated compared to local streams. A local resident who accompanied me during the inventory (Rully Gutiérrez) said that there were other *collpas* in the region, mostly along the Ere, and that the *collpas* he knew were always at *puntos de quebradas*, which I believe refers to head cuts.

On the levee where the heliport was located (S 2° 01.154" W 73° 15.219") local assistants found old pottery fragments which we photographed and left *in situ* (Fig. 4B). The fragments appear to have been a bowl, perhaps 30 cm in diameter. Organic matter had been used as a tempering agent to make the clay workable. The inside faces of the potsherds were charcoal black and presumably datable by 14C. Ceramics imply some degree of sedentary existence, and it was surprising to find pot fragments here. The levee is the best soil and the nearby *collpa* would have attracted animals. Pottery-grade clay is exposed on the riverbanks. Nonetheless, the nutrient-poor landscape would be a challenge for a permanent settlement, as opposed to a seasonal hunting camp. This is a remarkable find, perhaps reflecting people escaping from the violence of the rubber boom era.

The trails at this campsite provided an excellent perspective on the uplands above the cut banks of the Ere and Yare rivers. The same primary soil associations seen at the Cabeceras Ere-Algodón campsite were present here: 1) sand-rich *tierra firme* with a thick root mat, 2) clay-rich *tierra firme* with a thinner root mat [but thicker here than at Cabeceras Ere-Algodón], and 3) swaley wetlands with a thick root mat. Here wetlands such as swamps and mini-*aguajales* were more abundant, and extensive *aguajales* were also important. Finally, along the Ere is a levee which supports more 'rich-soil' plants according to the botanists.

As at the Cabeceras Ere-Algodón campsite, the various flat, swale wetlands appear to be former active floodplains on erosional terraces, as I hypothesized for the large *aguajal* (see above). If the flat areas are fundamentally erosional, they record a long history of landscape lowering, with parts stagnating and becoming ever more depleted in nutrients. Several of these wet areas seem to be bounded by *tierra firme* ridges, which may be old levees. In the *tierra firme* upland, soils are yellow-brown or brown-yellow. Elsewhere gleyed soils are more common than in the Cabeceras Ere-Algodón campsite. Some of what looks like gleyed soil, such as that seen in deep tree throws, is probably Nauta 1 substrate, which has a similar color.

Medio Campuya

The landscape and geology of this campsite are considerably more complex than those of the other camps. The Campuya River divides the trail system. On the right-bank side is an upland with three trails. These trails traverse the flat summits of an old level surface and the intervening valleys, streams, and wetlands. On the left-bank side is one trail located entirely on a contemporary fluvial landscape: the floodplain of the Río Campuya.

Satellite images suggest that geological (as opposed to just hydrological) processes have helped shape this landscape. The right-side upland shows hillslope and valley alignments that parallel either of two regional fabrics clearly seen on shaded relief maps (Fig. 2B). One is almost east-west and the other northwest-southeast. Two such lineaments intercept at the camp. The causes of such lineaments can be regional faulting (possibly ancient) and the compaction of the Pebas and Nauta formations over underlying structures. Upstream of the Vecoya confluence, the Campuya tends to be working against the right bank with little floodplain on the right, and a broad, several-kilometer-wide floodplain on the left. This contrasts with all the other rivers in the region, which have symmetrical valleys, and suggests a geological cause: a hinge line, an underlying formation boundary, or a fault. Moreover, the elevation of the *tierra firme* hills to the north of the Campuya rises gradually and only reaches that of the *tierra firme* hills just south of the river at about 20 km to the north, suggesting that a fault is most likely.

The Pebas Formation outcrops on the right bank of the Campuya. One hundred meters away from the river and the Pebas outcrops are uplands of the Nauta 2 Formation. The Nauta 2 uplands at this site were much like the entire landscape of the Bajo Ere and Cabeceras Ere-Algodón campsites. The soils in the uplands were generally like those of the other camps, with thinner root mats on clay-rich soils and more extensive mats on the *tierra firme*. There were fewer hummock-swale swamps because there was proportionately less bottomland. Streams were similarly dilute, with conductivities between 3 and 6 µS/cm. There were no tiny *aguajales* or gallery forests.

In one of the upland streams (T4 4410), I found a large well-lithified quartzite boulder (13 × 13 × 8 cm; Fig. 4H). Boulders of this size tend to be transported short distances in flat lowland rivers, implying that this boulder had a nearby source. The most likely source is the Guiana Shield, which contains quartzites and is exposed only 50 km away. Smaller pebbles in the upland streams at this site included a variety of metamorphic rocks, some chert, and abundant quartz. These are also consistent with a Guiana Shield origin (Johnsson et al. 1991, Stallard et al. 1991).

All the right-bank trails began on the Pebas Formation, where most streams were measured. Eight of ten had conductivities between 10 and 60 µS/cm. The two streams that drained the Salado del Guacamayo (clay/salt lick) had much higher conductivities: about 484 µS/cm for one, and 966 µS/cm for the other. These are far higher than is expected for carbonate (limestone) dissolution (440µS km), suggesting two sources for additional salts: pyrite dissolution and formation waters coming out of faults. The latter seems more likely.

All of the left-bank trail crossed a contemporary fluvial landscape. Inspection of the satellite image reveals several generations of *cochas* (oxbow lakes) ranging from open-water bodies, such as the one across from the camp, to numerous vegetated loops and strings. This trail traversed almost a full range of these features. Near the Campuya and around the *cocha* is the current levee, generally smooth-topped and covered with a diverse community of large trees. Touching this levee is a slightly older levee with a similar tree community. Running perpendicularly to the current levee near the modern *cocha* is an older *cocha* that aligns north and is filled with swamp forest. To the east of this swampland is an old levee covered with *varillal*-type vegetation (stunted, thin trees) growing on soils that range from fine, cream-colored sand to a dominant light blue-gray gleyed clay (Figs. 5B–C). Without extensive fieldwork, the age of this older levee cannot be estimated. The root mat is moderately thick, but not as thick as in the wetlands. To the east of the old levee are behind-levee wetlands. Close to the young *cocha* these wetlands are a hummocky swamp and farther north they become *aguajal* swamp. This *aguajal* resembled those seen in the lower Yaguas, with a mix of *Mauritia* and many other types of trees. All these wetland areas had organic soils, which if deep are peat deposits. However, because the new and old *cochas* are not large or especially old (probably hundreds of years), these peat deposits are likely to be small.

DISCUSSION

The Ere-Campuya-Algodón landscape is a hilly upland west of the Río Putumayo, mostly comprised of weakly consolidated sedimentary rocks that are especially poor in nutrients and salts. The upland is drained by four river systems: the Río Campuya in the north, the Río Ere in the south, parts of the Río Algodón system in the west, and the Putumayo floodplain in the east. The tallest hills rarely exceed 200 masl in altitude, about 50 to 60 m above the regional base level controlled by the Putumayo. The summits of the tallest hills tend to be flat and correspond to an ancient, Plio-Pleistocene alluvial plain which has been eroded by rivers over the last two million years to create the modern-day landscape of terraces and river valleys. Throughout the upland landscape are wetlands that appear to have formed along the margins of old rivers and remained *in situ* as those rivers subsequently eroded deeper.

Three sedimentary formations are exposed. The Miocene Pebas Formation is the oldest and least exposed. The Pebas Formation was deposited in a seasonal environment of alluvial wetlands and lakes. The sediments are quite rich in minerals that provide nutrients to plants and salts to animals. Plio-Pleistocene sediments, equivalent to the Nauta 2 Formation near Iquitos, form all the uplands. These sediments, a mix of fluvial muds, sands, gravels, and organic matter from a humid tropical setting, are deposited on top of the Pebas Formation. A large quartzite boulder found in Nauta 2 terrain indicates sediment inputs from the nearby Guiana Shield. Because these sediments have low levels of nutrients and salts, upland soils are especially nutrient-poor.

Most of the larger river valleys have floodplains, of which the best developed are along the Campuya. The youngest sediments are derived from erosion of the uplands and are being deposited in these contemporary floodplains. Accordingly, floodplain sediments are also nutrient-poor, and because of their flatness, floodplains promote the development of several important landscape features: clay-soil *varillales*, mixed-canopy *aguajales*, and, with enough time, peat swamps. From the perspective of dissolved salts, the streams that drain the uplands and the floodplains have among the lowest concentrations of the entire Amazon and Orinoco basins. Sediments of the Putumayo floodplain are of Andean origin and presumably richer.

Hills and valleys show west-east and northwest-southeast alignments that likely represent the influence of faulting during the uplift of the Andes and settling during the compaction of underlying sediments. The most important of these trends is northwest-southeast along the Campuya River valley, extending into the Putumayo valley. Tilting, probably related to ancient faulting, has resulted in an asymmetrical floodplain for the Campuya, and exposed Pebas sediments at low elevations along the right side of the lineament. These Pebas outcrops, rich in minerals compared to the rest of the landscape, form a major salt resource for animals, which visit especially salt-rich *collpas* to consume the bedrock itself and drink water draining from it. One of these *collpas* was sampled, and its waters had more than 200 times the salt of upland streams.

The lack of consolidation of the bedrock means that the landscape relies on the forest cover to limit erosion. The nutrients and salts needed by plants and animals are retained in the ecosystem by efficient internal recycling involving extensive shallow-soil and ground-surface roots. These roots also limit erosion. If forest cover were removed, subsequent recovery would be especially slow due to the low soil fertility. Eroding sediment would also contaminate streams and blanket floodplains. Accordingly, plant cover throughout these watersheds must be protected (kept intact and continuous) in order to protect both headwater and downstream ecosystems.

Much of the landscape has been classified by government studies as being suitable for large-scale, intensive forestry and agriculture with fertilizer amendments (PEDICP 1993, 1999), a classification completely at odds with the great risk of erosion and other observations reported here. PEDICP (1999) presented all the data used to classify the landscape using landforms and soils associated with these landforms. In that study, analyses of soils associated with similar landforms were assumed to apply to the entire landscape between the Putumayo and Napo rivers, even though none were sampled in the Ere-Campuya-Algodón region (PEDICP 1999). Similarly, the geology maps of the region were developed using landforms, and like the soils, no geological sections were sampled in the area of study (Sánchez Fernández et al. 1999b). Both the geologists and PEDICP classified much of the landscape, including all our campsites, as being the Pebas Formation and associated soils, when in fact the only campsite that had a small exposure of the Pebas Formation was Medio Campuya. Moreover, the soils attributed to the

upland elements of this landscape by PEDICP (1999) are extremely cation-poor, similar to the Nauta Formation-related soils described by Higgins et al. (2011) and Clinebell et al. (1995). In fact, when compared to the suite of 69 soils reported by Clinebell et al. (1995) from across northern South America and Central America, the upland soils reported by PEDICP (1999) are at the most impoverished end of the soil-fertility spectrum. Given the absolute and relative poverty of these soils, it is a mistake to conclude that much of the landscape is suitable for large-scale, intensive forestry and agriculture.

THREATS

- The soils in the uplands are too poor to sustain agriculture without large inputs of fertilizer, which would destroy all downstream aquatic ecosystems

- The general lack of salts in soils and waters in the landscape makes the *collpas* scattered across the landscape especially important to mammals and birds in the region. Development and overhunting of these sites could be detrimental to animals over the larger landscape

- Excessive erosion and loss of carbon stocks caused by tree harvest, conversion of land to agriculture, and road building

- Excessive upland erosion can bury and destroy important floodplain environments including the *cochas*, peat swamps, mixed tree *aguajales*, and the white-clay *varillales*

- Gold mining by dredging, digging, and hydraulic techniques dramatically increases the sediment load of rivers, reducing water quality and blanketing the floodplain. These practices should never be allowed within this landscape

- The use of mercury for gold extraction is extraordinarily dangerous. In tropical environments, mercury is efficiently converted to methyl mercury and enters the food chain, where it bioconcentrates in top predators. In Amazonian rivers these top predators are often important food resources for people (e.g., large catfish), and mercury makes them too toxic for human consumption

RECOMMENDATIONS FOR CONSERVATION

- Protect the uplands from erosion by avoiding intensive forestry or agriculture

- Map the landscape using the satellite-based methods of Higgins et al. (2011), calibrated using previous inventory data for plants and soils. This approach, especially if supplemented by conductivity-pH measurements in streams, will correctly classify the nutrient status of the landscape and aid in geological and biological mapping

- Map the distribution of *collpas* in this landscape (preliminary map in Fig. 21). This information should be used to plan the management of the *collpas* and prevent overhunting. Geologically, a *collpa* map can be used to determine whether faults along the Campuya River valley may be important in the development of this landscape

- Map a segment of the Campuya floodplain to estimate the importance of different landforms and types of vegetation, to develop a model of the formation for the *varillal* forests and adjacent wetlands, and to determine whether peats may be forming

- Date the ceramic materials from the Bajo Ere heliport so that their age, and thus the period during which the site was occupied, can be determined. Consider further excavation of the site to determine its purpose, such as whether this was a hunting or fishing camp, an agricultural site, or a refuge for people escaping the violence of the rubber boom era. Each interpretation has significant implications for the human biogeography of Amazonia

VEGETATION AND FLORA

Authors: Nállarett Dávila, Isau Huamantupa, Marcos Ríos Paredes, William Trujillo, and Corine Vriesendorp

Conservation targets: Diverse vegetation growing on poor-soil terraces and hills and protecting against large-scale erosion in the headwaters of three rivers that drain into the Putumayo River; a combination of three diverse poor-soil floras: those of Loreto, central Amazonia, and the Guiana Shield; high habitat heterogeneity in floodplains, including low and high levees (*restingas*), lakes, and wetlands; an entirely new vegetation type: white-clay *varillales*, with a low canopy (~15–20 m), a high density of thin trees, and a floristic composition that includes species known from white-sand *varillales*, blackwater wetlands, and nearby poor-soil terraces; the first record of a *varillal* north of the Napo River; communities of ecologically, economically, and culturally important palm species such as *Lepidocaryum tenue*, *Iriartea deltoidea*, *Mauritia flexuosa*, *Attalea microcarpa* and *A. insignis*, and *Oenocarpus bataua*; populations of timber species such as *Cedrelinga cateniformis*, *Hymenaea courbaril*, *Platymiscium stipulare*, *Simarouba amara*, Lauraceae spp., *Iryanthera* spp., *Virola* spp., and *Osteophloeum platyspermum*; healthy populations of useful non-timber species such as *Heteropsis* sp., *Evodianthus* cf. *funifer*, *Ischnosiphon arouma*, and *Philodendron* sp.; populations of threatened species of tree ferns (*Cyathea* spp., CITES Appendix II) that are used as medicinal plants by local residents; 11 species new to science and at least three new records for the flora of Peru; Amazonian peatlands in the Putumayo River floodplain that play an important role in storing carbon

INTRODUCTION

The flora of the Peruvian portion of the Putumayo River watershed remains one of the poorest studied in all of Peru. According to a recent study, more than a century of botanical exploration in Loreto has resulted in an average of just 0.38 occurrence records per square kilometer in the Region (i.e., 0.38 georeferenced records of plants identified to species/km^2; Pitman et al. 2013). In the Peruvian Putumayo basin (46,137 km^2), the collection effort is even lower: approximately 0.11 records/km^2.

Most of the approximately 5,000 plant records currently known from this hard-to-reach border region come from expeditions led by the Field Museum in 2003–2012, during which Peruvian, Colombian, Ecuadorean, and other botanists carried out rapid floristic inventories in seven localities. These are the Yaguas campsite in the Ampiyacu-Apayacu-Yaguas-Medio Putumayo inventory (Vriesendorp et al. 2004), the Aguas Negras and Güeppí campsites in the Güeppí inventory (Vriesendorp et al. 2008), the Piedras campsite in the Maijuna inventory (García-Villacorta et al. 2010), and the three campsites visited during the Yaguas-Cotuhé inventory (García-Villacorta et al. 2011). Two other inventories worth mentioning in the Peruvian Putumayo basin are a large inventory of trees, shrubs, and herbs at a site on the lower Algodón (Pacheco et al. 2006) and reports of PEDICP (2012) on the middle Putumayo.

Within this poorly studied watershed, the forests of the Ere-Campuya-Algodón region represent an absolute lacuna. A 2012 review of the primary sources of botanical information on Loreto—including databases such as GBIF and TROPICOS, museum records, tree inventory datasets, and environmental impact assessments—found not a single occurrence record or publication on the flora of this 900,172-ha area (Pitman et al. 2013).

There are only three localities in the immediate surroundings of the region where botanists have done some work. One is the area around the mouth of the Yubineto River, the next large Peruvian tributary of the Putumayo upriver from the Campuya, approximately 40 km to the north of the northern limit of our study area. In 1931 Guillermo Klug made approximately 100 collections there, and in the 1970s a multinational team collected a small number of trees, shrubs, lianas, and herbs (386 records and 280 species; Gasché 1979). Another locality is the Piedras campsite, visited during the Maijuna rapid inventory (García-Villacorta et al. 2010), located just 20 km south of the southern limit of our study area (>410 species). Finally, botanists in 2002 inventoried trees near Santa María, ~15 km from the northwestern limit of the Ere-Campuya-Algodón region but in the Napo River watershed (232 species; Pitman et al. 2008).

While the flora of the Ere-Campuya-Algodón region remains poorly known, Amazon-wide maps of tree diversity suggest that tree diversity in the region is among the highest in the basin (ter Steege et al. 2006). The botanical exploration of these watersheds represents a unique opportunity to sample plant diversity and composition in this important portion of the Putumayo basin. Among the questions to be answered are whether the forests of the Ere-Campuya-Algodón region are as diverse as predicted, and to what degree the vegetation types are similar to those studied in other areas of Loreto.

METHODS

We used an assortment of methods to document the flora at the three campsites visited during the 15-day inventory (see the 'Regional Panorama and Sites Visited' chapter). Species recognized in the field were recorded using a plant checklist compiled by N. Pitman (pers. comm.) from previous rapid inventories in Loreto. We collected as many flowering and fruiting specimens as possible along the trails at each of the three campsites. At each campsite I. Huamantupa and W. Trujillo established a 2 x 500 m transect in the mid-elevation upland terraces and in the higher-elevation upland terraces, in order to sample mid-canopy plants. All trees ≥10 cm diameter at breast height (dbh) were sampled in these transects. M. Ríos and N. Dávila carried out ten variable-area understory transects (four in Cabeceras Ere-Algodón and three in Medio Campuya and Bajo Ere), composed of 100 individuals ≥1 cm dbh. Five 20 x 500 m transects (three in Cabeceras Ere-Algodón and one each in Medio Campuya and Bajo Ere) were sampled for trees ≥40 cm dbh, in order to describe the canopy tree community. Finally, one 2 x 500 m transect was established on the floodplain at Bajo Ere to sample trees ≥2.5 cm dbh.

I. Huamantupa and W. Trujillo collected outside the trail system in the following sites: along the Río Sibi at Cabeceras Ere-Algodón, along the river at Bajo Ere, and along the river and lakes at Medio Campuya.

Vegetation types were identified along the trail systems using observations on topography, a Landsat 7 image (04/01/2003), soil type, drainage, and species composition. C. Vriesendorp, I. Huamantupa, and N. Dávila took ~5,000 photographs of fertile and sterile plants. R. Foster organized the images and linked them with the voucher collections, and they will eventually be available at *http://fm2.fieldmuseum.org/plantguides/*.

All collections were deposited at the herbarium of the Universidad Nacional de la Amazonía Peruana (Herbario Amazonense, AMAZ) in Iquitos, Peru. When duplicates were available, they were deposited at the Field Museum (F) and two other Peruvian herbaria: the

Universidad Nacional Mayor de San Marcos (USM) in Lima and the Universidad Nacional San Antonio Abad del Cusco (CUZ) in Cusco. Some additional specimens were deposited in the herbarium of the Universidad de la Amazonía (HUAZ) in Florencia, Caquetá, Colombia.

To put the data collected in the Ere-Campuya-Algodón region into context, we used datasets published by Pitman et al. (2013) to construct a list of all vascular plant species recorded to date in the 12 sites of the Peruvian Putumayo watershed mentioned in the introduction: 1) the mouth of the Yubineto River, 2) the lower watershed of the Algodón River, 3) seven campsites from prior rapid inventories, and 4) the three campsites visited in the Ere-Campuya-Algodón region. To facilitate comparisons between these sites, species taxonomy was standardized using the Taxonomic Name Resolution Service version 3.2 (Boyle et al. 2013).

RESULTS AND DISCUSSION

Floristic diversity and composition

We collected ~700 specimens and recorded 1,009 species and morphospecies of vascular plants during the inventory (see the full list in Appendix 3). Approximately half of the recorded species (637) had been identified to species at the time of writing, including 222 species that had not previously been recorded for the Peruvian portion of the Putumayo watershed.

The number of species and morphospecies recorded at each campsite was 487 at Cabeceras Ere-Algodón, 528 at Bajo Ere, and 451 at Medio Campuya. Although the lowest number comes from Medio Campuya, we suspect that that campsite has the highest plant diversity of the three, due to its extensive floodplains and high habitat diversity.

When all collections made to date in the Peruvian Putumayo are taken into account, the current checklist totals 1,687 valid species of vascular plants (Fig. 17). This is still a severe underestimate of the true diversity; we estimate 2,000–2,500 species of vascular plants to occur in the Ere-Campuya-Algodón region alone. This estimated diversity is similar to that of other inventories carried out by the Field Museum in nearby regions: Maijuna with 2,500 spp. (García-Villacorta et al. 2010), Yaguas-Cotuhé with 3,000–3,500 (García-Villacorta

et al. 2011), and Ampiyacu, Apayacu, Yaguas, and Medio Putumayo with 2,500–3,500 (Vriesendorp et al. 2004). At a larger scale, studies suggest that there may be between 4,000 and 5,000 vascular plant species in the entire Peruvian watershed of the Putumayo (Bass et al. 2010).

The most diverse families in the three campsites were Fabaceae, Chrysobalanaceae, Myristicaceae, and Lecythidaceae, while the most common families were Fabaceae, Lecythidaceae, and Arecaceae. The most diverse tree genera were *Inga* (19 species), *Protium* (17), *Virola* (14), *Guarea* (12), *Pouteria* (11), *Sloanea* (11), *Tachigali* (11), *Eschweilera* (9), and *Iryanthera* (7). Dominance by these genera and families is typical of lowland forests in Loreto and similar to that observed at other sites visited in the Putumayo basin.

One striking absence in the region was the relatively low diversity and abundance of epiphytes. This was most obvious at Cabeceras Ere-Algodón. While Bajo Ere and Medio Campuya had slightly more epiphytes than Cabeceras Ere-Algodón, neither of them had abundant or diverse epiphyte communities. Epiphytic orchids were especially rare; just four species were recorded during the inventory (Appendix 3).

The genus *Ficus* (Moraceae) was another poorly represented group. On the floodplains at Medio Campuya, where we expected to find a high diversity and abundance of *Ficus*, we recorded just two species. We recorded no *Ficus* at the other two campsites. Primulaceae (formerly Myrsinaceae) was another group that was vanishingly rare; we recorded a single species of *Cybianthus* in the white-clay *varillales* and at Cabeceras Ere-Algodón.

Understory, sub-canopy, and canopy transects

Species diversity in different forest strata varied strongly between campsites (Fig. 18). In transects of 100 stems ≥1 cm dbh in the understory we recorded 64–83 spp. The most common species were *Swartzia klugii* and *Rinorea racemosa*, but these did not occur in all of the transects. The upland terraces were more diverse (72–83 spp.) than the floodplains (64–69 spp.). These values are similar to those found at the Güeppí and Aguas Negras campsites (65–84 spp.; Vriesendorp et al. 2008), but less than the 88 species recorded at Apayacu (Vriesendorp et al. 2004).

Figure 17. Accumulation curve of valid vascular plant species recorded in the Peruvian portion of the Putumayo watershed, ranging from the oldest collections (1931) to the inventory described in this chapter (2012). Names in the figure correspond to campsites visited during rapid inventories. The exception is 'Algodón,' which corresponds to the inventory described by Pacheco et al. (2006).

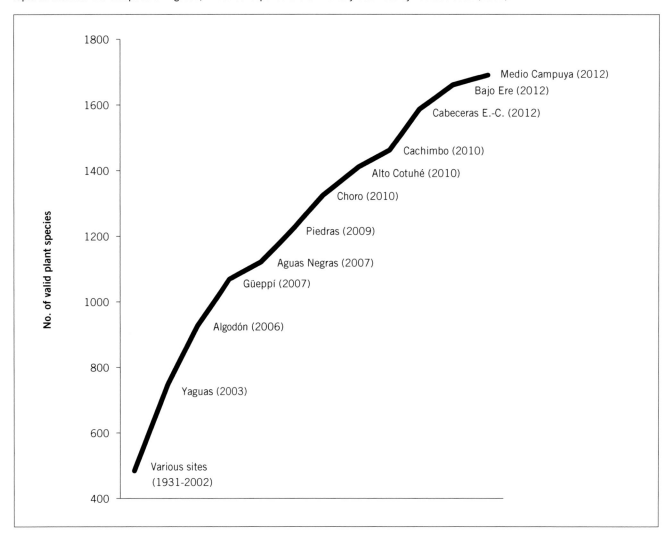

In the sub-canopy transects we recorded 78–100 spp. of stems ≥10 cm dbh in the upland terraces, and found the highest diversity at Medio Campuya. The most common species in these transects were *Oenocarpus bataua*, *Micropholis guyanensis*, *Eschweilera itayensis*, and *E. micrantha*.

In the canopy transects we recorded 18–48 spp. of stems ≥40 cm dbh. The most diverse transect was at Cabeceras Ere-Algodón (48 spp.) and the least diverse at Medio Campuya, where the transect coincided with a stand of *Aspidosperma* sp. The other most common species in these transects were *Tachigali* sp., *Eschweilera* sp., and *Osteophloeum platyspermum*.

A comparison with other forests in the Putumayo drainage

Our pairwise comparison of plant species composition between campsites in the Ere-Campuya-Algodón region and those sampled in prior inventories in the Peruvian Putumayo drainage yielded Jaccard indices (corrected for differences in diversity following Pitman et al. [2005]) ranging from 0.68 (68% of species shared; Medio Campuya vs. Bajo Ere) to 0.25 (25% of species shared; Cabeceras Ere-Algodón vs. Alto Cotuhé). According to this analysis, the floras of Bajo Ere and Cabeceras Ere-Algodón most closely resemble that of the Piedras campsite, visited during the Maijuna inventory (this is also the geographically closest campsite; García-Villacorta et al. 2010), with Jaccard similarity indices of 0.45 and 0.37, respectively. The flora of Medio Campuya most closely resembles that of the Güeppí campsite visited during the Cuyabeno-Güeppí inventory (0.38; Vriesendorp et al. 2008), but is comparably similar to Piedras (0.37; García-Villacorta et al. 2010) and Aguas Negras (0.37; Vriesendorp et al. 2008). And while it makes sense that the campsites that differ the most from those of the Ere-Campuya-Algodón region are the farthest away (Yaguas-Cotuhé), similarity values between Ere-Campuya-Algodón and Yaguas-Cotuhé are not extremely low (between 0.25 and 0.34).

Notable features of the vegetation

Dominance by Tachigali

An important feature on the Ere-Campuya-Algodón landscape are the extensive stands of trees in the genus *Tachigali* (*tangarana*; Fabaceae). These were especially apparent on the higher and lower terraces throughout the Ere-Campuya-Algodón landscape, and were also sometimes seen in the floodplains. We recorded a total of 11 species of *Tachigali* (of the 26 known for Loreto) in the study area.

The species of *Tachigali* in these stands varied from campsite to campsite, but some were observed at all three. No species was ever observed to be monodominant. Instead, each stand contained multiple species and dominance seemed to turn over from site to site. For example, *Tachigali melinonii* and *T.* cf. *vasquezii* were dominant at Cabeceras Ere-Algodón, *T. macbridei* and *T.* 'naranja' at Bajo Ere, and *T. chrysophylla* at Medio Campuya.

Tachigali dominance at the landscape scale has been observed in overflights of some previous inventories, including Nanay-Mazán-Arabela (Vriesendorp et al. 2007), Güeppí (Vriesendorp et al. 2008), and Maijuna (García-Villacorta et al. 2011). Extensive stands of *Tachigali* trees with dry canopies were reported during those overflights. This is the first time, however, that our sampling sites have coincided with these *Tachigali* stands.

The genus *Tachigali* is known to include monocarpic species (i.e., species that die after the first fruiting; Foster 1977). We did not see any stands of dry or dead trees

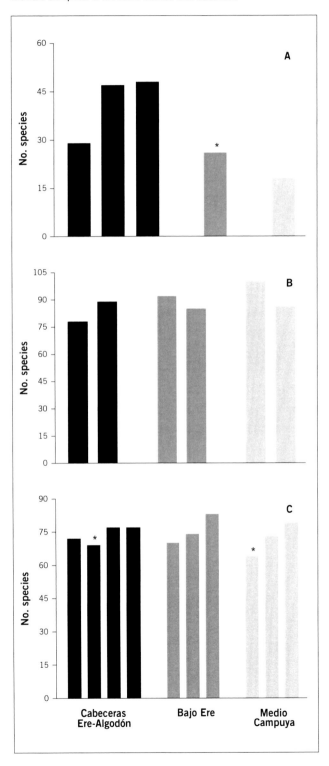

Figure 18. Number of species recorded in transects sampling different forest strata in the Ere-Campuya-Algodón region of Loreto, Peru. A = canopy tree transects (trees ≥40 cm diameter at breast height), B = sub-canopy tree transects (trees ≥10 cm dbh), C = understory transects (woody plants ≥1cm dbh). All transects were in upland forests, with the exception of the three marked with asterisks.

during this inventory, but did observe a few individuals with flowers. Our field assistants referred to these species as 'suicidal trees,' indicating that they are familiar with the phenomenon. This suggests that several *Tachigali* species in the region are monocarpic. It remains to be discovered which *Tachigali* species in Amazonian Peru are monocarpic, and what role they play in the successional dynamics of Amazonian forests.

Palms on the landscape

Palms stand out in the Ere-Campuya-Algodón region by virtue of their high diversity and the monodominance by some species. While palms are a leading element of all forests in Loreto, the Ere-Campuya-Algodón region appears to be particularly diverse. For example, the number of palm species we found in Ere-Campuya-Algodón (52) equals the highest previous record for a rapid inventory: Yavarí (52 spp., Pitman et al. 2003). Large stands of *Lepidocaryum tenue* dominated the understory on the poor-soil upland terraces and on the high levees at the three campsites. Wetlands were only occasionally dominated by *Mauritia flexuosa*, which varied in abundance from swamp to swamp and was rare in some of them.

Stands of *Bactris riparia* were restricted to low-levee floodplain forests and along lakes. We frequently saw stands of *Astrocaryum jauari* along the rivers and stands of *Oenocarpus mapora* in the low-levee floodplain forests at Medio Campuya and Bajo Ere.

Some palm species were consistently present in certain forest strata throughout the landscape. For example, *Bactris* spp., *Geonoma* spp., *Attalea insignis*, *A. microcarpa*, *Iriartella stenocarpa*, and *Aiphanes ulei* were all frequent in the understory of the upland terraces, where they varied in abundance from site to site.

The most obvious stands of canopy palms were groups of *Oenocarpus bataua*, sometimes in association with *Astrocaryum murumuru*, on the upland terraces and poor-soil high-levee floodplain forests. *O. bataua* stands appear as purple patches on false-color Landsat images, a pattern we had not previously seen in Loreto (where purple patches are typically *Mauritia* palm swamps). In satellite images of the Ere-Campuya-Algodón region, the purple patches in the higher-elevation parts of

the landscape (i.e., among the terraces and hills) are *O. bataua*, while the purple patches at lower elevations are *M. flexuosa*.

We also observed *Iriartea deltoidea,* a palm that prefers fertile soils, in a few rich-soil terraces or on the slopes of some hills. *I. deltoidea* and *O. bataua* were occasionally seen growing together, probably due to small-scale soil heterogeneity caused by the outcropping of small patches of rich soils within the broader matrix of poor soils.

Natural disturbance

Forests of the region are highly dynamic. During the flights between camps, we noted that small and large natural clearings are frequent throughout the Ere-Campuya-Algodón landscape, and during field work we frequently came across fallen, uprooted trees.

Species common in clearings included *Cecropia sciadophylla*, *C. distachya*, and *Pourouma bicolor* (Urticaceae), *Miconia* spp. (Melastomataceae), and *Cespedesia spathulata* (Ochnaceae). All of these are frequent in early succession throughout Loreto. Areas in a more advanced stage of succession were dominated by *Phenakospermum guyannense* (Strelitziaceae), *Cecropia distachya* (Urticaceae), and *Goupia glabra* (Goupiaceae). In a transect sampling canopy trees on the upland terraces at Cabeceras Ere-Algodón, 29 of the 57 stems were *Goupia glabra*, indicating an area that was clearly in an advanced stage of succession.

It would appear that strong winds are a factor in the creation of natural clearings in the region. On the upland terraces at Cabeceras Ere-Algodón we visited a *sogal*: a patch of successional vegetation measuring ~1 km² and standing out in the satellite image as a large yellow patch. The understory vegetation here was dense, with climbers and herbs including Melastomataceae spp., *Cyathea* sp., and *Calliandra* sp. Frequent tree species included *Cecropia distachya*, *C. sciadophylla*, *Pourouma bicolor*, *Isertia hypoleuca*, *Coccoloba* sp., *Aparisthmium cordatum*, *Warszewiczia coccinea*, *Vismia macrophylla*, *Rollinia* sp., and *Licania heteromorpha*. Most of these are known to be pioneer species in Loreto. This type of disturbance has been documented in other rapid inventories, including Ampiyacu (Vriesendorp et al.

2004) and Maijuna (García-Villacorta et al. 2010), but with a different species composition. This may reflect different ages of regenerating forest.

Another factor that could be contributing to the high rates of dynamism in the Ere-Campuya-Algodón region is the frequency of monocarpic species of *Tachigali*. It is not yet known how many *Tachigali* species in the Ere-Campuya-Algodón region are monocarpic and to what extent they contribute to forest dynamism. Finally, it is likely that the low nutrient levels in the soils encourage trees to invest in layers of fine surface roots, which could potentially facilitate tree falls and the creation of natural clearings.

Vegetation types

We identified eight vegetation types. The first two, located in the uplands, account for an estimated 75% of the Ere-Campuya-Algodón region: 1) forests on poor-soil upland terraces (most of the uplands in the region) and 2) forests on rich-soil terraces (forming small patches within type #1). Five other vegetation types are restricted to flooded or temporarily flooded areas, and together these account for ~15% of the region: 3) high-levee forest (*restinga alta*) on floodplains, 4) low-levee forest (*restinga baja*) on floodplains, 5) white-clay *varillales* on floodplains, 6) riparian forests on floodplains, and 7) vegetation around oxbow lakes (*cochas*) on floodplains. Finally, roughly 10% of the region is: 8) wetlands (permanently flooded areas) which occur patchily in both the uplands and the floodplains.

There are other vegetation types in the region that we did not sample at the three campsites but that we noted during the overflight. These include tropical peatlands and the stunted vegetation that grows in them; terraces and hills above 200 m in the Campuya headwaters; and the large *Mauritia* palm swamps in the old floodplain of the Putumayo River (see the 'Regional Panorama and Sites Visited' chapter). Some types of vegetation known from Loreto appear not to occur in the Ere-Campuya-Algodón region, such as white-sand *varillales* (García-Villacorta et al. 2003, Fine et al. 2010) and riparian vegetation along whitewater rivers.

The number of vegetation types reported in other inventories near the Ere-Campuya-Algodón region is quite variable. For example, PEDICP (2012) distinguished 15 types of vegetation, García-Villacorta et al. (2010) 5 in Maijuna, and García-Villacorta et al. (2011) 8 in Yaguas-Cotuhé. These differences do not reflect important variation in vegetation across the Putumayo drainage, but rather the lack of a single agreed-upon system for classifying vegetation types in lowland Amazonia. Almost all of these areas share the same types of upland and floodplain vegetation, even though species dominance may vary in these vegetation types. Likewise, all of these areas are part of a heterogeneous mosaic growing on an unpredictable patchwork of poor soils (the majority) and rich soils (the minority), and thus reflect a pattern that has been well documented by Tuomisto et al. (2003), Honorio Coronado et al. (2009), and Higgins et al. (2011).

Forests on poor-soil upland terraces

This vegetation type was present at all campsites and is estimated to account for almost 75% of the Ere-Campuya-Algodón landscape. These terraces occur on the Nauta 2 Formation (see the 'Geology, Hydrology, and Soils' chapter) at 160–237 masl. The landscape is hilly, with flat hilltops and gentle slopes. Soils are a nutrient-poor yellow-brown clay, with sand in some places. The rootmat is 3–5 cm thick and the leaf litter 5–10 cm deep. Drainage is frequently poor, and pools of water are frequent. The partially open canopy is 25–30 m tall, with emergent trees reaching 35 m.

Understory transects in this vegetation type recorded 69–77 species in 100 stems ≥1 cm dbh. We recorded 75–100 tree species ≥10 cm dbh in a 2 x 500 m transect. By comparison, the transect we established on the rich-soil terraces contained 85 species. These numbers are higher than those reported by Duque et al. (2003) for the Colombian Amazon, where the most diverse plot in upland vegetation on Tertiary sediments contained 60 species in 80 stems.

The most common families in this vegetation type were Fabaceae, Lecythidaceae, and Myristicaceae, and the most diverse were Fabaceae, Chrysobalanaceae, and Myristicaceae. The most diverse genera were *Eschweilera*, *Inga*, *Protium*, and *Virola*. The understory was typically dominated by the palm *Lepidocaryum tenue*, herbs in the genera *Monotagma*, *Calathea*, and *Cyathea*, and shrubs and treelets such as *Inga* spp., *Miconia* spp., *Psychotria iodotricha*, *Rinorea racemosa*, *Swartzia klugii*, *Licania* spp., and *Clathrotropis macrocarpa*. Many of these understory species dominated a portion of the landscape, forming stands stretching hundreds of meters, and then were replaced by stands of other species. Frequent canopy tree species included *Iryanthera tricornis*, *Eschweilera coriacea*, *E. micrantha*, *Iryanthera paraensis*, and *Oenocarpus bataua*, and the frequent emergents were *Tachigali macbridei*, *T. chrysophylla*, *T.* cf. *vasquezii*, *Parkia nitida*, *P. velutina*, *P. multijuga*, and *Scleronema praecox*.

Vegetation structure and species composition on these terraces resembles those of the terraces at the Piedras campsite in the Maijuna inventory (García-Villacorta et al. 2010). However, the terraces at Piedras have much flatter tops and the canopy height there did not exceed 25 m (compared to 25–30 m in the Ere-Campuya-Algodón region). Likewise, the slopes of the Piedras terraces were steeper and the valleys between terraces full of epiphytes, while slopes of the Ere-Campuya-Algodón terraces were moderate and the epiphyte community sparse and low in diversity.

Forests on rich-soil upland terraces

This vegetation type is found on small outcrops of the Pebas Formation, which form patches within the poor-soil upland terraces. It was only rarely observed during the inventory (see the 'Geology, Hydrology, and Soils' chapter). Our observations were restricted to Medio Campuya and Bajo Ere, where we visited terraces with an elevation of 180–200 masl featuring rolling hills and moderate slopes. Soils were a yellow-brown clay. There was no rootmat, or a rootmat <5 cm thick, and the leaf litter was <5 cm deep. The canopy was high (30–35 m) and closed, and the trees with larger diameters than those on poor soils. Emergents here reached 40 m.

Eighty-three species were identified in the 100 understory stems we sampled. This was slightly higher than the diversity observed in the poor-soil upland terraces, and similar to that recorded in other rich-soil areas such as Apayacu (88 species; Vriesendorp et al. 2004). Eighty-two species were identified in the transect

sampling trees ≥10 cm dbh, a diversity similar to that on the poor-soil terraces.

While the number of species was similar to that in the poor-soil terraces, the plant composition of the rich- and poor-soil terraces was different. The most diverse families were Myristicaceae, Meliaceae, Fabaceae, and Moraceae, and the most common families were Myristicaceae, Moraceae, and Meliaceae. The most diverse genera were *Inga*, *Pouteria*, and *Guarea*. The understory was more open on the rich-soil terraces and lacked *Lepidocaryum tenue*; frequent species included *Attalea microcarpa* (which dominated some areas), *Bactris* sp., *Siparuna* sp., *Sorocea* sp., and *Naucleopsis* spp. The most common canopy species were *Iriartea deltoidea* (taking the place of the dominant palm on the poor-soil terrace, *Oenocarpus bataua*), *Otoba glycycarpa* (typical of rich soils), and *Iryanthera crassifolia*. Emergents included several species of Lauraceae and *Tachigali*, as well as *Parkia velutina* and *P. multijuga*.

High-levee floodplain forest (restinga alta)

This vegetation type occurs on the portion of the floodplain that is only flooded during extreme flood events. We recorded this vegetation in Bajo Ere and Medio Campuya, at 160 masl, where the landscape was rolling, the soils a yellow clay, the root mat >5 cm thick, and the leaf litter 10 cm deep (amid some occasional bare soil).

The canopy was open and 15–20 m high. The understory was often dominated by *Lepidocaryum tenue* but also featured herbs such as *Monotagma* sp. and *Psychotria* sp. Frequent species in the sub-canopy included *Sorocea muriculata*, *Tovomita* sp., *Ampeloziziphus amazonicus*, *Iriartella stenocarpa*, *Eschweilera micrantha*, *Anisophyllea guianensis*, and *Mabea speciosa*, as well as some species that were dominant on the poor-soil terraces, including *Oenocarpus bataua*, *Clathrotropis macrocarpa*, *Duroia saccifera*, and *Rinorea racemosa*. Frequent canopy species included *Conceveiba terminalis*, *Micrandra elata*, *Huberodendron swietenioides*, *Qualea* sp. nov. (Fig. 6E), and *Tachigali macbridei*.

We noted some transitional areas where low-levee (*restinga baja*) species grew, especially in the understory.

In some places the forest structure of this vegetation type resembled that of a 'high' *varillal*. Although we observed some species that also grow in *varillales*, such as *Duroia saccifera, Conceveiba terminalis,* and *Micrandra elata,* we did not find some other species typical of 'high' *varillal*, such as *Emmotum floribundum, Macrolobium microcalyx, Chrysophyllum manaosensis, Adiscanthus fusciflorus,* and *Simaba polyphylla* (García-Villacorta et al. 2003).

Low-levee floodplain forest (restinga baja)

This vegetation type accounts for a tiny proportion of the Ere-Campuya-Algodón landscape, and may be flooded at some times of year. We recorded this vegetation type at 150 masl in Bajo Ere and Medio Campuya. Soils were yellow-brown clay with a root mat 20–30 cm thick and a closed canopy about 15–20 m above the ground.

Sixty-four species were recorded in the 100-stem understory transect. This was the lowest diversity of all such transects in the inventory. The most common families were Fabaceae, Sapotaceae, and Annonaceae, and the most diverse families were Fabaceae, Annonaceae, and Chrysobalanaceae. Frequent herb genera in the understory included *Adiantum, Ischnosiphon, Renealmia, Olyra,* and *Calathea*. The most commonly encountered shrubs and treelets were *Swartzia klugii, Rudgea lanceifolia, Naucleopsis* spp., *Sorocea muriculata,* and *Oxandra euneura*. Frequent canopy species included *Byrsonima stipulina, Oenocarpus bataua, Astrocaryum chambira, Conceveiba terminalis, Licania egleri, Goupia glabra, Pterocarpus* sp., *Eschweilera micrantha,* and the emergents *Parkia multijuga, Mollia lepidota,* and *Vochysia* sp. Near rivers we observed stands of *Bactris riparia,* grasses, and *Trichomanes pinnatum*. Grasses and *Trichomanes* bristle ferns were frequent in flooded areas.

White-clay varillal *floodplain forests*

This vegetation type had never before been recorded in the Peruvian Amazon, and represents the first record of *varillal* vegetation north of the Napo River. It was found at the edge of the old high-levee forest and flooded areas on the floodplain at Medio Campuya, at an elevation of 155 masl. These *varillales* grow on white-clay soils (Fig. 5B), with a root mat 5–10 cm thick and leaf litter 5–10 cm deep. The forest structure was dominated by thin, dense stems (Fig. 5C). The canopy was 15 m high, emergents reached 20 m, and light levels were high in the understory. The understory was dense and featured herbs in the genera *Lindsaea, Ischnosiphon, Psychotria, Tococa, Bactris,* and *Geonoma*; a high density of epiphytes; and a covering of *Trichomanes pinnatum* in some temporarily flooded areas.

In a 0.1-ha transect sampling trees ≥2.5 cm dbh, we recorded 492 stems and 105 species. Similar transects in white-sand *varillales* in seven other areas in Loreto yielded an average of 222 stems and 41.5 species (Fine et al. 2010). The most diverse families in our transect were Fabaceae (19 spp.), Sapotaceae (14 spp.), and Chrysobalanaceae (8 spp.), and the most common families were Fabaceae (28% of stems), Chrysobalanaceae (18%), and Lecythidaceae (9%). Some of these families were also among the most diverse and common on the upland terraces. The most common species were *Tachigali* sp. (10% of stems), *Licania lata* (9%), *L. egleri* (7%), and *Zygia* sp. (5%). The list of species recorded in this vegetation type includes a mix of species with contrasting habitat preferences: species characteristic of *varillales* such as *Dimorphandra macrostachya, Tovomita calophyllophylla, Bocageopsis canescens,* and *Pouteria lucumifolia* (García-Villacorta et al. 2003; Fine et al. 2010); species of blackwater-influenced forests such as *Malouetia tamaquarina, Zygia* sp., and *Cynometra* spp.; and species of poor-soil upland terraces such as *Licania egleri, Licania lata,* and *Eschweilera tessmannii*. Kubitzki (1989) observed an overlap between the flora of blackwater-influenced areas and that of *campinaranas* (a white-sand vegetation type in the Brazilian Amazon), and noted that many *campinarana* species tolerate short-term flooding. A similar pattern may be at work in the white-clay *varillales*, which appear to harbor species resistant to water stress and nutrient-poor conditions.

Riparian forests on floodplains

This vegetation type forms part of the floodplain system and remains flooded for some months of the year. Riparian forests, which we studied in Medio Campuya and Bajo Ere, largely consist of pioneer species like *Cecropia ficifolia*, *C. distachya*, *Inga* spp., *Machaerium* sp., and *Astrocaryum jauari*. Farther from the river's edge, composition changes to levee (*restinga*) forests with a more closed canopy and some elements of low-levee forests.

Lakeside floodplain forests

This type of vegetation was not well explored during the inventory. Based on some limited observations at Bajo Ere and Medio Campuya, the characteristic elements of this vegetation type were a thick mat formed by a sedge (Cyperaceae) along the lake shore, stands of *Bactris riparia*, and the emergent tree *Macrolobium acaciifolium*. These last two species are frequent around oxbow lakes in Loreto, especially *M. acaciifolium*, which is always present around low-nutrient lakes and rivers. Other species in the understory of this vegetation type were *Zygia unifoliolata*, *Zygia* sp., *Virola* aff. *elongata*, and *Miconia* spp. Frequent species in the tree community included *Ocotea* sp., *Pouteria gomphiifolia*, *Luehea grandiflora*, Fabaceae spp., and *Caraipa* sp. The floristic composition of these lakeside forests was similar to that observed in other regions of Loreto. One difference in the Ere-Campuya-Algodón region was the lack of *Triplaris* and *Symmeria* (Polygonaceae), which are typically important elements in this forest type.

Wetlands

These forests were found on poorly-drained, saturated soils where rainwater accumulated. Soils were typically clayey-sandy, with a large amount of organic matter. Wetlands in the Ere-Campuya-Algodón region occur in the floodplains, where they form large expanses like that observed in Bajo Ere, as well as in hollows in the upland terraces at Medio Campuya and Cabeceras Ere-Algodón.

The floristic composition of wetlands was highly variable. Some were dominated by *Mauritia flexuosa* (forming swamp forests known locally as *aguajales*). Others were a mix of species that tolerate water stress and species from neighboring vegetation types. Most wetlands in the upland terraces were dominated by the canopy trees *Mauritia flexuosa*, *Euterpe precatoria*, *Cespedesia spathulata*, *Virola surinamensis*, *Lacmellea* cf. *klugii*, and *Iryanthera crassifolia*, and by the understory plants *Cyclanthus bipartitus*, *Ischnosiphon* sp., *Thelypteris* sp., and *Adiantum* sp. The understories of some wetlands at Bajo Ere featured large populations of *Rapatea* sp.

Some areas in the Bajo Ere wetlands had a low canopy and were dominated by thin, dense stems like a *varillal*. These areas contained *Tovomita calophyllophylla*, *Calophyllum* sp., and *Caraipa* sp., but other species typical of *varillales* (e.g., *Pachira brevipes*, *Caraipa utile*, and *Macrolobium microcalyx*) were absent. Epiphytes in the Araceae, Bromeliaceae, and Melastomataceae (as well as epiphytic ferns) were more common in these areas than on the terraces. As described for wetlands in other inventory reports (Vriesendorp et al. 2004, Pitman et al. 2003, García-Villacorta et al. 2011), floristic composition varied from site to site. Only *Mauritia flexuosa* and some other species that can be considered broad wetland specialists (e.g., *Cespedesia spathulata* and *Euterpe precatoria*) appeared consistently in these patches of permanently saturated soils.

New species, range extensions, and threatened species

New species

At least 11 plant species collected during the inventory appear to be new to science:

Compsoneura sp. nov. (Myristicaceae; Fig. 6H). Tree, 5 m tall, with yellowish fruits. Collected on the poor-soil upland terraces at Cabeceras de Ere-Algodón, where it was locally rare. Collection number (Col. no.) MR 2486.

Cyclanthus sp. nov. (Cyclanthaceae). A terrestrial herb discovered during the Ampiyacu inventory (Vriesendorp et al. 2004). Recorded at Bajo Ere and Cabeceras Ere-Algodón, often together with *Cyclanthus bipartitus*. Visual record only.

Dilkea sp. nov. (Passifloraceae; Fig. 6B). Treelet, 2 m tall, with white flower buds. Collected on the poor-soil terraces at Medio Campuya, where it was locally rare. Col. no. MR 2853.

Dilkea sp. nov. 'Maijuna' (Passifloraceae). Treelet, 2 m tall, recorded in the understory of the poor-soil terraces at Bajo Ere and Cabeceras Ere-Algodón. This species was discovered during the Maijuna inventory, where it was reported as common in the understory (García-Villacorta et al. 2010). Col. no. MR 2633.

Platycarpum sp. nov. (Rubiaceae; Fig. 6F). Tree, 25 m tall, with old fruits. Collected on the poor-soil upland terraces at Cabeceras Ere-Algodón, where it was locally rare, but known from a few other collections from poorly-drained terraces along the Caquetá River in Colombia. Col. nos. MR 2485 and MR 2487.

Qualea sp. nov. (Vochysiaceae; Fig. 6E). Emergent tree, 30–40 m tall, with yellow flowers. Locally abundant and with large populations on the upland terraces and high-levee floodplain forests at Cabeceras Ere-Algodón, Medio Campuya, and Bajo Ere. Col. no. IH 16675.

Piper sp. nov. (Piperaceae; Fig. 6C). Shrub, 1.5 m tall, with shiny green leaves and a pendulous spike with a dark purple peduncle. Occasional in the understory of the upland terraces at Cabeceras Ere-Algodón. Col. no. WT 2552.

Tetrameranthus sp. nov. (Annonaceae; Fig. 6J). Treelet, 2 m tall, with cream-colored flowers and green fruits. Collected in the high-levee floodplain forests at Bajo Ere, where it was locally rare. Col. no. MR 2608.

Vochysia sp. nov. (Vochysiaceae). Tree, 30 m tall, sterile, with oblong-elliptic leaves with a brown underside. Collected in the poor-soil upland terraces at Cabeceras Ere-Algodón, where it was locally rare. Col. no. IH 16674.

Vochysia moskovitsiana sp. nov. (Vochysiaceae; Huamantupa 2012). This species was also collected in the Cerros de Kampankis inventory (Neill et al. 2012). In the Ere-Campuya-Algodón region we observed a population on the poor-soil upland terraces at Cabeceras Ere-Algodón. Col. no. IH 16673.

Xylopia sp. nov. (Annonaceae; Fig. 6A). Treelet, 2 m tall, with red fruits. Present at all three campsites, where it was moderately common. Col. nos. MR 2316, MR 2421, MR 2530, and MR 2792.

New records for Loreto and Peru

Allantoma cf. *lineata* (Lecythidaceae). If this identification is confirmed, it will represent a new record for Loreto and Peru. This canopy tree, known only from Brazil and Venezuela, was recorded in the poor-soil upland terraces. Visual record only.

Curupira cf. *tefeensis* (Olacaceae; Fig. 6D). This species, a canopy to emergent tree, was recorded on the upland terraces at all three campsites. If the identification is confirmed, both the genus and species will be new records for Loreto and Peru. The genus is currently known only from the Brazilian states of Amazonas and Rondônia (Sleumer 1984). Col. no. MR 2800.

Among the other new records are *Pouteria amazonica* (Sapotaceae), a canopy tree recorded in the poor-soil upland terraces at Cabeceras Ere-Algodón and previously known only from the Brazilian state of Amazonas (Col. no. MR 2492); *Aphelandra attenuata* (Acanthaceae), an herb observed at Bajo Ere and Cabeceras Ere-Algodón, previously considered Vulnerable and endemic to Ecuador (Delgado and Pitman 2003; Col. no. MR 2379); and *Piper perstipulare* (Piperaceae), an herb recorded at Medio Campuya and previously known from Guyana and Venezuela (Col. no. WT 2574).

Species endemic to Loreto and other rarities

We recorded some species that are endemic to Loreto, and the Ere-Campuya-Algodón records represent range extensions within the Region. *Aptandra caudata* (Olacaceae) and *Tachia loretensis* (Gentianaceae), both considered globally Vulnerable (León et al. 2006), were recorded for the first time in the Putumayo watershed and had healthy populations at all three campsites. *Chelyocarpus repens* (Arecaceae), considered globally Endangered (León et al. 2006), was also relatively common at Bajo Ere. *Clidemia foliosa* (Melastomataceae), known only from a collection made in 1929 in the Nanay watershed, was collected at Cabeceras Ere-Algodón in the upland terraces dominated by *Lepidocaryum tenue*.

Astrocaryum gynacanthum (Arecaceae; Fig. 6G). Palm, 8 m tall, common in the sub-canopy of the poor-soil upland terraces at Cabeceras Ere-Algodón, Medio Campuya, and Bajo Ere. This species is known from Bolivia, Brazil, Colombia, Suriname, French Guiana, and Venezuela. It is not a new record for Peru, as there is one previous record from the Yubineto River, a tributary of the Putumayo, but deserves mention as a rarely sighted species in Loreto. Col. no. MR 2483.

Globally and nationally threatened species

A number of species considered globally Vulnerable or Endangered were recorded in the Ere-Campuya-Algodón region. *Virola surinamensis* (Myristicaceae), categorized by the IUCN as Endangered because it is a common timber tree, was recorded at Medio Campuya, while *Couratari guianensis* (Lecythidaceae), a Vulnerable timber tree, had healthy populations at all three campsites. Non-timber tree species categorized as globally Vulnerable include *Guarea cristata* (Meliaceae), recorded at Medio Campuya, *Guarea trunciflora* (Meliaceae), recorded at Cabeceras Ere-Algodón and Bajo Ere, and *Pouteria vernicosa* (Sapotaceae), recorded at Bajo Ere and Medio Campuya. All of these species are moderately abundant in the Ere-Campuya-Algodón region.

We also recorded three tree species that are considered Vulnerable in Peru (MINAG 2006): *Tabebuia serratifolia* (Bajo Ere), *Parahancornia peruviana* (Bajo Ere and Cabeceras Ere-Algodón), and *Peltogyne altissima* (all three campsites).

Commercially important species

Commercially important timber species recorded in the Ere-Campuya-Algodón region include *Cedrelinga cateniformis*, *Hymenaea courbaril*, *Platymiscium stipulare*, *Simarouba amara*, various species of Lauraceae, *Iryanthera* spp., *Osteophloeum platyspermum*, and *Virola* spp. We recorded ecologically, economically, and culturally important palms including *Lepidocaryum tenue*, *Iriartea deltoidea*, *Mauritia flexuosa*, *Attalea maripa*, *A. insignis*, *A. microcarpa*, and *Oenocarpus bataua*. We also recorded healthy populations of non-timber forest products such as *Heteropsis* sp. and *Evodianthus* cf. *funifer*, *Ischnosiphon arouma*, and *Philodendron* sp., as well as populations of threatened tree ferns (*Cyathea* spp., CITES Appendix II) that have

important medicinal uses by local residents (see Appendix 9). There was a striking absence of *Ceiba pentandra* at the campsites we visited, probably because we did not sample rich-soil floodplains. (Our field assistants and the social team reported that the species is present along the Putumayo River.) Another economically important species not observed in the field but reported by local residents is *Copaifera paupera* (see Appendix 9).

Although we saw some signs of illegal logging at Bajo Ere and Medio Campuya, timber species at both campsites had healthy populations.

RECOMMENDATIONS FOR CONSERVATION

Protection and management

- Preserve the forests in the headwaters of the Ere, Campuya, and Algodón rivers, which play a key role in protecting low-nutrient, highly erodible soils and a fragile ecosystem

- Protect the white-clay *varillales*, a poorly known vegetation type with high value for studies of plant evolution

- Monitor and establish agreements regarding communal harvests of timber species such as *Cedrelinga cateniformis*, *Hymenaea courbaril*, *Platymiscium stipulare*, and *Ceiba pentandra*

- Monitor and establish agreements regarding communal harvests of the palms *Lepidocaryum tenue*, *Mauritia flexuosa*, and *Oenocarpus bataua*. Although these palms still have healthy populations in the Ere, Campuya, and Algodón watersheds, high market demand for them has reduced populations in other regions of Loreto

Research

- Study the dynamics of forests growing on very poor soils (e.g., annual growth and recruitment rates)

- Study the reproductive behavior of *Tachigali* species in the region to determine which are monocarpic and what role monocarpic behavior plays in forest dynamics

- Extend the floristic inventory of the region to places we were not able to sample during our visit, including the headwaters of the Campuya and the middle portion of the Putumayo River

- Study Amazonian peatlands in the region and assess their similarity with peatlands in the Yaguas-Cotuhé region (Pitman et al. 2011)

- Make a comprehensive map of white-clay *varillales* in the region, explore their flora, and study how this vegetation type is formed and maintained

FISHES

Authors: Javier A. Maldonado-Ocampo, Roberto Quispe, and Max H. Hidalgo

Conservation targets: Fish communities that inhabit nutrient-poor upland streams and depend on the forest for their survival; aquatic ecosystems with a wide range of well-preserved aquatic habitats supporting a diverse ichthyofauna; populations of commercially important fishes, including silver arawana (*Osteoglossum bicirrhosum*) and arapaima (*Arapaima gigas*); well-preserved headwater areas and lakes that serve as refuges for economically and culturally important species; species new to science in the genera *Charax*, *Bujurquina*, *Corydoras*, and *Synbranchus*, which may be restricted to the nutrient-poor waters of the Ere and Campuya rivers

INTRODUCTION

Measuring approximately 2,000 km in length, the Putumayo River is one of the primary tributaries of the Amazon. The Putumayo watershed includes the territories of four different countries, and the river is an important and dynamic frontier zone throughout its length. The watershed also faces several long-standing threats, including deforestation, mining, agriculture and ranching, illicit crops, and hydroelectric dams. These threats represent a serious challenge to the management and conservation of the river's resources, especially fish, which form the base of the diet of the communities established along its banks and are of vital importance to local and regional economies (Agudelo-Córdoba et al. 2006, Alonso et al. 2009).

Researchers have studied fish communities in certain portions of the Putumayo watershed (Castro 1994, Ortega et al. 2006), but there is still no comprehensive checklist of fish species for the entire river. As a result, the Putumayo has been pinpointed as one of the highest priorities among Amazonian watersheds for basic surveys and ichthyological inventories (Maldonado-Ocampo and Bogotá-Gregory 2007, Ortega et al. 2011).

The most recent study of the Peruvian-Colombian portion of the Putumayo River (including tributaries) reported a total of 296 fish species (Ortega et al. 2006). Our understanding of the Putumayo ichthyofauna has improved in recent years thanks to a number of inventories carried out in Peruvian tributaries of the river (Hidalgo and Olivera 2004, Hidalgo and Rivadeneira-R. 2008, Hidalgo and Sipión 2010, Hidalgo and Ortega-Lara 2011). These inventories both increased the total number of species known from the watershed and discovered a number of undescribed species (e.g., Britto et al. 2007). By contrast, few inventories have been carried out on the Colombian side of the river. One exception is research by Ortega-Lara (2005), who reported on collections made in the headwaters of the Putumayo River, in the Sibundoy valley and in the foothills region on the Mocoa River. Other ichthyological work in the region has focused exclusively on species of interest to fisheries or the ornamental fish trade (Salinas and Agudelo 2000, Sanabria-Ochoa et al. 2007).

Before our visit no comprehensive ichthyological inventories had been carried out on the Ere, Campuya, and Algodón rivers, which are located in the middle of the Peruvian portion of the Putumayo watershed. In the case of the Algodón, two ichthyological surveys have sampled one tributary and the lower portion of the river's watershed. On the Algodoncillo River, a tributary of the Algodón, a total of 73 species were recorded (Hidalgo and Sipión 2010) during the Maijuna rapid inventory (Gilmore et al. 2010). Likewise, an ichthyological inventory that sampled lakes and streams of the lower Algodón recorded 63 species (Pacheco et al. 2006). In this chapter we present results of an ichthyological inventory carried out in a variety of habitats in the middle and upper Ere watershed, the middle Campuya watershed, and the upper Algodón watershed.

METHODS

Field work

For 14 full days of field work in the period 17–31 October 2012, we sampled 26 stations at the three campsites. Some stations were located in lentic environments (lakes) and others in lotic environments (streams and rivers), and all contained nutrient-poor water whose color varied from site to site (see the 'Geology, Hydrology, and Soils' chapter). The stations included three rivers, 13 upland streams varying in size, and three lakes in the watersheds of the Ere and Algodón rivers (Bajo Ere and Cabeceras Ere-Algodón campsites) and of the Campuya River (Medio Campuya campsite). The elevations sampled ranged from 114 to 205 masl, with the highest elevations corresponding to upland forest streams.

We visited as many microhabitats as possible, with the goal of collecting as many species as possible. Some sampling stations were accessed along the trail system, while others were visited in a motorized canoe. At each station sampling focused intensively on stretches measuring from 50 to 2,000 m in length, with fishing techniques that varied depending on the particular microhabitats at each station. Large rivers and lakes were also sampled at night in order to record nocturnal species and species that are more active at night.

The streams we sampled were small (<3 m wide) first- or second-order streams, with the exception of the Quebrada Yare, an important tributary of the lower Ere (~20 m wide). By contrast, the rivers we sampled were the largest habitats, ranging in width from 20 to 40 m. The lakes were as wide as the rivers (30–50 m) but varied in their length; the smallest lake, located on the lower Ere, was ~400 m long.

Most habitats had slow currents and some streams had imperceptible currents. One stretch of the Campuya River had an intermediate-speed current, but the other stations in that river had a slow current. The most common substrate was clay, but some patches of sand were observed in rivers. Most of the streambeds and lakebeds were covered with a thick layer of leaf litter and branches. Detailed characteristics of each sampling station are provided in Appendix 4.

Collection and analysis of fish specimens

Collection methods included sweeps with dragnets measuring 3 and 5 m wide and 1.5 m high, with a mesh size of 5–7 mm. We used these on beaches, in deep pools with roots, and in lakes. We made manual collections in the cavities of submerged trunks and branches, and used a cast net (*atarraya*) with monofilament mesh on river beaches, as well as hand nets and different-length gill nets (10–40 m long, 2–3 m high, and with 3.8–7.6 cm mesh). Sampling effort at a given station varied depending on the fishing method and the habitat size. Greater effort was invested in rivers and streams (where a greater variety of sampling methods were used), while in small streams with little water and few available habitats we mostly relied on dragnets and hand nets.

The list of fish species we compiled (Appendix 5) is based on examinations of captured individuals, visual sightings at the campsites, and interviews with our local partners. At each sampling station we separated specimens that would be photographed alive before being preserved from those that would be preserved without being photographed, with the goal of photographing as many of the recorded species as possible. Most specimens were fixed in a 10% formaldehyde solution for subsequent analysis and identification; the same solution was injected into the body cavities of fishes whose standard length exceeded 15 cm. For some individuals, the entire body or a portion of muscle was preserved in 96% alcohol for later genetic studies. Once fixed, specimens were preserved in a 70% alcohol solution, wrapped in gauze, and packed in hermetically sealed bags that included a field label with the respective station code and date.

Between 24 and 48 hours after fixation, depending on the size of the specimen, we made a preliminary identification of species and morphospecies. These identifications were later verified with the help of technical literature and specialists in the respective taxonomic groups. All specimens were deposited in the ichthyology collection of the Natural History Museum of the Universidad Nacional Mayor de San Marcos in Lima.

The species list we compiled follows the classification system proposed by Reis et al. (2003), with recent modifications for the Characidae family proposed by

Oliveira et al. (2011). We checked to see whether any of the recorded species were listed under any threat category in the red book of Colombia's freshwater fishes (Mojica et al. 2012). Although no commercial harvests of ornamental fish were detected in the sites we visited, we used Sánchez et al. (2006) and Sanabria-Ochoa et al. (2007) to determine which of the recorded species have value as ornamentals elsewhere in the Putumayo watershed. Species were designated as migratory or not based on Usma et al. (2009).

RESULTS

Description of the sampling stations (Appendix 4)

Cabeceras Ere-Algodón

This campsite included sampling stations in all three of the watersheds we visited. The camp itself was located in the headwaters of the Ere River, where we sampled fish at the highest elevation (205 masl) of the study area, located near the divide between the Ere and Algodón rivers. It was also possible to sample both the headwaters of the Algodón River and the middle watershed of the Sibi River, a right-bank tributary of the Campuya River. Seven of the nine stations we sampled at this campsite were upland streams, including the source of the Algodón River. We also sampled two rivers and small patches of palm swamp along the trail system. Conductivity readings taken in the rivers and streams at this campsite (see the 'Geology, Hydrology, and Soils' chapter) were extremely low, all <6 µS/cm (Appendix 2; Fig. 14).

All of the streams were typical of the uplands, with sinuous courses that ran under a mostly closed canopy. The stream bottoms were mostly sand and mud, with patches of leaf litter and branches. Stream widths varied from 0.4 to 5 m, while depths varied from 0.1 to 0.6 m. These numbers reflect the scant volume of water in these headwater streams, which meant we could only sample them with a 3-m seine net. Current speed was slow to null, and the gradient was gentle. Most stream surfaces (~50–90%) were shaded by vegetation, resulting in low primary productivity. There was very little water in these streams, and it was perfectly transparent.

The Ere and Sibi rivers were sampled at a variety of places: on sandy or muddy beaches, at meander bends, and along straight stretches. We used dragnets and gill

nets to sample fish communities. The Ere River was just 3.5 m wide, due to the proximity of its headwaters, while the Sibi River was 20 m wide. The Ere had a slow current and considerable shading by vegetation, while the Sibi had a moderate current and was not strongly shaded by vegetation. Both river bottoms were mostly mud, with some sandy patches and accumulations of leaf litter, branches, and tree trunks. The palm swamp patches we visited were initially intended to be sampling stations, but they had little to no water and cursory sampling yielded no species there.

Bajo Ere

This campsite was located on the left bank of the lower Ere River, close to the mouth of the Quebrada Yare. Here we had access to almost all of the habitat types we visited during the inventory: rivers, large and small streams, small *Mauritia* palm swamps, and a lake. Conductivity of the water bodies at this campsite was just as low as at the Cabeceras Ere-Campuya campsite, and the Ere River itself had a conductivity of just 3.7 µS/cm (Appendix 2; Fig 14).

All three streams we sampled had muddy bottoms mostly covered with leaf litter and branches. This was even true of the Quebrada Yare, which was quite wide (~20 m). Current speeds were slow to nil. These streams typically receive little sunlight and large proportions of their surfaces were shaded by overhanging vegetation: ~35% at the Quebrada Yare and >60% at the other two streams (Quebrada Boca Yare and a stream along the connecting trail). This shading results in lower primary productivity, which together with the nutrient-poor sediments of the region make fishes strongly dependent on the forest for their food.

We sampled the Ere River at four different stations to explore the variety of microhabitats it contained: sandy or grassy beaches sampled with dragnets, cast nets, and gill nets; meander bends or very still stretches sampled with gill nets; and small sandy or muddy beaches sampled with dragnets. The river was >25 m wide at some points and had a slow to moderate current in some stretches. The surface of the river was hardly shaded by vegetation, as is common for medium-sized to large rivers. The bottom was primarily muddy, with some sandy portions and accumulations of leaf litter and submerged branches and tree trunks.

The only lake we visited at this campsite was small (<400 m long) and connected to the river via a small stream. Few fish were seen in this lake, which appears to be old and has not undergone eutrophication due to a lack of nutrients. We sampled with dragnets along the few beaches available and with gill nets set both during the day and at night. The bottom was muddy, with a large volume of leaf litter and branches. Most of the banks were overgrown with forest, but a few grassy patches were present. The small palm swamps we visited contained more mud than water, and contained no fish.

Medio Campuya

This campsite was located on the right bank of the middle Campuya River. It was close to two lakes, and offered easy access to streams on both sides of the river. As at the Bajo Ere campsite, we were able to sample all of the habitat types seen during the inventory: rivers, streams, small palm swamps, and lakes. Conductivity levels of the water here were more variable than at the other two campsites. Several streams had water with conductivity values just as low (<5 µS/cm) as the Bajo Ere and Cabeceras Ere-Algodón campsites, while other streams had conductivity values between 10 and 19.8 µS/cm (Appendix 2; Fig. 14).

The streams we visited were also more variable in their streambed composition than those at the other sites. While some had muddy bottoms with patches of sand and were covered to a large extent by leaf litter and branches, two others had a sandy substrate with some fine gravel (Appendix 4). These streams were small, with widths varying from 0.4 to 2.5 m and depths varying from 0.2 to 0.4 m. Current speed was slow in all streams, as expected for upland streams with a low gradient. Approximately 90–95% of stream surfaces were shaded by vegetation, as at the other campsites.

The Campuya River was similar to the Ere River, measuring 35–40 m wide in some stretches and possessing a mostly slow current (moderate near the campsite). The banks were densely covered with vegetation, but this shaded very little of the water surface. At both sites we sampled, the river had a muddy bottom with some patches of sand and leaf litter. To sample the fish community we used dragnets, cast nets,

and gill nets on the sandy-muddy beaches, and gill nets in meander bends or backwaters.

The two lakes we visited were different sizes. The larger one (Cocha 1 in Appendix 2) was ~1 km long and the smaller one (Cocha 2) was similar in size to the lake at the Bajo Ere campsite (slightly less than 400 m long). While both were connected to the river via a small stream, the smaller lake showed more evidence of siltation (e.g., it was shallower and contained more snags). We sampled with dragnets along the few banks we could work from and set gill nets both day and night. The bottom was muddy with a large amount of leaf litter and branches, and the banks were forested and covered in small patches of grass. The only palm swamp we visited had very little water, large expanses of mud, and no fish, suggesting that swamps throughout the region dry out during this season.

Richness, composition, and abundance

We collected a total of 2,504 individuals and sorted them to 12 orders, 42 families, and 210 species (Appendix 5). Based on these numbers, we estimate that the ichthyofauna of these three watersheds consists of approximately 300 species.

Diversity was greatest in the orders Characiformes (115 spp.) and Siluriformes (56 spp.), which together represent 81.4% of all species recorded during the inventory. The next most diverse orders were Perciformes (17 spp.) and Gymnotiformes (9), while the remaining eight orders were represented by one or two species apiece. The families with the largest number of species were Characidae (45 spp.), Pimelodidae (19), Cichlidae (15), Curimatidae (12), and Loricariidae (10), which together accounted for 48.3% of all species. The remaining 37 families were represented by between one and eight species (Appendix 5).

These patterns of species diversity within higher taxa are typical of aquatic ecosystems throughout the Neotropical lowlands and in other regions of the Amazon basin (Albert and Reis 2011). The difference in species diversity we observed between Characiformes (115 spp.) and Siluriformes (56), however, is worth highlighting. This reflects a smaller than normal number of species recorded in traditionally diverse groups such as armored catfish (Loricariidae), parasitic catfish (Trichomycteridae), and thorny catfish (Doradidae).

The campsite with the largest number of species was Bajo Ere (133 spp.), followed by Medio Campuya (103), and Cabeceras Ere-Algodón (72). In interviews with residents of the local communities we recorded 32 important food species for the Putumayo River (Appendix 5). The numbers of species per order and family at individual campsites showed the same pattern as described above for the three sites together, with species diversity concentrated in the orders Characiformes and Siluriformes and the families Characidae, Cichlidae, and Pimelodidae (Appendix 5).

It is worth noting that of the total 210 species recorded, only 19 (9.5%) were recorded at all three campsites. Fifty-four species were recorded exclusively at Bajo Ere, 30 at Cabeceras Ere-Algodón, and 17 at Medio Campuya. Of the species recorded for the Putumayo River, 14 were exclusively recorded for that river. These were larger species commonly fished for food in local communities, such as large catfish, long-whiskered catfish, freshwater corvina, tambaquis, and *palometas* (Appendix 5).

Most species were represented by a small number of individuals. A total of 158 species were represented by fewer than 10 individuals, 51 species were represented by 10 to 100 individuals, and just one species (*Hemigrammus lunatus*, a small characid) was represented by more than 200 individuals. Like diversity, abundance varied between the three campsites. The Bajo Ere campsite yielded the largest number of individuals (1,209), followed by Cabeceras Ere-Algodón (716) and Medio Campuya (579).

Threatened species

Peru does not yet have a formal list of threatened freshwater fish species, but a preliminary list is being drafted (H. Ortega, pers. comm.). Likewise, only a tiny number of Amazonian fishes have had their threat category classified to date by the IUCN. However, 11 of the species recorded in the inventory have been classified as Vulnerable or Near Threatened in Colombia (Mojica et al. 2012). The fact that Peru does not yet have an official red list for fishes does not mean that

these species should not receive the same attention in Peru as they do on the Colombian side of the border, since 9 of the 11 species are large migratory catfish that are commercially harvested throughout the Amazon basin. The other two species are arapaima (*Arapaima gigas*) and silver arawana (*Osteoglossum bicirrhosum*), which are highly valued by local communities as both food and ornamental fish. Arapaima is listed in CITES Appendix II.

Migratory, ornamental, and food species

We identified 36 species that are known to migrate: 11 spp. that make short migrations (<100 km), 18 spp. that make medium-sized migrations (100–500 km), and 7 spp. that make long migrations (>500 km). Short-migratory species include small to medium-sized fish such as *Leporinus*, mojarras (*Jupiaba*, *Moenkhausia*), pacus (*Piaractus*), tambaquis (*Colossoma*), and *Pimelodus* catfish. Species that migrate medium or long distances are medium-sized to large fish such as black prochilodus (*Prochilodus*), yaraqui (*Semaprochilodus*), palometa (*Myleus*), South American trout (*Brycon*), sardinas (*Triportheus*), payara (*Hydrolycus*), biara (*Raphiodon*), manduba (*Ageneiosus*), freshwater corvina (*Plagioscion*), *Zungaro* catfish, the catfish *Brachyplatystoma rousseauxii*, and sorubims (*Pseudoplatystoma*; Appendix 5). All of these migratory species, and especially the medium-sized to large ones, are very important in commercial fisheries and as food fish in local communities of the region.

We recorded 110 species that have value as ornamentals, and these account for slightly more than half of all species recorded in the inventory. Many of these species are small characids, cichlids, knifefishes, and catfishes, but they also include rays and silver arawana. These ornamental species occur in upland streams and lakes in both the Ere and Campuya watersheds. Sixty-four species are food fish. Most of these belong to the orders Characiformes and Siluriformes, but they also include arapaima and silver arawana (Osteoglossiformes) and freshwater corvina (Perciformes). We found these species living in the main channel of the Ere, Sibi, Campuya, and

Putumayo rivers, as well as in the lakes along these rivers (Appendix 5).

New records and undescribed species

We recorded a total of 20 species that are new records for the Putumayo watershed. These are fish with a total adult length of <10 cm in the orders Characiformes, Siluriformes, and Perciformes. These new records include species commonly recorded in inventories in lowland areas of the Amazon basin, such as *Pyrrhulina semifasciata* (Fig. 7C), *Goeldiella eques*, *Amblydoras hancockii*, and *Tetranematichthys quadrifilis* (Appendix 5). The inventory also yielded a new record for the Peruvian ichthyofauna: the cichlid *Satanoperca daemon* (Fig. 7B). Previously known from Colombia, Venezuela, and Brazil, this species was recorded during the rapid inventory in a lake at the Bajo Ere campsite, where it was not common. The only species of this genus previously known for Peru was *Satanoperca jurupari* (Ortega et al. 2012).

Four species recorded in the inventory are potentially new to science: *Charax* sp. nov. (a tetra; Fig. 7L), *Corydoras* sp. nov. (Fig. 7F), *Synbranchus* sp. nov. (a swamp eel; Fig. 7N), and *Bujurquina* sp. nov. (*bujurqui*; Fig. 7D). Each belongs to a different order (Appendix 5). All of the potentially undescribed species are associated with upland streams at the three campsites. *Corydoras* sp. nov. was only recorded in a stream at the Bajo Ere campsite, *Synbranchus* sp. nov. was only recorded in a stream at Cabeceras Ere-Algodón, and the two other species were recorded in streams at both Cabeceras Ere-Algodón and Medio Campuya.

DISCUSSION

The modern Amazonian landscape has been shaped by the geological history of the Amazon basin and by paleoclimatic variation, resulting in a great heterogeneity of aquatic ecosystems harboring tremendous fish diversity (Hoorn et al. 2010a). In turn, this diversity plays a crucial role in the culture and economy of Amazonian residents. The Amazon basin is known to possess the greatest fish diversity in the world, with estimates reaching 2,500 species (Junk et al. 2007).

In the Neotropical region, the Amazon is also the watershed that has yielded the largest number of undescribed species over the last decade. These new taxa have been found in ichthyological expeditions to the Xingu, Tapajos, Solimões, and Negro watersheds in central and eastern Amazonia, and to the Andean foothills in Colombia, Ecuador, and Peru (e.g., Carvalho et al. 2009, Buckup et al. 2011, Carvalho et al. 2011, Albert et al. 2012). And while knowledge about the Amazonian ichthyofauna is accumulating, large lacunae remain. The Putumayo basin is one such lacuna.

Some limited collections in Peruvian tributaries of the Putumayo have been made in recent years (Hidalgo and Oliveira 2004, Hidalgo and Rivadeneira-R. 2008, Pacheco et al. 2006, Hidalgo and Sipión 2010, Hidalgo and Ortega-Lara 2011), and these have pushed the number of species known for the Peruvian-Colombian portion of the watershed above the figure of 296 given by Ortega et al. (2006). However, these studies have not yet yielded a comprehensive list of fish species at the watershed level.

If one assumes the Putumayo watershed to harbor roughly 600–650 fish species, then the results of this inventory suggest that approximately 35% of that ichthyofauna is present in a small area of the basin. And if the same calculation is made with the estimated number of species in the Ere, Campuya, and Algodón region (300 spp.) instead of the recorded number of species, the figure rises to 50%.

Several of the species we recorded during the rapid inventory have been recorded in other inventories in the Putumayo watershed. For example, in a survey of the Colombian-Peruvian portion of the Putumayo River, Ortega et al. (2006) recorded 104 of the same species that we recorded in the Ere-Campuya-Algodón region, and these accounted for 49.5% of all the species recorded in our rapid inventory. Similar figures for other regions of the Putumayo watershed and for regions elsewhere in Loreto are: Yaguas-Cotuhé (102 spp., 49%, Hidalgo and Ortega-Lara 2011); Güeppí (66 spp., 31%, Hidalgo and Rivadeneira-R. 2008), Maijuna (60 spp., 28.6%, Hidalgo and Sipión 2010); Ampiyacu-Apayacu-Yaguas-Medio Putumayo (59 spp., 28%, Hidalgo and Olivera 2004); Nanay-Mazán-Arabela (35 spp., 17%, Hidalgo and Willink 2006); and Cerros de Kampankis (10 spp., 4.8%, Quispe and Hidalgo 2012).

We observed high species turnover between the three campsites, which suggests that each of the habitats we sampled plays an important role in maintaining the regional ichthyofauna. The main channels of the Ere, Campuya, and Algodón rivers are corridors for a number of widely distributed species, and their floodplains play an especially important role. Indeed, that is the habitat where we found the greatest species richness (121 spp.). The connections between the main channels and the floodplain lakes, regulated by rainfall dynamics in the region, are also vital for maintaining fish diversity in these habitats, which serve as important refugia. The larger number of species shared by the Bajo Ere and Medio Campuya campsites reflects species associated with lake habitats. It is well documented that habitat connectivity in floodplains increases compositional similarity at the species level (Thomaz et al. 2007).

Upland streams are another key habitat for the Ere-Campuya-Algodón fish community, as illustrated by the four undescribed taxa and other unique species we found there. The 73 species recorded by Hidalgo and Sipión (2010) in a stream of the Algodoncillo, a tributary of the Algodón River, compare closely with the total species richness recorded in this inventory for upland streams (79 spp.). Of those 73 species, 29 were recorded in our inventory and 44 were not. The 79 upland stream species reflect a high diversity in comparison with surveys of other upland stream systems on poor soils in central and western Amazonia. Such surveys typically record fewer than 50 species, even when sampling effort is much greater (Knöppel 1970, Crampton 1999, Bührnheim and Cox-Fernandes 2001, 2003, Arbeláez et al. 2008). When we consider the number of species recorded for single streams, however, we find a mean of 15 species. This may reflect insufficient sampling, but likely also reflects the poor nutrient levels of the habitat.

The nutrient-poor soils drained by the Ere, Campuya, and Algodón rivers create the low productivity of the streams and rivers, highlighting the strong relationship between the maintenance of fish diversity in aquatic ecosystems and the forests surrounding those ecosystems, as has been shown in other areas (Dias et al. 2009, Teresa and Romero 2010, Casatti et al. 2012, Ferreira et al. 2012). Specifically, observed abundances in the upland streams of the Ere-Campuya-Algodón region were 40–50% lower than those observed in the Cerros de Kampankis (Quispe and Hidalgo 2012). The low abundances we recorded, even for species typically dominant in streams (e.g., *Bryconops* and *Hyphessobrycon* spp.), appear to be related to the low nutrient levels and the consequently low availability of other resources that fish feed on, such as periphyton and aquatic macroinvertebrates. The fish community thus depends on allochthonous material that enters the system from the surrounding forest. Landscape changes in this ecosystem, such as deforestation, would clearly have negative impacts on fish diversity, since only a few generalist species would survive and a larger number of more sensitive specialists would not.

Although we did not detect any evidence of ornamental fish harvests at our sampling stations, we did find a high number of species (>50% of all species recorded, Appendix 5) that are harvested as ornamentals elsewhere along the Putumayo. These species are primarily found in upland streams and in lakes. The only species that is currently being harvested as an ornamental in the Ere-Campuya-Algodón region is silver arawana (*Osteoglossum bicirrhosum*; see the 'Natural Resource Use, Traditional Ecological Knowledge, and Quality of Life' chapter), classified as Vulnerable in Colombia.

In contrast, we did observe evidence of fishing for local consumption and for commercial sale. Local communities rely on a large number of fish species for their daily diet (Appendix 5). Most fishing for game is done in the main channels of the large rivers, including the Putumayo itself, where the largest fish can be caught (e.g., large catfish in the Pimelodidae family). Local fishermen also commonly visit lakes, where one of the most sought after species is arapaima (*Arapaima gigas*), classified as Vulnerable in Colombia and listed in CITES Appendix II. Local fishing mostly relies on gill nets, handlines, cast nets, and harpoons.

During the inventory we also noted the use of the natural fish toxin barbasco (*Lonchocarpus utilis*) in one lake downriver from the Medio Campuya campsite (Ítalo Mesones, pers. comm.). While local communities have started some initiatives to monitor fishing intensity, it is worth noting that both Peruvian and Colombian fishermen fish along the Ere and Campuya rivers, especially for arapaima in lakes.

We recorded several species that migrate over short to long distances. All of these species (with the exception of four) are game fish and currently classified as threatened in Colombia. Even juveniles of some of these species have commercial value as ornamental species (but not in local communities). Many of these species have been overfished elsewhere in the Putumayo watershed and in the Amazon basin, and their declining populations have led fishermen to resort to harvesting species that previously had little commercial value, but whose biomass and abundance now make them attractive.

Freshwater ecosystems harbor the most diverse ichthyofaunas worldwide, and the Amazon basin represents the pinnacle of their tremendous biological diversity. At smaller scales, the Putumayo watershed and the watersheds of the Ere, Campuya, and Algodón rivers represent excellent examples of this diversity. The unique landscape conditions in these watersheds, of well-preserved but fragile habitat heterogeneity (e.g., upland streams, floodplain systems) help maintain this diversity and the ecological processes that sustain it. Minimizing anthropogenic activities that are not in keeping with the natural and cultural fabric of the region, such as deforestation, gold mining, agriculture, ranching, and the construction of large-scale infrastructure, will pay dividends in the health and quality of life of local communities, given the tight interconnectedness in this landscape between fishes, forests, and people.

RECOMMENDATIONS FOR CONSERVATION

Given the fragility of the landscape drained by the Ere, Campuya, and Algodón rivers, epitomized by its extremely poor soils and waters, there is a need for conservation strategies that can guarantee the maintenance of the fish diversity associated with these ecosystems and its long-term preservation as a high-value resource for local communities. Such measures should not be merely extensions of conservation initiatives for terrestrial ecosystems, but rather based on the ecological dynamics of aquatic ecosystems. Recent studies have found that many conservation strategies or tools applied to terrestrial ecosystems fail to effectively preserve

aquatic ecosystems. Watershed-scale conservation models have become increasingly popular as a result, since they reflect a natural integration of the terrestrial and aquatic environments and are also based on efficient management units. In the context of watershed-scale conservation we offer the following recommendations:

- Support efforts to integrate Peruvian and Colombian fishing regulations. Migratory, ornamental, and threatened species do not recognize political boundaries, and the legislation of Amazonian countries must be based on their biology. This is especially true for fishes that make long and medium-length migrations, such as large catfish and other important characids including black prochilodus (*Prochilodus*) and yaraquis (*Semaprochilodus*)

- Support and strengthen community-based measures to monitor and control fishing by Colombian and Peruvian fishermen who enter the Ere and Campuya rivers to fish floodplain lakes for arapaima and silver arawana, commercially valuable and threatened species. These lakes are strategic ecosystems for maintaining floodplain biodiversity, not just for fishes but for the many species of aquatic birds, reptiles, and mammals that depend on fish for food. It is especially important to regulate, in harmony with local cultural traditions, the use of fish toxins (e.g., *barbasco*) capable of causing large-scale fish kills

- It is crucial that Peru move past debates regarding the sovereign management of hydrobiological resources and pass legislation establishing a formal list of threatened freshwater fishes. The process could be led by the Environment Ministry, with technical and scientific support from Peruvian researchers, with the goal of classifying the many commonly used fish species whose populations are declining and whose harvest should be monitored and regulated. The Colombian experience serves as a useful model, since the country published a red list of threatened freshwater fish species in 2002 and updated it in 2012

- Carry out ichthyological inventories in other areas of the Ere, Campuya, and Algodón rivers, and during other seasons. This is a priority because of the necessarily limited sampling during our inventory.

Although we recorded a large proportion of the species expected for these rivers, a more detailed understanding of species distributions in the region is needed to ensure their conservation

- Carry out additional studies on the fishes associated with upland streams in the region. Given that most such streams drain nutrient-poor soils of the Nauta 2 Formation, which gives them physical and chemical properties similar to blackwater regions elsewhere in Amazonia (especially on the Guiana and Brazilian Shields) but without the characteristic color of blackwater (i.e., the color of Coca Cola or tea), data on fish in the Ere-Campuya-Algodón region have a high value for comparative studies. Such research is key for understanding the evolutionary processes that created this unique and poorly known ichthyofauna and for understanding the vital links between the fish community and the surrounding forest

AMPHIBIANS AND REPTILES

Authors: Pablo J. Venegas and Giussepe Gagliardi-Urrutia

Conservation targets: Well-preserved amphibian and reptile communities that account for more than half of all known herpetofaunal diversity in Loreto; an endemic frog species known only from Loreto (*Chiasmocleis magnova*) and the only known Peruvian population of the Ecuador poison frog (*Ameerega bilinguis*); threatened species subject to hunting, including yellow-footed tortoise (*Chelonoidis denticulata*), considered globally Vulnerable, and smooth-fronted caiman (*Paleosuchus trigonatus*) and South American river turtle (*Podocnemis expansa*), considered Near Threatened and Endangered, respectively, in Peru; well-preserved upland forests and headwaters that harbor very diverse amphibian and reptile communities

INTRODUCTION

The Amazon basin is home to approximately 300 species of amphibians and a similar diversity of reptiles (Duellman 2005). The Amazonian lowlands boast the world's highest alpha-diversity of amphibians and reptiles, with various sites known to harbor more than 100 species of each in less than 10 km² (Bass et al. 2010). Peru's Loreto region is located in northwestern Amazonia and encompasses at least 10 areas considered to be high

conservation priorities for the country (Rodríguez and Young 2000). In recent decades, much of the effort to document Amazonian herpetofaunal diversity has focused on Loreto and Ecuador: on the herpetofauna of Santa Cecilia, Ecuador (Duellman 1978); on the reptiles (Dixon and Soini 1986) and anurans (Rodríguez and Duellman 1994) of the Iquitos region; and on the herpetofauna of northern Loreto (Duellman and Mendelson 1995). Ten previous rapid inventories in Loreto have also made valuable contributions to what is known about the regional herpetofauna. Despite these efforts to document the herpetological diversity of the Peruvian Amazon, however, many remote areas still remain unexplored and have a high potential for harboring undescribed species.

The southern portion of Amazonian Colombia, including the Putumayo basin, is known to contain 192 reptile species (Castro 2007). A total of 140 amphibian species is estimated for the same region (Lynch 2007). In the southern portion of the Putumayo watershed eight localities have been surveyed for herpetofauna during rapid inventories (seven in Peru and one in Ecuador), and while the sampling effort has been lower there than in Colombia it has documented impressive amphibian and reptile diversity (Rodríguez and Knell 2004, Yánez-Muñoz and Venegas 2008, von May and Mueses-Cisneros 2011).

With the goal of assessing the status and conservation value of the Ere and Campuya watersheds, we spent the 18-day Ere-Campuya-Algodón rapid inventory documenting the diversity and composition of the regional herpetofauna. After the inventory, in order to describe and quantify the special features of the Ere-Campuya-Algodón region, we compared our results with those from other rapid inventory sites in Loreto. The goal of these analyses was to put our results in a broader regional context that can help guide conservation decision-making by the Loreto Regional Government (GOREL) and Peru's National Protected Areas Service (SERNANP).

METHODS

We worked on 15–31 October 2012 at three campsites located in the watersheds of three tributaries of the Putumayo River: the Ere, Campuya, and Algodón rivers. Our amphibian and reptile sampling followed the complete species inventory method (Scott 1994). We actively searched for amphibians and reptiles during slow walks along the trail systems both during the day (10:00–14:30) and at night (20:00–02:00); in focused searches of streams and creeks; by sampling leaf litter in potentially favorable sites (soils with a thick covering of leaf litter, around buttressed trees, fallen tree trunks, and fallen palm bracts); and during a nighttime survey of riparian habitat in a motorized boat known locally as a *peque-peque*. We invested a total sampling effort of 129 person-hours: 38, 53, and 38 in the Bajo Ere, Cabeceras Ere-Algodón, and Medio Campuya campsites, respectively. We worked five days at Cabeceras Ere-Algodón and four days at the other sites. Photographs taken by the social team in the communities of Santa Mercedes and Flor de Agosto were also included in the survey.

We recorded the number of individuals of every species that was collected or observed. Several species were recorded by their song or thanks to observations by other researchers and members of the advance team. We recorded the songs of several amphibian species, which allowed us to identify cryptic species and offer important contributions to amphibian natural history. At least one specimen of most species observed during the inventory was photographed. To facilitate the study of species that are difficult to identify, potentially new to science, potentially new to Loreto, or poorly represented in museums, we made a reference collection of 282 specimens. These specimens were deposited in the herpetological collections of the Centro de Ornitología y Biodiversidad (CORBIDI; 186 specimens) in Lima and of the Museum of Zoology of the Universidad Nacional de la Amazonía Peruana (MZ-UNAP; 96 specimens) in Iquitos.

Appendix 6 lists not only the species recorded during this inventory but also all the species of amphibians and reptiles recorded in the Peruvian and Ecuadorean portions of the Putumayo watershed in previous rapid inventories. These include the Güeppicillo, Güeppí, and Laguna Negra campsites of the Güeppí-Cuyabeno rapid inventory (Yánez-Muñoz and Venegas 2008); the Piedras campsite of the Maijuna rapid inventory (von May and

Venegas 2010); and all four campsites of the Yaguas-Cotuhé rapid inventory (von May and Mueses-Cisneros 2011). In order to avoid taxonomic uncertainty, only species identified to the species level were included, and those recorded as cf. and aff. were excluded.

Geographic distribution data for the amphibian species we recorded were taken from Frost (2013), with the exception of the genus *Ranitomeya*, for which we used Brown et al. (2011). In the case of reptiles, we consulted Rueda-Almonacid et al. (2007) for distribution data on turtles and caimans, Avila-Pires (1995) for lizards, Campbell and Lamar (2004) for snakes in the families Elapidae and Viperidae, Passos and Prudente (2012) for *Atractus torquatus*, and Uetz and Hallermann (2013) for all other snakes. Species conservation status was taken from the IUCN red list of threatened species (IUCN 2013) and the Peruvian red list of threatened fauna (MINAG 2004).

RESULTS

Diversity and composition

We recorded a total of 787 individuals belonging to 128 species, of which 68 are amphibians and 60 reptiles (Appendix 6). Based on the herpetofauna list for Amazonian Ecuador and Loreto compiled by Yánez-Muñoz and Venegas (2008), we estimate that the region may contain a total of 319 species: 156 amphibians and 163 reptiles. We recorded 8 families and 25 genera of amphibians, of which the most diverse families were Hylidae and Craugastoridae (23 species in 8 genera and 14 species in 4 genera, respectively). We recorded 18 families and 47 genera of reptiles, of which the most diverse families were Colubridae and Gymnophthalmidae (20 species in 17 genera and 8 species in 7 genera, respectively).

The herpetofauna we recorded is typical of the Amazon lowlands and mostly consists of species that are broadly distributed across the basin. However, 47% of the amphibians recorded (32 spp.) are restricted to the northwestern portion of the Amazon basin, including Loreto in Peru, as well as parts of Colombia, Ecuador, and westernmost Brazil. By contrast, just 12% of the reptile species (5 spp.) are restricted to the same area. We also found that the herpetofauna of the Ere-Campuya-

Algodón region is primarily associated with four types of habitat: upland forests, floodplain forests, small *Mauritia* palm swamps, and riparian or streambank vegetation.

Some amphibian species were commonly found associated with specific terrestrial or aquatic habitats during the inventory. For example, the small palm swamps and temporary pools in upland forests harbored species that reproduce in seasonal pools (e.g., frogs in the genera *Dendropsophus*, *Hypsiboas*, *Leptodactylus*, and *Phyllomedusa*). The understory of upland forests showed a high diversity of frogs with direct development in the genus *Pristimantis* (Craugastoridae), while the leaf litter was dominated by species that have an aquatic larval stage (*Allobates insperatus* [Fig. 8A], *A. femoralis*, and *Ameerega bilinguis* [Fig. 8D]) and reproduce in puddles in tree trunks and fallen leaves. Also present were other species with direct development, such as *Hypodactylus nigrovittatus*, *Oreobates quixensis*, and *Strabomantis sulcatus*. Likewise, the treefrog *Osteocephalus deridens*, the most common arboreal species recorded during the inventory, raises its tadpoles in water that accumulates in bromeliads and tree holes. Also common in the upland forests were the leaf litter toads *Rhinella margaritifera* and *R. proboscidea*. Arboreal species were especially common in riparian vegetation; these included *Hypsiboas boans*, *H. calcaratus*, *Osteocephalus planiceps*, and *O. yasuni*.

Some reptile species were also commonly found in association with specific terrestrial and aquatic habitats. For example, seven leaf litter lizards in the Gymnophthalmidae family (*Alopoglossus angulatus*, *A. atriventris*, *Bachia trisanale*, *Cercosaura argulus* [Fig. 8O], *Iphisa elegans*, *Leposoma parietale*, and *Ptychoglossus brevifrontalis*) and the iguana *Tupinambis teguixin* were only recorded in the uplands, where they were observed on both higher and lower terraces. We also found four arboreal lizards in the genus *Anolis* (*A. fuscoauratus*, *A. scypheus*, *A. trachyderma*, and *A. transversalis*) to be more abundant in upland forests than in palm swamps or floodplain forests, where the arboreal lizard *Plica umbra* was the most common species. Likewise, we found most snakes in upland forests, with the exception of *Drepanoides anomalus* and *Pseudoboa coronata*, which were only found in floodplain forests, and the water snake *Helicops*

angulatus, which was associated with temporary pools in the uplands. We were unable to document rigorous habitat preferences between upland and floodplain forests, however, because doing so requires much more sampling effort. In riparian and streambank vegetation we found reptile species with aquatic and riparian habits, such as the smooth-fronted caiman (*Paleosuchus trigonatus*), which is common in the region, and the lizard *Potamites ecpleopus*. Despite sufficient water levels in the Ere and Campuya rivers, we did not record black caimans (*Melanosuchus niger*) and saw just two juvenile white caimans (*Caiman crocodilus*) in a lake at the Medio Campuya campsite.

Diversity and composition at the three campsites

The mean number of species recorded per site was 66. Site species diversity ranged from a minimum of 55 at Bajo Ere to a maximum of 80 at Cabeceras Ere-Algodón. The five most common species in the inventory in order of abundance were *Osteocephalus deridens*, *Rhinella margaritifera*, *Amazophrynella minuta*, *O. planiceps*, and *Allobates insperatus* (Fig. 8A). The abundance of these species varied considerably between the campsites with more upland forest (Cabeceras Ere-Algodón and Bajo Ere) and Medio Campuya, with more floodplain forest and palm swamps (Fig. 19).

Bajo Ere

At this campsite we recorded 55 species (37 amphibians and 18 reptiles), of which 11 were only recorded here. Notable records include fossorial species such as *Synapturanus rabus*, a small, poorly known frog that is restricted to northwestern Amazonia (Ecuador, Peru, and Colombia; López-Rojas and Cisneros-Heredia 2012) and the lizard *Bachia trisanale*, which is widely distributed in the Amazon basin but rarely collected. Species diversity here was lower than at the other campsites, since the floodplain and palm swamp habitats at Bajo Ere tend to have lower diversity. In general, the palm swamp herpetofauna consists of amphibian species that reproduce in lentic water bodies, and *Leptodactylus discodactylus*, *L. petersii*, and *Hypsiboas cinerascens* were especially common. By contrast, floodplain forests close to the rivers were dominated by tree frogs in the family Hylidae, such as *Dendropsophus brevifrons, D. marmoratus, D. sarayacuensis, D. rhodopeplus,* and *Phyllomedusa tomopterna,* always found close to temporary pools. Also common in these habitats were the tree frogs *Osteocephalus planiceps* and *O. yasuni,* the latter always found near streams and in the riparian vegetation along the Ere River. During the river survey, smooth-fronted caimans and the frogs *Leptodactylus wagneri* and *Hypsiboas boans* were the most frequently sighted species.

Cabeceras Ere-Algodón

This was the campsite at which the highest species diversity was recorded: 80 species (45 amphibians and 35 reptiles), of which 34 were only recorded here. Notable records include the treefrog *Ecnomiohyla tuberculosa* (Figs. 8B, 8G), a species restricted to northwestern Amazonia that is rarely collected and about whose natural history very little is known. Another important record was the microhylid frog *Chiasmocleis magnova* (Fig. 8E), previously known from white-sand forests

Figure 19. Camp-to-camp variation in the abundances of the five most common species of amphibians in a rapid inventory of three campsites in the Ere-Campuya-Algodón region of Loreto, Peru.

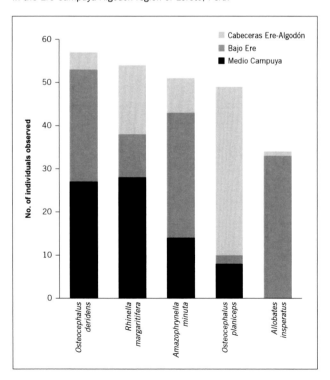

around Iquitos. This campsite also had the highest reptile diversity of the inventory, including 20 species that were not recorded at the other campsites. Upland forests had the highest diversity of frogs with direct development (Craugastoridae), with 11 species in 4 genera (*Hypodactylus, Oreobates, Pristimantis,* and *Strabomantis*). In the upland forests at this campsite we also found a large number of mating treefrogs, apparently at the end of the reproductive season. These included *Dendropsophus bokermanni, Phyllomedusa tarsius,* and *P. palliata,* all of which were only seen at this campsite. During the day, leaf litter lizards in the family Gymnophthalmidae were very abundant on the ground throughout the upland forests; the most common species were *Alopoglossus atriventris* and *Leposoma parietale.* At this campsite we also had our only sighting in the inventory of the leaf litter lizard *Ptychoglossus brevifrontalis,* and recorded four of the six species of vipers known for Loreto (*Bothrocophias hyoprora, Bothriopsis taeniata, Bothrops atrox,* and *B. brazili;* Figs. 8K–N).

Medio Campuya

At this campsite we recorded 63 species (35 amphibians and 28 reptiles), of which 18 were not recorded at any other campsite. Although we sampled the greatest variety of habitats at this site (e.g., upland forests, palm swamps, *varillal* vegetation, streams, and riparian vegetation), adverse weather conditions (a lack of rain and a full moon) hampered amphibian sampling. Among the notable species at this site is the first Peruvian record of the poison dart frog *Ameerega bilinguis* (Fig. 8D), previously recorded on the Ecuadorean side of the Peru-Ecuador border during the Cuyabeno-Güeppí rapid inventory (Yánez-Muñoz and Venegas 2008). Although the upland forests at this campsite were similar to those at Cabeceras Ere-Algodón, we found fewer species in them, probably due to the lack of temporary pools and to the weather conditions. We did, however, record ten new species for the inventory in these upland forests (*Ameerega bilinguis, Leptodactylus andreae, Rhinella dapsilis, Osteocephalus mutabor* [Fig. 8F], *Pristimantis lanthanites, Amphisbaena fulginosa, Varzea altamazonica, Boa constrictor, Dipsas catesbyi,* and

Siphlophis compressus). In the floodplain forests at this campsite we recorded some snake species not observed at the other sites, including *Drepanoides anomalus* and *Pseudoboa coronata*, both terrestrial species that inhabit the leaf litter. The most abundant species in the leaf litter of the floodplain forests were the toads *Rhinella margaritifera* and *R. proboscidea*. We recorded two juvenile white caimans (*Caiman crocodilus*) at this campsite, a species that was not observed in the boat surveys of the Ere River. Amphibians and reptiles were scarce in the palm swamps and *varillales* at this campsite, and no species was dominant enough to suggest a particular habitat preference. New additions to the species list from this site included *Allobates* sp., *Alopoglossus angulatus*, *Corallus hortulanus*, and *Dipsas indica*.

DISCUSSION

Rapid inventories and long-term surveys in the lowlands of Amazonian Ecuador and Loreto have yielded 319 species of amphibians and reptiles. Alpha-diversity in the region varies between 84 and 263 species, depending on the duration of the inventory and the size of the area sampled (Yánez-Muñoz and Venegas 2008). Summing the species recorded in Ere-Campuya-Algodón, those recorded in the eight Putumayo watershed localities visited in previous rapid inventories (seven in Peru and one in Ecuador; Rodríguez and Knell 2004, Yánez-Muñoz and Venegas 2008, von May and Mueses-Cisneros 2011) gives a regional total of 102 amphibian species and 82 reptile species (Appendix 6). This represents 65% of the amphibians and 50% of the reptiles estimated to occur in Amazonian Ecuador and Loreto, according to Yánez-Muñoz and Venegas (2008).

Lynch (2007), however, has estimated that the southern portion of Amazonian Colombia harbors at least 140 amphibian species. It is important to note that a large portion of what is known about amphibians in southern Colombia comes from around Leticia, where long-term inventories of the forests between km 7 and 19 of the Leticia-Tarapacá highway have documented 102 amphibian species (Lynch 2007). This is the same number of amphibians recorded in the Peruvian and Ecuadorean portions of the Putumayo watershed. Despite the long

list of species compiled from Ere-Campuya-Algodón and other inventories in the Putumayo watershed, we are convinced that current estimates of herpetofaunal diversity in the region are underestimates. Greater sampling effort is needed to generate a clearer idea of the regional herpetofaunal diversity, which should equal or exceed the numbers for southern Amazonian Colombia reported by Castro (2007) and Lynch (2007).

Herpetofaunal communities of the Ere-Campuya-Algodón region are composed of species typical of the lowland forests of northwestern Amazonia, and their diversity is associated with landscape and vegetation heterogeneity, as observed for other areas of the Putumayo watershed (von May and Venegas 2010, von May and Mueses-Cisneros 2011). The areas we sampled at the three campsites include a great variety of habitats and microhabitats which, together with the topographic variation, allow for the coexistence of a large number of species. This habitat heterogeneity is reflected not only in the diversity and composition of the herpetofauna but also in its community structure. While the amphibian assemblages of the upland and floodplain forests differ, the abundances of the species they share vary dramatically between habitats (Fig. 19). One example is the treefrog *Osteocephalus planiceps*, a species that is common in floodplains (such as the floodplain and swamp forests in Bajo Ere), but very rare in upland forests, where it is replaced by *Osteocephalus deridens*, the most common species at Cabeceras Ere-Algodón and Medio Campuya. A similar pattern was observed in terrestrial species, such as the poison dart frog *Allobates insperatus* (Fig. 8A). In contrast to *O. planiceps*, *A. insperatus* is very rare in floodplain forests, dominant in some upland forests, and absent in others (such as those at Medio Campuya), where it is replaced by another poison dart frog, *Ameerega bilinguis* (Fig. 8D).

Notable records

Ameerega bilinguis (Fig. 8D). This poison dart frog was previously known from the Napo and Aguarico watersheds in northeastern Ecuador (Napo, Orellana, and Sucumbíos provinces) and neighboring areas in Colombia (Putumayo and Caquetá departments; Lötters et al. 2007). It was also recorded in the Cuyabeno

Wildlife Reserve, on the Ecuadorean side of the Peru-Ecuador border, during the Cuyabeno-Güeppí rapid inventory (Yánez-Muñoz and Venegas 2008). The population we found in the Campuya watershed is the first record of the species for Peru and extends its geographic range by ~220 km to the southeast.

Allobates insperatus (Fig. 8A). Previously known from the Amazonian lowlands of Ecuador, between the Napo, Aguarico, and Coca rivers, according to the original description (Morales 2000), this frog was recorded in northernmost Loreto (Güeppí-Sekime National Park) by Yánez-Muñoz and Venegas (2008). Our records of this species at the Bajo Ere and Cabeceras Ere-Algodón campsites are the second and third for Peru and extend its distribution ~215 km to the southeast.

Chiasmocleis magnova (Fig. 8E). This microhylid was previously only known from two sites near Iquitos: along the Iquitos-Nauta highway and around Puerto Almendras (Moravec and Köhler 2007). Our record in the Ere watershed is the third known locality for the species and extends its previously known distribution ~190 km to the northwest.

Osteocephalus mutabor (Fig. 8F). This frog was previously known from Amazonian Ecuador and had been recorded in Peru at just three sites in Loreto: Cerros de Kampankis, Andoas, and Teniente López (Ron et al. 2012). Our record at the Medio Campuya campsite is the easternmost locality for the species and extends its known geographic range ~300 km to the east.

Ecnomiohyla tuberculosa (Figs. 8B, 8G). This treefrog is distributed across the northern Amazon, including western Brazil, Colombia, Peru, and Ecuador (Ron and Read 2012, Frost 2013). Records are scarce despite its large range, in part because very little is known about its song and natural history. Field observations of this species are especially rare, with just two reports of solitary individuals in trees of primary forest (Rodríguez and Duellman 1994): one perched on a branch above a stream (Duellman 1974) and another in the understory on a palm leaf about 2 m high (Ron and Read 2012). At Alto Campuya we succeeded in capturing a male *E. tuberculosa* and recording its song. Using the recorded song we were able to record three other individuals at this campsite and one at Medio Campuya, all of them singing from water-filled tree holes (which amplify the sound). The individual we collected sang every 210 seconds from a water-filled tree hole 1.5 m above the ground, with most of its body underwater.

Ron and Read (2012) have suggested that the scarcity of Ecuadorean records of this species might reflect very small populations or habitat preferences that make the species hard to find. Our field observations during the inventory support both hypotheses. The species' behavior of hiding in tree holes makes it hard to find with the sampling methods typically used in inventories, a difficulty exacerbated by the fact that its song has long been unknown. Once the song of this species is described and made available to herpetologists in open-access song collections (e.g., Amphibiaweb or Amphibiaweb Ecuador), we suspect that the species will be recorded with greater frequency and the understanding of its biology will improve.

Another interesting note is that both local residents in the support team and our cook, who belongs to a Cofan indigenous community in Ecuador, were adamant that the song of *Ecnomiohyla tuberculosa* belonged to the venomous bushmaster (*Lachesis muta*), and searched the area cautiously to demonstrate that they were right. They were shocked to find that the song was coming from a frog hidden in a tree hole rather than from the largest venomous snake in the Americas.

THREATS

The well-preserved and very diverse herpetofauna of the Ere, Campuya, and Algodón watersheds would be negatively impacted by disturbing and fragmenting the forests they live in. Given the region's fragile, nutrient-poor soils, extractive activities such as logging and small-scale mining are the primary threats to the ecosystem. Small-scale mining promotes erosion and water pollution and would compromise the region's stream and river water, among the purest in South America. It also poses a threat to free-living tadpoles. Logging increases erosion and causes forest fragmentation, thereby changing the structure of amphibian and reptile communities by modifying environmental conditions in impacted areas.

The hunting of Amazonian aquatic turtles by local communities represents another threat. Unless communities implement mechanisms to regulate harvests of these species, they will go locally extinct.

RECOMMENDATIONS FOR CONSERVATION

- Given that the study area is a large block of well-preserved forest with poor soils and water bodies, it is ideal for studies of amphibian and reptile community structure in poor-soil forests

- The discovery of a white-clay *varillal* in the region (see the 'Vegetation and Flora' chapter) represents a valuable opportunity for studying the herpetofaunal community in a previously unknown vegetation type and for comparing it with that in white-sand *varillales*. Such research could play an important role in improving our understanding of the processes underlying the diversification and biogeography of Amazonian species

- Another priority for research in the Ere-Campuya-Algodón region is the natural history and human use of both aquatic turtles (*Podocnemis expansa*, *P. unifilis*, and *P. sextuberculata*) and the terrestrial tortoise, *Chelonoidis denticulata*. Such research could help communities establish mechanisms to manage and monitor these resources, with the aim of ensuring that they are harvested sustainably

BIRDS

Authors: Douglas F. Stotz and Ernesto Ruelas Inzunza

Conservation targets: Birds of poor-soil high terraces (four species, including an undescribed *Herpsilochmus* antwren); healthy populations of game birds, especially Salvin's Curassow (*Mitu salvini*) and Pale-winged Trumpeter (*Psophia crepitans*); *collpas* (mineral licks) that attract large numbers of parrots, game birds, and other species; eight species endemic to northwestern Amazonia, plus an additional 17 species limited in Peru to areas north of the Amazon River; diverse forest bird communities

INTRODUCTION

The birds of forested landscapes in the Putumayo drainage of Peru have not been well surveyed. Most studies to date have been carried out during four rapid inventories of sites ranging from the Yaguas watershed in the far east to Güeppí-Sekime National Park in the far west (e.g., Stotz and Pequeño 2004, Stotz and Mena Valenzuela 2008, Stotz and Díaz Alván 2010, Stotz and Díaz Alván 2011). José Álvarez surveyed the area near the Ecuadorian border in 2002, but that work remains unpublished. Likewise, the Colombian side of the Putumayo River basin remains almost completely unstudied.

In Peru, the most understudied portion of the region remains the lands immediately adjacent to the Putumayo River itself. Brief observations by Stotz and Mena Valenzuela (2008) at Tres Fronteras, a village on the river just east of the Ecuadorian border, are the only significant published information from the Putumayo proper of Peru, other than the limited observations made during this inventory at Santa Mercedes (see below).

METHODS

We surveyed the birds of the Ere, Campuya, and Algodón river basins during the 2012 rapid inventory. We surveyed three campsites, spending five full days at Cabeceras Ere-Algodón (16–20 October 2012), four full days at Bajo Ere (22–25 October), and four days at Medio Campuya (27–30 October; see the 'Regional Panorama and Sites Visited' chapter). Stotz and Ruelas spent 85.5 hours observing birds at Cabeceras Ere-Algodón, 76.5 hours at Bajo Ere, and 79 hours at Medio Campuya. Additionally, we include in the appendix and discussion species observed near the town of Santa Mercedes along the Putumayo River. Ruelas made observations there during the period 15–19 July 2013, while Stotz and Ruelas made additional observations on 31 October and 1 November 2012.

Our protocol consisted of walking trails, looking and listening for birds. We conducted our surveys separately to increase independent-observer effort. Typically, we departed camp before first light and remained in the field until mid-afternoon. On some days, we returned to the field for one to two hours before sunset. We tried to cover all habitats near camp and at each campsite we covered the entire trail system at least once. Total distances walked by each observer each day varied from 6 to 14 km depending on trail length, habitat, and density of birds.

Weather permitting (i.e., on days with no rain), we made recordings of the dawn chorus using a Marantz PMD661 digital recorder and a Sennheiser ME62 omnidirectional microphone. Ruelas carried the same digital recorder and a Sennheiser ME66 shotgun microphone to document species and confirm identifications with playbacks. We kept daily records of numbers of each species observed, and compiled these records during a round-table meeting each evening. Observations by other members of the inventory team supplemented our records.

Our complete list of species in Appendix 7 follows the taxonomy, sequence, and nomenclature (for scientific and English names) of the South American Checklist Committee of the American Ornithologists' Union, version 30 April 2013 (*www.museum.lsu.edu/~Remsen/SACCBaseline.html*).

In Appendix 7, we estimate relative abundances using our daily records. Because our visits to these sites were short, our estimates are necessarily crude, and may not reflect bird abundance or presence during other seasons. For the three inventory sites, we used four abundance classes. 'Common' indicates birds observed (seen or heard) daily in substantial numbers (averaging ten or more birds per day). 'Fairly common' indicates that a species was seen daily, but represented by fewer than ten individuals per day. 'Uncommon' birds were those encountered more than twice at a campsite, but not seen daily, and 'rare' birds were observed only once or twice at a campsite as single individuals or pairs.

RESULTS

Species richness

We recorded 320 species at the three inventory campsites in the Ere, Campuya, and Algodón drainages (Appendix 7). We also recorded 108 species in the vicinity of Santa Mercedes on the upper Putumayo River, of which 42 were not encountered at the three

campsites, for a total of 362 during the entire inventory. The Cabeceras Ere-Algodón campsite yielded 219 species, Bajo Ere 227 species, and Medio Campuya 263 species. The higher total at Medio Campuya mainly reflected richer riverine habitats.

Not surprisingly given its higher species richness, Medio Campuya had the most species found only at that campsite (44). Cabeceras Ere-Algodón had 20 unique species, while Bajo Ere had 23. The two campsites along the Ere River shared 169 species on our surveys, while the Medio Campuya campsite shared 184 species with Cabeceras Ere-Algodón and 189 with Bajo Ere. The greater similarity between Medio Campuya and the two Ere River campsites than between the two Ere campsites is largely a reflection of the greater richness at Medio Campuya. However, this result also indicates that the two river valleys share the same avifauna, and that the Ere is not distinctive relative to the Campuya.

Despite the brevity of our observations at Santa Mercedes on the Putumayo River, we found 42 species there that were not observed at any of the three main campsites. Our list from Santa Mercedes included only 35 species found at Cabeceras Ere-Algodón. Comparable numbers for Bajo Ere and Medio Campuya were 50 and 56, respectively.

Notable records

The most significant finds on this inventory were a small set of poor-soil specialists found in the *tierra firme* forests. Two of these species—Black-headed Antbird (*Percnostola rufifrons*) and Helmeted Pygmy-Tyrant (*Lophotriccus galeatus*)—occurred at all three campsites. We found an undescribed species of *Herpsilochmus* antwren only at the Medio Campuya campsite in the white-clay *varillal* (see the 'Vegetation and Flora' chapter for a description of this new vegetation type). All of these species were found on high terraces during the Maijuna and Yaguas-Cotuhé inventories (Stotz and Díaz Alván 2010, Stotz and Díaz Alván 2011). On those inventories, the poor-soil areas were more restricted to the higher hilltops, and these species were less widespread at the campsites where we found them. Another poor-soil specialist, Orange-crowned Manakin (*Heterocercus aurantiivertex*), was recorded at Medio Campuya in the white-clay *varillal*, along with the *Herpsilochmus*. This manakin was found during the Yaguas-Cotuhé inventory in the low-nutrient peat swamps (Stotz and Díaz Alván 2011), but otherwise has not been recorded on our inventories in the Napo-Putumayo interfluvium. We found an additional set of less specialized species that are generally associated with poor soils, but not restricted to extremely poor soils like the species mentioned above. Included among these species were *Megastictus margaritatus*, *Schiffornis turdina*, and *Conopias parva*.

Bird species with relatively limited ranges in Peru found on this inventory would be those restricted to the forests north of the Amazon and Marañón rivers, while even more restricted species would be those found only east of the Napo. We found 11 species restricted to the forests north of the Amazon and the Marañón; five of these are found only east of the Napo in Peru. Two of the east-of-the-Napo species are previously mentioned as poor-soil specialists (*Percnostola rufifrons* and *Herpsilochmus* sp. nov.). Curve-billed Scythebill (*Campylorhamphus procurvoides*), Ash-winged Antwren (*Terenura spodioptila*), and Collared Gnatwren (*Microbates collaris*) are the remaining three species. An additional 12 species found during this inventory are largely found north of the Amazon and Marañón, but have limited ranges south of these rivers in Peru.

Game birds

The diversity of game birds in the Ere-Campuya-Algodón region was generally good. Cabeceras Ere-Algodón had the highest abundance of guans and curassows, while Medio Campuya had the lowest. This reflected the amount of prior human disturbance at the campsites. While Bajo Ere had the remains of a small logging camp, indicating a certain amount of human use, we recorded reasonable numbers of game birds there. We found effectively no evidence of previous human activity at Cabeceras Ere-Algodón, while the *collpas* at Medio Campuya (Fig. 4A) are known to the local people and have attracted hunters in the past. At the campsites on the Ere River, we had multiple observations of curassows (*Mitu salvini*), but we had no records at Medio Campuya. Spix's Guan (*Penelope jacquacu*) was fairly common at all of the campsites, Blue-throated Piping-Guan (*Pipile*

cumanensis) was fairly common near the river at Medio Campuya, and tinamou numbers seemed generally good. We heard Nocturnal Curassows (*Nothocrax urumutum*) at all campsites, and Stotz observed a group of three birds during the day at Bajo Ere. This species tends to persist fairly well, even with hunting pressure, as long as there is extensive *tierra firme* forest. We found Speckled Chachalaca (*Ortalis guttata*) only along the Putumayo River at Santa Mercedes during the inventory, an indication of the lack of significant areas of riverine second growth at the survey sites along the Ere and Campuya rivers. Trumpeters (*Psophia crepitans*) were present in reasonable numbers at all campsites.

Mixed flocks

In most parts of Amazonia, mixed species flocks, both in the canopy and understory, provide a dominant element of the avifauna. A number of passerine species are largely or completely restricted to these flocks.

Flocks were fairly poorly represented during the inventory. At Cabeceras Ere-Algodón and Bajo Ere, understory flocks were widespread and encountered in reasonable numbers, but the flocks were generally small. Most flocks contained the two species of *Thamnomanes* antshrikes that are flock leaders, but other regular flock members were underrepresented. A standard understory flock should have four or five species of *Myrmotherula* and *Epinecrophylla* antwrens in them. Although we encountered all of the expected antwrens during our time at these two campsites, none of the flocks for which Stotz recorded species compositions had more than three species of antwren.

Amazonian forests typically have both understory and canopy flocks. At the two campsites on the Ere River, we did not find any independent canopy flocks. Species typically associated with canopy flocks joined understory flocks in small numbers or were in the canopy independent of flocks. Many of the canopy flock species were less common than usual or absent from these sites, especially at Cabeceras Ere-Algodón.

Medio Campuya had much more typical flocks. The understory flocks were about 20% larger than those at the Ere campsites, and while not common or large, there were independent canopy flocks. Forest tanagers, which were notably low at the Ere River campsites, were substantially more diverse at Medio Campuya. Since these species are characteristic and diverse elements of canopy flocks, their greater abundance and diversity at Medio Campuya helped make canopy flocks a more substantial element of the avifauna there.

Migrants

Although our survey occurred during the month of October, when migrants from North America are expected to be moving through the region, we recorded only eight species of migrants: a hawk (*Buteo platypterus*) and seven passerines. No migrant shorebirds of any type were found, despite at least a dozen species being regular in the region.

DISCUSSION

Habitats and avifauna at the surveyed sites

Cabeceras Ere-Algodón

This site showed no indication of human-caused disturbance. As a result, the game bird populations were generally good for species of *tierra firme* forests. Curassows (*Mitu salvini* and *Nothocrax urumutum*) had good populations as did trumpeters (*Psophia crepitans*). The site consisted primarily of *tierra firme* forest with little low-lying land and little river-influenced habitat. Despite the intact forest, from an avian perspective this was a depauperate site. Among the numerous inventory sites surveyed in Loreto during the rapid inventory program, the 219 species recorded here surpasses only the species richness at a white-sand site on the Matsés inventory (Itia Tëbu, 187 species, Stotz and Pequeño 2006), and is comparable to another white-sand site at Alto Nanay, where we recorded 223 species (Stotz and Díaz Alván 2007). All of these sites with low species diversity share the characteristic of very nutrient-poor soils. Although nutrient-poor soils have a suite of species associated with them, more widespread *tierra firme* species become quite rare in these poor soil areas.

The low species richness at this site also reflected relatively low habitat diversity, a lack of species associated with riverine habitats, a lack of secondary habitat species, poor diversity of canopy frugivores, especially toucans, tanagers and oropendolas, as well as a few missing species from virtually all ecological guilds of birds in the forest.

Because the inventory period was so short, it is clear that many of the species not recorded are likely present at the site in small numbers, so the low species richness recorded at the camp reflects not just low diversity, but low abundance of many of the birds, presumably because of the paucity of nutrients at the site. The time of year may have contributed to the impression of low abundance of many species, as there was little singing in the understory. Many of the understory antbirds whose songs are commonly heard in the Amazonian lowlands were present in reasonable numbers, but sang only sporadically.

Bajo Ere

The avifauna of the Bajo Ere campsite was similar to that of Cabeceras Ere-Algodón, but generally a little richer. There was more riverine-influenced habitat, and more human-disturbed secondary habitats, and therefore a larger number of species associated with those habitats. The number of species recorded (227, compared to 219 at Cabeceras Ere-Algodón) is a poor reflection of how much richer this site was than Cabeceras Ere-Algodón, since we surveyed Cabeceras Ere-Algodón for five days and Bajo Ere for only four.

Even so, Bajo Ere was a depauperate site by Loreto rapid inventory standards. Its species richness resembled that of white-sand sites like Alto Nanay and Itia Tëbu, rather than largely *tierra firme* sites like Chonncó on the Matsés inventory (260 spp.; Stotz and Pequeño 2006) and Maronal on the Ampiyacu-Apayacu-Yaguas-Medio Putumayo inventory (241 spp.; Stotz and Pequeño 2004).

Medio Campuya

The Medio Campuya campsite was far richer than the two campsites in the Ere drainage. We recorded 263 species here, about 40 more than at the other campsites. There was substantially more habitat diversity at this site, with extensive areas of river-influenced forests and oxbow lakes. However, the *tierra firme* forest here was also clearly richer in birds than the two campsites in the Ere watershed. Nutrient-rich *collpas* (mineral licks) near camp provided resources used by game birds and especially parrots. Overall, this campsite was much more similar in bird species richness to other campsites on other inventories situated near moderate-sized rivers.

This similarity in richness to these other *tierra firme* sites showed itself in a number of ways. Groups like small toucans, tanagers, and ground-walking passerines were well-represented, as is typically the case. Mixed-species flocks (see section below) were larger and more normally constituted than at the Ere campsites.

At the same time, despite having a generally good diversity of typical river-edge species, several species that are characteristic of such habitats on a river the size of the Campuya were lacking at this campsite. These included Speckled Chachalaca (*Ortalis guttata*), most herons (only one species observed), Pale-vented Pigeon (*Patagioenas cayennensis*), Smooth-billed Ani (*Crotophaga ani*), Lineated Woodpecker (*Dryocopus lineatus*), Gray-capped and Social flycatchers (*Myiozetetes granadensis* and *M. similis*), Masked Crimson Tanager (*Ramphocelus nigrogularis*), and Yellow-browed Sparrow (*Ammodramus aurifrons*).

On either side of the camp, there were *collpas* that were much more nutrient-rich than other areas of the Ere and Campuya drainages. These attracted notable numbers of small and medium-sized parrots. Among these were large numbers of Dark-billed Parrotlets (*Forpus modestus*), Cobalt-winged Parakeets (*Brotogeris cyanoptera*), Orange-cheeked Parrots (*Pyrilia barrabandi*), and Black-capped Parrots (*Pionites melanocephala*). Locals reported that larger parrots such as macaws and *Amazona* parrots also used the *collpas*, but we did not see unusual numbers of these at this campsite.

Poor-soil avifauna in the Putumayo basin

We have now surveyed birds at 11 different campsites during five rapid inventories in the Putumayo drainage: three in the Cuyabeno-Güeppí inventory (Güeppicillo, Güeppí, and Aguas Negras; Alverson et al. 2008), one in Maijuna (Piedras; Gilmore et al. 2010), one in Ampiyacu-Apayacu-Yaguas-Medio Putumayo (Yaguas; Pitman et al. 2004), three in Yaguas-Cotuhé (Choro, Alto Cotuhé, Cachimbo; Pitman et al. 2011), and the three campsites of this inventory. Of these 11, the three from the Güeppí-Cuyabeno inventory stand out in lacking

any of the characteristic poor-soil bird species that we have found on the other inventories. The avifaunas of those three sites (one in Ecuador and two in Peru but near the Ecuadorian border) are reasonably distinct from the avifaunas that dominate these other areas. Despite being geographically closer to Ecuador than the other survey sites, the avifaunas of three campsites visited in the Ere-Campuya-Algodón region do not resemble those seen in the Güeppí inventory, but rather are a somewhat depauperate version of the avifaunas found on the Maijuna, Ampiyacu, and Yaguas-Cotuhé inventories.

Like those surveys farther to the east, the Ere-Campuya-Algodón region has a small set of bird species associated with poor soils. There are four species—*Herpsilochmus* sp. nov., Black-headed Antbird (*Percnostola rufifrons*), Helmeted Pygmy-Tyrant (*Lophotriccus galeatus*), and Orange-crested Manakin (*Heterocercus aurantiivertex*)—that we found exclusively in these poor-soil forests. Other poor-soil species from the region are discussed in the Yaguas-Cotuhé report (Stotz and Díaz Alván 2011). All four of these poor-soil specialist species were recorded on both this inventory and the Yaguas-Cotuhé inventory (Stotz and Díaz Alván 2011). The Maijuna inventory lacked Orange-crested Manakin, and the Ampiyacu inventory lacked the manakin and *Herpsilochmus*. However, the *Herpsilochmus* was first encountered by its discoverer in the hills above the Apayacu River, one of our inventory sites in the Ampiyacu inventory, so it is clearly in that area. While on the Ampiyacu inventory the poor-soil species were all found at campsites outside the Putumayo drainage, in areas that drain into the Amazon River; those campsites were all on or near the divide between the Amazon and the Putumayo.

These poor-soil specialists were most abundant in the Maijuna inventory, where the *Herpsilochmus* and Black-headed Antbird were found at least daily on the tablelands at the Piedras campsite. Elsewhere they have been patchily distributed on areas of poor soils in a matrix of more typical *tierra firme* forest. The situation in the Ere-Campuya-Algodón region is a little different. Given that the whole region is nutrient-poor (see the 'Geology, Hydrology, and Soils' chapter), one might expect the poor-soil species to be widespread and common in this area. We did not find this to be so. We found the *Herpsilochmus* and the manakin only in the small patch of white-clay *varillal* at the Medio Campuya campsite. Black-headed Antbird and Helmeted Pygmy-Tyrant were distributed rather widely in the region, but in small numbers. They were most common at Cabeceras Ere-Algodón, the campsite with the largest extent of nutrient-poor soils. The distribution of the poor-soil specialists, especially the *Herpsilochmus*, needs further investigation.

It is notable that the white-sand areas near Iquitos in the Nanay and Tigre drainages support a much larger set of endemic and specialized birds than do the nutrient-poor areas of the Putumayo basin. It is conceivable that other species remain to be encountered in the Putumayo. Among the white-sand specialists near Iquitos are several species that occur east to the Guiana Shield. Of those species, only Helmeted Pygmy-Tyrant is currently known from the Putumayo drainage. Why there is such a gap in their distribution remains unclear.

Migration

The poor diversity and low number of migrants encountered on this inventory mostly reflect the lack of secondary habitats. There was essentially no second growth resulting from human activity, and little along the watercourses where stream dynamics can produce extensive areas of secondary habitats. Migrant landbirds from North America are typically associated with such secondary habitats. The handful of migrant species we recorded—Broad-winged Hawk (*Buteo platypterus*), Eastern Wood-Pewee (*Contopus virens*), Gray-cheeked (*Catharus minimus*) and Swainson's Thrush (*C. ustulatus*), and Summer (*Piranga rubra*) and Scarlet Tanager (*P. olivacea*)—are all species that are tolerant of primary forest. Migrant swallows are often common along rivercourses in Amazonia. We found only one species, Barn Swallow (*Hirundo rustica*), at only one of the three campsites. Sandpipers (Scolopacidae) and plovers (Charadridae), potentially the most diverse groups of migrants in western Amazonia, went completely unrecorded. However, there was an almost complete lack of habitat for these species, with steep-sided banks of the rivers and a complete lack of

beaches, sandbars, and river islands. These results for migrants mirror those found for the resident avifauna, where species of secondary habitats showed low diversity, and waterbirds and birds of riverine habitats were also poorly represented.

Mixed flocks

In primary forest throughout Amazonia, understory and canopy flocks are prominent features of bird communities. The complete lack of canopy flocks at the Ere campsites is very unusual in our experience anywhere in Amazonia. The basis for this lack of canopy flocks seemed to be the low abundance of both insectivorous species, such as flycatchers, woodcreepers, and canopy antwrens, and frugivorous tanagers. At the Medio Campuya campsite, both of these elements were more abundant, although still less so than at most other sites (especially the tanagers). This greater abundance translated into a small number of small, independent canopy flocks, as well as a significantly larger canopy component accompanying the understory flocks. Despite the greater abundance of flocking species and larger average flock size at Medio Campuya, the diversity of flock species at Medio Campuya was not much higher than at the Ere campsites. Only two regular flock species, Rufous-tailed Foliage-gleaner (*Philydor ruficaudatum*) and Sulphur-rumped Flycatcher (*Myiobius barbatus*; both encountered only once), were found at Medio Campuya but not at either Ere campsite.

THREATS

The principal threat to the avifauna in the Ere, Campuya, and Algodón river basins is the loss of forest cover. As long as the region remains largely forested, the avifauna will remain largely intact. Hunting is a secondary threat, potentially affecting a small number of species, and most likely to be a problem in areas near population centers or close to the Putumayo River.

RECOMMENDATIONS FOR CONSERVATION

Protection and management

For the most part, ensuring continued forest cover will be a sufficient strategy for preserving the region's avifauna. Avoiding commercial or illegal logging is the crucial element of keeping the region's forest cover. Formal protection of the forests will help, but empowering the communities along the Putumayo to help limit access to the resources along these tributaries will be an even more important component of that protection.

Regulation of hunting pressure on a few species of game birds will require engaging the local communities as well. They can limit hunting by outsiders and will need to develop management strategies for their own hunting to maintain populations of game birds over the long term. While populations of all game bird species were good at the remote Cabeceras Ere-Algodón campsite, the more accessible campsites on the Bajo Ere and Medio Campuya both showed evidence of somewhat reduced game bird populations. Restricting hunting in the upper reaches of these basins would provide a source population that could support sustainable hunting along the much more accessible lower stretches of these rivers. More specific plans to maintain populations of curassows and to maintain the concentrations of game animals in the vicinity of the *collpas* near the Medio Campuya campsite will be required. To accomplish this, monitoring both population numbers and current hunting levels is recommended.

Additional inventories

Additional bird inventories within the region should focus on poor-soil areas and certain habitats along the Putumayo River. Poor-soil habitats are widespread in the region and will probably have low-diversity bird communities throughout. However, additional species of poor-soil species might be encountered, and it would be useful to more fully understand the distribution of the undescribed species of *Herpsilochmus* that was found on the white-clay *varillal* at the Medio Campuya campsite. Farther east in the Putumayo basin of Peru it is widespread in other *tierra firme* forests on weathered-clay soils, so its apparent restriction to the very local white-clay *varillal* on this inventory is puzzling.

The Putumayo River has a distinctive avifauna compared to the Ere, Campuya and Algodón basins. Part of the reason is a much larger second-growth component there, but part is a set of bird species associated with distinctive natural habitats along major rivers. We observed only a small subset of that avifauna during our brief time in Santa Mercedes. Much more extensive inventory work in the floodplain areas of the Putumayo River, and in the lower parts of the right-bank tributaries of the river, would help inform management of community lands along the river. For birds, the most significant areas to survey are river islands in the Putumayo. There is a subset of some 18 species of birds restricted to, or strongly associated with, river islands in the Amazon lowlands of Peru and western Brazil (Rosenberg 1990, Armacost and Capparella 2012). Some of these species are known to occur along the Napo, even as far west as Ecuador (Ridgely and Greenfield 2001). The Putumayo has a series of river islands of varying sizes and habitats throughout its lower and middle reaches, including one just downstream from Santa Mercedes. None of these islands have ever been surveyed for birds, and such surveys remain a high priority for understanding the avifauna of the region.

MAMMALS

Author: Cristina López Wong

Conservation targets: Well-preserved mammal populations linked to these forests via strong ecological interactions; mammal species threatened nationally and globally and vulnerable to overhunting, forest fragmentation, and habitat loss elsewhere in Amazonia, including woolly monkey (*Lagothrix lagotricha*), red howler monkey (*Alouatta seniculus*), lowland tapir (*Tapirus terrestris*), and manatee (*Trichechus inunguis*), whose low reproductive rates make them especially susceptible to hunting; large and elusive carnivores such as jaguar (*Panthera onca*), short-eared dog (*Atelocynus microtis*), and bush dog (*Speothos venaticus*), whose population densities are unknown; giant river otter (*Pteronura brasiliensis*), a large Endangered carnivore and an indicator of healthy aquatic habitats; species with high social and economic value, such as white-lipped peccary (*Tayassu pecari*), an important source of food and income for local communities

INTRODUCTION

The Region of Loreto in northeastern Peru has one of the most diverse mammal communities in all of Amazonia (Pitman et al. 2013). The 267 species recorded to date in Loreto represent ~40% of all mammal diversity in the Amazon basin (Bass et al. 2010). Of these 267 species, ~140 are non-volant mammals.

What is currently known about the mammals of the Ere, Campuya, and Algodón watersheds mostly comes from surveys of nearby watersheds, along the Güeppí, Putumayo, Yubineto, Yaguas, and Algodón rivers (Encarnación et al. 1990, Mármol 1993, INADE et al. 1995, Montenegro and Escobedo 2004, Ruiz et al. 2007, Bravo 2010, PEDICP 2012). These surveys have typically reported between 48 and 96 species of non-volant mammals.

Over several decades some large mammals have been the target of unregulated hunting in the Putumayo drainage, due to boom-and-bust extractive cycles of natural resources such as animal hides, leather, bushmeat, and oils. This historic hunting led to population declines in several watersheds in the region, including the Putumayo (INADE et al. 1995, PEDICP 2012). The species most strongly affected by past hunting in the region include jaguar (*Panthera onca*), small cats (*Leopardus* spp.), puma (*Puma concolor*), armadillo (Dasypodidae), Neotropical river otter (*Lontra longicaudis*), giant river otter (*Pteronura brasiliensis*; Fig. 10F), and manatee (*Trichechus inunguis*; Mármol 1995).

Studies on the Algodón and Putumayo rivers have reported large populations of some mammal species, such as woolly monkey (*Lagothrix lagotricha*) and white-lipped peccary (*Tayassu pecari*), that face severe hunting pressure elsewhere in Loreto (Aquino et al. 2007). The aims of the mammal inventory described here were to provide some of the first data about the large and medium-sized mammal species in the Ere, Campuya, and Algodón watersheds, and to offer a preliminary assessment of the integrity of the mammal communities at the sites we visited. Based on the results of the mammal survey, the chapter concludes with some recommendations for strategies to help preserve mammal communities in the Ere-Campuya-Algodón region.

METHODS

Mammals of the Ere-Campuya-Algodón region were inventoried on 15–30 October 2012 at three campsites in the watersheds of the Ere, Campuya, and Algodón rivers: Cabeceras Ere-Algodón, Bajo Ere, and Medio Campuya (see the 'Regional Panorama and Sites Visited' chapter). During four days at the Cabeceras Ere-Algodón campsite I walked approximately 26 km of trail searching for and recording mammals. Over five days at Bajo Ere I walked 43 km and over four days at Medio Campuya I walked 26 km. Sampling was mostly done during the day at a walking speed of 1.2 km/hour, and averaged 6 hours/day for a total sampling effort of 7.2 km/day/person. I complemented the daily transects with nocturnal observations around the camps.

During mammal surveys along the trails I carried binoculars and stopped roughly every 100 m to scan for mammals in the forest canopy. I looked for and photographed tracks, feces, and other sign along and to either side of the trails, paying special attention to areas that animals had used recently, such as wallows.

Survey work was complemented by unstructured interviews with local residents on the inventory team, with the aim of gathering information on the mammals they observed in the region and in their communities. These interviews were facilitated with the mammal illustrations in Emmons and Feer (1999), and included questions such as: At what time of year are certain mammals seen? Are there mammal mineral licks (*collpas*) in this area? Which mammal species do you most like to hunt? Do you sell bushmeat, and if so, where?

The next sections of this chapter report the results of direct observations and indirect records (tracks, feces, vocalizations, and other signs) of large and medium-sized mammals obtained during the approximately 95 km of trail surveyed at the three campsites. Also included here are observations made during the inventory by other researchers on the inventory team and by the social team in the communities they visited, as well as information provided by local residents regarding the mammals present in their communal territories.

RESULTS AND DISCUSSION

Diversity of the mammal community

Like many other sites that have been studied in Loreto, the Ere, Campuya, and Algodón watersheds have a high diversity of large and medium-sized mammals. During the inventory 35 species of non-volant mammals were recorded at the three campsites we visited (26 at Cabeceras Ere-Algodón, 27 at Bajo Ere, and 25 at Medio Campuya). Of these 35 species, 18 were observed at all three campsites. Eight additional species not recorded at the campsites were recorded during the social inventory.

Based on maps of estimated distribution (IUCN 2013) and reports from surveys elsewhere in the Putumayo watershed (see above), it appears that more intensive sampling and a broader range of sampling techniques would yield approximately 71 species of large and medium-sized mammals in this region. This inventory thus succeeded in recording 61% of all the species expected to occur in the study area. Lists of species that were recorded during the inventory and species that were not recorded but are expected to occur in the Ere-Campuya-Algodón region are provided in Appendix 8.

Conservation status of the mammal community

Field work at the three campsites we visited suggested that despite strong hunting pressure in certain areas of these watersheds and at certain times of year, the mammal community is in good condition and has high conservation value. This opinion is based on the author's experience with mammal surveys elsewhere in Amazonian Peru and on four specific kinds of evidence.

First, the presence of large terrestrial mammals that face severe hunting pressure elsewhere in the Amazon suggests that the Ere-Campuya-Algodón mammal community is relatively intact. These species include jaguar (*Panthera onca*), woolly monkey (*Lagothrix lagotricha*), lowland tapir (*Tapirus terrestris*), collared peccary (*Pecari tajacu*; Fig. 10B), and white-lipped peccary (*Tayassu pecari*). We observed tracks of white-lipped peccary, collared peccary, and lowland tapir on all of the trails surveyed and recorded direct sightings at all three campsites, which suggests that these species are abundant in the region.

Second, the presence of five aquatic mammal species, three of which suffered heavy hunting pressure in the 20th century, suggests that their populations are recovering well. These populations also represent a positive biological indicator for the quality of rivers and lakes in the Ere-Campuya-Algodón region. Giant river otter (*Pteronura brasiliensis*), classified as Endangered by the IUCN and very sensitive to anthropogenic impacts throughout Amazonian Peru, was characterized as common at several sites by local residents (Fig. 21). Likewise, residents have sighted manatees (*Trichechus inunguis*) year-round at multiple locations in the Putumayo watershed, which likely reflects the ongoing recovery of populations hunted unsustainably for oil and meat in past decades. These trends are corroborated by the social team's interviews in local communities. It is worth noting that these five species (including the river dolphins *Inia geoffrensis* and *Sotalia fluviatilis*, as well as the Neotropical river otter, *Lontra longicaudis*) are also assets for future ecotourism projects in the region.

Third, I observed large and apparently viable populations of large primate species such as woolly monkey (*Lagothrix lagotricha*). This species is extremely vulnerable to forest degradation, habitat loss, and overhunting, and was sighted at all three campsites. Group size varied, but some groups included adults, juveniles, and newborns, suggesting a viable population. In addition to woolly monkey, the other primates observed at all three campsites were collared titi monkey (*Callicebus torquatus*), white-fronted capuchin (*Cebus albifrons*), monk saki monkey (*Pithecia monachus*), black-mantled tamarin (*Saguinus nigricollis*), and squirrel monkey (*Saimiri sciureus*).

Finally, 10 carnivore species were recorded at the three campsites, including jaguar (*Panthera onca*), small cats (*Leopardus* spp.), puma (*Puma concolor*), jaguarundi (*Herpailurus yaguarondi*), giant river otter (*Pteronura brasiliensis*), and Neotropical river otter (*Lontra longicaudis*). All of these species require large expanses of habitat for food and shelter (i.e., have large range sizes), which offers additional evidence of the intact conservation state of the region's forests. Two especially interesting carnivores recorded in the inventory are the two wild dog species known for

Loreto: short-eared dog (*Atelocynus microtis*) and bush dog (*Speothos venaticus*), both very rarely observed in mammal surveys (Figs. 10C–D).

Resource use

According to local residents, the mammal species that are valued most highly as sources of meat and hides (for subsistence and trading), or as pets, are black agouti (*Dasyprocta fuliginosa*), nine-banded armadillo (*Dasypus novemcinctus*), giant armadillo (*Priodontes maximus*), red howler monkey (*Alouatta seniculus*), white-lipped peccary (*Tayassu pecari*), collared peccary (*Pecari tajacu*), pygmy marmoset (*Callithrix pygmaea*), paca (*Cuniculus paca*), woolly monkey (*Lagothrix lagotricha*), tamarins (*Saguinus* sp.), lowland tapir (*Tapirus terrestris*), capybara (*Hydrochaerus hydrochaeris*), red brocket deer (*Mazama americana*), gray brocket deer (*Mazama nemorivaga*), and South American coati (*Nasua nasua*). The most sought-after bushmeat is collared peccary and white-lipped peccary. There is relatively lower hunting pressure on lowland tapirs, whose meat is less valued by local residents and has a lower price on local markets.

Traditional subsistence hunting has not severely depleted mammal communities, in part due to the low population density of the region. However, some residents mentioned that in recent years demand for bushmeat and hides has increased, especially among traders who visit the area from outside, and that this increasing demand helped spark the conservation initiatives being implemented in some communities.

Additional information on local uses of mammals is presented in the 'Natural Resource Use, Traditional Ecological Knowledge, and Quality of Life' chapter, and in Appendix 10.

Campsites visited

Cabeceras Ere-Algodón

At this site in the headwaters of the Ere, Campuya, and Algodón rivers I recorded 26 species of non-volant mammals and estimate a total community of 40–50 species.

Although I observed peccary and lowland tapir (and their tracks) at this site, especially around *collpas*

(Fig. 4A), at small seasonal ponds in the forest (water holes), and along riverbanks, they were less frequent than at the other two campsites. The lower density of mammals here is probably linked to the very low concentration of salts on this landscape, even at *collpas* (see the 'Geology, Hydrology, and Soils' chapter). There was no lack of food here, though, and fruits of the palm *Oenocarpus bataua* were especially abundant.

Local residents sighted gray dolphin (*Sotalia fluviatilis*) and white-lipped peccary (*Tayassu pecari*) while building this campsite. During our visit I recorded old tracks of white-lipped peccary, which suggests that they pass through this area occasionally as they move through their large territories. Also sighted during the trail surveys were giant anteater (*Myrmecophaga tridactyla*) and Southern tamandua (*Tamandua tetradactyla*), species that play an important role in controlling invertebrate populations, as well as tracks of ocelot (*Leopardus pardalis*) and jaguar (*Panthera onca*), species that play a similar role in controlling vertebrate populations.

It is worth emphasizing that 22 of the species recorded at this campsite are considered threatened at the Peruvian (MINAG 2004) or international (IUCN 2013) level, or protected by the Convention on International Trade in Endangered Species of Wild Fauna and Flora (CITES). An especially important mammal at this campsite was woolly monkey (*Lagothrix lagotricha*), which is sensitive to forest fragmentation and loss, as well as overhunting.

Bajo Ere

At this campsite I recorded 27 species of non-volant mammals. Of these, 20 are classified as threatened in Peru (MINAG 2004) or worldwide (IUCN 2013), or included in CITES Appendices. I estimate the forests around this campsite to harbor roughly 50 species.

At Bajo Ere I sighted eight species of primates, of which the threatened woolly monkey (*Lagothrix lagotricha)* was recorded on all of the trails I surveyed. The species was sighted in groups of varying size, ranging from three young individuals to approximately 25 male and females, including adults, juveniles, and newborns. I recorded several species of special conservation interest, such as jaguar (*Panthera onca*), Amazonian river otter (*Lontra longicaudis*), and tayra (*Eira barbara*), as well as species hunted by local residents for bushmeat and hides, such as collared peccary (*Pecari tajacu*) and white-lipped peccary (*Tayassu pecari*). Tracks of lowland tapir (*Tapirus terrestris*) were very abundant throughout the area.

Local residents sighted pink river dolphin (*Inia geoffrensis*) and gray dolphin (*Sotalia fluviatilis*) at the site during a pre-inventory visit, and also while traveling to the camp to meet the biological team. Another notable record here was bush dog (*Speothos venaticus*), a carnivore that is rarely seen in wildlife surveys.

Medio Campuya

At this campsite we recorded 25 species of non-volant mammals, 19 of which are considered threatened in Peru or worldwide. Sixty species are estimated to occur at this site.

Eight primate species observed at Bajo Ere were also sighted here, including woolly monkey (*Lagothrix lagotricha*) and red howler monkey (*Alouatta seniculus*), while pygmy marmoset (*Callithrix pygmaea*) was a new addition to the list. Tracks of lowland tapir (*Tapirus terrestris*), white-lipped peccary (*Tayassu pecari*), collared peccary (*Pecari tajacu*), red brocket deer (*Mazama americana*), and gray brocket deer (*Mazama nemorivaga*) were spotted during the trail surveys and around the *collpas* (which have higher concentrations of salts here than in the headwaters).

Giant river otter (*Pteronura brasiliensis*) feeding sites and dens were observed on the riverbanks near the beginning of the trail system. Local residents assisting the biological team told me that small and large groups of otters were seen frequently in the region year-round.

The woolly monkey groups sighted at this campsite consisted of male and female adults, juveniles, and newborns. They exhibited a strong territorial behavior when encountered, even though local residents said the area was hunted occasionally. This would appear to be additional evidence that the Ere-Campuya-Algodón region has healthy populations of mammals that are threatened elsewhere in Loreto by heavy hunting pressure.

THREATS

Habitat loss and fragmentation caused by deforestation or forest degradation and water pollution (especially in lakes) by anthropogenic activities are the leading threats to mammal populations in the Ere, Campuya, and Algodón watersheds. This is especially true for species that are most sensitive to drastic changes in habitat quality (e.g., giant river otter) and species with low reproductive rates (e.g., lowland tapir and manatee).

Mammals in the Ere-Campuya-Algodón region are socially and economically important for local communities, and thus face strong hunting pressure in some areas. White-lipped peccary (*Tayassu pecari*), collared peccary (*Pecari tajacu*), red brocket deer (*Mazama americana*), paca (*Cuniculus paca*), black agouti (*Dasyprocta fuliginosa*), and lowland tapir (*Tapirus terrestris*) are the mammals most prized as sources of protein and for commerce in bushmeat, hides, and handicrafts. There is also a local market for pets, especially pygmy marmosets (*Callithrix pygmaea*), tamarins (*Saguinus* spp.), capuchins (*Cebus* spp.), and woolly monkeys (*Lagothrix lagotricha*). The excessive hunting of these and other species of mammals in local communities and their sale in nearby markets (such as San Antonio del Estrecho) represent an especially severe threat for species with low reproductive rates and species that have high market value.

Proposed highways that will link the Putumayo watershed with other areas of Loreto and floodplain gold mining are also significant threats to mammal populations. Highways are a risk because of the well-documented impacts of migration and population growth in the areas they traverse and the subsequent increases in natural resource demand, deforestation, and hunting. In turn, the large-scale earth-moving required by gold mining leads to habitat and forest cover loss.

RECOMMENDATIONS FOR CONSERVATION

The presence of well-preserved mammal populations and the interest of local residents in maintaining them and their habitat as a source of food and other subsistence resources represent an opportunity for strengthening new community-led initiatives to protect natural resources. In that context I offer the following recommendations:

- Extending our knowledge of the region's mammal community is a high priority, especially for basic aspects such as abundance, species diversity, population structure, and conservation status. This information will allow the establishment of baselines needed for the efficient protection, monitoring, harvest, and management of mammals. Research should focus on species that are most sensitive to changes in forest structure, fragmentation, habitat loss, and pollution, and on those that face the greatest hunting pressure

- Existing conservation initiatives in the region should be strengthened. These include communal agreements on using and managing natural resources such as lakes and *collpas*, as well as patrols. One example is the park guard committee in the Ere indigenous community, which patrols the region, tracks natural resource harvests, monitors *collpas*, and has established rules designating certain *collpas* as off-limits to hunters for a year and requiring hunters to clean up after hunting at other *collpas*. This focus on *collpas* is key, since they play a crucial role in maintaining a healthy mammal community in this extremely salt-poor landscape

- It is important to work with communities to establish agreements and limits for hunting species with low reproductive rates during certain times of year, and for hunting adult females with newborns. Because local knowledge of habitats, biological cycles, and other aspects of mammal ecology can provide key insights into source and sink areas in management plans, conservation initiatives in the area should take full advantage of the accumulated knowledge of local communities. It is also important to strengthen local communities' capacity for monitoring mammal populations and ensuring compliance of community conservation agreements

COMMUNITIES VISITED: SOCIAL AND CULTURAL ASSETS

Authors/participants (in alphabetical order): Diana Alvira, Margarita Medina, María Elvira Molano, Mario Pariona, Benjamín Rodríguez, Ana Rosa Sáenz, Galia Selaya, and Alaka Wali

Conservation targets: Trails, rivers, and lakes that facilitate intercultural connections between settled populations on the Napo, Putumayo, and Caraparaná rivers along the Peru-Colombia border, and that are important tools for patrolling and monitoring natural resources; resource extraction methods that preserve the integrity of forests, lakes, and rivers (e.g., diversified gardens, a broad variety of fishing techniques, and the rotating use of lakes, salt licks, and secondary forests); sacred places and lakes; plants used for food, medicine, building materials, and household goods

INTRODUCTION

This social and biological inventory builds on previous work in the Peruvian Putumayo drainage: rapid inventories in Ampiyacu-Apayacu-Yaguas-Medio Putumayo (Pitman et al. 2004), Cuyabeno-Güeppí (Alverson et al. 2008), Maijuna (Gilmore et al. 2010), and Yaguas-Cotuhé (Pitman et al. 2011). Together, these studies provide the technical underpinnings to establish in northern Loreto a mosaic of lands protected by different categories of conservation and sustainable resource use (Smith et al. 2004), and to provide a more solid understanding of the region for binational initiatives of the Peruvian and Colombian governments along their shared border.

The objectives of this social inventory were to identify and analyze the social and cultural assets of local communities. The results of the inventory are key for understanding residents' and local institutions' vision for the future of the Ere-Campuya-Algodón region and for the indigenous communities that surround it. They also help to identify patterns of social organization, community capacity for action via formal and informal organizations, and the social context in which that action takes place. The social inventory also highlights trends in natural resource use by communities and potential threats to human populations and ecosystems in the area. Finally, our work gave us the opportunity to explain to community members and representatives of local and regional governments how rapid biological and social inventories work.

Social assets are visible indicators of people's capacity to self-organize, and of the attitudes and values that underlie those organizational strategies. These assets are most evident in local institutions (whether they are based on goodwill, supported by family structures, government-administered, or of another kind) and organizations (e.g., clubs, associations, or kinship networks) that can catalyze other actions.

We focused on community assets because our aim is to explore community perspectives, concerns, and visions for the future regarding their livelihoods and their natural resources. Identifying assets is crucial because these social attributes represent the foundation on which conservation-friendly management can be implemented.

In this chapter we describe the ethnohistory and settlement patterns of the communities we visited, current conditions in these communities, and their social, economic, and cultural assets. We conclude with an analysis of the threats and challenges facing these communities, as well as recommendations for handling them in a way that sustains the natural and cultural diversity of the region. In the next chapter—Natural Resource Use, Traditional Ecological Knowledge, and Quality of Life—we discuss traditional ecological knowledge in these communities, describe how natural resources are used and how they contribute to household economics, and explore how these factors are related to quality of life in communities of the Ere-Campuya-Algodón region.

METHODS

The social inventory was carried out during the period 15–31 October 2012. Our inventory team was multicultural and multidisciplinary, and included anthropologists, ecologists, and foresters, as well as two indigenous leaders. In each of the communities visited we received support from local leaders and authorities, and especially from members of the Federation of Indigenous Communities in the Putumayo Border Region (FECONAFROPU).

We visited four communities located on the banks of the Putumayo River: Flor de Agosto, Ere, Santa Mercedes, and Atalaya (Figs. 2A, 3A–C, 20). In Atalaya we also worked with representatives of Cedrito and Las Colinas, which are annexes of the Yabuyanos community. As in previous inventories carried out by The Field Museum (e.g., Pitman et al. 2011), we used a set of eight qualitative and quantitative methods to collect information. Each community visit lasted four days, during which we: 1) hosted workshops to exchange information; 2) led a dynamic exercise (el hombre/la mujer del buen vivir) which allows people to rate their perceptions of different aspects of community life—natural resources, cultural aspects, social conditions, political life, and the economic situation—and spurs discussion regarding the relationship between the environment and quality of life (see Wali et al. 2008 for more details); 3) carried out semi-structured interviews with men, women, key informants, and authorities, as well as conversations with focal groups regarding the use and geographical distribution of natural resources, perceived quality of life, and the contribution of forest, river, and lake resources to household and community economies; 4) conducted interviews focused on ethnobotany and the use of medicinal plants; 5) participated in the daily lives of some families (including communal work parties, known as mingas); 6) analyzed household economies, by quantifying the difference between total monthly income and total monthly expenses for a given family; 7) analyzed the kinship relationships and support and exchange networks that people use to carry out different activities (sociograms); and 8) led an exercise in which community members drew natural resource use maps.

During our work we also used a variety of visual aids, such as posters (e.g., maps of the local communities, maps of the communities to be visited, and maps of the campsites where the biological inventory was taking place) and photographic guides of plants and animals. In addition to our field work, we consulted a large number of documents, databases, reports, and bibliographic resources about the region (e.g., OEA 1993, INADE et al. 1995, Agudelo Córdoba et al. 2006, INADE et al. 2007, Gilmore et al. 2010, Pitman et al. 2011).

Figure 20. Communities visited by the social team during the rapid inventory of the Ere-Campuya-Algodón region of Loreto, Peru.

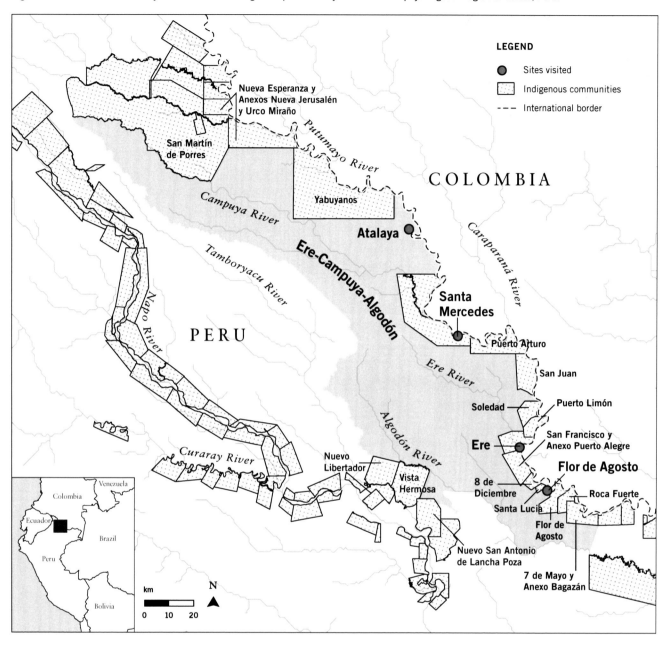

RESULTS AND DISCUSSION

Ethnohistory

Spanish and Portuguese colonization, evangelization, the oppression of indigenous peoples, disease, and the large-scale commercial harvest of natural resources have played leading roles in the history of the Putumayo region. The period of 1850–1882 saw a boom in harvests of quinine (*Cinchona officinalis*), which was followed in the first decades of the twentieth century by a boom in harvests of latex from rubber (*Hevea brasiliensis*) and *leche caspi* trees (*Couma macrocarpa*). These harvests were mostly controlled by the Casa Arana, which controlled the territory between the Caraparaná and Igaraparaná rivers, located to the north and south of the Putumayo River in what was then Peruvian territory. Labor for these harvests was drawn primarily from indigenous residents of the Murui (Huitoto)[3] indigenous group, who were enslaved via debt peonage. Sir Roger Casement, a British official who investigated reports of atrocities committed by The Peruvian Amazon Co. (whose director and principal shareholder was Julio César Arana), wrote that "more than 30,000 indigenous residents were exterminated on the Putumayo" (CAAAP and IWGIA 2012). Together with measles and smallpox, these atrocities decimated the indigenous population. It has been calculated that at the start of the rubber boom approximately 50,000 people of the Murui, Bora, Ocaina, Resígaro, and Andoque indigenous groups lived in the Putumayo region. Today, the regional population is less than 10,000 (Chirif and Cornejo Chaparro 2009).

The rubber boom came to an end in the early twentieth century due to a worldwide drop in rubber prices and the First World War (1914–1918). In response, resource extraction in the Putumayo region diversified to include the hides of cats, ungulates, and reptiles, as well as rosewood (*Aniba rosaeodora*) and *balata* (*Manilkara bidentata*) latex. When the war between Colombia and Peru ended in 1928, the rubber barons moved with their mostly Bora, Murui, and Ocaina slaves from La Chorrera and the Caquetá River to the Putumayo and Ampiyacu watersheds, in search of new sources of the forest products and hides that dominated local markets in the 1950s. In 1958, the patrons abandoned the region due to the low market prices for forest goods, and due to increasing criticism of their past crimes as the indigenous groups regained their freedom. In the 1960s a new wave of indigenous Kichwa migrants, attracted by the rosewood trade, arrived via the old trail leading from the Napo watershed to the Campuya River, where there was a factory to extract rosewood oil. During the same period, non-indigenous migrants largely from Iquitos and San Martín began to arrive in the region. Riverside settlements began to form along the Putumayo River as the old indigenous settlements morphed into indigenous communities, of which Flor de Agosto and Campuya are the oldest. Santa Mercedes was founded in 1974 and is

today the largest community in the region. During the 1970s the region experienced a boom in tropical cedar (*Cedrela odorata*), while the period 1980–2000 was marked by coca (*Erythroxylum coca*) cultivation. Coca attracted many people, who both grew the plant and processed the leaf into coca paste for the drug trade. Today, resource extraction focuses on the timber species *Hymenaea courbaril* (locally known as *azúcar huayo*), *Platymiscium* sp., and *Dipteryx micrantha*, together with gold mining (dredges on the Putumayo River and small-scale mining by some communities) and to a lesser degree fishing, which focuses on harvests of silver arawana (*Osteoglossum bicirrhosum*) fry.

Demography, infrastructure, and public services

Current population size

Along the Putumayo River just east of the watersheds of the Ere, Campuya, and Algodón rivers, approximately 1,144 people belonging to the Murui and Kichwa indigenous groups (as well as some non-indigenous residents) live in 17 settlements (13 native communities and 4 annexes; Table 1). Santa Mercedes has the largest population (337 people) and Campuya the smallest (13). These communities have been officially recognized and titled as indigenous because a majority of their inhabitants are Kichwa or Murui, but they are also home to some non-indigenous (*mestizo*) families. Some inhabitants are transient workers in timber extraction or gold mining, some of them Colombian. The communities in the District of Putumayo are mostly Murui, while those in the District of Teniente Manuel Clavero are mostly Kichwa. The region's low population size resembles that of the lower stretches of the Putumayo (Pitman et al. 2011), but the ethnic makeup is different (the lower stretches are home to the Peba-Yagua and Tikuna people as well as the Murui and Kichwa).

Like the communities we visited during previous inventories on the Putumayo River, those in the Ere-Campuya-Algodón region are typically established on the banks of rivers or lakes and organized around a central lawn that sometimes functions as a soccer field. In some cases communities are divided into small neighborhoods or have scattered houses. Sidewalks, sometimes paved, surround the central area and lead to schools and health

---

3 The indigenous group known in the literature by the name Huitoto now identifies itself as the Murui. The latter name is used in this chapter.

clinics. Houses are typically elevated 1–2 m above the ground and constructed from local materials (palm leaves and wood held together with vines). Very few houses feature concrete, nails, or zinc roofing. The exception is Santa Mercedes, where a large majority of houses have zinc roofing.

Public services and infrastructure

Communities get their drinking water from rivers, lakes, wells, and nearby streams. Public lighting is only present in one community (Atalaya) and electricity is only available in health clinics and in the houses of a few families that have their own generators. In all the communities trash pick-up and common area clean-up is done by communal work teams. Seven communities have community centers and 8 of the 15 communities have communal latrines (IBC 2010).

Three communities have pre-schools (*escuela inicial*; Santa Mercedes, Puerto Limón, and Flor de Agosto). All of the communities except Campuya and Nuevo San Juan have elementary schools, but only Santa Mercedes has a high school. In the elementary school of one of the communities we visited (Atalaya) we noticed laptops, which were donated to this and several other Amazonian communities by the Italian-Peruvian Fund. Nine schools (Ere, Puerto Arturo, Soledad, Puerto Limón, San Juan, Santa Mercedes, Santa Lucía, 8 de Diciembre, and San Francisco) are designated as bilingual, but most of them are not bilingual in practice, due to the dominance of Spanish and the scarcity of teachers trained in bilingual education. In general, unstable working conditions for teachers in remote Amazonian towns (teachers with temporary work contracts) lead to low-quality schools there (Chirif 2010).

Health clinics operate in three communities (Santa Mercedes, Flor de Agosto, and Ere). These clinics are equipped with measuring scales, cots, and basic medical equipment, and provide free medical treatment to all residents under the Peruvian health care system (*Seguro Integral de Salud*, or SIS). Each health clinic treats patients in a certain number of surrounding communities, for which they have their own motorized canoes and gasoline. SIS medical teams also visit the communities twice a year. Every health clinic is equipped

with computers, and during one year staff had Internet access through a program called Telemedicina, which linked Colombian and Peruvian hospitals and clinics along the countries' shared border. The program represented a significant step forward in treatment, since it allowed medical staff to maintain permanent contact with colleagues throughout the region. In general, we noted that health care services in these communities were considerably better than those in other border regions of Loreto. Another valuable observation is that the assistants who are contracted to work in the health clinics belong to local indigenous groups. This has facilitated interactions between traditional medicine and government-provided health care services.

Communication in the region mostly relies on shortwave radio and public telephones. Radios are present in five communities, while GILAT satellite phones are available in three (Santa Mercedes, Puerto Arturo, and Flor de Agosto). Telephones in the health clinics facilitate communication between medical personnel. Army bases have radios, GILAT telephones, and satellite Internet access, which are reserved exclusively for army staff. We observed satellite dishes and televisions in some houses in the communities we visited, and other residents visit these houses to watch television or catch up on the news.

All of the communities are located on the banks of rivers that are navigable throughout the year, which ensures easy river access to both sides of the Peru-Colombia border, to the capital of the District of Putumayo (San Antonio del Estrecho), and to other towns. A public riverboat travels twice a week between El Estrecho in Loreto and Puerto Leguízamo in Colombia. The middle Putumayo has more traffic and commerce than the lower Putumayo, and there are strong links to the Colombian city of Puerto Leguízamo. A large number of families own motorized canoes (locally known as *peque-peques*), and communal transportation has been organized in four communities (Las Colinas, Puerto Arturo, Santa Mercedes, and Santa Lucía).

Regional administration

The Loreto regional government is in plans to convert the District of Putumayo into a province with four districts (Putumayo, Teniente Manuel Clavero, Rosa

Panduro, and Yaguas). This means that Santa Mercedes will eventually become the capital of the District of Rosa Panduro. This administrative reorganization seeks to provide communities with closer, more effective public services given that the current district is so large. Likewise, the elevation of Putumayo to provincial status will provide access to more public funds and more political influence within Loreto. As a result, the district will have more influence in development policies and more access to resources that are well-suited for the culture, economics, and unique border region conditions of the communities along the Putumayo River. However, the system of municipal administration which the regional government plans to implement remains unclear to the communities; more dialogue between indigenous and government organizations is needed to improve local understanding of public administration and to highlight opportunities for existing indigenous communities to participate in the new governmental structure.

Development institutions

A number of institutions have been working to improve economic conditions in the communities via development projects. One of these is the Special Binational Project for the Integrated Development of the Putumayo River Basin (PEDICP). This institution, administered by the Peruvian Ministry of Agriculture, has offices in several communities in the Putumayo watershed. In our study area there are PEDICP offices in three communities (Santa Mercedes, Flor de Agosto, and Puerto Arturo). PEDICP has been working for more than 10 years in the region. In cooperation with the community of Santa Mercedes, PEDICP has requested a forestry permit to manage 7,246.9 ha of the community's forests for timber. Community members will work in the concession and receive a portion of the revenue from the sale of timber in the form of planks. The rest of the income will be administered by PEDICP to ensure effective and sustainable forestry operations. Other activities supported by PEDICP include agroforestry, poultry farming, and fish farming, which combine traditional knowledge with modern adaptations. Some especially positive developments are the creation of committees and associations based on local networks of reciprocity

and support (mingas), the participation of women, and the policy of hiring skilled local residents. In general, community members have a positive opinion of PEDICP's work.

Patterns of social organization

Historically, the social organization of these indigenous communities revolved around the curaca (chief), whose authority was based on a mastery of nature, the local cosmovision, and the ceremonial rites of each culture, and whose mandate was to sustain the well-being of the community. After the patrons left the region, social organization suffered an upheaval, as community members had to adapt to new roles as community leaders and authorities. Likewise, Peru's 1973 Law of Amazonian Native Communities established a new legal framework for community organization based on the granting of communal territories by the state. Peru's National System to Support Social Mobility (SINAMOS) worked directly with communities to facilitate their organization (Gasché Suess and Vela Mendoza 2011).

As in the earlier inventories in the lower Putumayo watershed (Pitman et al. 2011), we found that the social organization of each community is based on a junta directiva (board of directors), which consists of a cacique (chief), mujer líder (women's representative), secretary, spokesperson, and fiscal. The primary responsibilities of these boards are maintaining order within the community and representing the community in the broader region. Maintaining order includes such duties as keeping the town clean, holding celebrations (the community anniversary, traditional fiestas and rituals, etc.), building and repairing infrastructure (such as community centers and schools), and drawing up agreements with other communities. These agreements include those related to the monitoring and protection of community territory (trails, lakes, and important salt licks), as we observed in the communities of Ere and Flor de Agosto. Representing the community in the broader region includes coordinating with governmental authorities at the municipal and regional levels, with other public and private institutions, and even with representatives of commercial interests. In general, as is the rule in other regions of the Amazon, caciques (community chiefs) typically belong to the largest or founding families of the community. We heard that in some communities young people avoid taking on community leadership positions because of the significant responsibilities they involve. We also heard many criticisms of community leaders. On the one hand, proposals backed by community leaders receive limited support from the community, and leaders have limited resources for community-level governance. On the other hand, outside influences on community leaders sometimes generate conflicts and splits within communities, and this weakens local organizations in the region.

Social and cultural assets

We found that indigenous organizations in the region are becoming stronger at the national level. This has allowed for a blossoming of local, regional, and national indigenous federations in Peru. Four such federations have arisen along the Putumayo River: the Secoya Indigenous Organization of Peru (OISPE),

the Kichwa Indigenous Federation of the Upper Putumayo, or Inti Runa (FIKAPIR), the Federation of Indigenous Communities in the Putumayo Border Region (FECONAFROPU), and the Federation of Indigenous Communities of the Lower Putumayo (FECOIBAP). These federations and their leaders are making strong efforts to train their members in the management of internal conflicts, and they also supervise communal authorities to some extent. These federations have different organizational focuses, but share the aims of improving the living conditions of their members and supporting territorial zoning and development. It is our opinion that the existing structure of these indigenous organizations should be incorporated to some extent into the public administration of the four new districts of the Province of Putumayo.

Table 1. Demographic information of the Putumayo River communities in the vicinity of the Ere-Campuya-Algodón region (adapted from IBC 2010).

Community	Primary indigenous group	No. men	No. women	Estimated population size July 2012	No. of households
Las Colinas (annex of Yabuyanos)	Kichwa	26	16	42	8
Cedrito (annex of Yabuyanos)	Kichwa			11	
Yabuyanos	Kichwa	?	?	?	?
Atalaya	Kichwa	40	27	67	14
Campuya (annex of Santa Mercedes)	Kichwa	6	7	13	3
Santa Mercedes	Kichwa	159	178	337	63
Puerto Arturo	Kichwa	56	46	102	18
Nuevo San Juan	Kichwa	28	32	60	9
Nueva Venecia	Kichwa	11	10	21	6
Soledad	Kichwa-Murui	42	43	85	14
Puerto Limón	Murui-Kichwa	24	20	44	8
Ere	Murui	38	52	90	15
San Francisco	Murui	19	19	38	6
Puerto Alegre (annex of San Francisco)	Kichwa-Murui	26	17	43	10
Santa Lucía	Murui	13	16	29	7
8 de Diciembre	Murui	30	30	60	11
Flor de Agosto	Murui	35	40	75	15
Total		**553**	**553**	**~1117**	**207**

Gender complementarity and the role of women

As in other Amazonian communities visited during the rapid inventories, we observed here that the division of labor between men and women within nuclear families is flexible and diversified. During our meetings, women explained that they prepare, plant, and care for the farm plots (*chacras*), and also take the lead in harvesting. They also fish, mostly from lakes and riverbanks near the communities, typically with hook and line or with nets (*menudera*). Hunting is the only activity in which they claimed not to participate. They do, however, accompany their husbands on hunting trips to help clean, salt, and smoke bushmeat. One great asset of women in these communities is their deep knowledge of and familiarity with their surroundings, and with the management and use of natural resources. This was obvious from their active participation in the participatory communal mapping.

In Amazonia women commonly take the lead in selling small animals and *chacra* produce in order to generate additional income for their households. Most of the people we interviewed noted that it is the women who manage money in households. Others said that men and women both managed money, and a few informants said that only men manage money.

Women play an important role on the community board of directors, in the position of women's representative (*mujer líder*). They are elected to the position by men and women of their community, and are responsible for bringing together women in the community and organizing activities that benefit families and the broader community. Informants in the community of Ere told us that they had once had a female *cacique*, and emphasized the important leadership shown by women in that community. An indigenous Bora women's representative of Flor de Agosto deserves a special mention for her coordinated efforts together with the teacher of the No. 600 pre-school to promote activities to appreciate and teach the Bora language and traditional handicrafts.

We were also impressed by the 'Vaso de Leche' Committee in Santa Mercedes because it is run by an 18 year-old mother who, with the help of other mothers, oversees the distribution of milk over large areas and organizes rotating teams to prepare the milk. This helps facilitate distribution and prevents mothers from becoming overwhelmed by all their responsibilities. This organizational strategy generates fewer conflicts between the mothers who benefit from the program and distributes milk more efficiently in the communities.

Unlike other Amazonian communities visited during previous inventories, we found that women were well-informed about and played an active role in reproductive health and family planning. This is a topic of great interest for women in all the communities visited, who mentioned that they use birth control methods that they discuss and agree upon with their husbands. Women noted that their interest in birth control reflects a desire to offer the best for their children, especially a high-quality education. They expressed a special concern for high-school education, since when children reach that age they must move to larger towns such as San Antonio del Estrecho or Santa Mercedes to continue studying.

We also met many women who know a great deal about medicinal plants and use them to treat themselves and their children. This knowledge is passed down from mothers to daughters, typically in farm plots (*chacras*), where they both plant and harvest food crops. Midwives, who are typically older women, are also greatly respected in these communities.

Community and cross-border relationships

In the communities we observed family networks and peaceful cooperation between the Murui, Kichwa, and *mestizo* ethnic groups, both within Peru and across the Peru-Colombia border. Many families share key resources such as farm plots, lakes and rivers, and leaves for roofing, and celebrate parties and traditions on both sides of the border. The Colombian communities of Encanto, Belén, Ñeque, and Itiquilla are commonly visited by inhabitants of the Peruvian communities. Commercial relationships are also frequent, and include exchanges of excess product between Peruvian residents and itinerant Colombian traders (*cacharreros*). Although cross-border cooperation is typically peaceful, there is a perception that Colombians exert more pressure on Peruvian resources than vice versa. Local residents also have deep-rooted family and trading relationships with the capital of the Putumayo district, San Antonio del Estrecho.

Reciprocity and mutual support

One common pattern observed during inventories carried out in both indigenous and *mestizo* communities is that community life is supported by kinship networks. These strong bonds of solidarity and reciprocity help distribute labor and resources more equitably. These positive relationships also link family members who live on opposite sides of the border (i.e., the Putumayo River), further facilitating peace and harmony. Residents commonly travel back and forth across the river to work in *mingas*, fish in lakes, or celebrate ritual dances. We observed patterns of work and governance that are linked to collective and individual forms, and that facilitate community life. These same patterns have previously been identified elsewhere in the Amazon. Reciprocity networks among the Murui and Kichwa peoples transcend the Peru-Colombia border, and are strengthened by the celebration of rituals, kinship ties, and the shared use of territory and natural resources.

Communal work parties to clean the community, which are typically organized by the board of directors, aim to maintain a high quality of life by ensuring that community spaces are free of trash, weeds, snakes, and other dangerous animals. *Mingas* are a similar phenomenon, in which several community members (typically relatives) pitch in to help an individual prepare, plant, or maintain a farm plot. We have observed *mingas* on both sides of the border, where Peruvian residents have farm plots in Colombian territory and vice versa. A similar pattern is observed on the lower Putumayo (Alvira et al. 2011) and probably occurs in other border areas. Both kinds of labor represent fair and environmentally friendly strategies for living and sharing resources.

Sharing resources also helps household economies, and mutual support between relatives, neighbors, friends, and visitors is a key asset of indigenous and *ribereño* communities. When the oldest community members were asked about internal and external cultural relationships, they told us that communities hold shared celebrations and rites of Murui culture in Colombian communities where there are still traditional longhouses (*malocas*). This is treated in greater detail below, in the section 'Cultural Appreciation'.

We conclude that networks of reciprocity and mutual support are collective and individual organizational strengths that strengthen household economies, protect the environment, and improve community well-being.

Communal initiatives to protect forests, lakes, and rivers

We identified a variety of local initiatives to manage and take care of forests, lakes, and rivers. One example are initiatives to patrol trails and *collpas*, and to monitor palms whose leaves are valued as roofing material (e.g., *irapay*); these initiatives focus on protecting resources linked to the subsistence economy. Another example are community agreements regarding the harvest of resources such as timber, gold, and silver arawana fry (*Osteoglossum bicirrhosum*); these initiatives protect resources linked to the extractive economy.

The Flor de Agosto community has a special interest in preventing unsustainable arawana harvests in its lakes. Community members form groups that visit the lakes to ensure that no harvests are made before the agreed-upon date. Unfortunately, in many cases these initiatives have failed to stop harvests by community members and both Peruvian and Colombian neighbors. Hunting at the *collpas* around Flor de Agosto is done on a rotating basis. When a hunter sees fresh tracks of another hunter at a given *collpa*, he moves on to hunt at another *collpa*, leaving the first to 'rest.' In Ere we found community park guards (*guardabosques*) who patrolled trails and rivers that provide access to the forest in order to control access to their territory by members of other communities. These local park guards also spoke of protecting *irapay* stands and *collpas*, both of which offer the community crucial resources: roofing material from the former and bushmeat from the latter. They also monitor access to areas rich in timber species, and this experience has helped them negotiate with timber traders. The next chapter provides more detail on these communal initiatives.

In conclusion, local residents' profound knowledge of their territories allows them to organize and decide how best to protect and manage their resources. This is a key strength that partially explains the excellent condition of the forests, lakes, and rivers described in the biological chapters of this report. It is important to note that during the presentation of the preliminary inventory results in Santa Mercedes, the *caciques* of most of the communities on the middle Putumayo (and especially those of the communities visited during the inventory) expressed their interest in preserving their territory, biological diversity, and cultural richness. That meeting included a discussion of the need to identify legal strategies for managing and protecting the landscape.

Cultural appreciation

Indigenous organizations today have a strong preference for paths to development that are based on an understanding and appreciation of their natural resources and culture.

As one local example of this cultural appreciation, every community we visited boasted medicinal plant specialists known as *vegetalistas*, who are typically older men or women. *Vegetalistas* are highly respected by community residents for their deep knowledge of medicinal plants and their beneficial uses. This asset is especially important because it is a key mechanism for passing traditional knowledge on to future generations and because it reflects the strong connection in indigenous cultures between the spiritual and natural worlds. We were especially impressed with the cooperation between the nurse at the Ere health clinic and the community *vegetalista*, which is a perfect example of respect for traditional medical practices, as discussed in the 'Ethnobotany' section of the 'Natural Resource Use, Traditional Ecological Knowledge, and Quality of Life' chapter. We also noticed efforts to restore the importance of the Murui language, and some schools where teaching is bilingual. Despite the prohibition of native languages by Catholic missions established in the Amazon starting in the sixteenth century, today indigenous organizations are fighting for an effective inclusion of bilingual and intercultural education. At the national level there are initiatives to recognize the Murui alphabet in the Peruvian congress, and teachers and older Murui-speaking residents held a number of workshops in 2012 to develop Murui-language resources and school materials. Together, these initiatives reflect the vibrant cultures that these peoples still maintain, and represent an affirmation of their identity and ancestral culture.

A multicultural, tri-national corridor of indigenous lands and protected areas

Of all the assets observed during the Ere-Campuya-Algodón rapid inventory, one of the region's greatest is the cultural heritage represented by the diverse indigenous groups and their organizations, native communities, indigenous territories (*resguardos indígenas*), and protected areas, as well as the *mestizo* residents living side by side with traditional groups. Meetings with the *caciques* of the communities we visited revealed a broad interest in more fully integrating the peoples, communities, towns, and cities along the Colombia-Peru border in the Putumayo watershed. Such integration offers the opportunity to further share the traditional knowledge needed to construct the Great Indigenous Landscape (*Gran Paisaje Indígena*) proposed by the Instituto del Bien Común (IBC 2010), in which the long-term management and conservation of natural resources is a prerequisite for both ensuring the survival of the way of life of the peoples who live there and improving well-being at the planetary scale. To be successful, this initiative will require the harmonization of policies and regulations in the border region.

Meetings such as those at La Chorrera in October 2012, which brought together representatives of a large number of Peruvian and Colombian indigenous groups, aim to restore the historical memory of peoples who suffered genocide during the rubber boom, to strengthen collaborative efforts to value the region's cultural identity, and to ensure that indigenous peoples play a central role in managing this multicultural, cross-border landscape.

The interest of both the Peruvian and Colombian governments, as illustrated by government authorities and binational agreements, as well as the presence of Peruvian and Colombian armed forces and health services throughout the border region, represent an excellent opportunity for institutionalizing all the initiatives for integration that comprise the Great Indigenous Landscape (PEDICP 2011).

THREATS AND CHALLENGES

During the social inventory we talked extensively with residents about their concerns, as well as the challenges and threats they see to their quality of life. Most of these threats are listed in the threats section of this report (page 205). These threats include:

- Not enough discussion of the negative impacts that the construction of a road between Puerto Arica (on the Napo River) and Flor de Agosto (on the Putumayo River) could potentially bring. Experience in other regions of the Amazon has shown that new highways can have severe negative impacts, including unregulated colonization, deforestation, uncontrolled fishing and hunting, drug and arms trafficking, crime, prostitution, alcoholism, a brain drain of young people, and increased poverty rates in communities. Identifying these risks is crucial for communities to prepare for these challenges and to mitigate the impacts of the new highway

- Unsolicited visits by people from neighboring communities (in Peru or Colombia) who hunt, fish, and cut timber on communal territory without asking permission or respecting the formal and informal agreements and regulations of the community they enter

- The current system for harvesting natural resources via the debt peonage system, a common practice in many Amazonian communities (Alvira et al. 2011). In many cases, this system only pays off worker-incurred debts, and does not pay the true value of the harvested resource. The practice creates social inequality, the impoverishment of community members, and internal conflicts within communities over access to natural resources

- Selective harvests of hardwood timber species (*granadillo*, *polvillo*, and *volador*) by community members funded by external buyers, which may put these species at risk, like rosewood and tropical cedar in the past

- Private initiatives to harvest wood of *Ceiba pentandra* on the banks of the Putumayo River, which have created unrealistic expectations of income and stirred controversy among communities. It is also clear that selective logging of this species and the use of heavy machinery during harvests would have adverse impacts on the forest and surrounding ecosystems

- Illegal gold mining in the Putumayo watershed is risky, low-income work that poisons water sources and key food fish with mercury and degrades river- and streambanks

- Poorly designed development policies that promote monoculture agriculture (rice), fish farms, and non-traditional building materials (e.g., the Techo Digno program, which provided residents with zinc roofs). These programs impose outside practices and customs that are poorly aligned with local conditions and devalue the traditional practices of communities and their cultures. Likewise, programs to help community members, such as those mentioned above, sometimes generate dependency rather than development

- A growing interest in cattle ranching, which causes deforestation and soil compaction, and sometimes leads to internal conflicts in local populations regarding where to establish pastures and/or where and how to control cattle

- Poorly developed environmental practices among the military and police forces in the region, and limited monitoring and enforcement of environmental crimes

- The unregulated trade in silver arawana, with no restrictions or certificates of origin, which leads to the overharvesting of the resource. Another threat is the use of techniques to capture silver arawana fry that can kill adults

RECOMMENDATIONS

- Improve the understanding among residents and authorities of the positive and negative impacts of the Puerto Arica-Flor de Agosto highway, by facilitating debate and providing educational material produced in other regions of the Amazon. Also a high priority are mechanisms to monitor and mitigate the impacts of the newly opened highway

- Support a campaign publicizing the negative effects that the mercury used in gold mining has on human health and water quality

- Support local initiatives to restore cultural pride via social exchanges (*mingas*, traditional festivals), and help facilitate the exchange of knowledge and experience between communities on both sides of the border. Encourage older people to pass down knowledge regarding indigenous languages, traditional festivals, dances, songs, handicrafts, and the use and management of biodiversity, and institutionalize that knowledge in printed materials and activities that can be incorporated into the curricula of local schools, with the goal of strengthening multicultural and bilingual education. Facilitate the exchange of knowledge between communities regarding strategies to protect and managed natural resources, and strengthen existing initiatives to monitor and protect them

- Validate the participatory resource use maps made during our social inventory and use them to understand the relationship between residents and their surroundings, as well as their aspirations for the future. These maps should also be used for zoning communal territories and involving communities in the management and monitoring of those territories and of the proposed conservation and sustainable use area

- Carry out historical and cultural mapping exercises to better understand the historical relationships between residents and land use. Carry out archaeological surveys along the Ere and Campuya rivers to understand historical occupational patterns in the region

- Support and strengthen existing initiatives to enrich secondary forest and agroforestry systems by planting timber species

- Review the laws that regulate arapaima harvests and extend the no-take season in the Putumayo region based on the species' ecology

- Develop ecological calendars (Fig. 23) with communities to monitor climate change and epidemics, and their effects on biodiversity and community well-being. Facilitate discussion on how people are affected by climate change and what mechanisms they use to adapt to and mitigate those impacts

- Promote the use of medicinal plants in personal and community health care as an efficient therapeutic

resource, by encouraging men and women to recover, share, and pass on their experiences and knowledge of medicinal plants. Include the use of medicinal plants and traditional indigenous medicine in the public health system in the Putumayo region

NATURAL RESOURCE USE, TRADITIONAL ECOLOGICAL KNOWLEDGE, AND QUALITY OF LIFE

Authors/participants: Galia Selaya, Diana Alvira, Margarita Medina, María Elvira Molano, Mario Pariona, Benjamín Rodríguez, Ana Rosa Sáenz, and Alaka Wali

INTRODUCTION

One of the primary findings of the biological inventory of the Ere-Campuya-Algodón region is the excellent condition of the forests, lakes, and rivers. To a large degree these assets are a consequence of the low population density of the region, the traditional methods with which local residents use and manage natural resources, and the limited accessibility of the region due to the high costs of river travel.

Local residents view the forest as a functional, living being and a fundamental part of their existence—a perception that is shared with many other indigenous groups of the Peruvian Amazon. The abundance of forest resources and products, the high habitat quality of streams, lakes, and rivers, and high soil productivity are vital prerequisites for the subsistence of indigenous and *mestizo* families, and in practice they generate a strong bond between the forest, the local economy, and the culture of indigenous peoples in the Putumayo watershed (Alverson et al. 2008, Alvira et al. 2011). In short, the quality of life of local residents depends to a large degree on well-preserved forests.

METHODS

In order to understand how indigenous and *mestizo* communities in the Ere-Campuya-Algodón region use and manage their resources, and how those resources are related to residents' quality of life, we carried out workshops and semi-structured interviews with both men and women. The focal communities for this work were Flor de Agosto, Ere, Atalaya, Cedrito, Las Colinas, and Santa Mercedes. During the workshops we divided participants into working groups to map their resources, land-use sites, and the many species they rely on for subsistence. This was followed by a discussion of the various factors that affect quality of life (natural resources, social relationships, culture, economics, and politics). This discussion was organized around a dynamic exercise (*el hombre/la mujer del buen vivir*; see methods in the 'Communities Visited: Social and Cultural Assets' chapter). We also carried out an economic survey, using structured interviews of four to six families in each community, to estimate how natural resources contribute to family-level economies.

Participants in the mapping exercise located *collpas* (salt licks; Figs. 4A, 21), lakes, farm plots, and sites of mythical importance, as well as places where timber, fibers, medicinal plants, and fruits are harvested. We visited some of these sites together with the participants in order to better understand traditional management practices and to assess the conservation status of the resources. We interviewed both men and women, including *vegetalistas* and *curiositos* (healers who treat a variety of illnesses with medicinal plants). With the help of the latter we compiled information on the primary medicinal plants in the region and their uses. Older interviewees proved to be a key source of information regarding traditional plant uses. In the interviews we also gathered local perceptions on how the ecological calendar is changing as a result of climate change.

This chapter presents results from the mapping exercise—a detailed analysis of the spatial patterns of biodiversity distribution and management (Fig. 21)—and describes methods that local communities use for harvesting, hunting, and fishing. We also present a review of traditional knowledge and modern-day uses of medicinal plants, results of the surveys on the economic value of forests to local families, and local perceptions of the status of natural resources and their relationship with quality of life in the communities. The chapter concludes with a discussion of the concerns we heard from local residents about the impacts of climate change in the region.

RESULTS AND DISCUSSION

Landscape classification

Local residents classify the landscape they use based on topography and the probability of flooding by rivers and streams during high-water events.

The uplands, also called ridges (*lomas*), never flood and are used to plant perennial crops such as fruit trees or annual crops that are not flood-resistant. *Restingas* (high levees), small raised floodplain areas that typically do not flood during high-water events, are valued by hunters. Lowlands or *bajiales* are floodplains that are periodically submerged when rivers or streams flood. They play a very important role as a breeding site and a source of food for fish. *Tahuampas* are floodplains that are periodically underwater when rivers or streams flood, and that are important sites for fishing and for fish reproduction. Exposed riverbanks, escarpments, and landslides caused by the active meandering of rivers and streams are sometimes the sites of salt licks (*collpas*) visited by parrots. Beaches are key nesting sites for yellow-spotted river turtle (*Podocnemis unifilis*) and South American river turtle (*Podocnemis expansa*), and also commonly used in gold mining.

Another criterion used by local residents to classify the landscape is dominance by certain plant species, such as palms, lianas, or trees (e.g., *irapayal, aguajal, ungurahual, cetical, bejucal, chontillal*). The *irapay* palm (*Lepidocaryum tenue*; *erepay* in the Murui language) is especially common and important in the region.

Community members showed extensive knowledge of phenological patterns (the periodicity of flowering and fruiting) and a deep understanding of floristic composition, forest dynamics, natural regeneration, and how all of these relate to soil fertility. For example, they recognize certain plants as indicators of soil fertility and use these to site their farm plots (*chacras*) in areas where they are likely to succeed. Local knowledge about the flora and its fruiting patterns is also an important factor in deciding when to hunt and when fish are reproducing (see the ecological calendar in Fig. 23).

Traditional use and management of timber and non-timber forest products

Food

In the communities we visited we made a preliminary list of approximately 18 species of fruits that people eat in the region. Among the most important of these are wild palms such as *Mauritia flexuosa*, *Oenocarpus bataua*, and *Astrocaryum chambira*. Fruits from other tree species, such as *Brosimum utile* and *Pouteria caimito*, are also harvested for food in all the communities. According to the people we interviewed, these products are common in the forest and typically eaten rather than sold.

Housing materials

We estimate that approximately 99% of the material used to build houses in these communities comes from the forest. Local residents are well acquainted with these materials and skilled at using them. Hardwoods are typically known as *shungo*, and the species that are most prized for their long-lasting wood are *Minquartia guianensis*, *Brosimum* spp., *Hymenaea courbaril*, and *Dipteryx micrantha*. These are mostly used as beams in houses, sidewalks, and bridges.

Palms play a key role for building floors and roofs. Floors are typically made of *Iriartea deltoidea* and *Socratea exorrhiza*, and roofs are typically *irapay*. In Flor de Agosto and Ere, residents have begun to regulate *irapay* harvests (i.e., cut just one mature leaf per plant) in order to ensure healthy populations of the species. We were told during the workshops that these practices are not always respected by people in other communities.

Handicrafts

The vast majority of materials used to make handicrafts come from the forest. These include fibers from *Astrocaryum chambira*, *Chelyocarpus repens*, *Mauritia flexuosa*, *Poulsenia armata*, and *Heteropsis* sp. Local residents also use a large number of seeds, such as *Ormosia* spp., *Mucuna* spp., *Cyperus* spp., *Canna* spp., *Parkia* spp., *Hevea* spp., and *Crescentia cujete*. Natural dyes from leaves, bark, and fruits are used to color fibers. A common black dye is obtained from *Jacaranda* spp., green from *Bactris gasipaes*, yellow from *Curcuma longa*, and red from *Bixa orellana*. Mud and clay are also used

for dyeing fibers black. In all of the communities visited we found at least one woman who makes handicrafts that are sold in San Antonio del Estrecho. The raw material for these products (baskets, fans, dolls) are *A. chambira* palms, lianas, seeds, and natural dyes.

Canoes and boats

Local residents in the communities we visited are skilled at making wooden boats and canoes. The most commonly used timber species for boat-making are *Clarisia racemosa*, *Cedrelinga cateniformis*, *Hymenolobium* spp., *Mezilaurus itauba*, Lauraceae spp., *Hura crepitans*, and *Cedrela odorata*. Boats and canoes are key tools for daily life in these communities and the primary means of transportation, and wealthier families often have their own *peque-peque* motors.

Commercial timber harvests

Timber is harvested commercially by family groups in all of the communities we visited. Hardwoods such as *Hymenaea* sp., *Platymiscium* sp., *Dipteryx* sp., *Vochysia ferruginea*, and *Ceiba samauma* are harvested selectively. Some lower-density timber such as *Virola* sp. and *Simarouba amara* is also harvested.

Our visits to logging sites revealed a broad local knowledge of techniques to assess timber quality, to estimate the volume (in cubic feet) or number of units in a given tree, and to fell and cut trees with chainsaws. We observed some efforts to use this knowledge to negotiate more effectively with buyers by demanding higher prices and other benefits.

Diversified farm plots and *purmas*

We observed that farm plots play an important role that transcends food production, as sites of cultural transmission. Farm plots are tightly linked to cultural practices such as communal work parties (*mingas*) and the management of a diversity of different crops. We visited farm plots in the uplands where perennial crops were cultivated (mostly fruit trees), temporary croplands in flooded or riparian areas, and annual croplands in the *restingas*. All of these farm plots were established via traditional slash-and-burn practices.

We identified a great variety of cultivated plants in addition to the traditional staples of manioc (*Manihot*

Figure 21. A map of natural resources in the Ere-Campuya-Algodón region of Loreto, Amazonian Peru, drawn by residents in six indigenous communities on the Putumayo River.

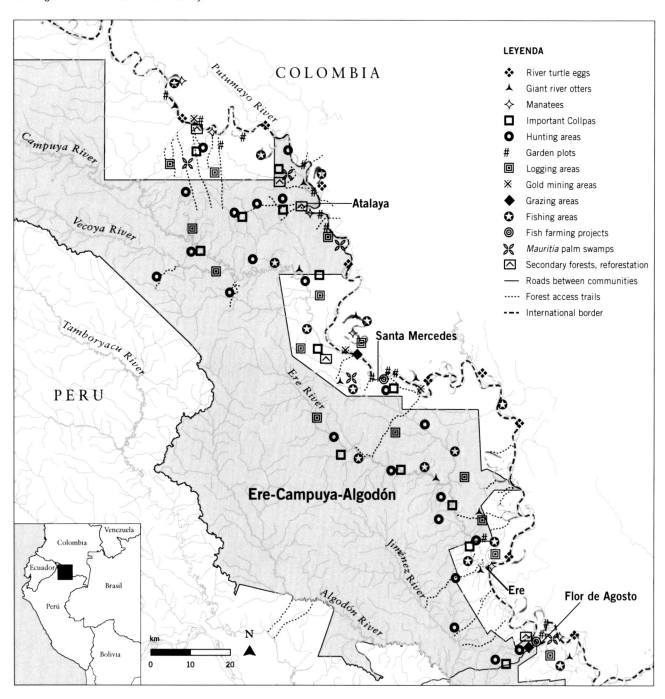

COLOMBIA

Putumayo River

Campuya River

Vecoya River

Tamboryacu River

PERU

Atalaya

Santa Mercedes

Ere River

Ere-Campuya-Algodón

Jiménez River

Algodón River

Ere

Flor de Agosto

LEYENDA

- ❖ River turtle eggs
- ⏶ Giant river otters
- ✧ Manatees
- ◻ Important Collpas
- ⬤ Hunting areas
- # Garden plots
- ▣ Logging areas
- ✕ Gold mining areas
- ◆ Grazing areas
- ✪ Fishing areas
- ◎ Fish farming projects
- ✗ *Mauritia* palm swamps
- ⬒ Secondary forests, reforestation
- — Roads between communities
- ⋯⋯ Forest access trails
- --- International border

Venezuela
Colombia
Ecuador
Brasil
Perú
Bolivia

km
0   10   20

N ▲

esculenta), corn, and plantain. Residents told us they cultivated sugarcane, tomato, cucumber, *caimito* (*Pouteria caimito*), *pijuayo* (*Bactris gasipaes*), cilantro, green pepper, *macambo* (*Theobroma bicolor*), sweet potato, pineapple, *cocona* (*Solanum sessiliflorum*), and several others.

It was striking to see how easily they distinguished between similar-looking varieties. For example, it was hard for us to tell the difference between the two types of manioc they raise (*brava* and *dulce*), but the older women knew all of the distinguishing characters. Most food produced in farm plots is eaten rather than sold. The most commonly sold product in the communities we visited is flour made from excess corn and manioc.

Farm plots typically show a marked division of labor, in that women are primarily responsible for them. Women in these communities are especially skilled at identifying, using, and managing plants, and especially those with a short growth cycle such as manioc, vegetables, pineapple, and medicinal plants (Gasché Suess and Vela Mendoza 2011). Establishing farm plots (i.e., clearing land and burning the slash) is typically done by men. Planting is generally done by both men and women, but women take the lead from planting through harvest. We were told that knowledge about the use and management of farm plots is changing. A Bora woman in Flor de Agosto noted that young women no longer work in farm plots as they did in previous years.

Fallow rotation

In our visits to the farm plots we found planted areas of 0.5–1 ha that are typically used for two to three years, as is typical for subsistence agriculture in the Amazon. Once soils have lost some of their nutrients to annual crops, they are planted with other crops that need fewer nutrients. Plots are later converted to agroforestry areas dominated by fruit trees such as *Poraqueiba sericea*, *Inga* spp., *Pouteria caimito*, *Bactris gasipaes*, *Theobroma bicolor*, and citrus. Most of these fruit trees are harvested for years, while around them the natural vegetation recovers to create a mature secondary forest known locally as *purma alta*. These sites are key sources of timber and fibers for house-building, and of a large number of medicinal plants (Fig. 21; Appendix 9). Our field surveys revealed several areas that were in the process of recovery. Some showed 25 years of succession, and were dominated by fast-growing pioneer trees such as *Cecropia* spp.

Diversified farm plots rely on cultural, social, biological, and productive feedbacks. Likewise, the traditional management practices in these farm plots provide a template for other economic initiatives in these communities. Community members told us that initiatives by the municipality of San Antonio del Estrecho to introduce monocultures such as *sacha inchi* (*Plukenetia volubilis*) had failed. Because such monocultures are not in sync with natural cycles, they are not sustainable over the long term without outside inputs. Together with a lack of knowledge about the crop, uncertainty about where to sell it, and competing labor to produce food, this led to the failure of the *sacha inchi* initiative in the communities.

Wildlife

Hunting is an important part of the family economy and a large source of protein in the local diet. Hunting is usually done by groups of hunters (often relatives) equipped with shotguns. Success depends on hunters' knowledge of animal behavior, the sites they prefer (e.g., *collpas*), and prior hunting experience.

The species that face the greatest hunting pressure include lowland tapir (*Tapirus terrestris*), white-lipped peccary (*Tayassu pecari*), collared peccary (*Pecari tajacu*; Fig. 10B), red brocket deer (*Mazama americana*), paca (*Cuniculus paca*), black agouti (*Dasyprocta variegata*), Spix's Guan (*Penelope jacquacu*), and Speckled Chachalaca (*Ortalis guttata*; Appendix 10). Bushmeat is primarily eaten, but is occasionally sold fresh, fresh/ salted, or cured to itinerant Colombian traders or (to a lesser extent) neighboring communities in Peru. The price of bushmeat varies between five and six Peruvian soles per kilogram.

It should be emphasized that there are community initiatives and agreements regarding the use and management of natural resources, lakes, and *collpas*, as well as local efforts to monitor and protect them. The Ere indigenous community has a *guardabosque* (park guard) committee that patrols communal territory to monitor natural resource harvests by community members and outsiders. The community also monitors *collpas* and has established agreements under which hunters may not hunt at certain *collpas* for a year in order to allow animal communities there to recover, and may not leave the remains of hunted animals near *collpas*. While some aspects of this monitoring can be improved (e.g., a 'tax' is charged to outsiders who harvest animals for sale), we believe these initiatives should be strengthened and replicated in the other communities.

It should also be noted that in both interviews and the exercise to map forest resources, local residents noted the existence of mythical beings who guard over *collpas* and protect animals from hunters.

Wildlife harvests

Collecting animals and other forest products is a traditional activity that complements and is often carried out simultaneously with hunting, fishing, and logging. Most animals are collected for food, including shrimps, beetle larvae, termites, several species of frog, adult river turtles and their eggs, and yellow-footed tortoises (*Chelonoidis denticulata*). Honey is also collected. Some insects are used for magical rituals, including passalid beetles and the ant *Cephalotes atratus*. Other animals are collected as pets, including pygmy marmoset (*Callithrix pygmaea*), tamarins (*Saguinus* spp.), Spix's Guan (*Penelope jacquacu*), Speckled Chachalaca (*Ortalis guttata*), and various species of parrots and macaws. These are occasionally sold to outsiders.

Both adults and eggs of six-tubercled river turtle (*Podocnemis sextuberculata*), yellow-spotted river turtle (*P. unifilis*), and South American river turtle (*P. expansa*) are collected. These river turtles and their eggs are collected by hand on beaches, and occasionally in nets. Most are eaten by the families who collect them, but eggs are occasionally sold to Colombian traders. While there is not a well-established trade of these products in the area, river turtle populations are declining, and local residents expressed some nostalgia about the larger populations they saw in the past. One cause is the unregulated collection of eggs and adult turtles for food. Another may be climate change and shifting beach dynamics caused by sudden fluctuations in river level, which can impede oviposition and incubation. Neither of these potential causes is currently being monitored, and tracking them to understand their contributions to river turtle declines is a high priority.

Animals are not harvested specifically to make handicrafts, but material left over from hunting and fishing is used. This includes porcupine spines; arapaima scales; monkey, caiman, and paca teeth; macaw, parrot, and toucan feathers; and tortoise bones.

Other activities

Small and large animal husbandry

Some residents in all of the communities we visited keep pigs, which are raised freely around the houses and fed with food scraps. These animals provide occasional meat for their owners and are sometimes sold. One family in Atalaya raises goats for food and occasionally sells them. These goats are raised in a corral, but also roam the community pastures. In Flor de Agosto we found nine cows that belong to the entire community, and two others that belong to specific residents. These cows wander freely in the community, which has raised some conflicts because they attract flies and sometimes enter private properties. Residents of the Ere community told us that they previously had cattle, but sold them all a few years ago.

Poultry raising

This is a small-scale activity in all of the communities we visited, mostly administered by women as part of the home economy. Meat is mostly used for subsistence but sometimes sold. The price of a chicken depends on its size, but on average the cost is 25 soles for a hen and 35 for a rooster. Chickens are sold to Colombian river traders or to Peruvians visiting from other communities. Birds typically wander freely and are fed with food scraps and whatever else they can scavenge.

The Special Binational Project for the Integrated Development of the Putumayo Watershed (PEDICP) provides support for poultry raising (ducks and chickens) to organized producers in Flor de Agosto, Santa Mercedes, and Puerto Arturo. PEDICP provides each family with a production unit consisting of ten hens, one rooster, and one duck. The project also supplies planks to build corrals and vaccinations three times per year. Participating residents must commit to feeding the animals and producing at least 50 reproductive individuals per year. The PEDICP administrator in Santa Mercedes told us that results from the program are encouraging, because the women in charge are honoring the commitments they made.

Use of lakes, streams, and rivers

The study area has a large network of lakes, streams, and rivers that residents know intimately, since they use them constantly to access the forest, harvest a variety of resources, and fish (Fig. 21). Fishing is mostly done alone, but also sometimes by small family groups that visit the lakes. Fishermen use nets with different-sized mesh, which are set up along the banks and gradually drawn closed toward the center of the lake. Other fishing techniques include cast nets, which are used everywhere; gill nets, which are strung across rivers or streams and left for hours to trap fish; hook and line; and hand-made harpoons and arrows. The fish toxin *barbasco* is occasionally used in small streams or ponds, and this is the method with the greatest environmental impact.

The most commonly eaten fish are *Leporinus* sp., *Pseudoplatystoma tigrinum*, *Mylossoma* spp., *Piaractus brachypomus*, *Colossoma macropomum*, *Brycon* spp., *Phractocephalus hemiliopterus*, *Hypoclinemus mentalis*, *Plagioscion* sp., and *Triportheus* spp. Fishing is mostly for subsistence, but when possible a small portion of the catch is reserved for sale.

Residents noted that some lakes are protected by *madres* (mothers) in the form of enormous black boa constrictors that discourage fishermen from visiting those lakes frequently.

Silver arawana fry harvests and management

All four communities we visited fish for silver arawana (*Osteoglossum bicirrhosum*) as a food fish. Only in Ere and Flor de Agosto are there large-scale harvests of fry that are sold to middle men who sell them as ornamental fish to buyers in Japan and China, as is also the case on the lower Putumayo River (Pitman et al. 2011).

These harvests are not done in Santa Mercedes and Atalaya, because the greater distance between these towns and San Antonio del Estrecho reduces the commercial value of the fry to the extent that the cost-benefit ratio is no longer favorable. This stands in contrast to the situation on the lower Yaguas, where despite a low price (one sol/fry) people harvest them extensively (Pitman et al. 2011). According to our interviews, in Flor de Agosto and Ere the price per fry varies between three and four soles and each family harvests approximately 2,000 individuals per year. By contrast, the price in Santa Mercedes and Atalaya varies between half a sol and one sol each.

Residents are very skillful at identifying adult silver arawanas that are brooding fry in their mouths. Fishermen who catch adults for food use nets, arrows, or shotguns, and there are still those who kill or hurt adults to harvest fry. The Ere community has established communal agreements to manage adult silver arawana in such a way that does not reduce the number of fry available in future years. To that end, adults are captured unharmed in nets and returned to the water once the fry have been obtained. The local park guard committee also patrols lakes to prevent outsiders from coming in to harvest fry.

Fish farming

Flor de Agosto and Santa Mercedes have established some fish farms with the support of PEDICP. PEDICP offers technical support, 100% of the *paco* (*Piaractus brachypomus*) fry, and 30% of the balanced fish meal that is required. In the early days of the project, participants also received shovels and other tools to establish the fish farms. Although PEDICP promotes raising *paco* and *gamitana* (*Colossoma macropomum*; INADE et al. 2007), it is currently only providing *paco* fry because the *gamitana* fry did not yield good results.

It is worth noting that in Flor de Agosto community members have begun to raise arapaima and silver arawana on their own initiative, because of the strong demand for the two species on the market. In Ere one family has decided to establish a fish farm in the hopes that PEDICP will eventually provide technical support. This suggests that communities have positive expectations about the benefits that fish farming might offer. It is important, however, to determine how sustainable the program is, since the fry and fishmeal are subsidized for just seven months, and after that the producers must take full responsibility for the work. Community members worry that the price of fry, fish meal, and transportation, in addition to the lack of a stable market, may cause fish farms in the region to fail.

Traditional uses of medicinal plants

For centuries, Amazonian indigenous groups have used medicinal plants to cure their own illnesses and other health problems. Their knowledge of these plants is a result of the extremely close relationship they have with the forests they live in. By trying and testing plants, they discovered their various properties and applications for health care. Since then, that knowledge has been transmitted from generation to generation. Plants are also a fundamental part of indigenous rituals to heal the body, spirit, and landscape. These rituals are typically carried out by special people in the community (shamans and healers).

In all the communities we visited we found that older residents, both Murui and Kichwa, know medicinal plants and their uses and appreciate the need to protect the forest in order to preserve them. However, they also complained to us that people no longer use plants the way they formerly did. By working with *vegetalista* experts and healers (*curanderos*), we made a list of medicinal plants used in the region by the Murui and Kichwa peoples. The list includes Spanish, Murui, and Kichwa common names, as well as traditional uses (see Appendix 9).

Plant experts in these communities classify plants as cold or hot. Cold medicinal plants are primarily used to treat fever, thirst, sore throat, and 'hot' illnesses such as malaria and inflammations. These plants are diuretic and sudorific, and include *Gynerium sagittatum*, *Annona muricata*, *Cymbopogon citratus*, *Malachra alceifolia*, *Senna alata*, *Piper peltatum*, *Verbena officinalis*, and *Portulacca oleracea*.

Hot medicinal plants are used to treat illnesses and conditions such as body aches, arthritis, rheumatism, colic, and constipation. All bitter-tasting plants are considered hot, but some others that do not taste bitter (i.e., some aromatic plants) are also considered hot. Some of the best-known examples are ginger, basil, *cordoncillo* (*Piper* spp.), the castor oil plant, *paico* (*Chenopodium ambrosioides*), *pronto alivio*, *ruda de venturosa*, and *hierba buena*. For example, the bark of *Maytenus* sp. is used to treat rheumatic pains and diarrhea; cat's claw (*Uncaria tomentosa*) to cure various kidney problems, arthritis, rheumatism, cancer, leishmaniasis, and others; *Cestrum* sp. to treat aches and pains and rheumatism;

Urera baccifera for rheumatism; the bark of the *Spondias mombin* tree to relieve menstrual and stomach pain; white basil (*Ocimum basilicum*) for headaches and stomach aches; cilantro (*Eryngium foetidum*) for hepatitis and malaria; *Bixa orellana* for healing wounds, for skin conditions, and as a stomach tonic; *Calycophyllum megistocaulum* for burns, healing wounds, and leishmaniasis; and *cordoncillo* or *matico* (*Piper aduncum*) for menstrual colic and reproductive health.

We found that medicinal plants are used in different ways (e.g., in teas, potions, compresses, juices, grilled, and left overnight to acquire more power) and with focuses on different plant parts (e.g., flowers, stems, leaves, roots, bulbs, bark, and seeds). These plants may be used alone or mixed together, and many need to be collected under special conditions. Healing is often accompanied by prayers, songs, *soplos*, or other ritual or cultural practices which are often led by the community plant experts, the *vegetalistas* and *curiositos*.

Gender and traditional knowledge of medicinal plants

Men and women have different but complementary knowledge of medicinal plants in the communities we visited. Women play a key role in raising plants, which they grow in gardens close to home, and always have basil (*Ocimum basilicum*), hot pepper (*Capsicum annuum*), cocona (*Solanum sessiliflorum*), and *Malachra alceifolia* at hand, together with food staples such as manioc (*Manihot esculenta*). Older women in particular have large stores of knowledge that has been orally transmitted through the ages from one woman to another. Traditional knowledge that is especially strong among women includes that regarding children's and women's health issues (e.g., those related to pregnancy and childbirth).

Most women in the communities we visited give birth at home, accompanied by a midwife who in many cases is their mother or grandmother. Husbands are also present, and hold their wives from behind during childbirth, since the most common position is kneeling. Plants used to increase dilation during childbirth include leaves of cotton (*Gossypium barbadense*), buds of cocona (*Solanum sessiliflorum*), leaves of avocado (*Persea americana*), and leaves of

Piper peltatum. Women also know plant treatments for increasing milk production during lactation, such as washing the breasts with an infusion of the leaves of *caimito* (*Pouteria caimito*). Menopause is treated with seeds of papaya (*Carica papaya*) and leaves of *hierba luisa* (*Cymbopogon citratus*) mixed with the roots of *Euterpe precatoria* and tea made of *Malachra alceifolia*. When a baby is born, they bathe it with an infusion of *Calliandra angustifolia* so that the child will be as strong as that plant. Tea made with *Petiveria alliacea* and lemon (*Citrus limon*) is drunk to treat coughs, oregano tea (*Lippia alba*) to relieve colic, an infusion of guava (*Psidium guajava*) buds with bark of the *Spondias mombin* tree for diarrhea, *Malachra alceifolia* tea soaked overnight for rashes, and *Verbena officinalis* tea to stop children from crying. When a child is born crooked, *Gynerium sagittatum* is planted in a corner of the house so that the baby's body will straighten and grow as upright as the plant.

The traditional knowledge of midwives and the ways they use medicinal plants are especially important. Nurses say that if the plants are good, the child and the woman will also be well. Midwives use medicinal plants in different ways: via baths, massages, vapors, drinks, and plasters during pregnancy, childbirth, and the post-partum period. They use some plants to enhance fertility, such as the scraped bark of *Maytenus* sp. mixed with beeswax; and plants for birth control and to regulate menstruation, such as *Cyperus articulatus*, the bark of the *Spondias mombin* tree, scrapings from avocado seeds (*Persea americana*), and *Urera baccifera* tea. There are also plants to treat ovarian tumors and menstruation, such as tea prepared with *Triplaris* sp. flowers, *matico* or *cordoncillo* (*Piper aduncum*), and latex of the *Croton lechleri* tree. This last product is commonly used, although it has not been reported for the Ere and Campuya watersheds.

Men are more familiar with plants that cure health problems like malaria, body aches, arthritis, rheumatism, chills caused by tropical humidity, and *saladera* (bad luck). Health problems are often linked to the local system of beliefs and values, and reflect an individual out of balance with the environment or in contravention of established social norms. There are thus cures for fear

(*susto*), chills (*frío*), general discomfort (*mal aire*), cursed children (*mal de ojo*), and bad luck in adults (*saladera*). The latter describes a condition in which an unlucky person believes that a *brujo* has cast an unlucky spell on him. Plants used for impotency include *Alchornea castaneifolia* mixed with *Brunfelsia grandiflora* and *Maytenus* sp.

Traditionally, men were in charge of ritual or sacred plants such as *ayahuasca* (*Banisteriopsis caapi*) for the Kichwa and coca and tobacco (*Nicotiana tabacum*) with salt for the Murui. Today, residents of the communities we visited only carry out traditional rituals when they visit communities on the northern bank of the Putumayo, and when they are invited to dances in the *malocas* of San Rafael and Belén in Colombia.

Other uses of medicinal plants

Plants used for hunting. An old hunter we interviewed told us that he smeared his hunting dogs with *Abuta grandifolia* and put some extract of this plant in their noses to sharpen their sense of smell and help them find prey faster. He also mentioned that hunters bathe in *Brunfelsia grandiflora* water in order to mask their odor and smell like the forest, so as not to spook animals. Wild garlic is used by hunters before entering the forest to ward off mosquitoes and ticks. Interviewees also told us that some plants are believed to have special powers for hunting. For example, hunters bathe in *Couroupita guianensis* water to improve their luck and in *Calliandra* sp. water to improve their aim and courage. Before a hunter departs for the forest, he is struck on the back with a *jergón sacha* plant (*Dracontium loretense*) so that snakes do not disturb him.

Plants used for fishing. Fishermen visiting lakes and streams commonly use the fish toxin *barbasco* (*Lonchocarpus* sp.). Its use is prohibited in both Colombia and Peru, because the plant roots contain the alkaloid rotenone, which is highly toxic for insects and fish. The root of the breadfruit tree (*Artocarpus altilis*) is used for the same thing, while *Hura crepitans* is used to poison spear tips for fishing.

Plants used for snakebite and love potions. Plants commonly used to treat and prevent snakebite are the rind of a ripe avocado (*Persea americana*), which is rubbed on the legs, *jergón sacha* (*Dracontium loretense*), and *Cyperus articulatus*.

Plants are also used to make love potions called *puzangas* that are designed to make women fall in love with men. If a man puts the ashes of the *Unonopsis floribunda* plant under his tongue or touches the object of his desire with its sweet-smelling leaf, the woman will fall under his spell. One resident of the Ere community told us that his daughter was enchanted by a *puzanga* and that he bathed her with the leaves of *Petiveria alliacea* every morning to break the spell. Another way to break a *puzanga* spell is by bathing with *Jatropha curcas* and *Bixa orellana* leaves.

Myths

We heard several local stories about the *yashingo*, a small, mythical human being with a deformed right foot who lives in the forest. The *yashingo* is treated with respect, since he is believed to regulate the success of hunters, loggers, and collectors. He announces his presence via noisy thumps on the buttresses of trees. There are some places in the forest where the understory is relatively open and dominated by two or three species of shrubs, and according to local residents these clearings are the *yashingo*'s gardens (Gasché Suess and Vela Mendoza 2011). Such clearings are common in Loreto and throughout the Peruvian Amazon, where they are often called *supay chacras* (devil's gardens), *chacras del yashingo* (*yashingo*'s gardens), or *chacras del chullachaqui* (another name for *yashingo*).

The extensive knowledge and use of plants for medicine, food, shelter, and spells documented during this inventory form part of a much larger body of indigenous knowledge maintained for generations in Amazonian communities of Colombia, Ecuador, and Peru, and many of these same beliefs and uses have been documented by other researchers (Acero 1979, Mejia and Rengifo 1995, Trujillo-C. and Gonzalez 2011).

The economic contribution of forests to household economies

We gathered information on household economies by comparing the income families obtained from subsistence and commercial forest harvests on the one hand with the costs of maintaining their families on the other. Data from a random sample of families in the six communities where we worked were averaged.

We found that income obtained from subsistence forest and agricultural harvests covered more than 70% of family needs. The remaining 30% is covered by income from selling or trading bushmeat, fish, agricultural products, and timber with local or Colombian traders (Fig. 22).

In the interviews with families we asked which products they bought or traded for, and determined the prices of each product. The most expensive item for families is boat fuel, followed by shotgun shells for hunting, clothes, and household items. It is important to note that the cash that families use to pay for these products comes from the sale of excess agricultural production, forest resources, and fish.

Commercial harvests of natural resources

The commercial harvest of local species that has been going on in the Putumayo region for more than a century (rubber, rosewood, hides, etc.) has not improved the quality of life of local populations. Families have survived the booms and busts of the international market by maintaining a subsistence family-based economy and selling excess products collected from the forest, lakes, and rivers. As described earlier in this chapter, residents still harvest fruits, fibers, resins, palms, medicinal plants, fish, and animals, as well as timber to build houses. Agriculture is based on small family-managed farm plots that are rotated with a diverse mix of crops. We noted small-scale commerce and trade in excess products (fruits and vegetables, fish, bushmeat, and some handicrafts). Together with the low population density, these practices have helped maintain the ecological integrity of the forest for decades.

Commercial demand for timber currently focuses on a few species. Commercial timber harvests are funded by Colombian and Peruvian patrons (*habilitadores*), who serve as middlemen between local producers and timber processing and export companies. This debt-peonage system (*habilito*) is an informal mechanism in which loans are provided with exorbitant interest rates and must be repaid as unfairly valued labor or raw product, resulting in systemic debt among indigenous residents. This method of harvesting timber has been endemic to the Amazon region since the rubber boom (Alverson et al. 2008, Pitman et al. 2011). Workers typically pay off their loan with undervalued timber, while the patron typically pays workers with fuel, food, or some other non-cash asset. As a rule, we note that community members are often ineffective at negotiating fair prices with buyers. As a result, very few families have succeeded in making money through logging. For example, we met one family in Ere that is spending the money it made in logging on the construction of a house in San Antonio del Estrecho.

During our visits to the communities we heard about the plans of an Iquitos-based timber company (TRIMASA) to harvest softwood species like *Ceiba pentandra*. The company's interest has raised expectations among some residents and concerns among others, since not everyone knows the terms of the company's contracts. Likewise, in Ere and Atalaya we were told of initiatives to limit timber extraction. For example, these communities have established harvest limits of up to 500 pieces of timber per family. They also told us that they have agreed in communal assemblies to no longer harvest young trees. These initiatives illustrate communities' need to more effectively control harvests of communal resources. The people we spoke to emphasized that the lack of information and the lack of transparency in negotiations with companies and buyers are a permanent source of internal conflict in these communities.

Along the Peruvian banks of the Putumayo River there are at least 11 Colombian dredgers that are mining for gold without authorization (PEDICP 2012). In the study area we learned that some communities allow the dredgers to mine along the banks of their communal territories as long as they pay a 'tax.' This informal tax is paid in one of three ways: in cash (mostly Colombian pesos), in grams of gold (at Atalaya), or in gasoline for the generator that lights the town (Flor de Agosto). Residents of the Cedrito and Las Colinas annexes and the Yabuyanos indigenous community told us they had never received any benefit from the dredgers located in front of their communal

Figure 22. Proportion of family budgets covered by forest, lake, and river resources in the Flor de Agosto, Ere, Atalaya, and Santa Mercedes indigenous communities of the Ere-Campuya-Algodón region, Loreto, Amazonian Peru.

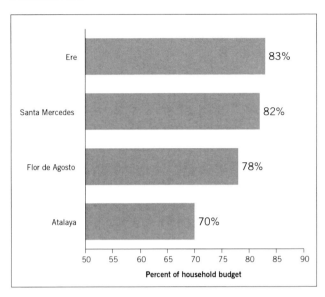

territory. Even the informal taxes paid by gold miners do not bring significant benefits to the communities.

In Atalaya many families have tried their hand at small-scale gold mining during the 'summer' months (October–January), and have made significant income. This small-scale gold mining uses shovels, detergent, and mercury brought from Colombia through Puerto Leguízamo to extract gold from the surface layer of the soil. Such operations extract approximately 3–5 g of gold per day, compared to approximately 25 g for the dredges. A gram of gold is worth 80,000 Colombian pesos (equivalent to 120 Peruvian soles). For this work, families contract labor from the community. The dredges are operated by Colombians, who hire some residents of the Peruvian communities as divers, a high-risk job that has killed multiple workers due to underwater landslides.

Another important commercial activity in the region is the harvest and sale of silver arawana fry, which are sold via middlemen to companies in Iquitos that export them to Japan, China, and Korea. We noted this trade in Flor de Agosto and Ere, where the cost-benefit ratio is more favorable than in the other communities we visited. In Flor de Agosto, Santa Mercedes, and Atalaya we observed that cattle (cows and goats) were being raised on a small scale by both individual families and the

Figure 23. An ecological calendar drawn up during the rapid inventory by communities on the Putumayo River, Loreto, Peru, illustrating the harvest times of a variety of different natural resources in the Ere-Campuya-Algodón region.

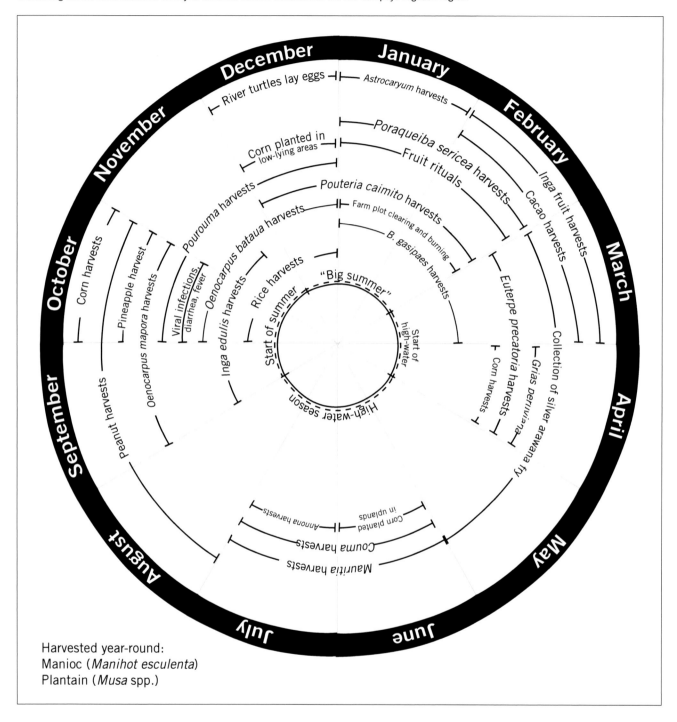

Harvested year-round:
Manioc (*Manihot esculenta*)
Plantain (*Musa* spp.)

broader community. While ranching remains a small-scale activity, the lack of fenced pastures where animals can graze without disturbing people causes conflicts in the communities.

The commercial demand for timber and silver arawana fry is increasing communities' need to monitor and protect their resources. Some communities have established agreements on timber management and harvest based on limits and minimum harvest volumes. In the case of silver arawana, communities have established harvest limits per family. While the community-based initiatives to protect and manage resources are positive developments (e.g., the local park guards in Ere), efforts should be made to distribute the benefits of these initiatives more fairly and evenly.

Climatic patterns and the ecological calendar

We constructed an ecological calendar for the region that shows the sequence of harvests throughout the year, linked with atypical weather phenomena (Fig. 23), in order to illustrate local perceptions about how climate affects local livelihoods and forest resources.

The *cacique* of the Kichwa community of Las Colinas said the following about the annual cycles of communities on the middle Putumayo River: "Dry season begins in October and continues through November, until real summer (*verano grande*) starts in December as yellow-spotted river turtles (*Podocnemis unifilis*) begin to lay eggs on the beaches that form along the Putumayo River. January and February are months in which *chontaduro* (*Bactris gasipaes*) and *umari* (*Poraqueiba*

sericea) fruits mature and are harvested, and ritual dances are celebrated. This is also the season in which farm plots are cleared and burned. The rains come in March. Silver arawana harvests begin that month and increase through April and May, when the river rises and floods the low-lying portions of the floodplain to form *tahuampas*. In June and July the fruits of the aguaje palm (*Mauritia flexuosa*) mature, and are highly sought after by people, mammals, and birds. Around this time winds from Brazil bring *friajes* (cold spells) that last three or four days, and are followed by short periods of sunny weather broken by severe storms. In August the river goes down again, and in that month we again prepare the farm plots to plant manioc or plantain or sweet potato or *sachapapa* in *restingas* and the uplands. The annual cycle begins again in October, when pineapples (*Ananas comosus*) and *uvas de monte* (*Pourouma* spp.) ripen. This is a season of heavy rains followed by stifling heat waves, and viral infections, diarrhea, and fevers are common."

According to the *cacique* of Cedrito, the weather has changed in recent years: "The days are hotter and the nights are colder, and the climate has changed so much that we don't know any more when it's going to rain and when we'll have a sunny stretch of weather. Every year we see manatees and a lot of giant river otters in the Putumayo River, which we didn't used to see, and we've seen yellow-footed river turtles laying eggs out of season, in October."

Table 2. Perceptions about quality of life in five communities in the Ere-Campuya-Algodón region, Amazonian Peru.

Quality of life	Natural resources	Social relationships	Cultural life	Political life	Economic life	Community average
Atalaya	4	3.5	3	3	3.7	3.4
Cedrito	4.5	5	4	3	5	4.3
Las Colinas	4	4	2	3.5	3.5	3.4
Flor de Agosto	3	4	4	5	4	4
Santa Mercedes	4	3	3	4	3.4	3.5
Average for all five communities	**3.9**	**3.9**	**3.2**	**3.7**	**3.9**	

Perceptions about the condition of the forest and quality of life

The quality of life dynamic (*el hombre/la mujer de buen vivir*) revealed local perceptions regarding the conservation status of natural resources in the Ere-Campuya-Algodón region. On a scale from 1 (the lowest score) to 5 (the highest), residents scored the state of their natural resources as a 3.9. The criteria they used to reach this high score were the abundance of water, clean air, *collpas*, and lakes. They also took into consideration the close proximity to hunting sites, the abundance of animals and fish, and the availability of land for establishing farm plots. When participants considered the degree to which forest resources contributed to food, health, and housing (both for subsistence and by generating income from occasional sales), their assessment of the economic situation of local families was also very positive (Table 2). Social life also received a high score, which reflects the close-knit networks of cooperation in managing and using natural resources (e.g., *mingas*). These results corroborate the biological team's assessment of the well-preserved condition of the Ere-Campuya-Algodón landscape and its resources. Only Flor de Agosto assigned a lower score to the state of its natural resources, and community members there explained that this was due to the local overharvesting of silver arawana and timber.

Communities scored political and cultural life the lowest of all the components of quality of life. With regard to culture, they noted that young people no longer speak the local language, or participate in traditional festivities and dances. With regard to politics, they complained that local authorities were ineffective in dealing with municipal authorities. They also complained about the lack of transparency surrounding logging and gold mining. This is a challenge for community leaders, who often become involved in negotiations that end up hurting the communities and overturning their traditional practices of reciprocity.

Community members recognize and state openly that cultural values based on strong reciprocal ties, mutual support among neighbors, and a subsistence economy based on the use of a broad range of biodiversity are the pillars of their well-preserved natural resources. While this way of life has helped preserve these forests, rivers, and lakes for centuries, it is facing increasing changes due to the popularity of development models based on monoculture agriculture and illegal resource harvests. These models are chipping away at the local way of life and at the ecosystems on which residents depend for survival.

CONCLUSION

Communities in the Ere-Campuya-Algodón region exert a moderate level of pressure on their natural resources. In all of the communities we visited there are *collpas*, lakes, and streams that still harbor abundant animal populations. The diverse crops planted in farm plots and the ability to produce food year-round provide food security for local families. Low population density, together with a communal organization based on strong reciprocal ties and mutual support, contribute to the well-preserved state of resources.

Knowledge about medicinal plants still plays an important role in community health and complements the health care provided in government health clinics. It was encouraging to see a Murui paramedic working in one clinic. We noticed that older residents are especially knowledgeable about ecological patterns and medicinal plant uses, and that men and women have different bodies of knowledge about how and when to use these plants.

Hunting and fishing are traditional subsistence activities, and excess catches are sold or traded for other basic necessities. During our visit, community members told us that outside hunters only occasionally visited their *collpas*. We also found that local residents know a great deal about the diverse regional ichthyofauna and its biological and ecological cycles, which allows them to make efficient use of aquatic resources. Communities are exploring initiatives to better monitor and protect their lakes, especially in those where harvests of silver arawana fry are an important activity.

Hardwood timber harvests have not yet had significant impacts on the forest structure. This is in part due to certain logging practices used locally, especially in operations that work in cooperation with PEDICP. While these low-impact logging practices are an asset, the selective harvest of timber species may still represent a threat to forest health, especially because we heard that community agreements regarding minimum harvest limits are not always respected for these slow-growing species. Some communities have established per-family harvest quotas and limited access of outsiders to timber stocks in community territories. These initiatives are weakened, however, by the debt-peonage system, which residents told us in interviews and workshops leads to some families receiving all the benefits of timber harvests. Another problem is that younger community members lose sight of the value of traditional knowledge in their pursuit of the resource extraction model.

We observed some development projects in the region that aim to replace traditional crops with rice and *sacha inchi* cultivation. We also observed, however, that these efforts have proved unpopular in the communities, essentially because they are not in line with traditional indigenous livelihoods and ways of life. Other initiatives, such as the small-scale production of poultry and agroforestry, have had higher success rates because they are compatible with communal-based management and labor. Likewise, these small-scale activities pose less of a threat to the environment.

Based on our visits to harvest sites and on the results of the quality of life dynamic, it is clear that communities are well aware of the well-preserved state of their forests, lakes, and rivers corroborated by the findings of the biological inventory. Nevertheless, residents also mentioned their concern over other threats to the integrity of their resources, such as unregulated harvests of timber and silver arawana. These harvests not only lead to forest degradation, but also generate economic, social, and cultural imbalances that in turn upset traditional practices of managing ecosystems and biodiversity. Climate change has become a concern in recent years due to some unusual fluctuations in river level. Finally, outside actors (e.g., timber and silver arawana buyers, gold miners, development agencies) pose a challenge to community governance and traditional indigenous patterns of organization.

Apéndices/Appendices

Formaciones geológicas/
Geological Formations

Información base para entender el contexto geológico de la región Ere-Campuya-Algodón, Loreto, Perú.
La información fue recopilada por R. Stallard.

FORMACIONES GEOLÓGICAS/GEOLOGICAL FORMATIONS		
Unidad y edad	**Descripción geológica**	**Interpretación geológica**
Planicie aluvial: Holoceno al presente	Arenas y arcillas; colores amarillo a café	Área inundable en el presente, donde los sedimentos de los ríos actuales son depositados durante inundaciones
Depósitos en terrazas: Pleistoceno-Holoceno, de 160 mil años a cerca de 2 millones de años	Arenas y arcillas; colores amarillo a café	Antiguas zonas inundables
Formación Iquitos/Unidad de Arenas Blancas: Plio-Pleistoceno tardío, desarrollado de 2.3 millones de años al presente	Arenas de cuarcita casi puras, lodolitas rojas y conglomerados de cuarzo; los depósitos indican que algunos ríos fluían desde el occidente	Las arenas blancas son muy posiblemente producto de la intemperización de depósitos arenosos en antiguas planicies aluviales, quizá acompañadas de re-deposición local. La intemperización elimina todos los minerales que le dan color
Nauta 2: Plioceno-Pleistoceno temprano, finalizando hace 2.3 millones de años	Areniscas amarillas a cafés, lodolitas y conglomerados. Intensamente acanaladas. Frecuentemente inician con un horizonte conglomerado de pedernales, fragmentos de roca y cuarzo. Arcillas más caoliníticas	Depósitos sedimentarios de fuentes más intemperizadas que los sedimentos más antiguos. Estos parecen ser fluviales o continentales, depositados e incrementando la elevación de la planicie aluvial. Causados por el levantamiento de las cordilleras orientales de los Andes (deltas en forma de abanico)
Nauta 1: Plioceno, de entre 5 a más de 2.3 millones de años	Areniscas amarillas a cafés, lodolitas y conglomerados. Intensamente canalizada. ¿Arcillas esmectíticas?	Depósitos de sedimentos en un sistema fluvial causados por el levantamiento de las cordilleras orientales de los Andes. Depósitos interpretados como ocasionados por olas son quizá asociados con oscilaciones de lagos grandes llamadas *seiches*
Formación Pebas: del Mioceno tardío y temprano al Mioceno tardío, de 19–6.5 millones de años	Lodolitas con el color característico azul turquesa, alternando con capas de lignita y abundantes fósiles de moluscos. Arcillas esmectíticas	Sedimentación en un ambiente fluvial-lacustre que se alterna entre una planicie aluvial y lagos someros, los cuales ocasionalmente muestran los efectos del agua salada del océano

Las formaciones encontradas debajo de la formación Pebas que no están expuestas en la superficie son Grupo Oriene, Chonta, Vivian (Cretácico), Yahuarango y Pozo (Paleógeno), y Chambira (Mioceno).

Modificado de Stallard (2007). Referencias clave: Linna (1993); Räsänen et al. (1998); Ruokolainen y Tuomisto (1998); Sánchez Fernández et al. (1999b); Roddaz et al. (2005a,b); Stallard (2005, 2011), este informe; Hoorn et al. (2010a,b); Hovikoski et al. (2010); Latrubesse et al. (2010); Stallard y Zapata (2012)

Descripción geomórfica	Descripción de suelos y agua
Planicies localizadas cerca o debajo del nivel actual de máxima inundación de los ríos. Tiene varias estructuras que incluyen 1) barras arenosas, barras laterales y playas; 2) bordes en orillas formadas por restingas y depresiones inundables; y 3) ambientes pantanosos susceptibles a inundaciones (aguajales)	La composición de los suelos varía dependiendo de las cabeceras del río. Los ríos que drenan de los Andes depositan sedimentos ricos en nutrientes y los suelos de planicie aluvial son ricos. Casi todos los demás depositan sedimentos pobres en nutrientes y sus suelos son en consecuencia pobres
La cima de las terrazas es más alta que el nivel actual máximo de inundación de los ríos. Éstas tienen estructuras preservadas de su pasado aluvial. Las terrazas más bajas tienen muchas áreas saturadas y esta es la zona de muchos aguajales y depósitos de turberas. Las terrazas más antiguas forman cimas aplanadas	La composición de los suelos varía dependiendo de las cabeceras del río. Los ríos que drenan de los Andes depositan sedimentos ricos en nutrientes y los suelos de planicie aluvial son ricos. Casi todos los demás depositan sedimentos pobres en nutrientes y sus suelos son en consecuencia pobres
Frecuentemente encontrada en cerros de cimas aplanadas de entre 30 y 60 m sobre los valles, lateralmente en transición hacia sedimentos sin blanquear y con vegetación de estatura baja (varillal y chamizal) la cual es identificable en imágenes de satélite	Típicamente aguas negras, usualmente transparentes y a veces de color café oscuro. La concentración de sólidos disueltos es extremadamente baja (conductividad de 8–30 µS/cm debido al bajo pH). Suelos muy pobres
Disección regular con profundos valles bien desarrollados, laderas inclinadas y valles ocasionalmente en forma de U debido a la deposición de material erosionado. La elevación máxima de los cerros es entre 30 y 50 m sobre la parte más baja de los valles. La deposición de Nauta finaliza con el desarrollo de una superficie regional definida por cimas aplanadas a cerca de 200 m sobre el nivel del mar	Principalmente aguas claras, algunas aguas negras. En las aguas claras, las concentraciones de sólidos disueltos son extremadamente bajos (conductividad de 3–8 µS/cm en aguas claras y de 8–30 µS/cm, debido al pH bajo, en aguas negras). Suelos pobres
Disección regular con valles poco profundos en forma de U y cerros bajos con elevación máxima de 30 m. Tiene una muy intensa red de drenaje con incisiones superficiales, pequeñas y cortas	Sus aguas tienen material suspendido que limita su transparencia y les da un color naranja lechoso. La concentración de sólidos disueltos es muy baja (conductividad de 8–20 µS/cm). Suelos de fertilidad intermedia
Casi la misma que Nauta 1, con disección regular, valles poco profundos con forma de U y cerros redondeados con elevaciones máximas de 30 m. Tiene una red muy densa con incisiones superficiales, pequeñas y cortas. Es difícil diferenciar entre Pebas y Nauta 1 utilizando características geomorfológicas	Su apariencia es casi la misma que Nauta 1. Concentraciones de sólidos más altas que las de Nauta 1 debido a los efectos de la intemperización de minerales inestables como calcita, aragonita y pirita (conductividad de 20–300 µS/cm). Suelos de fertilidad intermedia

Formaciones geológicas/
Geological Formations

Background information on the geological context of the Ere-Campuya-Algodón region in Loreto, Peru.
The information was compiled by R. Stallard.

FORMACIONES GEOLÓGICAS/GEOLOGICAL FORMATIONS			
Unit and age	Geological description	Geological interpretation	
Alluvial plain: Holocene to present	Sands and clays; colors yellow to brown	Current area of inundation where sediments from modern rivers are deposited during flooding	
Terrace deposits: Pleistocene-Holocene, 160 ka to about 2 Ma	Sands and clays; colors yellow to brown	Old areas of inundation	
Iquitos Formation/ White Sand Unit: Late Plio-Pleistocene, developing 2.3 Ma to present	Almost pure quartz sands, red mudstones, and quartz conglomerates; deposits indicate some rivers flowed from the west	The white sands are most likely products of weathering in place of sand bodies deposited in an old alluvial plain, perhaps accompanied by local redeposition. The weathering removes all color-bearing minerals	
Nauta 2: Pliocene-early Pleistocene, ending 2.3 Ma	Yellow to brown sandstones, mudstones, and conglomerates. Intensely channelized. Often begins with a conglomeratic horizon with chert, rock fragments, and quartz. More kaolinitic clays	Sedimentary deposits from more weathered sources than older sediments. These appear to be fluvial-continental sediments deposited as an aggradational alluvial plain. Caused by the uplift of the eastern ranges of the Andes (megafans)	
Nauta 1: Pliocene, 5 to 2.3+ Ma	Yellow to brown sandstones, mudstones, and conglomerates. Intensely channelized. Smectitic clays?	Deposits of sediments in a fluvial system caused by the uplift of the eastern ranges of the Andes. Deposits interpreted as being affected by tides are instead probably associated with seiches in large lakes	
Pebas Formation: Late early Miocene to late Miocene, 19–6.5 Ma	Mudstones with a characteristic blue-turquoise color, alternating with lignite layers and an abundance of mollusk fossils. Smectitic clays	Sedimentation in a fluvial-lacustrine environment alternating between an alluvial plain and shallow lakes, which occasionally show the effects of salt water from the ocean	

The formations found under the Pebas and not exposed at the surface are Grupo Oriente, Chonta, Vivian, (Cretaceous), Yahuarango and Pozo (Paleogene), and Chambira (Miocene).

Modified from Stallard (2007). Key references: Linna (1993); Räsänen et al. (1998); Ruokolainen and Tuomisto (1998); Sánchez Fernández et al. (1999b); Roddaz et al. (2005a,b); Stallard (2005, 2011), this report; Hoorn et al. (2010a,b); Hovikoski et al. (2010); Latrubesse et al. (2010); Stallard and Zapata (2012)

Geomorphic description	Description of soils and water
Plains located near or below the current level of maximum inundation by the rivers. Has a variety of structures including 1) sand bars, scroll bars, and beaches; 2) shore ridges formed by levees and swales; and 3) swampy environments subject to flooding (*aguajales*)	Soil composition varies depending on the headwaters of the river. Rivers draining the Andes deposit nutrient-rich sediments, and alluvial plain soils are nutrient-rich. Almost all others deposit nutrient-poor sediment and soils are nutrient-poor
Terrace tops are higher than the current level of maximum inundation of the rivers. These have structures preserved from their alluvial past. The lowest terraces have many saturated areas, and this is the zone of many *aguajales* and peat deposits. Older terraces form flat-topped summits	Soil composition varies somewhat depending on the headwaters of the river. Rivers draining the Andes deposit nutrient-rich sediments, but with time these soils become nutrient-poor. Other rivers deposit nutrient-poor sediments that form nutrient-poor soils
Often found on flat-topped hills about 30–60 m above valleys, laterally grading into non-bleached sediment and with dense small-stature vegetation (*varillal* and *chamizal*) that is distinctive in satellite images	Typically black waters, usually transparent, and at times with a deep brown color. Stream beds of white sand. Dissolved solid concentration is extremely low (conductivity 8–30 µS/cm, because of the low pH). Very poor soils
Regular dissection with deep, well-developed valleys, steep slopes, and occasionally U-shaped bottoms because of the deposition of eroded material. Maximum hill elevations 30–50 m above valley bottoms. Nauta deposition ends with the development of a regional surface defined by flat-topped summits at about 200 m above sea level	Mostly clear waters, some black waters. In the clear waters, dissolved solid concentrations are extremely low (conductivity 3–8 µS/cm in clear waters, and 8–30 µS/cm, because of the low pH, in black waters). Poor soils
Regular dissection with shallow U-shaped valleys, and low rounded hills with maximum elevations near 30 m. Has a very dense drainage network with superficial, small, and short incisions	Waters have suspended material that limit their transparency and give them a milky orange color. The dissolved solid concentration is very low (conductivity 8–20 µS/cm). Soils of intermediate fertility
Almost the same as Nauta 1, with regular dissection, shallow U-shaped valleys, and low rounded hills with maximum elevations near 30 m. Has a very dense drainage network with superficial, small, and short incisions. It is difficult to differentiate between Pebas and Nauta 1 using geomorphic features	Appearance almost the same as Nauta 1. Higher dissolved solid concentrations than Nauta 1 because of the effects of weathering of unstable minerals such as calcite, aragonite, and pyrite (conductivity 20–300 µS/cm). Soils of intermediate fertility

Apéndice/Appendix 2

Muestras de agua/
Water Samples

Muestras de agua recolectadas por Robert Stallard en tres sitios durante el inventario rápido de las cuencas de los ríos Ere, Campuya y Algodón, Loreto, Perú, del 15 al 31 de octubre de 2012. Se empleó el sistema WGS 84 para registrar las coordenadas geográficas.

Sitio/ Site	Descripción/ Description	Muestra/ Sample	Fecha/ Date	Hora/ Time	Latitud/ Latitude
BE norte del helipuerto/ north of the heliport	Quebrada/Stream	AM120007	10/22	9:15	S 2.019693°
BE confluencia/confluence	Río Yare/Yare River	AM120010	10/24	12:15	S 2.012289°
BE aguas arriba del Yare/ upriver from the Yare	Río Ere/Ere River	AM120011	10/25	12:00	S 2.011272°
BE T3 4950	Quebrada/Stream	–	10/23	14:15	S 1.98952°
BE T4 0480	Pequeño naciente en collpa/Mineral lick seep	AM120008	10/23	8:45	S 2.019724°
BE TC 0100	Quebrada/Stream	AM120009	10/23	10:00	S 2.007446°
EA T1 1280	Quebrada/Stream	–	10/18	9:30	S 1.672778°
EA T1 2650	Quebrada/Stream	AM120006	10/20	11:00	S 1.665224°
EA T1 4500	Quebrada/Stream	AM120005	10/18	12:30	S 1.653579°
EA T4 0150	Quebrada/Stream	AM120002	10/17	10:30	S 1.680168°
EA T4 6300	Río Algodón/Algodón River	AM120001	10/16	14:30	S 1.700301°
EA T1 0000	Río Ere/Ere River	AM120003	10/18	7:30	S 1.678712°
EA T1 6500	Río Sibi/Sibi River	AM120004	10/18	13:15	S 1.637831°
MC En campamento/ At the campsite	Río Campuya/Campuya River	AM120015	10/30	8:00	S 1.517568°
MC T1 0140	Pequeño naciente en collpa/Mineral lick seep	–	10/27	8:00	S 1.518332°
MC T1 0500	Quebrada/Stream	–	10/27	8:20	S 1.517217°
MC T1 0790	Quebrada/Stream	–	10/27	8:40	S 1.516468°
MC T1 1270	Quebrada/Stream	–	10/27	9:10	S 1.514483°
MC T1 1520	Quebrada/Stream	–	10/27	9:30	S 1.514001°
MC T1 2050	Quebrada/Stream	–	10/27	10:00	S 1.512817°
MC T1 2350	Quebrada/Stream	–	10/27	10:15	S 1.512277°
MC T1 2675	Quebrada/Stream	–	10/27	10:30	S 1.511604°
MC T1 3020	Quebrada/Stream	AM120012	10/27	10:55	S 1.509525°
MC T1 4140	Quebrada/Stream	–	10/27	12:00	S 1.509538°
MC T1 4440	Quebrada/Stream	–	10/27	12:25	S 1.511777°
MC T1 4700	Quebrada/Stream	–	10/27	12:40	S 1.513632°
MC T1 4950	Quebrada/Stream	–	10/27	12:55	S 1.515698°
MC T1 5380	Quebrada/Stream	–	10/27	13:30	S 1.516744°
MC T1 5980	Quebrada/Stream	–	10/27	14:00	S 1.512107°

LEYENDA/LEGEND

Sitios/ Sites

EA = Campamento Cabeceras Ere-Algodón/Cabeceras Ere-Algodón Campsite

BE = Campamento Bajo Ere/Bajo Ere Campsite

MC = Campamento Medio Campuya/ Medio Campuya Campsite

T = Trocha/Trail

Corriente/ River flow

G = Buena/Good
M = Moderada/Moderate
Sl = Débil/Weak
St = Fuerte/Strong
Tr = Muy débil/Trickle
V = Muy fuerte/Very strong

Apariencia del agua/ Appearance of the water

Br = Marrón/Brown
Cl = Clara/Clear
Gr = Gris/Gray
Lb = Marrón claro/ Light brown

Water samples collected by Robert Stallard at three sites during the rapid inventory of the Ere, Campuya, and Algodón watersheds, Loreto, Peru, on 15–31 October 2012. Geographic coordinates use WGS 84.

Longitud/ Longitude	Elevación/ Elevation (m)	Corriente/ Flow	Apariencia/ Appearance	Lecho/ Bed	Ancho/ Width (m)	Altura de las riberas/ Bank height (m)	Temperatura/ Temperature (°C)	Conductividad/ Conductivity (µS/cm)	pH
W 73.253105°	130	M	Cl	Sa	3	1	24.7	5.3	5.04
W 73.257949°	133	St	Tu, Br	Br Mu, Sa	20	6	26.0	5.3	4.94
W 73.258567°	137	St	Tu, Br	Br Mu, Sa	50	6	27.4	5.8	5.09
W 73.247256°	146	M	Cl	Br Mu, Sa	4	2	26.7	4.1	5.22
W 73.248961°	135	Tr	Tu, Gr	Bl-Y Gr Mu	5	3	24.6	10.2	5.48
W 73.251823°	131	G	Cl	Br Mu, Sa	4	2	25.0	4.5	5.02
W 73.712832°	172	Sl	Cl	Sa, Ga	2	1	24.4	5.4	4.90
W 73.704339°	166	Sl	Cl	Sa, Ga	1	1	24.8	4.1	5.11
W 73.696123°	161	G	Ts, Lb	Br Mu, Sa	5	2	24.7	4.4	5.44
W 73.720416°	189	Sl	Cl	Sa	2	1	25.0	4.1	5.34
W 73.759656°	174	G	Ts, Lb	Br Mu	7	2	25.6	4.5	5.59
W 73.719573°	185	G	Ts, Lb	Br Mu, Sa	7	2	24.2	3.7	5.33
W 73.688129°	160	St	Tu, Br	Br Mu, Sa	12	3	24.7	3.8	5.36
W 73.816132°	150	St	Tu, Br	Br Mu, Sa, Ga	20	4	27.6	3.9	5.69
W 73.817068°	157	Tr	Cl	Bl-Y Gr Mu	1	0.2	27.5	51.7	6.32
W 73.820233°	163	Tr	Cl	Sa, Ga	2	2	26.5	6.6	5.46
W 73.822636°	164	Sl	Cl	Sa, Ga	2	2	25.2	7.6	5.10
W 73.826143°	161	Sl	Cl	Si	2	0.2	24.9	9.9	5.42
W 73.828442°	163	Sl	Cl	Si	2	0.2	25.0	4.8	5.27
W 73.832709°	165	Sl	Cl	Sa, Ga	4	1	25.1	3.2	5.38
W 73.83532°	164	Sl	Cl	Br Mu	3	0.5	25.1	4.2	5.21
W 73.837858°	158	Tr	Cl	Br Mu	2	0.2	25.1	4.6	5.26
W 73.839932°	153	G	Cl	Sa	4	0.5	24.8	3.5	5.34
W 73.846125°	169	Sl	Cl	Sa, Ga	1	1	25.4	3.1	5.25
W 73.845074°	168	Tr	Cl	Br Mu	1	2	25.4	4.6	5.09
W 73.846533°	165	Tr	Cl	Br Mu	2	1	25.4	3.6	5.38
W 73.84673°	163	Sl	Cl	Sa	4	0.5	25.4	3.3	5.50
W 73.843445°	160	G	Cl	Sa	5	2	25.8	3.4	5.56
W 73.844599°	166	M	Cl	Sa	2	0.5	26.1	3.3	5.53

Ts = Algo turbia/
Slightly turbid

Tu = Turbia/Turbid

Y = Amarilla/Yellow

Lecho/Bed

Bl = Azul/Blue

Br = Marrón/Brown

Ga = Grava/Gravel

Gr = Gris/Gray

Mg = Grava de lodolito/
Mudstone gravel

Mu = Fango/Mud

Sa = Arena/Sand

Si = Limo y materia orgánica/
Silt and organic debris

Y = Amarilla/Yellow

MUESTRAS DE AGUA / WATER SAMPLES						
Sitio/ **Site**	**Descripción/** **Description**	**Muestra/** **Sample**	**Fecha/** **Date**	**Hora/** **Time**	**Latitud/** **Latitude**	
MC T1 6175	Quebrada/Stream	–	10/27	14:20	S 1.510978°	
MC T2 0060	Pequeño naciente en collpa/Mineral lick seep	–	10/30	10:45	S 1.518376°	
MC T2 0165	Quebrada/Stream	–	10/29	8:20	S 1.518931°	
MC T2 1150	Quebrada/Stream	–	10/29	9:10	S 1.524224°	
MC T2 2400	Quebrada/Stream	–	10/29	10:10	S 1.531705°	
MC T2 2850	Quebrada/Stream	AM120014	10/29	10:40	S 1.534222°	
MC T2 3750	Quebrada/Stream	–	10/29	11:30	S 1.529448°	
MC T3 1625	Lago/Lake	–	10/28	8:45	S 1.513156°	
MC T3 3250	Quebrada/Stream	–	10/28	10:00	S 1.500363°	
MC T3 2855	Quebrada/Stream	–	10/28	9:30	S 1.50385°	
MC T3 3800	Quebrada/Stream	–	10/28	10:30	S 1.504432°	
MC T4 0125	Salado de Guacamayo/salt lick	–	10/30	9:15	S 1.517217°	
MC T4 0275	Salado de Guacamayo/salt lick	AM120013	10/27	17:20	S 1.516742°	
MC T4 0300	Quebrada/Stream	AM120016	10/30	9:45	S 1.516459°	
MC T4 0425	Quebrada/Stream	–	10/27	17:00	S 1.515316°	
MC T4 0550	Quebrada/Stream	–	10/27	16:50	S 1.514411°	
MC T4 1520	Quebrada/Stream	–	10/27	16:00	S 1.515236°	
En Sta. Mercedes/ In Sta. Mercedes	Río Putumayo/Putumayo River	AM120017	10/31	15:00	S 1.788158°	

LEYENDA/LEGEND

Sitios/
Sites

EA = Campamento Cabeceras
Ere-Algodón/Cabeceras Ere-
Algodón Campsite

BE = Campamento Bajo Ere/Bajo
Ere Campsite

MC = Campamento Medio Campuya/
Medio Campuya Campsite

T = Trocha/Trail

Corriente/
River flow

G = Buena/Good

M = Moderada/Moderate

Sl = Débil/Weak

St = Fuerte/Strong

Tr = Muy débil/Trickle

V = Muy fuerte/Very strong

Apariencia del agua/
Appearance of the water

Br = Marrón/Brown

Cl = Clara/Clear

Gr = Gris/Gray

Lb = Marrón claro/
Light brown

Longitud/ Longitude	Elevación/ Elevation (m)	Corriente/ Flow	Apariencia/ Appearance	Lecho/ Bed	Ancho/ Width (m)	Altura de las riberas/ Bank height (m)	Temperatura/ Temperature (°C)	Conductividad/ Conductivity (µS/cm)	pH
W 73.843637°	167	Sl	Cl	Sa, Ga	1	1	26.2	4.3	5.45
W 73.815569°	133	Tr	Cl	Bl-Y Gr Mu	10	0.3	26.4	26.0	6.19
W 73.815162°	131	Sl	Cl	Br Mu	2	1	24.7	15.4	5.89
W 73.811718°	145	Sl	Cl	Br Mu	2	1	25.1	6.6	5.46
W 73.819412°	152	Sl	Cl	Ga	3	1	25.1	4.8	5.37
W 73.821956°	154	M	Cl	Sa, Ga	5	2	24.8	4.8	5.25
W 73.826883°	167	Sl	Cl	Sa, Ga	2	0.5	25.1	4.9	5.25
W 73.807268°	127	–	Ts	Br Mu	20	4	27.8	3.6	6.13
W 73.80543°	139	Sl	Cl	Sa	3	2	26.4	4.8	5.42
W 73.806698°	131	Tr	Cl	Br Mu	4	1	26.8	11.9	5.85
W 73.808082°	139	Tr	Cl	Br Mu	4	1	26.3	6.2	5.03
W 73.817048°	141	Sl	Cl	Bl-Y Gr Mu	7	0.3	24.7	484.0	6.51
W 73.817786°	149	Sl	Cl	Bl-Y Gr Mu	7	0.3	27.4	966.0	7.55
W 73.818047°	155	Sl	Cl	Mg	3	3	24.3	19.8	6.08
W 73.81813°	158	Sl	Cl	Si	2	0.2	25.8	18.7	5.42
W 73.818044°	165	Sl	Cl	Si	3	0.2	26.1	10.1	6.08
W 73.820201°	199	Sl	Cl	Si	2	0.2	26.3	5.4	5.22
W 73.412291°	120	V	Tu, Br-Y	Br Mu, Sa, Ga	500	5	29.8	23.2	6.41

Ts = Algo turbia/
      Slightly turbid

Tu = Turbia/Turbid

Y = Amarilla/Yellow

Lecho/Bed

Bl = Azul/Blue

Br = Marrón/Brown

Ga = Grava/Gravel

Gr = Gris/Gray

Mg = Grava de lodolito/
      Mudstone gravel

Mu = Fango/Mud

Sa = Arena/Sand

Si = Limo y materia orgánica/
      Silt and organic debris

Y = Amarilla/Yellow

Plantas vasculares/
Vascular Plants

Plantas vasculares registradas en tres campamentos durante un inventario rápido de las cuencas de los ríos Ere, Campuya y Algodón, Loreto, Perú, del 15 al 31 de octubre de 2012. Recopilado por Marcos Ríos Paredes y Robin Foster. Las colecciones, fotos y observaciones fueron hechas por los miembros del equipo botánico: Nállarett Dávila, Isau Huamantupa, Marcos Ríos Paredes, William Trujillo Calderón y Corine Vriesendorp. Los nombres de las familias de plantas son los utilizados en mayo de 2013 en la página web TROPICOS del Jardín Botánico de Missouri.

PLANTAS VASCULARES / VASCULAR PLANTS

Nombre científico/ Scientific name	Campamento/ Campsite			Especimenes/ Vouchers	Observación/ Observation	Fotos/ Photos
	Bajo Ere	Cabeceras Ere-Algodón	Medio Campuya			
SPERMATOPHYTA (968)						
Acanthaceae (5)						
Aphelandra attenuata	x	x	–	MR2379	–	–
Justicia (1 sp. no identificada)	x	–	–	MR2726	–	–
Mendoncia (1 sp. no identificada)	–	x	–	IH16660	–	–
Ruellia (1 sp. no identificada)	–	–	x	–	–	IH5682, 5683c3
(1 sp. no identificada)	–	x	–	–	–	ND499-501c2
Achariaceae (1)						
Lindackeria paludosa	–	x	x	–	x	–
Amaryllidaceae (3)						
Eucharis (3 spp. no identificadas)	x	x	x	–	x	–
Anacardiaceae (4)						
Anacardium giganteum	x	–	–	–	x	–
Astronium graveolens		x	–	–	x	–
Tapirira guianensis	x	x	x	–	x	–
Tapirira retusa	x	x	–	MR2551	–	–
Anisophylleaceae (1)						
Anisophyllea guianensis	x	x	x	–	x	–
Annonaceae (33)						
Anaxagorea brevipes	x	–	x	MR2691	–	–
Anaxagorea (1 sp. no identificada)	x	–	–	MR2639	–	–
Annona hypoglauca	–	x	x	IH16651	–	–
Annona (1 sp. no identificada)	x	–	–	MR2624	–	–
Bocageopsis canescens	–	–	x	–	–	ND591c3
Cremastosperma (2 spp. no identificadas)	–	x	–	MR2400, 2412	–	–
Duguetia (4 spp. no identificadas)	x	x	–	MR2366, 2523, 2667, 2720	–	–
Guatteria decurrens	x	x	x	MR2392, 2641, 2793, 2810	–	–
Guatteria elata	–	x	–	–	x	–
Guatteria megalophylla	x	x	x	MR2362, 2398, 2790	–	–
Guatteria scytophylla	–	x	–	–	x	–
Guatteria (4 spp. no identificadas)	x	x	–	MR2470, 2473, 2627, 2748	–	–
Oxandra euneura	x	x	x	MR2436, 2620	–	–
Oxandra xylopioides	x	x	x	MR2445	–	–
Rollinia (1 sp. no identificada)	–	x	–	–	x	–
Tetrameranthus sp. nov.	x	–	–	MR2608	–	–
Trigynaea triplinervis	–	x	–	–	x	–
Unonopsis stipitata	–	x	–	MR2602	–	–

Vascular plants recorded at three campsites during a rapid inventory of the Ere, Campuya, and Algodón watersheds, Loreto, Peru, on 15–31 October 2012. Compiled by Marcos Ríos Paredes and Robin Foster. Collections, photographs, and observations by members of the botany team: Nállarett Dávila, Isau Huamantupa, Marcos Ríos Paredes, William Trujillo Calderón, and Corine Vriesendorp. Plant family names are those in use in May 2013 on the Missouri Botanical Garden's TROPICOS website.

PLANTAS VASCULARES / VASCULAR PLANTS

Nombre científico/ Scientific name	Campamento/ Campsite			Especimenes/ Vouchers	Observación/ Observation	Fotos/ Photos
	Bajo Ere	Cabeceras Ere-Algodón	Medio Campuya			
Unonopsis veneficiorum	x	–	x	MR2618,2642, 2836	–	–
Xylopia parviflora	–	x	x	–	x	–
Xylopia sericea cf.	–	x		–	x	–
Xylopia sp. nov.	x	x	x	MR2316, 2421, 2530, 2792	–	–
Xylopia (3 spp. no identificadas)	–	–	x	MR2649, 2739, 2862	–	–
(1 sp. no identificada)	–	x	–	MR2512	–	–
Apocynaceae (18)						
Aspidosperma desmanthum	–	x	–	–	x	–
Aspidosperma excelsum	x	–	–	–	x	–
Aspidosperma schultesii	–	x	–	–	x	–
Couma macrocarpa	x	x	x	–	x	–
Ditassa cf. (1 sp. no identificada)	–	x	–	IH16658	–	–
Himatanthus sucuuba	–	–	x	–	x	–
Lacmellea klugii cf.	x	–	x	MR2903	–	–
Macoubea guianensis	x	x	–	–	x	–
Malouetia tamaquarina	–	–	x	–	x	–
Mandevilla (2 spp. no identificadas)	–	x	–	MR16657, 16662	–	–
Odontadenia (2 spp. no identificadas)	x	x	–	MR2450, 2550	–	–
Parahancornia peruviana	x	x	–	–	x	–
Prestonia (1 sp. no identificada)	–	x	–	MR2457	–	–
Rhigospira quadrangularis	x	x	–	MR2431	x	–
Tabernaemontana heterophylla	–	x	–	MR2424	–	–
Tabernaemontana (1 sp. no identificada)	x	–	–	MR2754	–	–
Aquifoliaceae (1)						
Ilex nayana	–	x	–	–	x	–
Araceae (13)						
Anthurium atropurpureum	x	x	x	MR2524, 2724, 2804, 2905	–	–
Anthurium breviscapum	–	x	–	MR2531	–	–
Anthurium pseudoclavigerum	–	x	–	MR2388	–	–
Anthurium (3 spp. no identificadas)	–	–	x	MR2868, 2879, 2930	–	–
Dracontium angustispathum	–	x	–	MR2517	–	–
Heteropsis (1 sp. no identificada)	–	x	–	MR2323	–	–
Philodendron fragrantissimum	–	x	–	–	–	ND363c2
Philodendron (2 spp. no identificadas)	x	–	x	MR2371, 2782	–	–

PLANTAS VASCULARES / VASCULAR PLANTS						
Nombre científico/ Scientific name	Campamento/ Campsite			Especimenes/ Vouchers	Observación/ Observation	Fotos/ Photos
	Bajo Ere	Cabeceras Ere-Algodón	Medio Campuya			
Stenospermation (2 spp. no identificadas)	x	x	–	MR2467, 2678	–	–
Araliaceae (2)						
Dendropanax arboreus cf.	x	x	x		x	–
Schefflera morototoni	–	x	x	MR2559	–	–
Arecaceae (52)						
Aiphanes ulei	x	x	x		–	IH5280c1; ND425-417c2
Astrocaryum chambira	x	x	x		x	–
Astrocaryum gynacanthum	x	x	x	MR2483	–	–
Astrocaryum jauari	x	–	x		x	–
Astrocaryum murumuru	x	–	x		–	CV7724-7726c1
Attalea insignis	x	x	–		–	CV7736-7737c1
Attalea maripa	x	–	x		x	–
Attalea microcarpa	–	–	x	MR2794	–	–
Bactris acanthocarpa	–	x	x	MR2834	–	–
Bactris brongniartii	–	x	–		x	–
Bactris concinna	–	x	–		x	–
Bactris fissifrons cf.	–	–	x	MR2835, 2904	–	–
Bactris hirta	x	–	x	MR2787, 2910	–	–
Bactris macroacantha	x	–	–	MR2619	–	–
Bactris maraja	x	–	x	MR2898	–	–
Bactris riparia	x	–	x		x	–
Bactris schultesii cf.	x	–	–	MR2770	–	–
Bactris simplicifrons	x	x	–	MR2405, 2539	–	–
Bactris (2 spp. no identificadas)	x	x	–	MR2355, 2714	–	–
Chamaedorea pinnatifrons	–	–	x	MR2837	–	–
Chelyocarpus repens	x	–	–		–	CV7499-7501c1
Desmoncus giganteus	–	x	–		–	ND285c2
Desmoncus mitis	x	x	x	MR2514	–	–
Euterpe precatoria	x	x	x		x	–
Geonoma camana	x	x	x	MR2796	–	–
Geonoma deversa	x	x	x		x	–
Geonoma jussieuana	x	–	–		x	–
Geonoma leptospadix	–	–	x	MR2844	–	–
Geonoma macrostachys	x	x	x	MR2331, 2623, 2843, 2887	–	–
Geonoma maxima	–	–	x	MR2828	–	–
Geonoma stricta	–	x	–	MR2573, 2629	–	–

PLANTAS VASCULARES / VASCULAR PLANTS						
Nombre científico/ Scientific name	**Campamento/ Campsite**			**Especimenes/ Vouchers**	**Observación/ Observation**	**Fotos/ Photos**
	Bajo Ere	Cabeceras Ere-Algodón	Medio Campuya			
Geonoma (8 spp. no identificadas)	x	x	x	MR2382, 2385, 2417, 2606, 2652, 2694, 2706, 2845	–	–
Hyospathe elegans	x	x	x	MR2458	–	–
Iriartea deltoidea	x	x	x		x	–
Iriartella stenocarpa	x	x	x	MR2397	–	–
Lepidocaryum tenue	x	x	x	–	x	–
Mauritia flexuosa	x	x	x	–	x	–
Mauritiella armata	x	–	x	–	x	–
Oenocarpus bataua	x	x	x	–	x	–
Oenocarpus mapora	x	x	x	–	x	–
Prestoea schultzeana	x	–	–	–	x	–
Socratea exorrhiza	x	x	x	–	x	–
Socratea salazarii	x	–	–	MR2574, 2657	–	–
Wettinia drudei	x	–	x	MR2682	–	–
Aristolochiaceae (1)						
Aristolochia (1 sp. no identificada)	–	x	–	–	x	–
Asteraceae (1)						
Mikania (1 sp. no identificada)	–	–	x	MR2820	–	–
Begoniaceae (1)						
Begonia (1 sp. no identificada)	x	–	–	MR2833	–	–
Bignoniaceae (9)						
Adenocalymma cladotrichum	x	x	x	MR2929	x	–
Callichlamys latifolia	x	x	x	–	x	–
Cydista (1 sp. no identificada)	x			–	–	CV7608- 7609c1
Distictella magnoliifolia	–		x	MR2927	–	
Jacaranda copaia	x	x	–	–	–	CV6735- 6736c2
Jacaranda glabra	x	x	x		–	CV6721- 6722c2
Jacaranda macrocarpa	–	x	x	–	x	–
Tabebuia serratifolia cf.	x	–	–	–	–	CV7477c1
(1 sp. no identificada)	–	x	–	MR2504	–	–
Boraginaceae (6)						
Cordia collococca	–	–	x	–	x	–
Cordia nodosa	x	x	x	–	–	CV7659c1
Cordia ucayaliensis	–	x	x	–	x	
Cordia (2 spp. no identificadas)	–	x	–	MR2358, 2375	–	–
Tournefortia cuspidata	–	x	–	IH16650	–	–

LEYENDA/LEGEND   CV = Corine Vriesendorp   MR = Marcos Ríos Paredes   WT = William Trujillo Calderón

     IH = Isau Huamantupa   ND = Nallarett Dávila

PLANTAS VASCULARES / VASCULAR PLANTS						
Nombre científico/ **Scientific name**	**Campamento/** **Campsite**			**Especimenes/** **Vouchers**	**Observación/** **Observation**	**Fotos/** **Photos**
	Bajo Ere	Cabeceras Ere-Algodón	Medio Campuya			
Bromeliaceae (8)						
Aechmea nidularioides	x	x	x	MR2907	–	–
Aechmea (4 spp. no identificadas)	x	x	x	MR2329, 2351, 2552, 2909	–	–
Guzmania lingulata	–	–	x	MR2908	–	–
Tillandsia (2 spp. no identificadas)	x	–	–	MR2695, 2703	–	–
Burseraceae (24)						
Crepidospermum prancei	x	x	x	–	–	ND267c2
Crepidospermum rhoifolium	x	x	x	–	x	–
Dacryodes nitens cf.	x	x	x	–	x	–
Dacryodes peruviana	–	x	–	–	x	–
Dacryodes (1 sp. no identificada)	x	–	–	MR2538	–	–
Protium altsonii	–	x	–	–	x	–
Protium amazonicum		x	x	–	x	–
Protium crassipetalum	x	x	–	–	x	–
Protium divaricatum	x	x	x	–	x	–
Protium ferrugineum	x	x	x	–	–	IH4936- 4937c2
Protium gallosum	–	–	x	–	x	–
Protium hebetatum	x	x	x	–	x	–
Protium heptaphyllum	x	–	–	MR2661	–	–
Protium klugii	x	x	–	–	x	–
Protium nodulosum	x	x	x	–	x	–
Protium paniculatum	x	x	x	MR2459	–	–
Protium sagotianum	x	–	–	–	x	–
Protium subserratum	x	x	x	–	x	–
Protium trifoliolatum	x	x	x	–	x	–
Protium unifoliolatum	–	–	x	–	x	–
Protium (2 spp. no identificadas)	–	–	x	MR2789, 2934	–	–
Tetragastris panamensis	x	x	x	–	x	–
Trattinnickia aspera	–	x	–	–	x	–
Calophyllaceae (2)						
Calophyllum brasiliense	x	–	–	–	x	–
Caraipa (1 sp. no identificada)	x	–	–	MR2759	–	–
Capparaceae (2)						
Capparidastrum sola	–	–	x	–	x	–
Preslianthus pittieri	–	–	x	–	–	ND116-117c3
Caryocaraceae (4)						
Anthodiscus pilosus	x	x	x	–	x	–
Caryocar glabrum	x	x	x	–	–	ND458c3, ND603c2
Caryocar harlingii cf.	x	–	–	–	–	CV7447c1

PLANTAS VASCULARES / VASCULAR PLANTS						
Nombre científico/ Scientific name	Campamento/ Campsite			Especimenes/ Vouchers	Observación/ Observation	Fotos/ Photos
	Bajo Ere	Cabeceras Ere-Algodón	Medio Campuya			
Caryocar microcarpum	–	x	–	MR2468	–	–
Celastraceae (6)						
Cheiloclinium cognatum	x	x	x	MR2432	–	–
Maytenus macrocarpa cf.	–	–	x	–	x	–
Salacia insignis	–	x	–	MR2348	–	–
Salacia juruana	x	–	–	MR2600	–	–
(2 spp. no identificadas)	x	–	x	MR2698, 2885	–	–
Chrysobalanaceae (19)						
Couepia dolichopoda	x	–	–	MR2732	–	–
Couepia macrophylla cf.	–	–	x	–	–	ND300c3
Hirtella bicornis	–	x	x	MR2850	–	–
Hirtella elongata	–	x	–	MR2461	–	–
Hirtella physophora	x	–	–	MR2765	–	–
Hirtella racemosa	–	x	x	MR2322	–	–
Hirtella rodriguesii	x	x	x	MR2390	–	–
Hirtella (1 sp. no identificada)	–	x	–	MR2447	–	–
Licania arachnoidea	–	x	x	–	–	IH5724-5725c3
Licania brittoniana	x	x	–	MR2339	–	–
Licania egleri	x	x	x	–	x	–
Licania heteromorpha	–	x	–	–	x	–
Licania lata	–	–	x	–	–	ND512c3
Licania latifolia	x	–	x	–	–	IH5492-5493c1
Licania micrantha	x	x	–	–	x	–
Licania octandra	x	x	–	–	x	–
Licania reticulata	x	–	–	–	–	CV7702c1
Parinari klugii	–	x	–	–	x	–
Parinari occidentalis	x	x	x	–	–	IH5554c3
Clusiaceae (21)						
Clusia (8 spp. no identificadas)	x	x	x	IH16667; MR2415, 2437, 2500, 2513, 2663, 2666, 2917	–	–
Garcinia macrophylla	x	–	x	–	x	–
Marila laxiflora	–	–	x	–	x	–
Moronobea coccinea	x	–	x	MR2766	–	–
Symphonia globulifera	–	x	–	MR2454	–	–
Tovomita calophyllophylla cf.	x	–	x	–	x	IH5240c1
Tovomita weddelliana	x	x	x	–	x	–

LEYENDA/LEGEND   CV = Corine Vriesendorp   MR = Marcos Ríos Paredes   WT = William Trujillo Calderón

IH = Isau Huamantupa   ND = Nallarett Dávila

PLANTAS VASCULARES / VASCULAR PLANTS						
Nombre científico/ **Scientific name**	**Campamento/** **Campsite**			**Especimenes/** **Vouchers**	**Observación/** **Observation**	**Fotos/** **Photos**
	Bajo Ere	**Cabeceras** **Ere-Algodón**	**Medio** **Campuya**			
Tovomita (7 spp. no identificadas)	x	x	x	MR2394, 2560, 2621, 2686, 2738, 2831, 2864	–	–
Combretaceae (4)						
Buchenavia amazonia	x	–	x	–	x	–
Buchenavia parvifolia	x	–	x	–	x	–
Buchenavia (1 sp. no identificada)	x	–	–	MR2626	–	–
Terminalia oblonga	x	–	x	–	x	–
Commelinaceae (1)						
Commelina rufipes	x	–	–	MR2579	–	–
Connaraceae (5)						
Connarus ruber cf.	–	x	–	MR2471	–	–
Connarus (3 spp. no identificadas)	x	–	x	MR2448, 2453, 2860	–	–
Pseudoconnarus (1 sp. no identificada)	–	x	–	MR2506	–	–
Convolvulaceae (3)						
Dicranostyles holostyla	x	x	x	–	x	–
Maripa janusiana cf.	–	x	–	MR2474	–	–
Maripa (1 sp. no identificada)	–	x	–	IH16659	–	–
Costaceae (3)						
Costus lasius	x	–	–	MR2601	–	–
Costus scaber	–	x	x	MR2889	–	–
Costus (1 sp. no identificada)	x	–	–	MR2528	–	–
Cucurbitaceae (1)						
Psiguria (1 sp. no identificada)	–	–	x	MR2893	–	–
Cyclanthaceae (9)						
Asplundia (4 spp. no identificadas)	x	x	x	MR2315, 2393, 2489, 2640	–	–
Cyclanthus bipartitus	x	x	x	–	x	ND215-218c3
Cyclanthus sp. nov.	x	x	–	–	x	–
Evodianthus funifer cf.	x	x	x	MR2567	–	–
(2 spp. no identificadas)	x	–	–	MR2509, 2510	–	–
Cyperaceae (8)						
Calyptrocarya (2 spp. no identificadas)	x	–	–	MR2699, 2705	–	–
Diplasia karatifolia	x	–	–	MR2704	–	–
Hypolytrum (1 sp. no identificada)	–	x	–		–	ND455c2
Kyllinga (1 sp. no identificada)	x	–	–	MR2653	–	–
(3 spp. no identificadas)	x	–	x	MR2728, 2746, 2891	–	–
Dichapetalaceae (5)						
Tapura amazonica	x	x	x	MR2591, 2884	–	–
Tapura coriacea cf.	x			MR2668	–	–
Tapura (3 spp. no identificadas)	x	x	x	MR2472, 2753, 2811	–	–

PLANTAS VASCULARES / VASCULAR PLANTS

Nombre científico/ Scientific name	Campamento/ Campsite			Especimenes/ Vouchers	Observación/ Observation	Fotos/ Photos
	Bajo Ere	Cabeceras Ere-Algodón	Medio Campuya			
Dilleniaceae (1)						
Doliocarpus dentatus cf.	x	–	–	MR2481	–	–
Ebenaceae (2)						
Diospyros artanthifolia	–	–	x	–	x	–
Diospyros tessmannii	x	–	x	MR2578	–	–
Elaeocarpaceae (11)						
Sloanea brevipes	x	x	–	–	x	–
Sloanea durissima	x	–	–	–	x	–
Sloanea eichleri		x	–	–	x	–
Sloanea floribunda	x	x	x	–	x	–
Sloanea grandiflora	x	–	–	–	x	–
Sloanea guianensis	x	–	–	–	x	–
Sloanea latifolia	x	–	–	–	x	–
Sloanea pubescens	–	–	x	–	x	–
Sloanea rufa	–	–	x	MR2906, 2925	–	–
Sloanea sinemariensis	–	x	–	–	x	–
Sloanea (1 sp. no identificada)	x	–	–	MR2651	–	–
Erythroxylaceae (4)						
Erythroxylum gracilipes cf.	x	–	–	MR2696	–	–
Erythroxylum macrophyllum	x	x	x	–	x	–
Erythroxylum (2 spp. no identificadas)	–	x	x	MR2519, 2851	–	–
Euphorbiaceae (27)						
Alchornea triplinervia	x	–	–	–	x	–
Alchorneopsis floribunda	x	–	–	MR2542	–	–
Aparisthmium cordatum	–	x	x	–	x	–
Conceveiba martiana	x	x	x	–	x	–
Conceveiba rhytidocarpa	–	–	x	–	x	–
Conceveiba terminalis	x	x	x	–	x	–
Croton palanostigma	–	x	–	–	x	–
Dodecastigma amazonicum	–	x	–	MR2397	–	–
Hevea guianensis	x	x	–	–	x	–
Hevea (1 sp. no identificada)	x	–	–	MR2747	–	–
Mabea angularis	x	–	x	–	x	–
Mabea piriri	x	x	x	–	x	–
Mabea speciosa	x	x	x	MR2760	–	–
Mabea standleyi	x	x	x	MR2443, 2594	–	–
Mabea subsessilis	x	–	–	MR2557	–	–
Mabea (1 sp. no identificada)	x	–	–	MR2707	–	–
Maprounea guianensis	x	–	x	MR2541, 2547	–	–
Micrandra elata	x	–	x	–	x	–

LEYENDA/LEGEND   CV = Corine Vriesendorp   MR = Marcos Ríos Paredes   WT = William Trujillo Calderón

IH = Isau Huamantupa   ND = Nallarett Dávila

PLANTAS VASCULARES / VASCULAR PLANTS						
Nombre científico/ Scientific name	**Campamento/ Campsite**			**Especimenes/ Vouchers**	**Observación/ Observation**	**Fotos/ Photos**
	Bajo Ere	Cabeceras Ere-Algodón	Medio Campuya			
Micrandra spruceana	x	–	–	–	x	–
Nealchornea yapurensis	x	x	x	–	x	–
Omphalea diandra	–	–	x	–	x	–
Pausandra (2 spp. no identificadas)	x	–	x	MR2427, 2808	–	–
Pera (1 sp. no identificada)	–	–	x	MR2913	–	–
Rhodothyrsus macrophyllus	x	x	x	MR2410, 2583	–	–
Sapium marmieri	–	–	x	–	–	ND813c3
Senefeldera inclinata	x	x	x	–	x	–
Fabaceae-Caes. (27)						
Bauhinia brachycalyx	–	x	–	–	x	–
Bauhinia guianensis	x	x	–	–	x	–
Brownea grandiceps	x	x	x	–	x	–
Crudia (1 sp. no identificada)	–	–	x	–	–	ND563-564c3
Cynometra bauhiniifolia	x	x	x	–	x	ND573, 632c3
Cynometra spruceana	–	–	x	–	x	ND614c3
Dialium guianense	x	x	x	–	x	–
Dimorphandra macrostachya	–	–	x	–	–	ND634-635c3
Hymenaea courbaril	x	–	x	–	x	–
Hymenaea oblongifolia	x	x	–	–	x	–
Hymenaea oblongifolia var. *palustris*	x	–	–	–	x	–
Macrolobium acaciifolium	x	–	x	MR2750	–	–
Macrolobium angustifolium	x	x	x	MR2452, 2464	–	–
Macrolobium limbatum	x	–	x	–	–	ND104c3
Macrolobium multijugum	–	–	x	–	x	–
Peltogyne altissima	x	x	x	–	–	CV7835c1; IH5355c1
Tachigali chrysophylla	x	x	x	–	–	ND692c2, ND346c3
Tachigali formicarum	–	x	–	–	–	IH4923- 4924c2
Tachigali loretensis	–	x	–	–	–	IH4944c2
Tachigali macbridei	x	x	x	–	–	IH4735c2, IH5093c1; ND369-370c2
Tachigali melinonii cf.	–	x	–	–	–	CV6730- 6731c2
Tachigali paniculata	–	–	x	–	–	ND566-567c3
Tachigali "pilosula"	x	x	x	–	–	IH5351c1; ND23-28c3, ND420-422
Tachigali schultesiana	x	–	–	–	–	IH5301c1
Tachigali setifera	x	x	x	–	x	–
Tachigali vasquezii cf.	–	x	–	–	–	–

PLANTAS VASCULARES / VASCULAR PLANTS						
Nombre científico/ Scientific name	Campamento/ Campsite			Especimenes/ Vouchers	Observación/ Observation	Fotos/ Photos
	Bajo Ere	Cabeceras Ere-Algodón	Medio Campuya			
Tachigali (1 sp. no identificada)	–	x	x	–	–	IH4943c2; ND386-391c3
Fabaceae-Mim. (43)						
Abarema auriculata	x	–	–	–	x	–
Abarema jupunba	x	x	–	–	x	–
Abarema laeta	x	x	x	MR2409	–	–
Balizia cf. (1 sp. no identificada)	–	x	–	MR2505	–	–
Calliandra guildingii	–	–	x	–	x	–
Calliandra trinervia	x	–	–	–	x	–
Calliandra (1 sp. no identificada)	–	x	–	–	x	–
Cedrelinga cateniformis	x	x	x	–	x	–
Enterolobium schomburgkii	–	–	x	–	–	ND88, 91c3
Inga acrocephala	–	–	x	–	x	–
Inga auristellae	x	x	x	–	x	–
Inga capitata	x	–	x	–	–	IH5555-5556c3
Inga ciliata	x	–	x	–	–	ND239-242c2
Inga cordatoalata	x	–	x	–	x	–
Inga gracilifolia	x	x	x	–	–	CV7856c1; ND243-244c2
Inga heterophylla	x	x	–	–	x	–
Inga laurina	–	–	x	–	x	–
Inga megaphylla	x	–	–	MR2636	–	–
Inga oerstediana	x	–	–	–	x	–
Inga pruriens	–	x	–	–	x	–
Inga punctata cf.	–	x	–	MR2463	–	–
Inga ruiziana	–	–	x	–	–	ND312c3
Inga semialata	x	–	x	–	x	–
Inga stipularis	–	x	–	–	x	ND284c2
Inga thibaudiana	x	–	–	–	x	–
Inga umbellifera	x	x	x	–	x	–
Inga (2 spp. no identificadas)	x	x	–	MR2444, 2709	–	–
Marmaroxylon basijugum	x	x	x	MR2572	–	–
Mimosa (1 sp. no identificada)	x	–	–	MR2558	–	–
Parkia igneiflora	x	x	x	MR2501	–	–
Parkia multijuga	x	x	x	–	x	–
Parkia nitida	x	x	x	–	x	–
Parkia panurensis	x	x	x	–	x	–
Parkia velutina	x	x	x	–	x	–
Stryphnodendron polystachyum	–	x	x	–	x	–

LEYENDA/LEGEND

CV = Corine Vriesendorp

IH = Isau Huamantupa

MR = Marcos Ríos Paredes

ND = Nallarett Dávila

WT = William Trujillo Calderón

PLANTAS VASCULARES / VASCULAR PLANTS						
Nombre científico/ **Scientific name**	**Campamento/** **Campsite**			**Especimenes/** **Vouchers**	**Observación/** **Observation**	**Fotos/** **Photos**
	Bajo Ere	Cabeceras Ere-Algodón	Medio Campuya			
Stryphnodendron pulcherrimum cf.	x	–	–	MR2555	–	–
Stryphnodendron (1 sp. no identificada)	x	–	–	MR2545	–	–
Zygia cauliflora	–	–	x	–	x	–
Zygia racemosa	–	x	x	–	x	–
Zygia unifoliolata	x	–	x	–	x	–
Zygia (2 spp. no identificadas)	x	x	–	IH16668	–	IH5347c1
Fabaceae-Pap. (29)						
Andira inermis	x	x	–	–	x	–
Andira macrothyrsa	x	x	–	–	x	–
Clathrotropis macrocarpa	x	x	x	MR2491	–	–
Dioclea dictyoneura	–	–	x	MR2869	–	–
Diplotropis purpurea	x	x	–	–	x	–
Dipteryx micrantha	–	x	–	–	x	–
Dussia tessmannii	–	x	–	–	x	–
Hymenolobium excelsum	x	x	–	–	x	–
Hymenolobium nitidum	x	x	–	–	x	–
Machaerium cuspidatum	x	x	x	–	x	–
Machaerium (1 sp. no identificada)	–	x	–	MR2497	–	–
Ormosia amazonica	x	–	–	–	x	–
Ormosia coccinea	x	–	–	–	x	–
Ormosia (1 sp. no identificada)	–	x	–	–	–	ND381c2
Platymiscium stipulare	–	–	x	–	x	–
Pterocarpus amazonum	–	x	–	–	x	–
Pterocarpus rohrii	–	–	x	–	x	–
Pterocarpus santalinoides	–	x	–	MR2465	–	–
Swartzia arborescens	x	x	x	–	x	–
Swartzia benthamiana	x	x	x	–	–	ND535-536c3
Swartzia klugii	x	x	x	–	x	–
Swartzia pendula	–	–	x	MR2920	–	–
Swartzia peruviana	–	x	–	–	x	–
Swartzia polyphylla	x	x	–	–	x	–
Swartzia simplex	x	x	–	–	–	ND418c2
Swartzia (1 sp. no identificada)	x	–	–	–	–	IH5470c1
Vatairea erythrocarpa	x	x	x	–	–	CV703-705c2
Vatairea fusca	–	–	x	–	–	IH5738-5741c3
Vatairea guianensis	x	–	x	–	x	–
Gentianaceae (5)						
Potalia coronata	x	x	x	MR2374	–	–
Tachia loretensis	x	x	x	MR2363	–	–
Voyria aphylla	–	x	–	MR2526	–	–

PLANTAS VASCULARES / VASCULAR PLANTS						
Nombre científico/ Scientific name	**Campamento/ Campsite**			**Especimenes/ Vouchers**	**Observación/ Observation**	**Fotos/ Photos**
	Bajo Ere	**Cabeceras Ere-Algodón**	**Medio Campuya**			
Voyria flavescens	x	–	–		–	IH5461-5462c1
Voyria (1 sp. no identificada)	x	–	x	MR2919	–	–
Gesneriaceae (7)						
Besleria (1 sp. no identificada)	–	x	–	MR2345	–	–
Codonanthe crassifolia	–	–	x	MR2922	–	–
Columnea (1 sp. no identificada)	–	x	–		–	ND274c2
Drymonia coccinea cf.	x	–	–	MR2577	–	–
Drymonia (1 sp. no identificada)	–	–	x	MR2839	–	–
Nautilocalyx (1 sp. no identificada)	–	–	x	MR2883	–	–
(1 sp. no identificada)	–	–	x	MR2871	–	–
Gnetaceae (1)						
Gnetum (1 sp. no identificada)	–	x	–	MR2446	–	–
Goupiaceae (1)						
Goupia glabra	x	x	x	MR2540	–	–
Heliconiaceae (4)						
Heliconia hirsuta	x	x	–	MR2353	–	–
Heliconia lasiorachis	x	–	–	MR2693	–	–
Heliconia schumanniana	–	–	x	MR2779	–	–
Heliconia velutina	x	x	x	MR2344	–	IH4711c2
Humiriaceae (6)						
Sacoglottis ceratocarpa	x	x	x	–	x	–
Sacoglottis guianensis	x	x	–	–	x	–
Sacoglottis (2 spp. no identificadas)	–	x	–	MR2312, 2508	–	–
Vantanea paraensis cf.	x	–	x	–	x	–
Vantanea parviflora	x	–	x	–	x	–
Hypericaceae (2)						
Vismia macrophylla	x	–	x	–	x	–
Vismia (1 sp. no identificada)	–	x	–	MR2406	–	–
Icacinaceae (4)						
Dendrobangia boliviana	x	x	–	–	x	–
Dendrobangia multinervia	x				x	CV7299c1
Pleurisanthes (1 sp. no identificado)	–	x		MR2493	–	–
Poraqueiba sericea	x	–	–	–	x	–
Lacistemataceae (2)						
Lacistema aggregatum	x	–	x	–	x	–
Lozania (1 sp. no identificada)	x	–	–	MR2735	–	–
Lamiaceae (5)						
Aegiphila (2 spp. no identificadas)	–	x	–	MR2365, 2430	–	–

LEYENDA/LEGEND   CV = Corine Vriesendorp   MR = Marcos Ríos Paredes   WT = William Trujillo Calderón

IH = Isau Huamantupa   ND = Nallarett Dávila

PLANTAS VASCULARES / VASCULAR PLANTS						
Nombre científico/ Scientific name	Campamento/ Campsite			Especimenes/ Vouchers	Observación/ Observation	Fotos/ Photos
	Bajo Ere	Cabeceras Ere-Algodón	Medio Campuya			
Amasonia (1 sp. no identificada)	–	x	–	MR2343	–	–
Vitex triflora	x	x	–	MR2737	–	–
Vitex (1 sp. no identificada)	–	–	x	MR2915	–	–
Lauraceae (23)						
Aiouea (1 sp. no identificada)	–	x	–	IH16663	–	–
Anaueria brasiliensis	–	x	–	MR2475	–	–
Aniba (2 spp. no identificadas)	–	–	x	MR2814, 2926	–	–
Caryodaphnopsis fosteri	x	–	–	–	x	–
Chlorocardium venenosum	–	x	–	–	x	–
Endlicheria (1 sp. no identificada)	–	–	x	MR2416	–	–
Licaria aurea	x	–	–	–	x	–
Nectandra (1 sp. no identificada)	–	x	–	IH16669	–	–
Ocotea aciphylla	x	x	x	–	x	–
Ocotea argyrophylla	x	x	–	–	x	–
Ocotea cernua	–	–	x	–	x	–
Ocotea javitensis	x	x	x	–	x	–
Ocotea oblonga	x	x	x	–	x	–
Ocotea olivacea	–	x	–	–	–	ND703-704c2
Ocotea (1 sp. no identificada)	x	–	–	MR2536	–	–
(7 spp. no identificadas)	x	x	x	MR2377, 2646, 2712, 2730, 2852, 2877, 2897	–	–
Lecythidaceae (16)						
Allantoma lineata cf.	x	x	x	–	x	–
Cariniana decandra	x	x	x	–	x	–
Couratari guianensis	x	x	x	–	–	ND288c2
Couratari oligantha	–	x	–	–	x	–
Eschweilera chartaceifolia	x	–	x	–	x	–
Eschweilera coriacea	x	x	x	–	x	–
Eschweilera gigantea	x	x	–	–	–	IH4907-4908c2
Eschweilera itayensis	x	x	x	–	x	–
Eschweilera micrantha	x	x	x	–	x	–
Eschweilera ovalifolia cf.	x	–	–	–	–	CV7130-7132c1
Eschweilera tessmannii	x	–	x	–	x	IH5026-5027c2
Eschweilera (2 spp. no identificadas)	x	–	x	MR2548, 2778	–	–
Gustavia hexapetala	x	x	x			CV7649-7652c1
Gustavia (1 sp. no identificada)	–	x	–	MR2455	–	–
Lecythis pisonis	x	–	x	–	–	CV7263-7269c1

PLANTAS VASCULARES / VASCULAR PLANTS						
Nombre científico/ Scientific name	Campamento/ Campsite			Especimenes/ Vouchers	Observación/ Observation	Fotos/ Photos
	Bajo Ere	Cabeceras Ere-Algodón	Medio Campuya			
Linaceae (3)						
Hebepetalum humiriifolium	x	x	x	MR2556	–	–
Roucheria columbiana	x	x	x	–	x	–
Roucheria schomburgkii	x	x	x	–	x	–
Loganiaceae (3)						
Bonyunia (1 sp. no identificada)	x	–	–	MR2537	–	–
Strychnos mitscherlichii var. pubescentior	–	x	–	MR2462	–	–
Strychnos tarapotensis	–	x	–	–	x	CV6706c2
Loranthaceae (2)						
Psittacanthus (1 sp. no identificada)	x	–	–	MR2637	–	–
(1 sp. no identificada)	–	x	–	MR2503	–	–
Malpighiaceae (5)						
Byrsonima stipulina	x	–	x	MR2688	–	–
Byrsonima (2 spp. no identificadas)	x	–	x	MR2731, 2777	–	–
Heteropterys cf. (1 sp. no identificada)	–	x	–	IH16665	–	–
(1 sp. no identificada)	–	x	–	MR2516	–	–
Malvaceae (23)						
Apeiba membranacea	x	x	x	–	x	–
Eriotheca macrophylla	–	x		–	x	–
Herrania nitida	–	–	x	MR2881	–	ND322-325c3
Hibiscus peruvianus	–	–	x	MR2795	–	ND018c3, IH5591-5592c3
Huberodendron swietenioides	x	x	x	–	x	–
Luehea grandiflora	x	x	x	–	x	–
Matisia malacocalyx	x	x	x	MR2308, 2399, 2584	–	–
Matisia (2 spp. no identificadas)	x	–	–	MR2679, 2740	–	–
Mollia gracilis	–	–	x	MR2918	–	ND801, 803, 806c3
Mollia lepidota	x	–	x	–	x	–
Ochroma pyramidale	–	–	x	–	x	–
Pachira aquatica	–	–	x	–	x	–
Pachira insignis	x	x	x	–	–	CV7611-7614c1
Scleronema praecox	x	x	x	–	–	IH4954-4956c2, ND554,712c2
Sterculia apetala	–	–	x	–	–	ND808c3

LEYENDA/LEGEND

CV = Corine Vriesendorp MR = Marcos Ríos Paredes WT = William Trujillo Calderón

IH = Isau Huamantupa ND = Nallarett Dávila

PLANTAS VASCULARES / VASCULAR PLANTS						
Nombre científico/ **Scientific name**	**Campamento/** **Campsite**			**Especimenes/** **Vouchers**	**Observación/** **Observation**	**Fotos/** **Photos**
	Bajo Ere	Cabeceras Ere-Algodón	Medio Campuya			
Sterculia (3 spp. no identificadas)	x	x	–	–	–	CV7388- 7390, 7653c1; ND350-351c2
Theobroma obovatum	x	x	x	–	x	–
Theobroma speciosum		x	x	–	x	–
Theobroma subincanum	x	x	x	–	x	–
(1 sp. no identificada)	x	–	–	–	–	CV7797- 7798c1
Marantaceae (18)						
Calathea altissima	–	x	–	MR2408	–	IH4705c2
Calathea (4 spp. no identificadas)	x	x	–	MR2347, 2587, 2656, 2658	–	–
Goeppertia propinqua	–	x	–	MR2364	–	–
Goeppertia zingiberina	x	–	–	MR2655	–	–
Ischnosiphon arouma cf.	x	x	–	MR2422, 2771	–	IH4758c2
Ischnosiphon hirsutus	x		x	MR2825	–	–
Ischnosiphon leucophaeus	x	x	x	MR2525, 2838, 2902	–	–
Ischnosiphon surumuensis	–	–	x	MR2870	–	–
Ischnosiphon (3 spp. no identificadas)	–	x	–	MR2396, 2420, 2423	–	–
Monophyllanthe araracuarensis	x	x	–	MR2582	–	–
Monotagma juruanum	x	x	x	MR2328, 2369, 2529	–	ND336c2
Monotagma vaginatum	x	–	–	MR2767	–	–
Monotagma (1 sp. no identificada)	x	–	–	MR2710	–	–
Marcgraviaceae (4)						
Marcgravia longifolia cf.	x	–	–	MR2598	–	–
Marcgravia (2 spp. no identificadas)	x	–	x	MR2643, 2824	–	–
Norantea guianensis	–	x	–	MR2515	–	–
Melastomataceae (39)						
Adelobotrys subsessilis	x	–	–	MR2659	–	–
Adelobotrys (1 sp. no identificada)	x	–	–	MR2650	–	–
Blakea ovalis	–	x	–	MR2414	–	–
Blakea rosea	x	x	x	MR2569	–	–
Blakea (2 spp. no identificadas)	x	x	–	MR2507, 2673	–	–
Clidemia foliosa	–	x	–	MR2333, 2342	–	–
Clidemia (1 sp. no identificada)	x	–	–	MR2595	–	–
Henriettella (2 spp. no identificadas)	–	x	–	IH16654; MR2449	–	–
Leandra candelabrum	–	x	–	MR2413	–	–
Maieta guianensis	x	x	x	–	x	–
Maieta poeppigii	x	x	x	MR2419	–	–
Miconia amazonica	x	x	–	IH16656	x	–

PLANTAS VASCULARES / VASCULAR PLANTS						
Nombre científico/ Scientific name	**Campamento/ Campsite**			**Especimenes/ Vouchers**	**Observación/ Observation**	**Fotos/ Photos**
	Bajo Ere	Cabeceras Ere-Algodón	Medio Campuya			
Miconia fosteri	–	x	–	MR2527	–	–
Miconia minutiflora cf.	–	x	–	IH16664	–	–
Miconia tomentosa	x	x	x	–	x	–
Miconia (8 spp. no identificadas)	x	x	x	MR2338, 2391, 2439, 2568, 2638, 2826, 2912, 2933	–	–
Mouriri acutiflora cf.	x	–	–	MR2571	–	–
Mouriri grandiflora	x	–	–	–	x	–
Mouriri myrtilloides	–	x	x	–	x	–
Mouriri (2 spp. no identificadas)	x	–	–	MR2713, 2734	–	–
Salpinga secunda	x	x	–	MR2518	–	–
Salpinga (1 sp. no identificada)	x	–	–	MR2676	–	–
Tococa caquetana	–	x	–	MR2383	–	–
Tococa guianensis	–	–	x	MR2890	–	–
Tococa (1 sp. no identificada)	–	x	–	MR2376	–	–
(4 spp. no identificadas)	x	–	x	MR2763, 2840, 2841, 2899	–	–
Meliaceae (18)						
Cabralea canjerana	–	–	x	–	x	–
Guarea cinnamomea	x	x		–	x	–
Guarea cristata	–	–	x	MR2803	–	–
Guarea fistulosa	x	–	x	MR2631, 2832, 2886	–	–
Guarea guidonia	x	–	x	IH16666	x	–
Guarea kunthiana	x	x	–	MR2313	–	–
Guarea macrophylla	x	x	x	MR2490, 2617	–	–
Guarea pterorhachis	x	x	x	–	x	–
Guarea silvatica	–	–	x	–	x	–
Guarea trunciflora	x	x	–	–	x	–
Guarea (3 spp. no identificadas)	x	x	x	MR2404, 2772, 2822	–	–
Trichilia micrantha	x	x	x	–	x	–
Trichilia pallida	–	–	x	–	x	–
Trichilia pleeana cf.	x	–	–	–	x	–
Trichilia septentrionalis	x	x	x	–	x	–
Trichilia (1 sp. no identificada)	–	–	x	MR2861	–	–
Menispermaceae (5)						
Abuta grandifolia	x	x	x	MR2827	–	–
Anomospermum (1 sp. no identificada)	x	–	–	MR2554	–	–
Curarea tecunarum		x	–	–	–	ND229c2

LEYENDA/LEGEND   CV = Corine Vriesendorp   MR = Marcos Ríos Paredes   WT = William Trujillo Calderón

IH = Isau Huamantupa   ND = Nallarett Dávila

PLANTAS VASCULARES / VASCULAR PLANTS						
Nombre científico/ **Scientific name**	**Campamento/** **Campsite**			**Especimenes/** **Vouchers**	**Observación/** **Observation**	**Fotos/** **Photos**
	Bajo Ere	Cabeceras Ere-Algodón	Medio Campuya			
Curarea toxicofera	x	–		–	–	IH5467- 5469c1
Sciadotenia (1 sp. no identificada)	x	–	–	MR2743	–	–
Monimiaceae (1)						
Mollinedia killipii	x	x	x	MR2380	–	IH4751c2
Moraceae (32)						
Brosimum alicastrum	–	x	–	–	x	–
Brosimum guianense	x	–	x	–	x	–
Brosimum lactescens	x	–	x	MR2645	–	–
Brosimum parinarioides	x	x	x	–	x	–
Brosimum potabile	x	x	–	–	x	–
Brosimum rubescens	x	x	x	–	x	–
Brosimum utile	x	x	–	–	x	–
Clarisia racemosa	x	x	–	–	x	–
Ficus americana ssp. *subapiculata*	–	–	x	MR2785	–	–
Ficus (1 sp. no identificada)	–	–	x	MR2865	–	–
Helicostylis scabra	x	x	x	–	x	–
Helicostylis tomentosa	x	x	x	–	x	–
Maquira calophylla	x	x	–	–	x	–
Naucleopsis concinna	x	x	x	–	x	–
Naucleopsis glabra	x	–	x	–	x	–
Naucleopsis imitans	x	x	x	–	x	–
Naucleopsis krukovii	x	–	–	–	x	–
Naucleopsis oblongifolia	x	x	x	–	x	–
Naucleopsis ternstroemiiflora	–	–	x	MR2581, 2769	–	–
Naucleopsis ulei	x	x	x	MR2781, 2821	–	–
Naucleopsis (1 sp. no identificada)	–	x	–	MR2401	–	–
Perebea humilis cf.	x	–	–	MR2715	–	–
Perebea longepedunculata	x	–	–	MR2744, 2752	–	–
Perebea mennegae	x	–	x	MR2665, 2711	–	–
Perebea mollis	–	–	x	–	x	–
Perebea (1 sp. no identificada)	–	x	–	MR2428	–	–
Pseudolmedia laevigata	x	x	x	MR2466	–	–
Pseudolmedia laevis	x	x	x	–	x	–
Pseudolmedia macrophylla	x	x	–	MR2498	–	–
Sorocea guilleminiana	x	–	x	–	x	–
Sorocea muriculata	x	x	x	–	x	–
Trymatococcus amazonicus	x	x	–	MR2418	–	–
Myristicaceae (26)						
Compsoneura capitellata	x	x	–	–	x	–
Compsoneura sprucei	x		x	–	x	–
Compsoneura sp. nov.		x		MR2486		–
Iryanthera crassifolia	x	x	x	MR2590	–	–

PLANTAS VASCULARES / VASCULAR PLANTS

Nombre científico/ Scientific name	Campamento/ Campsite			Especimenes/ Vouchers	Observación/ Observation	Fotos/ Photos
	Bajo Ere	Cabeceras Ere-Algodón	Medio Campuya			
Iryanthera juruensis	x	–	x	–	x	–
Iryanthera laevis	x	–	x	–	x	–
Iryanthera lancifolia	x	x	x	–	x	–
Iryanthera macrophylla	x	x	x	–	x	–
Iryanthera paraensis	x	x	x	MR2520, 2563, 2896	–	–
Iryanthera tricornis	x	x	x	–	x	–
Osteophloeum platyspermum	x	x	x	MR2561	–	–
Otoba glycycarpa	x	x	x	–	x	–
Virola calophylla	x	x	x	–	x	–
Virola decorticans cf.	x	x	–	MR2692	–	–
Virola divergens cf.	x	x	–	–	x	–
Virola duckei	–	x	–	–	x	–
Virola elongata	x	x	x	–	x	–
Virola flexuosa	x	x	x	–	x	–
Virola loretensis	x	–	–	–	x	–
Virola marlenei	x	x	–	MR2434, 2664	–	–
Virola multinervia	x	x	x	–	x	–
Virola obovata	x	x	x	–	x	–
Virola pavonis	x	x	x	–	x	–
Virola sebifera	x	x	–	–	x	–
Virola surinamensis	–	–	x	–	x	–
Virola (1 sp. no identificada)	–	x	–	MR2402	–	–
Myrtaceae (14)						
Calyptranthes pulchella	–	–	x	–	x	ND558c3
Calyptranthes speciosa	x	–	–	–	–	IH5499c1
Calyptranthes (1 sp. no identificada)	–	–	x	MR2846	–	–
Eugenia florida	–	–	x	–	–	ND518c3
Eugenia (3 spp. no identificadas)	–	x	x	MR2456, 2807, 2847	–	–
Marlierea caudata cf.	–	x	x	–	x	–
Myrcia (1 sp. no identificada)	x	–	–	MR2615	–	–
(5 spp. no identificadas)	x	x	x	MR2534, 2776, 2806, 2856, 2888	–	–
Nyctaginaceae (7)						
Neea (6 spp. no identificadas)	x	x	x	MR2350, 2425, 2798, 2855, 2863, 2866	–	–
(1 sp. no identificada)	x	–	–	MR2648	–	–
Ochnaceae (9)						
Cespedesia spathulata	x	x	x	MR2341	–	–

LEYENDA/LEGEND

CV = Corine Vriesendorp   MR = Marcos Ríos Paredes   WT = William Trujillo Calderón

IH = Isau Huamantupa   ND = Nallarett Dávila

PLANTAS VASCULARES / VASCULAR PLANTS						
Nombre científico/ Scientific name	**Campamento/ Campsite**			**Especimenes/ Vouchers**	**Observación/ Observation**	**Fotos/ Photos**
	Bajo Ere	Cabeceras Ere-Algodón	Medio Campuya			
Froesia diffusa	x	x	x		–	CV6712c2
Lacunaria (1 sp. no identificada)	–	x	–	MR2361	–	–
Ouratea pendula	–	–	x	MR2780	–	–
Ouratea (3 spp. no identificadas)	x	–	x	MR2644	–	–
Quiina (1 sp. no identificada)	–	–	x	MR2849	–	–
Touroulia amazonica	–	x	–	–	x	–
Olacaceae (9)						
Aptandra caudata	x	x	x	MR2799	–	–
Chaunochiton kappleri	x	x	x	MR2488	–	–
Curupira tefeensis cf.	x	x	x	MR2800	–	–
Dulacia candida	x	x	x	MR2604, 2817	–	–
Heisteria insculpta	x	–	x	MR2725	–	–
Heisteria scandens	–	x	–	–	x	–
Heisteria (1 sp. no identificada)	–	–	x	–	–	CV7949- 7952c3
Minquartia guianensis	x	x	x	–	–	IH5496- 5497c1; ND676c3
Tetrastylidium peruvianum	x	–	–	MR2773	–	–
Onagraceae (1)						
Ludwigia (1 sp. no identificada)	–	–	x	MR2923	–	–
Opiliaceae (2)						
Agonandra brasiliensis	–	–	x	–	x	–
Agonandra silvatica	–	–	x	–	–	ND31-32c3
Orchidaceae (4)						
Catasetum (1 sp. no identificada)	–	–	x	–	–	ND19-21c3
Masdevallia (1 sp. no identificada)	x	–	–	–	–	IH5259- 5268c1
Scaphyglottis (1 sp. no identificada)	–	x	–	–	–	x
(1 sp. no identificada)	x	–	–	–	–	CV7532- 7533c1
Oxalidaceae (2)						
Biophytum (2 spp. no identificadas)	x	x	–	MR2756	–	ND444c2; CV7680- 7686c1
Passifloraceae (6)						
Dilkea sp. nov	–	–	x	MR2853	–	–
Dilkea sp. nov. 'Maijuna'	x	x	–	MR2633	–	–
Passiflora spinosa	–	x	–	MR2346	–	CV6811c2
Passiflora (3 spp. no identificadas)	x	x	x	MR2441, 2768, 2867	–	–
Phyllanthaceae (5)						
Amanoa (1 sp. no identificada)	x	–	–	MR2674	–	–
Hieronyma alchorneoides	–	x	–	–	x	–

PLANTAS VASCULARES / VASCULAR PLANTS						
Nombre científico/ **Scientific name**	**Campamento/** **Campsite**			**Especimenes/** **Vouchers**	**Observación/** **Observation**	**Fotos/** **Photos**
	Bajo Ere	**Cabeceras** **Ere-Algodón**	**Medio** **Campuya**			
Hieronyma oblonga	–	x	–	–	x	–
Hieronyma (1 sp. no identificada)	–	x	–	MR2460	–	–
Richeria grandis	x	x	x	–	x	–
Picramniaceae (3)						
Picramnia spruceana	x	–	–	MR2751	–	–
Picramnia (2 spp. no identificadas)	x	–	–	MR2647, 2758	–	–
Piperaceae (43)						
Peperomia emarginella	–	x	–	MR2521	–	–
Peperomia mishuyacana	x	–	–	MR2684, 2736	–	–
Peperomia serpens	–	–	x	MR2842	–	–
Peperomia (2 spp. no identificadas)	–	–	x	MR2873, 2876	–	–
Piper arboreum	x	–	–	–	x	–
Piper brasiliense	x	x	–	MR2311, 2326; WT2553	–	–
Piper coruscans	–	–	x	MR2928	–	–
Piper crassinervium cf.	–	–	x	–	x	–
Piper demeraranum	x	–	x	WT2564, 2565, 2572	–	–
Piper dumosum	–	–	x	MR2894; WT2571	–	–
Piper hispidum cf.	–	–	x	–	x	–
Piper macrotrichum cf.	–	–	x	WT2568	–	–
Piper obliquum	x	x	x	WT2558	–	–
Piper perstipulare	–	–	x	WT2574	–	–
Piper poporense cf.	x	–	x	WT2575	–	–
Piper soledadense	x	x	x	MR2479, WT2555, 2567	–	–
Piper sp. nov.	–	x	–	WT2552	–	–
Piper (25 spp. no identificadas)	x	x	x	MR2306, 2320, 2337, 2476, 2477, 2478, 2533, 2613, 2625, 2634, 2721, 2936; WT2554, 2556, 2557, 2559, 2560, 2561a, 2561b, 2562, 2563, 2566, 2569, 2570, 2573	–	–
Poaceae (4)						
Guadua weberbaueri cf.	–	–	x	–	–	ND231-235c3
Merostachys cf. (1 sp. no identificada)	–	x	–	–	–	ND571-572c2
Olyra (1 sp. no identificada)	x	–	–	MR2700	–	

LEYENDA/LEGEND   CV = Corine Vriesendorp   MR = Marcos Ríos Paredes   WT = William Trujillo Calderón

                   IH = Isau Huamantupa   ND = Nallarett Dávila

PLANTAS VASCULARES / VASCULAR PLANTS						
Nombre científico/ **Scientific name**	**Campamento/** **Campsite**			**Especimenes/** **Vouchers**	**Observación/** **Observation**	**Fotos/** **Photos**
	Bajo Ere	Cabeceras Ere-Algodón	Medio Campuya			
Pariana (1 sp. no identificada)	x	–	–	–	–	CV7858-7859c1
Polygalaceae (2)						
Moutabea aculeata	x	–	–	MR2593	–	–
Securidaca paniculata	–	x	–	MR2451	–	–
Polygonaceae (1)						
Coccoloba (1 sp. no identificada)	x	–	–	MR2670	–	–
Primulaceae (1)						
Cybianthus (1 sp. no identificada)	x	–	x	MR2774	–	–
Proteaceae (1)						
Roupala montana	–	x	–	–	x	–
Putranjivaceae (3)						
Drypetes amazonica	–	–	x	–	x	–
Drypetes (2 spp. no identificadas)	–	x	x	–	x	IH5553c3
Rapateaceae (3)						
Rapatea (3 spp. no identificadas)	x	–	x	MR2689, 2815, 2892	–	–
Rhamnaceae (2)						
Ampelozizyphus amazonicus	x	x	x	–	x	–
Gouania (1 sp. no identificada)	–	x	–	MR2480	–	–
Rhizophoraceae (2)						
Cassipourea peruviana	x	x	x	MR2484	–	–
Sterigmapetalum obovatum	x	x	x	–	x	–
Rubiaceae (76)						
Agouticarpa curviflora	x	x	x	MR2319, 2357	–	–
Agouticarpa isernii	x	–	–	MR2588	–	–
Agouticarpa (1 sp. no identificada)	–	x	–	MR2502	–	–
Amaioua guianensis cf.	x	–	x	–	x	–
Amphidasya colombiana cf.	–	x	x	–	–	CV6975-6977c2; ND368-369c3
Botryarrhena pendula	–	x	x	–	x	–
Calycophyllum megistocaulum	x	x	x	–	–	ND111c3
Chimarrhis gentryana	x	x	x	–	–	ND398c2
Chimarrhis hookeri	x	–	–	–	x	–
Coussarea (1 sp. no identificada)	–	x	–	MR2407	–	–
Duroia hirsuta	x	x	x	MR2403	–	–
Duroia saccifera	x	x	x	MR2340, 2499	–	–
Duroia (1 sp. no identificada)	x	–	–	MR2775	–	–
Faramea multiflora	x	x	x	MR2495	–	–
Faramea quinqueflora	–	x	–	MR2395	–	–
Faramea tamberlikiana	x	–	–	MR2609	–	–
Faramea uniflora	x	x	–	MR2378, 2605	–	–

PLANTAS VASCULARES / VASCULAR PLANTS						
Nombre científico/ Scientific name	Campamento/ Campsite			Especimenes/ Vouchers	Observación/ Observation	Fotos/ Photos
	Bajo Ere	Cabeceras Ere-Algodón	Medio Campuya			
Faramea (2 spp. no identificadas)	x	–	x	MR2733, 2788	–	–
Geophila cordifolia	x	x	x	MR2875	–	–
Hippotis brevipes cf.	–	x	–	MR2384	–	–
Isertia hypoleuca	–	x	–	–	x	–
Kutchubaea oocarpa	x	–	–	MR2690	–	–
Ladenbergia oblongifolia	x	x	–	–	x	–
Margaritopsis cephalantha	x	–	x	MR2562, MR2911	–	–
Margaritopsis inconspicua cf.	–	x	–	MR2325	–	–
Margaritopsis nana	x	x	–	MR2318, 2680	–	–
Notopleura congesta	x	–	–	MR2630	–	–
Notopleura iridescens cf.	–	x	x	MR2354, 2829	–	–
Pagamea guianensis cf.	x	–	–	–	x	–
Palicourea crocea	x	–	–	MR2543	–	–
Palicourea lachnantha	x	–	–	MR2729	–	–
Palicourea lasiantha	–	x	–	IH16652	–	–
Palicourea punicea	x	–	–	MR2708, 2762	–	–
Palicourea virens	x	x	–	MR2321, 2575	–	–
Palicourea (1 sp. no identificada)	–	–	x	MR2932	–	–
Pentagonia wurdackii cf.	–	x	–	IH16661	–	–
Platycarpum sp. nov.	–	x	–	MR2485, 2487	–	–
Posoqueria latifolia	x	–	–	–	x	–
Psychotria acuminata	–	x	–	MR2438	–	–
Psychotria anceps	–	x	–	IH16670	–	–
Psychotria bertieroides cf.	–	x	–	MR2310, 2334, 2387	–	–
Psychotria capitata	–	x	–	MR2440	–	–
Psychotria cuspidulata	–	x	–	MR2433	–	–
Psychotria hypochlorina	x	x	x	MR2370, 2494	–	–
Psychotria iodotricha	–	x	–	MR2349	–	–
Psychotria limitanea	–	x	–	MR2365, 2360	–	–
Psychotria longicuspis	x	–	x	MR2612, 2916	–	–
Psychotria poeppigiana	x	x	x	MR2745	–	–
Psychotria remota	–	x	–	MR2356	–	–
Psychotria schunkei	–	x	–	MR2359	–	–
Psychotria williamsii	x	–	–	MR2610, 2685	–	–
Psychotria zevallosii	x	–	–	MR2549	–	–
Psychotria (10 spp. no identificadas)	x	x	–	MR2332, 2367, 2442, 2535, 2596, 2669, 2671, 2717, 2718, 2742	–	–
Randia (2 spp. no identificadas)	x	–	x	MR2564, 2878	–	–

LEYENDA/LEGEND   CV = Corine Vriesendorp   MR = Marcos Ríos Paredes   WT = William Trujillo Calderón

                            IH = Isau Huamantupa   ND = Nallarett Dávila

PLANTAS VASCULARES / VASCULAR PLANTS						
Nombre científico/ **Scientific name**	**Campamento/** **Campsite**			**Especimenes/** **Vouchers**	**Observación/** **Observation**	**Fotos/** **Photos**
	Bajo Ere	Cabeceras Ere-Algodón	Medio Campuya			
Remijia (1 sp. no identificada)	x	–	–	MR2553	–	–
Rudgea cornifolia	x	x	x	MR2603	–	–
Rudgea lanceifolia	x	x	x	MR2628, 2914	–	–
Rudgea panurensis	x	x	x	MR2435, 2589	–	–
Rudgea stipulacea cf.	–	x	–	MR2352	–	–
Rudgea (2 spp. no identificadas)	x	–	–	MR2592, 2716	–	–
Sabicea villosa	–	–	x	MR2823	–	–
Uncaria tomentosa	–	–	x		x	–
Warszewiczia coccinea	x	x	x	MR2816	–	–
Warszewiczia schwackei	x	x	x		x	–
Rutaceae (2)						
Conchocarpus (1 sp. no identificada)	x	–	x	MR2683	–	–
Ticorea tubiflora	–	x	–	–	x	–
Sabiaceae (2)						
Meliosma loretoyacuensis cf.	–	x	–	–	x	–
Ophiocaryon heterophyllum	x	x	–	MR2336, 2611	–	–
Salicaceae (8)						
Casearia javitensis	x	–	x	MR2632	–	–
Casearia (3 spp. no identificadas)	x	–	x	MR2607, 2701, 2819	–	–
Laetia procera	–	–	x	–	x	–
Neoptychocarpus killipii	x	x	–	MR2411, 2580	–	–
Ryania speciosa	–	x	x	MR2373	–	–
Tetrathylacium macrophyllum	–	–	x	–	x	–
Sapindaceae (4)						
Allophylus (1 sp. no identificada)	–	x	–	–	–	ND385-386c2
Matayba (1 sp. no identificada)	x	–	–	–	–	CV7630-7631c1
Talisia (1 sp. no identificada)	–	x	–	MR2522	–	–
Toulicia reticulata	x	–	–	–	–	CV7433c1
Sapotaceae (22)						
Chrysophyllum bombycinum	–	x	–	–	x	–
Chrysophyllum prieurii	x	–	–	–	x	–
Chrysophyllum sanguinolentum	x	x	–	–	x	–
Ecclinusa lanceolata	x	–	x	–	x	–
Manilkara bidentata	x	x	–	–	–	CV7826c1
Micropholis egensis	x	x	x	–	x	–
Micropholis guyanensis s.l.	x	x	x	–	x	–
Micropholis madeirensis	x	x	x	–	–	CV7849c1
Micropholis venulosa	x	x	x	–	x	ND598-599c3
Micropholis (2 spp. no identificadas)	x	x	–	MR2386, 2544	–	–
Pouteria amazonica	–	x	–	MR2492	–	–
Pouteria cuspidata	–	–	x	–	x	–

PLANTAS VASCULARES / VASCULAR PLANTS						
Nombre científico/ Scientific name	Campamento/ Campsite			Especimenes/ Vouchers	Observación/ Observation	Fotos/ Photos
	Bajo Ere	Cabeceras Ere-Algodón	Medio Campuya			
Pouteria gomphiifolia	–	–	x	–	x	–
Pouteria guianensis	x	x	x	–	x	–
Pouteria lucumifolia	–	–	x	–	–	ND624c3
Pouteria platyphylla	x	–	x	–	–	CV7779- 7780c1
Pouteria plicata	x	–	–	MR2755	–	–
Pouteria torta	–	–	x	–	x	–
Pouteria vernicosa	x	–	x	–	x	–
Pouteria (2 spp. no identificadas)	x	–	x	MR2622, 2874	–	–
Schlegeliaceae (1)						
Schlegelia cauliflora	x	–	–	MR2727	–	–
Simaroubaceae (4)						
Picrolemma sprucei	x	x	x	MR2859	–	–
Simaba guianensis	–	–	x	–	x	–
Simaba polyphylla	x	x	x	–	x	–
Simarouba amara	x	x	x	–	x	–
Siparunaceae (9)						
Siparuna cristata	x	x	x	MR2809	–	–
Siparuna cuspidata	–	–	–	MR2797	–	–
Siparuna decipiens	x	–	x	–	x	–
Siparuna guianensis	x	x	x	MR2783	–	–
Siparuna (5 spp. no identificadas)	x	x	x	IH16653, 16655; MR2381, 2749, 2895	–	–
Smilacaceae (1)						
Smilax (1 sp. no identificada)	x	–	–	MR2546	–	–
Solanaceae (11)						
Juanulloa (1 sp. no identificada)	–	x	–	MR2426	–	ND561-564c2
Markea (2 spp. no identificadas)	x	x	–	MR2697, 2901	–	–
Solanum pedemontanum	–	x	–	MR2469	–	–
Solanum (4 spp. no identificadas)	x	x	–	MR2372, 2511, 2586, 2687	–	–
(3 spp. no identificadas)	–	x	–	MR2309, 2317, 2872	–	–
Stemonuraceae (1)						
Discophora guianensis	x	x	–	–	x	–
Strelitziaceae (1)						
Phenakospermum guyannense	x	x	x	–	–	CV8031c3; ND236-238c3
Theaceae (1)						
Gordonia fruticosa	x	–	–	MR2719	–	–

LEYENDA/LEGEND

CV = Corine Vriesendorp   MR = Marcos Ríos Paredes   WT = William Trujillo Calderón

IH = Isau Huamantupa   ND = Nallarett Dávila

PLANTAS VASCULARES / VASCULAR PLANTS						
Nombre científico/ **Scientific name**	**Campamento/** **Campsite**			**Especimenes/** **Vouchers**	**Observación/** **Observation**	**Fotos/** **Photos**
	Bajo Ere	Cabeceras Ere-Algodón	Medio Campuya			
Thymelaeaceae (2)						
Schoenobiblus daphnoides	–	–	x	MR2830	–	IH5619-5621
Schoenobiblus peruvianus	–	x	–	MR2429	–	–
Urticaceae (14)						
Cecropia distachya	x	x	x	–	–	CV6707c2
Cecropia ficifolia	x	x	x	–	x	–
Cecropia latiloba	x	–	x	–	x	–
Cecropia sciadophylla	x	x	x		–	CV6860-6862c2; ND59-62c3
Coussapoa orthoneura	–	x	–	–	x	–
Coussapoa trinervia	–	x	–	–	x	–
Pourouma bicolor	x	x	x	–	x	–
Pourouma cecropiifolia	x	x	x	–	x	–
Pourouma guianensis	x	x	x	–	–	ND434c2
Pourouma minor	x	x	x	–	–	CV7754c1
Pourouma myrmecophila	x	–	x	MR2635	–	–
Pourouma phaeotricha	x	–	x	MR2566	–	–
Pourouma tomentosa	–	x	–	–	x	–
Urera baccifera	–	–	x	–	–	ND282-284c3
Violaceae (8)						
Leonia crassa	x	x	–	–	x	–
Leonia cymosa	x	x	x	MR2330	–	–
Leonia glycycarpa	x	x	x	–	x	–
Paypayrola (1 sp. no identificada)	x	–	–	–	x	–
Rinorea lindeniana	x	x	x	MR2482	–	–
Rinorea macrocarpa	x	x	x	MR2368	–	–
Rinorea racemosa	x	x	x	MR2314	–	–
Rinorea viridifolia	x	x	x	MR2616	–	–
Vochysiaceae (8)						
Erisma bicolor	x	x	x	–	x	–
Erisma uncinatum	x	x	–	–	x	–
Qualea sp. nov.	x	x	x	IH16675	–	–
Vochysia lomatophylla	x	–	x	–	x	–
Vochysia mapirensis cf.	–	x	–	IH16671	–	–
Vochysia moskovitsiana	–	x	–	IH16673	–	–
Vochysia vismiifolia	–	x	–	IH16672	–	–
Vochysia sp. nov.	–	x	–	IH16674	–	–
Zingiberaceae (3)						
Renealmia krukovii	x	–	–	MR2585	–	–
Renealmia thyrsoidea	–	x	–	MR2327,2532	–	–
Renealmia (1 sp. no identificada)	x	–	–	MR2662	–	–

PLANTAS VASCULARES / VASCULAR PLANTS						
Nombre científico/ Scientific name	**Campamento/ Campsite**			**Especimenes/ Vouchers**	**Observación/ Observation**	**Fotos/ Photos**
	Bajo Ere	Cabeceras Ere-Algodón	Medio Campuya			
CONIFEROPHYTA (1)						
Zamiaceae (1)						
Zamia (1 sp. no identificada)	–	–	x	MR2848	–	–
PTERIDOPHYTA (31)						
Adiantum (2 spp. no identificadas)	x	–	x	MR2576, 2921	–	–
Antrophyum guayanense	x	–	–	MR2570,2722	–	–
Asplenium angustum	x	–	–	MR2565	–	–
Asplenium juglandifolium	–	–	x	MR2880, 2900	–	–
Asplenium (3 spp. no identificadas)	x	–	–	MR2654, 2672, 2721	–	–
Cyathea (2 spp. no identificadas)	–	x	x	–	x	–
Hymenophyllum (2 spp. no identificadas)	–	x	x	MR2496, 2805	–	–
Lindsaea (3 spp. no identificadas)	x	x	x	MR2389, 2764, 2812	–	–
Lomariopsis nigropaleata	–	–	x	MR2882	–	–
Metaxya rostrata	–	–	x	MR2858	–	–
Microgramma baldwinii	–	–	x	MR2854	–	–
Microgramma megalophylla	x	–	–	MR2614, 2660	–	–
Microgramma reptans	–	–	x	MR2924	–	–
Nephrolepis (1 sp. no identificada)	–	–	x	MR2813	–	–
Niphidium (1 sp. no identificada)	–	–	x	MR2784	–	–
Polybotrya (1 sp. no identificada)	–	x		MR2324	–	–
Saccoloma inaequale	–	–	x	MR2818	–	–
Schizaea elegans	x	–	x	MR2702-2801	–	–
Selaginella (1 sp. no identificada)	x	–	x	–	x	–
Thelypteris (1 sp. no identificada)	–	x	–	–	x	–
Trichomanes cristatum cf.	x	–	–	MR2675	–	–
Trichomanes pinnatum	x	–	–	MR2597	–	–
Trichomanes (1 sp. no identificada)	x	–	–	MR2723	–	–
(1 sp. no identificada)	–	–	–	–	x	–

LEYENDA/LEGEND

CV	= Corine Vriesendorp	MR	= Marcos Ríos Paredes	WT	= William Trujillo Calderón
IH	= Isau Huamantupa	ND	= Nallarett Dávila		

**Estaciones de
muestreo de peces/
Fish Sampling Stations**

Resumen de las principales características de las estaciones de muestreo de peces durante el inventario rápido de las cuencas de los ríos Ere, Campuya y Algodón, Loreto, Perú, del 15 al 31 de octubre de 2012, por Roberto Quispe, Javier Maldonado y Max H. Hidalgo. Todos las estaciones, con la excepción de las tres cochas, muestrearon ambientes lóticos, con bosque primario como el tipo de vegetación riparia dominante y palizada y hojarasca en el fondo.

ESTACIONES DE MUESTREO DE PECES / FISH SAMPLING STATIONS

Sitios de muestreo/ Sampling sites	Ubicación geográfica/ Geographic location			Dimensiones/ Size (m)		
	Latitud/ Latitude	Longitud/ Longitude	Altitud (msnm)/ Elevation (masl)	Ancho/ Width	Profundidad/ Depth	
CAMPAMENTO CABECERAS ERE-ALGODÓN/ CABECERAS ERE-ALGODÓN CAMPSITE (17–21 de octubre de 2012/17–21 October 2012)						
Río Ere/Ere River 05	1°40'21.9" S	73°42'45.8" W	165	3.5	0.45	
Quebrada T1 1100	1°40'00.4" S	73°42'24.7" W	175	1.5	0.15	
Quebrada T1 450	1°40'12.0" S	73°42'39.7" W	169	0.9	0.10	
Río Algodón/Algodón River	1°41'57.2" S	73°45'04.6" W	179	2.5	0.40	
Quebrada T4 4550	1°41'53.6" S	73°44'53.6" W	211	0.4	0.15	
Quebrada T4 3900	1°41'42.4" S	73°44'38.7" W	159	0.4	0.35	
Río Sibi/Sibi River	1°33'16.5" S	73°41'17.1" W	154	20.0	1.50	
Quebrada afluyente del Sibi/Tributary of the Sibi T1	1°39'12.6" S	73°41'46.2" W	168	3.0	0.40	
Quebrada Sogal T6 4900	1°39'02.5" S	73°44'50.0" W	158	5.0	0.60	
CAMPAMENTO BAJO ERE/ BAJO ERE CAMPSITE (22–26 de octubre de 2012/22–26 October 2012)						
Quebrada Yare	2°00'33.2" S	73°15'29.3" W	155	20.0	1.20	
Quebrada Boca Yare	2°00'11.3" S	73°15'40.3" W	154	2.0	0.25	
Río Ere/Ere River 01	2°00'52.1" S	73°15'43.2" W	126	25.0	1.50	
Quebrada Tconector	2°00'26.5" S	73°15'06.8" W	135	2.5	0.35	
Cocha/Lake 01	2°01'30.2" S	73°15'25.3" W	152	35.0	1.60	
Río Ere/Ere River 02	2°01'13.3" S	73°15'14.3" W	114	30.0	1.60	
Río Ere/Ere River 03	2°01'50.3" S	73°15'27.5" W	121	30.0	1.60	
Río Ere/Ere River 04	2°02'07.3" S	73°15'39.0" W	121	30.0	1.60	
CAMPAMENTO MEDIO CAMPUYA/ MEDIO CAMPUYA CAMPSITE (28–31 de octubre de 2012/28–31 October 2012)						
Quebrada T2 2400	1°31'53.8" S	73°49'10.0" W	137	0.4	0.20	
Quebrada T2 3960	1°32'02.8" S	73°49'19.0" W	168	1.2	0.40	
Quebrada T2 6395	1°31'26.3" S	73°49'25.9" W	164	0.5	0.40	
Quebrada T1 3000	1°30'33.2" S	73°50'24.9" W	201	0.8	0.30	
Quebrada T3 3350	1°30'05.1" S	73°48'24.7" W	170	2.5	0.25	
Cocha/Lake 1	1°30'43.1" S	73°48'33.6" W	134	50.0	1.60	
Río Campuya/Campuya River 01	1°31'30.5" S	73°47'57.2" W	142	40.0	1.70	
Cocha/Lake 2	1°31'11.2" S	73°48'02.8" W	145	35.0	1.30	
Río Campuya/Campuya River 02	1°31'50.0" S	73°48'28.5" W	136	35.0	1.60	
Totales/Totals						

Attributes of the fish sampling stations studied during the rapid inventory of the Ere, Campuya, and Algodón watersheds, Loreto, Peru, on 15–31 October 2012, by Roberto Quispe, Javier Maldonado, and Max H. Hidalgo. All the stations, with the exception of the three *cochas* (lakes), were lotic environments with primary forest as the dominant riparian vegetation type and a bottom with snags and leaf litter.

Estaciones de muestreo de peces/ Fish Sampling Stations

Tipo de corriente/ Current type			Tipo de substrato/ Substrate			Tipo de cauce/ Channel type			Orilla/ Bank	
Nula/ No current	Lenta/ Slow	Lenta-Moderada/ Slow to Moderate	Arenoso y con gravas finas/ Sand and fine gravel	Areno-fangoso/ Sandy-muddy	Fangoso/ Muddy	Encajonado/ Entrenched	Con playas/ With beaches	% de sombra/ % shade	Fangosa/ Muddy	Areno-fangosa/ Sandy-muddy
–	1	–	–	–	1	–	1	80	–	1
1	–	–	–	1	–	1	–	90	1	–
1	–	–	–	1	–	1	–	90	1	–
–	1	–	–	1	–	1	–	80	–	1
1	–	–	–	1	–	1	–	50	1	–
–	1	–	–	1	–	1	–	65	1	–
–	–	1	–	–	1	–	1	35	–	1
–	1	–	–	1	–	1	–	75	1	–
–	1	–	–	1	–	1	–	50	–	1
–	1	–	–	–	1	1	1	35	1	–
–	1	–	–	–	1	1	1	60	1	–
–	–	1	–	–	1	–	1	10	–	1
1	–	–	–	1	–	1	–	95	1	–
1	–	–	–	–	1	1	–	5	1	–
–	–	1	–	–	1	–	1	5	–	1
–	–	1	–	–	1	–	1	6	–	1
–	–	1	–	–	1	–	1	7	–	1
–	1	–	1	–	–	1	–	95	1	–
–	1	–	–	1	–	1	–	90	1	–
–	1	–	1	–	–	1	–	95	1	–
–	1	–	–	1	–	1	–	90	1	–
–	1	–	–	1	–	1	–	95	1	–
1	–	–	–	–	1	1	–	5	1	–
–	–	1	–	1	–	–	1	5	–	1
1	–	–	–	–	1	1	–	5	1	–
–	–	1	–	1	–	–	1	5	–	1
7	12	7	2	13	11	18	10		16	10

Peces/Fishes

Especies de peces registradas durante un inventario rápido en las cuencas de los ríos Ere, Campuya y Algodón, Loreto, Perú, del 15 al 31 de octubre de 2012, por Roberto Quispe, Javier Maldonado y Max H. Hidalgo. Los órdenes siguen la clasificación de CLOFFSCA (Reis et al. 2003), con modificaciones recientes para la familia Characidae propuestas por Oliveira et al. (2011).

PECES / FISHES						
Nombre científico/ Scientific name	Nombre común/ Common name in Spanish	Campamentos/ Campsites			Putumayo*	Categoría de amenaza en Colombia/Threat status in Colombia (Mojica et al. 2012)
		Cabeceras Ere-Algodón	Bajo Ere	Medio Campuya		
MYLIOBATIFORMES (2)						
Potamotrygonidae (2)						
Paratrygon aiereba	raya ceja	–	–	X	–	–
Potamotrygon falkneri	raya tigre	–	X	X	–	–
OSTEOGLOSSIFORMES (2)						
Osteoglossidae (2)						
Arapaima gigas	paiche	–	–	X	X	VU (A2d)
Osteoglossum bicirrhosum	arahuana	–	X	X	X	VU (A2d)
CLUPEIFORMES (2)						
Engraulididae (2)						
Amazonsprattus scintilla	–	–	X	X	–	–
Lycengraulis batesii	anchoveta	–	X	X	–	–
CHARACIFORMES (115)						
Curimatidae (12)						
Curimata cf. *cisandina*	chio-chio	–	X	X	–	–
Curimata vittata	chio-chio	–	–	X	–	–
Curimata sp. 1	chio-chio	–	–	X	–	–
Curimatella alburna	chio-chio	–	X	X	–	–
Curimatella meyeri	chio-chio	–	X	X	–	–
Curimatopsis macrolepis	chio-chio	–	X	–	–	–
Cyphocharax nigripinnis	chio-chio	–	X	X	–	–
Cyphocharax pantostictos	chio-chio	X	–	–	–	–
Cyphocharax spiluropsis	chio-chio	–	X	–	–	–
Potamorhina latior	yahuarachi	–	–	X	–	–
Steindachnerina cf. *dobula*	chio-chio	–	X	X	–	–
Steindachnerina guenteri	chio-chio	–	X	–	–	–
Prochilodontidae (2)						
Prochilodus nigricans	boquichico	–	X	X	–	–
Semaprochilodus insignis	yaraqui	–	X	X	X	–
Anostomidae (7)						
Laemolyta taeniata	lisa	–	X	X	–	–
Leporellus vittatus	lisa paucar	–	X	X	X	–
Leporinus agazzisi	lisa	X	X	–	–	–
Leporinus cf. *aripuranensis*	lisa	–	X	–	–	–
Leporinus fasciatus	lisa	–	–	X	–	–
Leporinus aff. *friderici*	lisa	–	X	–	–	–
Rhytiodus argenteofuscus	lisa	X	X	–	–	–
Chilodontidae (2)						
Caenotropus labyrinthicus	–	–	X	–	–	–

Fish species recorded during a rapid inventory of the Ere, Campuya, and Algodón watersheds, Loreto, Peru, on 15–31 October 2012, by Roberto Quispe, Javier Maldonado, and Max H. Hidalgo. Ordinal classification follows CLOFFSCA (Reis et al. 2003), with recent modifications proposed for the Characidae family by Oliveira et al. (2011).

Nuevos registros y posibles nuevas especies/New records and possibly new species	Especies migratorias y tipo de migración/Migratory species and type of migration (Usma et al. 2009)	Usos/Uses	
		Especies ornamentales/Ornamental species (Sanabria-Ochoa et al. 2007)	Especies de consumo/Food species
–	–	X	–
–	–	X	–
–	–	X	X
–	–	X	X
–	–	–	–
NRP	–	–	–
NRP	–	–	–
–	–	X	X
–	–	–	–
–	–	X	X
–	–	–	–
–	–	X	–
–	–	–	–
–	–	X	X
–	–	–	X
–	–	X	X
–	–	–	–
–	–	X	–
–	MM	X	X
–	MM	X	X
–	–	X	X
NRP	–	X	X
–	MC	X	X
–	–	–	–
–	MC	X	X
–	MC	X	X
–	–	X	–
–	–	X	–

LEYENDA/LEGEND

Categoria de amenaza/
Threat category

NT = Casi Amenazada/
Near Threatened

VU = Vulnerable

Nuevos registros y posibles nuevas especies/New records and possible new species

NRP= Nuevo registro para el río Putumayo/New record for the Putumayo River

NR = Nuevo registro para el Perú/ New record for Peru

NS = Posiblemente nueva para la ciencia/Possibly new to science

Tipo de migración/
Migration type

MC = Migración corta/ Short-distance migration

MM= Migración mediana/ Medium-distance migration

ML = Migración larga/ Long-distance migration

* = Todas las especies registradas para el río Putumayo y las de consumo son resultado de entrevistas realizadas por el equipo social y los ictiólogos con pobladores de las comunidades locales.

All records for the Putumayo River were gathered in interviews with residents of local communities carried out by the social and ichthyology teams.

PECES / FISHES						
Nombre científico/ Scientific name	**Nombre común/ Common name in Spanish**	**Campamentos/ Campsites**			**Putumayo***	**Categoría de amenaza en Colombia/Threat status in Colombia (Mojica et al. 2012)**
		Cabeceras Ere-Algodón	**Bajo Ere**	**Medio Campuya**		
Chilodus punctatus	–	–	X	–	–	–
Crenuchidae (7)						
Characidium etheostoma	–	X	X	X	–	–
Characidium pellucidum	–	–	X	X	–	–
Characidium steindachneri gr.	–	–	–	X	–	–
Characidium sp. 1	–	–	–	X	–	–
Crenuchus spilurus	–	–	X	–	–	–
Elachocharax pulcher	–	X	X	X	–	–
Melanocharacidium sp. 1	–	X	–	–	–	–
Hemiodontidae (4)						
Anodus elongatus	yulilla	–	X	X	–	–
Hemiodus cf. *atranalis*	–	–	X	–	–	–
Hemiodus gracilis	yulilla	–	X	–	–	–
Hemiodus unimaculatus	yulilla	–	X	X	–	–
Gasteropelecidae (3)						
Carnegiella myersi	pechito	–	X	X	–	–
Carnegiella strigata	pechito	X	X	X	–	–
Gasteropelecus sternicla	pechito	X	–	–	–	–
Characidae (42)						
Astyanax cf. *abramis*	mojarra	X	–	–	–	–
Astyanax fasciatus	mojarra	X	X	X	–	–
Astyanax villwocki	mojarra	–	–	X	–	–
Astyanax sp. 1	mojarra	–	X	–	–	–
Astyanax sp. 2	mojarra	–	X	X	–	–
Boehlkea fredcochui	tetra azul	X	–	–	–	–
Characidae sp. 1	–	X	–	–	–	–
Characidae sp. 2	–	–	X	–	–	–
Characidae sp. 3	–	–	X	X	–	–
Characidae sp. 4	–	X	X	–	–	–
Characidae sp. 5	–	–	X	X	–	–
Characidae sp. 6	–	–	X	–	–	–
Chrysobrycon sp. 1	mojarra	X	–	–	–	–
Creagrutus gracilis	mojarra	X	–	–	–	–
Hemigrammus analis	–	X	X	X	–	–
Hemigrammus belottii	–	–	X	–	–	–
Hemigrammus aff. *luelingi*	–	X	–	–	–	–
Hemigrammus lunatus	–	X	X	X	–	–
Hemigrammus aff. *ocellifer*	–	X	X	–	–	–
Hyphessobrycon agulha	–	X	X	X	–	–
Hyphessobrycon copelandi	–	X	–	–	–	–

Nuevos registros y posibles nuevas especies/New records and possibly new species	Especies migratorias y tipo de migración/ Migratory species and type of migration (Usma et al. 2009)	Usos/ Uses	
		Especies ornamentales/ Ornamental species (Sanabria-Ochoa et al. 2007)	Especies de consumo/ Food species
–	–	X	–
–	–	X	–
–	–	X	–
–	–	–	–
–	–	–	–
–	–	–	–
–	–	X	–
–	–	–	X
NRP	–	–	–
–	–	X	X
–	–	X	X
–	–	X	–
–	–	X	–
–	–	X	–
–	–	–	X
–	–	–	–
NRP	–	–	–
–	–	–	–
–	–	X	–
–	–	–	–
–	–	–	–
–	–	–	–
–	–	–	–
–	–	–	–
–	–	X	–
NRP	–	–	–
–	–	–	–
–	–	–	–
–	–	X	–
–	–	–	–
–	–	–	–
–	–	X	–
–	–	–	–

LEYENDA/LEGEND

Categoría de amenaza/ Threat category

NT = Casi Amenazada/ Near Threatened

VU = Vulnerable

Nuevos registros y posibles nuevas especies/New records and possible new species

NRP = Nuevo registro para el río Putumayo/New record for the Putumayo River

NR = Nuevo registro para el Perú/ New record for Peru

NS = Posiblemente nueva para la ciencia/Possibly new to science

Tipo de migración/ Migration type

MC = Migración corta/ Short-distance migration

MM = Migración mediana/ Medium-distance migration

ML = Migración larga/ Long-distance migration

* = Todas las especies registradas para el río Putumayo y las de consumo son resultado de entrevistas realizadas por el equipo social y los ictiólogos con pobladores de las comunidades locales.

All records for the Putumayo River were gathered in interviews with residents of local communities carried out by the social and ichthyology teams.

PECES / FISHES						
Nombre científico/ Scientific name	Nombre común/ Common name in Spanish	Campamentos/ Campsites			Putumayo*	Categoría de amenaza en Colombia/Threat status in Colombia (Mojica et al. 2012)
		Cabeceras Ere-Algodón	Bajo Ere	Medio Campuya		
Hyphessobrycon eques	–	–	X	X	–	–
Hyphessobrycon peruvianus	–	–	X	X	–	–
Hyphessobrycon sp. 1	–	–	X	–	–	–
Hyphessobrycon sp. 2	–	–	X	X	–	–
Jupiaba anteroides	mojarra	X	X	X	–	–
Jupiaba zonata	mojarra	X	–	–	–	–
Knodus orteguasae	mojarra	X	–	X	–	–
Knodus sp. 1	mojarra	–	X	–	–	–
Moenkhausia ceros	mojarra	–	X	X	–	–
Moenkhausia comma	mojarra	X	–	–	–	–
Moenkhausia cf. *copei*	mojarra	X	X	X	–	–
Moenkhausia cotinho	mojarra	–	X	–	–	–
Moenkhausia lepidura	mojarra	X	X	X	–	–
Moenkhausia oligolepis	mojarra	X	X	–	–	–
Moenkhausia sp. 1	mojarra	–	X	–	–	–
Moenkhausia sp. 2	mojarra	X	–	–	–	–
Moenkhausia sp. 3	mojarra	X	–	–	–	–
Phenacogaster cf. *pectinatus*	mojarra	X	X	X	–	–
Thayeria obliqua	–	–	–	X	–	–
cf. *Trochilocharax*	–	–	X	–	–	–
Tyttocharax cochui	–	X	X	X	–	–
Characidae (Characinae) (3)						
Charax aff. *gibbosus*	dentón	–	X	–	–	–
Charax tectifer	dentón	–	X	–	–	–
Charax sp. nov.	dentón	X	–	X	–	–
Chalceidae (1)						
Chalceus macrolepidotus	–	–	X	X	–	–
Serrasalmidae (8)						
Colossoma macropomum	gamitana	–	–	–	X	NT
Myleus rubripinnis	palometa	–	–	–	X	–
Myleus schomburgkii	palometa	–	X	–	–	–
Piaractus brachypomus	paco	–	–	–	X	–
Pygocentrus nattereri	paña roja	–	X	X	X	–
Serrasalmus gouldingi	–	X	X	X	–	–
Serrasalmus rhombeus	paña blanca	X	X	X	–	–
Serrasalmus sp. 1	–	X	X	X	–	–
Bryconidae (3)						
Brycon cephalus	sábalo mama	–	X	X	X	–
Brycon melanopterus	sábalo	X	X	X	X	–
Salminus iquitensis	sábalo macho	–	X	X	X	–

Nuevos registros y posibles nuevas especies/New records and possibly new species	Especies migratorias y tipo de migración/ Migratory species and type of migration (Usma et al. 2009)	Usos/ Uses	
		Especies ornamentales/ Ornamental species (Sanabria-Ochoa et al. 2007)	Especies de consumo/ Food species
–	–	–	–
–	–	X	–
–	–	–	–
–	–	–	–
–	–	X	X
–	MC	X	–
–	–	–	–
–	–	–	–
–	–	X	–
–	–	–	–
–	MC	X	–
–	MC	X	–
–	–	X	–
–	–	–	–
–	–	–	–
–	–	X	–
–	–	X	–
NRP	–	–	–
–	–	–	–
–	–	–	X
–	–	–	X
NS	–	–	–
–	MC	X	X
–	MC	–	X
–	MM	X	X
–	MM	X	X
–	MC	–	X
–	–	–	X
–	–	–	–
–	–	X	X
–	–	–	–
–	MM	–	X
–	MM	–	X
NRP	MM	–	–

LEYENDA/LEGEND

Categoria de amenaza/ Threat category

NT = Casi Amenazada/ Near Threatened

VU = Vulnerable

Nuevos registros y posibles nuevas especies/New records and possible new species

NRP= Nuevo registro para el río Putumayo/New record for the Putumayo River

NR = Nuevo registro para el Perú/ New record for Peru

NS = Posiblemente nueva para la ciencia/Possibly new to science

Tipo de migración/ Migration type

MC = Migración corta/ Short-distance migration

MM= Migración mediana/ Medium-distance migration

ML = Migración larga/ Long-distance migration

* = Todas las especies registradas para el río Putumayo y las de consumo son resultado de entrevistas realizadas por el equipo social y los ictiólogos con pobladores de las comunidades locales.

All records for the Putumayo River were gathered in interviews with residents of local communities carried out by the social and ichthyology teams.

PECES / FISHES						
Nombre científico/ Scientific name	**Nombre común/ Common name in Spanish**	**Campamentos/ Campsites**			**Putumayo***	**Categoría de amenaza en Colombia/Threat status in Colombia (Mojica et al. 2012)**	
		Cabeceras Ere-Algodón	**Bajo Ere**	**Medio Campuya**			
Iguanodectidae (4)						
Bryconops alburnoides	mojarra	–	–	X	–	–
Bryconops caudomaculatus	mojarra	X	–	X	–	–
Bryconops inpai	mojarra	X	–	X	–	–
Iguanodectes spilurus	mojarra	X	X	–	–	–
Triportheidae (3)						
Triportheus angulatus	sardina	–	X	X	–	–
Triportheus auritus	sardina	–	X	–	–	–
Triportheus rotundatus	sardina	–	X	–	–	–
Acestrorhynchidae (4)						
Acestrorhynchus abbreviatus	peje perro	–	X	–	–	–
Acestrorhynchus falcirostris	peje perro	–	X	X	–	–
Acestrorhynchus lacustris	peje perro	–	–	X	–	–
Acestrorhynchus microlepis	peje perro	–	X	–	–	–
Cynodontidae (2)						
Hydrolycus scomberoides	chambira	–	X	X	–	–
Raphiodon vulpinus	machete	–	X	–	–	–
Erythrinidae (2)						
Hoplerythrinus unitaeniatus	shuyo	X	–	X	–	–
Hoplias malabaricus	huasaco	X	X	X	–	–
Lebiasinidae (4)						
Copella nigrofasciata	–	–	X	–	–	–
Nannostomus eques	–	–	X	–	–	–
Nannostomus marginatus	–	X	–	–	–	–
Pyrrhulina semifasciata	–	X	–	–	–	–
Ctenoluciidae (2)						
Boulengerella maculata	–	–	X	–	–	–
Boulengerella xyreques	–	–	–	–	X	–
SILURIFORMES (56)						
Cetopsidae (2)						
Denticetopsis seducta	–	X	–	–	–	–
Helogenes marmoratus	–	X	–	–	–	–
Aspredinidae (1)						
Bunocephalus cf. *coracoideus*	–	–	X	–	–	–
Trichomycteridae (2)						
Ochmacanthus reinhardtii	canero	–	X	–	–	–
Stegophylinae sp. 1	–	–	X	–	–	–
Callichthydae (7)						
Corydoras aeneus	–	X	–	–	–	–
Corydoras arcuatus	–	–	X	–	–	–

Nuevos registros y posibles nuevas especies/New records and possibly new species	Especies migratorias y tipo de migración/ Migratory species and type of migration (Usma et al. 2009)	Usos/ Uses	
		Especies ornamentales/ Ornamental species (Sanabria-Ochoa et al. 2007)	Especies de consumo/ Food species
–	–	X	–
–	–	X	–
–	–	X	–
–	–	X	–
–	MM	X	X
–	–	X	X
–	–	–	X
NRP	–	X	X
–	–	X	X
–	–	–	X
–	–	X	–
–	MM	X	X
–	MM	X	X
–	–	X	–
–	–	X	X
NRP	–	X	–
–	–	X	–
–	–	X	–
NRP	–	X	–
–	–	X	–
–	–	–	X
–	–	–	–
–	–	X	–
–	–	X	–
–	–	–	–
–	–	–	–
NRP	–	–	–
–	–	X	–

LEYENDA/LEGEND

Categoria de amenaza/ Threat category

NT = Casi Amenazada/ Near Threatened

VU = Vulnerable

Nuevos registros y posibles nuevas especies/New records and possible new species

NRP= Nuevo registro para el río Putumayo/New record for the Putumayo River

NR = Nuevo registro para el Perú/ New record for Peru

NS = Posiblemente nueva para la ciencia/Possibly new to science

Tipo de migración/ Migration type

MC = Migración corta/ Short-distance migration

MM= Migración mediana/ Medium-distance migration

ML = Migración larga/ Long-distance migration

* = Todas las especies registradas para el río Putumayo y las de consumo son resultado de entrevistas realizadas por el equipo social y los ictiólogos con pobladores de las comunidades locales.

All records for the Putumayo River were gathered in interviews with residents of local communities carried out by the social and ichthyology teams.

PECES / FISHES						
Nombre científico/ Scientific name	Nombre común/ Common name in Spanish	Campamentos/ Campsites			Putumayo*	Categoría de amenaza en Colombia/Threat status in Colombia (Mojica et al. 2012)
		Cabeceras Ere-Algodón	Bajo Ere	Medio Campuya		
Corydoras armatus	–	–	X	–	–	–
Corydoras ortegai	–	–	X	–	–	–
Corydoras pastazensis	–	–	X	–	–	–
Corydoras sp. nov.	–	–	X	–	–	–
Lepthoplosternum ucamara	–	X	–	–	–	–
Loricariidae (Loricariinae) (5)						
Farlowella sp. 1	–	X	–	–	–	–
Limatulichthys griseus	shitari	–	X	–	–	–
Loricariinae sp. 1	shitari	–	X	X	–	–
Rineloricaria sp. 1	shitari	–	X	X	–	–
Sturisoma nigrirostrum	shitari	–	–	X	–	–
Loricariidae (Hypostominae) (3)						
Hypostomus unicolor	carachama	–	–	–	X	–
Hypostomus sp. 1	carachama	–	X	X	–	–
Pterygoplichthys sp. 1	carachama	–	–	–	X	–
Loricariidae (Ancistrinae) (2)						
Lasiancistrus schomburgkii	carachama	X	X	–	–	–
Panaque sp. 1	caachama mama	–	X	X	–	–
Pseudopimelodidae (1)						
Batrochoglanis sp. 1	sapo cunchi	X	–	–	–	–
Heptapteridae (4)						
Imparfinis sp. 1	–	–	–	X	–	–
Myoglanis koepckei	–	–	X	X	–	–
Pimelodella sp. 1	cunchi	X	–	X	–	–
Pimelodella sp. 2	cunchi	–	X	–	–	–
Pimelodidae (19)						
Brachyplatystoma filamentosum	saltón	–	X	X	X	VU (A2c,d)
Brachyplatystoma juruense	achuni zungaro	–	–	X	X	VU (A2c,d)
Brachyplatystoma platinemum	mota flemosa	–	–	X	X	VU (A2c,d)
Brachyplatystoma rousseauxii	dorado	–	X	X	X	–
Brachyplatystoma tigrinum	zungaro alianza	–	–	X	X	–
Goeldiella eques	–	–	–	X	–	–
Hemisorubim platyrhynchos	toa	–	–	–	X	–
Leiarius marmoratus	–	–	–	–	X	–
Phractocephalus hemiliopterus	peje torre	–	X	X	–	–
Pimelodina flavipinnis	cunchi	–	X	–	–	–
Pimelodus blochii	cunchi	–	–	X	–	–
Pimelodus ornatus	cunchi	–	X	–	–	–
Pinirampus pinirampu	–	–	X	–	–	–

Nuevos registros y posibles nuevas especies/New records and possibly new species	Especies migratorias y tipo de migración/ Migratory species and type of migration (Usma et al. 2009)	Usos/ Uses	
		Especies ornamentales/ Ornamental species (Sanabria-Ochoa et al. 2007)	Especies de consumo/ Food species
–	–	X	–
–	–	X	–
–	–	X	–
NS	–	–	–
NRP	–	–	–
–	–	X	–
–	–	X	–
–	–	–	–
–	–	–	–
–	–	–	X
–	–	–	–
–	–	–	X
–	–	X	–
–	–	–	X
–	–	–	–
–	–	–	–
–	–	X	–
–	–	–	–
–	–	–	–
–	ML	X	X
–	ML	X	X
–	ML	X	X
–	ML	–	X
–	ML	–	X
NRP	–	–	–
–	–	X	–
–	MC	X	X
–	MM	X	X
–	–	X	X
–	ML	X	X
–	MC	X	X
–	ML	X	X

LEYENDA/LEGEND

Categoria de amenaza/ Threat category

NT = Casi Amenazada/ Near Threatened

VU = Vulnerable

Nuevos registros y posibles nuevas especies/New records and possible new species

NRP= Nuevo registro para el río Putumayo/New record for the Putumayo River

NR = Nuevo registro para el Perú/ New record for Peru

NS = Posiblemente nueva para la ciencia/Possibly new to science

Tipo de migración/ Migration type

MC = Migración corta/ Short-distance migration

MM= Migración mediana/ Medium-distance migration

ML = Migración larga/ Long-distance migration

* = Todas las especies registradas para el río Putumayo y las de consumo son resultado de entrevistas realizadas por el equipo social y los ictiólogos con pobladores de las comunidades locales.

All records for the Putumayo River were gathered in interviews with residents of local communities carried out by the social and ichthyology teams.

PECES / FISHES						
Nombre científico/ Scientific name	Nombre común/ Common name in Spanish	Campamentos/ Campsites			Putumayo*	Categoría de amenaza en Colombia/Threat status in Colombia (Mojica et al. 2012)
		Cabeceras Ere-Algodón	Bajo Ere	Medio Campuya		
Platystomatichthys sturio	toa	–	–	–	X	–
Pseudoplatystoma punctifer	doncella	–	X	X	X	VU (A2c,d)
Pseudoplatystoma tigrinum	doncella	–	X	X	X	VU (A2c,d)
Sorubim lima	shiripira	–	X	X	X	NT
Sorubimichthys planiceps	achacubo	–	–	–	X	NT
Zungaro zungaro	cunchi mama, cahuara	–	–	–	X	VU (A2c,d)
Doradidae (3)						
Amblydoras hancockii	rego rego	–	X	–	–	–
Oxydoras niger	turushuqui	–	X	X	X	–
Physopyxis lyra	rego rego	–	X	–	–	–
Auchenipteridae (7)						
Ageneiosus inermis	bocón	–	X	–	X	–
Ageneiosus sp. 1	bocón	–	–	X	–	–
Centromochlus heckelii	novia	–	X	–	–	–
Tatia cf. *brunnea*	novia	X	–	X	–	–
Tatia gyrina	novia	X	–	–	–	–
Tetranematichthys quadrifilis	–	X	–	–	–	–
Trachelyopterus galeatus	–	–	X	–	–	–
GYMNOTIFORMES (9)						
Gymnotidae (3)						
Electrophorus electricus	anguila eléctrica	–	–	X	–	–
Gymnotus carapo	macana	X	–	–	–	–
Gymnotus coropinae	macana	X	–	–	–	–
Rhamphichthydae (1)						
Gymnorhampychthys rondoni	macana	X	X	X	–	–
Hypopomidae (4)						
Brachyhypopomus sp. 1	macana	X	–	–	–	–
Brachyhypopomus sp. 2	macana	–	X	–	–	–
Hypopygus lepturus	macana	X	–	X	–	–
Steatogenys elegans	macana	X	–	X	–	–
Sternopygidae (1)						
Sternopygus macrurus	macana	X	–	X	–	–
BELONIFORMES (2)						
Belonidae (2)						
Belonion dibranchodon	aguja	–	X	X	–	–
Potamorhaphis guianensis	aguja	X	–	–	–	–
CYPRINODONTIFORMES (1)						
Rivulidae (1)						
Rivulus sp. 1	–	X	–	X	–	–

Nuevos registros y posibles nuevas especies/New records and possibly new species	Especies migratorias y tipo de migración/Migratory species and type of migration (Usma et al. 2009)	Usos/Uses	
		Especies ornamentales/Ornamental species (Sanabria-Ochoa et al. 2007)	Especies de consumo/Food species
–	–	X	X
–	MM	–	X
–	MM	–	X
–	MM	X	X
–	MM	–	X
–	MM	X	X
NRP	–	X	–
–	–	–	X
–	–	–	–
–	MM	–	X
–	–	–	X
–	–	X	–
–	–	X	–
NRP	–	X	–
NRP	–	–	–
–	–	X	–
–	–	–	–
–	–	X	–
–	–	–	–
–	–	X	–
–	–	–	–
–	–	–	–
–	–	X	–
–	–	X	–
–	–	X	–
–	–	–	–
–	–	X	–
–	–	–	–

LEYENDA/LEGEND

Categoria de amenaza/Threat category

NT = Casi Amenazada/Near Threatened

VU = Vulnerable

Nuevos registros y posibles nuevas especies/New records and possible new species

NRP = Nuevo registro para el río Putumayo/New record for the Putumayo River

NR = Nuevo registro para el Perú/New record for Peru

NS = Posiblemente nueva para la ciencia/Possibly new to science

Tipo de migración/Migration type

MC = Migración corta/Short-distance migration

MM = Migración mediana/Medium-distance migration

ML = Migración larga/Long-distance migration

* = Todas las especies registradas para el río Putumayo y las de consumo son resultado de entrevistas realizadas por el equipo social y los ictiólogos con pobladores de las comunidades locales.

All records for the Putumayo River were gathered in interviews with residents of local communities carried out by the social and ichthyology teams.

PECES / FISHES						
Nombre científico/ Scientific name	**Nombre común/ Common name in Spanish**	**Campamentos/ Campsites**			**Putumayo***	**Categoría de amenaza en Colombia/Threat status in Colombia (Mojica et al. 2012)**
		Cabeceras Ere-Algodón	**Bajo Ere**	**Medio Campuya**		
SYNBRANCHIFORMES (2)						
Synbranchidae (2)						
Synbranchus marmoratus	atinga	X	X	–	–	–
Synbranchus sp. nov.	atinga	X	–	–	–	–
PERCIFORMES (17)						
Sciaenidae (2)						
Pachypops cf. *trifilis*	corvina	–	X	–	–	–
Plagioscion squamosissimus	corvina	–	–	–	X	–
Cichlidae (15)						
Acaronia nassa	bujurqui	–	X	X	–	–
Aequidens tetramerus	bujurqui	–	X	X	–	–
Apistogramma agassizii	bujurqui	X	X	–	–	–
Apistogramma cruzi	bujurqui	X	–	–	–	–
Biotodoma cupido	bujurqui	–	X	X	–	–
Bujurquina hophrys	bujurqui	X	–	X	–	–
Bujurquina moriorum	bujurqui	X	X	X	–	–
Bujurquina sp. nov.	bujurqui	X	–	X	–	–
Cichla monoculus	tucunaré	–	X	X	X	–
Crenicichla anthurus	añashua	X	X	X	–	–
Hypselacara temporalis	bujurqui	–	X	–	–	–
Mesonauta mirificus	bujurqui	–	X	–	–	–
Pterophyllum scalare	pez angel	–	X	–	–	–
Satanoperca daemon	bujurqui	–	X	–	–	–
Satanoperca jurupari	bujurqui	–	X	X	–	–
PLEURONECTIFORMES (1)						
Achiriidae (1)						
Hypoclinemus mentalis	panga raya	–	–	–	X	–
BATRACHOIDIFORMES (1)						
Batrachoididae (1)						
Talassophryne amazonica	–	–	X	–	–	–
Totales/Totals		72	133	103	32	
Especies exclusivas/Exclusive species		30	54	17	13	

Nuevos registros y posibles nuevas especies/New records and possibly new species	Especies migratorias y tipo de migración/Migratory species and type of migration (Usma et al. 2009)	Usos/Uses	
		Especies ornamentales/Ornamental species (Sanabria-Ochoa et al. 2007)	Especies de consumo/Food species
–	–	X	–
NS	–	–	–
–	–	–	–
–	MM	X	X
–	–	X	–
–	–	X	–
–	–	X	–
–	–	X	–
–	–	X	–
NRP	–	–	–
NRP	–	–	–
NS	–	–	–
–	–	X	–
–	–	X	–
–	–	X	–
–	–	X	–
–	–	X	–
NR	–	–	–
–	–	X	–
–	–	–	–
NRP	–	–	–
25	36	110	64

LEYENDA/LEGEND

Categoria de amenaza/Threat category

NT = Casi Amenazada/Near Threatened

VU = Vulnerable

Nuevos registros y posibles nuevas especies/New records and possible new species

NRP= Nuevo registro para el río Putumayo/New record for the Putumayo River

NR = Nuevo registro para el Perú/New record for Peru

NS = Posiblemente nueva para la ciencia/Possibly new to science

Tipo de migración/Migration type

MC = Migración corta/Short-distance migration

MM= Migración mediana/Medium-distance migration

ML = Migración larga/Long-distance migration

* = Todas las especies registradas para el río Putumayo y las de consumo son resultado de entrevistas realizadas por el equipo social y los ictiólogos con pobladores de las comunidades locales.

All records for the Putumayo River were gathered in interviews with residents of local communities carried out by the social and ichthyology teams.

Anfibios y reptiles/
Amphibians and Reptiles

Anfibios y reptiles observados durante un inventario rápido de las cuencas de los ríos Ere, Campuya y Algodón, Loreto, Perú, del 15 al 31 de octubre de 2012, por Pablo J. Venegas y Giussepe Gagliardi. Para fines comparativos, la lista también incluye especies registradas en la cuenca del río Putumayo durante cuatro inventarios rápidos anteriores: IR 12, Ampiyacu-Apayacu-Medio Putumayo-Yaguas (Rodríguez y Knell 2004); IR 20, Cuyabeno-Güeppí (Yánez-Molina y Venegas 2008); IR 22, Maijuna (von May y Venegas 2010) e IR 23, Yaguas-Cotuhé (von May y Mueses-Cisneros 2011).

ANFIBIOS Y REPTILES/AMPHIBIANS AND REPTILES

Nombre científico/ Scientific name	IR/RI 12	IR/RI 20			IR/RI 22	IR/RI 23			
	Yaguas	Güeppicillo	Güeppí	Aguas Negras	Piedras	Choro	Alto Cotuhé	Cachimbo	
AMPHIBIA (102)									
ANURA (101)									
Aromobatidae (4)									
Allobates femoralis	X	X	X	X	X	X	X	–	
Allobates insperatus	–	X	X	X	–	–	–	–	
Allobates trilineatus	X	–	–	–	–	–	–	–	
Allobates sp.	–	–	–	–	–	–	–	–	
Bufonidae (8)									
Amazophrynella minuta	X	X	–	X	X	–	X	X	
Atelopus spumarius	–	–	–	–	X	–	–	–	
Rhaebo guttatus	–	X	–	–	–	–	X	–	
Rhinella marina	X	X	–	–	–	X	–	X	
Rhinella ceratophrys	–	X	–	X	X	X	X	–	
Rhinella proboscidea	–	–	–	–	X	–	–	–	
Rhinella dapsilis	–	X	–	X	–	X	–	–	
Rhinella margaritifera	X	–	X	X	X	X	–	–	
Centrolenidae (2)									
Teratohyla midas	–	X	–	–	X	X	–	–	
Vitreorana oyampiensis	–	X	–	–	–	–	–	–	
Craugastoridae (21)									
Hypodactylus nigrovittatus	–	–	–	–	X	–	X	–	
Oreobates quixensis	X	–	–	X	X	X	X	–	
Pristimantis achuar*	–	X	X	X	X	X	–	–	
Pristimantis acuminatus	–	–	–	–	–	–	–	–	
Pristimantis altamazonicus	X	X	X	–	–	–	X	–	
Pristimantis aureolineatus	–	–	–	–	–	–	–	–	
Pristimantis carvalhoi	X	–	–	–	–	X	–	–	
Pristimantis croceoinguinis	–	–	–	–	X	–	–	–	

LEYENDA/LEGEND

Tipo de registro/Record type

aud = Auditivo/Auditory

col = Colectado/Collection

obs = Observación visual/Visual

fot = Fotográfico/Photographic

Tipo de hábitat/Habitat type

AG = Aguajales/Palm swamps

BA = Bajiales/Lowlands

BAR = Varillal

BT = Bosque de terraza alta/Upland forest

CO = Cocha/Lake

VR = Vegetación ribereña/ Riverine vegetation

QU = Quebrada/Along or in stream

RI = Río/River

ZI = Zonas intervenidas/ Disturbed areas

NOTA/NOTE

Los hábitats presentados en el apéndice se basan en los registros de campo realizados en el presente inventario y en los registros publicados en inventarios anteriores./ Habitat information is based on observations from this inventory and previous inventories.

Actividad/Activity

D = Diurno/Diurnal

N = Nocturno/Nocturnal

Amphibians and reptiles observed during a rapid inventory of the Ere, Campuya, and Algodón watersheds, Loreto, Peru, on 15–31 October 2012, by Pablo J. Venegas y Giussepe Gagliardi. For comparative purposes, the list also includes species recorded in the Putumayo watershed during four previous rapid inventories: RI 12, Ampiyacu-Apayacu-Medio Putumayo-Yaguas (Rodríguez and Knell 2004); RI 20, Cuyabeno-Güeppí (Yánez-Molina and Venegas 2008); RI 22, Maijuna (von May and Venegas 2010); and RI 23, Yaguas-Cotuhé (von May and Mueses-Cisneros 2011).

IR/RI 25					Tipo de registro/ Record type	Vegetación/ Vegetation	Actividad/ Activity	Distribución/ Distribution	Categoría de amenaza/ Threat category	
Bajo Ere	Cabeceras Ere-Algodón	Medio Campuya	Santa Mercedes	Flor de Agosto					IUCN (2013)	MINAG (2004)
x	x	x	–	–	col	AG, BA, BT	D	Amz, EG	LC	NA
x	x	x	–	–	col	AG, BA, BT	D	Pe, Ec, Col	LC	NA
–	–	–	–	–	–	BT	D	Pe, Bol	LC	NA
–	–	x	–	–	col	BAR	D	?	?	?
x	x	x	–	–	col	AG, BA, BT	D	Amz, EG	LC	NA
–	–	–	–	–	–	BT	D	Pe, Ec, Br	VU	NA
–	–	–	–	–	–	BT	N	Amz, EG	LC	NA
–	–	–	x	–	obs	ZI	N	Amz, EG, CA	LC	NA
–	x	–	–	–	col	BA, BT	D	Ec, Pe, Col, Ve	LC	NA
x	x	x	–	–	col	AG, BA, BT	D	Pe, Br	LC	NA
–	–	x	–	–	col	BT	D	Ec, Pe, Co, Br	LC	NA
x	x	x	–	–	col	AG, BA, BT	D, N	Amz, EG, CA	LC	NA
–	x	–	–	–	col	QU	N	Ec, Pe	LC	NA
–	–	–	–	–	–	VR	N	EG, Ec, Pe, Br	LC	NA
–	x	–	–	–	col	BT	N	Ec, Pe, Co	LC	NA
x	x	x	–	–	col	BT	N	Amz	LC	NA
x	x	x	–	–	col	BA, BT	N	Ec, Pe	LC	NA
–	x	–	–	–	col	BA	N	Ec, Pe, Co, Br	LC	NA
–	x	x	–	–	col	BA, BT	N	Amz	LC	NA
–	–	–	x	–	fot	ZI	N	Ec, Pe	LC	NA
x	x	x	–	–	col	BA, BT	N	Amz	LC	NA
–	–	–	–	–	–	BT	N	Ec, Pe, Co	LC	NA

Distribución/Distribution

Amz = Ampliamente distribuido en la cuenca amazónica/ Widespread in the Amazon basin

Ar = Argentina

Bo = Bolivia

Br = Brasil/Brazil

CA = Centroamérica/Central America

Co = Colombia

Ec = Ecuador

EG = Escudo Guayanés (Venezuela, región norte de Brasil, Guyana, Surinam, Guayana Francesa)/ Guyana Shield (Venezuela, northern Brazil, Guyana, Surinam, French Guiana)

Or = Cuenca del Orinoco/Orinoco watershed

Pe = Perú/Peru

Ve = Venezuela (extremo sureste/ extreme southeast)

? = Desconocida/Unknown

Categoría de amenaza/ Threat category

EN = En peligro/Endangered

VU = Vulnerable/Vulnerable

LC = Baja preocupación/ Least Concern

DD = Datos deficientes/ Data Deficient

NE = No evaluado/Not evaluated

NA = No amenazado/ Not threatened

? = Desconocido/Unknown

* = *Pristimantis ockendeni* en IR 20/in RI 20

** = *Dendropsophus koechlini* en IR 22/in RI 22

*** = *Oxyrhopus melanogenys* en IR 20/in RI 20

ANFIBIOS Y REPTILES/AMPHIBIANS AND REPTILES									
Nombre científico/ Scientific name	IR/RI 12	IR/RI 20			IR/RI 22	IR/RI 23			
	Yaguas	Güeppicillo	Güeppí	Aguas Negras	Piedras	Choro	Alto Cotuhé	Cachimbo	
Pristimantis delius	–	x	–	–	x	–	–	–	
Pristimantis diadematus	–	–	–	–	x	–	–	–	
Pristimantis lacrimosus	–	–	–	–	x	–	–	–	
Pristimantis lanthanites	–	–	–	–	x	x	–	–	
Pristimantis lythrodes	–	–	–	–	x	–	–	–	
Pristimantis malkini	x	x	x	–	x	x	x	–	
Pristimantis martiae	–	–	–	–	x	–	–	–	
Pristimantis ockendeni	–	–	–	–	x	–	–	–	
Pristimantis padiali	–	–	–	–	–	x	–	–	
Pristimantis peruvianus	x	–	–	x	x	x	–	x	
Pristimantis variabilis	x	–	–	–	–	–	–	–	
Pristimantis sp.	–	–	–	–	–	–	–	–	
Strabomantis sulcatus	–	x	–	–	x	x	–	–	
Dendrobatidae (6)									
Ameerega bilinguis	–	–	–	–	–	–	–	–	
Ameerega hahneli	x	–	–	–	–	x	–	x	
Ameerega trivittata	x	–	–	–	–	–	–	x	
Ranitomeya amazonica	–	–	–	–	x	–	–	–	
Ranitomeya variabilis	–	–	–	–	–	–	–	–	
Ranitomeya ventrimaculata	–	–	–	–	–	x	x	x	
Hemiphractidae (1)									
Hemiphractus proboscideus	–	–	–	–	x	–	–	–	
Hylidae (37)									
Dendropsophus bokermanni	–	–	–	–	–	–	–	–	
Dendropsophus brevifrons	–	–	–	–	–	x	x	–	
Dendropsophus frosti**	–	–	–	–	x	–	–	–	
Dendropsophus leucophyllatus	–	x	–	–	–	–	–	–	
Dendropsophus marmoratus	x	x	–	–	x	x	–	–	

LEYENDA/LEGEND

Tipo de registro/Record type

aud = Auditivo/Auditory
col = Colectado/Collection
obs = Observación visual/Visual
fot = Fotográfico/Photographic

Tipo de hábitat/Habitat type

AG = Aguajales/Palm swamps
BA = Bajiales/Lowlands
BAR = Varillal
BT = Bosque de terraza alta/Upland forest
CO = Cocha/Lake
VR = Vegetación ribereña/ Riverine vegetation
QU = Quebrada/Along or in stream
RI = Río/River
ZI = Zonas intervenidas/ Disturbed areas

NOTA/NOTE

Los hábitats presentados en el apéndice se basan en los registros de campo realizados en el presente inventario y en los registros publicados en inventarios anteriores./ Habitat information is based on observations from this inventory and previous inventories.

Actividad/Activity

D = Diurno/Diurnal
N = Nocturno/Nocturnal

IR/RI 25					Tipo de registro/ Record type	Vegetación/ Vegetation	Actividad/ Activity	Distribución/ Distribution	Categoría de amenaza/ Threat category	
Bajo Ere	Cabeceras Ere-Algodón	Medio Campuya	Santa Mercedes	Flor de Agosto					IUCN (2013)	MINAG (2004)
–	–	–	–	–	–	BT	N	Ec, Pe	LC	NA
–	–	–	–	–	–	BT	N	Ec, Pe	LC	NA
–	–	–	–	–	–	BT	N	Ec, Pe, Co	LC	NA
–	–	x	–	–	col	BC	N	Ec, Pe, Co, Br	LC	NA
–	–	–	–	–	–	BT	N	Pe, Co	LC	NA
–	x	x	–	–	col	BA, VR, QU	N	Ec, Pe, Co, Br	LC	NA
–	x	–	–	–	col	BT	N	Ec, Pe, Co, Br	LC	NA
–	x	x	–	–	col	BT	N	Amz	LC	NA
–	–	–	–	–	–	BT	N	Pe	NE	NE
–	x	–	–	–	col	BT	N	Ec, Pe, Br	LC	NA
–	–	–	–	–	–	BT	N	Ec, Pe, Co	LC	NA
x	–	–	–	–	col	BA	N	–	?	?
x	x	–	–	–	col	BT	N	Ec, Co, Pe, Br	LC	NA
–	–	x	–	–	col	BT	D	Ec, Pe, Col	LC	NA
–	–	–	–	–	–	BT	D	Amz, EG	LC	NA
–	–	–	–	–	–	BT	D	Amz, EG	LC	NA
–	–	–	–	–	–	BT	D	Pe, Co, Br, EG	DD	NA
x	–	–	–	–	col	AG	D	Ec, Pe, Co	DD	NA
–	x	–	–	–	col	BT	D	Ec, Pe, Co	LC	NA
–	–	–	–	–	–	BT	N	Ec, Pe, Co	LC	NA
–	x	–	–	–	col	BT	N	Ec, Pe, Col, Br	LC	NA
x	–	–	–	–	col	BA	N	Ec, Pe, Col, Br	LC	NA
–	–	–	–	–	–	BT	N	Pe, Co	NE	NE
–	–	–	–	–	–	BT	N	Amz	LC	NA
x	–	x	–	–	col	BA, BT	N	Amz, EG	LC	NA

Distribución/Distribution

Amz = Ampliamente distribuido en la cuenca amazónica/ Widespread in the Amazon basin

Ar = Argentina

Bo = Bolivia

Br = Brasil/Brazil

CA = Centroamérica/Central America

Co = Colombia

Ec = Ecuador

EG = Escudo Guayanés (Venezuela, región norte de Brasil, Guyana, Surinam, Guayana Francesa)/ Guyana Shield (Venezuela, northern Brazil, Guyana, Surinam, French Guiana)

Or = Cuenca del Orinoco/Orinoco watershed

Pe = Perú/Peru

Ve = Venezuela (extremo sureste/ extreme southeast)

? = Desconocida/Unknown

Categoría de amenaza/ Threat category

EN = En peligro/Endangered

VU = Vulnerable/Vulnerable

LC = Baja preocupación/ Least Concern

DD = Datos deficientes/ Data Deficient

NE = No evaluado/Not evaluated

NA = No amenazado/ Not threatened

? = Desconocido/Unknown

* = *Pristimantis ockendeni* en IR 20/in RI 20

** = *Dendropsophus koechlini* en IR 22/in RI 22

*** = *Oxyrhopus melanogenys* en IR 20/in RI 20

ANFIBIOS Y REPTILES/AMPHIBIANS AND REPTILES								
Nombre científico/ Scientific name	IR/RI 12	IR/RI 20			IR/RI 22	IR/RI 23		
	Yaguas	Güeppicillo	Güeppí	Aguas Negras	Piedras	Choro	Alto Cotuhé	Cachimbo
Dendropsophus parviceps	–	–	–	–	–	X	X	X
Dendropsophus rhodopeplus	–	X	–	–	X	–	–	–
Dendropsophus sarayacuensis	–	–	–	–	–	–	–	–
Dendropsophus triangulum	–	–	–	–	–	–	X	–
Ecnomiohyla tuberculosa	–	–	–	–	–	–	–	–
Hypsiboas boans	X	X	–	X	X	–	X	X
Hypsiboas calcaratus	X	–	X	X	X	X	X	X
Hypsiboas cinerascens	X	X	X	X	X	X	X	–
Hypsiboas fasciatus	X	–	X	X	X	X	X	X
Hypsiboas geographicus	–	X	–	X	X	X	X	X
Hypsiboas lanciformis	X	X	X	X	X	X	X	–
Hypsiboas microderma	–	–	–	–	–	–	X	X
Hypsiboas nympha	–	–	–	–	–	–	X	–
Hypsiboas punctatus	X	–	–	–	–	–	X	–
Nyctimantis rugiceps	–	X	X	–	X	X	X	–
Osteocephalus cabrerai	–	X	X	–	X	X	X	X
Osteocephalus deridens	X	–	–	–	–	–	X	X
Osteocephalus fuscifascies	–	X	–	X	X	–	–	–
Osteocephalus heyeri	–	–	–	–	–	–	X	–
Osteocephalus mutabor	–	–	–	–	–	X	–	–
Osteocephalus planiceps	–	X	X	X	X	X	X	X
Osteocephalus taurinus	X	X	–	–	X	X	–	X
Osteocephalus yasuni	–	X	–	–	X	–	X	X
Phyllomedusa bicolor	–	–	–	–	–	–	–	X
Phyllomedusa palliata	–	–	–	–	–	–	–	–
Phyllomedusa tarsius	–	–	–	–	–	–	–	–
Phyllomedusa tomopterna	–	X	–	–	X	–	–	–

LEYENDA/LEGEND

Tipo de registro/Record type
aud = Auditivo/Auditory
col = Colectado/Collection
obs = Observación visual/Visual
fot = Fotográfico/Photographic

Tipo de hábitat/Habitat type
AG = Aguajales/Palm swamps
BA = Bajiales/Lowlands
BAR= Varillal
BT = Bosque de terraza alta/Upland forest
CO = Cocha/Lake
VR = Vegetación ribereña/Riverine vegetation
QU = Quebrada/Along or in stream
RI = Río/River
ZI = Zonas intervenidas/Disturbed areas

NOTA/NOTE
Los hábitats presentados en el apéndice se basan en los registros de campo realizados en el presente inventario y en los registros publicados en inventarios anteriores./ Habitat information is based on observations from this inventory and previous inventories.

Actividad/Activity
D = Diurno/Diurnal
N = Nocturno/Nocturnal

IR/RI 25					Tipo de registro/ Record type	Vegetación/ Vegetation	Actividad/ Activity	Distribución/ Distribution	Categoría de amenaza/ Threat category	
Bajo Ere	Cabeceras Ere-Algodón	Medio Campuya	Santa Mercedes	Flor de Agosto					IUCN (2013)	MINAG (2004)
–	–	–	–	–	–	BT, BA	N	Amz, Or	LC	NA
x	x	–	–	–	col	BA, BT	N	Amz	LC	NA
x	x	–	–	–	col	BA, BT	N	Amz	LC	NA
–	–	–	–	–	–	CO	N	Amz	LC	NA
–	x	x	–	–	col	BT	N	Ec, Pe, Col, Br	LC	NA
x	–	x	–	–	col	VR	N	Amz, EG, CA	LC	NA
x	x	x	–	–	col	AG, VR	N	Amz, EG	LC	NA
x	x	–	–	–	col	AG	N	Amz, Or	LC	NA
–	–	–	–	–	–	AG, VR	N	Amz	LC	NA
x	–	–	–	–	col	BA	N	Amz, EG	LC	NA
–	x	x	–	–	col	AG, BT	N	Amz, EG	LC	NA
–	–	–	–	–	–	BT	N	Amz	LC	NA
–	–	–	–	–	–	QU	N	Ec, Pe, Co	LC	NE
–	–	–	–	–	–	CO	N	Amz, EG	LC	NA
x	–	x	–	–	col	BT, VR	N	Ec, Pe, Co	LC	NA
–	–	–	–	–	–	VR	N	Ec, Pe, Co, Br	LC	NA
x	x	x	–	–	col	BA, BT	N	Ec, Pe	LC	NA
–	–	–	–	–	–	BT	N	Ec, Pe	LC	NA
–	–	–	–	–	–	VR	N	Pe, Co	LC	NA
–	–	x	–	–	col	BT	N	Ec, Pe	LC	NC
x	x	x	–	–	col	AG, BA, BT, BAR	N	Ec, Pe, Co, Br	LC	NA
–	–	–	–	x	fot	BR	N	Amz	LC	NA
x	–	x	–	–	col	BA, BAR, BR	N	Ec, Pe, Co	LC	NA
–	–	–	–	–	–	VR, BT	N	Amz, EG	LC	NA
–	x	–	–	–	col	BT	N	Amz	LC	NA
–	x	–	–	–	col	BT	N	Amz	LC	NA
x	x	x	–	–	col	BA, BT	N	Amz	LC	NA

Distribución/Distribution

Amz = Ampliamente distribuido en la cuenca amazónica/ Widespread in the Amazon basin

Ar = Argentina

Bo = Bolivia

Br = Brasil/Brazil

CA = Centroamérica/Central America

Co = Colombia

Ec = Ecuador

EG = Escudo Guayanés (Venezuela, región norte de Brasil, Guyana, Surinam, Guayana Francesa)/ Guyana Shield (Venezuela, northern Brazil, Guyana, Surinam, French Guiana)

Or = Cuenca del Orinoco/Orinoco watershed

Pe = Perú/Peru

Ve = Venezuela (extremo sureste/ extreme southeast)

? = Desconocida/Unknown

Categoría de amenaza/ Threat category

EN = En peligro/Endangered

VU = Vulnerable/Vulnerable

LC = Baja preocupación/ Least Concern

DD = Datos deficientes/ Data Deficient

NE = No evaluado/Not evaluated

NA = No amenazado/ Not threatened

? = Desconocido/Unknown

* = *Pristimantis ockendeni* en IR 20/in RI 20

** = *Dendropsophus koechlini* en IR 22/in RI 22

*** = *Oxyrhopus melanogenys* en IR 20/in RI 20

ANFIBIOS Y REPTILES/AMPHIBIANS AND REPTILES									
Nombre científico/ Scientific name	**IR/RI 12**	**IR/RI 20**			**IR/RI 22**	**IR/RI 23**			
	Yaguas	Güeppicillo	Güeppí	Aguas Negras	Piedras	Choro	Alto Cotuhé	Cachimbo	
Phyllomedusa vaillantii	x	x	–	–	x	x	–	–	
Scinax cruentommus	–	–	–	–	–	x	x	–	
Scinax garbei	–	–	–	–	–	–	x	–	
Scinax ruber	–	x	–	–	–	–	–	–	
Trachycephalus resinifictrix	x	x	x	x	x	x	x	–	
Microhylidae (7)									
Chiasmocleis bassleri	–	–	–	–	x	x	–	–	
Chiasmocleis magnova	–	–	–	–	–	–	–	–	
Chiasmocleis ventrimaculata	–	–	–	–	–	–	–	–	
Hamptophryne boliviana	–	–	–	–	–	–	–	–	
Synapturanus rabus	–	–	–	–	–	–	–	–	
Syncope carvalhoi	–	–	–	–	x	–	–	–	
Syncope tridactyla	–	–	–	–	–	–	x	–	
Leptodactylidae (14)									
Edalorhina perezi	–	–	x	–	x	x	–	–	
Engystomops petersi	x	x	–	–	x	x	–	x	
Leptodactylus andreae	–	x	x	x	x	–	–	–	
Leptodactylus diedrus	–	–	–	–	x	–	–	–	
Leptodactylus discodactylus	–	–	–	x	–	x	x	x	
Leptodactylus hylaedactylus	x	–	x	x	–	x	–	–	
Leptodactylus knudseni	–	–	x	–	x	–	–	–	
Leptodactylus leptodactyloides	x	–	–	–	–	–	–	–	
Leptodactylus lineatus	–	–	x	x	x	–	–	x	
Leptodactylus pentadactylus	x	x	x	x	x	x	x	x	
Leptodactylus petersii	x	–	–	–	x	x	x	x	
Leptodactylus stenodema	–	–	–	–	–	–	–	–	
Leptodactylus rhodomystax	–	–	x	x	x	–	–	–	
Leptodactylus wagneri	–	x	x	x	–	x	x	–	

LEYENDA/LEGEND

Tipo de registro/Record type

aud = Auditivo/Auditory

col = Colectado/Collection

obs = Observación visual/Visual

fot = Fotográfico/Photographic

Tipo de hábitat/Habitat type

AG = Aguajales/Palm swamps

BA = Bajiales/Lowlands

BAR= Varillal

BT = Bosque de terraza alta/Upland forest

CO = Cocha/Lake

VR = Vegetación ribereña/ Riverine vegetation

QU = Quebrada/Along or in stream

RI = Río/River

ZI = Zonas intervenidas/ Disturbed areas

NOTA/NOTE

Los hábitats presentados en el apéndice se basan en los registros de campo realizados en el presente inventario y en los registros publicados en inventarios anteriores./ Habitat information is based on observations from this inventory and previous inventories.

Actividad/Activity

D = Diurno/Diurnal

N = Nocturno/Nocturnal

IR/RI 25					Tipo de registro/ Record type	Vegetación/ Vegetation	Actividad/ Activity	Distribución/ Distribution	Categoría de amenaza/ Threat category	
Bajo Ere	Cabeceras Ere-Algodón	Medio Campuya	Santa Mercedes	Flor de Agosto					IUCN (2013)	MINAG (2004)
x	x	x	–	–	col	AG, BA, BT	N	Amz	LC	NA
–	–	–	–	–	–	VR	N	Ec, Pe, Br	LC	NA
–	–	–	–	–	–	CO	N	Amz	LC	NA
–	–	–	x	–	obs	ZI	N	Amz, EG	LC	NA
x	x	x	–	–	aud	BA, BT	N	Amz, EG	LC	NA
x	x	x	–	–	col	BA, BT	N	Ec, Co, Pe, Br	LC	NA
x	x	–	–	–	col	AG, BA, BT	N	Pe	DD	NA
–	x	x	–	–	col	BT	N	Amz	LC	NA
–	x	–	–	–	col	BT	N	Amz, EG	LC	NA
x	–	–	–	–	col	BA	N	Ec, Pe, Co	LC	NA
x	x	–	–	–	col	BA, BT	N	Pe, Co	LC	NA
–	–	–	–	–	–	BT	N	Pe, Br	LC	NA
–	x	–	–	–	col	BT	D	Ec, Co, Pe, Br	LC	NA
–	x	–	–	–	col	BA, BT	N	Ec, Pe, Co	LC	NA
–	–	x	–	–	col	BT	D, N	Amz	LC	NA
–	x	–	–	–	col	BA	N	Pe, Col, Br	LC	NA
x	–	x	–	–	col	AG, BAR	D, N	Amz	LC	NA
–	–	–	–	–	–	BA, BT,AG	D, N	Amz	LC	NA
–	x	–	–	–	col	BT	N	Amz, EG	LC	NA
–	–	–	–	–	–	BA	N	Amz, EG	LC	NA
x	x	x	–	–	col	BA, BT	N	Amz, EG	LC	NA
x	x	x	–	–	col	BA, BT, BAR	N	Amz, EG	LC	NA
x	x	x	–	–	col	AG, BT,	N	Amz, EG	LC	NA
x	x	–	–	–	col	BA, BT	N	Pe, Co, Br, EG	LC	NA
–	x	–	–	–	col	BA, BT	N	Amz, EG	LC	NA
x	–	x	–	–	col	BR, BAR	N	Amz	LC	NA

Distribución/Distribution

Amz = Ampliamente distribuido en la cuenca amazónica/ Widespread in the Amazon basin

Ar = Argentina

Bo = Bolivia

Br = Brasil/Brazil

CA = Centroamérica/Central America

Co = Colombia

Ec = Ecuador

EG = Escudo Guayanés (Venezuela, región norte de Brasil, Guyana, Surinam, Guayana Francesa)/ Guyana Shield (Venezuela, northern Brazil, Guyana, Surinam, French Guiana)

Or = Cuenca del Orinoco/Orinoco watershed

Pe = Perú/Peru

Ve = Venezuela (extremo sureste/ extreme southeast)

? = Desconocida/Unknown

Categoría de amenaza/ Threat category

EN = En peligro/Endangered

VU = Vulnerable/Vulnerable

LC = Baja preocupación/ Least Concern

DD = Datos deficientes/ Data Deficient

NE = No evaluado/Not evaluated

NA = No amenazado/ Not threatened

? = Desconocido/Unknown

* = *Pristimantis ockendeni* en IR 20/in RI 20

** = *Dendropsophus koechlini* en IR 22/in RI 22

*** = *Oxyrhopus melanogenys* en IR 20/in RI 20

Anfibios y reptiles/
Amphibians and Reptiles

ANFIBIOS Y REPTILES/AMPHIBIANS AND REPTILES									
Nombre científico/ Scientific name	IR/RI 12	IR/RI 20			IR/RI 22	IR/RI 23			
	Yaguas	Güeppicillo	Güeppí	Aguas Negras	Piedras	Choro	Alto Cotuhé	Cachimbo	
Pipidae (1)									
Pipa pipa	–	–	–	–	–	x	x	–	
CAUDATA (1)									
Plethodontidae (1)									
Bolitoglossa altamazonica	–	–	–	–	–	x	–	–	
REPTILIA (82)									
CROCODYLIA (3)									
Alligatoridae (3)									
Caiman crocodilus	x	x	–	–	–	–	–	x	
Melanosuchus niger	x	–	–	–	–	–	–	–	
Paleosuchus trigonatus	–	x	–	–	x	x	x	x	
TESTUDINES (5)									
Testudinidae (1)									
Chelonoidis denticulata	x	–	–	–	x	–	x	x	
Podocnemidae (2)									
Podocnemis expansa	–	–	–	–	–	–	–	–	
Podocnemis sextuberculata	x	–	–	–	–	–	–	–	
Chelidae (2)									
Chelus fimbriatus	x	–	–	–	–	–	–	–	
Mesoclemmys gibba	–	–	–	–	–	x	–	–	
APHISBAENIA (1)									
Amphisbaenidae (1)									
Amphisbaena fulginosa	–	–	–	–	–	–	–	–	
SQUAMATA (73)									
Sphaerodactylidae (3)									
Gonatodes concinnatus	x	–	x	x	x	–	–	–	
Gonatodes humeralis	x	–	x	x	x	–	x	x	
Pseudogonatodes guianensis	x	–	x	–	–	–	–	x	

LEYENDA/LEGEND

Tipo de registro/Record type

aud = Auditivo/Auditory

col = Colectado/Collection

obs = Observación visual/Visual

fot = Fotográfico/Photographic

Tipo de hábitat/Habitat type

AG = Aguajales/Palm swamps

BA = Bajiales/Lowlands

BAR = Varillal

BT = Bosque de terraza alta/Upland forest

CO = Cocha/Lake

VR = Vegetación ribereña/Riverine vegetation

QU = Quebrada/Along or in stream

RI = Río/River

ZI = Zonas intervenidas/Disturbed areas

NOTA/NOTE

Los hábitats presentados en el apéndice se basan en los registros de campo realizados en el presente inventario y en los registros publicados en inventarios anteriores./ Habitat information is based on observations from this inventory and previous inventories.

Actividad/Activity

D = Diurno/Diurnal

N = Nocturno/Nocturnal

IR/RI 25					Tipo de registro/ Record type	Vegetación/ Vegetation	Actividad/ Activity	Distribución/ Distribution	Categoría de amenaza/ Threat category	
Bajo Ere	Cabeceras Ere-Algodón	Medio Campuya	Santa Mercedes	Flor de Agosto					IUCN (2013)	MINAG (2004)
–	–	–	–	–	–	VR	D, N	Amz, EG	LC	NA
–	–	–	–	–	–	BT	N	Amz	LC	NA
–	–	x	–	–	obs	RI, CO	D, N	Amz, EG	NE	NA
–	–	–	–	–	–	CO, VR	D, N	Amz, EG	LC	VU
x	x	x	–	–	fot	RI, QU	N	Amz, EG	LC	NT
–	x	–	–	–	obs	BA	D	Amz, EG	VU	NA
–	–	–	x	–	fot	RI	D	Amz, EG	LC	EN
–	–	–	–	–	–	RI	D	Pe, Co, Br	VU	NA
–	–	–	x	–	fot	RI	D, N	Amz, EG	NE	NA
–	–	–	–	x	fot	RI	D, N	Amz, EG	NE	NA
–	–	x	–	–	fot	BT	D	Amz, EG	NE	NA
–	x	–	–	–	col	BT	D	Ec, Pe, Co	NE	NA
–	–	x	–	–	col	BT	D	Amz, EG	NE	NA
–	x	–	–	–	obs	BA	D	Amz, EG	NE	NA

Distribución/Distribution

Amz = Ampliamente distribuido en la cuenca amazónica/ Widespread in the Amazon basin

Ar = Argentina

Bo = Bolivia

Br = Brasil/Brazil

CA = Centroamérica/Central America

Co = Colombia

Ec = Ecuador

EG = Escudo Guayanés (Venezuela, región norte de Brasil, Guyana, Surinam, Guayana Francesa)/ Guyana Shield (Venezuela, northern Brazil, Guyana, Surinam, French Guiana)

Or = Cuenca del Orinoco/Orinoco watershed

Pe = Perú/Peru

Ve = Venezuela (extremo sureste/ extreme southeast)

? = Desconocida/Unknown

Categoría de amenaza/ Threat category

EN = En peligro/Endangered

VU = Vulnerable/Vulnerable

LC = Baja preocupación/ Least Concern

DD = Datos deficientes/ Data Deficient

NE = No evaluado/Not evaluated

NA = No amenazado/ Not threatened

? = Desconocido/Unknown

* = *Pristimantis ockendeni* en IR 20/in RI 20

** = *Dendropsophus koechlini* en IR 22/in RI 22

*** = *Oxyrhopus melanogenys* en IR 20/in RI 20

ANFIBIOS Y REPTILES/AMPHIBIANS AND REPTILES									
Nombre científico/ Scientific name	**IR/RI 12**	**IR/RI 20**			**IR/RI 22**	**IR/RI 23**			
	Yaguas	Güeppicillo	Güeppí	Aguas Negras	Piedras	Choro	Alto Cotuhé	Cachimbo	
Gymnophthalmidae (9)									
Alopoglossus angulatus	–	–	–	–	–	–	–	–	
Alopoglossus atriventris	X	X	X	X	X	–	–	–	
Arthrosaura reticulata	–	X	X	–	–	X	–	X	
Bachia trisanale	–	–	–	–	–	–	–	–	
Cercosaura argulus	X	X	X	X	X	X	X	–	
Iphisa elegans	–	–	–	–	–	–	–	–	
Leposoma parietale	–	X	X	X	–	–	–	–	
Potamites ecpleopus	X	–	–	X	X	X	X	–	
Ptychoglossus brevifrontalis	–	–	–	–	–	–	–	–	
Hoplocercidae (1)									
Enyalioides laticeps	–	–	–	–	X	–	–	–	
Phyllodactylidae (1)									
Thecadactylus solimoensis	–	–	–	X	–	–	–	–	
Dactyloidae (6)									
Anolis fuscoauratus	X	X	X	X	X	X	–	X	
Anolis ortonii	X	–	–	X	–	–	–	–	
Anolis punctatus	X	–	–	–	X	X	–	–	
Anolis scypheus	X	X							
Anolis trachyderma	X	X	X	–	X	X	X	X	
Anolis transversalis	–	–	–	–	X	–	X	–	
Scincidae (2)									
Copeoglossum nigropunctata	–	–	–	X	X	–	–	X	
Varzea altamazonica	–	–	–	–	–	–	–	–	
Teiidae (2)									
Kentropyx pelviceps	X	–	X	X	X	X	X	X	
Tupinambis teguixin	–	–	–	–	X	–	–	X	

LEYENDA/LEGEND

Tipo de registro/Record type

aud = Auditivo/Auditory

col = Colectado/Collection

obs = Observación visual/Visual

fot = Fotográfico/Photographic

Tipo de hábitat/Habitat type

AG = Aguajales/Palm swamps

BA = Bajiales/Lowlands

BAR = Varillal

BT = Bosque de terraza alta/Upland forest

CO = Cocha/Lake

VR = Vegetación ribereña/ Riverine vegetation

QU = Quebrada/Along or in stream

RI = Río/River

ZI = Zonas intervenidas/ Disturbed areas

NOTA/NOTE

Los hábitats presentados en el apéndice se basan en los registros de campo realizados en el presente inventario y en los registros publicados en inventarios anteriores./ Habitat information is based on observations from this inventory and previous inventories.

Actividad/Activity

D = Diurno/Diurnal

N = Nocturno/Nocturnal

IR/RI 25					Tipo de registro/ Record type	Vegetación/ Vegetation	Actividad/ Activity	Distribución/ Distribution	Categoría de amenaza/ Threat category	
Bajo Ere	Cabeceras Ere-Algodón	Medio Campuya	Santa Mercedes	Flor de Agosto					IUCN (2013)	MINAG (2004)
–	–	x	–	–	col	BAR	D	Amz, EG	LC	NA
x	x	x	–	–	col	BA, BT	D	Ec, Pe, Br	NE	NA
–	–	–	–	–	–	BT	D	Amz, Or	NE	NA
x	–	–	–	–	col	BA	D	Amz	DD	NA
x	x	–	–	–	col	BA, BT	D	Amz, EG	LC	NA
x	–	x	–	–	col	BA, BT	D	Amz, EG	NE	NA
x	x	–	–	–	col	BA, BT	D	Ec, Co, Pe, Br	LC	NA
–	x	x	–	–	col	QU	D, N	Amz	NE	NA
–	x	–	–	–	col	BT	D	Amz, EG	NE	NA
–	x	x	–	–	col	BT	D	Ec, Pe, Co, Br	NE	NA
–	x	–	–	–	col	BT	N	Amz, EG	NE	NA
x	x	x	–	–	col	AG, BA, BT	D	Amz, EG	NE	NA
–	–	–	–	–	–	BT	D	Amz, EG	NE	NA
–	–	–	–	–	fot	ZI	D	Amz, EG	NE	NA
–	x	–	–	–	col	BA	D	Ec, Pe, Co, Br	NE	NA
x	x	x	–	–	col	BA, BT, BAR	D	Amz	NE	NA
x	x	x	–	–	col	BA, BT	D	Ec, Pe, Co, Br, Ve	NE	NA
–	–	–	–	–	–	BT, BA	D	Amz	NE	NA
–	–	x	–	–	obs	BT	D	Pe, Bo	NE	NA
x	x	x	–	–	col	AG, BA, BT	D	Amz	NE	NA
–	x	–	–	–	obs	BT	D	Amz	NE	NA

Distribución/Distribution

Amz = Ampliamente distribuido en la cuenca amazónica/ Widespread in the Amazon basin

Ar = Argentina

Bo = Bolivia

Br = Brasil/Brazil

CA = Centroamérica/Central America

Co = Colombia

Ec = Ecuador

EG = Escudo Guayanés (Venezuela, región norte de Brasil, Guyana, Surinam, Guayana Francesa)/ Guyana Shield (Venezuela, northern Brazil, Guyana, Surinam, French Guiana)

Or = Cuenca del Orinoco/Orinoco watershed

Pe = Perú/Peru

Ve = Venezuela (extremo sureste/ extreme southeast)

? = Desconocida/Unknown

Categoría de amenaza/ Threat category

EN = En peligro/Endangered

VU = Vulnerable/Vulnerable

LC = Baja preocupación/ Least Concern

DD = Datos deficientes/ Data Deficient

NE = No evaluado/Not evaluated

NA = No amenazado/ Not threatened

? = Desconocido/Unknown

* = *Pristimantis ockendeni* en IR 20/in RI 20

** = *Dendropsophus koechlini* en IR 22/in RI 22

*** = *Oxyrhopus melanogenys* en IR 20/in RI 20

ANFIBIOS Y REPTILES/AMPHIBIANS AND REPTILES									
Nombre científico/ **Scientific name**	**IR/RI 12**	**IR/RI 20**			**IR/RI 22**	**IR/RI 23**			
	Yaguas	Güeppicillo	Güeppí	Aguas Negras	Piedras	Choro	Alto Cotuhé	Cachimbo	
Tropiduridae (2)									
Plica plica	–	–	–	–	–	X	–	X	
Plica umbra	X	–	–	–	X	–	–	X	
Boidae (3)									
Boa constrictor	–	–	–	–	–	–	–	–	
Corallus hortulanus	–	X	X	X	–	–	–	X	
Epicrates cenchria	–	–	–	–	–	–	–	–	
Colubridae (33)									
Atractus collaris	–	–	–	–	X	–	–	–	
Atractus gaigeae	–	–	–	–	–	X	–	–	
Atractus major	–	–	–	X	–	X	–	–	
Atractus snethlageae	–	–	X	–	–	–	–	–	
Atractus torquatus	–	–	–	–	–	–	–	–	
Chironius fuscus	X	–	–	–	–	X	–	X	
Clelia clelia	X	–	–	X	–	–	–	–	
Dendrophidion dendrophis	–	–	–	–	–	–	–	–	
Dipsas catesbyi	–	–	X	–	–	–	–	–	
Dipsas indica	–	–	–	–	–	–	–	–	
Drepanoides anomalus	–	–	–	–	–	–	X	X	
Drymarchon corais	–	–	–	–	–	–	–	X	
Drymoluber dichrous	–	–	–	–	X	–	–	–	
Erythrolamprus mimus	–	–	–	–	–	–	–	–	
Helicops angulatus	–	–	–	–	–	–	–	–	
Helicops polylepis	–	–	–	–	–	–	–	X	
Hydrops martii	–	–	–	–	–	–	X	X	
Imantodes cenchoa	–	–	X	–	–	–	X	X	
Leptodeira annulata	–	–	–	–	X	X	X	X	
Liophis cobella	–	–	–	–	–	X	–	–	

LEYENDA/LEGEND

Tipo de registro/Record type

aud = Auditivo/Auditory

col = Colectado/Collection

obs = Observación visual/Visual

fot = Fotográfico/Photographic

Tipo de hábitat/Habitat type

AG = Aguajales/Palm swamps

BA = Bajiales/Lowlands

BAR= Varillal

BT = Bosque de terraza alta/Upland
forest

CO = Cocha/Lake

VR = Vegetación ribereña/
Riverine vegetation

QU = Quebrada/Along or in stream

RI = Río/River

ZI = Zonas intervenidas/
Disturbed areas

NOTA/NOTE

Los hábitats presentados en el
apéndice se basan en los registros
de campo realizados en el presente
inventario y en los registros
publicados en inventarios anteriores./
Habitat information is based on
observations from this inventory and
previous inventories.

Actividad/Activity

D = Diurno/Diurnal

N = Nocturno/Nocturnal

IR/RI 25					Tipo de registro/ Record type	Vegetación/ Vegetation	Actividad/ Activity	Distribución/ Distribution	Categoría de amenaza/ Threat category	
Bajo Ere	Cabeceras Ere-Algodón	Medio Campuya	Santa Mercedes	Flor de Agosto					IUCN (2013)	MINAG (2004)
–	–	–	–	–	–	BT	D	Amz, EG	NE	NA
x	–	x	–	–	col	AG, BA	D	Amz, EG	NE	NA
–	–	x	–	–	fot	BT	D, N	Amz, EG	NE	NA
–	–	x	–	–	col	AG	N	Amz, EG	NE	NA
–	x	–	–	–	fot	BA	D,N	Amz, EG	NE	NA
–	–	–	–	–	–	BT	N	Ec, Pe, Co	NE	NA
–	–	–	–	–	–	VR	N	Ec, Pe	NE	NA
–	–	–	–	–	–	VR	N	Amz, Ve	LC	NA
–	–	–	–	–	–	BT	N	Amz, EG	LC	NA
x	x	x	–	–	col	BA, BT	N	Pe, Br, EG	NE	NA
–	x	–	–	–	fot	BA	D	Amz, EG	NE	NA
–	x	–	–	–	obs	BA, BT	D, N	Amz, EG	NE	NA
x	–	–	–	–	col	BA	D	Amz, EG	NE	NA
–	–	x	–	–	col	BT	N	Amz, EG	LC	NA
–	–	x	–	–	col	AG	N	Amz, EG	NE	NA
–	–	x	–	–	col	BA	N	Amz, EG	NE	NA
–	–	–	–	–	–	VR	D	Amz, EG	NE	NA
–	–	–	–	–	–	BT	D	Amz, EG	NE	NA
x	–	–	–	–	fot	BA	D	Amz, EG, CA	NE	NA
–	x	–	–	–	col	BT	N	Amz, EG	NE	NA
–	–	–	–	–	–	QU	N	Amz	NE	NA
–	–	–	–	–	–	QU	N	Amz, Or	NE	NA
–	x	x	–	–	col	AG, BT	N	Amz, EG, CA	NE	NA
x	x	x	–	–	col	BA, BT	N	Amz, EG, CA	NE	NA
–	–	x	–	–	col	BA	D	Amz, EG	NE	NA

Distribución/Distribution

Amz = Ampliamente distribuido en la cuenca amazónica/ Widespread in the Amazon basin

Ar = Argentina

Bo = Bolivia

Br = Brasil/Brazil

CA = Centroamérica/Central America

Co = Colombia

Ec = Ecuador

EG = Escudo Guayanés (Venezuela, región norte de Brasil, Guyana, Surinam, Guayana Francesa)/ Guyana Shield (Venezuela, northern Brazil, Guyana, Surinam, French Guiana)

Or = Cuenca del Orinoco/Orinoco watershed

Pe = Perú/Peru

Ve = Venezuela (extremo sureste/ extreme southeast)

? = Desconocida/Unknown

Categoría de amenaza/ Threat category

EN = En peligro/Endangered

VU = Vulnerable/Vulnerable

LC = Baja preocupación/ Least Concern

DD = Datos deficientes/ Data Deficient

NE = No evaluado/Not evaluated

NA = No amenazado/ Not threatened

? = Desconocido/Unknown

* = *Pristimantis ockendeni* en IR 20/in RI 20

** = *Dendropsophus koechlini* en IR 22/in RI 22

*** = *Oxyrhopus melanogenys* en IR 20/in RI 20

ANFIBIOS Y REPTILES/AMPHIBIANS AND REPTILES									
Nombre científico/ **Scientific name**	**IR/RI 12**	**IR/RI 20**			**IR/RI 22**	**IR/RI 23**			
	Yaguas	Güeppicillo	Güeppí	Aguas Negras	Piedras	Choro	Alto Cotuhé	Cachimbo	
Liophis riginae	–	–	–	–	–	–	–	x	
Liophis typhlus	–	–	–	–	–	–	–	–	
Oxyrhopus formosus	–	–	–	–	–	x	–	–	
Oxyrhopus melanogenys	–	–	–	–	–	–	–	x	
Oxyrhopus petola	–	–	x	x	–	–	–	–	
*Oxyrhopus vanidicus****	–	–	x	–	–	–	–	–	
Pseudoboa coronata	–	–	–	–	–	–	–	x	
Pseustes poecilonotus	–	–	–	–	–	–	–	–	
Siphlophis compressus	–	x	–	–	–	–	–	–	
Spilotes pullatus	–	–	–	–	–	–	–	–	
Xenodon rabdocephalus	–	–	–	–	–	–	–	x	
Xenopholis scalaris	x	–	–	–	–	x	–	–	
Xenoxybelis argenteus	–	–	–	–	–	–	–	–	
Elapidae (4)									
Micrurus hemprichii	–	–	–	–	x	–	–	–	
Micrurus langsdorffi	x	–	–	–	–	–	x	–	
Micrurus lemniscatum	x	–	–	–	–	x	x	x	
Micrurus surinamensis	–	–	–	x	–	–	–	–	
Leptotyphlopidae (1)									
Epictia sp.	–	–	–	–	–	–	–	–	
Viperidae (6)									
Bothriopsis bilineata	–	–	–	–	–	x	–	–	
Bothriopsis taeniata	–	–	–	–	–	–	–	–	
Bothrocophias hyoprora	–	–	x	x	–	–	–	–	
Bothrops atrox	–	–	–	–	x	x	x	–	
Bothrops brazili	–	–	–	–	–	–	–	–	
Lachesis muta	–	–	–	–	x	–	–	–	

LEYENDA/LEGEND

Tipo de registro/Record type

aud = Auditivo/Auditory

col = Colectado/Collection

obs = Observación visual/Visual

fot = Fotográfico/Photographic

Tipo de hábitat/Habitat type

AG = Aguajales/Palm swamps

BA = Bajiales/Lowlands

BAR= Varillal

BT = Bosque de terraza alta/Upland forest

CO = Cocha/Lake

VR = Vegetación ribereña/Riverine vegetation

QU = Quebrada/Along or in stream

RI = Río/River

ZI = Zonas intervenidas/Disturbed areas

NOTA/NOTE

Los hábitats presentados en el apéndice se basan en los registros de campo realizados en el presente inventario y en los registros publicados en inventarios anteriores./ Habitat information is based on observations from this inventory and previous inventories.

Actividad/Activity

D = Diurno/Diurnal

N = Nocturno/Nocturnal

IR/RI 25					Tipo de registro/ Record type	Vegetación/ Vegetation	Actividad/ Activity	Distribución/ Distribution	Categoría de amenaza/ Threat category	
Bajo Ere	Cabeceras Ere-Algodón	Medio Campuya	Santa Mercedes	Flor de Agosto					IUCN (2013)	MINAG (2004)
–	–	–	–	–	–	VR	D	Amz, EG, Ar	NE	NA
–	x	–	–	–	col	BT	D	Amz, EG	NE	NA
–	x	–	–	–	col	BT	D, N	Amz, EG, Ar	NE	NA
–	–	–	–	–	–	VR	N	Amz, EG	LC	NA
–	x	x	–	–	col	BT	N	Amz, EG, CA, Ar	NE	NA
–	–	–	–	–	–	BT	N	Ec, Pe, Co, Br	NE	NA
–	–	x	–	–	col	BA	N	Amz, EG	NE	NA
x	–	–	–	–	col	BA	D	Amz, EG, CA	LC	NA
–	–	x	–	–	col	BT	N	Amz, EG, CA	NE	NA
–	x	–	–	–	fot	BA	D	Amz, EG, CA	NE	NA
–	–	–	–	–	–	VR	D	Amz, EG, CA	NE	NA
–	–	–	–	–	–	VR	D	Amz, EG	NE	NA
–	x	x	–	–	col	AG, BT	D	Amz, EG	NE	NA
–	x	–	–	–	col	BT	D,N	Amz, EG	NE	NA
x	–	–	–	–	obs	BA	D,N	Amz, Ve	LC	NA
–	x	–	–	–	col	BT	D, N	Amz, EG	NE	NA
–	–	–	–	–	–	BA	N	Amz, EG	NE	NA
x	–	–	–	–	col	BA	D	?	?	?
–	–	–	–	–	–	BC	N	Amz, EG	NE	NA
–	x	–	–	–	col	BT	N	Amz, EG	NE	NA
–	x	–	–	–	col	BT, BA	D,N	Amz	NE	NA
–	x	–	–	–	col	AG	D,N	Amz, EG	NE	NA
–	x	–	–	–	col	BT	D,N	Amz	NE	NA
–	–	–	–	–	–	BT	D, N	Amz, EG	NE	NA

Distribución/Distribution

Amz = Ampliamente distribuido en la cuenca amazónica/ Widespread in the Amazon basin

Ar = Argentina

Bo = Bolivia

Br = Brasil/Brazil

CA = Centroamérica/Central America

Co = Colombia

Ec = Ecuador

EG = Escudo Guayanés (Venezuela, región norte de Brasil, Guyana, Surinam, Guayana Francesa)/ Guyana Shield (Venezuela, northern Brazil, Guyana, Surinam, French Guiana)

Or = Cuenca del Orinoco/Orinoco watershed

Pe = Perú/Peru

Ve = Venezuela (extremo sureste/ extreme southeast)

? = Desconocida/Unknown

Categoría de amenaza/ Threat category

EN = En peligro/Endangered

VU = Vulnerable/Vulnerable

LC = Baja preocupación/ Least Concern

DD = Datos deficientes/ Data Deficient

NE = No evaluado/Not evaluated

NA = No amenazado/ Not threatened

? = Desconocido/Unknown

* = *Pristimantis ockendeni* en IR 20/in RI 20

** = *Dendropsophus koechlini* en IR 22/in RI 22

*** = *Oxyrhopus melanogenys* en IR 20/in RI 20

Aves registradas por Douglas F. Stotz y Ernesto Ruelas Inzunza durante el inventario rápido de las cuencas de los ríos Ere, Campuya y Algodón, Loreto, Perú, del 15 al 31 de octubre de 2012.

AVES/BIRDS

Nombre científico/ Scientific name	Nombre en inglés/ English name	Campamentos/ Campsites			Santa Mercedes	Hábitats/ Habitats
		Cabeceras Ere-Algodón	Bajo Ere	Medio Campuya		
Tinamidae (6)						
Tinamus major	Great Tinamou	F	F	F	–	M
Tinamus guttatus	White-throated Tinamou	C	F	F	–	Btf
Crypturellus cinereus	Cinereous Tinamou	F	R	U	X	Bin, Btf
Crypturellus undulatus	Undulated Tinamou	–	F	F	X	M
Crypturellus variegatus	Variegated Tinamou	F	–	–	–	Bc
Crypturellus bartletti	Bartlett's Tinamou	R	R	–	–	Brb
Cracidae (5)						
Penelope jacquacu	Spix's Guan	C	F	F	–	M
Pipile cumanensis	Blue-throated Piping-Guan	–	–	F	–	Bin, Brb
Ortalis guttata	Speckled Chachalaca	–	–	–	X	ZA
Nothocrax urumutum	Nocturnal Curassow	U	U	R	–	Btf
Mitu salvini	Salvin's Curassow	U	R	–	–	Btf
Odontophoridae (1)						
Odontophorus gujanensis	Marbled Wood-Quail	U	U	F	–	Bin, Btf
Phalacrocoracidae (1)						
Phalacrocorax brasilianus	Neotropic Cormorant	–	–	–	X	R
Anhingidae (1)						
Anhinga anhinga	Anhinga	–	–	R	–	R
Ardeidae (6)						
Tigrisoma lineatum	Rufescent Tiger-Heron	–	R	–	–	Ag, R
Agamia agami	Agami Heron	–	R	–	–	Ag, Bin
Butorides striata	Striated Heron	–	–	–	X	R
Ardea cocoi	Cocoi Heron	–	R	R	X	R
Ardea alba	Great Egret	–	–	–	X	R
Egretta thula	Snowy Egret	–	–	–	X	R
Threskiornithidae (1)						
Mesembrinibis cayennensis	Green Ibis	–	R	–	–	R
Cathartidae (4)						
Cathartes aura	Turkey Vulture	–	–	–	X	A
Cathartes melambrotus	Greater Yellow-headed Vulture	–	F	U	X	A
Coragyps atratus	Black Vulture	–	–	–	X	A
Sarcoramphus papa	King Vulture	R	–	R	–	A
Accipitridae (9)						
Elanoides forficatus	Swallow-tailed Kite	–	–	–	X	A

LEYENDA/LEGEND

Abundancia/ Abundance

C = Común (diariamente >10 en hábitat adecuado)/Common (daily >10 in proper habitat)

U = No común (menos que diariamente)/Uncommon (less than daily)

F = Poco común (<10 individuos/ día en hábitat adecuado)/ Fairly Common (<10 individuals/day in proper habitat)

R = Raro (uno o dos registros)/ Rare (one or two records)

X = Presente (estatus desconocido)/Present (status uncertain)

Birds recorded by Douglas F. Stotz and Ernesto Ruelas Inzunza during the rapid inventory of the Ere, Campuya, and Algodón watersheds, Loreto, Peru, on 15–31 October 2012.

AVES/BIRDS						
Nombre científico/ Scientific name	**Nombre en inglés/ English name**	**Campamentos/ Campsites**			**Santa Mercedes**	**Hábitats/ Habitats**
		Cabeceras Ere-Algodón	Bajo Ere	Medio Campuya		
Spizaetus tyrannus	Black Hawk-Eagle	R	–	R	–	A
Spizaetus ornatus	Ornate Hawk-Eagle	R	R	–	–	A
Harpagus bidentatus	Double-toothed Kite	–	R	–	–	Bin, Brb
Ictinia plumbea	Plumbeous Kite	–	–	–	X	A
Buteogallus urubitinga	Great Black-Hawk	–	–	R	–	Ag
Pseudastur albicollis	White Hawk	–	R	–	–	Btf
Buteo platypterus	Broad-winged Hawk	–	R	–	–	A
Buteo brachyurus	Short-tailed Hawk	–	–	–	X	A
Psophiidae (1)						
Psophia crepitans	Gray-winged Trumpeter	F	–	U	–	Bin
Eurypygidae (1)						
Eurypyga helias	Sunbittern	–	R	R	–	Bin
Heliornithidae (1)						
Heliornis fulica	Sungrebe	–	U	R	–	R
Charadriidae (1)						
Vanellus chilensis	Southern Lapwing	–	–	–	X	R
Laridae (2)						
Sternula superciliaris	Yellow-billed Tern	–	–	–	X	R
Phaetusa simplex	Large-billed Tern	–	–	–	X	R
Columbidae (6)						
Columbina talpacoti	Ruddy Ground-Dove	–	–	–	X	ZA
Patagioenas cayennensis	Pale-vented Pigeon	–	–	–	X	Brb
Patagioenas plumbea	Plumbeous Pigeon	C	C	C	X	M
Patagioenas subvinacea	Ruddy Pigeon	R	F	F	X	Bin, Brb
Leptotila rufaxilla	Gray-fronted Dove	–	–	R	X	Bin, Brb
Geotrygon montana	Ruddy Quail-Dove	U	U	R	–	Btf
Cuculidae (6)						
Piaya cayana	Squirrel Cuckoo	U	F	F	X	M
Piaya melanogaster	Black-bellied Cuckoo	–	R	R	–	Btf
Crotophaga major	Greater Ani	–	U	R	X	R
Crotophaga ani	Smooth-billed Ani	–	–	–	X	ZA
Dromococcyx phasianellus	Pheasant Cuckoo	–	–	R	X	Bin,Brb
Neomorphus pucherani	Red-billed Ground-Cuckoo	–	R	–	–	Bin
Strigidae (5)						
Megascops watsonii	Tawny-bellied Screech-Owl	F	F	F	–	Btf, Brb

Hábitats/Habitats

Bin = Bosques inundados/Seasonally flooded forests

Btf = Bosques de terra firme/Terra firme forests

Bc = Bosques de colinas de suelos pobres/Hill forest on poor soils

Brb = Bosque de terrazas de rio/ River bluff forests

R = Ríos, quebradas, cochas y sus márgenes/Rivers, streams, lakes, and their margins

A = Aire/Overhead

Ag = Aguajal/Palm swamps

ZA = Zonas abiertas (pastos, claros, comunidades, entre otros)/Open areas (pastures, clearings, villages, etc.)

M = Hábitats múltiples (3+)/ Multiple habitats (3+ habitats)

AVES/BIRDS						
Nombre científico/ Scientific name	**Nombre en inglés/ English name**	**Campamentos/ Campsites**			**Santa Mercedes**	**Hábitats/ Habitats**
		Cabeceras Ere-Algodón	**Bajo Ere**	**Medio Campuya**		
Lophostrix cristata	Crested Owl	R	R	–	–	Btf
Pulsatrix perspicillata	Spectacled Owl	R	–	R	–	Brb
Ciccaba virgata	Mottled Owl	R	–	–	–	Btf
Glaucidium brasilianum	Ferruginous Pygmy-Owl	–	–	U	X	Brb
Nyctibiidae (2)						
Nyctibius grandis	Great Potoo	R	R	–	–	Brb
Nyctibius griseus	Common Potoo	–	U	F	–	Bin, Brb
Caprimulgidae (3)						
Chordeiles rupestris	Sand-colored Nighthawk	–	–	–	X	R
Chordeiles minor	Common Nighthawk	R	–	–	X	A
Nyctidromus albicollis	Common Pauraque	–	U	U	X	Brb, ZA
Apodidae (3)						
Chaetura cinereiventris	Gray-rumped Swift	F	C	U	X	A
Chaetura brachyura	Short-tailed Swift	–	–	R	X	A
Tachornis squamata	Fork-tailed Palm-Swift	–	F	U	X	A, Ag
Trochilidae (12)						
Topaza pyra	Fiery Topaz	R	R	R	–	Ag
Florisuga mellivora	White-necked Jacobin	R	U	F	–	M
Glaucis hirsuta	Rufous-breasted Hermit	–	R	–	X	Bin
Threnetes leucurus	Pale-tailed Barbthroat	R	–	–	–	Bin, Brb
Phaethornis ruber	Reddish Hermit	F	F	U	–	Btf, Bin
Phaethornis bourcieri	Straight-billed Hermit	U	U	U	–	Btf, Bin
Phaethornis superciliosus	Long-tailed Hermit	F	F	U	–	Btf, Bc
Heliothryx auritus	Black-eared Fairy	U	R	R	–	Brb
Heliodoxa schreibersii	Black-throated Brilliant	R	–	–	–	Btf, Ag
Campylopterus largipennis	Gray-breasted Sabrewing	–	R	U	–	Btf, Bin
Thalurania furcata	Fork-tailed Woodnymph	F	F	F	X	M
Amazilia fimbriata	Glittering-throated Emerald	–	–	R	–	Brb
Trogonidae (7)						
Pharomachrus pavoninus	Pavonine Quetzal	U	F	R	–	Btf
Trogon melanurus	Black-tailed Trogon	F	F	F	–	Bin, Btf
Trogon viridis	Green-backed Trogon	C	C	C	X	Btf, Brb
Trogon ramonianus	Amazonian Trogon	U	R	U	–	Brb, Btf
Trogon curucui	Blue-crowned Trogon	U	–	R	–	Bin
Trogon rufus	Black-throated Trogon	U	F	U	–	Btf, Brb

LEYENDA/LEGEND

Abundancia/ Abundance

C = Común (diariamente >10 en hábitat adecuado)/Common (daily >10 in proper habitat)

U = No común (menos que diariamente)/Uncommon (less than daily)

F = Poco común (<10 individuos/ día en hábitat adecuado)/ Fairly Common (<10 individuals/day in proper habitat)

R = Raro (uno o dos registros)/ Rare (one or two records)

X = Presente (estatus desconocido)/Present (status uncertain)

AVES/BIRDS						
Nombre científico/ Scientific name	**Nombre en inglés/ English name**	**Campamentos/ Campsites**			**Santa Mercedes**	**Hábitats/ Habitats**
		Cabeceras Ere-Algodón	Bajo Ere	Medio Campuya		
Trogon collaris	Collared Trogon	U	R	R	–	Bin, Brb
Alcedinidae (4)						
Megaceryle torquata	Ringed Kingfisher	–	U	–	X	R
Chloroceryle amazona	Amazon Kingfisher	–	R	R	X	R
Chloroceryle americana	Green Kingfisher	–	R	R	–	R
Chloroceryle inda	Green-and-rufous Kingfisher	–	R	–	–	R, Bin
Momotidae (2)						
Baryphthengus martii	Rufous Motmot	F	R	R	–	Btf, Brb
Momotus momota	Amazonian Motmot	–	F	C	–	Bin, Brb
Galbulidae (5)						
Galbalcyrhynchus leucotis	White-cheeked Jacamar	–	–	–	X	ZA
Galbula albirostris	Yellow-billed Jacamar	F	–	R	–	Btf
Galbula tombacea	White-chinned Jacamar	–	–	R	–	Brb
Galbula dea	Paradise Jacamar	F	R	F	–	Btf
Jacamerops aureus	Great Jacamar	R	U	F	–	Bin
Bucconidae (7)						
Bucco macrodactylus	Chestnut-capped Puffbird	–	–	R	–	Brb
Bucco capensis	Collared Puffbird	R	R	–	–	Btf
Malacoptila fusca	White-chested Puffbird	U	R	–	–	Btf
Monasa nigrifrons	Black-fronted Nunbird	R	F	C	X	Bin, Brb
Monasa morphoeus	White-fronted Nunbird	C	U	F	–	Btf, Bin
Monasa flavirostris	Yellow-billed Nunbird	–	–	U	–	Brb
Chelidoptera tenebrosa	Swallow-wing	–	R	R	X	Brb
Capitonidae (3)						
Capito aurovirens	Scarlet-crowned Barbet	–	–	R	–	Bin
Capito auratus	Gilded Barbet	C	C	C	X	M
Eubucco richardsoni	Lemon-throated Barbet	U	F	U	–	M
Ramphastidae (7)						
Ramphastos tucanus	White-throated Toucan	C	C	C	X	M
Ramphastos vitellinus	Channel-billed Toucan	F	F	C	X	M
Selenidera reinwardtii	Golden-collared Toucanet	F	–	U	–	M
Pteroglossus inscriptus	Lettered Aracari	–	R	R	X	Brb
Pteroglossus castanotis	Chestnut-eared Aracari	R	R	R	–	Bin
Pteroglossus pluricinctus	Many-banded Aracari	–	–	R	–	Brb
Pteroglossus azara	Ivory-billed Aracari	–	–	U	–	Bin, Brb

Hábitats/Habitats

Bin = Bosques inundados/Seasonally flooded forests

Btf = Bosques de terra firme/Terra firme forests

Bc = Bosques de colinas de suelos pobres/Hill forest on poor soils

Brb = Bosque de terrazas de rio/ River bluff forests

R = Ríos, quebradas, cochas y sus márgenes/Rivers, streams, lakes, and their margins

A = Aire/Overhead

Ag = Aguajal/Palm swamps

ZA = Zonas abiertas (pastos, claros, comunidades, entre otros)/Open areas (pastures, clearings, villages, etc.)

M = Hábitats múltiples (3+)/ Multiple habitats (3+ habitats)

AVES/BIRDS						
Nombre científico/ Scientific name	Nombre en inglés/ English name	Campamentos/ Campsites			Santa Mercedes	Hábitats/ Habitats
		Cabeceras Ere-Algodón	Bajo Ere	Medio Campuya		
Picidae (14)						
Picumnus lafresnayi	Lafresnaye's Piculet	–	R	R	–	Btf
Melanerpes cruentatus	Yellow-tufted Woodpecker	R	F	C	X	M
Veniliornis passerinus	Little Woodpecker	–	–	R	–	Brb
Veniliornis affinis	Red-stained Woodpecker	U	U	U	–	Btf, Bin
Piculus flavigula	Yellow-throated Woodpecker	F	–	U	–	Btf, Brb
Piculus chrysochloros	Golden-green Woodpecker	U	R	R	–	Btf
Colaptes punctigula	Spot-breasted Woodpecker	–	R	–	–	Brb
Celeus grammicus	Scale-breasted Woodpecker	F	F	F	–	Btf, Bin
Celeus elegans	Chestnut Woodpecker	U	U	R	–	Btf, Brb
Celeus flavus	Cream-colored Woodpecker	R	U	R	–	Bin
Celeus torquatus	Ringed Woodpecker	R	R	–	–	Brb
Dryocopus lineatus	Lineated Woodpecker	–	R	–	X	Brb
Campephilus rubricollis	Red-necked Woodpecker	C	F	F	–	Btf
Campephilus melanoleucos	Crimson-crested Woodpecker	R	U	F	–	Bin, Brb
Falconidae (8)						
Herpetotheres cachinnans	Laughing Falcon	R	R	–	X	Bin
Micrastur ruficollis	Barred Forest-Falcon	F	U	R	–	Btf
Micrastur gilvicollis	Lined Forest-Falcon	U	–	–	–	Btf
Micrastur semitorquatus	Collared Forest-Falcon	R	–	R	–	Bin
Micrastur buckleyi	Buckley's Forest-Falcon	–	–	R	–	Btf
Ibycter americanus	Red-throated Caracara	F	U	U	–	Btf, Bin
Daptrius ater	Black Caracara	–	R	U	X	Brb, R
Falco rufigularis	Bat Falcon	–	R	–	–	Btf
Psittacidae (18)						
Ara ararauna	Blue-and-yellow Macaw	R	R	U	X	A, Ag
Ara macao	Scarlet Macaw	U	F	U	X	A
Ara chloropterus	Red-and-green Macaw	U	U	F	–	A
Ara severus	Chestnut-fronted Macaw	R	–	–	X	A
Orthopsittaca manilata	Red-bellied Macaw	R	F	U	X	A, Brb
Aratinga leucophthalma	White-eyed Parakeet	–	–	–	X	A, R
Aratinga weddellii	Dusky-headed Parakeet		R	U	–	Brb
Pyrrhura melanura	Maroon-tailed Parakeet	C	U	C	X	Btf, Bin
Forpus modestus	Dusky-billed Parrotlet	–	R	C	X	Brb
Brotogeris versicolurus	White-winged Parakeet	–	–	–	X	Brb

LEYENDA/LEGEND

Abundancia/ Abundance

C = Común (diariamente >10 en hábitat adecuado)/Common (daily >10 in proper habitat)

U = No común (menos que diariamente)/Uncommon (less than daily)

F = Poco común (<10 individuos/ día en hábitat adecuado)/ Fairly Common (<10 individuals/day in proper habitat)

R = Raro (uno o dos registros)/ Rare (one or two records)

X = Presente (estatus desconocido)/Present (status uncertain)

AVES/BIRDS						
Nombre científico/ Scientific name	Nombre en inglés/ English name	Campamentos/ Campsites			Santa Mercedes	Hábitats/ Habitats
		Cabeceras Ere-Algodón	Bajo Ere	Medio Campuya		
Brotogeris cyanoptera	Cobalt-winged Parakeet	C	C	C	X	M
Touit purpuratus	Sapphire-rumped Parrotlet	–	U	–	–	Btf
Pionites melanocephalus	Black-headed Parrot	C	U	C	–	Btf, Brb
Pyrilia barrabandi	Orange-cheeked Parrot	F	F	C	–	Btf, Brb
Graydidascalus brachyurus	Short-tailed Parrot	–	–	–	X	A
Pionus menstruus	Blue-headed Parrot	F	U	F	–	A
Amazona amazonica	Orange-winged Parrot	–	–	–	X	A
Amazona farinosa	Mealy Parrot	C	F	F	–	Btf,Brb
Thamnophilidae (41)						
Euchrepomis spodioptila	Ash-winged Antwren	U	R	U	–	Btf
Cymbilaimus lineatus	Fasciated Antshrike	F	U	U	–	M
Frederickena fulva	Fulvous Antshrike	–	–	R	–	Btf
Taraba major	Great Antshrike	–	R	–	–	Brb, Bin
Thamnophilus schistaceus	Plain-winged Antshrike	U	U	U	–	Bin, Btf
Thamnophilus murinus	Mouse-colored Antshrike	C	F	F	–	M
Thamnophilus amazonicus	Amazonian Antshrike	–	R	R	–	Bin
Megastictus margaritatus	Pearly Antshrike	R	R	R	–	Bc
Thamnomanes ardesiacus	Dusky-throated Antshrike	C	C	C	–	Btf, Bin
Thamnomanes caesius	Cinereous Antshrike	C	C	C	–	M
Isleria hauxwelli	Plain-throated Antwren	U	U	U	–	Btf
Pygiptila stellaris	Spot-winged Antshrike	F	F	F	–	M
Epinecrophylla haematonota	Stipple-throated Antwren	U	U	U	–	Btf
Epinecrophylla erythrura	Rufous-tailed Antwren	F	–	R	–	Btf, Bin
Myrmotherula brachyura	Pygmy Antwren	–	F	U	–	M
Myrmotherula ignota	Moustached Antwren	F	U	F	–	Bin, Brb
Myrmotherula multostriata	Amazonian Streaked-Antwren	–	U	U	–	Brb, Bin
Myrmotherula axillaris	White-flanked Antwren	C	C	C	–	M
Myrmotherula longipennis	Long-winged Antwren	F	R	F	–	Btf
Myrmotherula menetriesii	Gray Antwren	C	C	C	–	M
Dichrozona cincta	Banded Antbird	–	–	R	–	Btf
Herpsilochmus dugandi	Dugand's Antwren	C	C	C	–	Brf, Brb
Herpsilochmus sp. nov.	antwren	–	–	R	–	Bc
Hypocnemis peruviana	Peruvian Warbling-Antbird	C	C	F	–	M
Hypocnemis hypoxantha	Yellow-browed Antbird	F	U	U	–	Btf, Bin
Cercomacra cinerascens	Gray Antbird	F	C	C	–	Bin, Btf

Hábitats/Habitats

Bin = Bosques inundados/Seasonally flooded forests

Btf = Bosques de terra firme/Terra firme forests

Bc = Bosques de colinas de suelos pobres/Hill forest on poor soils

Brb = Bosque de terrazas de rio/ River bluff forests

R = Ríos, quebradas, cochas y sus márgenes/Rivers, streams, lakes, and their margins

A = Aire/Overhead

Ag = Aguajal/Palm swamps

ZA = Zonas abiertas (pastos, claros, comunidades, entre otros)/Open areas (pastures, clearings, villages, etc.)

M = Hábitats múltiples (3+)/ Multiple habitats (3+ habitats)

AVES/BIRDS						
Nombre científico/ Scientific name	Nombre en inglés/ English name	Campamentos/ Campsites			Santa Mercedes	Hábitats/ Habitats
		Cabeceras Ere-Algodón	Bajo Ere	Medio Campuya		
Cercomacra serva	Black Antbird	–	R	U	–	Bin
Myrmoborus myotherinus	Black-faced Antbird	F	F	F	–	Btf, Bin
Hypocnemoides melanopogon	Black-chinned Antbird	R	U	U	–	Bin
Sclateria naevia	Silvered Antbird	U	R	U	–	Bin
Percnostola rufifrons	Black-headed Antbird	U	R	R	–	Bc
Schistocichla schistacea	Slate-colored Antbird	U	U	U	–	Btf
Schistocichla leucostigma	Spot-winged Antbird	F	F	F	–	Bin
Myrmeciza melanoceps	White-shouldered Antbird	–	–	–	X	Bin
Myrmeciza fortis	Sooty Antbird	U	U	U	–	Btf, Bin
Pithys albifrons	White-plumed Antbird	R	–	R	–	Btf
Gymnopithys leucaspis	Bicolored Antbird	R	R	U	–	Btf, Bin
Rhegmatorhina melanosticta	Hairy-crested Antbird	R	–	–	–	Bin
Hylophylax naevius	Spot-backed Antbird	U	R	U	–	Bin
Hylophylax punctulatus	Dot-backed Antbird	–	R	–	–	Bin
Willisornis poecilinotus	Scale-backed Antbird	F	U	F	–	Btf, Bin
Conopophagidae (1)						
Conopophaga aurita	Chestnut-belted Gnateater	R	–	–	–	Btf
Grallaridae (1)						
Myrmothera campanisona	Thrush-like Antpitta	R	F	F	–	Bin, Btf
Rhinocryptidae (1)						
Liosceles thoracicus	Rusty-belted Tapaculo	F	F	F	–	Btf, Bin
Formicariidae (3)						
Formicarius colma	Rufous-capped Antthrush	U	R	U	–	Btf, Bin
Formicarius analis	Black-faced Antthrush	–	R	U	–	Bin, Btf
Chamaeza nobilis	Noble Antthrush	U	–	U	–	Bin
Furnariidae (32)						
Sclerurus rufigularis	Short-billed Leaftosser	–	–	U	–	Btf
Sclerurus caudacutus	Black-tailed Leaftosser	–	–	R	–	Btf
Sclerurus sp.	Leaftosser sp.	R	–	–	–	Btf
Sittasomus griseicapillus	Olivaceous Woodcreeper	–	R	–	–	Bin
Deconychura longicauda	Long-tailed Woodcreeper	U	–	R	–	Bc, Btf
Dendrocincla fuliginosa	Plain-brown Woodcreeper	F	U	U	–	Btf, Bin
Dendrocincla merula	White-chinned Woodcreeper	U	U	R	–	Btf
Glyphorynchus spirurus	Wedge-billed Woodcreeper	C	F	F	X	M
Dendrexetastes rufigula	Cinnamon-throated Woodcreeper	U	R	F	–	Brb, Bin

LEYENDA/LEGEND

Abundancia/ Abundance

C = Común (diariamente >10 en hábitat adecuado)/Common (daily >10 in proper habitat)

U = No común (menos que diariamente)/Uncommon (less than daily)

F = Poco común (<10 individuos/ día en hábitat adecuado)/ Fairly Common (<10 individuals/day in proper habitat)

R = Raro (uno o dos registros)/ Rare (one or two records)

X = Presente (estatus desconocido)/Present (status uncertain)

AVES/BIRDS						
Nombre científico/ Scientific name	**Nombre en inglés/ English name**	**Campamentos/ Campsites**			**Santa Mercedes**	**Hábitats/ Habitats**
		Cabeceras Ere-Algodón	Bajo Ere	Medio Campuya		
Nasica longirostris	Long-billed Woodcreeper	F	U	F	–	Bin, Brb
Dendrocolaptes certhia	Barred Woodcreeper	R	R	U	–	Btf, Bin
Dendrocolaptes picumnus	Black-banded Woodcreeper	–	R	–	–	Bin
Xiphorhynchus obsoletus	Striped Woodcreeper	R	–	–	–	Bin, Brb
Xiphorhynchus ocellatus	Ocellated Woodcreeper	R	–	R	–	Btf
Xiphorhynchus elegans	Elegant Woodcreeper	U	U	U	–	M
Xiphorhynchus guttatus	Buff-throated Woodcreeper	C	F	C	X	M
Dendroplex picus	Straight-billed Woodcreeper	R	U	–	X	Brb, ZA
Campylorhamphus procurvoides	Curve-billed Scythebill	R	–	R	–	Btf
Lepidocolaptes albolineatus	Lineated Woodcreeper	R	–	R	–	Btf, Bc
Xenops minutus	Plain Xenops	U	F	F	–	M
Microxenops milleri	Rufous-tailed Xenops	U	R	U	–	Btf
Philydor erythrocercum	Rufous-rumped Foliage-gleaner	U	U	U	–	Btf
Philydor erythropterum	Chestnut-winged Foliage-gleaner	R	R	R	–	Btf
Philydor pyrrhodes	Cinnamon-rumped Foliage-gleaner	–	–	R	–	Bin
Anabacerthia ruficaudata	Rufous-tailed Foliage-gleaner	–	–	R	–	Btf
Ancistrops strigilatus	Chestnut-winged Hookbill	U	U	U	–	Btf, Bin
Hyloctistes subulatus	Striped Woodhaunter	F	R	U	–	M
Automolus ochrolaemus	Buff-throated Foliage-gleaner	R	F	F	–	Bin, Brb
Automolus infuscatus	Olive-backed Foliage-gleaner	F	R	U	–	Btf
Automolus rubiginosus	Ruddy Foliage-gleaner	R	–	–	–	Bin
Cranioleuca gutturata	Speckled Spinetail	R	–	R	–	Bin
Synallaxis rutilans	Ruddy Spinetail	R	–	–	–	Bc
Tyrannidae (41)						
Tyrannulus elatus	Yellow-crowned Tyrannulet	R	C	C	X	Bin, Brb
Myiopagis gaimardii	Forest Elaenia	F	F	F	–	Btf, Brb
Myiopagis caniceps	Gray Elaenia	U	R	U	–	Btf, Brb
Ornithion inerme	White-lored Tyrannulet	R	F	F	–	Btf, Bin
Corythopis torquatus	Ringed Antpipit	R	R	–	–	Btf
Zimmerius gracilipes	Slender-footed Tyrannulet	F	U	U	–	Btf, Bin
Mionectes oleagineus	Ochre-bellied Flycatcher	U	U	F	–	Btf
Myiornis ecaudatus	Short-tailed Pygmy-Tyrant	R	–	–	–	Bin, Brb
Lophotriccus vitiosus	Double-banded Pygmy-Tyrant	C	C	C	–	M
Lophotriccus galeatus	Helmeted Pygmy-Tyrant	U	R	R	–	Bc

Hábitats/Habitats

Bin = Bosques inundados/Seasonally flooded forests

Btf = Bosques de terra firme/Terra firme forests

Bc = Bosques de colinas de suelos pobres/Hill forest on poor soils

Brb = Bosque de terrazas de rio/ River bluff forests

R = Ríos, quebradas, cochas y sus márgenes/Rivers, streams, lakes, and their margins

A = Aire/Overhead

Ag = Aguajal/Palm swamps

ZA = Zonas abiertas (pastos, claros, comunidades, entre otros)/Open areas (pastures, clearings, villages, etc.)

M = Hábitats múltiples (3+)/ Multiple habitats (3+ habitats)

AVES/BIRDS						
Nombre científico/ Scientific name	**Nombre en inglés/ English name**	**Campamentos/ Campsites**			**Santa Mercedes**	**Hábitats/ Habitats**
		Cabeceras Ere-Algodón	Bajo Ere	Medio Campuya		
Poecilotriccus latirostris	Rusty-fronted Tody-Flycatcher	–	–	–	X	Brb
Todirostrum maculatum	Spotted Tody-Flycatcher	–	–	–	X	R
Todirostrum chrysocrotaphum	Yellow-browed Tody-Flycatcher	–	–	–	X	Bin
Cnipodectes subbrunneus	Brownish Twistwing	R	–	–	–	Btf, Bin
Rhynchocyclus olivaceus	Olivaceous Flatbill	–	R	R	–	Btf
Tolmomyias assimilis	Yellow-marginated Flycatcher	U	R	R	–	Btf
Tolmomyias poliocephalus	Gray-crowned Flycatcher	F	F	F	–	M
Tolmomyias flaviventris	Yellow-breasted Flycatcher	–	R	R	–	Brb
Platyrinchus coronatus	Golden-crowned Spadebill	R	–	U	–	Btf
Onychorhynchus coronatus	Royal Flycatcher	R	–	–	–	Btf
Myiobius barbatus	Whiskered Flycatcher	–	–	R	–	Btf
Terenotriccus erythrurus	Ruddy-tailed Flycatcher	U	U	R	–	Btf, Brb
Lathrotriccus euleri	Euler's Flycatcher	–	–	R	–	Bin
Contopus virens	Eastern Wood-Pewee	U	–	–	X	M
Ochthornis littoralis	Drab Water Tyrant	–	–	U	–	R
Legatus leucophaius	Piratic Flycatcher	–	–	–	X	Brb, Bin
Myiozetetes similis	Social Flycatcher	R	R	–	X	M
Myiozetetes granadensis	Gray-capped Flycatcher	–	–	–	X	ZA
Myiozetetes luteiventris	Dusky-chested Flycatcher	U	U	U	X	Btf, Brb
Pitangus sulphuratus	Great Kiskadee	U	–	U	X	Brb, ZA
Conopias parvus	Yellow-throated Flycatcher	F	U	U	–	Btf, Bc
Megarynchus pitangua	Boat-billed Flycatcher	–	–	–	X	ZA
Tyrannopsis sulphurea	Sulphury Flycatcher	–	R	–	X	Bin, Ag
Tyrannus melancholicus	Tropical Kingbird	–	–	F	X	M
Tyrannus tyrannus	Eastern Kingbird	–	–	–	X	Brb, ZA
Rhytipterna simplex	Grayish Mourner	F	R	F	–	Btf, Bin
Myiarchus tuberculifer	Dusky-capped Flycatcher	R	R	U	X	Btf, Bin
Myiarchus ferox	Short-crested Flycatcher	–	–	U	X	Brb, ZA
Ramphotrigon ruficauda	Rufous-tailed Flatbill	F	U	U	–	Btf, Bin
Attila citriniventris	Citron-bellied Attila	F	R	R	–	Btf, Bin
Attila spadiceus	Bright-rumped Attila	U	R	U	–	Bin, Btf
Cotingidae (5)						
Phoenicircus nigricollis	Black-necked Red-Cotinga	R	R	–	–	Btf, Bin
Querula purpurata	Purple-throated Fruitcrow	–	R	F	–	Btf, Bin
Cotinga maynana	Plum-throated Cotinga	–	–	R	–	Brb

LEYENDA/LEGEND

Abundancia/ Abundance

C = Común (diariamente >10 en hábitat adecuado)/Common (daily >10 in proper habitat)

U = No común (menos que diariamente)/Uncommon (less than daily)

F = Poco común (<10 individuos/ día en hábitat adecuado)/ Fairly Common (<10 individuals/day in proper habitat)

R = Raro (uno o dos registros)/ Rare (one or two records)

X = Presente (estatus desconocido)/Present (status uncertain)

AVES/BIRDS						
Nombre científico/ Scientific name	Nombre en inglés/ English name	Campamentos/ Campsites			Santa Mercedes	Hábitats/ Habitats
		Cabeceras Ere-Algodón	Bajo Ere	Medio Campuya		
Lipaugus vociferans	Screaming Piha	C	C	C	–	Btf, Bin
Gymnoderus foetidus	Bare-necked Fruitcrow	R	–	–	–	Brb
Pipridae (8)						
Tyranneutes stolzmanni	Dwarf Tyrant-Manakin	F	F	F	–	Btf, Bin
Chiroxiphia pareola	Blue-backed Manakin	R	–	R	–	Btf
Machaeropterus regulus	Striped Manakin	R	U	U	–	Btf, Bin
Dixiphia pipra	White-crowned Manakin	F	U	R	–	Btf
Ceratopipra erythrocephala	Golden-headed Manakin	C	C	C	–	Btf, Bin
Heterocercus aurantiivertex	Orange-crowned Manakin	–	–	R	–	Bin
Pipra filicauda	Wire-tailed Manakin	U	–	–	–	Bin
Lepidothrix coronata	Blue-crowned Manakin	C	C	C	–	Btf, Bin
Tityridae (9)						
Tityra cayana	Black-tailed Tityra	R	–	U	–	Btf, Brb
Tityra semifasciata	Masked Tityra	–	R	–	–	Brb
Schiffornis major	Greater Manakin	–	–	U	–	Bin
Schiffornis turdina	Thrush-like Manakin	U	U	R	–	Bc, Btf
Laniocera hypopyrra	Cinereous Mourner	U	R	U	–	Btf
Pachyramphus polychopterus	White-winged Becard	–	–	–	X	Brb, Bin
Pachyramphus marginatus	Black-capped Becard	U	U	U	–	Btf, Brb
Pachyramphus minor	Pink-throated Becard	U	–	U	–	Btf, Bin
Piprites chloris	Wing-barred Manakin	U	R	R	–	Btf, Bin
Vireonidae (4)						
Vireo olivaceus	Red-eyed Vireo	U	R	U	X	M
Hylophilus thoracicus	Lemon-chested Greenlet	–	F	U	–	Bin
Hylophilus hypoxanthus	Dusky-capped Greenlet	F	F	F	–	Btf, Bin
Hylophilus ochraceiceps	Tawny-crowned Greenlet	F	R	F	–	Btf
Corvidae (1)						
Cyanocorax violaceus	Violaceous Jay	–	–	R	X	Bin, R
Hirundinidae (7)						
Atticora fasciata	White-banded Swallow	–	F	C	X	R
Atticora tibialis	White-thighed Swallow	–	–	R	–	A
Stelgidopteryx ruficollis	Southern Rough-winged Swallow	–	R	R	X	R
Progne tapera	Brown-chested Martin	–	–	–	X	R
Progne chalybea	Gray-breasted Martin	–	–	U	X	R
Tachycineta albiventer	White-winged Swallow	–	–	R	X	R

Hábitats/Habitats

Bin = Bosques inundados/Seasonally flooded forests

Btf = Bosques de terra firme/Terra firme forests

Bc = Bosques de colinas de suelos pobres/Hill forest on poor soils

Brb = Bosque de terrazas de rio/ River bluff forests

R = Ríos, quebradas, cochas y sus márgenes/Rivers, streams, lakes, and their margins

A = Aire/Overhead

Ag = Aguajal/Palm swamps

ZA = Zonas abiertas (pastos, claros, comunidades, entre otros)/Open areas (pastures, clearings, villages, etc.)

M = Hábitats múltiples (3+)/ Multiple habitats (3+ habitats)

AVES/BIRDS						
Nombre científico/ Scientific name	Nombre en inglés/ English name	Campamentos/ Campsites			Santa Mercedes	Hábitats/ Habitats
		Cabeceras Ere-Algodón	Bajo Ere	Medio Campuya		
Hirundo rustica	Barn Swallow	–	R	–	X	R
Troglodytidae (5)						
Microcerculus marginatus	Southern Nightingale-Wren	F	F	F	–	Btf, Bin
Troglodytes aedon	House Wren	–	–	–	X	ZA
Campylorhynchus turdinus	Thrush-like Wren	–	–	C	–	Bin, Brb
Pheugopedius coraya	Coraya Wren	U	F	C	X	Bin, Btf
Cyphorhinus arada	Musician Wren	U	–	U	–	Bin
Polioptilidae (2)						
Microbates collaris	Collared Gnatwren	U	R	R	–	Btf
Polioptila plumbea	Tropical Gnatcatcher	–	R	–	–	Btf
Turdidae (5)						
Catharus minimus	Gray-cheeked Thrush	R	–	R	–	Btf
Catharus ustulatus	Swainson's Thrush	U	R	R	–	Btf
Turdus lawrencii	Lawrence's Thrush	U	R	R	–	Bin
Turdus ignobilis	Black-billed Thrush	–	–	–	X	ZA
Turdus albicollis	White-necked Thrush	F	U	F	–	Btf, Bin
Thraupidae (29)						
Cissopis leveriana	Magpie Tanager	–	–	R	X	Brb
Tachyphonus cristatus	Flame-crested Tanager	U	R	R	–	Btf, Brb
Tachyphonus surinamus	Fulvous-crested Tanager	U	R	R	–	Btf, Bin
Lanio fulvus	Fulvous Shrike-Tanager	R	–	R	–	Btf
Ramphocelus nigrogularis	Masked Crimson Tanager	–	–	–	X	Brb
Ramphocelus carbo	Silver-beaked Tanager	–	–	U	X	Brb, ZA
Thraupis episcopus	Blue-gray Tanager	–	–	R	X	Brb, ZA
Thraupis palmarum	Palm Tanager	R	R	U	X	M
Tangara mexicana	Turquoise Tanager	–	U	R	–	Brb
Tangara chilensis	Paradise Tanager	R	F	F	–	M
Tangara velia	Opal-rumped Tanager	R	–	R	–	Btf, Brb
Tangara callophrys	Opal-crowned Tanager	R	R	R	–	Btf, Brb
Tangara gyrola	Bay-headed Tanager	R	R	–	–	Btf
Tangara schrankii	Green-and-gold Tanager	U	F	F	–	M
Tersina viridis	Swallow Tanager	R	U	U	–	Brb
Dacnis lineata	Black-faced Dacnis	R	–	U	–	Brb
Dacnis flaviventer	Yellow-bellied Dacnis	–	–	U	–	Bin, Brb

LEYENDA/LEGEND

Abundancia/ Abundance

C = Común (diariamente >10 en hábitat adecuado)/Common (daily >10 in proper habitat)

U = No común (menos que diariamente)/Uncommon (less than daily)

F = Poco común (<10 individuos/ día en hábitat adecuado)/ Fairly Common (<10 individuals/day in proper habitat)

R = Raro (uno o dos registros)/ Rare (one or two records)

X = Presente (estatus desconocido)/Present (status uncertain)

AVES/BIRDS						
Nombre científico/ Scientific name	Nombre en inglés/ English name	Campamentos/ Campsites			Santa Mercedes	Hábitats/ Habitats
		Cabeceras Ere-Algodón	Bajo Ere	Medio Campuya		
Dacnis cayana	Blue Dacnis	R	–	R	–	M
Cyanerpes nitidus	Short-billed Honeycreeper	R	U	R	–	Btf, Brb
Cyanerpes caeruleus	Purple Honeycreeper	U	F	F	–	M
Chlorophanes spiza	Green Honeycreeper	R	U	U	–	M
Hemithraupis flavicollis	Yellow-backed Tanager	R	R	U	–	Btf, Brb
Sporophila murallae	Caqueta Seedeater	–	–	–	X	ZA
Sporophila castaneiventris	Chestnut-bellied Seedeater	–	–	–	X	ZA
Sporophila sp.	Seedeater sp.	–	–	R	–	R
Oryzoborus angolensis	Chestnut-bellied Seed-Finch	–	–	–	X	ZA
Saltator grossus	Slate-colored Grosbeak	R	R	F	–	Btf, Bin
Saltator maximus	Buff-throated Saltator	–	–	–	X	Bin
Saltator coerulescens	Grayish Saltator	–	–	–	X	ZA
Emberizidae (1)						
Ammodramus aurifrons	Yellow-browed Sparrow	–	–	–	X	ZA
Cardinalidae (4)						
Piranga rubra	Summer Tanager	–	R	–	–	Brb
Piranga olivacea	Scarlet Tanager	R	–	R	–	Btf
Habia rubica	Red-crowned Ant-Tanager	U	–	–	–	Btf
Cyanocompsa cyanoides	Blue-black Grosbeak	U	–	R	–	Bin
Parulidae (1)						
Myiothlypis fulvicauda	Buff-rumped Warbler	R	R	–	–	Bin
Icteridae (7)						
Psarocolius angustifrons	Russet-backed Oropendola	–	–	–	X	Brb
Psarocolius viridis	Green Oropendola	–	–	U	–	Btf
Psarocolius decumanus	Crested Oropendola	R	R	R	X	Brb
Psarocolius bifasciatus	Olive Oropendola	U	R	F	X	Btf, Brb
Cacicus cela	Yellow-rumped Cacique	–	C	F	X	M
Icterus cayanensis	Epaulet Oriole	–	–	F	X	Brb
Molothrus oryzivorus	Giant Cowbird	–	–	–	X	Brb
Fringillidae (4)						
Euphonia chrysopasta	White-lored Euphonia	–	R	U	–	Btf, Brb
Euphonia minuta	White-vented Euphonia	–	–	R	–	Brb
Euphonia xanthogaster	Orange-bellied Euphonia	–	U	F	–	M
Euphonia rufiventris	Rufous-bellied Euphonia	F	F	U	–	M
Total species		**220**	**227**	**263**	**109**	

Hábitats/Habitats

Bin = Bosques inundados/Seasonally flooded forests

Btf = Bosques de terra firme/Terra firme forests

Bc = Bosques de colinas de suelos pobres/Hill forest on poor soils

Brb = Bosque de terrazas de rio/ River bluff forests

R = Ríos, quebradas, cochas y sus márgenes/Rivers, streams, lakes, and their margins

A = Aire/Overhead

Ag = Aguajal/Palm swamps

ZA = Zonas abiertas (pastos, claros, comunidades, entre otros)/Open areas (pastures, clearings, villages, etc.)

M = Hábitats múltiples (3+)/ Multiple habitats (3+ habitats)

**Mamíferos medianos
y grandes/Large and
Medium-sized Mammals**

Mamíferos registrados por Cristina López Wong durante un inventario rápido de las cuencas de los ríos Ere, Campuya y Algodón, Loreto, Perú, del 15 al 31 de octubre de 2012. El listado también incluye especies esperadas para la zona según su rango de distribución pero que todavía no han sido registradas allí, así como especies registradas durante las visitas a las comunidades de Flor de Agosto, Ere, Santa Mercedes y Atalaya. El ordenamiento y la nomenclatura siguen Pacheco et al. (2009).

MAMÍFEROS MEDIANOS Y GRANDES/LARGE AND MEDIUM-SIZED MAMMALS			
Nombre científico/ Scientific name	**Nombre en castellano/ Spanish common name**	**Nombre en inglés/ English common name**	
DIDELPHIMORPHIA (10)			
Didelphidae (10)			
Caluromys lanatus	Zarigüeyita lanuda	Eastern woolly opossum	
Glironia venusta	Raposa de cola peluda	Bushy-tailed opossum	
Chironectes minimus	Zorro de agua	Water opossum	
Didelphis marsupialis	Zarigüeya común, zorra	Common opossum	
Marmosa murina	Zorra pequeña	Murine mouse opossum	
Marmosa (Micoureus) demerarae	Comadrejita marsupial lanuda	Long-furred woolly mouse opossum	
Marmosa (Micoureus) regina	Comadrejita marsupial reina	Short-furred woolly mouse opossum	
Marmosops noctivagus	Zorrillo	White-bellied slender mouse opossum	
Metachirus nudicaudatus	Zarigüeya marrón de cuatro ojos	Brown four-eyed opossum	
Philander andersoni	Zarigüeyita negra de Anderson, zorro	Anderson's four-eyed opossum	
SIRENIA (1)			
Trichechidae (1)			
Trichechus inunguis	Manatí	Amazonian manatee	
CINGULATA (5)			
Dasypodidae (5)			
Dasypus kappleri	Carachupa	Greater long-nosed armadillo	
Dasypus novemcinctus	Carachupa	Nine-banded armadillo	
Dasypus sp.	Carachupa	Armadillo	
Cabassous unicinctus	Trueno carachupa	Eastern naked-tailed armadillo	
Priodontes maximus	Carachupa mama, yungunturu	Giant armadillo	
PILOSA (6)			
Bradypodidae (1)			
Bradypus variegatus	Perezoso de tres dedos, pelejo	Three-toed sloth	
Megalonychidae (2)			
Choloepus didactylus	Perezoso de dos dedos, pelejo	Linné's two-toed sloth	
Choloepus hoffmanni	Perezoso de dos dedos de Hoffmann, pelejo	Hoffmann's two-toed sloth	
Cyclopedidae (1)			
Cyclopes didactylus	Serafín	Silky anteater	
Myrmecophagidae (2)			
Myrmecophaga tridactyla	Oso hormiguero bandera	Giant anteater	
Tamandua tetradactyla	Shiui	Southern tamandua	
PRIMATES (17)			
Cebidae (7)			
Callimico goeldii	Pichico	Goeldi's monkey	
Callithrix pygmaea	Leoncito	Pygmy marmoset	
Saguinus fuscicollis	Pichico	Saddleback tamarin	
Saguinus nigricollis	Pichico	Black-mantled tamarin	
Cebus albifrons	Machín blanco	White-fronted capuchin	

Mammals recorded by Cristina López Wong during a rapid inventory of the Ere, Campuya, and Algodón watersheds, Loreto, Peru, on 15–31 October 2012. The list also includes species that are expected to occur in the area based on their geographic ranges but that have not yet been recorded there, as well as species recorded during the social inventory of the communities of Flor de Agosto, Ere, Santa Mercedes, and Atalaya. Sequence and nomenclature follow Pacheco et al. (2009).

Mamíferos medianos y grandes/Large and Medium-sized Mammals

Campamentos/Campsites			Registrada en comunidades/ Recorded in communities	Esperada/ Expected	Categoria de amenaza/ Threat category		
Cabeceras Ere-Algodón	Bajo Ere	Medio Campuya			IUCN (2013)	CITES	En el Perú/ In Peru (MINAG 2004)
–	–	–	–	x	LC	–	–
–	–	–	–	x	LC	–	–
–	–	–	–	x	LC	–	–
–	–	–	x	–	LC	–	–
–	–	–	–	x	LC	–	–
–	–	–	–	x	LC	–	–
–	–	–	–	x	LC	–	–
–	–	x	–	–	LC	–	–
–	–	–	–	x	LC	–	–
–	–	–	–	x	LC	–	–
–	–	–	x	–	VU A3cd	I	EN
–	–	–	–	x	LC	–	–
–	–	–	–	x	LC	–	–
x	x	–	–	–	–	–	–
–	–	–	–	x	LC	–	–
x	x	x	–	–	VU A2cd	I	VU
–	–	–	–	x	LC	II	–
–	–	–	x	–	LC	–	–
–	–	–	x	–	LC	III	–
–	–	–	–	x	LC	–	–
x	x	x	–	–	VU A2c	II	VU
–	x	–	–	–	LC	–	–
–	–	–	–	x	VU A3c	I	VU
–	–	x	–	–	LC	II	–
–	–	–	–	x	LC	II	–
x	x	x	–	–	LC	II	–
x	x	x	–	–	LC	II	–

MAMÍFEROS MEDIANOS Y GRANDES/LARGE AND MEDIUM-SIZED MAMMALS			
Nombre científico/ Scientific name	**Nombre en castellano/ Spanish common name**	**Nombre en inglés/ English common name**	
Cebus apella	Machín negro	Brown capuchin	
Saimiri sciureus	Frailecito	Squirrel monkey	
Aotidae (2)			
Aotus vociferans	Musmuqui	Owl monkey	
Aotus sp.	Musmuqui	Owl monkey	
Pitheciidae (5)			
Callicebus cupreus	Tocón	Red titi monkey	
Callicebus discolor	Tocón	Red titi monkey	
Callicebus lucifer	Tocón negro	Lucifer titi monkey	
Callicebus torquatus	Tocón negro	Collared titi monkey	
Pithecia monachus	Huapo negro	Monk saki monkey	
Atelidae (3)			
Alouatta seniculus	Coto, aullador	Red howler monkey	
Ateles belzebuth	Maquisapa	Long-haired spider monkey	
Lagothrix lagotricha	Choro	Woolly monkey	
RODENTIA (9)			
Sciuridae (3)			
Microsciurus flaviventer	Ardilla	Amazon dwarf squirrel	
Sciurus igniventris	Ardilla roja, huayhuansi	Northern Amazon red squirrel	
Sciurus spadiceus	Huayhuansi	Southern Amazon red squirrel	
Erethizontidae (1)			
Coendou bicolor	Cashacushillo	Brazilian porcupine	
Dinomyidae (1)			
Dinomys branickii	Pacarana	Pacarana	
Caviidae (1)			
Hydrochoerus hydrochaeris	Ronsoco	Capybara	
Dasyproctidae (2)			
Dasyprocta fuliginosa	Añuje	Black agouti	
Myoprocta pratti	Punchana	Green acouchy	
Cuniculidae (1)			
Cuniculus paca	Majaz	Paca	
CARNIVORA (16)			
Felidae (5)			
Leopardus pardalis	Tigrillo	Ocelot	
Leopardus wiedii	Huamburushu	Margay	
Puma concolor	Puma	Puma	
Herpailurus yagouaroundi	Yaguarundi	Jaguarundi	
Panthera onca	Otorongo	Jaguar	
Canidae (2)			

Campamentos/Campsites			Registrada en comunidades/ Recorded in communities	Esperada/ Expected	Categoria de amenaza/ Threat category		
Cabeceras Ere-Algodón	Bajo Ere	Medio Campuya			IUCN (2013)	CITES	En el Perú/ In Peru (MINAG 2004)
–	x	x	–	–	LC	II	–
x	x	x	x	–	LC	II	–
–	–	–	–	x	LC	II	–
x	–	–	–	–	–	II	–
–	–	–	–	x	LC	II	–
–	–	–	–	x	LC	II	–
x	x	x	–	x	LC	II	VU
x	x	x	–	–	LC	II	VU
x	x	x	–	–	LC	II	–
x	–	x	–	–	LC	II	NT
–	–	–	–	x	EN A2cd	II	EN
x	x	x	–	–	VU A3cd	II	VU
–	x	–	–	–	DD	–	–
–	x	x	–	–	LC	–	–
–	–	–	–	x	LC	–	–
–	–	–	–	x	LC	–	–
–	–	–	–	x	VU A2cd	–	EN
–	–	–	x	–	LC	–	–
–	x	x	–	–	LC	–	–
x	–	–	–	–	LC	–	–
x	x	x	–	–	LC	III	–
x	x	x	–	–	LC	I	–
–	–	–	–	x	NT	I	–
–	–	–	x	–	LC	II	NT
–	–	–	–	x	LC	II	–
x	x	–	x	–	NT	I	NT

MAMÍFEROS MEDIANOS Y GRANDES/LARGE AND MEDIUM-SIZED MAMMALS			
Nombre científico/ Scientific name	**Nombre en castellano/ Spanish common name**	**Nombre en inglés/ English common name**	
Atelocynus microtis	Perro de orejas cortas	Short-eared dog	
Speothos venaticus	Perro de monte	Bush dog	
Mustelidae (5)			
Lontra longicaudis	Nutria de río	Neotropical otter	
Pteronura brasiliensis	Lobo de río	Giant otter	
Eira barbara	Manco	Tayra	
Galictis vittata	Hurón grande	Grison	
Mustela africana	Comadreja rayada	Amazon weasel	
Procyonidae (4)			
Bassaricyon gabbii	Olingo	Olingo	
Nasua nasua	Achuni, coati	South American coati	
Potos flavus	Chosna	Kinkajou	
Procyon cancrivorus	Osito cangrejero	Crab-eating raccoon	
PERISSODACTYLA (1)			
Tapiridae (1)			
Tapirus terrestris	Sachavaca	Brazilian tapir	
ARTIODACTYLA (4)			
Tayassuidae (2)			
Pecari tajacu	Sajino	Collared peccary	
Tayassu pecari	Huangana	White-lipped peccary	
Cervidae (2)			
Mazama americana	Venado colorado	Red brocket deer	
Mazama nemorivaga	Venado gris	Gray brocket deer	
CETACEA (2)			
Delphinidae (1)			
Sotalia fluviatilis	Bufeo gris	Gray dolphin	
Iniidae (1)			
Inia geoffrensis	Bufeo colorado	Pink river dolphin	

Campamentos/ Campsites			Registrada en comunidades/ Recorded in communities	Esperada/ Expected	Categoria de amenaza/ Threat category		
Cabeceras Ere-Algodón	Bajo Ere	Medio Campuya			IUCN (2013)	CITES	En el Perú/ In Peru (MINAG 2004)
–	–	–	x	–	NT	–	–
x	–	–	–	–	NT	I	–
x	x	x	–	–	DD	I	–
–	–	–	x	–	EN A3cd	I	EN
x	x	–	–	–	LC	III	–
–	–	–	–	x	LC	III	–
–	–	–	–	x	LC	–	–
–	–	–	–	x	LC	III	–
x	x	x	–	–	LC	–	–
–	x	–	–	–	LC	III	–
–	–	–	–	x	LC	–	–
x	x	x	–	–	VU A2cde+3cde	II	VU
x	x	x	–	–	LC	II	–
x	x	x	–	–	VU A2bcde+3bcde	II	–
–	–	x	–	–	DD	–	–
x	x	x	–	–	LC	–	–
x	x	x	–	–	DD	I	–
x	–	–	–	–	DD	II	–

LEYENDA/LEGEND

Categorías de la UICN/IUCN categories

EN = En peligro/Endangered

VU = Vulnerable

NT = Casi amenazado/ Near Threatened

DD = Datos deficientes/ Data Deficient

LC = Baja preocupación/ Least Concern

**Principales plantas utilizadas/
Commonly Used Plants**

Plantas útiles identificadas durante la caracterización social de las comunidades nativas Flor de Agosto, Ere, Santa Mercedes, Cedrito, Las Colinas y Atalaya (orilla sur del río Putumayo), en Loreto, Perú, del 15 al 31 de octubre de 2012, por Diana Alvira, Mario Pariona, Galia Selaya, Margarita Medina-Müller, Ana Rosa Sáenz, Maria Elvira Molano y Benjamín Rodriguez.

PRINCIPALES PLANTAS UTILIZADAS/COMMONLY USED PLANTS					
Nombre común en castellano o Kichwa/ Spanish or Kichwa common name	Nombre común en Murui/Murui common name	Nombre científico/ Scientific name	Familia/ Family	Parte de la planta usada/ Plant part used	
Achiote	Nonore+	*Bixa orellana*	Bixaceae	hojas, semillas/leaves, seeds	
Achira	–	*Canna* spp.	Cannaceae	semillas/seeds	
Achira	Maicaterou	*Canna indica*	Cannaceae	hojas, raíces/leaves, roots	
Aguaje	–	*Mauritia flexuosa*	Arecaceae	frutos/fruits	
Ají	Jifire+	*Capsicum annuum*	Solanaceae	semillas/seeds	
Ajo sacha	–	*Mansoa alliacea*	Bignoniaceae	hojas/leaves	
Algodón	Jaik+ño	*Gossypium barbadense*	Malvaceae	hojas/leaves	
Amor seco	–	*Bidens pilosa*	Asteraceae	hojas, tallos, flores/leaves, stems, flowers	
Andiroba	Garadoi	*Carapa guianensis*	Meliaceae	madera, hojas/timber, leaves	
Árbol de la quina	Joka+sogu+ño	*Cinchona officinalis*	Rubiaceae	corteza/bark	
Artemisa	–	*Artemisia* sp.	Asteraceae	hojas/leaves	
Atadijo	D+acao	*Trema micrantha*	Cannabaceae	hojas/leaves	
Ayahuasca	–	*Banisteriopsis caapi*	Malpighiaceae	tallos/stems	
Ayahuma	–	*Couroupita guianensis*	Lecythidaceae	hojas/leaves	
Azúcar huayo	–	*Hymenaea courbaril*	Fabaceae-Caesalp.	madera, frutos/timber, fruits	
Bellaco caspi	–	*Himatanthus sucuuba*	Apocynaceae	corteza/bark	
Bellaquillo	–	*Thevetia peruviana*	Apocynaceae	corteza/bark	
Bobinzana	Dorocodoro	*Calliandra angustifolia*	Fabaceae-Mimos.	hojas/leaves	
Bombonaje	–	*Chelyocarpus repens*	Cyclanthaceae	tallos/stems	
Caballusa	Ubocoa+	*Triumfetta semitriloba*	Malvaceae	raíces/roots	
Cacao	–	*Theobroma cacao*	Malvaceae	semillas/seeds	
Cacao de monte	–	*Theobroma subincanum*	Malvaceae	frutos, semillas/fruits, seeds	
Caimitillo de tahuampa	–	*Micropholis guyanensis*	Sapotaceae	frutos/fruits	
Caimito	–	*Pouteria caimito*	Sapotaceae	frutos/fruits	
Camote	–	*Ipomoea batatas*	Convolvulaceae	hojas, bulbos/leaves, bulbs	

Useful plants identified during a rapid social inventory of six indigenous communities on the Putumayo River in Loreto, Peru: Flor de Agosto, Ere, Santa Mercedes, Cedrito, Las Colinas, and Atalaya. The inventory was carried out on 15–31 October 2012 by Diana Alvira, Mario Pariona, Galia Selaya, Margarita Medina-Müller, Ana Rosa Sáenz, Maria Elvira Molano, and Benjamín Rodriguez.

Uso alimenticio/ Used for food	Material para construcción/ Used for construction	Elaboración de artesanías/ Used for handicrafts	Uso comercial/ Sold commercially	Uso medicinal/ Medicinal use	Uso
–	–	x	–	x	Hojas utilizadas como cicatrizante o tónico estomacal, y para quemaduras e inflamaciones prostáticas/Leaves used to heal scars, or treat stomach problems, burns, and prostatic inflammation
–	–	x	–	–	
–	–	–	–	x	Fiebre, dolor de cabeza, vómito/Fever, headache, upset stomach
x	–	–	–	–	
				x	Parásitos intestinales, gripe/Stomach parasites, flu
–	–	–	–	x	Gripe, resfriados, reumatismo, saladera o mala suerte/Flu, colds, rheumatism, bad luck
–	–	–	–	x	Dilatación en el parto/Used to dilate cervix in childbirth
–	–	–	–	x	Estimulante del parto, infecciones urinarias, hepatitis/Stimulates childbirth; also used to treat urinary infections and hepatitis
–	x	–	x	x	Hojas utilizadas como cicatrizante/Leaves used to treat scars
–	–	–	–	x	Hepatitis, malaria
–	–	–	–	x	Fiebre, parásitos, epilepsia, dolencias de la mujer/Fever, parasites, epilepsy, women's health problems
–	–	–	–	x	Tos/Cough
–	–	–	–	x	Purgante/Purgative
–	–	–	–	x	Para la buena cacería/To improve hunting skills
x	x	–	x	x	
–	–	–	–	x	Reumatismo/Rheumatism
–	–	–	–	x	Controla el vómito y dolores estomales/Used to treat vomiting and stomach pains
–	–	–	–	x	Para mejorar la puntería y darle valor al cazador/ To improve hunting prowess and courage
–	–	x	–	–	
–	–	–	–	x	Hemorragia después del parto y durante los periodos/Post-partum hemorrhaging, menstruation
–	–	–	–	x	Vitaminas/Vitamins
x	–	–	–	–	
x	–	–	–	–	
x	–	–	–	–	
x	–	–	–	x	Infecciones de la piel/Skin infections

PRINCIPALES PLANTAS UTILIZADAS/COMMONLY USED PLANTS				
Nombre común en castellano o Kichwa/ Spanish or Kichwa common name	Nombre común en Murui/Murui common name	Nombre científico/ Scientific name	Familia/ Family	Parte de la planta usada/ Plant part used
Camu camu	Jitoma+	*Myrciaria dubia*	Myrtaceae	frutos, semillas/fruits, seeds
Caña agria	Sir+iño	*Costus erythrocoryne*	Costaceae	tallos, frutos/stems, fruits
Caña brava	Rouiruna+	*Gynerium sagittatum*	Poaceae	raíces, hojas/roots, leaves
Capinurí	Ameo+da	*Maquira coriacea*	Moraceae	látex/latex
Capirona de altura	+s+rao	*Calycophyllum megistocaulum*	Rubiaceae	corteza/bark
Cashapona	–	*Socratea exorrhiza*	Arecaceae	madera/timber
Casho	–	*Anacardium occidentale*	Anacardiaceae	corteza, hojas, semillas/ bark, leaves, seeds
Catahua	Egimai	*Hura crepitans*	Euphorbiaceae	resina, madera/latex, timber
Cedro	–	*Cedrela odorata*	Meliaceae	madera/timber
Chacruna	Egu+roai	*Psychotria viridis*	Rubiaceae	hojas/leaves
Chambira	Yodaijimer	*Astrocaryum chambira*	Arecaceae	fibras, frutos/fibers, fruits
Chanca piedra	–	*Phyllanthus urinaria*	Phyllanthaceae	hojas/leaves
Charapilla	–	*Hymenaea oblongifolia*	Fabaceae-Caesalp.	madera/timber
Chilicaspi	Furik+cuibena	*Abuta grandifolia*	Menispermaceae	hojas/leaves
Chuchuhuasa	–	*Maytenus* sp.	Celastraceae	corteza/bark
Coco	–	*Cocos nucifera*	Arecaceae	frutos, agua/fruits, infusion
Cocona	Monaigu+	*Solanum sessiliflorum*	Solanaceae	frutos/fruits
Cola de caballo	–	*Equisetum* sp.	Equisetaceae	hojas/leaves
Copaiba	–	*Copaifera paupera*	Fabaceae-Caesalp.	látex/latex
Cotochupa	–	*Phlebodium decumanum*	Pteridophyta	rizomas/rhizomes
Cumaceba	–	*Swartzia polyphylla*	Fabaceae-Papil.	madera/timber
Cumala	–	*Virola* and *Iryanthera* spp.	Myristicaceae	madera/timber
Curarina	Cuñocoñoa+	*Potalia resinifera*	Loganiaceae	raíces/roots
Granadilla	Usillao	*Passiflora* sp.	Passifloraceae	frutos/fruits
Granadilla	–	*Passiflora nitida*	Passifloraceae	hojas/leaves

Uso alimenticio/ Used for food	Material para construcción/ Used for construction	Elaboración de artesanías/ Used for handicrafts	Uso comercial/ Sold commercially	Uso medicinal/ Medicinal use	Uso
x	–	–	–	x	Dolores, reumatismo/Pain, rheumatism
–	–	–	–	x	Fiebre, dolor de cabeza, bronquitis/Fever, headache, bronchitis
–	–	–	–	x	Sembrada en una esquina de la casa para que el niño se enderece y crezca recto como la planta/ Planted in a corner of the house so that a child will grow straight like the plant
–	–	–	–	x	Inflamación, quemaduras/Inflammation, burns
–	–	–	–	x	Quemaduras, cicatrizante, leishmaniosis/Burns, scars, leishmaniasis
–	x	–	–	–	
x	–	–	–	x	Antiséptico vaginal, antidiarreico/Vaginal antiseptic, also used to treat diarrhea
–	–	x	–	x	Veneno para matar a los brujos/Poison for killing shamans
–	x	–	x	–	
–	–	–	–	x	Purgante/Purgative
x	–	x	x	x	Líquido en los frutos imaduros usado para tratar deshidratación y desnutrición/Liquid in immature fruits used to treat dehydration and malnutrition
–	–	–	–	x	Emplasto para tratar inflamaciones, golpes, moretones/Plaster to treat inflammation, bruises
–	x	–	–	–	
–	–	–	–	x	Malaria, desinfectar/To treat malaria or as a disinfectant
–	–	–	–	x	Reumatismo, artritis, enfriamiento, diarrea y afrodisiaco/Rheumatism, chills, diarrhea, and as an aphrodisiac
x	–	–	–	x	Desnutrición y deshidratación/Dehydration and malnourishment
–	–	–	–	x	Mordedura de víbora, picadura de raya/ Snakebite, stingray sting
–	–	–	–	x	Riñones, diurética, depurativa/Kidney problems, diuretic, purgative
–	–	–	–	x	Luxaciones/Dislocations
–	–	–	–	x	Fiebre, tos ferina, paperas y abscesos/Fever, whooping cough, mumps, abscesses
–	x	–	–	–	
–	x	–	x	–	
–	–	–	–	x	Mordedura de víbora/Snakebite
x	–	–	–	x	Comestible y diarrea en niños/Edible and used for infant diarrhea
–	–	–	–	x	Dolor de cuerpo y muscular/Body and muscle pain

PRINCIPALES PLANTAS UTILIZADAS/COMMONLY USED PLANTS				
Nombre común en castellano o Kichwa/ Spanish or Kichwa common name	Nombre común en Murui/Murui common name	Nombre científico/ Scientific name	Familia/ Family	Parte de la planta usada/ Plant part used
Granadillo	–	*Platymiscium* spp.	Fabaceae-Papil.	madera/timber
Guanábana	–	*Annona muricata*	Annonaceae	hojas/leaves
Guayaba	–	*Psidium guajava*	Myrtaceae	frutos/fruits
Guisador o palillo	Sho+ku+ñoj+	*Curcuma longa*	Zingiberaceae	raíces/roots
Hierba luisa	J+mosio	*Cymbopogon citratus*	Poaceae	hojas, raíces/leaves, roots
Higerilla	–	*Ricinus communis*	Euphorbiaceae	semillas/seeds
Huacapú, huacapurana	Juyado+	*Minquartia guianensis*	Olacaceae	corteza, madera, hojas/ bark, timber, leaves
Huacapurana	–	*Campsiandra angustifolia*	Fabaceae-Caesalp.	corteza/bark
Huairuro	–	*Ormosia* spp.	Fabaceae-Papil.	semillas/seeds
Huamansamana	–	*Jacaranda* spp.	Bignoniaceae	madera/timber
Huasaí	–	*Euterpe precatoria*	Arecaceae	cogollos, raíces, frutos/ stems, roots, fruits
Huiruro	–	*Ormosia coccinea*	Fabaceae-Papil.	semillas/seeds
Huito	–	*Genipa americana*	Rubiaceae	frutos/fruits
Icoja	Eibene	*Unonopsis floribunda*	Annonaceae	corteza, hojas/bark, leaves
Ipururo	Adar+	*Alchornea castaneifolia*	Euphorbiaceae	corteza, semillas/bark, seeds
Irapay	Erepay	*Lepidocaryum tenue*	Arecaceae	hojas/leaves
Jergón sacha	–	*Dracontium loretense*	Araceae	bulbos/bulbs
Lagarto caspi	–	*Calophyllum longifolium*	Calophyllaceae	madera/timber
Leche caspi	Mu+j+	*Brosimum utile*	Moraceae	látex/latex
Leche caspi	–	*Couma macrocarpa*	Apocynaceae	látex/latex, frutos/latex, fruits
Lengua de perro	Tutubeau	*Zamia* sp.	Zamiaceae	hojas/leaves
Limón	Junurofue	*Citrus limon*	Rutaceae	frutos/fruits
Llanchama	–	*Poulsenia armata*	Moraceae	corteza/bark
Lupuna blanca	–	*Ceiba pentandra*	Malvaceae	corteza/bark
Malva	–	*Malachra alceifolia*	Malvaceae	hojas/leaves
Marupá	–	*Simarouba amara*	Simaroubaceae	madera/timber
Mataron o retama	–	*Senna alata*	Fabaceae	hojas, flores/leaves, flowers
Matico o cordoncillo	Va+ñ+cuisedo	*Piper aduncum*	Piperaceae	hojas/leaves
Moena	–	Lauraceae spp.	Lauraceae	madera/timber

Uso alimenticio/ Used for food	Material para construcción/ Used for construction	Elaboración de artesanías/ Used for handicrafts	Uso comercial/ Sold commercially	Uso medicinal/ Medicinal use	Uso
–	x	–	x	–	
–	–	–	–	x	Dolor de cabeza, diabetes/Headache, diabetes
–	–	–	–	x	Diarrea en niños/Infant diarrhea
–	–	–	–	x	Hepatitis
–	–	–	–	x	Fiebre, diurético, calmante/Fevers, diuretic, sedative
–	–	–	–	x	Purgante/Purgative
–	x	–	–	x	Hojas y corteza utilizadas para problemas de riñón/Leaves and bark used for kidney problems
–	–	–	–	x	Reumatismo, enfriamientos, diarrea/ Rheumatism, chills, diarrhea
–	–	x	–	–	
–	x	–	–	–	
x	–	–	–	x	Dolores de riñón y cintura, hepatitis, vitamina/ Kidney and hip pain, hepatitis, vitamins
–	–	–	–	x	Diarrea/Diarrhea
x	–	–	–	x	Hongos, enfermedades de la piel/Fungal and other skin infections
–	–	–	–	x	Puzanga, enfriamiento/Love potions, chills
–	–	–	–	x	Enfriamiento, impotencia/Chills, impotence
–	x	–	–	–	
–	–	–	–	x	Úlceras gastrointestinales, mordeduras de serpientes/Stomach ulcers, snakebite
–	x	–	–	–	
–	–	–	–	x	Usado como parche para tratar inflamaciones, dolores/A patch is used to treat inflammation and pain
x	–	–	–	x	Se utiliza el látex para tratar diarreas y enfermedades cutáneas/Latex used to treat diarrhea and skin infections
–	–	–	–	x	Diarrea/Diarrhea
–	–	–	–	x	Infecciones intestinales, gripe/Stomach infections, flu
–	–	x	–		
–	–	–	–	x	Mal viento/General discomfort
–	–	–	–	x	Dolor de cabeza, fiebre, gripe, resfríos, enfriamiento/Headache, fevers, flu, colds, chills
–	x	–	–	–	
–	–	–	–	x	Purgante, erupciones de la piel/Purgative, or for skin conditions
–	–	–	–	x	Hojas molidas y el polvo usado para fiebre o para cicatrizar heridas/Leaves ground to a powder, which is used for fevers or to heal wounds
–	x	–	–	–	

PRINCIPALES PLANTAS UTILIZADAS/COMMONLY USED PLANTS				
Nombre común en castellano o Kichwa/ Spanish or Kichwa common name	Nombre común en Murui/Murui common name	Nombre científico/ Scientific name	Familia/ Family	Parte de la planta usada/ Plant part used
Mucura	Ab+j+ra+	*Petiveria alliacea*	Phytolaccaceae	hojas/leaves
Mullaca	J+muisañojifira+	*Physalis angulata*	Solanaceae	frutos, semillas/fruits, seeds
Mururé	Toguere	*Brosimum acutifolium*	Moraceae	látex/latex
Ojé	Capinur+	*Ficus insipida*	Moraceae	hojas/leaves
Ojo de vaca	–	*Mucuna* spp.	Fabaceae-Papil.	semillas/seeds
Ortiga o ishanga	–	*Urera baccifera*	Urticaceae	hojas, flores/leaves, flowers
Paico	–	*Chenopodium ambrosioides*	Amaranthaceae	raíces/roots
Palisangre	–	*Brosimum rubescens*	Moraceae	madera/timber
Palo de rosa	–	*Aniba rosaeodora*	Lauraceae	corteza/bark
Palta	Nomena	*Persea americana*	Lauraceae	hojas/leaves
Pampa orégano	–	*Lippia alba*	Verbenaceae	hojas/leaves
Pan de árbol	Cu+bena	*Artocarpus altilis*	Moraceae	raíces/roots
Papaya	Jasik+paiña	*Carica papaya*	Caricaceae	semillas/seeds
Pashaco	–	*Parkia* spp.	Fabaceae-Mimos.	madera, semillas/timber, seeds
Pijuayo	–	*Bactris gasipaes*	Arecaceae	frutos/fruits
Piñón blanco	–	*Jatropha curcas*	Euphorbiaceae	resina/latex
Plátano manzano	Ogore	*Musa paradisiaca*	Musaceae	agua/infusion
Pona	–	*Iriartea deltoidea*	Arecaceae	madera/timber
Remocaspi	–	*Aspidosperma excelsum*	Apocynaceae	corteza/bark
Renaquilla	–	*Clusia rosea*	Clusiaceae	corteza/bark
Rosario	–	*Cyperus* spp.	Cyperaceae	semillas/seeds
Sachaculantro	–	*Eryngium foetidum*	Apiaceae	raíces/roots
Sachamangua	–	*Grias peruviana*	Lecythidaceae	frutos, semillas/fruits, seeds
Sachapapa o Ñamé	Joguiño	*Dioscorea alata*	Dioscoreaceae	hojas/leaves
Sanango	–	*Tabernaemontana sananho*	Apocynaceae	corteza/bark
Santa María	+fogu+vera	*Piper peltatum*	Piperaceae	hojas/leaves
Shapaja	–	*Attalea insignis*	Arecaceae	hojas, frutos/leaves, fruits
Shebón	–	*Attalea* spp.	Arecaceae	hojas/leaves
Shimbillo	–	*Inga* spp.	Fabaceae-Mimos.	frutos/fruits

Uso alimenticio/ Used for food	Material para construcción/ Used for construction	Elaboración de artesanías/ Used for handicrafts	Uso comercial/ Sold commercially	Uso medicinal/ Medicinal use	Uso
–	–	–	–	x	Mala suerte, tos ferina, dolor de cabeza/Bad luck, whooping cough, headache
–	–	–	–	x	Diarrea, erupciones de la piel, menstruación/ Diarrhea, skin conditions, menstruation
–	–	–	–	x	Inflamaciones, luxaciones/Inflammation, dislocations
–	–	–	–	x	Laxante, purgante, reconstituyente y limpia la sangre/Laxative and purgative; restores and cleans the blood
–	–	x	–		
–	–	–	–	x	Artritis, reumatismo, menopausia, pulmones, hígado/Arthritis, rheumatism, menopause, lungs, liver
–	–	–	–	x	Purgante/Purgative
–	x	–	–	–	
–	–	–	–	x	Enfriamiento/Chills
–	–	–	–	x	Dilatación en el parto/To dilate the cervix in childbirth
–	–	–	–	x	Cólico/Colic
–	–	–	–	x	Para matar el pescado, paperas/To kill fish or treat mumps
–	–	–	–	x	Purgante, menopausia/Purgative, menopause
–	x	x	–	–	
x	–	–	–	–	
–	–	–	–	x	Purgante, infecciones en la boca/Purgative, infections in the mouth
–	–	–	–	x	Diarrea, hemorragia interna/Diarrhea, internal hemorrhaging
–	x	–	–	–	
–	–	–	–	x	Enfriamiento/Chills
–	–	–	–	x	Resfriados, dolores artríticos/Colds, arthritic pain
–	–	x	–	–	
–	–	–	–	x	Malaria, hepatitis, cólico/Malaria, hepatitis, colic
x	–	–	–	x	Infecciones respiratorias/Respiratory infections
–	–	–	–	x	Inflamación/Inflammation
–	–	–	–	x	Reumatismo/Rheumatism
–	–	–	–	x	Dilatación y para el dolor en el parto/To dilate the cervix and reduce pain in childbirth
x	x	–	–	–	
–	x	–	–	–	
x	–	–	–	–	

PRINCIPALES PLANTAS UTILIZADAS/COMMONLY USED PLANTS				
Nombre común en castellano o Kichwa/ Spanish or Kichwa common name	Nombre común en Murui/Murui common name	Nombre científico/ Scientific name	Familia/ Family	Parte de la planta usada/ Plant part used
Shimipampana	Juñocoa+	*Maranta arundinacea*	Marantaceae	hojas/leaves
Shiric-sanango	–	*Brunfelsia grandiflora*	Solanaceae	hojas, raíces/leaves, roots
Shiringa	–	*Hevea* spp.	Euphorbiaceae	semillas, látex/seeds, latex
Suelda con suelda	Nujorao	*Phthirusa adunca*	Loranthaceae	hojas/leaves
Tabaco	–	*Nicotiana tabacum*	Solanaceae	hojas/leaves
Tahuari amarillo	–	*Tabebuia serratifolia*	Bignoniaceae	corteza/bark
Tamshi	–	*Heteropsis* sp.	Araceae	fibras/fibers
Toé	Toe manue	*Brugmansia aurea*	Solanaceae	hojas/leaves
Tornillo	–	*Cedrelinga cateniformis*	Fabaceae-Mimos.	madera/timber
Totumo	–	*Crescentia cujete*	Bignoniaceae	hojas, frutos/leaves, fruits
Ubos	–	*Spondias mombin*	Anacardiaceae	corteza, frutos/bark, fruits
Uña de gato	Jedois+faio	*Uncaria tomentosa*	Rubiaceae	corteza/bark
Ungurahui	–	*Oenocarpus bataua*	Arecaceae	frutos/fruits
Verbena negra	Usu+era	*Verbena officinalis*	Verbenaceae	hojas/leaves
Verdolaga	Na+meu	*Portulaca oleracea*	Portulaceae	hojas, flores/leaves, flowers
Yerba santa	–	*Cestrum hediundinum*	Solanaceae	hojas/leaves
Yuca	Oguey	*Manihot esculenta*	Euphorbiaceae	cogollos/stems
Zapallo	–	*Cucurbita moschata*	Cucurbitaceae	semillas/seeds

Uso alimenticio/ Used for food	Material para construcción/ Used for construction	Elaboración de artesanías/ Used for handicrafts	Uso comercial/ Sold commercially	Uso medicinal/ Medicinal use	Uso
–	–	–	–	x	Fiebre/Fevers
–	–	–	–	x	Para mejorar la cacería, enfriamiento, dolor de cuerpo, reumatismo/To improve hunting, or for chills, body pains, rheumatism
–	x	x	–	–	
–	–	–	–	x	Fractura de huesos/Broken bones
–	–	–	–	x	Fiebre, artrosis/Fevers, arthritis
–	–	–	–	x	Enfriamiento, dolor de huesos, afrodisiaco/Chills, aching bones, or as an aphrodisiac
–	–	x	–	–	
–	–	–	–	x	Para soñar y cataplasma para dolor de cintura/To stimulate dreams or as a plaster to treat hip pain
–	x	–	x	–	
–	–	x	–	x	Hojas utilizadas para cólico/Leaves used to treat colic
–	–	–	–	x	Infecciones gástricas/Stomach infections
–	–	–	–	x	Riñón, sida, cáncer, sistema inmunológico débil/ Kidneys, AIDS, cancer, weak immune system
x	–	–	–	–	
–	–	–	–	x	Calmante/Sedative
–	–	–	–	x	Hígado, fiebre/Liver problems, fevers
–	–	–	–	x	Fiebre, bronquitis, hemorroides/Fevers, bronchitis, hemorrhoids
–	–	–	–	x	Anemia
–	–	–	–	x	Purgante/Purgative

Principales animales utilizados/
Commonly Used Animals

Animales consumidos y/o comercializados identificados durante la caracterización social de las comunidades nativas Flor de Agosto, Ere, Santa Mercedes, Cedrito, Las Colinas y Atalaya (orilla del río Putumayo), en Loreto, Perú, del 15 al 31 de octubre de 2012, por Diana Alvira, Mario Pariona, Galia Selaya, Margarita Medina-Müller, Ana Rosa Sáenz, Maria Elvira Molano y Benjamín Rodriguez.

PRINCIPALES ANIMALES UTILIZADOS/ COMMONLY USED ANIMALS				
Nombre común local/ Locally used common name	Nombre científico/ Scientific name	Uso alimenticio/ Used for food	Ornamental	Comercial/Sold commercially
PECES/FISH				
Añashúa	*Crenicichla* spp.	x	–	–
Arahuana	*Osteoglossum bicirrhosum*	x	x	x
Baboso	*Brachyplatystoma platynemum*	x	–	–
Boquichico	*Prochilodus nigricans*	x	–	–
Bujurqui	*Chaetobranchus flavescens*	x	–	–
Carachama	*Hypostomus ericius*	x	–	–
Carahuasú	*Cichlasoma* spp.	x	–	–
Chambira	*Rhaphiodon vulpinus*	x	–	–
Corvina	*Plagioscion* spp.	x	–	–
Doncella	*Pseudoplatystoma rousseauxii*	x	–	x
Dormilón	*Hoplias malabaricus*	x	–	–
Fasaco	*Hoplerythrinus unitaeniatus*	x	–	–
Gamitana	*Colossoma macropomum*	x	–	x
Hachacubo	*Sorubimichthys planiceps*	x	–	–
Lisa	*Leporinus* spp.	x	–	x
Mojarra	*Chilodus punctatus*	x	–	–
Paco	*Piaractus brachypomus*	x	–	x
Paiche	*Arapaima gigas*	x	–	x
Paña colorada	*Pygocentrus nattereri*	x	–	–
Palometa	*Mylossoma* spp.	x	–	x
Pangarraya	*Hypoclinemus mentalis*	x	–	–
Pejetorre	*Phractocephalus hemiliopterus*	x	–	–
Sábalo	*Brycon* spp.	x	–	x
Sardina	*Triportheus* spp.	x	–	–
Pintadillo o tigre zúngaro	*Pseudoplatystoma tigrinum*	x	–	x
Tucunaré	*Cichla monoculus*	x	–	–
Turuchuqui	*Pseudodoras niger*	x	–	–
Yulilla	*Hemiodus* spp.	x	–	–
ANFIBIOS/AMPHIBIANS				
Rana	*Hypsiboas boans*	x	–	–
Sapo	*Ceratophrys cornuta*	x	–	–
Rana	*Osteocephalus taurinus*	x	–	–
Walo	*Leptodactylus pentadactylus*	x	–	–
REPTILES				
Charapa	*Podocnemis expansa*	x	–	x
Lagarto blanco	*Caiman crocodilus*	x	–	–
Lagarto negro	*Melanosuchus niger*	x	–	–
Taricaya	*Podocnemis unifilis*	x	–	x
AVES/BIRDS				
Aurora	*Amazona farinosa*	–	x	–
Aurora	*Amazona amazonica*	–	x	–
Guacamayo rojo	*Ara chloroptera*	x	–	–
Guacamayo rojo	*Ara macao*	x	–	–
Guacamayo amarillo-azul	*Ara ararauna*	x	–	–
Manacaraco	*Ortalis guttata*	x	–	–

Commonly hunted or traded animals identified during a rapid social inventory of six indigenous communities on the Putumayo River in Loreto, Peru: Flor de Agosto, Ere, Santa Mercedes, Cedrito, Las Colinas, and Atalaya. The inventory was carried out on 15–31 October 2012 by Diana Alvira, Mario Pariona, Galia Selaya, Margarita Medina-Müller, Ana Rosa Sáenz, Maria Elvira Molano, and Benjamín Rodriguez.

PRINCIPALES ANIMALES UTILIZADOS/ COMMONLY USED ANIMALS				
Nombre común local/ Locally used common name	Nombre científico/ Scientific name	Uso alimenticio/ Used for food	Ornamental	Comercial/Sold commercially
Paujil	*Mitu salvini*	x	–	–
Perdiz grande	*Tinamus major*	x	–	–
Pucacunga	*Penelope jacquacu*	x	–	–
Trompetero	*Psophia crepitans*	x	–	–
Tucán	*Rhamphastos* sp.		x	–
MAMÍFEROS/MAMMALS				
Achuni	*Nasua nasua*	x	–	–
Añuje	*Dasyprocta fuliginosa*	x	–	–
Carachupa	*Dasypus novemcinctus*	x	–	–
Carachupa mama	*Priodontes maximus*	x	–	–
Coto mono	*Alouatta seniculus*	x	–	–
Huangana	*Tayassu pecari*	x	–	x
Leoncito	*Callithrix pygmaea*	x	x	–
Majaz	*Cuniculus paca*	x	–	–
Mono choro	*Lagothrix lagotricha*	x	–	–
Pichico	*Saguinus fuscicollis*	x	x	–
Sachavaca	*Tapirus terrestris*	x	–	x
Sajino	*Pecari tajacu*	x	–	x
Ronsoco	*Hydrochoerus hydrochaeris*	x	–	–
Venado colorado	*Mazama americana*	x	–	x
Venado gris	*Mazama nemorivaga*	x	–	–

Acero, L. E. 1979. *Principales plantas útiles de la Amazonía colombiana.* Instituto Geográfico Agustín Codazzi, Bogotá.

Agudelo Córdoba, E., J. C. Alonso González y L. A. Moya Ibañez, eds. 2006. *Perspectivas para el ordenamiento de la pesca y la acuicultura en el área de integración fronteriza colombo-peruana.* Instituto Amazónico de Investigaciones Científicas (SINCHI) e Instituto Nacional de Desarrollo (INADE), Bogotá. 100 pp.

Albert, J., T. Carvalho, J. Chuctaya, P. Petry, R. Reis, B. Renjifo, and H. Ortega. 2012. *Fishes of the Fitzcarrald, Peruvian Amazon.* Lulu Press, Raleigh, NC.

Albert, J. S., and R. R. Reis. 2011. *Historical biogeography of Neotropical freshwater fishes.* University of California Press, Berkeley, CA.

Alonso, J. C., K. A. Camacho, M. Núñez-Avellaneda, E. Agudelo, E. Galarza, L. A. Oliveros y K. Natagani. 2009. Recursos hídricos y ecosistemas acuáticos. Pp. 146–161 en Perspectivas del medio ambiente en la Amazonía. Programa de las Naciones Unidas para el Medio Ambiente (PNUMA), Organización del Tratado de Cooperación Amazónica (OTCA) y Centro de Investigación de la Universidad del Pacífico (CIUP). Editora Fábrica de Ideas, Lima.

Alverson, W. S., C. Vriesendorp, Á. del Campo, D. K. Moskovits, D. F. Stotz, M. García D. y/and L. A. Borbor L., eds. 2008. *Ecuador-Perú: Cuyabeno-Güeppí.* Rapid Biological and Social Inventories Report 20. The Field Museum, Chicago.

Alvira, D., M. Pariona, R. Pinedo Marin, M. Ramirez Santana y/and A.R. Saenz Rodriguez. 2011. Comunidades humanas visitadas: Fortalezas sociales y culturales y uso de recursos/ Communities visited: Social and cultural assets and resource use. Pp. 134–154 y/and 252–271 en/in N. Pitman, C. Vriesendorp, D. K. Moskovits, R. von May, D. Alvira, T. Wachter, D. F. Stotz y/and Á. del Campo, eds. *Perú: Yaguas-Cotuhé.* Rapid Biological and Social Inventories Report 23. The Field Museum, Chicago.

Aquino, R., T. Pacheco y M. Vásquez. 2007. Evaluación y valorización económica de la fauna silvestre en el río Algodón, Amazonía peruana. Revista Peruana de Biología 14(2):187–192.

Arbeláez, F., J. F. Duivenvoorden, and J. A. Maldonado-Ocampo. 2008. Geological differentiation explains diversity and composition of fish communities in upland streams in the southern Amazon of Colombia. Journal of Tropical Ecology 24:505–515.

Armacost, J. W., Jr., and A. P. Capparella. 2012. Use of mainland habitats by supposed river-island obligate birds along the Amazon River in Peru. Condor 114(1):56–61.

Avila-Pires, T. C. S. 1995. Lizards of Brazilian Amazonia (Reptilia: Squamata). Zoologische Verhandelingen 299:1–706.

Bass, M. S., M. Finer, C. N. Jenkins, H. Kreft, D. F. Cisneros-Heredia, S. F. McCracken, N. C. A. Pitman, P. H. English, K. Swing, G. Villa, A. Di Fiore, C. C. Voigt, and T. H. Kunz. 2010. Global conservation significance of Ecuador's Yasuní National Park. PLoS ONE 5(1):e8767. Available online at *http://www.plosone.org*

Boyle, B., N. Hopkins, Z. Lu, J. A. Raygoza Garay, D. Mozzherin, T. Rees, N. Matasci, M. L. Narro, W. H. Piel, S. J. Mckay, S. Lowry, C. Freeland, R. K. Peet, and B. J. Enquist. 2013. The taxonomic name resolution service: An online tool for automated standardization of plant names. BMC Bioinformatics 14:16.doi:10.1186/1471-2105-14-16

Bravo, A. 2010. Mamíferos/Mammals. Pp. 90–96 y/and 205–211 en/in M. P. Gilmore, C. Vriesendorp, W. S. Alverson, Á. del Campo, R. von May, C. López Wong y/and S. Ríos Ochoa, eds. *Perú: Maijuna.* Rapid Biological and Social Inventories Report 22. The Field Museum, Chicago.

Britto, M. R., F. C. T. Lima, and M. H. Hidalgo. 2007. *Corydoras ortegai*, a new species of corydoradine catfish from the lower Río Putumayo in Peru (Ostariophysi: Siluriformes: Callichthyidae). Neotropical Ichthyology 5:293–300.

Brown, J. L., E. Twomey, A. Amézquita, M. B. d. Souza, J. P. Caldwell, S. Lötters, R. Von May, P. R. Melo-Sampaio, D. Mejía-Vargas, P. E. Perez-Peña, M. Pepper, E. H. Poelman, M. Sanchez-Rodriguez, and K. Summers. 2011. A taxonomic revision of the Neotropical poison frog genus *Ranitomeya* (Amphibia: Dendrobatidae). Zootaxa 3083:1–120.

Buckup, P. A., M. R. Britto, J. R. Gomes, J. L. O. Birindelli, F. C. T. Lima, J.A. Maldonado-Ocampo, C. H. Zawadzki, F. R. Carvalho, F. C. Jerep, C. C. Chamon, L. C. C. C. Fries, L. V .V. Silva, M. Camargo, R. Souza Lima, R. Bartolette y J. M. Wingert. 2011. Inventário da ictiofauna da ecorregião aquática Xingu-Tapajós. Pp. 165–175 en Z. C. Castilhos y P. A. Buckup, eds. *Ecorregião aquática Xingu-Tapajós*. CETEM, Universidade Federal do Rio de Janeiro, Rio de Janeiro.

Bührnheim, C. M., and C. Cox-Fernandes. 2001. Low seasonal variation of fish assemblages in Amazonian rain forest streams. Ichthyological Exploration of Freshwaters 12:65–78.

Bührnheim, C. M., and C. Cox-Fernandes. 2003. Structure of fish assemblages in Amazonian rain-forest streams: Effects of habitats and locality. Copeia 2:255–262.

CAAAP e IWGIA. 2012. *Libro azul británico: Informes de Roger Casement y otras cartas sobre las atrocidades en el Putumayo.* Centro Amazónico de Antropología y Aplicación Práctica (CAAAP) e International Work Group for Indigenous Affairs (IWGIA), Lima.

Campbell, J. A., and W. W. Lamar. 2004. *The venomous reptiles of the western hemisphere.* Cornell University Press, Ithaca. 962 pp.

Carvalho, T. P., S. J. Tang, J. I. Fredieu, R. Quispe, I. Corahua, H. Ortega, and J. S. Albert. 2009. Fishes from the upper Yuruá river, Amazon Basin, Peru. Check List 5(3):673–691.

Carvalho, T. P., J. Espino, E. Máxime, R. Quispe, B. Rengifo, H. Ortega, and J. S. Albert. 2011. Fishes from the Lower Urubamba River near Sepahua, Amazon Basin, Peru. Check List 7(4):413–442.

Casatti, L., F. B. Teresa, T. Gonçalves-Souza, E. Bessa, A. R. Manzotti, C. da S. Gonçalves, and J. de O. Zeni. 2012. From forests to cattail: How does the riparian zone influence stream fish? Neotropical Ichthyology 10(1):205–214.

Castro, D. M. 1994. *Peces del río Putumayo, sector de Puerto Legizamo.* Corporación Autónoma Regional del Putumayo y Servigráficas, Mocoa, Colombia. 163 pp.

Castro, F. 2007. Reptiles. Pp. 148–154 en S. L. Ruiz, E. Sánchez, E. Tabares, A. Prieto, J. C. Arias, R. Gómez, D. Castellanos, P. García, S. Chaparro y L. Rodríguez, eds. *Diversidad biológica y cultural del sur de la Amazonia colombiana: Diagnóstico.* Corpoamazonia, Instituto Humboldt, Instituto Sinchi y UAESPNN, Bogotá.

Cerrón Zeballos, F., J. Sánchez Milano y W. Rossel Solis. 1999a. Mapa geológico del cuadrángulo de Campuya. Carta Mapa Geológica del Perú, no. (2167) 4-o, 1:100,000. Instituto Geológico Minero y Metalúrgico, Ministerio de Energía y Minas, Lima. Disponible en *http://www.ingemmet.gob.pe/ publicaciones/serie_a/mapas/indice.htm*

Cerrón Zeballos, F., J. Sánchez Milano y W. Rossel Solis. 1999b. Mapa geológico del cuadrángulo de Chingana. Carta Mapa Geológica del Perú, no. (1968) 3-n, 1:100,000. Instituto Geológico Minero y Metalúrgico, Ministerio de Energía y Minas, Lima. Disponible en *http://www.ingemmet.gob.pe/ publicaciones/serie_a/mapas/indice.htm*

Cerrón Zeballos, F., J. Sánchez Milano y W. Rossel Solis. 1999c. Mapa geológico del cuadrángulo de Nueva Jerusalén. Carta Mapa Geológica del Perú, no. (2068) 3-n, 1:100,000. Instituto Geológico Minero y Metalúrgico, Ministerio de Energía y Minas, Lima. Disponible en *http://www.ingemmet.gob.pe/ publicaciones/serie_a/mapas/indice.htm*

Cerrón Zeballos, F., J. Sánchez Milano y W. Rossel Solis. 1999d. Mapa geológico del cuadrángulo de río Angusilla. Carta Mapa Geológica del Perú, no. (1969) 2-n, 1:100,000. Instituto Geológico Minero y Metalúrgico, Ministerio de Energía y Minas, Lima. Disponible en *http://www.ingemmet.gob.pe/ publicaciones/serie_a/mapas/indice.htm*

Cerrón Zeballos, F., J. Sánchez Milano y W. Rossel Solis. 1999e. Mapa geológico del cuadrángulo de río Tamboryacu. Carta Mapa Geológica del Perú, no. (2167) 4-n, 1:100,000. Instituto Geológico Minero y Metalúrgico, Ministerio de Energía y Minas, Lima. Disponible en *http://www.ingemmet.gob.pe/ publicaciones/serie_a/mapas/indice.htm*

Cerrón Zeballos, F., J. Sánchez Milano y W. Rossel Solis. 1999f. Mapa geológico del cuadrángulo de San Martín. Carta Mapa Geológica del Perú, no. (2167) 4-n, 1:100,000. Instituto Geológico Minero y Metalúrgico, Ministerio de Energía y Minas, Lima. Disponible en *http://www.ingemmet.gob.pe/ publicaciones/serie_a/mapas/indice.htm*

Cerrón Zeballos, F., J. Sánchez Milano y W. Rossel Solis. 1999g. Mapa geológico del cuadrángulo de Yabuyanos. Carta Mapa Geológica del Perú, no. (2168) 3-o, 1:100,000. Instituto Geológico Minero y Metalúrgico, Ministerio de Energía y Minas, Lima. Disponible en *http://www.ingemmet.gob.pe/ publicaciones/serie_a/mapas/indice.htm*

Chirif, A., y M. Cornejo Chaparro. 2009. *Imaginario e imágenes de la época del caucho: Los sucesos del Putumayo.* Tarea Asociación Gráfica Educativa, Lima.

Chirif, A. 2010. Panorama social regional/Social overview of the region. Pp. 96–112 y/and 211–226 en/in M. P. Gilmore, C. Vriesendorp, W. S. Alverson, Á. del Campo, R. von May, C. López Wong y/and S. Ríos Ochoa, eds. *Perú: Maijuna.* Rapid Biological and Social Inventories Report 22. The Field Museum, Chicago.

Clinebell, R. R., II, O. L. Phillips, A. H. Gentry, N. Stark, and H. Zuuring. 1995. Prediction of neotropical tree and liana species richness from soil and climatic data. Biodiversity and Conservation 4:56–90.

Crampton, W. G. R. 1999. Os peixes da Reserva Mamirauá: Diversidade e história natural na planície alagável da Amazônia. Pp. 10–36 en H. L. Queiroz y W. G. R. Crampton, eds. *Estratégias para manejo de recursos pesqueiros em Mamirauá*. Sociedade Civil Mamirauá/CNPq, Brasília.

De la Cruz, J. W., and T. Ivanov Herrera. 1999a. Mapa geológico del cuadrángulo de Flor de Agosto. Carta Mapa Geológica del Perú, no. (2268) 5-p, 1:100,000. Instituto Geológico Minero y Metalúrgico, Ministerio de Energía y Minas, Lima. Disponible en *http://www.ingemmet.gob.pe/publicaciones/serie_a/mapas/indice.htm*

De la Cruz, J. W., and T. Ivanov Herrera. 1999b. Mapa geológico del cuadrángulo de Puerto Arturo. Carta Mapa Geológica del Perú, no. (2267) 4-p, 1:100,000. Instituto Geológico Minero y Metalúrgico, Ministerio de Energía y Minas, Lima. Disponible en *http://www.ingemmet.gob.pe/publicaciones/serie_a/mapas/indice.htm*

Delgado, T., and N. Pitman. 2003. *Aphelandra attenuata*. In: IUCN 2013. IUCN Red List of Threatened Species. Version 2013.1 Available online at *http://www.iucnredlist.org*

Dias, M. S., W. E. Magnusson, and J. Zuanon. 2009. Effects of reduced-impact logging on fish assemblages in central Amazonia. Conservation Biology 24(1):278–286.

Diaz N., G., D. Milla Simon y A. Montoya Perez. 1999. Mapa geológico del cuadrángulo de Santa Clotilde. Carta Mapa Geológica del Perú, no. (2166) 5-o, 1:100,000. Instituto Geológico Minero y Metalúrgico, Ministerio de Energía y Minas, Lima. Disponible en *http://www.ingemmet.gob.pe/publicaciones/serie_a/mapas/indice.htm*

Dixon, J., and P. Soini. 1986. *The reptiles of the upper Amazon Basin, Iquitos region, Peru*. 2nd edition. Milwaukee Public Museum, Milwaukee. 154 pages.

Duellman, W. E. 1974. A reassessment of the taxonomic status of some hylid frogs. Occasional Papers of the Museum of Natural History, University of Kansas 27:1–27.

Duellman, W. E. 1978. *The biology of an equatorial herpetofauna in Amazonian Ecuador*. University of Kansas Museum of Natural History Miscellaneous Publication 65, Lawrence.

Duellman, W. E. 2005. *Cusco Amazónico: The lives of amphibians and reptiles in an Amazonian rainforest*. Cornell University Press, Ithaca. 433 pp.

Duellman, W. E., and J. R. Mendelson III. 1995. Amphibians and reptiles from Northern Departamento Loreto, Peru: Taxonomy and biogeography. The University of Kansas Science Bulletin 55:329–376.

Duque, A., D. Cárdenas y N. Rodríguez. 2003. Dominancia florística y variabilidad estructural en bosques de tierra firme en el noroccidente de la Amazonía colombiana. Caldasia 25(1):139–152.

Egbert, G. D., and R. D. Ray. 2001. Estimates of M2 tidal energy dissipation from TOPEX/Poseidon altimeter data. Journal of Geophysical Research 106(c10):22475–22502.

Emmons, L. H., and F. Feer. 1999. *Mamíferos de los bosques húmedos de América tropical*. Editorial F.A.N., Santa Cruz de la Sierra.

Encarnación, F., N. Castro y P. De Rham. 1990. Observaciones sobre primates no humanos en el río Yubineto (río Putumayo), Loreto, Perú. Pp. 68–79 in N. E. Castro Rodríguez, ed. *La primatología en el Perú: Investigaciones primatológicas (1973 – 1985)*. Imprenta Propaceb, Lima.

Ferreira, A., F. R. de Paula, S. F. B. Ferraz, P. Gerhard, E. A. L. Kashiwaqui, J. E. P. Cyrino, and L. A. Martinelli. 2012. Riparian coverage affects diets of characids in neotropical streams. Ecology of Freshwater Fish 21:12–22.

Fine, P. V. A., R. García-Villacorta, N. C. A. Pitman, I. Mesones, and S. W. Kembel. 2010. A floristic study of the white-sand forests of Peru. Annals of the Missouri Botanical Garden 97(3):283–305.

Foster, R. B. 1977. *Tachigalia versicolor* is a suicidal neotropical tree. Nature 268:624–626.

Frost, D. R. 2013. *Amphibian species of the world: An Online Reference*. Version 5.6 (9 January 2013). American Museum of Natural History, New York. Available online at *http://research.amnh.org/herpetology/amphibia/index.html*

García-Villacorta, R., M. Ahuite y M. Olórtegui. 2003. Clasificación de bosques sobre arena blanca de la Zona Reservada Allpahuayo-Mishana. Folia Amazónica 14:11–31.

García-Villacorta, R., N. Dávila, R. Foster, I. Huamantupa y/and C. Vriesendorp. 2010. Vegetación y flora/Vegetation and flora. Pp. 58–65 y/and 176–182 en/in M. P. Gilmore, C. Vriesendorp, W. S. Alverson, Á. del Campo, R. von May, C. López Wong y/and S. Ríos Ochoa, eds. *Perú: Maijuna*. Rapid Biological and Social Inventories Report 22. The Field Museum, Chicago.

García-Villacorta, R., I. Huamantupa, Z. Cordero, N. Pitman y/and C. Vriesendorp. 2011. Flora y vegetación/Vegetation and flora. Pp. 86–97 y/and 211-221 en/in N. Pitman, C. Vriesendorp, D. K. Moskovits, R. von May, D. Alvira, T. Wachter, D.F. Stotz y/and Á. del Campo, eds. *Perú: Yaguas-Cotuhé*. Rapid Biological and Social Inventories Report 23. The Field Museum, Chicago.

Gasché, J. 1979. Compte rendu de la deuxième phase de recherches pluridisciplinaires sur le terrain, de novembre 1977 à novembre 1978. Journal de la Société des Américanistes 66:341–350.

Gasché Suess, J. y N. Vela Mendoza. 2011. *Sociedad bosquesina*. Tomo I: Ensayo de antropología rural amazónica, acompañado de una crítica y propuesta alternativa de proyectos de desarrollo. Instituto de Investigaciones de la Amazonía Peruana (IIAP), Consorcio de Investigaciones Económicas y Sociales (CIES) y Center for Integrated Area Studies (CIAS), Lima.

Gilmore, M. P., C. Vriesendorp, W. S. Alverson, Á. del Campo, R. von May, C. López Wong, y/and S. Ríos Ochoa, eds. 2010. *Perú: Maijuna*. Rapid Biological and Social Inventories Report 22. The Field Museum, Chicago.

Gómez Tapias, J., Á. Nivia Guevara, N. E. Montes Ramírez, M. L. Tejada Avella, D. M. Jiménez Mejía, M. J. Sepúlveda Ospina, J. A. Osorio Naranjo, T. Gaona Narváez, H. Diederix, H. Uribe Peña y M. Mora Penagos. 2007. Mapa geológico de Colombia. 2 hojas, 1:1,000,000. Servicio Geológico, Ministerio de Minas y Energía, República de Colombia, Bogotá. Disponible en *http://www.ingeominas.gov.co/Geologia/Mapa-geologico-de-Colombia.aspx*

Goodman, J. 2009. The devil and Mr. Casement: One man's struggle for human rights in South America's heart of darkness. Verso, London.

Hidalgo, M. H., y/and R. Olivera. 2004. Peces/Fishes. Pp. 62–67 y/and 148–152 en/in N. Pitman, R. C. Smith, C. Vriesendorp, D. Moskovits, R. Piana, G. Knell y/and T. Watcher, eds. *Perú: Ampiyacu, Apayacu, Yaguas, Medio Putumayo*. Rapid Biological Inventories Report 12. The Field Museum, Chicago.

Hidalgo, M., y/and P. W. Willink. 2007. Peces/Fishes. Pp. 56–67 y/and 125–130 en/in C. Vriesendorp, J. A. Álvarez, N. Barbagelata, W. S. Alverson y/and D. Moskovits, eds. *Perú: Nanay-Mazán-Arabela*. Rapid Biological Inventories Report 18. The Field Museum, Chicago.

Hidalgo, M. H., y/and J. F. Rivadeneira-R. 2008. Peces/Fishes. Pp. 83–89 y/and 209–215 en/in W. S. Alverson, C. Vriesendorp, Á. del Campo, D. K. Moskovits, D. F. Stotz, M. García Donayre y/and L. A. Borbor L., eds. *Ecuador, Perú: Cuyabeno-Güeppí*. Rapid Biological and Social Inventories Report 20. The Field Museum, Chicago.

Hidalgo, M. H., y/and I. Sipión. 2010. Peces/Fishes. Pp. 66–73 y/and 183–190 en/in M. P. Gilmore, C. Vriesendorp, W. S. Alverson, Á. del Campo, R. von May, C. López Wong y/and S. Ríos Ochoa, eds. *Perú: Maijuna*. Rapid Biological and Social Inventories Report 22. The Field Museum, Chicago.

Hidalgo, M. H., y/and A. Ortega-Lara. 2011. Peces/Fishes. Pp. 98–108 y/and 221–230 en/in N. Pitman, C. Vriesendorp, D. Moskovits, R. von May, D. Alvira, T. Wachter, D. F. Stotz y/and Á. del Campo, eds. *Perú: Yaguas-Cotuhé*. Rapid Biological and Social Inventories Report 23. The Field Museum, Chicago.

Higgins, M. A., K. Ruokolainen, H. Tuomisto, N. Llerena, G. Cardenas, O. L. Phillips, R. Vásquez, and M. Räsänen. 2011. Geological control of floristic composition in Amazonian forests. Journal of Biogeography 38:2136–2149.

Higley, D. K. 2001. The Putumayo-Oriente-Marañón Province of Colombia, Ecuador, and Peru: Mesozoic-Cenozoic and Paleozoic petroleum systems. U.S. Geological Survey Digital Data Series; DDS-063, 1 CD-ROM. Available online at *http://pubs.usgs.gov/dds/DDS-63/*

Hijmans, R. J., S. E. Cameron, J. L. Parra, P. G. Jones, and A. Jarvis. 2005. Very high resolution interpolated climate surfaces for global land areas. International Journal of Climatology 25:1965–1978.

Honorio Coronado, E. N., T. R. Baker, O. L. Phillips, N. C. A. Pitman, R. T. Pennington, R. Vásquez Martínez, A. Monteagudo, H. Mogollón, N. Dávila Cardozo, M. Ríos, R. García-Villacorta, E. Valderrama, M. Ahuite, I. Huamantupa, D. A. Neill, W. F. Laurance, H. E. M. Nascimento, S. Soares de Almeida, T. J. Killeen, L. Arroyo, P. Núñez, and L. Freitas Alvarado. 2009. Multi-scale comparisons of tree composition in Amazonian terra firme forests. Biogeosciences 6:2719–2731.

Hoorn, C., F. P. Wesselingh, H. ter Steege, M. A. Bermudez, A. Mora, J. Sevink, I. Sanmartín, A. Sanchez-Meseguer, C. L. Anderson, J. P. Figueredo, C. Jaramillo, D. Riff, F. R. Negri, H. Hooghiemstra, J. Lundberg, T. Stadler, T. Särkinen, and A. Antonelli. 2010a. Amazonia through time: Andean uplift, climate change, landscape evolution, and biodiversity. Science 330:927–931.

Hoorn, C., F. P. Wesselingh, J. Hovikoski, M. A. Bermudez, A. Mora, J. Sevink, I. Sanmartín, A. Sanchez-Meseguer, C. L. Anderson, J. P. Figueiredo, C. Jaramillo, D. Riff, F. R. Negri, H. Hooghiemstra, J. Lundberg, T. Stadler, T. Särkinen, and A. Antonelli. 2010b. The development of the Amazonian mega-wetland (Miocene; Brazil, Colombia, Peru, Bolivia). Pp. 123–142 in C. Hoorn and F. P. Wesselingh, eds. *Amazonia: Landscape and species evolution: A look into the past*. Wiley-Blackwell, West Sussex, UK.

Hovikoski, J., M. Gingras, M. Räsänen, L. A. Rebata, J. Guerrero, A. Ranzi, J. Melo, L. Romero, H. Nuñez del Prado, F. Jaimes, and S. Lopez. 2007. The nature of Miocene Amazonian epicontinental embayment: High-frequency shifts of the low-gradient coastline. Geological Society of America Bulletin 119(11/12):1506–1520.

Hovikoski, J., F. P. Wesselingh, M. Räsänen, L. A. Rebata, J. Guerrero, A. Ranzi, J. Melo, L. Romero, H. Nuñez del Prado, F. Jaimes, and S. Lopez. 2010. Marine influence in Amazonia: Evidence from the geological record. Pp. 143–161 in C. Hoorn and F. P. Wesselingh, eds. *Amazonia: Landscape and species evolution: A look into the past*. Wiley-Blackwell, West Sussex, UK.

Huamantupa, I. 2012. *Vochysia moskovitsiana* (Vochysiaceae), una nueva especie de los bosques Andino-Amazónicos de Perú, Ecuador y Colombia. Arnaldoa 19(2):141–148.

IBC. 2010. *Atlas de comunidades nativas y áreas naturales protegidas del nordeste de la Amazonía peruana*. Instituto del Bien Común, Lima. 132 pp.

INADE, APODESA y PEDICP. 1995. *Zonificación ambiental del ámbito de influencia del Proyecto Especial Binacional Desarrollo Integral de la Cuenca del Río Putumayo, Sectores Gueppí-Pantoja, Eré-Campuya y Yaguas.* Instituto Nacional de Desarrollo (INADE), Apoyo a la Política de Desarrollo Regional Selva Alta (APODESA) y Proyecto Especial Binacional Desarrollo Integral de la Cuenca del Río Putumayo (PEDICP), Lima.

INADE, PEDICP y DIREPRO-L. 2007. *Plan de manejo pesquero de las especies paiche (*Arapaima gigas*) y arahuana (*Osteoglossum bicirrhosum*) en los sectores medio y bajo Putumayo 2008–2012.* Instituto Nacional de Desarrollo (INADE), Proyecto Especial Binacional Desarrollo Integral de la Cuenca del Río Putumayo (PEDICP) y Dirección Regional de la Producción (DIREPRO-L), Iquitos. 61 pp.

IUCN (International Union for the Conservation of Nature). 2013. IUCN Red List of Threatened Species. International Union for the Conservation of Nature, Gland. Available online at *http://www.iucnredlist.org*

Johnsson, M. J., R. F. Stallard, and N. Lundberg. 1991. Controls on the composition of fluvial sands from a tropical weathering environment: Sands of the Orinoco River drainage basin, Venezuela and Colombia. Geological Society of America Bulletin 103(12):1622–1647.

Junk, W. J., M. G. M. Soares, and P. B. Bayley. 2007. Freshwater fishes of the Amazon River basin: Their biodiversity, fisheries, and habitats. Aquatic Ecosystem Health & Management 10(2):153–173.

Keller, M., and R. F. Stallard. 1994. Methane emission by bubbling from Gatun Lake, Panama. Journal of Geophysical Research 99(D4):8307–8319.

Knöppel, H. A. 1970. Food of central Amazonian fishes: Contribution to the nutrient-ecology of Amazonian rainforest-streams. Amazoniana 2:257–352.

Kubitzki, K. 1989. The ecogeographical differentiation of Amazonian inundation forests. Plant Systematics and Evolution 162(1–4):285–304.

Lähteenoja, O., K. Ruokolainen, L. Schulman, and J. Álvarez. 2009. Amazonian floodplains harbour minerotrophic and ombrotrophic peatlands. Catena 79:140–145.

Latrubesse, E. M., M. Cozzuol, S. A. F. da Silva-Caminha, C. A. Rigsby, M. L. Absy, and C. Jaramillo. 2010. The Late Miocene paleogeography of the Amazon basin and the evolution of the Amazon River system. Earth Science Reviews 99:99–124.

León, B., J. Roque, C. Ulloa Ulloa, N. Pitman, P. M. Jørgensen, and A. Cano, eds. 2006. Libro rojo de las plantas endémicas del Perú. Revista Peruana de Biología 13(2):1–976.

Linna, A. 1993. Factores que contribuyen a las características del sedimento superficial en la selva baja de la Amazonía peruana. Pp. 87–97 en R. Kalliola, M. Puhakka y W. Danjoy, eds. *Amazonía peruana: Vegetación húmeda tropical en el llano subandino.* Proyecto Amazonía, Universidad de Turku. Jyväskylä, Finland.

López-Rojas, J. J., and D. F. Cisneros-Heredia. 2012. *Synapturanus rabus* Pyburn, 1977 in Peru (Amphibia: Anura: Microhylidae): filling gap. Check List 8(2):274–275.

Lötters, S., K.-H. Jungfer, F. W. Henkel, and W. Schmidt. 2007. *Poison frogs. Biology, species, and captive maintenance.* Edition Chimaira, Frankfurt am Main.

Lynch J. D. 2007. Anfibios. Pp. 164–167 en S. L. Ruiz, E. Sánchez, E. Tabares, A. Prieto, J. C. Arias, R. Gómez, D. Castellanos, P. García, S. Chaparro y L. Rodríguez, eds. *Diversidad biológica y cultural del sur de la Amazonia colombiana: Diagnóstico.* Corpoamazonia, Instituto Humboldt, Instituto Sinchi y UAESPNN, Bogotá.

Maldonado-Ocampo, J. A., y J. D. Bogotá-Gregory. 2007. Peces. Pp. 168–177 en S. L. Ruiz, E. Sánchez, E. Tabares, A. Prieto, J. C. Arias, R. Gómez, D. Castellanos, P. García, S. Chaparro y L. Rodríguez, eds. *Diversidad biológica y cultural del sur de la Amazonia colombiana: Diagnóstico.* Corpoamazonia, Instituto Humboldt, Instituto Sinchi y UAESPNN, Bogotá.

Mármol, A. E. 1993. Informe de las observaciones e indagaciones zoológicas en las tres áreas para posibles parques binacionales Perú-Colombia en la cuenca del río Putumayo. En J. Pourier, ed. *Estudio de prefactibilidad de parques binacionales Amacayacu-Yaguas, Lapaya-Güeppí.* Unidad Técnica Colombiana y Unidad Técnica Peruana, Bogotá. 105 pp.

Mármol, A. E. 1995. Consideraciones acerca de la vaca marina (*Trichechus inunguis*) en Loreto y la necesidad de algún tipo de manejo para garantizar su supervivencia. Pp. 25–26 de los *Resumenes del II Congreso Internacional sobre Manejo de Fauna Silvestre en la Amazonía*, 7–12 mayo 1995, Iquitos.

McNamara, D. E., A. T. Ringler, C. R. Hutt, and L. S. Gee. 2011. Seismically observed seiching in the Panama Canal. Journal of Geophysical Research 116(B04312):1–12.

Mejía, K., y E. Rengifo. 1995. *Plantas medicinales de uso popular en la Amazonía peruana.* Agencia Española de Cooperación Internacional, Lima. 286 pp.

MINAG. 2004. Aprueban categorización de especies amenazadas de fauna silvestre y prohíben su caza, captura, tenencia, transporte o exportación con fines comerciales. Decreto Supremo No. 034-2004-AG. Ministerio de Agricultura del Perú. Diario Oficial El Peruano, Lima.

MINAG. 2006. Aprueban categorización de especies amenazadas de flora silvestre. Decreto Supremo No. 043-2006-AG. Ministerio de Agricultura del Perú. Diario Oficial El Peruano, Lima.

Mojica, J. I., J. S. Usma, R. Álvarez-León y C. A. Lasso, eds. 2012. *Libro rojo de peces dulceacuícolas de Colombia.* Instituto de Investigación de Recursos Biológicos Alexander von Humboldt, Instituto de Ciencias Naturales de la Universidad Nacional de Colombia, WWF Colombia y Universidad de Manizales, Bogotá.

Montenegro, O., y/and M. Escobedo. 2004. Mamíferos/Mammals. Pp. 80–88 y/and 164–171 en/in N. Pitman, R. C. Smith, C. Vriesendorp, D. Moskovits, R. Piana, G. Knell y/and T. Wachter, eds. 2004. *Perú: Ampiyacu, Apayacu, Yaguas, Medio Putumayo.* Rapid Biological Inventories Report 12. The Field Museum, Chicago.

Mora, A., P. Baby, M. Roddaz, M. Parra, S. Brusset, W. Hermoza, and N. Espurt. 2010. Tectonic history of the Andes and sub-Andean zones: Implications for the development of the Amazon drainage basin. Pp. 38–60 in C. Hoorn and F. P. Wesselingh, eds. *Amazonia: Landscape and species evolution: A look into the past.* Wiley-Blackwell, West Sussex.

Morales, V. R. 2000. Sistemática y biogeografía del grupo *trilineatus* (Amphibia, Anura, Dendrobatidae, *Colostethus*), con descripción de once nuevas especies. Publicaciones de la Asociación Amigos de Doñana 13:1–59.

Moravec, J., and J. Köhler. 2007. A new species of *Chiasmocleis* (Anura: Microhylidae) from the Iquitos region, Amazonian Peru, with possible direct development. Zootaxa 1605:59–67.

Müller, R. D., M. Sdrolias, C. Gaina, B. Steinberger, and C. Heine. 2008. Long-term sea-level fluctuations driven by ocean basin dynamics. Science 319:1357–1362.

Munsell Color Company. 1954. Soil color charts. Munsell Color Company, Baltimore.

Neill, D., I. Huamantupa, C. Kajekai y/and N. Pitman. 2012. Vegetación y flora/Vegetation and flora. Pp. 87–96 y/and 242–250 en/in N. Pitman, E. Ruelas Inzunza, D. Alvira, C. Vriesendorp, D. K. Moskovits, Á del Campo, T. Wachter, D. F. Stotz, S. Noningo, C. Tuesta y/and R. C. Smith, eds. *Perú: Cerros de Kampankis.* Rapid Biological and Social Inventories Report 24. The Field Museum, Chicago.

Ochumba, P. B. O. 1996. Measurement of water currents, temperature, dissolved oxygen and winds on the Kenyan Lake Victoria. Pp. 155–160 in T. C. Johnson and E. O. Odada, eds. *The limnology, climatology and paleoclimatology of the East African lakes.* Gordan and Breach Science Publishers, Amsterdam.

OEA. 1993. *Plan Colombo-Peruano para el desarrollo integral de la cuenca del rio Putumayo: Diagnóstico regional.* Organización de Estados Americanos, Washington, D.C.

Okely, P., J. Imberger, and J. P. Antenucci. 2010. Processes affecting horizontal mixing and dispersion in Winam Gulf, Lake Victoria. Limnology and Oceanography 55(5):1865–1880.

Oliveira, C., G. S. Avelino, K. T. Abe, T. C. Mariguela, R. C. Benine, G. Ortí, R. P. Vari, and R. M. Corrêa e Castro. 2011. Phylogenetic relationships within the speciose family Characidae (Teleostei: Ostariophysi: Characiformes) based on multilocus analysis and extensive ingroup sampling. BMC Evolutionary Biology 11:275.

Ortega, H., J. I. Mojica, J. C. Alonso y M. Hidalgo. 2006. Listado de los peces de la cuenca del río Putumayo en su sector colombo-peruano. Biota Colombiana 7(1):95–112.

Ortega, H., M. Hidalgo, E. Correa, J. Espino, L. Chocano, G. Trevejo, V. Meza, A. M. Cortijo y R. Quispe. 2011. *Lista anotada de los peces de aguas continentales del Perú: Estado actual del conocimiento, distribución, usos y aspectos de conservación.* Ministerio del Ambiente, Dirección General de Diversidad y Museo de Historia Natural, Universidad Nacional Mayor de San Marcos, Lima. 48 pp.

Ortega, H., M. Hidalgo, G. Trevejo, E. Correa, A. M. Cortijo, V. Meza y J. Espino. 2012. *Lista anotada de los peces de aguas continentales del Perú: Estado actual del conocimiento, distribución, usos y aspectos de conservación.* Segunda edición. Ministerio del Ambiente, Dirección General de Diversidad Biológica y Museo de Historia Natural de la Universidad Nacional Mayor de San Marcos, Lima. 58 pp.

Ortega-Lara, A. 2005. Inventario preliminar de la ictiofauna de la cuenca alta de los ríos Mocoa y Putumayo, Piedemonte Amazónico. Informe no publicado presentando a WWF Colombia, Programa Ecorregional Andes del Norte.

Pacheco, T., R. Rojas y M. Vásquez, eds. 2006. *Inventario forestal de la cuenca baja del Río Algodón, Río Putumayo, Perú.* Instituto Nacional de Desarrollo (INADE), Proyecto Especial Binacional de Desarrollo Integral de la Cuenca del Río Putumayo (PEDICP), y Dirección de Recursos Naturales y Medio Ambiente (DRNMA), Iquitos. 266 pp.

Pacheco, V., R. Cadenillas, E. Salas, C. Tello y H. Zeballos. 2009. Diversidad y endemismo de los mamíferos del Perú. Revista Peruana de Biología 16(1):5–32.

Pardo-Casas, F., and P. Molnar. 1987. Relative motion of the Nazca (Farallon) and South American Plates since Late Cretaceous time. Tectonics 6(3):233–248.

Passos, P., and A. L. C. Prudente. 2012. Morphological variation, polymorphism, and taxonomy of the *Atractus torquatus* complex (Serpentes: Dipsadidae). Zootaxa 3407:1–21.

PEDICP. 1993. Plan colombo-peruano para el desarrollo integral de la cuenca del Río Putumayo: Diagnóstico regional integrado. Proyecto Especial Binacional Desarrollo Integral de la Cuenca del Río Putumayo, Washington, D.C. Disponible en *http://www.oas.org/usde/publications/Unit/oea62s/begin.htm*

PEDICP. 1999. Zonificación ecológica-económica del "Sector el Estrecho." Parte I: Síntesis del diagnóstico ambiental. Proyecto Especial Binacional Desarrollo Integral de la Cuenca del Río Putumayo, Iquitos. 171 pp. Disponible en *http://www. regionloreto.gob.pe/pag_sig/estudios/el_estrecho/zee_el_ estrecho_diagnostico_ambiental.pdf*

PEDICP. 2011. Síntesis del diagnóstico del área de frontera de la zona de integración fronteriza (ZIF) colombo-peruana. Proyecto Especial Binacional Desarrollo Integral de la Cuenca del Río Putumayo.

PEDICP. 2012. Plan de desarrollo de la zona de integración fronteriza (ZIF) colombo-peruana. Proyecto Especial Binacional Desarrollo Integral de la Cuenca del Río Putumayo. 433 pp.

Perupetro. 2012. Hydrocarbon blocks and seismic campaign. 1:2,000,000. Perupetro, Lima. Disponible en *http://www. perupetro.com.pe/wps/wcm/connect/perupetro/site-en/ importantinformation/block+maps/Block Maps*

Pitman, N., H. Beltrán, R. Foster, R. García, C. Vriesendorp y/and M. Ahuite. 2003. Flora y vegetación/Flora and vegetation. Pp. 52-59 y/and 137–143 en/in N. Pitman, C. Vriesendorp y/and D. Moskovits, eds. *Perú: Yavarí.* Rapid Biological Inventories Report 11. The Field Museum, Chicago.

Pitman, N., R. C. Smith, C. Vriesendorp, D. Moskovits, R. Piana, G. Knell y/and T. Wachter, eds. 2004. *Perú: Ampiyacu, Apayacu, Yaguas, Medio Putumayo.* Rapid Biological Inventories Report 12. The Field Museum, Chicago.

Pitman, N. C. A., C. E. Cerón, C. I. Reyes, M. Thurber, and J. Arellano. 2005. Catastrophic natural origin of a species-poor tree community in the world's richest forest. Journal of Tropical Ecology 21:559–568.

Pitman, N. C. A., H. Mogollón, N. Dávila, M. Ríos, R. García-Villacorta, J. Guevara, M. Ahuite, M. Aulestia, D. Cardenas, C. E. Cerón, P.-A. Loizeau, D. A. Neill, P. Núñez V., W. A. Palacios, O. L. Phillips, R. Spichiger, E. Valderrama, and R. Vásquez-Martínez. 2008. Tree community change across 700 km of lowland Amazonian forest from the Andean foothills to Brazil. Biotropica 40(5):525–535.

Pitman, N., C. Vriesendorp, D. K. Moskovits, R. von May, D. Alvira, T. Wachter, D. F. Stotz y/and Á. del Campo, eds. 2011. *Perú: Yaguas-Cotuhé.* Rapid Biological and Social Inventories Report 23. The Field Museum, Chicago. 378 pp.

Pitman, N., G. Gagliardi Urrutia y C. Jenkins. 2013. *La biodiversidad de Loreto, Perú: El conocimiento actual de la diversidad de plantas y vertebrados terrestres.* Center for International Environmental Law, Washington, D.C. 39 pp.

Quispe, R., y/and M. H. Hidalgo. 2012. Peces/Fishes. Pp. 96–106 y/and 250–260 en/in N. Pitman, E. Ruelas Inzunza, D. Alvira, C. Vriesendorp, D. K. Moskovits, Á del Campo, T. Wachter, D. F. Stotz, S. Noningo, C. Tuesta y/and R. C. Smith, eds. *Perú: Cerros de Kampankis.* Rapid Biological and Social Inventories Report 24. The Field Museum, Chicago.

Räsänen, M., A. Linna, G. Irion, L. Rebata Hermani, R. Vargas Huaman y F. Wesselingh. 1998. Geología y geoformas en la zona de Iquitos. Pp. 59–137 en R. Kalliola y S. Flores Paitán, eds. *Geoecología y desarollo amazónico: Estudio integrado en la zona de Iquitos, Perú.* Annales Universitatis Turkuensis Series A II 114. Universidad de Turku, Turku.

Reis, R. E., S. O. Kullander, and C. J. Ferraris. 2003. *Checklist of the freshwater fishes of Central and South America.* Editora Universitária da Pontifícia Universidade do Rio Grande do Sul, Porto Alegre. 742 pp.

Ridgely, R. S., and P. J. Greenfield. 2001. *Birds of Ecuador.* Cornell University Press, Ithaca.

Roddaz, M., P. Baby, S. Brusset, W. Hermoza, and J. Darrozes. 2005a. Forebulge dynamics and environmental control in western Amazonia: The case study of the arch of Iquitos (Peru). Tectonophysics 339:87–108.

Roddaz, M., J. Viers, S. Brusset, P. Baby, and G. Hérail. 2005b. Sediment provenances and drainage evolution of the Neogene Amazonian foreland basin. Earth and Planetary Science Letters 239:57–78.

Rodríguez, L. O., and W. E. Duellman. 1994. A guide to the frogs of the Iquitos Region, Amazonian Peru. University of Kansas Museum of Natural History Special Publications 22:1–80.

Rodríguez, L. O., and K. R. Young. 2000. Biological diversity of Peru: Determining priority areas for conservation. Ambio 29(6):329–337.

Rodríguez, L., y/and G. Knell. 2004. Anfibios y reptiles/Amphibians and reptiles. Pp. 67–70 y 152–155 en/in N. Pitman, R. C. Smith, C. Vriesendorp, D. Moskovits, R. Piana, G. Knell y/and T. Watcher, eds. *Perú: Ampiyacu, Apayacu, Yaguas, Medio Putumayo.* Rapid Biological Inventories Report 12. The Field Museum, Chicago.

Ron, S. R., y M. Read. 2012. *Ecnomiohyla tuberculosa.* En S. R. Ron, L. A. Coloma, J. M. Guayasamin y M. H. Yanez-Muñoz, eds. AmphibiaWebEcuador. Versión 2012.0. Museo de Zoología, Pontificia Universidad Católica del Ecuador, Quito. Disponible en *http://zoologia.puce.edu.ec/vertebrados/anfibios/ FichaEspecie.aspx?Id=1298*

Ron, S. R., P. J. Venegas, E. Toral, M. Read, D. A. Ortiz, and A. L. Manzano. 2012. Systematics of the *Osteocephalus buckleyi* species complex (Anura, Hylidae) from Ecuador and Peru. Zookeys 229:1–52.

Rosenberg, G. H. 1990. Habitat specialization and foraging behavior by birds of Amazonian river islands in northeastern Peru. Condor 92:427–443.

Rueda-Almonacid, J. V., J. L. Carr, R. A. Mittermaier, J. V. Rodrigues-Macheda, R. B. Mast, R. C. Vogt, A. G. J. Rhodin, J. de La Ossa-Velasquez, J. N. Rueda y C. G. Mittermeier. 2007. *Las tortugas y los cocodrilianos de los países andinos del trópico.* Conservacion Internacional, Bogotá.

Ruiz S. L., E. Sánchez, E. Tabares, A. Prieto, J. C. Arias, R. Gómez, D. Castellanos, P. García, S. Chaparro y L. Rodríguez, eds. 2007. *Diversidad biológica y cultural del sur de la Amazonia colombiana: Diagnóstico.* Corpoamazonia, Instituto Humboldt, Instituto Sinchi y UAESPNN, Bogotá. 636 pp.

Ruokolainen, K., y H. Tuomisto. 1998. Vegetación natural de la zona de Iquitos. Pp. 253–365 en R. Kalliola y S. Flores Paitán, eds. *Geoecología y desarollo amazónico: Estudio integrado en la zona de Iquitos, Perú.* Annales Universitatis Turkuensis Series A II 114. Universidad de Turku, Turku.

Salinas, Y., y E. Agudelo. 2000. *Peces de importancia económica en la cuenca amazónica colombiana.* Instituto Amazónico de Investigaciones Científicas (Sinchi), Bogotá.

Sanabria-Ochoa, A. I., P. Victor-Daza y A. I. Beltrán, eds. 2007. *Peces de la Amazonía colombiana con énfasis en especies de interés ornamental.* Instituto Colombiano de Desarrollo Rural (INCODER) y Universidad Nacional de Colombia, Bogotá.

Sánchez, H., J. Vásquez, B. Vásquez, G. Huanqui, and F. Alcántara. 2006. *Peru's ornamental fish 2006-2007.* Instituto de Investigaciones de la Amazonía Peruana (IIAP) and Comisión para la Promoción de Exportaciones (PROMPEX), Lima. 52 pp.

Sánchez Fernández, A. W., J. Chira Fernández y D. Romero F. 1999a. Mapa geológico del cuadrángulo de Iquitos. Carta Mapa Geológica del Perú 2263: 8-p. Instituto Geológico Minero y Metalúrgico, Ministerio de Energía y Minas, Lima. Disponible en *http://www.ingemmet.gob.pe/publicaciones/ serie_a/mapas/indice.htm*

Sánchez Fernández, A., J. De la Cruz W., R. Monge M., J. Chira F., I. Herrera T., M. Valencia M., D. Romero F., J. Cervante G. y A. Cuba M. 1999b. Geología de los cuadrángulos de Puerto Arturo, Flor de Agosto, San Antonio del Estrecho, Nuevo Perú, San Felipe, Río Algodón, Quebrada Airambo, Mazán, Francisco de Orellana, Huanta, Iquitos, Río Manati, Yanashi, Tamshiyacu, Río Tamshiyacu, Buenjardin, Ramón Castilla, Río Yavarí-Mirín y Buenavista. Hojas: 4-p, 5-p, 5-q, 6-p, 6-q, 6-r, 7-p, 7-q, 7-r, 8-p, 8-q, 8-r, 9-p, 9-q, 9-r, 10-p, 10-q y 10-r. Instituto Geológico Minero y Metalúrgico, Sector de Energía y Minas, Lima. 319 pp.

Scott, N. J., Jr. 1994. Complete species inventory. Pp. 78–84 in W. R. Heyer, M. A. Donnelly, R. W. McDiarmid, L. C. Hayek, and M. S. Foster, eds. *Measuring and monitoring biological diversity: Standard methods for amphibians.* Smithsonian Institution Press, Washington, DC.

Sleumer, H. O. 1984. *Olacaceae.* Flora Neotropica Monograph No. 38. The New York Botanical Garden, New York. 158 pp.

Smith, R. C., M. Benavides y/and M. Pariona. 2004. Protegiendo las cabeceras: Una iniciativa indígena para la conservación de la biodiversidad/Protecting the headwaters: An indigenous peoples' initiative for biodiversity conservation. Pp. 96–100 y/and 178–182 en/in N. Pitman, R. C. Smith, C. Vriesendorp, D. Moskovits, R. Piana, G. Knell y/and T. Wachter, eds. *Perú: Ampiyacu, Apayacu, Yaguas, Medio Putumayo.* Rapid Biological Inventories Report 12. The Field Museum, Chicago.

Stallard, R. F. 1985. River chemistry, geology, geomorphology, and soils in the Amazon and Orinoco basins. Pp. 293–316 in J. I. Drever, ed. *The chemistry of weathering.* NATO ASI Series C: Mathematical and Physical Sciences. D. Reidel Publishing, Dordrecht.

Stallard, R. F. 2006. Procesos del paisaje: Geología, hidrología y suelos/Landscape processes: geology, hydrology, and soils. Pp. 57–63 y/and 168–174 en/in C. Vriesendorp, N. Pitman, J. I. Rojas Moscoso, L. Rivera Chávez, L. Calixto Méndez, M. Vela Collantes y/and P. Fasabi Rimachi, eds. *Perú: Matsés.* Rapid Biological Inventories Report 16. The Field Museum, Chicago.

Stallard, R. F. 2007. Geología, hidrología y suelos/Geology, hydrology, and soils. Pp. 44–50 y/and 114–119 en/in C. Vriesendorp, J. A. Álvarez, N. Barbagelata, W. S. Alverson y/and D. K. Moskovits, eds. *Perú: Nanay-Mazán-Arabela.* Rapid Biological Inventories Report 18. The Field Museum, Chicago.

Stallard, R. F. 2011. Procesos paisajísticos: Geología, hidrología y suelos/Landscape processes: geology, hydrology, and soils. Pp. 72–86 y/and 199–210 en/in N. Pitman, C. Vriesendorp, D. K. Moskovits, R. von May, D. Alvira, T. Wachter, D. F. Stotz y/and Á. del Campo, eds. *Perú: Yaguas-Cotuhé.* Rapid Biological and Social Inventories Report 23. The Field Museum, Chicago.

Stallard, R. F., and J. M. Edmond. 1983. Geochemistry of the Amazon 2. The influence of geology and weathering environment on the dissolved-load. Journal of Geophysical Research-Oceans and Atmospheres 88(NC14):9671–9688.

Stallard, R. F., L. Koehnken, and M. J. Johnsson. 1991. Weathering processes and the composition of inorganic material transported through the Orinoco River system, Venezuela and Colombia. Geoderma 51(1–4):133–165.

Stallard, R. F., y/and V. Zapata. 2012. Geología, hidrología y suelos/Geology, hydrology, and soils. Pp. 76–86 y/and 233–241 en/in N. Pitman, E. Ruelas Inzunza, D. Alvira, C. Vriesendorp, D. K. Moskovits, Á del Campo, T. Wachter, D. F. Stotz, S. Noningo, C. Tuesta y/and R. C. Smith, eds. *Perú: Cerros de Kampankis.* Rapid Biological and Social Inventories Report 24. The Field Museum, Chicago.

Stotz, D. F., y/and T. Pequeño. 2004. Aves/Birds. Pp. 70–80 y/and 155–164 en/in N. Pitman, R. C. Smith, C. Vriesendorp, D. Moskovits, R. Piana, G. Knell y/and T. Wachter, eds. *Perú: Ampiyacu, Apayacu, Yaguas, Medio Putumayo.* Rapid Biological Inventories Report 12. The Field Museum, Chicago.

Stotz, D. F., y/and T. Pequeño. 2006. Aves/Birds. Pp. 88–98 y/and 197–205 en/in C. Vriesendorp, N. Pitman, J. I. Rojas M., B. A. Pawlak, L. Rivera C., L. Calixto M., M. Vela C. y/and P. Fasabi R., eds. *Perú: Matsés.* Rapid Biological Inventories Report 16. The Field Museum, Chicago.

Stotz, D. F., y/and J. Díaz Alván. 2007. Aves/Birds. Pp. 67–73 y/and 134–140 en/in C. Vriesendorp, J. Álvarez A., N. Barbagelata, W. S. Alverson y/and D. Moskovits, eds. *Perú: Nanay-Mazán-Arabela.* Rapid Biological Inventories Report 18. The Field Museum, Chicago.

Stotz, D. F., y/and P. Mena Valenzuela. 2008. Aves/Birds. Pp. 96–105 y/and 222–229 en/in W. S. Alverson, C. Vriesendorp, Á. del Campo, D. K. Moskovits, D. F. Stotz, M. García Donayre y/and L. A. Borbor L., eds. *Ecuador, Perú: Cuyabeno-Güeppí.* Rapid Biological and Social Inventories Report 20. The Field Museum, Chicago.

Stotz, D. F., y/and J. Díaz Alván. 2010. Aves/Birds. Pp. 81–90 y/and 197–205 en/in M. P. Gilmore, C. Vriesendorp, W. S. Alverson, Á. del Campo, R. von May, C. López Wong y/and S. Ríos Ochoa, eds. *Perú: Maijuna.* Rapid Biological and Social Inventories Report 22. The Field Museum, Chicago.

Stotz, D. F., y/and J. Díaz Alván. 2011. Aves/Birds. Pp. 116–125 y/and 237–245 en/in N. Pitman, C. Vriesendorp, D. K. Moskovits, R. von May, D. Alvira, T. Wachter, D. F. Stotz y/and Á. del Campo, eds. *Perú: Yaguas-Cotuhé.* Rapid Biological and Social Inventories Report 23. The Field Museum, Chicago.

Teresa, F. B., and R. M. Romero. 2010. Influence of the riparian zone phytophysiognomies on the longitudinal distribution of fishes: Evidence from a Brazilian savanna stream. Neotropical Ichthyology 8:163–170.

ter Steege, H., N. C. A. Pitman, O. L. Phillips, J. Chave, D. Sabatier, A. Duque, J. F. Molino, M. F. Prevost, R. Spichiger, H. Castellanos, P. von Hildebrand, and R. Vasquez. 2006. Continental-scale patterns of canopy tree composition and function across Amazonia. Nature 443:444–447.

Thomaz, S. M., L. M. Bini, and R. L. Bozelli. 2007. Floods increase similarity among aquatic habitats in river-floodplain systems. Hydrobiologia 579:1–13.

Trujillo-C., W., y V. H. Gonzalez. 2011. Plantas medicinales utilizadas por tres comunidades indígenas en el noroccidente de la Amazonía colombiana. Mundo Amazónico 2:283–305.

Tuomisto, H., K. Ruokolainen, M. Aguilar, and A. Sarmiento. 2003. Floristic patterns along a 43-km long transect in an Amazonian rain forest. Journal of Ecology 91:743–756.

Uetz, P., and J. Hallermann. 2013. Reptile database: An online reference. Available online at *http://reptile-database.reptarium.cz/advanced_search*

Usma J. S., M. Valderrama, M. D. Escobar, R. E. Ajiaco-Martínez, F. Villa-Navarro, F. Castro, H. Ramírez-Gil, A. I. Sanabria, A. Ortega-Lara, J. A. Maldonado-Ocampo, J. C. Alonso y C. Cipamocha. 2009. Peces dulceacuícolas migratorios en Colombia. Pp. 103–131 en J. D. Amaya Espinel y L.G. Naranjo, eds. *Plan nacional de las especies migratorias: Diagnóstico e identificación de acciones para la conservación y el manejo sostenible de las especies migratorias de la biodiversidad en Colombia.* Ministerio de Ambiente, Vivienda y Desarrollo Territorial de Colombia (MAVDT) y WWF Colombia, Bogotá.

von May, R., y/and P. J. Venegas. 2010. Anfibios y reptiles/Amphibians and reptiles. Pp. 74–81 y/and 190–197 en/in M. P. Gilmore, C. Vriesendorp, W. S. Alverson, Á. del Campo, R. von May, C. López Wong y/and S. Ríos Ochoa, eds. *Perú: Maijuna.* Rapid Biological and Social Inventories Report 22. The Field Museum, Chicago.

von May, R., y/and J. J. Mueses-Cisneros. 2011. Anfibios y reptiles/Amphibians and reptiles. Pp. 108–116 y/and 230–237 en/in N. Pitman, C. Vriesendorp, D. K. Moskovits, R. von May, D. Alvira, T. Wachter, D. F. Stotz y/and Á. del Campo, eds. *Perú: Yaguas-Cotuhé.* Rapid Biological and Social Inventories Report 23. The Field Museum, Chicago.

Vriesendorp, C., N. Pitman, R. Foster, I. Mesones y/and M. Ríos. 2004. Plantas/Plants. Pp. 54–61 y/and 141–147 in/en N. Pitman, R. C. Smith, C. Vriesendorp, D. Moskovits, R. Piana, G. Knell y/and T. Wachter, eds. *Perú: Ampiyacu, Apayacu, Yaguas, Medio Putumayo.* Rapid Biological Inventories Report 12. The Field Museum, Chicago.

Vriesendorp, C., N. Dávila, R. Foster y/and G. Nuñez Iturri. 2007. Flora y vegetación/Flora and vegetation. Pp. 50–56 y/and 119–125 en/in C. Vriesendorp, J. A. Álvarez, N. Barbagelata, W. S. Alverson y/and D. K. Moskovits, eds. *Perú: Nanay-Mazán-Arabela.* Rapid Biological Inventories Report 18. The Field Museum, Chicago.

Vriesendorp, C., W. S. Alverson, N. Dávila, S. Descanse, R. Foster, J. López, L. C. Lucitante, W. Palacios y/and O. Vásquez. 2008. Flora y vegetación/Flora and vegetation. Pp. 75–83 y/and 202–209 en/in W. S. Alverson, C. Vriesendorp, Á. del Campo, D. K. Moskovits, D. F. Stotz, M. García Donayre y/and L. A. Borbor L., eds. *Ecuador, Perú: Cuyabeno-Güeppí.* Rapid Biological and Social Inventories Report 20. The Field Museum, Chicago.

Wali, A., M. Pariona, T. Torres, D. Ramírez y/and A. Sandoval. 2008. Comunidades humanas visitadas: Fortalezas sociales y uso de recursos/Human communities visited: Social assets and use of resources. Pp. 111–121 y/and 234–245 en/in W. S. Alverson, C. Vriesendorp, Á. Del Campo, D. K. Moskovits, D. F. Stotz, M. García Donayre y/and L. A. Borbor L., eds. *Ecuador, Perú: Cuyabeno-Güeppí*. Rapid Biological Inventories Report 20. The Field Museum, Chicago.

Wilkinson, M. J., L. G. Marshall, J. G. Lundberg, and M. H. Kreslavsky. 2010. Megafan environments in northern South America and their impact on Amazon Neogene aquatic ecosystems. Pp. 162–184 in C. Hoorn and F. P. Wesselingh, F.P., eds. *Amazonia: Landscape and species evolution: A look into the past*. Wiley-Blackwell, West Sussex, UK.

Yánez-Muñoz, M., y/and P. J. Venegas. 2008. Apéndice/Appendix 6: Anfibios y reptiles/Amphibians and reptiles. Pp. 308–313 en/in W. S. Alverson, C. Vriesendorp, Á. del Campo, D. K. Moskovits, D. F. Stotz, M. García Donayre y/and L. A. Borbor L., eds. *Ecuador, Perú: Cuyabeno-Güeppí*. Rapid Biological and Social Inventories Report 20. The Field Museum, Chicago.

Alverson, W. S., D. K. Moskovits y/and J. M. Shopland, eds. 2000.
Bolivia: Pando, Río Tahuamanu. Rapid Biological Inventories
Report 01. The Field Museum, Chicago.

Alverson, W. S., L. O. Rodríguez y/and D. K. Moskovits, eds. 2001.
Perú: Biabo Cordillera Azul. Rapid Biological Inventories
Report 02. The Field Museum, Chicago.

Pitman, N., D. K. Moskovits, W. S. Alverson y/and R. Borman A., eds.
2002. Ecuador: Serranías Cofán-Bermejo, Sinangoe. Rapid
Biological Inventories **Report 03**. The Field Museum, Chicago.

Stotz, D. F., E. J. Harris, D. K. Moskovits, K. Hao, S. Yi, and
G. W. Adelmann, eds. 2003. China: Yunnan, Southern
Gaoligongshan. Rapid Biological Inventories **Report 04**.
The Field Museum, Chicago.

Alverson, W. S., ed. 2003. Bolivia: Pando, Madre de Dios. Rapid
Biological Inventories **Report 05**. The Field Museum, Chicago.

Alverson, W. S., D. K. Moskovits y/and I. C. Halm, eds. 2003.
Bolivia: Pando, Federico Román. Rapid Biological Inventories
Report 06. The Field Museum, Chicago.

Kirkconnell P., A., D. F. Stotz y/and J. M. Shopland, eds. 2005.
Cuba: Península de Zapata. Rapid Biological Inventories
Report 07. The Field Museum, Chicago.

Díaz, L. M., W. S. Alverson, A. Barreto V. y/and T. Wachter, eds.
2006. Cuba: Camagüey, Sierra de Cubitas. Rapid Biological
Inventories **Report 08**. The Field Museum, Chicago.

Maceira F., D., A. Fong G. y/and W. S. Alverson, eds. 2006.
Cuba: Pico Mogote. Rapid Biological Inventories **Report 09**.
The Field Museum, Chicago.

Fong G., A., D. Maceira F., W. S. Alverson y/and J. M. Shopland,
eds. 2005. Cuba: Siboney-Juticí. Rapid Biological Inventories
Report 10. The Field Museum, Chicago.

Pitman, N., C. Vriesendorp y/and D. Moskovits, eds. 2003. Perú:
Yavarí. Rapid Biological Inventories **Report 11**. The Field
Museum, Chicago.

Pitman, N., R. C. Smith, C. Vriesendorp, D. Moskovits, R. Piana,
G. Knell y/and T. Wachter, eds. 2004. Perú: Ampiyacu,
Apayacu, Yaguas, Medio Putumayo. Rapid Biological
Inventories **Report 12**. The Field Museum, Chicago.

Maceira F., D., A. Fong G., W. S. Alverson y/and T. Wachter, eds.
2005. Cuba: Parque Nacional La Bayamesa. Rapid Biological
Inventories **Report 13**. The Field Museum, Chicago.

Fong G., A., D. Maceira F., W. S. Alverson y/and T. Wachter, eds.
2005. Cuba: Parque Nacional "Alejandro de Humboldt." Rapid
Biological Inventories **Report 14**. The Field Museum, Chicago.

Vriesendorp, C., L. Rivera Chávez, D. Moskovits y/and
J. Shopland, eds. 2004. Perú: Megantoni. Rapid Biological
Inventories **Report 15**. The Field Museum, Chicago.

Vriesendorp, C., N. Pitman, J. I. Rojas M., B. A. Pawlak, L. Rivera C.,
L. Calixto M., M. Vela C. y/and P. Fasabi R., eds. 2006. Perú:
Matsés. Rapid Biological Inventories **Report 16**. The Field
Museum, Chicago.

Vriesendorp, C., T. S. Schulenberg, W. S. Alverson, D. K. Moskovits
y/and J.-I. Rojas Moscoso, eds. 2006. Perú: Sierra del Divisor.
Rapid Biological Inventories **Report 17**. The Field Museum,
Chicago.

Vriesendorp, C., J. A. Álvarez, N. Barbagelata, W. S. Alverson
y/and D. K. Moskovits, eds. 2007. Perú: Nanay-Mazán-
Arabela. Rapid Biological Inventories **Report 18**. The Field
Museum, Chicago.

Borman, R., C. Vriesendorp, W. S. Alverson, D. K. Moskovits,
D. F. Stotz y/and Á. del Campo, eds. 2007. Ecuador: Territorio
Cofan Dureno. Rapid Biological Inventories **Report 19**.
The Field Museum, Chicago.

Alverson, W. S., C. Vriesendorp, Á. del Campo, D. K. Moskovits,
D. F. Stotz, Miryan García Donayre y/and Luis A. Borbor L.,
eds. 2008. Ecuador, Perú: Cuyabeno-Güeppí. Rapid Biological
and Social Inventories **Report 20**. The Field Museum, Chicago.

Vriesendorp, C., W. S. Alverson, Á. del Campo, D. F. Stotz, D. K.
Moskovits, S. Fuentes C., B. Coronel T. y/and E. P. Anderson, eds.
2009. Ecuador: Cabeceras Cofanes-Chingual. Rapid Biological
and Social Inventories **Report 21**. The Field Museum, Chicago.

Gilmore, M. P., C. Vriesendorp, W. S. Alverson, Á. del Campo,
R. von May, C. López Wong y/and S. Ríos Ochoa, eds. 2010.
Perú: Maijuna. Rapid Biological and Social Inventories
Report 22. The Field Museum, Chicago.

Pitman, N., C. Vriesendorp, D.K. Moskovits, R. von May,
D. Alvira, T. Wachter, D.F. Stotz y/and Á. del Campo, eds.
2011. Perú: Yaguas-Cotuhé. Rapid Biological and Social
Inventories **Report 23**. The Field Museum, Chicago.

Pitman, N., E. Ruelas I., D. Alvira, C. Vriesendorp, D. K. Moskovits,
Á. del Campo, T. Wachter, D. F. Stotz, S. Noningo S.,
E. Tuesta C. y/and R. C. Smith, eds. 2012. Perú: Cerros
de Kampankis. Rapid Biological and Social Inventories
Report 24. The Field Museum, Chicago.

Pitman, N., E. Ruelas Inzunza, C. Vriesendorp, D. F. Stotz,
T. Wachter, Á. del Campo, D. Alvira, B. Rodríguez Grández,
R.C. Smith, A.R. Sáenz Rodríguez y/and P. Soria Ruiz, eds.
2013. Perú: Ere-Campuya-Algodón. Rapid Biological and
Social Inventories **Report 25**. The Field Museum, Chicago.